基于HyperWorks和LS-DYNA的有限元分析实用教程

（视频教学）

张亚峰　编著

中国水利水电出版社

www.waterpub.com.cn

·北京·

内 容 提 要

本书是一本基于 HyperWorks 前、后置处理软件和 LS-DYNA 求解器进行有限元仿真分析的教程，有配套教学视频为读者进行操作示范并提供实操模型，方便读者加深对本书内容的理解与记忆。

本书从工程实际应用出发，以有限元仿真分析的通用流程为主线，依次对有限元仿真分析时从前处理建模到提交计算，再到计算结果后处理的整个过程中的各个环节所涉及的知识与技能进行讲解。第 1 章的主要内容为有限元法综述，帮助读者熟悉有限元法的相关概念及前处理建模软件 HyperMesh 的界面和鼠标键、快捷键等的基本操作；第 2～12 章依次针对有限元仿真分析流程中各个环节的操作技巧、相关理论及注意事项进行讲解；第 13～16 章分别针对四个有代表性的有限元仿真分析案例进行实操讲解，每个案例的侧重点有所不同，模型的复杂程度、操作的难易程度及对读者的认识要求逐渐提高。本书内容理论联系实际且通俗易懂，可以帮助读者在快速掌握有限元仿真分析的相关技能的同时触类旁通，依据工作需要快速拓展并熟悉新的有限元仿真分析工具。

本书面向进行有限元仿真分析的初、中级工程技术人员，既可以作为理工科院校相关专业的本科生、研究生学习有限元仿真分析的教材，也可以作为从事结构分析相关工作的工程技术人员使用 HyperWorks 前、后置处理软件和 LS-DYNA 求解器的参考书。

图书在版编目（CIP）数据

基于HyperWorks和LS-DYNA的有限元分析实用教程 ：

视频教学 / 张亚峰编著. -- 北京 ：中国水利水电出版社, 2024. 8（2024.12重印）. – ISBN 978-7-5226-2577-5

I. O241.82

中国国家版本馆CIP数据核字第2024U1Z931号

书　　名	基于HyperWorks和LS-DYNA的有限元分析实用教程（视频教学） JIYU HyperWorks HE LS-DYNA DE YOUXIANYUAN FENXI SHIYONG JIAOCHENG
作　　者	张亚峰　编著
出版发行	中国水利水电出版社 （北京市海淀区玉渊潭南路1号D座　100038） 网址：www.waterpub.com.cn E-mail：zhiboshangshu@163.com 电话：（010）62572966-2205/2266/2201（营销中心）
经　　售	北京科水图书销售有限公司 电话：（010）68545874、63202643 全国各地新华书店和相关出版物销售网点
排　　版	北京智博尚书文化传媒有限公司
印　　刷	北京富博印刷有限公司
规　　格	203mm×260mm　16开本　26印张　747千字
版　　次	2024 年 8 月第 1 版　2024 年 12 月第 2 次印刷
印　　数	3001—5000 册
定　　价	89.80元

前 言

Preface

本书是一本工具书，旨在帮助没有任何理论基础和工作经验的工程师或在校生快速掌握HyperWorks和LS-DYNA这两种普及程度相当高的有限元分析软件。

编写本书的目的与笔者的亲身经历有关。笔者虽然在学生时代学过一些有限元分析方面的基础理论知识，也接触过一两种有限元分析软件，刚参加工作的时候却发现市场上普遍应用的有限元分析软件与当初在学校接触的软件完全不同，当时所在的公司又没有系统的培训机制，需要靠同事之间互相帮助，当然最主要还是靠自己的努力来解决问题。为了尽快掌握有限元理论及主要应用软件的使用技能，笔者在网上搜索了大量的资料埋头学习，其中的很多资料后来发现都是一些因为经验不足而找到的不太相关的资料，或者太偏重深奥难懂的有限元理论和算法又与实际应用相脱节的资料，困难程度可想而知，也因此浪费了大量的时间和精力。好在笔者始终坚持工作在有限元分析工程师的一线岗位，经过几年坚持不懈的努力学习和实践，自己也开始带领和培训刚入职的年轻工程师了。在此过程中，笔者发现这些刚刚参加工作的工程师遇到的困难比自己当初还要大。他们中大多数在学校学习期间都没有接触过与有限元相关的理论知识和应用软件，想尽快熟练掌握所有有限元分析知识与技能的心情非常迫切。于是，笔者便结合自己十几年来工作的心得与体会撰写了这样一本书。如果能够为这些即将成为中国工程师队伍的中坚力量的成长与进步尽一分微薄之力，则将是笔者作为一名普通工程师莫大的荣幸！

本书以工程实际应用中有限元分析的通用流程为主线，以HyperWorks 2019和LS-DYNA 971为基础版本，以汽车行业的应用为主要对象和范例，对有限元分析应用中各个环节所涉及的知识与技能进行讲解，是一本针对性强、实用性高的教程。有限元软件都有很好的向上兼容性，笔者也会适时讲解更高版本的有限元软件的新增功能，初学者通过本书的学习，可以迅速入门，快速领会，快速掌握。

本书的内容主要是根据笔者平时的工作经验总结、工作笔记整理而成，而这些知识、经验的来源并不能完全归功于自己，很多经验都是周围同事及同行在工作中互相帮助、群策群力的结果。如果没有周围同事的帮助，就不可能有笔者今天的成长进步，也不可能有本书的出版。因此，可以说本书是以往很多同事、同行集体智慧的结晶，在此特向同事们表示衷心的感谢。

由于有限元分析工程师在日常工作、沟通中经常会使用一些惯用语以及英文缩写单词，如CAE等，因此本书对其也进行了必要的注解，以方便刚入职场的新人更快、更好地进入工作状态。即使如此，初学者可能一开始仍然会对书中的一些概念或者习惯用语感到突兀或陌生，建议读第一遍时遇到此类情况不要过于纠结细节，等到通读一遍全书并结合本书指导进行实际操作之后，或许此前的很多问题也就迎刃而解了。

衷心感谢南京航空航天大学的谢兰生教授和南京理工大学的杨晨教授，在笔者读研期间和刚参加工作的时候，他们不但在学习、工作上指导和帮助我，还在经济上帮我度过难关。时间一晃快20年过去了，他们在知道笔者打算将工作经验汇总成一本书时，仍然是有求必应，热心地提出了宝贵的指导意见。本书相较于当初的设想更完善和丰富了，这要归功于他们的帮助。

最后，衷心感谢恒士达科技有限公司的法人代表鲁宏升博士。笔者最初就是从入职恒士达科技有限公司开始熟悉LS-DYNA应用的，在此期间能够快速入门并精通LS-DYNA的应用，鲁博士的帮助可以说是功不可没。即使后来笔者离开恒士达科技有限公司很多年了，当遇到LS-DYNA应用上的"疑难杂症"时，鲁博士仍然是有求必应，热心帮助，故在此书出版之际，特向鲁博士表示感谢。

由于笔者能力及工作涉及范围所限，书中难免会有疏漏、不足，甚至错误，希望广大读者能够谅解并多多批评指正。

张亚峰

目　录

Contents

第 1 章　有限元分析基础

视频讲解：43 分钟

1.1　有限元法简介

1.1.1　有限元法

大学阶段接触到的材料力学、理论力学等课程所涉及的力学模型都是简单的杆梁结构或可简化为杆梁结构的模型，但是实际生活中遇到的很多力学问题（如电器跌落、车辆碰撞等问题）涉及的物理模型结构较复杂且呈现出高度的非线性（几何非线性、材料非线性和边界条件非线性）特征，因此许多专业公司就开发了各种专业的计算机辅助工程（Computer Aided Engineer，CAE）分析软件。工程师通过这些CAE 软件把结构复杂的物理模型离散成成千上万个非常小的形状规则的单元，如三角形单元、四边形单元、四面体单元、六面体单元及杆、梁单元等的集合体，如图 1.1 所示。例如，家用轿车的有限元模型通常需要离散成数量达 500 万左右、尺寸为 5mm 左右的单元，每个小单元内部的力学模型、力学方程比较简单，单元集合体联立成一个庞大的力学方程组，借助计算机对这个庞大的力学方程组进行计算，经过一段时间（如十几个小时）的计算得到一个结果文件，再借助专业 CAE 软件对结果文件进行解读，得到工程师想要的各种力学数据（如能量、位移、速度、加速度、应力、应变、截面力、接触力等），然后根据这些力学数据来判断所要分析的结构在各种受力工况下是否遭到破坏或者是否满足设计要求，这就是有限元分析（Finite Element Analysis，FEA）法（以下简称有限元法）。

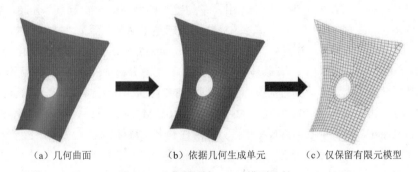

（a）几何曲面　　　　　（b）依据几何生成单元　　　　　（c）仅保留有限元模型

图 1.1　几何模型与 CAE 模型比较

有限元法是求解各种复杂数学、物理问题的重要方法，是处理各种复杂工程问题的重要分析手段，也是进行科学研究的重要工具。目前，国际上有 90%以上机械产品的装备都要采用有限元法进行分析和优化。

1.1.2　有限元法的发展历程

有限元法是 20 世纪 40 年代随着航空工业的飞速发展应运而生的。当时人们对飞机的结构和性能提出了越来越高的要求，如重量轻、载重量大、速度快、强度高、刚度好等，飞机设计工程师不得不对越来越庞大和复杂的飞机结构进行更加精确的设计和计算。在这一背景下，矩阵力学分析方法/矩阵位移法逐渐被引入工程问题的解决方法中。用矩阵位移法求出模型中各个节点的位移，再依据应变-位移关系计算出单元应变，用应力-应变关系计算出单元应力，对某些特殊的单元还可以依据应力计算出单元内力。

1943 年，Courant 发表了一篇使用三角形区域的多项式函数来求解扭转问题的论文，开创了有限元分析的先河。

1956 年，波音公司的 Turner、Clough、Martin 和 Topp 在分析飞机结构时系统地研究了离散杆、梁、三角形的单元刚度表达式，并求得了平面应力问题的正确解。

在工程师研究和应用有限元法的同时，数学家也在研究有限元法的数学基础。例如，发展了微分方程的近似解法，包括有限差分法、变分原理和加权残值法。

1955 年，德国斯图加特大学的 Argyris 在《航空工程》杂志上发表了一组关于结构分析中能量原理和矩阵方法的论文，为有限元法研究奠定了重要的理论基础。

1960 年，Clough 在处理平面弹性问题时，第一次提出并使用了有限元法的名称，随后大量的工程师开始使用这一离散方法来处理结构分析问题、流体问题、热传导等复杂问题。

1963 年前后，经过 J. F. Besseling、R.J. Melosh、R.E. Jones、R.H. Gallaher、T.H.H. Pian（卞学鐄）等许多人的研究，认识到有限元法就是变分原理中 Ritz 近似法的一种变形，并发展出了用各种变分原理导出的有限元计算公式。

1965 年，O.C.Zienkiewicz 和 Y.K.Cheung（张佑启）发现只要能写成变分形式的所有非结构力学的场问题（比如电场），都可以用与固体力学有限元法相同的步骤求解。

1967 年，Zienkiewicz 和 Cheung 出版了第一本有关有限元分析的专著。

1970 年以后，有限元法开始应用于处理非线性和大变形问题，Oden 于 1972 年出版了第一本关于处理非线性连续体的专著。

早期的有限元仿真分析法受计算机硬件条件（CPU 性能和数量）的限制只能建立非常粗略的模型。例如，1975 年，对一个有 300 个单元的模型，在当时先进的计算机上进行 2000 万次计算大约需要 30 小时；现在计算机硬件有了长足的进步，一个家用轿车的整车模型动辄 500 万个单元起步。

在有限元法建立和发展的初期，由于其基本思想和原理是"简单"而又"朴素"的，许多学术权威人士对该方法的学术价值有所轻视，国际知名刊物 *Journal of Applied Mechanics* 甚至曾多年拒绝刊登关于有限元法的文章。今时不同往日，由于有限元法在科学研究和工程分析中的作用和地位已得以提升，因此关于有限元法的研究已经成为数值计算的主流。目前，世界上专业的、知名的有限元分析软件公司有几十家，国际上知名的有限元软件有 ANSYS、MSC/NASTRAN、MSC/MARC、ABAQUS、PAM-STAMP 等以及本书将重点讲解的 HyperWorks 和 LS-DYNA 软件。目前在刊名中直接包含有限元法这一专业名称的知名学术期刊就达十多种，涉及有限元法的杂志更是有几十种之多。

有限元法还在不断地发展进步，如无网格法（SPH、EFG）的应用、新的单元积分公式的开发、新的材料模型的开发以及用粒子法模拟气体充满气囊代替以前的压强法等，有限元软件也在不断地更新换代以求更方便用户的使用和操作。目前有限元法也遇到了很多工程实际难题需要更准确地进行力学描述，如应力集中问题、材料的损伤断裂准则问题、应变率对材料开裂的影响问题、非金属材料及其他一些新开发材料的本构方程问题、新工艺的仿真技术问题、大变形时的流-固耦合问题、材料变形时的厚度变化问题、加工硬化的有限元建模问题等。

1.1.3 有限元法的优势

有限元法的应用领域覆盖军工、电力、交通、建筑、航空航天、重型机械、医疗器械、石油化工等领域，产品设计过程中有限元法的应用阶段包括：一是研发初期的无实物设计阶段，用于验证概念设计的可行性；二是产品生产出来之后、投放市场之前的实验验证阶段，用于仿真模拟实验验证过程，从而节省实验成本和缩小验证周期；三是产品投放市场之后，厂家根据市场反馈运用有限元法对产品的各种实际应用工况进行仿真分析，进而对产品不断进行结构优化、性能改进的阶段。因此有限元法在工业应用中通常被称为 CAE 仿真分析法。

有限元法的优势：多、快、好、省。

➢ 提高生产效率和产量，此为"多"。
➢ 缩短研发周期，加快研发速度，此为"快"。
➢ 提升产品质量和可靠性，此为"好"。
➢ 降低研发、生产成本，此为"省"。

有限元仿真分析还可以实现实物实验条件下无法做到的以下事情。

（1）更容易控制实验条件：边界条件可以自由调整，还可以考虑各种极端情况；可以把一些不关心的区域简化为不可变形的刚体；可以根据需要进行模型简化（例如，进行汽车前排座椅安装点的刚度分析时可以仅保留白车身 B 柱以前的部位，还可以根据用户的需要对过多裁切的部分进行恢复）；可以快速实现结构优化，且材料厚度、材料性能可以自由调整；仿真分析过程不受气候、温度等环境条件限制。

（2）仿真分析过程中可以查看更多细节：对于很多瞬态动力学问题（例如，汽车碰撞过程中的整车结构是在 100～200ms 极短的时间内发生的剧烈变化），CAE 仿真分析可以对整车各个部位的变形过程进行多角度反复、仔细的观察，甚至建立任意剖视面观察，而实验室条件下高速相机无法拍到的区域将无法观察到。

（3）从仿真分析结果可以获得更详细的数据：如针对整个模型的变形、速度、加速度、应力、应变等数据结果，而实验室条件下仅能在极少数区域设置数量有限的传感器。

1.1.4　有限元分析的力学基础

理论力学主要研究刚体的运动状态，材料力学和结构力学主要研究简单形状变形体的变形，弹性力学则主要研究任意变形体的变形，而有限元法正是将各种复杂形状的变形体离散成简单形状的变形体来进行研究的，因此有限元分析的力学基础更大程度上是弹性力学。而力学方程求解的原理是加权残值法或者泛函极值原理，实现的方法是数值离散技术，最后的技术载体是有限元分析软件，在处理实际问题时需要基于计算机硬件平台来处理。

有限元分析涉及的主要内容包括：基本变量（位移、应变、应力等）和力学方程（$F=KU$，$F=MA$）、数学求解原理（有限差分法、变分原理、加权余量法等）、离散结构和连续体的有限元分析实现（单元类型的选择）、各种应用领域（工况）、分析中的建模技巧（从物理模型到有限元模型的转换）、分析实现的软件平台（求解器的选择）等。

1. 基本变量

基本变量包括以下几个。

➢ 位移：描述物体变形后的位置。
➢ 应变：描述物体的变形程度。
➢ 应力：描述物体的受力状态。

2．基本方程

基本方程包括以下几个。

➤ 平衡方程：描述物体的受力状态。

➤ 几何方程：描述物体的变形程度。

➤ 物理方程/本构方程：描述材料的应力-应变关系。

有限元分析实现的最后载体是经过技术集成后的有限元分析软件。虽然很多工程师不需要精通有限元理论知识也可以熟练操作有限元分析软件，但并不意味着其掌握了有限元分析这一复杂工具。因为对于同一问题，使用同一种有限元分析软件，不同的用户可能会得到完全不同的计算结果，此时对计算结果的有效性和准确性的评判将是一个无法回避的问题，而只有用户在掌握了有限元分析基本原理、理解了有限元法本质的基础上，才能通过有限元法及有限元软件来分析解决实际问题并获得正确的计算结果。本书将首先针对有限元软件的实际应用与操作展开介绍，希望用户通过本书的学习能够在工作中熟练操作有限元分析软件，其次希望用户能够知其然，更知其所以然，从而可以依据物理模型更合理地建立有限元模型并得到更准确的分析结果。

3．有限元法可解决的问题

有限元法可解决的问题有如下几个。

➤ 固体力学问题。

➤ 流体力学问题。

➤ 流-固耦合问题。

➤ 热-固耦合问题。

➤ 电-磁场问题等。

本书主要针对有限元法在固体力学问题中的应用进行介绍。

1.1.5　固体力学问题的有限元解法

1．静力学问题和动力学问题

静力学问题主要是指结构在静力载荷（集中力/分布力、温度载荷、强制位移等）的作用下从一种平衡状态达到一种新的平衡状态时产生的节点位移、节点力、约束反力、单元应力和应变等的变量的求解。例如，强/刚度问题、模态问题、疲劳耐久问题、振动噪声问题等都是静力学问题。

动力学问题主要研究时变载荷对整个结构或部件的影响，同时还要考虑阻尼及惯性效应的作用。例如，钣金冲压成型问题、汽车碰撞问题、飞机鸟撞问题、爆破冲击问题、电器跌落问题等都是瞬态动力学问题。

准静态工况是一个持续而又缓慢加载的过程，每一个时刻结构近似处于一个静平衡状态，但是从整个过程来看，结构又处于内部应力、应变和宏观变形、位移及边界条件在较大范围内不断变化的过程中。汽车白车身座椅安装点刚度问题、安全带固定点刚度问题等的实验验证过程就是准静态过程。

2．线性问题和非线性问题

不论是静力学问题、动力学问题还是准静态问题，都涉及线性问题和非线性问题。

线性问题是指加载力与结构的变形、位移之间存在线性关系，内部的应力与应变之间也存在线性关系。例如，结构的强、刚度分析问题等使材料处于弹性变形阶段的分析工况。

线性问题对弹性体的基本假设如下。

（1）连续性：零件内物质是连续的，因此可以用连续函数来描述。

（2）均匀性：零件内各个位置的物质分布是均匀的，具有相同的力学特征。

（3）各向同性：零件内同一位置在各个方向上具有相同的力学特性。

（4）线弹性：零件的变形与受到的外力的作用之间是线性关系。外力除去后，物体可恢复原状，因此，描述零件材料的力学方程也是线性方程。

（5）小变形：物体的变形远小于其几何尺寸，因此在建立基本方程时，可以忽略二阶以上的高阶小量。

以上假设很可能会与真实情况存在一些出入，却可以让我们在进行有限元建模时抓大放小、简化问题。

非线性分析通常分为 3 种情况，即材料非线性、几何非线性和边界条件非线性。材料非线性是指应力-应变关系呈现非线性（例如，金属材料在受力作用下进入塑性阶段），几何非线性是指结构因为受力而发生大的几何形变且变形与受力之间呈现非线性关系；边界条件非线性是指模型因为受力变形导致边界条件（约束、接触等）不断发生变化。

与线性问题相比，非线性问题主要有以下特点。

➢ 非线性问题的力学方程是非线性的，因此一般需要进行迭代求解。

➢ 非线性问题不能采用叠加原理。

➢ 非线性问题不总有一致解，有时甚至没有解，尽管问题的定义都是正确的。

以上 3 个特点使非线性问题的求解比线性问题更加复杂、计算成本更高且更具不可预知性。因此，非线性有限元程序不仅需要做复杂的算式和有效的数据管理，而且必须包含合理的逻辑来指导求解过程。

3. 静力学问题与隐式算法

静力学问题通常采用隐式算法（Implicit Calculation），即通常用矩阵位移法建立力学方程，然后用位移增量法进行求解。

$$F_n=F_n^{\text{out}}-F_n^{\text{in}}=KU_{n+1} \tag{1.1}$$

其中，F_n 是当前状态的节点力矩阵；K 是单元刚度矩阵；U_{n+1} 是下一个平衡状态相对于当前状态的节点位移矩阵，单元刚度矩阵的奇异会导致 $F=KU$ 的求解不收敛。当整个模型就是一个弹簧时，则力学方程[式（1.1）]就是大家所熟悉的胡克定律 $f=kx$。其中，f 是一端被固定的弹簧的自由端所受到的拉/压力；k 是弹簧刚度；x 是加载点沿加载方向的位移。

力学方程 $F=KU$ 须与力的边界条件、位移边界条件（约束）联立方程组进行求解。线性静力学问题的单元刚度矩阵是线性的，联立方程组可以直接进行解析求解；非线性静力学问题的单元刚度矩阵是非线性的，此时力学方程 $F=KU$ 是偏微分方程，联立方程组的求解只能通过迭代求解得到误差允许范围内的近似解，常用的迭代法有 Newton-Raphson 迭代法和修正的 Newton-Raphson 迭代法，迭代法即确定位移增量步（$\delta U^{n+1}=\Delta U^{n+1}-\Delta U^n$）的方法，迭代求解即给结构一个位移增量 ΔU 并查看由此引发的内力 F_n^{in} 能否与外力 F_n^{out} 达成平衡，如果能达成平衡，则解 $U_{n+1}=U_n+\Delta U$；如果未能达成平衡，则继续迭代求解。当能够得到近似解时，我们就称该偏微分方程是收敛的，否则称不收敛。

非线性静力学解的收敛性的判据主要有残差检查法、位移检查法和应变能检查法 3 种。残差检查法通常是默认的检查方法，残差用来度量迭代的近似位移所产生的内力/内力矩与外载荷之间不平衡的程度，残差为 0 表明内力与外力达到平衡，对应的解就是精确的结果，因此要使迭代后的近似结果的精度足够高，就需要使残差足够小；位移检查法是当再次迭代的位移/转动量之差 δU^{n+1} 比起增量步内实际的位移变化 ΔU^{n+1} 足够小时，表明迭代收敛到了一个可接受的结果；应变能检查法是当两次迭代应变能之差比增量步内实际的应变能足够小时，表明迭代收敛到了一个可接受的程度。由于应变能表征系统的平均量，因此，应变能检查法这种收敛判据更适合评定总体的迭代精度，而对局部高应力或者高应变区则不适合。

对方程 **F=KU** 的求解可以得到模型内每个节点所受的力和产生的位移，再根据位移与应变的关系求出单元内部的应变，最后根据应变与应力的关系求出单元内部的应力。

导致力学方程 **F=KU** 不收敛的单元刚度矩阵奇异的原因主要有两个：一个是单元的位移函数包含刚体位移，所以单元刚度矩阵也包含刚体位移，这种情况通常是由于模型欠约束而导致的；另一个是模型中的单元节点没有连接好，即前面提到的零件内部材料的连续性出了问题，通常是由于模型中存在自由边问题而导致的。非线性静力学问题有限元法的求解过程存在双重近似，一次是在将复杂形状的物理模型离散成有限元网格时采取了一定的近似，另一次是在对整个模型的非线性方程组进行迭代求解时获得的误差允许范围内的近似解。

4. 动力学问题与显式算法

动力学问题与静力学问题的主要区别在于动力学问题需要考虑惯性力。与静力学有限元分析相比，动力学有限元分析要增加结构质量分布的离散和一致时间度量来描述模型的加速度。动力学问题通常采用时间增量步和显式算法（Explicit Calculation），相关方程如下。

$$F_n=F_n^{\text{out}}-F_n^{\text{in}}=MA_n \tag{1.2}$$

其中，F_n 为当前时刻的节点力矩阵；M 为节点质量矩阵；A_n 为当前时刻的节点加速度矩阵。当模型中只有一个质量点时，该公式就是大家所熟悉的牛顿第二定律 $F=ma$。由于节点质量矩阵 M 为常数矩阵，因此线性方程 $F_n=MA_n$ 与力的边界条件及位移边界条件（约束）联立后可直接进行解析求解，从而得到各个节点在当前时刻的加速度 A_n。随后依据介质中弹性波的传播理论，由每个单元的特征尺寸和声速（应力波在材料中的传播速度）可以计算出每个单元的时间增量步的步长和整个模型的最小时间步长Δt，在此基础上可得到一个中间状态的节点速度信息［图 1.2（a）］。

$$V_{n+\frac{1}{2}}=V_{n-\frac{1}{2}}+\Delta tA_n \tag{1.3}$$

其中，$V_{n+\frac{1}{2}}$ 是当前时刻与下一时刻之间的中间时刻的整个模型的节点的速度矩阵，$V_{n-\frac{1}{2}}$ 是当前时刻与前一时刻之间的中间时刻的整个模型的节点的速度矩阵，Δt 是整个模型的最小时间步长，A_n 如前所述是当前时刻的整个模型的节点加速度矩阵。利用速度信息可得到下一时刻的节点位移信息［图 1.2（b）］。

$$D_{n+1}=D_n+\Delta tV_{n+\frac{1}{2}} \tag{1.4}$$

其中，D_{n+1} 是下一时刻的整个模型的节点的位移矩阵，D_n 是当前时刻的整个模型的节点的位移矩阵，Δt 如前所述是整个模型的最小时间步长，$V_{n+\frac{1}{2}}$ 如前所述当前时刻与下一时刻之间的中间时刻的整个模型的节点的速度矩阵。

接下来利用位移和应变的关系计算出 t_{n+1} 时刻单元内部的应变，再利用应力和应变的关系计算出 t_{n+1} 时刻单元内部的应力。

显式算法与隐式算法的最大区别是时间增量步与位移增量步的区别。显式算法不存在隐式算法的收敛性问题，可以对整个有限元模型进行分块并行计算，而隐式算法只能将整个模型作为一个整体进行串行计算；隐式算法对单元质量和计算机内存的要求较显式算法更高；隐式算法的计算量主要取决于单元数量，而显式算法的计算成本除了单元数量之外，还受单元尺寸的影响。最后，由于显式算法采用时间增量步，因此显式算法的载荷（力、加速度等）的定义必须有一个时间历程曲线，即使加载力是一个保持不变的恒定的力。

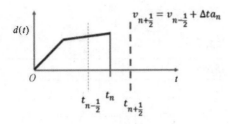
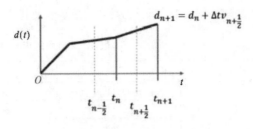

（a）由 $n-\dfrac{1}{2}$ 时刻的速度求出 $n+\dfrac{1}{2}$ 时刻的速度　　　　（b）由 n 时刻的位移求出 $n+1$ 时刻的位移

图 1.2　显式计算加速度、速度和位移关系推导

静力学问题与动力学问题是指研究对象在宏观表现上的区别，线性问题与非线性问题是指研究对象在内部机理上的区别，而隐式算法与显式算法是指研究对象的数学表达及求解方法的不同。

有些力学问题并非单纯通过显式算法或者隐式算法就能解决。例如，汽车碰撞过程和钣金冲压成型过程都是高度非线性的瞬态动力学问题，通常要用显式算法来求解，但是汽车碰撞与钣金冲压成型后期的变形回弹过程则需要通过隐式算法才能准确求解。作为本书主要讲解对象的 LS-DYNA 求解器则可以实现显式计算与隐式计算的无缝衔接。

本书主要针对碰撞、冲压、跌落等高度非线性的瞬态动力学问题和汽车座椅拉拽等准静态问题的有限元分析方法及其显式算法进行介绍。

1.2　常用前、后置处理软件及求解器介绍

CAE 工程师可能不需要对那些专业的 CAE 分析软件背后的力学知识与算法非常精通也可以达到熟练操作与应用软件的目的。对 CAE 分析软件的精通能够帮助工程师更加精确地建立有限元模型，从而能够得到更加精确的反映实际工况的结果，进而有利于工程师对结果做出更加准确的判断。问题来了，面对市面上各种 CAE 分析软件，初学者应该如何选择来进行学习呢？选定一种 CAE 分析软件并打开之后，该如何操作才能实现前面提到的 CAE 仿真分析过程呢？

表 1.1 所示为目前工业应用中所涉及的一些主要 CAE 前、后置处理软件的对应关系。

（1）前处理（Pre-process）：提交计算前的建模工作统称为前处理操作，前处理所用到的软件称为前处理软件。

（2）后处理（Post-process）：从提交计算后生成的结果文件中提取有用信息（如位移、应力、应变等）统称为后处理操作，后处理所用到的软件称为后处理软件。有一款软件 LS-PrePost 是 LSTC 公司开发的。从名称可以看出，其既可以进行前处理操作，也可以进行后处理操作。

表 1.1　常用的前、后置处理软件的对应关系

前处理	后处理
HyperMesh	HyperView
ANSA	META
LS-PrePost	LS-PrePost
ABAQUS	ABAQUS

（3）求解器（Solver）：对前处理软件导出的文件进行求解计算，生成结果文件以供后处理软件进行

数据采集的软件。表 1.2 所示为常用的求解器及其应用工况分类。

表 1.2　常用的求解器及其应用工况分类

计算方法	分析工况	线性分析	非线性分析
隐式算法	强度分析	Nastran	Marc
	刚度分析	OptiStruct	
	模态分析	ABAQUS	
	疲劳耐久		
	NVH		
	屈曲		
显式算法	碰撞	LS-DYNA RADIOSS PAM-CRASH	
	跌落		
	爆破冲击		
	侵彻		
	冲压成型		
	准静态		

- 强度（Strength）分析：分析结构在外力作用下抵抗永久变形（塑性变形）甚至破坏的能力。其主要考查结构在外力作用下的应力、应变状况是否达到屈服极限和抗拉极限。
- 刚度（Stiffness）分析：分析结构在外力作用下抵抗变形的能力。其主要考查材料的受力点在单位外力作用下的位移。
- NVH（Noise，Vibration，Harshness）：噪声、振动及声振粗糙度分析，是汽车驾驶、乘坐舒适性的重要指标。
- 屈曲（Buckling）：指一个结构还没有达到屈服就失去承载能力的过程，当载荷没有任何变化时，薄膜应变能转化为弯曲应变能意味着屈曲发生。
- 碰撞安全性能分析（Passive Safety Analysis）：分析车辆在与障碍物发生碰撞过程中保护车内乘客安全的能力。

车辆安全性能分为主动安全性能和被动安全性能。主动安全性能就是车辆控制系统主动采取措施规避、防止碰撞事故发生的能力，主动安全系统（装置）如 ABS 防抱死系统、EBA 紧急制动辅助系统等；被动安全性能是指汽车在碰撞事故发生的过程中保护乘员免受伤害的能力，被动安全系统（装置）如钢体车身上传力路径及压溃吸能区域的设计以及安全带、安全气囊等约束系统的配置等。通常所说的汽车碰撞安全性能分析即汽车整车的被动安全性能的分析。

几乎每一种求解器都有自己单独的前、后置处理软件。例如，Nastran 求解器有单独的前、后置处理软件 Patran，再如 LS-DYNA 求解器有单独的前、后置处理软件 LS-PrePost。但是市场占有率最高的还是表 1.1 中几款通用的前、后置处理软件。例如，HyperWorks 软件下面的前处理软件 HyperMesh 和后处理软件 HyperView，再如前处理软件 ANSA 和其对应的后处理软件 META。这些通用的前、后置处理软件对几乎所有的求解器都有无缝接口（图 1.3），也就是可以相互进行文件的导入、导出。

图 1.3　HyperMesh 求解器接口选择

1.3　CAE 分析的一般流程

市场上出现的 CAE 软件种类很多，但是所有的 CAE 软件从理论到实际应用都有相通的地方。首先它们为了提高通用性和市场占有率相互之间都有接口，越是通用的 CAE 软件，其接口越多；其次 CAE 软件虽然各种各样，但是所有工程分析问题的 CAE 分析流程都大同小异，只是每一步操作所使用工具的名称及在软件界面上的位置不同、具体的操作细节有差异而已。图 1.4 所示为汽车整车碰撞安全性能分析前、后置处理的通用流程，其他行业有限元分析与之相比的唯一不同之处在于不需要调整假人姿态。本书的主要内容就是以 HyperMesh、LS-DYNA 和 HyperView 等在工业企业应用普及率非常高的前处理软件、求解器和后处理软件的实际操作为例，以 CAE 分析的通用流程为主轴，以汽车行业碰撞安全性能分析为主要剖析对象进行有限元分析应用阐述的，但是其中涉及的很多知识点对其他 CAE 软件、其他工程分析问题同样适用，有助于读者达到触类旁通的效果。因为通过本书的学习，再接触其他有限元软件时，读者已经很清楚自己每一步想要做什么了，只要更进一步知道对应的工具在这款新接触的有限元软件中是怎么操作的就可以了。

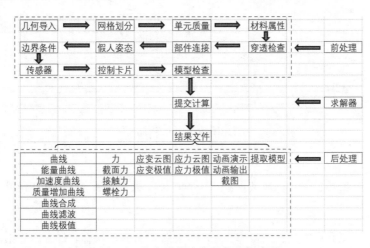

图 1.4　汽车碰撞安全性能分析流程

1.4　HyperMesh 界面及操作基础

1.4.1　HyperMesh 界面

HyperMesh 和 HyperView 分别是 HyperWorks 软件旗下的通用前处理软件和后处理软件。HyperMesh 界面布局如图 1.5 所示。本书以 HyperWorks 2019、LS-DYNA_971 R9.0 为基础版本进行应用阐述。由于这些 CAE 软件都是向上兼容的，因此本书内容对于更高版本的 HyperWorks、LS-DYNA 同样适用，笔者也会适时讲解高版本软件的高阶操作。

📢 注意：

> 因为 HyperWorks 软件是向上兼容的，所以高版本的 HyperMesh 能够打开低版本 HyperMesh 保存生成的.hm 文件，反过来则不能，这一点用户需要注意。

图 1.5 中各区域的功能并不是排他的，而是相互重叠的，即实现同一操作的途径有多个。但是使用频率从高到低依次是快捷键和鼠标键、界面菜单、工具栏、功能区、下拉菜单和命令区。下拉菜单的使用频率虽然很低，但是其兼容性更强，几乎所有其他区域能够实现的操作在下拉菜单中都能够找到相对应的命令。

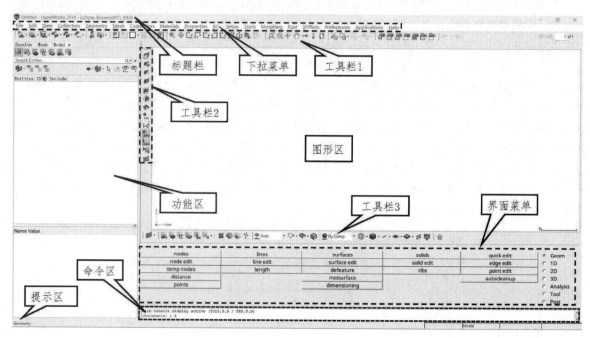

图 1.5　HyperMesh 界面布局

1. 标题栏

下拉菜单上方的标题栏会显示当前文件名、HyperMesh 版本和当前对应的求解器接口。

2. 工具栏

工具栏 1 中的主要工具用于文件的操作。例如，文件的打开、保存、导入、导出，CAE 模型求解器接口的选择，图形区模型视角选择和缩放、旋转等操作，以及对误操作的返回（Ctrl+z）、恢复（Ctrl+y）等功能。单击导入、导出图标后，具体的操作窗口会出现在下方的功能区。

工具栏 2、工具栏 3 中的工具都是对图形区内模型的显示、隐藏等进行各种控制的快捷工具。

把鼠标指针放在工具栏的某个工具图标上，会即时显示该工具的英文功能解释。

3. 功能区

功能区（图 1.6）可以打开的、后续也经常会使用到的界面 Utility、Mask、Model、Solver、Connector、Part 等均可在下拉菜单 View 中找到。单击需要的菜单项使其前面出现“√”标记则在功能区会出现相应的界面，再次单击 View 菜单中的相应项则“√”标记消失的同时功能区相应的界面被关闭。此外工具栏 1 中的导入（Import）、导出（Export）图标及下拉菜单 Tools→Model Check→LsDyna 等模型检查工具也是在功能区显示和操作。

4. 界面菜单

界面菜单共有以下 7 项内容。

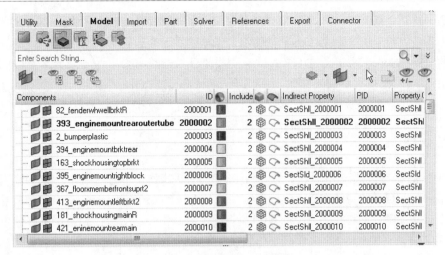

图 1.6　功能区可以打开的界面

（1）Geom 界面中的菜单都是对几何模型进行操作的工具。

（2）1D 界面中的菜单都是对一维单元（杆、梁、弹簧等单元）进行生成、编辑等相关操作的工具。

（3）2D 界面中的菜单都是对二维单元（壳单元）进行相关操作的工具。

（4）3D 界面中的菜单都是对三维单元（实体单元）进行相关操作的工具。

（5）Analysis 界面用于对模型进行工况设置。例如，约束、载荷、速度、接触等边界条件的定义以及提交计算后对求解器的计算控制、结果输出控制的设置。

（6）Tool 界面中的菜单是对无差别目标（如几何、1D、2D、3D 等）进行编辑操作的工具。

（7）Post 界面中的菜单是对 HyperWorks 自带的求解器 OptiStruct 的计算结果进行后处理的工具，求解器 LS-DYNA 的计算结果只能在 HyperView 软件中进行后处理。

单击界面菜单中的某一菜单，会在界面最下方的提示区左侧出现提示信息来指导用户进行下一步操作，或者出现对用户操作失误的警告信息。

提示区右侧的 4 个矩形框显示当前 Include（子系统）、当前 Part（零件）、当前载荷工况等信息，单击其中一个可以进行相应的编辑操作。在图形区的所有操作、定义均默认是针对当前 Include、当前 Part 进行的。

按 m 键可以关闭工具栏 3 和界面菜单，从而最大化图形区，再次按 m 键可恢复工具栏 3 和界面菜单。

5．命令区

命令区可以通过输入 TCL（Tool Command Language）命令语句进行相关操作。

图 1.5 中各区域的单项工具的具体功能和操作方法将在后续章节结合具体应用进行详细讲解。除最上端的下拉菜单栏、中间的图形区和最下端的命令提示区之外，其他区域都是可以在必要的时候（如需要最大化图形区等）暂时关闭的。打开/关闭界面菜单、工具栏、功能区和命令区的操作都是在下拉菜单 View 中进行。

1.4.2　有限元模型的基本概念

几何特征：点（Point）、线（Line）、面（Surface）和实体（Solid）等。

有限元特征：节点（Node）、单元（Element）、零件（Component）、材料（Material）和属性（Property）等。

几何模型中的零件是由点、线、面、实体等特征组成的，而有限元法建模中的零件是由若干个单元（Element）的组合来描述的，单元又是由其边角的节点（Node）来定义的（图1.7）。一个零件内部的相邻单元必须共用节点以模拟材料的连续性，否则会出现自由边（Free Edge）问题。

图1.7　三角形单元和四边形单元

1.4.3　模型获得

初学者可能需要一些模型来练习、熟悉 CAE 建模的有关操作，下面推荐几个获得练习模型的途径。

一是 HyperMesh 自带的帮助文档。单击下拉菜单 Help→HyperWorks help home，或者在某一操作命令进行过程中按 F1 键，即可进入 HyperWorks 指导手册。指导手册中作为例子讲解的模型都可以在 HyperWorks 安装目录下的 tutorials 文件夹中找到。

二是 LSTC 官方网站。LSTC（Livermore Software Technology Corporation），即开发求解器 LS-DYNA 软件及前、后置处理软件 LS-PrePost 的公司。

从 LSTC 网站可以免费下载到 LSTC 公司最新版的前、后置处理软件 LS-PrePost 及其操作手册，集成了前、后置处理软件 LS-PrePost 和 LS-DYNA 的提交计算模块，以及对提交计算的 Key 文件进行文本编辑的 LS-DYNA Program Manager 软件，还可以下载 LS-DYNA 从高到低各个版本的关键字手册、各种汽车碰撞安全性能分析整车模型，以及被动安全性能分析所用的假人模型和壁障等子系统模型。其实，还可以直接下载 LS-DYNA 各个版本的求解器，只不过需要先购买授权 License 才能使用。

1.4.4　HyperMesh 求解器接口的选择

用户每次打开 HyperMesh 前处理软件都会出现图1.3 所示的对话框，以提示用户选择求解器接口。如果一开始就很明确最终会采用某一求解器（如 LS-DYNA 求解器）提交计算，则可以直接选择该求解器接口；如果一开始并不明确最终会采用哪一种求解器提交计算，则建议采用 HyperWorks 自带的求解器接口 OptiStruct。单纯的网格划分对最终求解器类型选择的影响较小，用户如果在网格划分过程中想切换求解器接口，可单击工具栏1 中的 User Profiles 图标 👤，打开图1.3 所示的对话框来重新进行求解器接口的选择与切换。

1.4.5　模型的导入、导出

HyperMesh 打开（Open）、保存（Save）的文件只能以*.hm 的文件格式存在，而且高版本 HyperMesh 可以打开、导入低版本 HyperMesh 保存的.hm 文件，反之则不可。文件的保存、打开路径必须是英文字母、数字及中横线、下横线的组合，不可以存在汉字、空格以及特殊字符。

模型的导入（Import）有以下几种类型：.hm 文件的导入，有限元模型的导入，几何模型的导入，焊点、粘胶连接信息 Connector 的导入等。.hm 文件可以同时包含有限元模型信息、几何模型信息和记录零件间焊接/粘接关系的 Connector 等信息（表1.3）。

表 1.3　HyperWorks 打开/保存与导入/导出文件的区别

操作方式		文件格式	模型类型	是否受 HyperWorks 版本影响
Open（打开）		*.hm	CAD&CAE	是
Save（保存）		*.hm	CAD&CAE	是
Import（导入）	Model	*.hm	CAD&CAE	是
	Solver Deck	*.key/*.k etc.	CAE	否
	Geometry	*.stp/*.igs etc.	CAD	否
	Connector	*.mcf	Connector	否
Export（导出）		*.key/*.k etc.	CAE	否

打开与导入.hm 文件的区别：打开一个.hm 文件相当于用新打开的.hm 文件内部的模型"替换"现有的模型；导入一个.hm 文件相当于在现有模型的基础上"追加".hm 文件的内容。

LS-DYNA 求解器接口下有限元模型（即 Key 文件）可以导入*.k、*.key、*.dyn、*.dynain 等类型的文件。HyperMesh 前处理软件在 LS-DYNA 下导出的文件也只能是这几种类型的文件，导出的文件可以用于求解器 LS-DYNA 提交计算，也可以作为 HyperMesh 前处理软件的导入数据使用。Key 文件的导入、导出不受 HyperMesh 版本高低的限制。

1.4.6　HyperMesh 鼠标键功能

以最常用的中键为滚轮的三键鼠标为例，HyperMesh 的鼠标键功能见表 1.4。在此附加两点说明：

（1）在使用"Ctrl+左键拖动"旋转模型前，用户可用"Ctrl+鼠标左键"单击选择模型中某个节点将其定义为旋转中心。

（2）HyperMesh 界面下鼠标左键单击或框选通常是进行特征的选择，鼠标右键单击或框选通常是取消特征的选择，因此后续如不作特别说明，"单击选择"均指鼠标左键的操作，"单击取消"均指鼠标右键的操作。

表 1.4　HyperMesh 的鼠标键功能

鼠标键		功能	Shift+	Ctrl+
左键		选择	框选	旋转
滚轮	单击	确认	—	全屏
	滚动	—	—	缩放
	拖动	—	—	局部放大
右键		取消	框取消	拖动
左键+右键		—	框选形式	—

1.4.7　HyperMesh 快捷键

HyperMesh 的快捷键见表 1.5。熟练使用 HyperMesh 快捷键是初学者必须要过的一关，建议初学者把这张表格打印出来放在办公桌上，以便随时能够查找。

◁)) 注意

操作 HyperMesh 特别是使用快捷键的时候需要关闭计算机的中文输入法。

表 1.5 中用英文描述各个快捷键的功能主要是因为这些快捷键与界面菜单或下拉菜单中的菜单项相对应，而所有的菜单项都是用英文来表述的。

表 1.5　HyperMesh 的快捷键

Key	功能	Shift+	Ctrl+
F1	help	color	screen copy
F2	delete	temp nodes	screen copy
F3	replace	edges	—
F4	distance	translate	—
F5	mask	find	—
F6	edit element	split	screen copy
F7	node edit: align	project	—
F8	create nodes	node edit	—
F9	line edit	surface edit	—
F10	check elems	normals	—
F11	quick edit	organize	—
F12	automesh	smooth	—
a	rotate	—	—
s	selector	—	—
d	display	—	—
f	full screen	—	—
z	zoom	—	undo
x	visual attributes	—	—
o	option	—	—
t	true view	—	—
m	panels	—	—
Esc	cancel	—	—

建议初学者根据前面的提示从 HyperMesh 的帮助文档或 LSTC 网站先获得一个几何模型或者有限元模型，再依据本书内容通过对现有模型的实际操作达到快速领会、加深记忆的目的。

下面对表 1.5 中提及的快捷键进行逐一讲解。

（1）F1：打开帮助文档。如果对某项命令的具体操作有疑问，用户可以在操作过程中按 F1 键打开相应的帮助文档。

（2）F2：特征删除命令。可打开 delete 命令窗口如图 1.8 所示，其对应界面菜单中的 Tool→delete 命令。

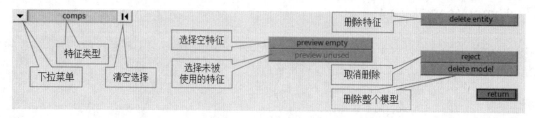

图 1.8　delete 窗口

delete 窗口中的工具解释如下：

1）下拉菜单：单击图 1.8 中第一个下拉菜单按钮后，弹出的菜单中会出现很多特征类型选项供用户选择，如几何特征、单元特征，还有材料、属性特征等，单击选择想要删除的特征的类型，就会看到图 1.8 中的"特征类型"位置做出相应的改变。

2）辅助选择快捷菜单：右击"特征类型"按钮，弹出辅助选择快捷菜单可帮助用户快速进行特征内容的选择（关于该菜单后续会有专门解释）。

3）通过特征列表选择：用户可以通过单击"特征类型"按钮打开模型中所有与特征类型（如图 1.8 中的 comps）对应的特征列表，再在列表中逐个选择。

4）在图形区直接选择：用户也可以直接在图形区通过单击选择或者通过"Shift+鼠标左键"框选的方式进行特征选择，被选中的特征会在图形区高亮显示；在图形区的单击选择，或者框选批量选择的操作中，HyperMesh 会自动地仅针对特定的特征类型进行选择，对于不属于该特征类型的特征，即使被框选也不会被选中。

5）取消选择：选择完成后，如果想部分取消，则可通过在图形区用鼠标右键单击单个取消或者通过"Shift+鼠标右键"框选方式批量取消；如果想全部取消选择，还可以通过单击图 1.8 中的"清空选择"按钮来实现。

6）preview empty：找出模型中"有名无实"的空的同类特征，相当于一个辅助选择快捷工具。

7）preview unused：找出模型未被引用的同类特征，只针对集合*SET、材料*MAT 和属性*SECTION 等特征而言。

8）delete entity：确认删除所选的特征，也可以通过在图形区单击鼠标中键来实现。

9）reject：取消删除命令，也可以通过快捷键 Ctrl+z 实现。

10）delete model：不加选择地删除整个模型，用户也可以通过单击工具栏 1 中的 New 图标 实现相同的功能。当需要打开一个新的模型或者建立一个全新的模型时，用户通常需要先清除现有模型的所有内容，此时便会用到该命令。

11）return：退出特征删除命令，还可以按 Esc 键实现。

（3）F3：节点合并命令，打开的窗口如图 1.9 所示。其对应界面菜单中的 1D→replace 命令。

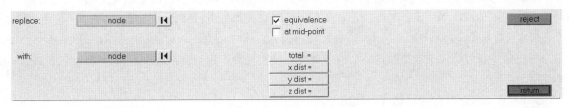

图 1.9 replace 窗口

replace 窗口中的工具如下：

1）equivalence：两个节点合并为一个节点。不选择该项则两个节点只是重合在同一位置，但并未合并。

2）at mid-point：两个节点合并/重合于其几何中心位置，否则将合并/重合于第二个被选中的节点位置。当需要把质量较差的四边形单元的两个相邻节点合并而改成一个三角形单元时，经常会用到该选项。

（4）F4：测量距离、角度命令，打开的窗口如图 1.10 所示。其对应界面菜单中的 Geom→distance 命令。

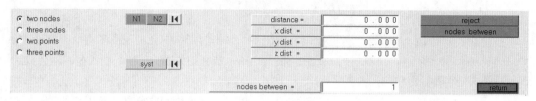

图 1.10　distance 窗口

distance 窗口中的工具如下：

1）two nodes：测量两个有限元节点之间的距离以及该长度在全局坐标系 x、y、z 3 个坐标轴方向的分量，距离值显示出来之后，手动更改其数值，则节点 N2 会在与节点 N1 形成的直线方向上做一定的运动，从而使其与节点 N1 之间的距离满足指定的数值。

2）three nodes：测量 3 个节点在第二个节点上形成的夹角。

3）two points：测量两个几何点之间的距离。

4）three points：测量 3 个几何点在第二个几何点上形成的夹角。

5）nodes between：在两个节点之间自动生成均匀分布的节点的数量，此时还需要单击右侧的 nodes between 按钮才能生效。

（5）F5：隐藏特征命令，打开的窗口如图 1.11 所示。其对应界面菜单中的 Tool→mask 命令。

图 1.11　mask 窗口

mask 窗口中的工具如下：

1）下拉菜单：图 1.11 中 elems 左侧的下拉菜单按钮可用于选择要隐藏的特征类型。

2）选择特征：用户可直接在图形区选择特征，也可以用鼠标右键单击该特征类型，随后会弹出一个辅助选择快捷菜单，帮助用户快速完成特征选择工作。在图形区进行特征选择时，即使显示的特征类型很多，如几何特征（点、线、曲面、几何零件等）和有限元特征（节点、单元、有限元零件等），HyperMesh 也只会对特定特征进行识别选择；其他类型的特征即使被选择，也不会被选中。被选中的特征会在图形区高亮显示。

3）mask：对被选择的特征执行隐藏操作。

4）reverse/reverse all：对被隐藏的特征和没有被隐藏的特征进行反转操作。

5）unmask all：对所有被隐藏的特征取消隐藏。

6）reject：取消之前的隐藏操作；使用快捷键 Ctrl+z 也可以实现相同的操作。

这里我们适当作一下扩展，关于特征的隐藏的操作，还可以通过以下几个途径实现：

1）在功能区的 Mask 界面（对应下拉菜单中的 View→Mask Browser 命令)同样可以实现特征的快速隐藏或显示。

2）在功能区的 Model→Component View 界面，选择想要隐藏的零件并右击，在弹出的快捷菜单中选择 Hide 命令也可以隐藏单个或多个零件；选择快捷菜单中的 Show 命令可以在图形区显示被选择的零件；选择快捷菜单中的 Isolate Only 命令可以在图形区单独显示被选择的零件。

3）在功能区的 Model→Include View 界面，选择一个或者多个子系统并右击，在弹出的快捷菜单中选择 Hide 命令可以隐藏该子系统内部的所有内容。

4）在功能区的 Model→Material View 界面，选择一个或者多个材料并右击，在弹出的快捷菜单中选择 Hide 命令可以隐藏用到该材料的所有零件。

5）在功能区的 Model→Property View 界面，选择一个或者多个零件属性定义并右击，在弹出的快捷菜单中选择 Hide 命令，则用该属性定义的所有零件都将被隐藏。

6）在功能区的 Solver 界面，选择某个关键字并右击，在弹出的快捷菜单中选择 Hide 命令，则该关键字定义的所有特征将被隐藏。

（6）F6：手动生成单元命令，打开的窗口如图 1.12 所示。其对应界面菜单中的 2D→edit element 命令。

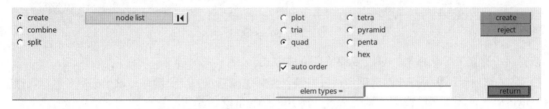

图 1.12　edit element 窗口

edit element 窗口有 3 个界面，其中图 1.12 所示的 create element 界面中的工具如下：

1）plot：单元类型为用两个节点定义的一维线性单元。

2）tria：三节点三角形单元。

3）quad：四节点四边形单元，三角形单元和四边形单元都是二维壳单元。

4）tetra/pyramid：四节点四面体单元。

5）penta：六节点五面体单元（即三棱柱单元）。

6）hex：八节点六面体单元（即立方体单元），四面体单元、五面体单元和六面体单元都是三维实体单元。

7）auto order：选够节点数量即自动生成单元。如图 1.12 所示，当选择 quad 单选按钮和 auto order 复选框后，在图形区选择 4 个节点时不用确认会自动依据这 4 个节点生成四边形壳单元；如果仅选择 3 个节点即在图形区单击鼠标中键确认，则会生成一个三角形壳单元，这就是 auto order 的模糊功能。实体单元的操作与之类似。

➤　combine 界面：将几个相邻壳单元合并成一个三角形单元或者四边形单元。

➤　split 界面：将选定的单元沿指定的折线切分成两个单元。

（7）F7：节点对齐命令，打开的窗口如图 1.13 所示。其对应界面菜单中的 Geom→node edit 命令。所有选择的节点都将投影到第一个节点与第二个节点形成的直线上。

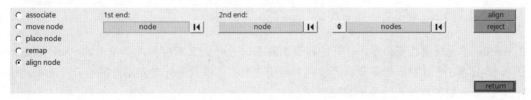

图 1.13　node edit 窗口

1）align：对齐确认，在图形区单击鼠标中键同样可以达到确认的功能。

2）reject：拒绝之前的对齐操作；使用快捷键 Ctrl+z 可以实现相同的功能。

选择的节点可以是图形区已经存在的节点，用户也可以用鼠标左键在几何特征线或者特征面上小范围拖动，待其高亮显示后，在其某个位置单击鼠标左键，则会在单击位置生成一个临时节点，以用于后续的操作。

（8）F8：节点生成命令，打开的窗口如图 1.14 所示。其对应界面菜单中的 Geom→nodes 命令。

图 1.14　nodes 窗口

该界面下存在多个选项卡，对应多种节点生成方式。

1）XYZ 选项卡：默认打开的选项卡，根据输入坐标生成节点。当要输入 x 轴坐标时，可以直接输入数值，也可以选择图形区模型中的某个节点，则 HyperMesh 会自动将被选节点的 x 轴坐标值输入界面菜单的数据栏中。y 轴、z 轴坐标的操作类似。

2）On Geometry 选项卡：在几何特征上生成节点。用户可以先通过单击命令窗口中的下拉菜单按钮指定几何特征后用鼠标左键在图形区单击选择，也可以直接用鼠标左键在图形区几何特征上小距离拖动使该几何特征高亮显示达到选择特征的目的，几何特征选择完成后在该特征上用鼠标左键单击，则单击的位置会自动生成节点。

3）Arc Center 选项卡：根据选择的几何特征（如点、线或有限元节点），HyperMesh 会自动找到它们的几何中心并在该中心位置生成节点。

4）Extract Parametric 选项卡：在选择的几何特征线、面上均匀分布地生成指定数量的节点，当几何特征为曲面（Surface）时，则需要同时指定生成节点的行数和列数。

5）Interpolate Nodes 选项卡：在选择的节点两两之间自动生成指定数量的节点。选择的节点可以是既有的节点，也可以是在几何特征线、面上临时生成的节点。

6）Intersect 选项卡：在两个指定特征（几何特征或向量）的交点上自动生成节点。

（9）F9：几何特征线编辑命令，打开的窗口如图 1.15 所示。其对应界面菜单中的 Geom→line edit 命令。

图 1.15　line edit 窗口

（10）F10：单元质量检查命令，打开的窗口如图 1.16 所示。其对应界面菜单中的 Tool→check elems 命令。1-d、2-d、3-d 分别对一维单元、二维壳单元和三维实体单元进行单元质量的检查；选项卡 time 可以检查图形区显示的所有单元的最小时间步长。

以图 1.16 中的检查二维壳单元的质量为例，首先在某检查项后面的数据栏填入相应的考查指标，然后单击前面的按钮，界面最下面的信息提示区会显示该标准下图形区当前显示的所有壳单元中质量不合格单元的数量。

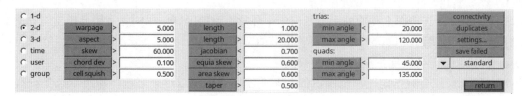

图 1.16   check elems 窗口

该界面重点介绍以下两个工具：

1）save failed：保存检查出的不合格单元信息，然后退出命令；接下来通过快捷键 d 进入模型显示控制命令界面，选择 none 清空图形区所有模型的显示；然后通过快捷键 Shift+F5 进入查找特征命令界面，鼠标左键单击特征类型弹出特征辅助选择快捷菜单，选择 retrieve 命令读取之前保存的特征信息，再单击对话框右侧的 find 按钮，则图形区只显示前面查找出并保存的不满足单元质量标准的单元。save failed 命令的功能只是将一些特征信息临时保存在剪贴板上，再次保存时会覆盖之前保存的信息，退出 HyperMesh 则剪贴板内容会自动清空。

2）duplicates：查找图形区显示的模型中存在的重复单元，即查找由于完全共节点导致重复的两个或者多个单元中的一个。查找与显示方式与上面相同。删除重复单元则是通过快捷键 F2 进入删除特征命令界面，在弹出的特征辅助选择快捷菜单中选择 retrieve 命令，然后确认删除即可。

📢 注意：

> duplicate 只能找出图形区显示的重复单元即共节点单元，但不能找出仅仅是位置完全重叠的单元。不管是重叠单元还是重复单元，肉眼观察都只看到一个单元。

（11）F11：几何特征编辑命令，打开的窗口如图 1.17 所示。其对应界面菜单中的 Geom→quick edit 命令。由于受最小单元尺寸限制，用户在有限元建模之前需要对几何模型进行必要的清理和简化，以清除一些细小到无法用单元描述的几何特征；为了提高生成网格的质量，用户需要对几何模型进行合理的分割。在几何特征编辑过程中，使用频率较高的命令就在 quick edit 窗口中。

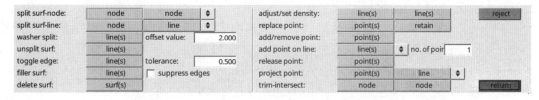

图 1.17   quick edit 窗口

在工具栏 3 中，当几何模型用 by topo 模式显示时，图形区的几何特征线会显示出各种颜色，曲面上红色的边界线为自由边，只应出现在曲面的外部边界或内部孔洞上；绿色的曲线为相邻两个曲面的公共边；黄色的曲线一般为 3 个以上曲面的公共边。由于存在公共边的各个曲面上的单元在曲面交界的公共边上必须共节点，以表达材料在此处的连续性，因此建议用户在有限元建模过程中采用拓扑模式显示几何特征，这样可以直观地看到哪些曲面边界上的单元必须共节点。

quick edit 窗口中的常用工具解释如下：

1）split surf-node/node：用点到点的连线对几何曲面进行分割，当选择 node 时，可以进行连续分割。

2）split surf-line/line：用点到线的连线（自动生成最近路线）对几何曲面进行分割，当选择 line 时，可以连续地进行分割操作。

3）washer split：在曲面上孔的外围分割出一个环形等距的区域，以满足有限元模型对孔的建模要求。该行 offset value 用于定义分割出来的环形区域的宽度。

4）unsplit surf：消除前面生成的几何分割线。

5）toggle edge：合并指定距离范围内的两条曲线，曲线可以逐个点选，也可以批量框选。该行 tolerance 用来定义搜索范围，搜索范围以外的曲线无法合并。

6）delete surf：删除某个封闭边界内的曲面。

7）replace point：将图形区选择的第一个 point 几何点合并至选择的第二个 retain 几何点。

8）add/remove point：在几何线、面上增加或消除几何点，划分有限元网格时会自动在这些几何特征点上生成一个单元节点。用鼠标左键单击生成几何点，用鼠标右键单击或者用"Shift+鼠标右键"框选则消除几何点。

9）add point on line：在几何特征线上等间距生成指定数量的几何点。

10）project point：在几何特征线上用垂直投影指定几何点的方式生成几何点。

（12）F12：二维壳单元网格批量自动生成或重新生成命令，打开的窗口如图 1.18 所示。其对应界面菜单中的 2D→automesh 命令。

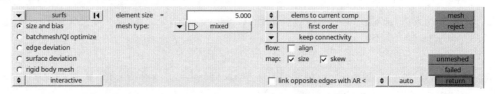

图 1.18　automesh 窗口

automesh 窗口中的常用工具解释如下：

1）特征选择：如果从特征选择下拉菜单中选择 surfs，则可选择一个或多个由封闭几何特征线包围的曲面，按照指定的目标尺寸 element size（图 1.18 中为 5mm）自动生成网格；如果从特征选择下拉菜单中选择 elems，则是对选择的网格重新自动生成，重新生成网格的过程也是优化网格质量的过程，因此在划分有限元网格时经常会用到该命令。

2）mesh type：选择生成单纯四边形单元、单纯三角形单元或者四边形与三角形组成的混合单元网格。

3）elems to current comp：指定新生成的单元存入当前零件。单击其左侧的双选按钮可以切换至 elems to surf comp，其表示新生成的单元会自动存入几何特征所属的零件。

4）keep connectivity：使新生成的单元与区域边界现有的单元自动共节点。

5）mesh：确认生成的单元。

（13）Shift+F1：定义特征的颜色，打开的窗口如图 1.19 所示。其对应界面菜单中的 Tool→color 命令。

图 1.19　color 窗口

有时为了将不同的零部件区分开，用户需要为它们定义不同的显示颜色。

当特征类型为 comps 时，在图形区选择一个或者多个零件（components），然后单击 color 按钮选择特定的颜色，再单击 set color 按钮或者在图形区单击鼠标中键确认，则所选零件的颜色会改变为指定的颜色。

当特征类型为 props（properties，属性定义）或者 Mats（materials，材料定义）等时，可以单击特征类型并在显示的列表中选择，也可以在图形区选择某一个或几个零件，则与该零件有相同的属性、材料定义的零件都将被选中并更新为指定的颜色。

📢 注意：

> 功能区的 Model Browser 界面中有多种目录树显示方式，如 Model View、Include View、Component View、Material View、Property View 等。根据材料、属性定义颜色时，只有在对应的界面为当前界面时，才能看到指定的零件显示指定的颜色，否则不能。

🗨 友情提醒：

> 土黄色、浅黄色或者浅蓝色有助于缓解视觉疲劳，过于鲜艳的红色和蓝色容易造成视觉疲劳，建议用户在进行网格划分等长时间的计算机操作时，可以把当前零件定义为浅黄色等不容易造成视觉疲劳的颜色，编辑完成之后再改成其他颜色。

（14）Shift+F2：临时节点生成与清除命令，打开的窗口如图 1.20 所示。其对应界面菜单中的 Geom→temp nodes 命令。

图 1.20 temp nodes 窗口

有限元建模过程中有时会主动或者额外生成一些临时节点来辅助建模，如测量两个平面之间的距离等，这些临时节点在建模完成之后需要及时清理。一方面可以减少干扰，从而更有利于观察模型；另一方面在后期定义边界条件时，不至于定义到这些无质量的临时自由节点上而导致最终的计算报错退出；第三方面是因为在导出用于提交计算的文件时，这些对结构计算无用的自由节点信息（ID 和坐标值）会占用大量的文件内存和节点 ID 号段。

temp nodes 窗口中的主要工具解释如下：

1）add：选择图形区显示的现有节点生成渲染显示的、更醒目的临时节点。

2）clear：清除已选择的节点中所有的临时节点。

3）clear all：不用选择节点而自动清除模型中所有的临时节点。

📢 注意：

> 选择 clear 或者 clear all 清除临时节点时，并不会清除已有单元归属的节点，所以初学者即使在图形区任意框选也不必担心误删的问题。

（15）Shift+F3：查找有限元自由边命令，打开的窗口如图 1.21 所示。其对应界面菜单中的 Tool→edges 命令。

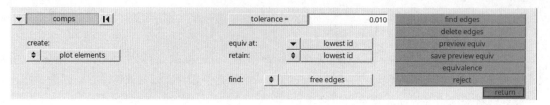

图 1.21 edges 窗口

几何模型和有限元模型中都有自由边，在拓扑模式下，红色的自由边只应当出现在零件的外边缘或内部孔、洞处以表示材料的边界，出现在材料内部的自由边都是异常自由边，需要清除。几何模型中的异常自由边只会对有限元建模造成干扰或者障碍，有限元模型中的异常自由边则会对后续的分析、计算造成麻烦，如导致计算报错退出或者计算结果失去评价的意义。Shift+F3 只是用来查找图形区显示的有限元模型中的自由边，因此为了减少干扰因素，事先需要隐藏不关注的零部件，图形区显示的零件越多，造成位置重叠的同时也不方便查找异常自由边。

为了清楚查看模型中是否存在异常自由边，用户可以使用工具栏 3 中的工具关闭有限元模型的渲染模式 🔲 而只显示线框模式 🔲。此外，还可以选择下拉菜单中的 Preferences→graphics 命令，用 thick 1D elements 选项加粗显示一维单元和自由边，以方便用户观察、识别。

edge 窗口中常用的工具解释如下：

1）comps：选择要检查自由边的零件，用户可以同时检查多个零件。

2）tolerance：执行 equivalence/preview equiv 命令消除问题自由边时，可以设置合并的两个节点之间的距离。

3）equiv at：两个节点合并时，其决定是向节点 ID 高的节点靠拢还是向节点 ID 低的节点靠拢，或者同时向两个节点的中心靠拢。实际操作时并不需要先查看两个节点的 ID，而是直接执行节点合并命令，如果靠拢的方向不对，则首先取消合并命令，修改此处的设置，然后再次执行节点合并命令即可。

4）retain：两个节点合并时，设置保留节点 ID 高的节点还是保留节点 ID 低的节点。

5）find edges：显示模型中的自由边。

6）delete edges：删除此次命令中生成的自由边。用 find edges 命令生成的自由边只是用来辅助用户查找有限元模型内部是否存在材料连续性异常的问题，并不属于模型分析计算中的内容，因此检查自由边结束后必须删除。

7）equivalence：就近自动搜索、自动合并节点以消除异常自由边。搜索距离设置通过定义 tolerance= 来实现。

8）preview equiv：用于节点自动合并前，先预览都有哪些节点被搜索到。

🔊 **注意：**

> 由于 equivalence 是针对图形区显示的所有有限元模型，因此如果异常自由边裂缝过大，则不可一味地通过加大搜索距离 tolerance 来自动搜索、自动合并，否则会因为搜索距离过大而导致正常单元的节点之间产生合并，进而导致出现建模错误；极少数因为裂缝过大无法自动合并的节点可以通过手动合并（快捷键 F3）实现或者生成新的单元来"缝合"缝隙。

（16）Shift+F4：特征平移命令，打开的窗口如图 1.22 所示。其对应界面菜单中的 Tool→translate 命令。前面提到的快捷键"Ctrl+鼠标右键拖动"用于移动模型在 HyperMesh 图形区中的显示位置。本命令的作用是改变模型中的几何特征、有限元特征在模型整体坐标系或者局部坐标系中的位置。

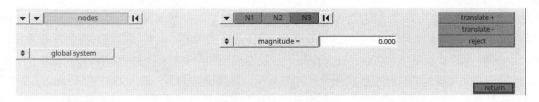

图 1.22 translate 窗口

第一下拉菜单 ▼：选择特征类型。

第二下拉菜单 ▼：选择约束条件，帮助更快速地进行特征选择。

辅助选择快捷菜单：用鼠标左键单击特征类型（图 1.22 中的 nodes）会弹出辅助选择快捷菜单，帮助用户更快地完成特征选择。

translate 窗口中的主要工具解释如下：

1）global system：特征相对于全局坐标系移动。

2）N1、N2、N3：选择 3 个节点，通过右手法则定义移动的方向。如果只定义 N1、N2 两个节点，则移动方向是由 N1 节点指向 N2 节点（图形区会有箭头辅助显示移动方向）；如果定义 N1、N2、N3 三个节点，则移动方向是由这三个节点按右手法则确定的法线方向。

3）magnitude=：定义单次移动的距离。单击其左侧的双选按钮可切换至 magnitude=N_2–N_1，表示单次移动 N2 节点与 N1 节点之间的距离。

4）translate+：确认执行特征移动的操作，"+"表示移动的方向与指定的方向相同，每单击一次移动一步，可多次单击实现连续移动。

5）translate-：确认执行特征移动的操作，"–"表示移动的方向与指定的方向相反，每单击一次移动一步，可多次单击实现连续移动。

（17）Shift+F5：特征查找命令，打开的窗口如图 1.23 所示。其对应界面菜单中的 Tool→find 命令。通常在 3 种情况下使用此命令，一是单元质量检查时将保存的不合格单元单独显示在图形区；二是根据 ID 号查找特定有限元特征（nodes、elems、comps）并单独显示；三是只知道有限元特征的 ID 号，却不知道该 ID 号对应的有限元特征具体在模型的什么位置。针对前两种情况，建议事先隐藏图形区显示的所有特征，这样找到的特征会在图形区单独显示。

用"Ctrl+鼠标中键单击"可使找到的特征在图形区居中显示，从而便于观察。

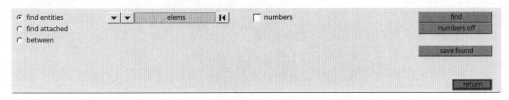

图 1.23 find 窗口

find 窗口中的主要工具解释如下：

1）numbers：被找到的特征自动显示其 ID。

2）numbers off：关闭特征 ID 显示。

3）利用 retrieve 查找事先保存在剪贴板中的特征：用鼠标左键单击图 1.23 中的特征类型 elems，在弹出的辅助选择快捷菜单中选择 retrieve 命令即可。

4）根据 ID 号查找特征：用鼠标左键单击特征类型，在弹出的辅助选择快捷菜单中选择 by id 命令，在弹出的对话框中输入 ID 号，如果同时输入多个 ID 号，则要用空格或逗号（注意关闭输入法）隔开，也可以用短横线"–"连接两个 ID 号，以查找这两个 ID 号范围内的、与特征类型对应的所有特征。

5）依据 ID 号查找特征所在方位：首先在图形区显示模型的所有特征，然后按照上述根据 ID 查找的方法进行操作，则被找到的特征将会在图形区高亮显示。需要注意的是，图 1.23 中的 numbers 复选框必须选中，这样查找特征的同时其 ID 号会在图形区对应特征旁边显示从而更方便追踪目标特征的具体方位。如果模型较大，一时看不到 ID 号在何处显示，可通过"Ctrl+鼠标滚轮滚动"的方式缩小模型，缩小到一定程度时 ID 号自然会显现。

6）find attached 界面：查找与指定特征相邻接的特征。用户也可以先在图形区隐藏所有模型特征，然后使用图 1.23 中的 find attached 来查找与指定节点/单元共节点的相邻 elems/comps/group 等特征。

（18）Shift+F6：切分单元命令，打开的窗口如图 1.24 所示。其对应界面菜单中的 2D→split 命令。该命令用来将大量的单元（壳单元、实体单元）自动切分成更小的单元。如果是个别单元需要切分时，建议使用 F6 快捷键。

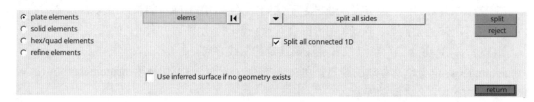

图 1.24　split 窗口

split all sides 工具：自动将选中的每个四边形壳单元切分成四个四边形壳单元。

split 窗口有多个子界面，对壳单元进行自动分割时，如果待分割单元不是整个零件而只是其中的一部分，则用 plate elements 界面进行单元分割操作，在分割后新生成的单元区域的边界会产生异常自由边，这些自由边需要用户手动消除；用 refine elements 界面进行单元分割操作，新生成的单元区域的边界会进行自动优化，从而消除异常自由边。

（19）Shift+F7：投影特征命令，打开的窗口如图 1.25 所示。其对应界面菜单中的 tool→project 命令。

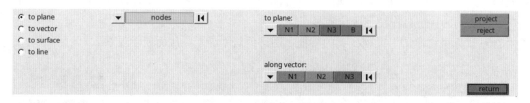

图 1.25　project 窗口

project 窗口有多个子界面：

1）to plane 界面：将特征投影到指定平面上，需要选择 3 个节点 N1、N2、N3 定义平面的法线方向和 B 节点定义平面的位置，如果只定义 N1、N2、N3 3 个节点而不定义 B 节点，则这 3 个节点既确定平面的法向也确定平面的位置。

2）to vector 界面：沿指定向量方向投影特征，只能投影节点或者一维单元，而不能投影平面单元，此时只需要定义 N1、N2 两个节点即可指定向量的方向。

3）to line 界面：投影特征至指定几何线上，只能投影节点或者几何点。

4）to surface 界面：将单元或节点投影到几何平面或者曲面上。

project 窗口中的主要工具解释如下：

1）to plane：定义投影的目标平面。需要在图形区选择 3 个节点 N1、N2、N3 定义目标平面的法线方向和 *B* 节点定义平面的位置，如果只定义 N1、N2、N3 3 个节点而不定义 *B* 节点，则这 3 个节点确定平面的法向同时也确定平面的位置。

2）along vector：定义投影方向的向量，即沿哪个方向投影至目标平面、几何曲面、向量或者几何线上。同样需要在图形区选择 3 个节点 N1、N2、N3 依据右手法则定义投影的方向。

当投影至某一平面时，如果用户不定义 along vector 的方向向量，则 HyperMesh 会默认沿用 to plane 选定的 N1、N2、N3 这 3 个节点按右手法则确定的方向。

定义向量除了上述已经提及的通过 N1、N2、N3 3 个节点依据右手法则确定方向的方法之外，还有以下几种方法：

1）x-axis/y-axis/z-axis：向量与坐标轴的 *x*/*y*/*z* 轴的方向相同。

2）surface normal：沿曲面的法向投影。该命令存在于 to surface 子界面的 alone vector 工具中。

3）line normal：沿曲线的法向投影。该命令存在于 to line 子界面的 alone vector 工具中。

即使投影平面单元至某一平面或者几何曲面上，也只是对其节点进行投影操作。

（20）Shift+F8：节点编辑命令，打开的窗口如图 1.26 所示。其对应界面菜单中的 Geom→node edit 命令。

图 1.26　node edit 窗口

（21）Shift+F9：几何面编辑命令，打开的窗口如图 1.27 所示。其对应界面菜单中的 Geom→surface edit 命令，主要用来对几何面进行切割（trim）、偏移（offset）等操作。几何曲面是沿其法线方向进行偏移的，当进行偏移操作时，如果在选择要偏移的曲面后右击打开辅助选择快捷菜单，选择 duplicate 命令，则最终会保留原曲面而偏移复制的曲面，否则会直接将原曲面偏离至指定位置。

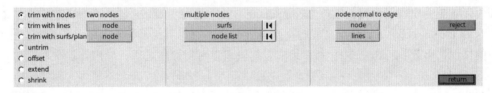

图 1.27　surface edit 窗口

（22）Shift+F10：二维壳单元法向统一命令，打开的窗口如图 1.28 所示。其对应界面菜单中的 Tool→normals 命令。

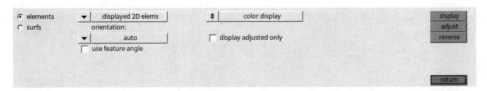

图 1.28　normals 窗口

平面单元的单元法向主要有以下作用：一是在对单元进行偏移（offset）操作时标识偏移的正向，单个零件内部若单元法向不统一，则会导致零件偏移时产生混乱。二是在进行接触搜索时单元法线方向为搜索的正方向。单个零件内部单元的接触搜索方向应当保持一致。同一个零件内部的壳单元的法向最好统一，至于统一向内还是统一向外并不重要。

normals 窗口中的主要工具解释如下：

1）displayed 2D elems：自动选择图形区显示的所有二维壳单元进行法向统一操作。

2）orientation：定义单元法向统一的基准，auto 表示由 HyperMesh 自动设定，单击其左侧的下拉菜单也可以选择指定某一个单元，使其他单元的法向与该单元的法向保持一致。

3）display：显示所选择壳单元的法向。

4）adjust：执行法向统一操作，使所选单元的法向一致。

5）reverse：所有被选择壳单元的法向反向。

（23）Shift+F11：特征归类命令，打开的窗口如图 1.29 所示。其对应界面菜单中的 Tool→organize 命令。

图 1.29　organize 窗口

Organize 窗口有 3 个子界面，其中前两个子界面使用频率较高：

1）collectors 界面：可以将某些单元、节点归类到指定的 component（零件）或者 group（集合）。

2）includes 界面：将某些特征归类到指定的 include 子目录（子系统）中。include 子系统文件在前处理软件 HyperMesh 界面功能区中是以子目录形式出现的，导出为计算文件时则为主文件调用的子文件，因为主文件调用这些子文件时需要用到*INCLUDE 关键字命令，所以通常将这些子文件称为 include 文件。

HyperMesh 的所有前处理操作都默认是针对当前子系统（include 文件）和当前零件的。在有限元建模过程中，难免会出现所编辑的零件（component）并非当前 include 目录下的当前零件，或者当前零件不在当前 include 目录下的情况，此时用户虽然目视所有的零件都正常，但是导出时会出现节点、单元丢失的情况，因此执行 organize 命令是模型编辑或者更新操作之后、导出计算文件之前非常必要的操作之一。

（24）Shift+F12：单元自动光顺命令，打开的窗口如图 1.30 所示，主要用来优化单元的质量。待优化单元区域的边界是否规则对优化效果影响显著，如矩形的区域边界优化后自然会得到优质的矩形四边形单元。用户可以多次单击 smooth 按钮对所选择的单元进行多次优化。iterations=定义的数值越大，单次优化单元变化的幅度越大，但建议不要大于 10，以免导致出现单元严重偏离几何特征的结果。

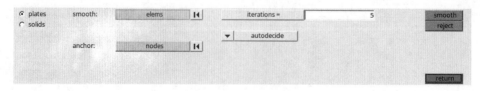

图 1.30　smooth 窗口

（25）Ctrl+F1：在图形区截图。推荐使用 Windows 操作系统自带的截图工具会更方便。

（26）Ctrl+F2：功能同 Ctrl+F1。

（27）Ctrl+F6：在图形区截图并自动保存到"我的文档"。

（28）a：旋转图形区的模型。按 a 键后，用鼠标左键就可以旋转模型，相当于"Ctrl+鼠标左键"。默认旋转中心是图形区中心。缺点是不可以自定义旋转中心，所以推荐使用"Ctrl+鼠标左键"旋转模型的方式。

（29）s：为功能区执行特征选择命令。有限元建模过程中，经常需要确定图形区的特征。例如，零件或者单元对应功能区列表的哪一项，此时需要先用鼠标左键单击功能区上部工具栏中的鼠标箭头图标才能在图形区进行特征选择，使用快捷键 s 之后，可以省去单击功能区上部的鼠标箭头图标的操作而直接在图形区进行特征选择，从而提高建模效率。

（30）d：模型显示控制命令，打开的窗口如图 1.31 所示。

图 1.31　display 窗口

display 窗口中的主要工具解释如下：

1）elems 双选开关：用于限定之后的显示、隐藏控制是针对有限元模型 elems 还是针对几何模型 geoms。

2）comps：模型的显示控制以零件（component）为基本选择单位。用户可以直接在图形区单击选择/框选要隐藏的零件。

3）filter off 双选开关：待选择的特征过多时，可指定筛选条件。

4）name：图 1.31 左侧的特征列表中只显示特征名称，不显示 ID 号。

5）none：不加选择地全部隐藏。

6）all：不加选择地全部显示。

7）reverse：翻转显示与隐藏的零件，再次单击则切换回来。

🔊 注意：

> 如果执行过 mask 命令，则在执行图 1.31 中 display 命令的 all 操作时会发现模型并未完全显示，尤其是缺少之前在执行 mask 命令时被隐藏的那一部分特征，此时只需要重复执行一次图 1.31 中的 none 和 all 操作即可。

（31）f：全屏显示，等同于"Ctrl+鼠标中键单击"的功能。当模型在图形区的显示过大或者过小时，可以通过快捷键 f 让模型充满图形区。如果按快捷键 f 后模型很小，甚至看不到，很可能是因为有特征远离主模型。此命令在清空图形区后查找、显示出指定的特征时非常有用。

（32）z：局部放大命令，相当于"Ctrl+鼠标中键框选"的功能。按快捷键 z 后用鼠标左键在需要局部放大的区域画圈则会自动放大该区域。推荐用户使用"Ctrl+鼠标中键框选"的方式。

（33）x：模型渲染模式，控制图形区的模型是以透视模式还是以非透视模式显示。打开图 1.32 所示的 visual attributes 窗口后，需要先单击选择右侧的显示类型图标 ▦ ▨ ▨ ▨ ▨ 中相应的工具，然后在图形区进行零件的选择，则所选零件均按照指定的显示类型显示。

图 1.32　visual attributes 窗口

工具栏 3 中也有相同的有限元模型显示模式工具，但是那些工具是针对整个模型的所有零件的，visual attributes 命令是针对单个零件的。

（34）o：option（参数设置），打开的窗口如图 1.33 所示，其对应下拉菜单中的 Preferences→Meshing Options 命令。该命令在界面菜单区有多个操作界面，其中使用频率较高的是 mesh 和 graphics 两个界面。

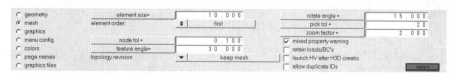

图 1.33　Meshing Options 窗口

mesh 界面中主要有以下一些常用设置：

1）element size=：定义默认单元目标尺寸。后续凡是涉及单元尺寸的操作，不做特别定义则默认采用此处的单元目标尺寸。

2）nodel tol=：设置节点间最小识别距离。必须大于该距离，两个节点才能被区分开。该距离也是后续关于节点合并等操作时默认的搜索距离。

3）feature angle=：定义特征角度识别。特征角度主要应用在以下方面：一是在进行特征选择时，执行辅助选择快捷菜单中的 by face 命令，如果被选择单元与相邻单元之间的翘曲度小于特征角度，则被视为在同一平面（face）内，从而被自动选中，而且该操作还会向相邻的单元自动扩展，直到相邻单元之间的翘曲度超过特征角度为止；二是进行单元质量优化时，单击某个单元，如果相邻单元与其翘曲度小于特征角度，则会同时自动参与优化。

4）topology revision：推荐采用 keep mesh 选项，以确保对几何模型增/减特征线时已经划分好的网格不会变动。

graphics 界面中使用频率较高的设置是 thick 1D elements。在检查零件内部是否存在异常自由边时，自由边会加粗显示，从而比网格更醒目，这样会使检查更方便、快捷。

（35）t：控制模型以特定的角度显示，打开的窗口如图 1.34 所示。这个快捷键很少使用，通常情况下采用"Ctrl+鼠标左键"任意旋转的方式更便捷。

图 1.34　true view 窗口

（36）m：隐藏/打开界面菜单区。在需要增大 HyperMesh 界面中图形区的范围，从而更方便模型观察时使用。连续单击 m 键，HyperMesh 界面会在隐藏、打开界面菜单区之间切换。

以上就是 HyperMesh 的默认快捷键的操作说明。用户也可以通过下拉菜单 Preference→Keyboard Settings 自定义快捷键。通常是将 Shift+/Ctrl+等复合快捷键自定义到没有被 HyperMesh 定义过（如从 1～

0 的数字键）或者已定义但是很少使用的单键（如 a 键）上，右手使用鼠标的用户建议多采用便于左手单手操作的快捷键。

用户还可以通过工具栏 3 中的 Favorite Panels 图标 ⭐ 建立某一命令的快捷方式。方法是在该命令的操作界面打开后，单击工具栏 3 中的金色五角星 ⭐ 并在弹出的下拉菜单中选择 Add Current Panel 命令，再次单击该五角星就会看到弹出的下拉菜单中已经保存了刚刚设置的快捷命令。下次无论界面菜单区处在什么操作命令状态下，只要单击工具栏 3 中的金色五角星并在弹出的下拉菜单中选择快捷命令，就会立即切换到快捷命令对应的操作界面。要删除建立的快捷命令可以在该快捷命令的操作界面打开后单击工具栏 3 中的金色五角星并在弹出的下拉菜单中选择 Remove Current Panel 命令。

📢 注意：

> 如果按了快捷键却没有在界面菜单区打开相应的命令界面，可能是因为打开了汉字输入法或与功能区尚在执行的操作发生冲突，此时可关闭汉字输入法或者用鼠标左键单击界面菜单的空白区域/图形区以提醒 HyperMesh 注意，然后再次按快捷键。

快捷键能够有效提高有限元建模的效率，但是需要 CAE 工程师在日常的实际应用中逐步对其加深理解和提高熟练程度。

1.4.8 辅助选择快捷菜单

前面提到在进行特征选择时右击特征类型，会弹出辅助选择快捷菜单（图 1.35），帮助用户提高选择特征的效率。现在以单元（element）特征类型为例对其中各项工具的功能进行解释。图 1.35 中显示的各种辅助选择方式可以交叉、反复使用，直到用户选择了想要的所有单元为止。

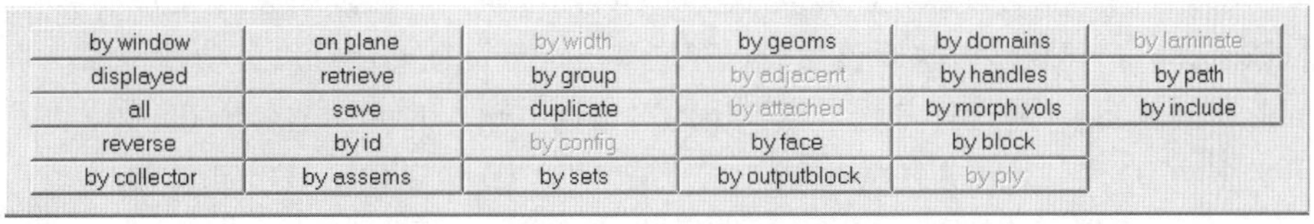

by window	on plane	by width	by geoms	by domains	by laminate
displayed	retrieve	by group	by adjacent	by handles	by path
all	save	duplicate	by attached	by morph vols	by include
reverse	by id	by config	by face	by block	
by collector	by assems	by sets	by outputblock	by ply	

图 1.35 辅助选择快捷菜单

（1）by window：在图形区中，沿鼠标左键单击顺序连成的折线所包围区域内的所有单元将被选定。

（2）displayed：图形区所有显示的单元将被选定。

（3）all：模型中所有单元无论此时在图形区显示与否都被选中。

（4）reverse：反选，即目前选中的单元以外的所有图形区显示的单元将会被选中。

（5）by collector：按照集合[零件（component）、材料（material）、属性（property）等]选择单元，单击之后会在界面菜单区出现图 1.36 所示的操作界面。

箭头①所指下拉菜单：选择集合类型（图 1.36 是按照零件属性选择单元集合）。

箭头②所指集合类型：单击同样会弹出类似于图 1.35 所示的快捷选择菜单。

箭头③所指 card 设置：帮助用户对左侧的列表进行筛选显示。列表内容很多且需要多页显示时，card 下方为翻页键，用户也可以直接输入页码快速定位。

选择集合方式：从列表选择（图 1.36 中箭头⑤所指的零件属性），或者在图形区直接用鼠标左键直观地选择零件。

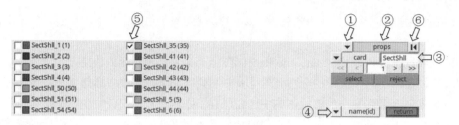

图 1.36　by collector 选择方式

用鼠标中键确认并退出辅助选择，可以看到图形区被选中单元呈高亮显示。

在图形区进行直观选择是 HyperMesh 前处理过程中使用频率非常高的一种选择方式，不管是针对何种特征类型的选择，在界面菜单区有列表清单的辅助选择模式下（图 1.36），只要涉及图形区的单元、零件，都可以通过单击图形区的单元或者零件来代替对列表清单的选择。

（6）on plane：搜索指定平面上、下特定范围内的单元，如图 1.37 所示。平面为无限平面，平面的位置通过平面法向和一个节点确定。平面法向可以是某一坐标轴方向，也可以通过选择 3 个节点依据右手法则来确定。

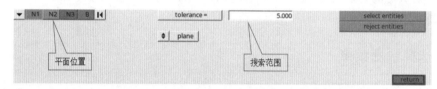

图 1.37　on plane 选择方式

（7）retrieve：调用之前保存在剪贴板的单元。

（8）save：对选择的单元进行保存，后续想重新选择这些单元时可以直接通过 retrieve 调用。当用户需要进行多批次选择时，建议适时执行该命令保存之前已选择特征的信息以免功亏一篑。

（9）by id：依据单元 ID 号选择单元。在弹出的对话框中输入的可以是单个 ID 号，也可以是用逗号或者空格隔开的多个 ID 号，还可以用短横线（-）连接两个 ID 号以确定 ID 范围。

（10）by assems：依据零件集（assembly）选择单元，前提是事先已定义零件集合。

（11）by group：依据接触对选择单元，前提是事先已定义零件接触，选择某个接触对则该接触对涉及的单元都被选中。

（12）duplicate：对选择的单元进行复制，同时以复制后新生成的单元为当前选择的单元（原来选择的单元被自动放弃）。这一操作在对称、移动等操作过程中经常用到，即在对称之前要先对选择的单元进行复制，而最终对称到另外一边的是复制后新生成的单元；有些重复的几何特征不需要重复建模，只需要对完成建模的零件进行单元的复制，然后移动/对称至指定位置即可。

📢 注意：

> 　　由于复制后新生成的单元在进行其他操作之前与被复制单元的位置完全重合但并不共节点，如果用户在复制之后由于其他原因中途放弃对已经复制的单元的"搬迁"操作，肉眼将无法看到此处存在重复单元，也很难将被复制的单元与复制后新生成的单元区分开，因此建议用户在复制之后、进行其他操作之前先通过 save 将这些复制生成的新单元保存至剪贴板，即使中途放弃操作，也可以通过 retrieve 重新找到这些单元并删除；或者即使决定中途放弃操作，也要将已经复制的单元移到别处以便识别、删除；或者先使复制后生成的新单元与被复制单元共节点（快捷键 Shift+F3），然后通过搜索重复单元找到这些单元并删除。

（13）by sets：依据定义的特征集（*SET）选择特征，前提是事先已定义特征集。

（14）by geoms：选择几何特征（solid、surface），则网格划分过程中在其上生成的单元全部选中，但从别处复制、移动到该几何特征上的单元不会被识别。

（15）by face：先在图形区选择一个或一些单元并右击，然后在弹出的辅助选择快捷菜单中选择 by face 命令，则与被选择的单元在同一平面内的单元全部被选中。"同一平面"的定义依据是下拉菜单 Preferences→Meshing Options 中 feature angle=的定义（图 1.33），相对于所选单元的翘曲角度小于指定角度的单元被视为同一平面单元。

（16）by path：依据路径选择，仅应用于特征类型是节点或者几何特征线等可以沿特定路线选择的情况。以节点为例，在连续单元区域先选择节点 node1，再选择第二节点 node2，则 HyperMesh 会自动在 node1 与 node2 之间找到一串节点"通道"；在环形区域找一条环形节点"通道"时，首尾两个节点的距离不宜过大，以确保 HyperMesh 在确定两个节点之间的路径时不会走捷径。选择"串联"的几何曲线时与上述节点路径类似。

（17）by include：依据子系统 Key 文件查找单元。如果模型太大，可以分解成多个子系统（子文件），导入模型时只需读取主文件，通过主文件调用、读取子文件。选择 by include 选项后，界面菜单区会出现子系统列表，选择相应的子系统，可以看到其内部的所有单元都会在图形区呈高亮显示。

1.5 模型实操

熟练操作 HyperMesh 软件的鼠标键、快捷键是 CAE 工程师的一项基本功。1.4.3 节为读者提供了几个获得实操模型的途径，本书配套的教学资源也附带提供了一些实操模型，读者可以利用这些模型在 HyperMesh 界面针对本章讲解的鼠标键、快捷键功能进行实操训练以加深理解与记忆。模型实操训练过程中不要怕出错，要敢于尝试命令界面的所有工具并注意观察图形区显示的模型的变化。初学者可以将 HyperMesh 的鼠标键、快捷键功能清单打印出来放在计算机前以便随时核对，随着操作熟练程度的提高，就可以逐渐脱离这张清单进行盲打操作了。

最后，建议初学者在前处理建模阶段的学习和工作中养成定期保存的习惯，以免因为 HyperMesh 的意外退出导致误工、返工等问题。

第 2 章　几何模型的相关操作

2.1　几　何　导　入

几何导入: 将 UG、CATIA 等 CAD（Computer Aided Design）软件导出的几何模型导入 HyperMesh。执行几何导入的命令有以下两个途径。

命令 1: 下拉菜单 File→Import→Geometry。

命令 2: 工具栏 1→Import Solver Deck→Import Geometry。

几何模型导入的操作窗口显示在功能区, 如图 2.1 所示。

📣 注意:

> HyperWorks 与 LS-DYNA 的读取、保存文件的路径中不能包含中文、空格以及一些特殊字符。文件夹或者文件名命名示例: Hyperwork_14p0、LS-DYNA_R7p1。

几何模型的文件格式通常是 stp、iges 等类型, 但是图 2.1 中的导入设置 File type 选项可以统一选择 Auto Detect 万能选项。推荐用户采用.stp 文件格式的几何模型, 因为这种文件格式的零件以实体（solid）形式存在, 发生缺损的故障率低, 在前处理软件 HyperMesh 进行几何编辑（如抽中面等操作）时也方便; 不建议采用.iges 文件格式, 因为这种文件格式的零件以曲面（surface）拼装形式存在, 产生缺损的故障率高且不利于后续几何编辑。

几何模型导入的缩放比例系数 Scale factor 默认为 1.0（1:1 的比例）。需要注意的是, 有些几何模型在设计阶段为了节省内存空间、便于操作等而将模型缩小了 1000 倍, 这种情况下须在导入几何模型时就将缩放比例系数设置为 1000。几何模型是否存在比例缩放可以在获得几何模型时从 CAD 设计人员处得知, 也可以在导入 HyperMesh 后通过测量模型尺寸判断出来。

如果几何模型较大, 则导入 HyperMesh 时需要耗费的时间会很长, 这种情况下导入几何模型完成后建议立即保存一个 *.hm 文件。因为重新打开一个.hm 文件的速度远高于重新导入几何模型的速度。

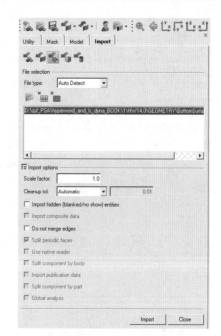

图 2.1　功能区 Import Solver Deck 界面

2.2　几　何　清　理

几何清理: 检查导入的几何模型有没有自由边、缺损或穿透干涉等问题。

2.2.1　检查穿透与干涉

几何模型导入 HyperMesh 之后，首先应当检查零件之间是否存在相互穿透、干涉的问题。明显的甚至严重的几何模型穿透、干涉等问题属于设计缺陷，一般情况下，需要反馈给设计工程师由他们通过 CAD 软件加以修正；如果一开始就存在零件间的干涉、穿透问题，则在此基础上建立的有限元模型同样会存在穿透、干涉问题，提交 LS-DYNA 求解器计算时很可能会导致报错或影响计算结果的有效性和准确性，因此必须事先检查并修正。

穿透、干涉问题是多个零件之间的相互位置关系问题，因此需要将与被观察件相邻近的、有可能接触到的零件都显示出来进行观察。必要时，可选择关闭渲染显示模式（工具栏 3，Shaded Geometry），打开线框显示模式（工具栏 3，Wireframe Geometry)，操作方法是直接单击线框显示图标。

检查几何模型是否存在缺损或穿透、干涉问题主要靠肉眼观察，工具栏 3 中几何模型的显示模式推荐采用 by topo 模式，因为在拓扑模式下材料边界为红色实线描述，两个相邻曲面的公共边用绿色实线描述，3 个以上曲面的公共边用黄色实线描述，如此非常便于用户区分与识别。由于正常的几何模型都是由封闭的几何面包围的实体模型，因此如果在零件中看到红色的自由边（不与其他面共享边界而独立存在的几何面的边界），则需要重点关注。

模型较大、零件较多时，仅靠肉眼观察模型是否存在穿透、干涉问题难免会顾此失彼。此时还有一种方法就是先在几何面上用 HyperMesh 的 automesh 功能快速、自动生成大小为 3~5mm 的壳单元（此时不用在乎单元质量问题），然后用 HyperMesh 的工具（下拉菜单 Tools→Penetration）自动检查有限元零件间的穿透、干涉的具体位置，再反推对应的几何模型的穿透、干涉问题。

2.2.2　检查几何缺损

几何模型都是实体模型，但是在依据几何模型建立有限元模型的时候不能全部采用三维实体单元，否则会导致最终生成的有限元模型太大，而且在导致计算成本极大增加和计算效率极大降低的同时，计算精度却并没有提高。对于一个方向的尺寸远小于另外两个方向尺寸的薄壁件可以抽取中面，然后在中面上生成二维壳单元；对于钢丝、螺栓等细长零件，可以抽取中线，然后在中线上生成一维杆、梁单元。这样，在并不影响计算精度的前提下可以极大提高建模效率和计算效率。但是如果薄壁件、螺栓等零件的几何模型有缺损问题会影响到提取中面或中线等操作，则必须修复，否则会影响后续操作。

检查几何模型是否存在缺损时，最好在图形区单独显示想检查的几何零件。操作方法一：按快捷键 d 或界面菜单区的零件显示控制命令（图 1.31)，单击隐藏目标零件，然后反向显示，则图形区单独显示目标零件。操作方法二：在功能区 Model 界面的零件列表（图 2.2）中右击想要单独显示的零件，在弹出的快捷菜单中选择 isolate only 命令，使其在图形区单独显示。stp 格式的几何模型有可能出现多个零件共处于同一个 component 中的情况，CAE 建模之前建议将它们拆分成各自独立的零件，此时可用快捷键 F5 隐藏其他零件的 solid 几何模型而单独显示待检查零件的几何体，然后在功能区新建一个 component 零件保存该单独显示的 solid 零件，或者将图形区显示的实

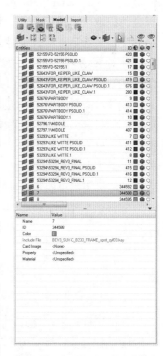

图 2.2　Model Browser 面板

体几何零件单独划归新生成的 component，具体操作是通过快捷键 Shift+F10 实现。熟练的 CAE 工程师甚至不需要将预拆分的零件几何体单独显示在图形区，而是直接筛选几何体划归新生成的空的 component。

此处我们了解一下 HyperMesh 中的 component 与物理模型中的零件的异同：HyperMesh 中的 component 多数情况下等同于物理模型中的零件但是又不仅限于零件，还可以是焊点的集合、粘胶的集合、钢丝的集合、螺栓梁单元的集合等；HyperMesh 中的单个 component 的材料、属性（包含材料厚度、单元类型等信息）是单一的，物理模型中的单个零件有些并非是厚度单一的零件（如铸造件和塑料件），还有些并非是材料单一的零件（如汽车风挡的复合玻璃），这些情况下，在 CAE 建模时就需要把物理模型中的单个零件拆分成多个 HyperMesh 中的 component，即物理模型中的零件与 HyperMesh 中的 component 存在"一对多"对应的情况；前面提到 HyperMesh 中的 component 还可以是焊点的集合、粘胶的集合等情况，焊点、粘胶、螺栓、钢丝等模型都是在整体模型中大量存在又分散分布的，但是只要它们的材料、属性相同，在 HyperMesh 中就都可以划归为同一个 component，这又是物理模型中的零件与 HyperMesh 中的 component "多对一"对应的情况。

stp 格式的几何模型较 iges 格式的几何模型出现缺损或自由边问题的可能性更低。

对于一名资深的 CAE 工程师来说，有些几何缺损可能并不需要进行几何修复，而直接建立有限元模型后，对有限元模型进行修复反而效率会更高。

2.2.3　几何清理工具

几何清理的操作工具都在界面菜单区的 Geom 里。其中使用频率最高的是 quick edit 命令（快捷键 F11）。

汽车模型中的零件绝大多数都是冲压成型的、薄壁的钣金件，检查无误的几何模型便可以对钣金件测量钣金厚度，对钢丝测量直径并把测量结果标注在功能区列表中零件的名称中，例如在零件的名称后面追加_T(hickness)2p5mm 表示零件厚度为 2.5mm 或_D(iameter)10p0 mm 表示直径为 10mm。这是因为对钣金件提取中面以后为了操作方便同时减小内存消耗，通常会选择删除中面以外的其他几何信息，而钣金厚度信息在后续零件属性定义时会用到，因此需要提前记录下来。

测量钣金等薄壁件的厚度或者钢丝、螺栓等圆柱体直径通常用快捷键 F4（或界面菜单区的 Distance 命令）打开的窗口，然后测量零件的断面或者截面几何点（point）之间的间距来实现。

零件重命名的操作方法是：在功能区打开 Model Browser 面板，选择 Component View 界面，如图 2.2 所示；如果模型中的零件很多，一时无法确定图形区中的零件与功能区零件名称的对应关系，可以单击该面板工具栏中的鼠标箭头图标（或按快捷键 s），然后在图形区用鼠标左键单击（右键取消）要选择的零件，就会看到功能区该零件对应的名称被选中；右击该零件名，在弹出的快捷菜单中选择 rename 命令；或者在功能区下半页的零件信息列表（图 2.2）中的 Name 项中直接修改零件名称，然后按 Enter 键确认即可。

零件命名举例：50000001_DashPanel_DC06_T1p2mm，分别对应：零件 ID_零件名称_材料牌号_钣金厚度。

2.3　抽　取　中　面

抽取中面：对薄壁件测量厚度后抽取中面，后续生成的壳单元将建在新生成的中面上。

薄壁件指零件一个方向的尺寸远小于另外两个方向的尺寸的零件，例如汽车中使用率最高的钣金冲压件及承担内、外饰功能的塑料件等。这些薄壁件的有限元建模方法通常是将二维的平面壳单元（shell element）建在其几何中面上，而零件的厚度信息后续可以通过对零件属性的定义来实现。大家在以后的工作当中难免会遇到壳单元的尺寸（长度、宽度）小于其所描述薄壁件厚度的情况，但不必担心这种建模方法会影响计算结果的可靠性，因为在壳的厚度方向也有积分点。模拟薄壁件的壳单元要建在零件的几何中面上是有原因的，后续在关于薄壁零件属性定义的关键字 *SECTION_SHELL 内部变量的讲解中会有答案。

　　对薄壁件抽中面的命令在界面菜单 Geom→midsurface 中，打开的窗口如图 2.3 所示。中面可以是一个曲面与另一个曲面之间的中面，也可以是一组连续曲面与另一组连续曲面之间的一组连续中面，还可以是薄壁实体（solid）几何的中面。打开图 2.3 所示 midsurface 窗口后直接用鼠标左键单击图形区中的几何零件，如果用户在窗口中选择了 closed solid 选项，则单次单击就会选中整个零件，用鼠标中键确认就可以自动抽取中面，此时提示区会显示抽取中面的百分比进度。单击图 2.3 中 surfs 旁边的下拉菜单可以选择 solid 特征类型。用户可以单次同时对多个几何零件抽取中面，但是耗时会更长，因此建议每次只对一个零件抽取中面。

图 2.3　midsurface 窗口

　　抽取中面完成后，可以看到功能区零件目录中新增加了一个名称为 Middle Surface 的零件，HyperMesh 会自动将新生成的零件定义为当前零件并对零件名加粗显示。无论是对一个还是多个薄壁件同时抽取中面，生成的中面都会自动保存在 Middle Surface 零件中。如果 Middle Surface 已经存在，则再次生成的中面会覆盖前次生成的中面。如果想避免已经生成的中面被覆盖导致丢失，可对现有的 Middle Surface 零件进行重命名操作。

　　很多注塑成型的塑料件虽然也都是薄壁件，但是由于材料分布不均匀且加强筋、卡扣等特征较多，甚至还会存在阳文或者阴文等文字造型，直接抽中面比较困难；如果塑料件上有文字造型则在抽取中面之前需要将这些文字的特征线全部通过 toggle 命令消除（快捷键 F11，打开 quick edit 几何特征编辑窗口，如图 1.17 所示），否则这些文字造型会严重地影响抽取中面的质量；其他一些严重影响抽取中面的特征也可以用 toggle 命令暂时消除或者将其从零件整体上切割下来，然后单独抽取中面。即使采取上述措施，塑料件最终抽取的中面也很有可能是残缺的，因此还需要手动进行修改，例如合并一些裂缝的特征线、删除一些与几何特征无关的乱面、补全一些缺面等，有一些中面缺损也可以不做处理而留待后续划分有限元网格时直接通过对网格的编辑操作来补全。

　　对于难以抽取中面的塑料件和铸造件，HyperMesh 还有一个非常实用的、可直接对其抽取几何中面并自动在此中面上生成平面壳单元的工具，即下拉菜单 Mesh→Create→MidSurf Mesh。

　　对细长的钢丝抽取中心线的命令在界面菜单 Geom→line→Midline 中，打开的窗口如图 2.4 所示。先选择圆柱体长度方向的一条特征线（可连续多选），用鼠标中键确认，此时可以看到命令窗口中第一个特征线选择图标上的蓝框自动移到第二条特征线选择图标上，再选择圆柱体另外一侧的特征线，在图形区单击鼠标中键确认，则与前后两条特征线等距的中心线就生成了。

　　由于后续的网格划分工作将在生成的中面、中线上进行操作，因此之前用来抽取中面、中线的几何特征就可以隐藏或直接删除了，隐藏可以消除其对网格划分工作的干扰，删除可以有效减小 *.hm 文件的大小和 CAE 软件占用计算机内存空间的大小，从而有助于提高操作效率。此时抽取的中面将只应当在几何边界和内部工艺孔、螺栓孔处存在红色的自由边，除此之外在零件内部应当都是绿色或者黄色的几何特征线。

图 2.4 lines 窗口

2.4 特 征 简 化

特征简化：受最小单元尺寸限制，一些小的特征（倒角、小孔、凸台等）将不得不忽略，一些不影响结构力学性能的特征线将被忽略。

特征简化包括小孔、凸台及倒角、倒圆等小特征的简化及一些几何特征线的简化。

2.4.1 几何特征的简化

零件的形状通常是不规则的，而有限元法所采用的单元是有最小尺寸限制和形状、质量要求的三角形单元、四边形单元以及四面体单元、五面体单元和六面体单元等几何形状比较规则的单元，此时一些比规定的最小单元尺寸还小的几何特征将无法用有限元法来描述，因此在对几何模型划分网格之前需要先对几何模型的一些细节特征做适当的简化，从而更加有利于提高后期网格划分的效率。

由于 HyperMesh 等前处理软件在生成有限元网格时会自动把单元的节点、单元的边建在几何特征线上以达到表征几何特征的目的，因此简化几何模型的最主要手段是简化描述其几何特征的几何特征线。

简化几何模型最常用的工具是界面菜单 Geom→defeature 命令和快捷键 F11。

1．小孔的简化

单元目标尺寸为 5mm 时，孔的直径尺寸小于 6mm 可以忽略。忽略的方式一是通过界面菜单 Geom→defeature 命令直接将几何孔的特征删除，使零件材料在此处连续但是在孔中心位置最终会生成一个单元节点作为标记；方式二是直接在此处生成包含孔的有限元网格，随后手动生成单元填塞孔洞，再用 remesh 命令重新生成更优化的单元，即在网格生成阶段消除小孔特征。

填充直径小于单元目标尺寸的小孔的命令和消除尺寸小于最小单元尺寸（如 2.5mm）的倒角的命令都在界面菜单 Geom→defeature 中。图 2.5 所示为 defeature 命令的 pinholes 界面。选择存在或可能存在或者不清楚存不存在小孔的曲面，单次可以选择多个曲面，输入筛选直径范围 diameter→5mm，单击 find 按钮可以预览找到的满足要求、可被删除的所有小孔（图形区会用 xP 标注出孔的位置）。如果想排除其中某个小孔可以右击该小孔处的 xP 图标，确认无误后单击图 2.5 中的 delete 按钮完成删除，此时可以看到原来存在小孔的地方被平面填充，代之一个标识孔中心位置的几何节点，这个几何节点在后期划分网格的过程中会对应一个单元节点。

图 2.5 defeature→pinholes 窗口

填充小孔的另一种方法是使用快捷键 F11，即界面菜单 Geom→quick edit→unsplit surf 命令（图 1.17），单击要删除的孔的特征线即可。与上一种方法不同的是，此次操作不会在孔的中心位置生成一个标识其位置的几何节点。

2．倒角的简化

如果单元质量标准要求最小单元不得小于 2mm，甚至 3mm，则半径小于最小单元尺寸的几何倒角需要通过界面菜单 Geom→defeature→surf fillets 命令变为直角特征。

3．小凸台的简化

一些小凸台、小台阶的尺寸小于限定的最小单元尺寸时可通过快捷键 F11 和 toggle 命令直接消除描述这些特征的几何特征线，从而达到忽略这些无法用单元描述的细小特征的目的。

4．忽略文字特征

注塑成型的塑料件上面有时会带有一些阳文或者阴文的文字，这些文字也是我们有限元建模可以忽略的，而忽略的方式就是消除描述这些文字的特征线。忽略特征线可以使用快捷键 F11 和 toggle 命令。

2.4.2　几何特征线的简化

几何特征线不但可以对几何曲面进行分割，在进行有限元网格划分时这些特征线也会自动成为单元的边界，从而在这些特征线上生成单元节点，因此清理一些不必要的特征线（例如平面上的特征线）对后期生成的有限元模型的力学性能不仅没有影响，还可以提高建模效率。因为特征线越密集，最终生成的有限元网格在边角区域不可避免地会增加三角形单元的数量及增加维护单元质量的难度，后期我们会专门解释为什么三角形单元不如四边形单元对材料力学性能的描述精度高。

哪些特征线可以消除而哪些特征线又必须保留的依据，最主要的还是看这些特征线承担的力学性能指标。特征线一般都是两个曲面的边界线或者说是两个相邻曲面的共有边界。一般来说，特征线两边的曲面在特征线处的曲率越大，则该特征线的力学性能就越重要，反之则越不重要；一些几何特征线的存在与否对几何特征的描述不产生影响则可以忽略。例如倒角承担的力学性能通常比较重要，因此描述倒角边界的两条特征线通常比较重要，有限元建模时不得有单元跨过这两条特征线，但是倒角内部的特征线则不是很重要；分割平面的几何特征线通常会消除，从而提高建模效率和单元质量。

与描述几何特征无关的特征线可以用界面菜单 Geom→quick edit→unsplit surf/toggle edge（按快捷键 F11，打开图 1.17 所示的窗口）命令消除。

删除特征尺寸过小而无法用有限元网格描述的小倒角的命令窗口如图 2.6 所示。选择可能存在小倒角的曲面，定义筛选尺寸范围，单击 find 按钮则满足要求的倒角会呈高亮显示，此时可以用鼠标左键单击手动添加或者右击手动取消某个倒角，如果确认无误单击 remove 按钮可完成删除，此时可以看到原来存在小倒角的地方变成了尖角。

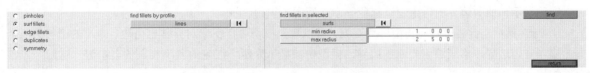

图 2.6　defeature→surf fillets 窗口

2.5 合 理 分 割

合理分割：将一个几何面分割成若干个由几何特征线封闭的子区域，以便按区域逐步划分网格。

HyperMesh 的划分网格命令都是在一组几何特征线形成的封闭区域内自动生成网格，目标区域形状越规则（圆形、矩形、长条形等）越有利于生成理想的网格。因此有时我们需要对目标区域增加一些特征线进行人为分割，使目标区域变成几个更小但是形状更规则的几何形状，从而有利于生成质量更好的网格。

几何分割工具中使用频率最高的是 quick edit 命令，即快捷键 F11。

几何清理得差不多了就可以着手在这些几何上进行网格划分工作了。划分网格是 CAE 分析过程中需要人为参与最多的、最耗费人工的环节，而且同一个模型，网格质量的好坏往往决定着分析结果的准确性，因此我们接下来会专门抽出一章来详细讲解网格划分的操作。

2.6 模 型 实 操

2.6.1 消除异常自由边

1. 模型获得

在 HyperWorks 程序安装目录下搜索 bumper_end.iges，即本小节模型实操所要用到的几何模型（图 2.7），本书配套教学资源中也附带有该几何模型。

2. 模型导入

在 HyperMesh 界面工具栏 1 中单击 Import Solver Deck 工具 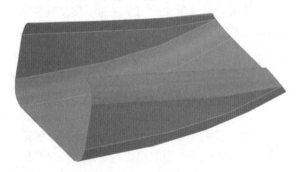，在功能区打开 Import 界面（图 2.1），该界面下有五个子界面，选择中间的 Import Geometry 工具 进行几何模型的导入操作，文件类型 File Type 选择万能模式 Auto Detect，打开文件路径选择搜索到的几何模型 bumper_end.iges，单击

图 2.7 消除异常自由边实操几何模型

Import 按钮确认导入该几何模型，此时在 HyperMesh 图形区应当可以看到该几何模型。

3. 观察几何模型

在关闭中文输入法的前提下按键盘的 f 键使模型在图形区居中显示。

在工具栏 3 中将几何模型的显示方式设置为拓扑显示模式 By Topo ，这样模型中曲面之间的公共边以绿色显示，曲面边界的自由边以红色显示从而便于识别。

用 Ctrl+鼠标左键旋转几何模型进行观察，可以看到模型中存在一对异常自由边，即此处相邻的两个曲面应当共用边界，形成绿色的曲线边界，模型中却显示为两个红色的互不相关的自由边，这两个异常自由边将是此次模型实操练习需要消除的自由边。

4．消除异常自由边

按键盘上的 F11 键在界面菜单区打开图 1.17 所示 quick edit 几何编辑窗口，确认曲线合并设置 toggle edge 的搜索范围，tolerance 的值要能够确保模型中的一对异常自由边相互搜索到（该值够用即可，并非越大越好）；单击该行的 line(s)选项，然后在图形区单击几何模型中两条异常自由边中的任意一条（可以模糊选择，不用放大模型后仔细确认），然后在弹出的对话框中单击 Yes 按钮确认合并两个异常自由边，即可看到模型中原先的两条红色的异常自由边合并为一条绿色的曲面公共边。到此，消除异常自由边的模型实操练习完毕。

2.6.2 几何抽中面

1．模型获得

在 HyperWorks 程序安装目录下搜索 Midsurface.hm，即可获得本小节模型实操所要用到的几何模型（图 2.8），本书配套教学资源中也附带有该几何模型 for_ansa.stp。

2．模型导入

如果读者采用本书配套教学视频提供的几何模型 for_ansa.stp，则该几何模型的导入方式与 2.6.1 小节中模型的导入方式相同；如果读者采用 HyperWorks 自带的或者配套教学视频附带的 Midsurface.hm 文件，直接单击 HyperMesh 界面工具栏 1 中的 Open Model 文件打开工具 打开找到的 Midsurface.hm 文件即可。此时 HyperMesh 的图形区应当可以看到如图 2.8 所示的几何模型。

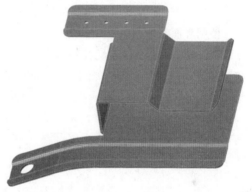

图 2.8　几何体抽中面实操几何模型

3．观察几何模型

在关闭中文输入法的前提下，按键盘的 f 键使模型在图形区居中显示。

在工具栏 3 中将几何模型的显示方式设置为拓扑显示模式 By Topo ，这样模型中曲面之间的公共边以绿色显示，曲面边界的自由边以红色显示从而便于识别。由于我们此次实操的几何模型是一个用实体几何描述的薄壁钣金件，因此理论上不应当存在红色的自由边，否则模型无法自动抽取中面。

用 Ctrl+鼠标左键旋转几何模型进行观察，查看几何模型是否存在缺损。

4．抽取几何中面

单击界面菜单区 Geom 界面的 midsurface 工具，打开图 2.3 所示的 midsurface 抽取几何中面窗口，该窗口的各项设置也如图 2.3 所示，用鼠标左键单击选择图形区中的零件的一个曲面特征或者曲线特征，HyperMesh 会自动选取整个零件；单击图 2.3 中的 extract 按钮确认执行抽取几何中面的命令，或者在图形区直接单击鼠标中键确认可以达到同样的目的；HyperMesh 抽取几何中面的操作完成后，在左下角的提示区会显示 Ready 信息，同时在图形区生成一个带红色自由边的中面几何，在功能区 Model 界面会新生成一个名为 Mid Surface 的零件用来存放新生成的几何中面。

在抽取其他零件的几何中面之前，用户需要先将已有的 Mid Surface 零件重新命名，否则新生成的几何中面会自动覆盖之前生成的几何中面。零件重新命名时建议同时附带零件的材料厚度信息，这样之前用来提取中面的实体几何就可以删除了，从而可以尽可能地节省计算机内存。

视频讲解：19 分钟

第 3 章　单元质量标准

CAE 分析流程（图 1.4）中显示在划分网格之后再进行单元质量检查，单元质量检查依据单元质量标准。但是由于用户在划分网格之前就需要明确单元质量标准才能做到有的放矢，划分网格过程中还需要适时对照单元质量标准进行检查以便及时修正单元质量，因此在这里我们先讲解单元质量标准以及如何检查单元质量、如何修正不符合质量标准的网格，然后讲解如何划分网格。

3.1　单元质量标准的定义及导入、导出

使用界面菜单 2D→qualityindex 命令可以打开单元质量检查窗口，如图 3.1 所示。这是一个多界面命令窗口，单击左上角的翻页按钮至最后一页，单击其中的 edit criteria...按钮，会打开一个单元质量标准设置、导入、导出窗口，如图 3.2 所示。参数设置完后可单击窗口上方的 File 下拉菜单将设置结果保存为一个 criteria 文件，也可以打开、导入之前设置好的 criteria 文件（默认路径下会打开 HyperWorks 自带的 criteria 文件夹）。设置完成后须单击 Apply 按钮确认执行设置的单元质量检查标准。退出图 3.2 所示窗口后会看到图 3.1 所示界面中的单元质量各项考查指标的目标值已经改变并与刚才设置的数值保持一致。

page 1	# fail	% fail	⇕ worst	fail value	threshold			
☑ min size	0	0.00	7.5	3.0	3.000		Element patc	start next prev ∗ ？
☑ max size	31834	100.0	22.0	9.0	9.000	comp. QI =	136951.50	cleanup tools
☑ aspect ratio	0	0.00	2.5	5.0	5.000	# failed =	6753	
☑ warpage	0	0.00	12.6	20.0	20.000	% failed =	21.2	save failed
☑ skew	0	0.00	24.9	60.0	60.000	display thresholds:		
☑ jacobian	0	0.00	0.74	0.50	0.500	◀	▶	abort
						ideal good warn fail worse		return

图 3.1　qualityindex 窗口

📢 **注意：**

> 打开图 3.1 所示 qualityindex 窗口的过程即检查单元质量的过程。图形区显示的 CAE 模型越大，则打开上述单元质量检查窗口的过程就越缓慢，因此建议在打开单元质量检查窗口之前，图形区仅保留一个零件或极少数不相互重叠的零件，这样不仅会提高操作效率，同时有利于用户观察单元质量并进行单元质量优化的后续操作。

打开图 3.1 所示的 qualityindex 窗口后，图形区所有显示的单元依据其质量优劣会显示出不同的颜色，绿色表示满足各项单元质量指标的要求，黄色表示单元质量不满足要求，警戒色红色表示单元质量很差，建议用户将图 3.1 右侧的 display thresholds 滑块置于 fail 位置以凸显单元质量不合标准的单元，从而方便用户查找、修改。

在图 3.1 所示的命令界面下，当图形区中一个单元的颜色显示为不合格的红色时，其有可能是由图 3.1 左侧的各项检查指标中的某一项不合格所致，也可能是由好几项同时不达标所致，不同的不达标原因通常会有不同的应对方式。一些质量非常恶劣的单元，用户肉眼也可以发现单元质量不达标的原因。对于一些一时无法判明不达标原因的单元，用户可以逐项关闭图 3.1 中的考查指标并查看不合格单元颜色的变化，从而确定该单元是因为哪一项指标不合格而导致其显示警戒色的。

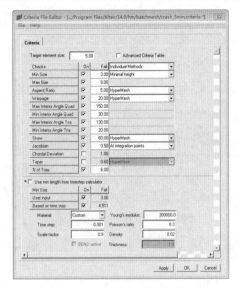

图 3.2　Criteria File Editor 窗口

3.2　单元质量考查指标讲解

3.2.1　单元尺寸

一维线单元的单元尺寸就是单元本身的长度，壳单元和实体单元的单元尺寸标准不一，有的是直接以单元的最短边长来衡量单元尺寸，有的是以单元边/面上的最短的高来衡量单元尺寸，对此建议大家不用过分计较。因为衡量单元质量的指标不仅限于单元尺寸，而且是多个指标的综合考量，在全部指标综合考量之下都合格的四边形单元/六面体单元，不同单元尺寸的计算标准可以说是殊途同归。实际应用中，建议大家直接测量单元的边长来确定单元的尺寸。

理想状态下均匀分布的单元的尺寸为目标单元尺寸（target element size），但是由于几何模型形状复杂，实际单元尺寸允许在目标单元尺寸的一定范围内浮动。最小单元尺寸（min element size）即为浮动范围的下限，最大单元尺寸（max element size）即为浮动范围的上限。不同的分析模型、同一模型不同的分析工况（模态、强度、刚度、碰撞安全分析等）、相同的模型和工况但是材料不同（弹塑性材料、刚体材料等）的零件之间，或者模型、工况、材料都相同但是分析结果的重要程度不同的零件之间，对单元尺寸的要求可能会有不同。

单元尺寸均匀、统一对提高 CAE 建模效率有很大帮助，同时对求解计算过程中各零件之间的接触识别有帮助。单元尺寸不均匀，从大单元到小单元的过渡不可避免地会出现很多三角形单元，而三角形单元的数量是有限元建模过程中需要尽可能地控制的；当两个相互靠近的零件需要进行接触识别以防止相互穿透发生时，如果这两个零件的单元尺寸相差过大则会增加相互识别的难度。

3.2.2　aspect ratio

aspect ratio，即单元长宽比例系数。理想的四边形单元是正方形单元，理想的三角形单元是正三角形单元，但是由于几何模型的复杂性，在几何表面实际生成的壳单元中有很多会偏离理想形状，因此需要对壳单元偏离理想单元形状的程度进行限定，单元的长宽比即是指标之一。单元长宽比例有多种计算方法，有四边形单元最长边与最短边的比值，还有最短边上的高与最短边长度的比值等。

3.2.3 warpage

warpage，即四边形单元翘曲度。我们都知道三点确定一个平面，如图 3.3 所示四边形单元的第四个节点偏离其他 3 个节点形成的平面的角度即为四边形单元的翘曲度。四边形单元的翘曲度越大，单元质量越差。对于翘曲度过大的四边形单元的处置办法通常是将其第四个节点沿另外 3 个节点的法线方向移动一定距离，以使单元的翘曲度满足要求；由于三角形单元不存在翘曲问题，因此初学者如果遇到极个别非常棘手的翘曲四边形问题时，可以将这个四边形单元切分成两个三角形单元。

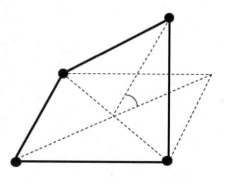

图 3.3　四边形单元的翘曲度

3.2.4 max/min angle quad/tria

max/min angle quad/tria，即四边形、三角形壳单元的内角最大、最小值。理想的四边形单元是矩形单元，其内角是 90°；理想的三角形单元是等边三角形单元，其内角是 60°。当实际生成的壳单元的形状因为几何形状的复杂多变而偏离理想壳单元的形状时，需要对其内角的最大、最小值做出限定，从而避免极差单元质量的出现。

3.2.5 skew

skew，即三角形单元扭曲角度，即三角形单元每个顶点到对边中点的连线和另外两边中点连线的夹角的最小值（图 3.4）与 90°的差值。理想的等边三角形，这个夹角是 90°而 skew 值为 0；三角形单元扭曲越严重，图 3.4 中标注的夹角越小，skew 值就越大。

3.2.6 jacobian

Jacobian（雅可比系数）用于衡量四边形单元偏离理想形状的程度。Jacobian=1，说明四边形单元的 4 个角都是直角。雅可比系数越小，则单元质量越差。

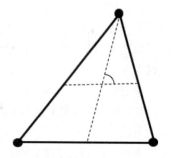

图 3.4　三角形单元 skew 角计算

3.2.7 % of trias

% of trias，即三角形单元数量占壳单元总量的百分比。三角形单元是内部等应力、等应变的单元，四边形单元内部的应力、应变是可以线性变化的，因此四边形单元较三角形单元更能准确模拟物理模型的受力状况，而三角形单元较四边形单元更刚硬。但是由于三角形单元在有限元建模过程中，对复杂多变的几何形状的适应性较四边形单元更强，因此很多地方不可避免地要用三角形单元来填补四边形单元之间的空隙，只是需要控制三角形单元的数量并尽可能避免三角形单元串联的情况出现。

通常整个模型中三角形单元的数量占比要控制在 7%～15%。这里需要提醒初学者注意的是，用 *MAT_020 材料定义的刚体零件及用*MAT_009 空材料定义的实体单元零件外包的壳单元零件里面的三角形单元，可以排除在整个模型三角形单元占比的统计之外，因为刚体零件不需要考查单元质量是否达标，而空材料的外包壳单元不承担结构力学性能。

3.2.8　Taper

Taper，即四面体单元的锥度系数。四面体单元越尖细，则该数值越高，但是最大不可能大于 1。

以上为几个主要的单元质量指标的解释。即使同为汽车行业，相同的分析工况（强度、刚度、NVH或者碰撞），不同的主机厂采用的 qualityindex 参数指标可能也会略有不同。读者也可以打开 HyperWorks自带的 criteria 文件（如 crash_5mm.criteria），熟悉一下 HyperWorks 推荐的整车碰撞安全性能仿真分析CAE 建模的单元质量标准。

通常情况下，用于显式计算的碰撞、爆破等工况的仿真分析有限元模型单元质量标准要比用于隐式计算的强、刚度工况分析有限元模型单元质量标准更严格，因为显式计算的单元尺寸涉及整个模型最小时间步长的计算以及为控制最小时间步长导致的模型质量增加问题和计算稳定性问题，显式计算的有限元模型通常会伴随高度非线性问题（几何形状非线性、材料非线性和边界条件非线性）以及与之密切相关的单元失效问题、全积分单元的剪力自锁问题或减缩积分单元的沙漏问题、实体单元的负体积问题等各种问题的限制。对汽车碰撞过程中承担压溃、吸能重任的零件（例如前纵梁等）的单元质量更是需要特别"关照"。

还需要注意的是，qualityindex 参数指标并非只在检查单元质量时才会用到，每一次 HyperMesh 自动生成的网格都会自动受到这些指标的约束，因此推荐读者在划分网格之前先完成 qualityindex 参数设置并保存为一个 criteria 文件。

3.3　检查单元质量的途径

3.3.1　界面菜单

如图 3.1 所示，qualityindex 关于单元质量的考查项目有很多，但是并不是每次都要全部考查。如果想单独考查某项参数，例如四边形单元的翘曲度（warpage）时，则可关闭其他参数而单独选择 warpage选项。

图 3.1 中的#fail 列显示依据横向对应的考查参数筛选出来的不符合要求的单元数量；%fail 列显示不符合要求的单元占单元总数的百分比；worst 列显示最差单元的参数值；拖动右侧下方的 display thresholds处的滑块可以使图形区只着重渲染不合格及严重不合格的单元；图形区左上角一般会同时显示单元质量信息；图 3.1 右侧 save failed 按钮可以保存本次检测到的所有不合格单元的信息以便后续在其他操作中通过 retrieve 筛选工具单独找回、显示这些单元。

由于 qualityindex 只针对图形区显示的模型的单元质量信息，而且如果显示的模型过大会导致考查速度较慢、模型旋转等操作不便，显示的零件过多、相互遮挡还会影响观察效果，而且在修正单元时容易导致误操作，因此建议读者在使用 qualityindex 前先隐藏其他不相关零件而单独显示自己关注的零件。

3.3.2　不合格单元的修正

对于不满足单元质量标准的单元，我们可单击图 3.1 右侧的 cleanup tools 按钮进入单元编辑界面，如

图 3.5 所示。下面对该界面经常用到的功能进行详细说明。

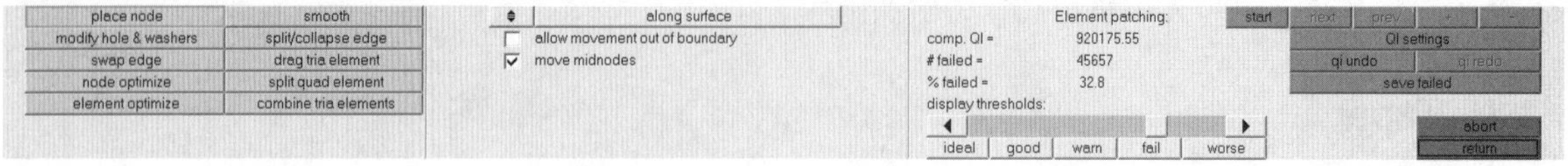

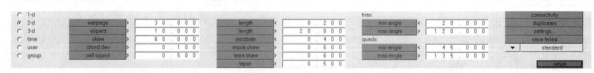

图 3.5　cleanup tools 窗口

单击 place node 可在图形区用鼠标左键拖动单元节点使其改变位置，从而达到优化单元质量的目的。

单击 node optimize 后在图形区用鼠标左键单击不合格单元的节点，则 HyperMesh 会自动调整该节点的位置，从而使该节点涉及的单元的质量尽可能满足质量标准。节点的移动方向可通过 along surface、normal to surface 和 along & normal to surface 选项限定，并且多次单击可以实现多次优化。

单击 element optimize 可在图形区用鼠标左键单击某个单元，则 HyperMesh 会自动调整该单元的形状、位置，从而使得该单元及其周边单元的质量最优化。因此单击的单元并不仅限于质量不合格单元，并且可对单元进行多次单击以实现多次优化。

单击 smooth 可对多个单元形成的区域进行整体单元优化。target quality index=用于定义优化步的大小（最大值为 1），anchor nodes 用于指定优化过程中不得移动的节点。

优化过程中可以通过单击窗口右侧的 qi undo 或者按快捷键 Ctrl+z 取消优化操作。我们可连续取消，直到完全取消本次优化过程中的所有操作。

编辑完成后可单击右侧的 QI settings 按钮，返回图 3.1 所示的单元质量考查界面。

3.3.3　快捷键 F10：查找极端恶劣单元、重复单元

Element qualityindex 可以查找包含所有指标的一整套单元质量标准下不满足要求的单元。按快捷键 F10 进入 check elements 窗口可以帮助我们查找单项指标下质量极端恶劣的单元，如图 3.6 所示。例如 HyperWorks 自带的 crash_5mm.criteria 汽车碰撞模型单元质量标准中，最小单元长度标准是 2.5mm，但是在 check elements 窗口中，我们可以在 length<项输入数值 0.2，然后单击其左侧的绿色按钮，就可以找到单元极其细的、在壳单元夹缝中生存的不易被肉眼观察到的壳单元，单击窗口右侧的 save failed 按钮保存单元信息，然后利用我们前面关于快捷键 F5 的解释中提到的方法将保存的单元单独显示出来；再比如，crash_5mm.criteria 中 jacobian 的标准是 0.7，但是在 check elements 窗口中，我们可以查找 jacobian<0.4 的极端恶劣单元。

图 3.6　check elements 窗口

check elements 窗口另一个不同于 element qualityindex 的功能是可以查找重复单元。这里需要提醒大家注意的是，"重复单元"并不是简单地指两个位置完全重合在一起的单元，而是指两个单元不但位置完全重合，而且节点共用。有些单元的重复现象是建模需要（例如利用空材料定义的壳单元对较软的实体单元模型包壳）；有些单元的重复问题是因为误操作，这些单元必须删除。

check elements→2-d 窗口还有一项比较常用的特有功能，就是在图形区单击一个壳单元，会弹出一

个窗口显示该单元的各项质量检测指标信息，而且会显示该单元的厚度定义。CAE 前处理过程中经常用这项功能查看某个壳单元所属的零件的厚度。

3.3.4 快捷键 Shift+F3：查找自由边

第 1 章中关于该快捷键的功用及操作已经说得相当清楚，此处不再赘述。

3.3.5 快捷键 Shift+F10：查找壳单元法向统一性问题

第 1 章中关于该快捷键的功用及操作已经说得相当清楚，此处不再赘述。

📢 注意：

> 划分网格的过程中往往需要将一个零件划分为若干个子区域并分批次生成网格，每一个子区域网格划分完成后都要进行质量检查并及时修正，不能等到整个零件网格划分完成后再检查、修正，更不能等到整个模型所有零件的网格划分都完成后再检查、修正单元质量，因为越到最后牵涉的单元越多，修正越麻烦。

3.4 最小单元尺寸与显式计算时间步长

前面提到单元尺寸越小则对模型的特征描述越准确，因此计算结果更准确。同时，细化网格可以更好地控制网格质量，也可以更好地抑制减缩积分单元的沙漏问题和全积分单元的剪切锁定问题，还可以有效抑制穿透及接触滑移能为负数的问题（其中涉及的知识点在随后章节会详细解释）。但是单元尺寸越小则单元数量越多，因而会造成计算量的增大、计算时间的延长和计算周期的增大。此外，针对跌落、碰撞、爆破等非线性瞬态动力学问题的显式计算的时间成本不只受模型大小（单元数量）的影响，还与最小单元的尺寸有关。也就是说，即使绝大多数的单元尺寸较大地降低了整个 CAE 模型的单元数量规模，但极少数最小单元的尺寸仍然决定着整个模型的计算速度，这又是为什么呢？

3.4.1 显式计算的时间步长

我们在第 1 章有提到时间增量步与位移增量步是显式算法与隐式算法的主要区别，不但如此，显式计算的时间步长（timestep）还是计算速度快慢的指标，时间步长越大则计算速度越快。显式计算的时间步长的主要影响因素：

$$\Delta t = \frac{l_c}{c}$$

其中，l_c 为单元的特征尺寸（characteristic length），c 为材料声速（sound speed），是一个表征应力波在材料中传播速度的物理量，也就是说显式计算的时间步长与单元的特征尺寸成正比，而与材料声速成反比。

单元的特征尺寸 l_c 与单元形状、尺寸大小有关，而材料声速 c 由零件所采用材料的本质属性如弹性模量、密度和泊松比等因素决定。表 3.1 为一维杆、梁、索单元和三维实体单元的特征尺寸 l_c 与材料声速 c 的计算公式。表 3.2 为二维壳单元的特征尺寸 l_c 与材料声速 c 的计算公式。表 3.2 中的 ISDO 是 LS-DYNA 时间步长控制卡片*CONTROL_TIMESTEP 中的一个针对壳单元特征尺寸计算方法选择的变量，默认值为 0。

表 3.1　一维、三维单元的特征尺寸与材料声速计算公式

单元类型	单元特征尺寸 l_c	材料声速 c
一维 杆、梁、索单元	单元长度	$\sqrt{\dfrac{E}{\rho}}$
三维实体单元	$\dfrac{V}{\max(A_1,A_2,A_3,A_4,A_5,A_6)}$	$\sqrt{\dfrac{E(1-v)}{\rho(1+v)(1-2v)}}$

注：V—单元体积；A_i—单元第 i 面的面积；E—弹性模量；ρ—密度；v—泊松比。

表 3.2　二维壳单元的特征尺寸与材料声速计算公式

壳单元类型	四边形单元 l_c	退化四边形单元 l_c	三角形单元 l_c
ISDO=0	$\dfrac{A}{\max(L_1,L_2,L_3,L_4)}$	$\dfrac{2A}{\max(L_1,L_2,L_3)}$	$\min(H_1,H_2,H_3)$
ISDO=1	$\dfrac{A}{\max(D_1,D_2)}$	$\dfrac{2A}{\max(D_1,D_2)}$	$\min(H_1,H_2,H_3)$
ISDO=2	$\max\left[\dfrac{A}{\max(L_1,L_2,L_3,L_4)},\min(L_1,L_2,L_3,L_4)\right]$	$\max\left[\dfrac{2A}{\max(L_1,L_2,L_3)},\min(L_1,L_2,L_3)\right]$	$min(H_1,H_2,H_3)$
材料声速 c	$c=\sqrt{\dfrac{E}{\rho(1-v^2)}}$		

注：A—单元面积；L_i—单元边长；D_i—单元对角线长度；H_i—三角形单元的高。

由上可知，对于单元的特征尺寸，一维单元的特征尺寸即为其单元长度；二维壳单元中四边形单元的特征尺寸（按 ISDO=0 的默认值）为单元面积除以单元最长边的边长，三角形单元的特征尺寸为三角形 3 个高的最小值；表 3.2 中退化的四边形单元特指一些三角形单元，这些三角形单元所在的零件（*PART）的属性定义中，*SECTION_SHELL>ELFORM 变量的定义选择了并非专门为三角形单元定义的单元公式。三维实体单元（四面体单元、五面体单元和六面体单元）的特征尺寸为单元体积除以单体单元上面积最大的那个面的面积。也就是说二维壳单元的特征尺寸是单元面积与各单元边长相除的最小值，三维单元的特征尺寸是单元体积与各面面积相除的最小值。

尽管上述针对单元特征尺寸的计算公式多样，计算公式涉及的一些概念可能也令初学者一头雾水，这都不要紧，我们会在后续章节陆续进行更详细的阐述。如果对同一个单元进行比例放大，则单元的几何尺寸越大，其特征尺寸也越大，而单元使用的材料一旦确定，其材料声速就是确定不变的，也就是说单元的时间步长会随着单元的几何尺寸的增大而增大。单元时间步长越大，LS-DYNA 求解器对该单元的求解速度就越快，反之越慢。

同样由上可知，单元的材料声速与该单元所采用材料（即该单元所属零件的材料）的弹性模量的平方根成正比，而与密度的平方根成反比。相同材料定义的一维杆、梁单元，二维壳单元和三维实体单元的材料声速是不同的，从慢到快依次是一维单元、二维单元和三维单元。常用材料的声速见表 3.3，大家是否发现刚度越高的材料，其声速也越高。

表 3.3　常用材料的声速

材料种类	钢	钛	树脂玻璃	水	空气
声速/（m/s）	5240	5220	2598	1478	331

现在我们知道了每个单元的时间步长的计算公式，而整个模型的时间步长是选择整个模型所有单元时间步长的最小值，这就是为什么我们前面一再提到最小单元的尺寸决定着整个模型的计算速度因而需

要控制最小单元尺寸的缘故。在 HyperMesh 中界面菜单 Tool→check elems（快捷键 F10）的 time 界面可以查看整个模型的时间步长状况，如图 3.7 所示。在后续 CAE 建模完成并最终提交计算的过程中，求解器 LS-DYNA 也会适时告知我们，模型中的哪些单元控制着整个模型的最小时间步长。

图 3.7　LS-DYNA 模型的时间步长检查（单位：s）

🔊 **注意：**

> 　　由于弹性模量、密度和泊松比等材料参数与模型的最小时间步长有直接关系，因此建模时不能将某一材料的弹性模量任意增大到严重脱离实际的程度以达到增大零件刚度的目的；不能将某一材料的密度任意增大到严重脱离实际的程度以达到增大零件重量的目的，这些都会导致计算变得很不稳定，甚至无法正常计算。

3.4.2　通过增加质量改变时间步长

由上可知，CAE 模型显式计算的时间步长由材料声速和单元特征尺寸决定；材料声速虽然由材料的本质属性弹性模量、密度和泊松比决定，但是由于计算公式不同，相同材料定义的一维、二维、三维单元的材料声速不同；当 CAE 模型网格划分完成、零件的材料确定之后，整个模型的时间步长将由最小单元尺寸决定且与最小尺寸单元的特征尺寸呈线性关系。

实际 CAE 建模过程中，往往会有一些小的几何特征由于比较重要不想被忽略，而造成该区域一些单元的尺寸较小。如果按照正常计算得到的最小时间步长对模型进行求解计算，将会因为计算速度太慢而导致计算周期太长。为了提高计算效率，我们就需要人为干预以达到提高整个模型最小时间步长的目的。

由上可知，一个完成网格划分的模型其所有单元的特征尺寸就已经确定了，而材料的弹性模量与零件和整个模型的力学性能直接相关，因此人为地调整极少数导致最小时间步长的单元的材料密度即增加其质量，从而达到提高整个模型最小时间步长的目的的方法便成为可能，如图 3.8 所示。

图 3.9 所示为 LS-DYNA 时间步长控制关键字（keyword）*CONTROL_TIMPSTEP 的参数设置窗口，其中的数值定义是基于毫米-秒-吨-牛单位制。其中变量 DT2MS 的值为负值表示仅对所有时间步长小于 TSSFAC*|DT2MS|（单位：s）的单元进行质量增加操作以使其时间步长达到要求，也就是说图 3.9 中两个变量的乘积 TSSFAC*|DT2MS|即人为干预后需要强制执行的最小时间步长，达不

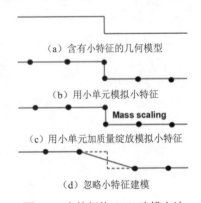

（a）含有小特征的几何模型

（b）用小单元模拟小特征

Mass scaling

（c）用小单元加质量绽放模拟小特征

（d）忽略小特征建模

图 3.8　小特征的 CAE 建模方法

到该指标要求的少数单元须增加其质量，直到其时间步长达标为止。需要注意的是，这种通过人为干预额外增加模型局部地区的质量以达到提高整个模型的最小时间步长而提高计算速度的方法需要适可而止，否则质量增加过多而导致模型严重失真就失去了仿真分析的意义。汽车碰撞安全性能分析过程中，通常要求增加的质量不得大于模型质量的 5%。

时间步长更小虽然会导致 CAE 模型的求解计算更耗时，但是同时也会使计算更稳定；人为干预后强制提高最小时间步长虽然可以提高计算速度、减小求解计算的时间，但是过快的计算速度反而有可能导致计算不稳定。大家在之后有限元模型的求解计算过程中，如果计算中途报错退出而又苦于找不到问题

根源的时候，不妨尝试一下适当缩小最小时间步长再提交计算。

图 3.9 *CONTROL_TIMPSTEP 关键字

当用户遇到时间紧、任务急、有多个优化方案需要验证的情况时，也可以抛开最小时间步长过大导致质量增加过大进而导致计算失真的顾虑，从而提高模型的最小时间步长以达到快速获得计算结果的目的。虽然单个方案的计算结果可能存在失真的问题，但是多个方案之间进行横向比较还是有一定参考价值的。

3.4.3 最小单元尺寸的确定

初次建模，如何确定自己的目标单元尺寸和最小单元尺寸呢？

目前，汽车碰撞安全性能分析 CAE 建模的单元目标尺寸为 5mm（极个别零件的目标尺寸可能会有不同）。对汽车行业以外的行业进行力学性能分析时，确定 CAE 建模的单元尺寸可以参考以下方法，即在力学性能不能被忽略的最小特征区域使用最小单元尺寸（min size）可以建立至少两排单元，单元目标尺寸（target element size）一般是最小单元尺寸的 2 倍，而最大单元尺寸（max size）一般是单元目标尺寸的 2 倍（即最小单元尺寸的 4 倍），单元质量标准中其他参数的定义仍然可以参照上述提到的 crash_5mm.criteria 的设置保持不变。

如果结构产生失稳，甚至溃缩变形，则起皱最严重的情形通常至少需要 4 排单元才能描述清楚，单元尺寸过大将无法准确描述零件的溃缩状态（图 3.10），这也为我们确定目标单元尺寸提供了一个依据。最后，最小单元尺寸并非是必须坚守的"铁律"，个别几何尺寸较小而力学性能却又无法忽略的特征的 CAE 建模允许出现单元尺寸略小于最小单元尺寸的情况。

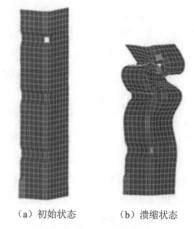

（a）初始状态　　　（b）溃缩状态

图 3.10　零件起皱的描述与单元尺寸相关

3.5 影响模型计算成本的因素

同样的工程问题，影响模型计算（时间）成本的主要因素有以下几个。

（1）材料性能：弹性模量与密度决定材料声速，进而决定模型的最小时间步长，以及决定计算速度；材料模型越复杂则计算成本越高，例如线弹性材料（*MAT_001）的计算成本低于弹塑性材料（*MAT_003），弹塑性材料的计算成本又低于塑性材料（*MAT_024）。同为塑性材料，如果不同应变率下的应力-应变曲线定义得越多，则计算成本越高；即使零件再大，形状再复杂，如果是用刚体材料*MAT_020 定义，则关于其运动状态的计算量仅与一个节点相当。

（2）最小时间步长：这一点我们在前面已经进行过重点阐述。

（3）单元数量：单元数量越多，模型越大，计算越耗时。

（4）接触算法：接触对定义得越多，接触状况越复杂，每个接触定义在计算过程中需要进行接触搜索的范围越大，则计算越耗时。

（5）计算机性能：CPU 数量越多则计算时间越短；相同的 CPU 数量，单个 CPU 的处理速度越快则计算时间越短；相同的 CPU 数量与质量，模型越大则并行计算（MPP）较串行计算（SMP）的优势越明显。

3.6 影响 CAE 仿真分析准确性的因素

首先，CAE 仿真分析的准确性都是相对于实验数据而言的，能够与实验结果相互印证的 CAE 仿真分析才算是准确的计算结果。

影响 CAE 仿真分析准确性的最重要因素当数材料本构方程（应力-应变关系）。材料本构方程反映材料的本质属性，LS-DYNA 开发了 300 多种材料模型就是想尽可能准确地描述材料的本质属性。

模型的初始应力、初始应变的准确描述对计算结果准确性的影响也不容忽视，零件在加工、装配过程中产生的应力、应变对零件的应激反应有很大影响。能否将这些初始应力、应变准确地描述进 CAE 模型也是对计算结果准确性不可忽视的影响因素。

如果上述两个主要因素能够很好地解决，最后才是有限元离散建模的准确性：力学性能敏感区域（例如倒角、加强筋、螺栓等）的准确建模、单元质量的控制、三角形单元占比的控制、人为干预沙漏控制、接触刚度、翘曲刚度、时间步长的适度以及求解器的计算方法等因素都对最终 CAE 仿真分析结果的准确性有很大的影响。

为了能够尽可能准确地描述物理模型和预测实验结果，CAE 仿真分析的方法和技术也在不断地更新、进步，例如无网格法建模、新材料模型的开发等。

影响 CAE 仿真分析准确性的主要因素见表 3.4。

表 3.4 CAE 仿真分析准确性的主要影响因素

主要影响因素	影响类型		
	理论	算法	建模
结构的近似			√
几何的近似	√	√	√
材料性质的近似	√	√	√
边界条件、初始条件的近似	√		√
网格质量	√	√	√
单元的尺寸和时间步长	√		
单元积分公式	√	√	
接触算法	√	√	
能量的光滑性	√		
有限元法的技术和公式	√	√	

3.7 整车坐标系

汽车整车坐标系的原点通常位于前轴的中心，车尾方向为 X 轴正向，向上为 Z 轴正向，根据右手法则可知向右为 Y 轴正向。汽车的各个子系统都是相对于整车坐标系建模的，后续一些非常重要的坐标，例如座椅的 R 点坐标、假人的 H 点坐标、壁障的离地高度、发动机的质心位置以及整车的质心位置等坐标都是相对于整车坐标系确定的。

3.8 模型实操

1．模型获得

在本书配套教学资源附带的文件中搜索 bumper_end.iges.hm，即可获得本次模型实操对应的模型，如图 3.11 所示。

2．模型导入

单击 HyperMesh 界面工具栏 1 中的 Open Model 文件打开工具 直接打开找到的 bumper_end.iges.hm 文件即可，此时 HyperMesh 的图形区应当可以看到如图 3.11 所示的有限元模型。

图 3.11　消除异常自由边实操几何模型

3．观察模型

在工具栏 3 中的有限元模型显示模式工具 中选择 Shaded Elements and Mesh Lines 渲染显示模式。

在工具栏 3 中的几何模型显示模式工具 中选择 By Topo 颜色显示方式和 Wireframe Geometry 线框显示模式，从而更方便有限元模型的识别。

用快捷键 Shift+F1 在界面菜单区打开如图 1.19 所示特征颜色编辑窗口，先在图形区选择要编辑颜色的零件，再在界面菜单区单击 color 按钮选择自己喜欢的颜色。

4．设置单元质量检查标准

单击界面菜单区 2D 界面里的 qualityindex 工具，在界面菜单区打开如图 3.1 所示的单元质量检查窗口，单击左上角的翻页键直接翻到第 4 页（图 3.12），单击窗口中的 edit criteria 工具会弹出如图 3.2 所示 Crieria File Editor 单元质量指标设置窗口，选择下拉菜单中的 File>Open 命令读取 HyperMesh 自带的单元质量标准文件 crash_5mm.criteria，观察一下此时弹出窗口中各项单元质量指标的目标值，然后单击 Criteria File Editor 窗口最下端的 Apply 按钮确认执行现有的单元质量标准，再单击 OK 按钮关闭 Criteria File Editor 窗口。

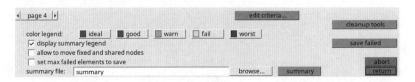

图 3.12　qualityindex 单元质量检查窗口第 4 页内容

5．检查有限元模型的单元质量

当界面菜单处于 qualityindex 窗口的第 1 页（图 3.1）的状态时，拖动窗口右下方 display thresholds 处的滑块，观察图形区的单元显示有何变化，最终将滑块定位在 fail 位置，即重点观察单元质量不合格的单元，此时图形区不符合单元质量指标的单元显示为黄色，严重不符合要求的单元会显示为红色。

6．优化单元质量

如图 3.1 所示，单击窗口右侧的 cleanup tools 工具打开如图 3.5 所示单元质量优化窗口，学习使用其中的工具对图形区的模型中的单元的质量进行优化，最后单击窗口右侧 QI settings 工具返回到图 3.1 所示窗口，或者直接按键盘上的 Esc 键退出 qualityindex 单元质量检查窗口。

视频讲解：
2 小时 48 分钟

第 4 章　网 格 划 分

网格划分是前处理过程中需要人为参与最多的、最耗费人工的环节，而且同一个模型，CAE 分析正确与否很大程度上在建模阶段就确定了，求解计算过程中遇到的很多导致计算退出的问题也都是由于建模错误或不合理等问题引起的；网格划分过程同时也是对模型结构的力学性能加深理解的过程，哪些区域是与力学性能相关的重点区域需要精细建模、哪些特征比较重要不能忽略、哪些特征不重要可以粗略建模甚至忽略等都是对 CAE 工程师的考验和提高。因此我们接下来会专门抽出一章来详细讲解网格划分的操作。

以汽车正面碰撞刚性墙的安全性能仿真分析为例，前纵梁压溃吸能区和冲击力的主要传递路径上的零部件是比较重要的区域（图 4.1），但是在进行汽车侧面柱碰或者侧面可变形移动壁障碰撞的仿真分析时，汽车车身上位于碰撞侧的 B 柱、门槛梁和座椅横梁反而变成最重要且需要精细建模的区域。当一车多用、一个整车模型需要计算多种工况时，哪些区域是需要精细建模的区域，CAE 工程师需要对此事先有一个通盘的考量。汽车白车身上虽然都是钣金件，但是有些零件是起结构支撑作用的，有些零件则只是起造型和遮风挡雨作用。

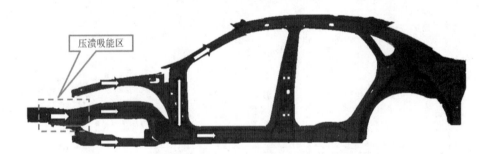

图 4.1　汽车正面碰撞压溃吸能区及力的主要传递路径

4.1　单 元 类 型

有限单元有多种不同的分类方式，根据几何形状，有限单元可以划分为以下几种。

（1）点单元：质量单元、惯性单元（定义在其他单元的节点上）。

（2）弹簧阻尼单元：如图 4.2（a）所示。汽车的独立悬架是一个典型例子。

（3）杆、梁、索单元：如图 4.2（b）所示，主要针对钢丝、螺栓等细长形零件。

（4）壳单元：三角形单元和四边形单元如图 4.2（c）所示，主要针对薄壁件，如汽车上使用频率最高的钣金件。

（5）实体单元：四面体单元、五面体单元和六面体单元，如图 4.2（d）所示，主要针对铸造件、焊点、粘胶和橡胶块等零件。

另外，点单元又被称为零维度单元或者 0D 单元，弹簧阻尼单元和杆、梁、索单元又被称为一维单元或者 1D 单元，壳单元又被称为二维单元或者 2D 单元，实体单元又被称为三维单元或者 3D

单元。

　　如图 4.3 所示，有限元模型各特征之间相互关联才组成了一个整体，每个零件（*PART）都可以离散为若干个单元（*ELEMENT），每个单元都是由边角上的几个节点（*NODE）来定义的，节点是定义单元的基础，单元不能脱离节点而单独存在。弹簧阻尼单元和杆、梁、索等一维单元由两端的两个节点来定义，二维壳单元和三维实体单元由顶角的几个节点来定义。*PART 关键字中的几个变量 secid、mid、hgid 等分别指向特定的属性定义*SECTION、材料定义*MAT、沙漏控制定义*HOURGLASS 等关键字。点单元比较特殊，直接定义在节点上，不需要进行 *PART、*MAT、*SECTION 等定义，即点单元可以放在其他单元所属的 *PART 里，但是一般情况下为了管理方便，还是会将点单元进行归类并存放在没有 *MID、*SID、*HGID 等定义的 component 里。

　　由于汽车模型绝大多数都是钣金件，因此本章我们主要以如何对钣金件划分壳单元为例进行讲解，最后再扩展到一维单元和三维实体单元。

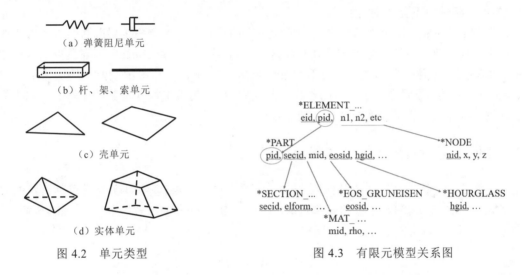

图 4.2　单元类型　　　　　　　图 4.3　有限元模型关系图

4.2　划分网格遵循的几个原则

4.2.1　准备工作

　　（1）划分网格之前，先选择下拉菜单 Preferences→Meshing Options 命令（对应快捷键 o），打开的窗口如图 4.4 所示。

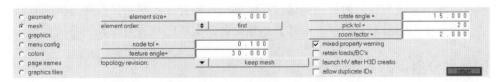

图 4.4　Meshing Options 窗口

Meshing Options 窗口中的主要工具解释如下。

　　1）element size=：设置单元尺寸的目标值，如图 4.4 所示的 5mm，这样每次 HyperMesh 在执行涉及单元尺寸的命令时会默认单元尺寸为 5mm。

2）node tol=(erance)：表示在该距离范围内的两个节点会自动合并为一个节点。

3）feature angle=：表示弯曲度小于该数值的曲面上的网格在优化时将被视为属于同一平面内的单元，这一数值也是通过 by face 辅助功能选择单元时的主要依据，也是单元优化时 HyperMesh 搜索邻近相关单元的主要依据，用户可以根据自己的需要适时调整其数值。

4）topology revision=：推荐选择 keep mesh（较重要），表示几何特征线被改动后依之前特征线生成的网格不会自动更新，优化网格时未选择区域的网格也会保留不动。

（2）模型中所有零件的位置均相对于同一坐标系。汽车整车模型零件非常多，往往需要将整车零件分为几个子系统，如白车身、副车架、动力系统、悬架系统、轮胎与刹车盘、闭合件（前、后门，引擎盖，后备箱盖等）、座椅系统，排气系统，油箱或电池系统，IP（Instrument Panel，仪表板）及内饰系统等，每个子系统又包含若干个零件。每个零件单独进行网格划分，然后装配成一个子系统或整车模型，这就要求每个零件的几何模型都对应车体坐标下的正确位置，在此基础上生成的 CAE 零件装配时才不会产生混乱。

（3）当前零件确认。对某个零件的几何模型进行网格划分时，首先需要确认其为当前零件，其所在的子系统为当前子系统。当前零件在功能区 Model 界面的 Components 列表里以加粗、加黑方式显示，要将某个零件设置为当前零件时可在功能区该零件名上右击，在弹出的快捷菜单中选择"Make Current"命令，设置当前子系统的操作与此相同。后续的很多操作及其结果如新生成的节点、单元等都默认会保留在当前子系统中的当前零件中。

4.2.2　几何模型与有限元模型的显示模式

划分网格前，确认工具栏 3 中几何以 By Topo 的方式（图 4.5 箭头①）区分几何特征的颜色、以线框形式（图 4.5 箭头②）显示几何模型；CAE 网格以 By Comp 的方式区分颜色（图 4.5 箭头③）、以渲染方式（图 4.5 箭头④）显示单元网格。

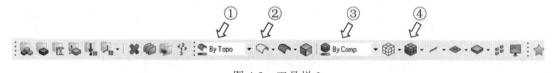

图 4.5　工具栏 3

几何以 By Topo 的方式进行颜色区分，此时图形区所有几何曲面的自由边（材料边界）统一以红线显示，零件内部相邻两个曲面的公共边以绿线显示，3 个以上曲面的公共边以黄线显示，这样在划分网格过程中很容易识别几何特征线；CAE 网格以 By Comp 的方式进行颜色区分，不同的零件显示不同的颜色可以有效避免建模过程中搞错单元的归属。几何模型以线框形式显示而 CAE 网格以渲染模式显示，是因为我们的目的是通过几何模型获得有限元网格。如果几何模型以渲染形式显示，一方面会过多消耗显示器内存，最重要的还是会妨碍我们观察有限元网格的质量。

4.2.3　网格划分遵循的几个原则

在 CAE 建模过程中，除了所有单元都要满足第 3 章提到的 qualityindex 的各项硬性指标之外，还需要遵从以下几个总的指导原则。

（1）钣金件及其他薄壁件的 CAE 建模要用壳单元建在几何中面上，零件的厚度通过后续属性（图 4.3 中*SECTION）的定义来体现；钢丝等细长型零件的 CAE 建模要用梁单元建在钢丝的中心线上，钢丝的直径通过后续零件属性的定义实现。

薄壁件是指一个方向的尺寸远小于另外两个方向的尺寸的零件。因为壳单元的厚度方向上也定义有积分点，因此有些区域零件的厚度大于壳单元的尺寸并不影响计算的准确性。

汽车上有很多用作内、外饰的塑料件也都是薄壁件，但是注塑成型的塑料件往往在各个区域的厚度不均匀，在网格划分完成后要将同一零件不同厚度的区域分割定义成相同材料（图4.3中*MAT）但是不同厚度（图4.3中*SECTION）的多个零件。

（2）不应有单元跨过几何特征线。

几何对称的零件的网格最好也是对称的，单元不可以跨过几何特征线，但是不承担任何力学性能的特征线可以事先消除。

（3）壳单元的边最好垂直或平行于几何边界。

如图4.6所示，两组模型具有相同的几何形状，单元质量也都满足质量标准 crash_5mm. criteria 的要求，但是图4.6（b）组模型较图4.6（a）组模型的力学性能更优异。另外规则的区域边界（圆形、矩形等）有助于 HyperMesh 生成规则的网格，因此如果划分网格区域的形状不规则时，需要人为地进行合理分割（增加特征线），使其产生局部规则的区域，从而生成规则的网格；网格已经生成但是需要对部分区域的网格进行优化（remesh/smooth）时，可以暂时将该区域网格边界的节点位置进行小范围的改动，使其形状规则，从而有利于得到更理想的优化结果。

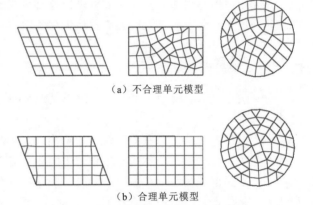

（a）不合理单元模型

（b）合理单元模型

图4.6　相同的几何生成的单元质量比较

（4）控制三角形单元的数量。

前面已经提到四边形单元比三角形单元更精确，但是由于受到几何模型形状不规则的限制，不可能全部使用四边形单元完成 CAE 建模，因而在有些区域需要使用三角形单元实现过渡或补充。一般要求汽车整车模型中，三角形单元的数量占所有壳单元数量的百分比不大于 7%。

（5）避免出现 3 个以上三角形单元共节点的情况，尽量避免出现 3 个四边形单元对顶的情况，如图4.7所示。

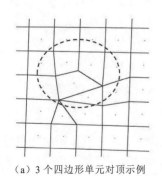

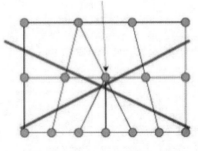

（a）3个四边形单元对顶示例　　　（b）3个三角形单元对顶示例　　　（c）将对顶的三角形单元分散开

图4.7　3个四边形单元和三角形单元对顶及其分散示例

（6）网格尺寸均匀。

单元尺寸应尽可能均匀、统一，这样的好处在于：有助于提高有限元建模的效率，如果各个子区域的网格大小不一，则各子区域之间的衔接肯定会出现问题；有助于提高网格质量，如果网格大小不一，则从大网格到小网格的过渡肯定会出现很多三角形单元，我们前面已经提到要尽可能地减少三角形单元的数量；在求解计算过程中有利于零件之间的接触识别。在这里特别需要指出的是，刚体材料的零件由于其力学性能是通过其质心的状态反映出来的，往往被认为对网格的质量要求比较低，但是如果刚体零件需要与周围零件产生接触，较高的单元质量有助于相互接触识别，尤其注意要避免一些尖锐的棱角。

（7）避免只用单排单元描述几何特征。单排单元容易导致沙漏（零变形能）现象或者剪力自锁问题。关于沙漏问题和剪力自锁问题，后续会有详细解释。

（8）零件内部相邻单元共用节点以模拟材料在此处的连续性，否则会出现自由边（free edge)问题。几何区域边界上的单元节点会默认为相邻区域单元的节点。

4.2.4　对称结构的处理

对于汽车 CAE 模型来说，由于汽车是近乎左右对称的模型，因此要求对称件的单元尽量不要跨过对称面。

由于汽车本身就是左右近乎对称的结构，因此汽车整车模型中很多零件或者本身是左右对称件，或者是两个零件关于汽车整体坐标系的中面即 $y=0$ 的面对称，或者是几个零件就是具有完全互换性的零件，不完全对称件可对称后进行局部修改，所有这些因素在建模之前就应当有一个通盘的考虑和认识，从而起到事半功倍的效果。对称件、不完全对称件或互换件最好分配给同一个工程师来完成建模工作，从而避免了重复劳动，因为其只需要完成一个零件或者零件一半的建模，然后通过复制、对称或平移等操作即可完成另外几个零件的建模。

如果零件本身是对称件，要先划出几何中线，完成中线一侧即一半模型的网格建模工作，再利用界面菜单 Tool→reflect 命令（图 4.8）对称到另一半。需要注意的是，选择要对称的特征（图 4.8 中的 elems）后，右击特征类型 elems，在弹出的辅助选择快捷菜单中选择 duplicate→original comp 命令进行复制（复制到原 component），然后选择对称面（由图 4.8 中的 N1、N2、N3 这 3 个节点确定）和对称面位置（图 4.8 中的节点 B），单击 reflect 按钮或在图形区单击鼠标中键确认完成对称操作。如果不复制就对称则相当于对称"搬运"；如果不选择节点 B，则前 3 个节点既确定对称面的法向又确定对称面的位置。

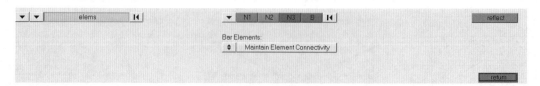

图 4.8　reflect 窗口

对于轴对称件，我们可以先划分出基本对称元素的网格，再用界面菜单 Tool→rotate 命令进行旋转一定角度的复制操作。对称复制完成后，要采用界面菜单 Tool→edges 命令（快捷键 Shift+F3）对对称区域与被对称区域交界处单元的节点进行合并，使其连接成为一个整体。为此，轴对称基本区域的网格事先在区域两边边界的节点数量应当相等，这样便于旋转之后两部分的对接。

如果两个零件是对称件，则先划分完成一个零件，再将其网格相对于对称面对称、复制到另外一侧，注意此时新生成的网格与被对称的基准网格同属于一个零件，因此需要将对称过来的网格通过命令 Tool→Organize（快捷键 Shift+F11）归属到新的零件。

对对称件的如上操作既可以提高建模效率，同时也符合模型的力学特征。

4.2.5　automesh：批量生成单元

划分网格阶段使用频率最高的操作是按快捷键 F12，即界面菜单 2D→automesh 命令，命令界面如图 1.18 所示。

选择需要划分网格的曲面并用鼠标中键确认后会在几何特征线或单元区域边界出现标识节点数量（即单元密度）的数字（图 4.9），右击该数字可以调整数值大小（即调整节点数量）。确认无误后再次在图形区单击鼠标中键完成本次网格划分。

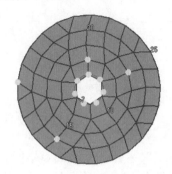

图 4.9　automesh 命令调整单元密度

📢 **注意：**

由几何曲面生成有限元网格时，确认生成后如果没有看到网格如期显示，有可能是关闭了网格显示功能，此时可在功能区 Components 列表中确认该零件前面的网格显示功能打开，或者用快捷键 d 选择显示所有网格来查看上一操作是否生成网格，但切不可反复生成，以免造成重复单元问题。

4.2.6　ruled：网格对接

如图 4.10 所示，CAE 建模过程中经常会遇到要将两片网格区域对接的情况，此时可以使用界面菜单 2D→ruled 命令，打开的窗口如图 4.11 所示。先选择需要对接的一侧区域的边沿特征（节点或曲线），用鼠标中键确认后再选择另外一侧区域的边界特征，用鼠标中键确认生成对接单元。

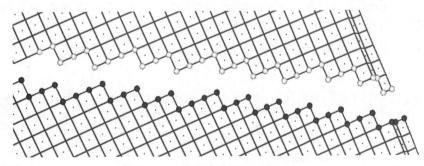

图 4.10　两片网格区域进行对接

网格对接的两侧可以是单元节点对单元节点，也可以是几何特征线对单元节点。节点和曲线的选择既可以是离散的（by list），也可以是一组连续的特征（by path）。但是需要注意的是，两侧特征的选择必须是同向而行的。通过 by path 选择一排连续单元区域上的两个节点，则这两个节点之间连接路径上的所有节点都被选中。

对接区域的边界参差不齐时，初次生成的对接单元质量可能并不理想，此时可以通过 remesh（对应快捷键 F12）操作进行单元质量的进一步优化。

网格对接是对两侧的节点进行就近直线连接，对接区域不在同一光滑曲面内时可以分段对接。

图 4.11 中的 mesh,dele surf（mesh delete surface）选项表示在生成对接网格的同时不需要生成与对接网格匹配的几何曲面，以免对现有的零件几何造成干扰。

图 4.11　ruled 窗口

4.2.7　spline：U 形缺口或孔洞填补

很多时候会出现对接区域两侧并未完全断开而形成 U 形缺口或孔、洞的情况，此时缺口补齐采用界面菜单 2D→Spline 命令更高效，如图 4.12 所示。这里因为它可以通过 by path 的方式一次性地选择整个缺口边界，而不需要像 ruled 命令那样选择两次，还要确保是同向选择。

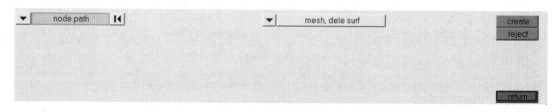

图 4.12　spline 窗口

4.2.8　特征拉伸

界面菜单 2D→Drag/line drag/spin 可以将一组有限元节点或几何特征线拉成壳单元，或者将壳单元拉成实体单元。drag 命令只能进行直线拉伸（图 4.13），line drag 命令可以沿曲线路径进行拉伸，spin 命令是沿特定轴线旋转拉伸特定的角度。

图 4.13 所示为 Drag 命令的 drag geoms 界面，可以将一组节点/曲线沿特定方向拉伸指定的距离并依据单元目标尺寸在拉伸路径上自动生成壳单元。

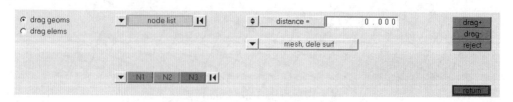

图 4.13　drag geoms 界面

➤ node list：表示拉伸对象为图形区选择的一组节点，单击 node list 左侧的下拉菜单可以更改拉伸对象为 lines，即几何线；单击 node list 并在弹出的菜单中选择 by path 后可以看到原来的 node list 变成了 node path，前者只能逐个选择图形区中的节点，后者会自动选择用户前后两次选择的节点之间路径上的一组节点，line list 和 line path 的差别与节点相同。

➤ N1、N2、N3：在图形区选择 3 个节点依据右手法则确定拉伸的方向；单击其左侧的下拉菜单还可以选择其他确定拉伸方向的方式。

- ➤ distance：指定拉伸的距离；当确定拉伸方向的方式是如图 4.13 所示的由 3 个节点依据右手法则确定时，单击其左侧的双选按钮可以直接指定 N1 与 N2 节点之间的距离为拉伸距离。
- ➤ drag+/drag−：表示沿指定方向的正向或反向进行拉伸。

HyperMesh 沿用户指定的拉伸方向自动生成的壳单元的默认单元尺寸即之前设置的单元目标尺寸，如图 4.4 所示。若用户单击了图 4.13 中的 drag+按钮/drag−按钮，HyperMesh 在依指令自动生成壳单元的同时界面菜单区会自动跳转至图 4.14 所示的界面，用户可以对自动生成的壳单元的单元尺寸（elem size）、节点密度（elem density）及单元类型（mesh style，三角形单元/四边形单元）进行调整，或者不做任何调整直接按 Esc 键默认 HyperMesh 的结果并自动返回图 4.13 所示的界面。

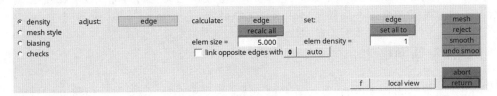

图 4.14　Drag density 界面

图 4.15 所示为 Drag 命令的 drag elems 界面，是将图形区已有的壳单元拉伸成实体单元的界面。

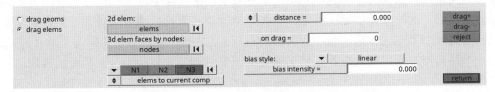

图 4.15　drag elems 有限元特征拉伸生成单元界面

- ➤ 2d elem：在图形区选择一组二维壳单元用以拉伸生成实体单元。鼠标左键单击其下方的 elems，在弹出的辅助选择快捷菜单中可以选择更快捷的方式；四边形壳单元将拉伸成一组六面体单元，三角形壳单元将拉伸成一组三棱柱五面体单元。
- ➤ N1、N2、N3：在图形区选择 3 个节点依据右手法则确定拉伸的方向；单击其左侧的下拉菜单还可以选择其他确定拉伸方向的方式。
- ➤ elems to current comp/elems to original comp：指定拉伸生成的实体单元是放入当前零件还是被拉伸的壳单元所属的零件。建议二维壳单元与三维实体单元分开存放，否则过后无法区分。
- ➤ distance：指定拉伸的距离。
- ➤ on drag：指定沿拉伸方向生成的单元的数量，即单元密度。
- ➤ bias style：指定沿拉伸方向单元的分布方式，linear 表示单元长度线性分布。此时如果其下方 bias intensity=0，表示沿拉伸方向单元尺寸相同；bias intensity>1 或者 bias intensity<1 表示沿拉伸方向单元尺寸逐渐增大或者缩小。

4.2.9　其他网格生成方法

界面菜单 2D→Plane：封闭曲线内生成壳单元，或者在指定平面内、以指定节点为中心的指定大小的正方形区域内生成壳单元。

界面菜单 2D→Cones：生成圆柱形或圆锥形壳单元。

界面菜单 2D→Spheres：生成球面壳单元。

界面菜单 2D→Torus：生成圆环形壳单元。

最后提醒大家不要忘记，第 1 章讲 HyperMesh 快捷键的时候提到使用 F6 快捷键可以手动单个地生成单元。

4.3 单元质量优化

HyperMesh 通过上述步骤自动生成的网格由于严格遵循几何特征线，因而出现部分单元质量不过关、有些可用四边形单元实现的区域却过多地用三角形单元实现的情况，或者出现了 3 个三角形单元共节点的情况等，此类不合理问题需要用户手动解决。

4.3.1 小范围重新网格化

同样是在界面菜单 2D→automesh 命令界面，特征选择不是 surface 而是 element，框选网格质量不佳的单元区域的单元，用鼠标中键确认进行重新生成，网格重新生成的过程同时也是网格质量优化的过程，此时所选网格区域的边界形状越规则（圆形或矩形）越有助于获得理想的网格质量。对于几何特征线交叉区域生成的不符合最小单元尺寸要求的单元，接近最小尺寸要求的可以拖动节点使其满足质量要求，此时单元节点不可避免地会稍微跨过几何特征线，这是允许的；如果狭小区域里的单元尺寸与最小单元尺寸标准相差较大，则可以合并四边形单元中相邻的两个节点（快捷键 F3）使其变成一个三角形单元，或者合并三角形单元的两个节点使其自动消失，从而使其两边的两个单元自动相邻。

4.3.2 cleanup tools：优化单元质量

使用界面菜单 2D→quality index→cleanup tools 命令也可以优化单元质量，如图 4.16 所示。

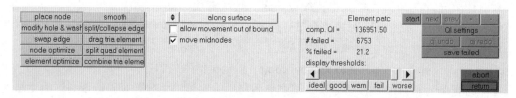

图 4.16 cleanup tools 界面

➤ place node：通过鼠标左键拖动单元节点，达到优化单元质量的目的。

➤ node optimize：通过鼠标左键单击单元节点，HyperMesh 会自动优化该节点的位置，使该节点涉及的单元质量更加优化。多次单击可以进行多次优化。

➤ element optimize：通过鼠标左键单击壳单元，HyperMesh 会自动对该单元及其周边单元的质量进行优化。多次单击可以进行多次优化；

➤ smooth：对单元质量进行自动优化。其与 element optimize 功能类似，所不同的是可以一次框选多个单元，单击鼠标中键进行优化，可以多次单击鼠标中键进行多次优化。

关于 smooth 的（单元）光滑功能，提醒大家不要忘记第 1 章讲解 HyperMesh 快捷键时提到的快捷键 Shift+F12，它是专门用来进行（单元）光滑操作的。

4.3.3　翘曲单元的优化

以汽车整车模型为例，由于薄壁件（尤其是钣金件）所占的比例非常高，又需要严格控制三角形单元的占比，这样就使得四边形壳单元翘曲度的调整变得非常重要和普遍。

方法一：使用 translate 命令（快捷键 Shift+F4）移动单元节点位置以达到优化单元质量的目的。单元质量的修正过程中，最困难的情况大多是四边形单元的翘曲问题，用"Ctrl+鼠标左键"方式旋转模型并观察翘曲单元的翘曲方向，然后对其中一个节点沿四边形单元另外 3 个节点的法线方向进行微量移动，使其向另外 3 个节点确定的平面逐步靠近，同时对周边相邻单元的质量尽量减少负面影响。

方法二：使用 split 命令（快捷键 F6）将四边形单元切成两个三角形单元。由于三角形单元不存在翘曲问题，对于单元质量修正实在困难的四边形单元可以通过切成两个三角形单元来解决问题。注意切的方向最好使生成的两个三角形单元都是锐角三角形，同时要避免出现与周边相邻单元形成 3 个以上三角形单元共节点的情况。

4.3.4　单元移动、复制

对于一些自身就是左右对称、轴对称的零件，又或者关于某一对称面相互对称、局部对称的两个零件，亦或具有互换性的多个相同的零件，CAE 建模时可以通过以下操作借用已经生成的单元完成剩余部分的建模工作，从而极大地提高建模效率。

（1）translate：单元平移，对应界面菜单 Tool→translate 命令。

（2）rotate：单元旋转，对应界面菜单 Tool→rotate 命令。

（3）reflect：单元镜像，对应界面菜单 Tool→reflect 命令。

（4）project：单元投影，对应快捷键 Shift+F7 和界面菜单 Tool→project 命令。

（5）position：单元定位，对应界面菜单 Tool→position 命令。与 translate 命令只能对单元进行平移操作不同的是，position 命令利用用户定义的起始位置的 3 个节点确定的方位与终止位置的 3 个节点确定的方位的对应关系，不但可以对单元进行平移，同时可以进行旋转操作，如图 4.17 所示。通常起始位置和终止位置的 3 个节点会选择具有代表性的 3 个节点（如孔的中心位置）等，但是终止位置的 3 个节点除 N1 外，N2、N3 并不需要与起始位置的 N2、N3 完全对应，只需要大致方向对应即可。

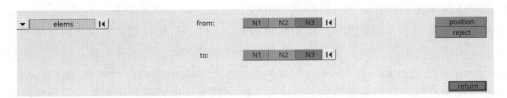

图 4.17　position 命令界面

（6）offset：单元沿法向偏置，对应界面菜单 2D→elem offset 命令打开的窗口如图 4.18 所示。该命令窗口有多个界面，使用频率最高的是第三个界面，即 shell offset（壳单元偏置）界面。偏置之前最好确认所选单元的法向是否统一，偏移的正向是单元法线方向，负值表示偏移的方向与单元法线方向相反。

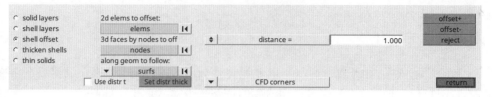

图 4.18　offset 窗口

1）2d elems to offset：指定要偏置的二维壳单元。用户可在图形区直接选取单元，也可鼠标左键单击下方的 elems，在弹出的辅助选择快捷菜单中选择合适的方式快速完成单元的选择。

2）distance=：指定要偏置的距离。单击其左侧的双选按钮可以直接选择偏置所选单元材料厚度一半的距离。

3）offset+/offset−：指定单元偏置的方向是单元法向的正向还是反向。

4.3.5　单元质量检查

单个零件按子区域逐个划分网格的过程中，需要不断地运用界面菜单 2D→quality index 命令检查新生成的单元的质量，以便及时进行修正。除过 quality index 的各项单元质量指标之外，通常单个零件的网格划分完成之后还要进行以下各单项指标的检查工作。

（1）查找自由边：通过前面 1.4.7 小节 HyperMesh 快捷键中提到的 Shift+F3 实现。此时红色的自由边只应当出现在零件的外边缘及内部孔、洞的位置以表征零件材料的边界，零件内部材料应当连续的地方若出现自由边，则是相邻单元没有共节点导致的问题；自由边问题的另外一个原因是，由于 HyperMesh 的未知因素导致在用户操作过程中在单元之间的边界上会生成极个别尺寸非常小（<0.2mm）的壳单元，用户通常无法用肉眼将这些单元与相邻单元的边界区分开，但是在检查自由边时通常会在此处显示异常自由边问题。

（2）查找最小单元：通过前面 1.4.7 小节 HyperMesh 快捷键中提到的 F10（图 1.16）实现。其打开的窗口中各项指标与前面界面菜单 2D→quality index 的各项指标有重复，不同之处在于 quality index 适合对单个零件单元的各项指标同时进行检查，而 F10 打开的窗口适合对整个模型单元的各单项指标进行检查，尤其是可以快速找出整个模型中的极端恶劣的单元。如果将该窗口的 length<指标定义为 0.2mm 则可快速找出这些存在于单元夹缝中的壳单元，找到并删除这些"夹缝"单元之后，还需要对其所在的零件再次进行自由边检查确认。

（3）查找重复单元：同样是通过快捷键 F10 打开相应窗口，然后单击右侧的 duplicates 按钮即可查找图形区存在的共节点的重复单元。需要指出的是，此处只能找到共节点的重复单元，不共节点但是位置重叠在一起的单元无法被找出；要想把这些重叠单元找出来并删除，用户需要先通过快捷键 Shift+F3 使重叠单元变成共节点单元，然后再通过快捷键 F10 所打开窗口中的 duplicates 按钮找出重复单元并保存。另一点需要指出的是，并非所有的重复单元都是问题单元，例如汽车的风挡玻璃通常是三层复合材料，CAE 建模时通常是采用三层单元完全相同的壳单元零件完全共节点来描述的。

（4）单元法向统一：通过前面 1.4.7 小节 HyperMesh 快捷键中提到的 Shift+F10 实现。单元法向是单元偏移（offset）时的正值方向，同时也是零件间接触搜索时的搜索方向。这里需要提醒大家注意的是单元法向统一于哪一侧并不重要，重要的是单个零件内所有单元法向的统一。

4.4 典型特征的建模

4.4.1 孔的建模

如果单元目标尺寸为 5mm，则直径小于 5mm 的孔应当删除。删除方法一是通过快捷键 F11 或界面菜单 Geom→quick edit 命令，打开相应窗口（图 1.17），选择 unsplit surf 或者 filler surf；方法二是通过界面菜单 Geom→defeature→pinholes 命令。采用方法二在删除孔后，在原孔的中心位置会产生一个几何点，该点在生成有限元网格时会对应一个单元节点。

直径等于 5mm 的孔可以直接删除，也可以用一个正方形的孔代替，如图 4.19 所示。直径大于 6mm 的孔都需要进行 washer（划分偶数个四边形单元），主要目的是防止在此处产生应力集中。其方法是先利用快捷键 F11（界面菜单 Geom→quick edit→washer split 命令）将几何孔的边偏置出一个 3～3.5mm 宽度的环面 [如图 4.19（a）所示，3mm 宽度针对单元目标尺寸为 5mm 的情况]，如果这个环面的宽度过大，则最后生成的四边形网格的内外边尺寸相差较大不利于环面以外区域的网格衔接。先对这个环形几何区域划分网格，再对环面以外的区域划分网格，注意环面单元的数量必须为偶数，单元内边的尺寸不得小于单元质量标准要求的最小尺寸，外边尺寸为 5mm 左右。

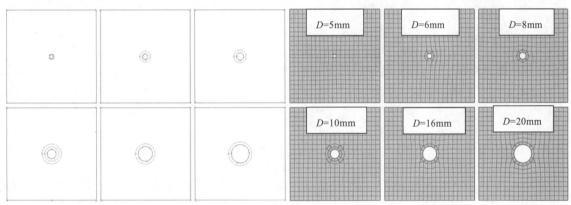

（a）几何模型孔的 washer   （b）有限元模型

图 4.19 孔的 CAE 建模方法

环面以外的区域最初生成的网格一般不会像图 4.19（b）中所示的那样整齐，还需要利用快捷键 F12（界面菜单 2D→automesh 命令）对已生成的网格不断优化；图 4.19 示例是一种理想的平面状况，实际工作中遇到的都是曲面，操作难度不同，但是方法都是类似的。

4.4.2 焊边建模

焊边上至少划分两排单元，两个焊接件在焊边区域的单元要尽可能保持平行，如图 4.20 所示。我们前面划分网格的总的原则中提到，重要区域要避免出现单排单元的情况，焊边即属于这种情况；焊边与倒角都是非常重要的力学特征，

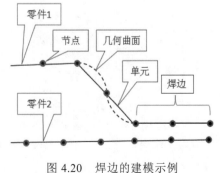

图 4.20 焊边的建模示例

但是当几何尺寸受限导致焊边的建模要求与相邻倒角的特征发生冲突时，首先要确保满足焊边的建模要求。

4.4.3 倒角建模

对于倒角处存在多层板的情况（图 4.21），外层板（图 4.21 之零件 1）倒角处的单元数量不得少于内层板（图 4.21 之零件 2）的单元数量，否则容易产生内、外层板之间的穿透问题。

图 4.22（a）和图 4.22（b）所示为单元目标尺寸为 5mm 的 CAE 模型的倒角建模示例中，由于倒角具有重要的力学特性，因此倒角的边界要清晰，倒角的特征线要得到保证，即不应当有单元跨过倒角的特征线。对于倒角尺寸小于 4mm 又不可以被忽略的情况，如图 4.22（c）和图 4.22（d）所示，单排倒角的位置不可偏颇。对于单元目标尺寸为 5mm 的模型，倒角尺寸小于 2mm 的区域可以直接简化为直角来描述（界面菜单 Geom→defeature→surf fillets 命令）。

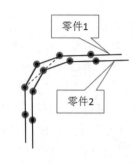

图 4.21　多层板倒角处建模示例

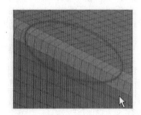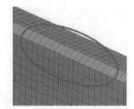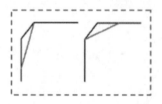

（a）倒角尺寸大于 8mm　　（b）倒角尺寸为 4～8mm　　（c）倒角尺寸小于 4mm　　（d）单排单元倒角不合理建模要求

图 4.22　倒角建模示例

4.4.4 倒圆建模

如图 4.23 所示，虚线表示倒圆的几何边界，由于汽车整车建模的单元目标尺寸为 5mm，因此对于小于 5mm 的倒圆一般采用图 4.23（a）的建模方法；大于 5mm 的倒圆一般采用图 4.23（c）的建模方法，其中一个节点脱离几何边界是为了提高四边形单元的质量；很少采用图 4.23（b）的方法是为了尽可能减少三角形单元的数量。为了操作简单、直接，倒圆的尺寸测量方法一般是量取倒圆的弦长，即图 4.23（a）中直角三角形斜边的长度，而不是工程绘图中采取的量取倒圆所在圆的半径。

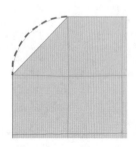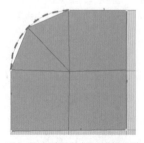

（a）倒圆尺寸小于 5mm 的建模方法　　（b）很少采用的倒圆建模方法　　（c）倒圆尺寸大于 5mm 的建模方法

图 4.23　倒圆建模示例

4.4.5　压边建模

由于点焊工艺不可避免地会在钣金件上产生凹坑，因此出于美观的视觉需要，一般要求汽车外表面不可以直接看到焊点。这样就导致汽车上一些特殊的区域，例如引擎盖的内、外板之间的连接方式需要采取一些特殊的工艺手段来实现。这种工艺就是压边（又叫包边）工艺，如图 4.24 所示。

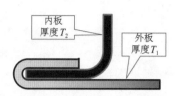

图 4.24　钣金压边示意图

压边的有限元建模方法通常有 3 种，且这 3 种方法都要求压边单独属于一个新的零件。首先如图 4.24 所示假设外板的厚度为 T_1，内板的厚度为 T_2，第一种方法如图 4.25（a）所示，压边的边界分别与内、外板共节点，压边的厚度为 T_1+T_2，材料通常选用与外板相同的材料；第二种方法如图 4.25（b）所示，压边的边界与内、外板共节点，压边的厚度为 $2T_1+T_2$，材料通常选用与外板相同的材料；第三种方法如图 4.25（c）所示，压边的边界与内板共节点，压边的厚度为 T_1+T_2，材料通常选用与外板相同的材料，压边与外板之间用连续焊或者 TIE 接触的方式固连（连续焊的 CAE 建模方法和 TIE 接触的定义在后续章节有详解）。

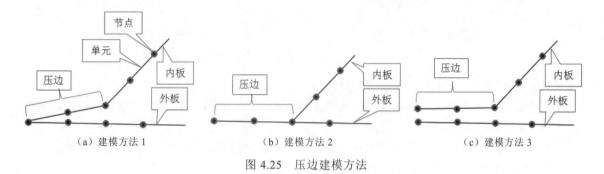

（a）建模方法 1　　　　　（b）建模方法 2　　　　　（c）建模方法 3

图 4.25　压边建模方法

4.4.6　加强筋建模

加强筋因其在整体结构中承担的重要力学性能而在建模时必须被重视。图 4.26 所示为结构设计中常见的两种筋：长条形筋和三角形筋。加强筋由于金属的冷作硬化效应而在多数情况下起到强化结构刚度的作用，但是当受力方向与筋的走向垂直时，筋又起到诱导结构在起筋的地方率先失稳、起皱的作用。如图 4.26（a）所示，当筋受到 F_1 或者 F_3 方向的力时，加强筋在金属的冷作硬化效应的作用下起到强化结构刚度、抵抗弯曲变形的作用，汽车底板上的加强筋即是基于同样的道理；当筋受到 F_2 方向的力时，加强筋又会弱化结构刚度，诱导结构首先在筋的位置起皱、失稳，汽车前纵梁、纵梁吸能盒上的筋即利用筋的这种特性诱导纵梁在此处失稳、压缩，从而最大限度地吸收汽车正向撞击产生的能量；图 4.26（b）所示的三角形筋多用来强化结构以抵抗那些促使倒角打开或者闭合的力矩的作用。

图 4.27 所示为两个加强筋增强结构刚度，抵抗结构失稳、弯曲的示例。但是加强筋（尤其是一些倒角上的三角形筋）因为在很小的空间内产生形状复杂的曲面而导致有限元建模难度较大，而难度的症结主要在于要尽量避免出现采用三角形单元（特别是 3 个以上三角形共节点）的情况。

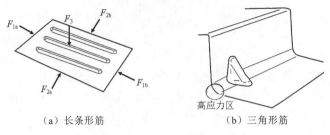

（a）长条形筋　　　　　　　　（b）三角形筋

图 4.26　结构设计中常见的两种筋

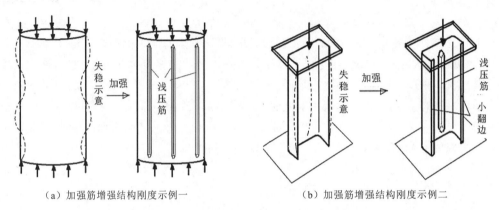

（a）加强筋增强结构刚度示例一　　　　　　（b）加强筋增强结构刚度示例二

图 4.27　利用加强筋增强结构抗弯刚度

下面跟大家分享一些加强筋建模的经验。

首先建议先难后易，先完成加强筋的有限元建模再完成筋周边几何形状简单区域的网格划分，因为形状简单区域的网格更容易调整。

如图 4.28 所示，描述长条形加强筋的几何形状的主要参数是筋的宽度和高度［图 4.28（a）］，当加强筋无法用两排最小单元来描述时可以忽略该筋的结构［图 4.28（b）］。

加强筋多为几何对称结构，则其有限元模型也应当是大致对称的结构［图 4.28（c）～图 4.28（f）］；对于倒角处的三角形加强筋（图 4.29）最好先画出几何对称线（快捷键 F11），然后先完成一半的建模再完成另一半的建模。

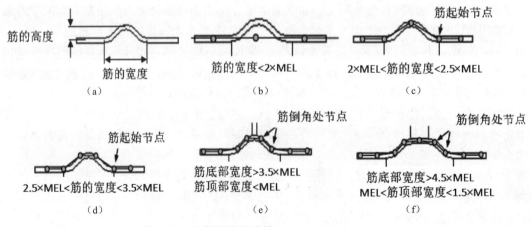

图 4.28　长条形筋的建模（MEL：最小单元尺寸）

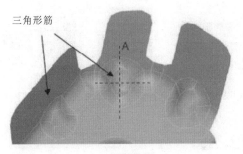

　　三角形筋

（a）几何模型　　　　　　（b）有限元模型

图 4.29　倒角处三角形筋的建模

　　无几何模型的情况下直接在有限元模型上生成筋槽的命令：功能区 Utility 界面→Geometry/mesh→Bead 命令。用户需要先在图形区选择长条形筋的起始节点和终止节点，然后在弹出的对话框中定义筋的宽度（Bead radius）、高度（Bead height）及棱角的光滑程度（Bead shape），如图 4.30 所示。

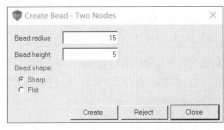

图 4.30　Bead 长条形筋参数设置

4.4.7　塑料件建模

　　塑料件建模如下。

　　方法一：塑料件由于厚度不均匀、加强筋复杂往往很难完整地抽出中面，这种情况下可以采用在外表面划分网格，然后偏移到中面，再对相邻区域进行节点合并的方法。

　　方法二：用下拉菜单 Mesh→Create→Mid Surface Mesh 命令可抽取比较完整的中面并直接在中面上生成网格，图 4.31 所示为打开的 Midsurface Mesh 窗口。

➤ Geometry：选择要建模的塑料件或铸造件的几何零件。

➤ Element size：用户需要在此单独设置单元目标尺寸。如果零件的几何特征比较复杂，建议该值比整车模型的单元目标尺寸要小一些，以便于生成质量较好的网格。

➤ Start：指示 HyperMesh 开始抽中面并在中面上自动生成网格。

　　塑料件建模需要特别注意的一点是，由于注塑成型的塑料件通常各个部位厚度并不统一，而有限元模型中每个零件（*PART）的厚度（*SECTION_SHELL>T）都是单一的，因此通常需要依据厚度不同将同一个塑料件分割定义成多个单一厚度的零件（*PART）。对于一些特征较小不好分割又是变厚度的结构，可以采用平均厚度来定义。

　　方法三：用下拉菜单 Mesh→Create→Midmesh 命令可抽取比较完整的中面并直接在中面上生成网格，图 4.32 所示为在界面菜单区打开的 Midmesh 窗口。

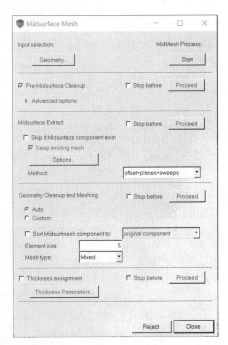

图 4.31　Midsurface Mesh 窗口

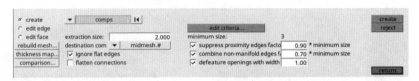

图 4.32 Midmesh 窗口

> comps：选择要抽取中面的注塑件/铸造件。
> edit criteria：编辑单元质量各检查指标的目标值。
> extraction size：指定 HyperMesh 自动建模时单元的目标尺寸，此处的单元目标尺寸较上述 edit criteria 内部定义的单元目标尺寸的优先级更高。
> create：依据指定的单元质量标准生成中面壳单元。

最后需要提醒大家注意的一点是，对于注塑件或者铸造件这种各区域厚度不统一的薄壁零件，生成中面壳单元后建议大家依据材料厚度将一个物理模型分割为多个内部厚度统一的有限元零件；虽然 LS-DYNA 求解器可以对单个零件内部厚度不统一的区域单独定义每个单元的每个节点的厚度，但此处建议这种单元节点厚度的定义方法仅限于极少数非常重要的铸造件以确保 LS-DYNA 求解器计算过程的稳定性。

4.4.8 实体单元建模

铸造件（如汽车发动机）如果采用刚体材料，则只需要在外表面用壳单元建模即可；如果不是刚体材料，则需要用实体单元建模。

实体单元建模如果选择六面体加少量五面体单元，建模之前需要对几何模型进行适当的分割，以使得在每个分割区域可采用拉伸（界面菜单 3D→drag/line drag/solid map）、旋转（3D→spin）壳单元的方式生成实体单元。一个分割区域的实体单元建模完成后，可利用界面菜单 Tool→faces 命令生成实体单元的外包壳单元作为下一次拉伸的基准单元，此时在功能区 Component 下会看到新生成一个名为 ^faces 的零件，刚刚生成的外包壳单元就全部保存在这个零件内。如果再次对某个实体单元零件提取外包壳单元，则新生成的壳单元会覆盖上一次生成的壳单元；如果在重新抽取外包壳之前想保留上一次提取的外包壳，则只需对现有的 faces 零件进行重新命名。铸造件已完成实体单元建模的部分，其相邻分割区域的实体单元建模就是以刚刚提取的外包壳的部分壳单元为基础再次重复上述拉伸、旋转等操作，这样新的分割区域生成的实体单元与之前生成的实体单元在边界区域都是自动共节点的，从而避免了零件内部异常自由边问题。六面体单元建模在一些边角区域无法准确模拟几何边界是正常的。

有些零件（如汽车座椅的椅垫和椅背发泡）通常采用全四面体单元建模，首先需要对零件的外表面用全三角形壳单元建一个中空的、封闭的模型，然后用界面菜单 3D→tetramesh（图 4.33）对上述中空的、封闭的全三角形壳单元模型用四面体单元来填充，位于零件表面的四面体单元的一个面即对应一个三角形壳单元。四面体单元建模完成之后，之前用于生成四面体单元的封闭三角形壳单元零件要保留下来，后续将定义成一个用空材料 *MAT_009/*MAT_NULL 定义的零件代替里面的实体单元零件，以与周围其他零件进行接触识别。

如果座椅发泡中有加强钢丝，则在生成四面体单元之前需要用图 4.33 中的虚线框围住的 Anchor nodes 设置选择模拟钢丝的梁单元的节点，则最终生成的座椅发泡的四面体单元直接与内部钢丝的梁单元共节点。用户可以先在图形区单独显示钢丝的梁单元，再利用工具栏 2 中显示周边共节点单元的图标 ▨（Unmask Adjacent Elements）检查钢丝周边发泡的四面体单元是否已经附着在钢丝的梁单元上。

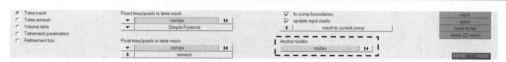

图 4.33　tetramesh 窗口

4.4.9　刚体零件建模

刚体即刚度无限大的不可变形体，这是一种理想化了的有限元模型，现实生活中并不存在。但是前面已经提到零件材料的弹性模量涉及模型最小时间步长的计算，因此不可以人为地将一个零件的弹性模量增大到离谱的程度以提高其刚度。当我们想表征一个零件的刚度远高于其周围零件的刚度时，将其定义为刚体并不会影响 CAE 仿真模拟分析的准确性，例如钣金冲压成型过程中模具相对于钣金件就可以定义为一个刚体；刚体的运动状态用其质心来表征，这使得刚体的计算成本要远小于弹性体，时间紧、任务急的情况下，对于模型中一些远离我们重点关注区域的零件，将其简化为刚体零件可以提高计算效率。

以汽车发动机为例，在汽车碰撞发生的过程中，汽车发动机相对于周围的零件来说体积大、质量大且几乎是不可变形体，因此发动机一般使用刚体材料来定义，用发动机外表面的壳单元来描述其形状，通过在发动机的质心位置定义质量单元配重的方式使 CAE 模型质量与发动机实际质量相同，用定义各个方向的转动惯量的方式描述发动机各个方向质量分布不均匀的情况。由于采用刚体材料定义，发动机的运动状态由其质心来决定，对发动机表面壳单元的单元质量优劣不要求，这些壳单元的数量也不影响计算成本，因此可以全部采用三角形单元，从而更容易描述发动机的复杂外形；但是由于发动机在碰撞发生过程中需要与周围零件进行接触识别，因此发动机表面壳单元的目标尺寸最好与周围零件保持统一。

刚体零件必须用专门的刚体材料来定义。关于刚体材料，在第 5 章"材料属性定义"中会有更详细的阐述。

4.4.10　钢丝建模

钢丝的几何模型一般是细长的圆柱形体，首先要用界面菜单 Geom→lines→midline 命令抽取几何中线，然后利用界面菜单 1D→line mesh 命令（图 4.34）在抽取的几何中线上建立一串连续的梁单元。

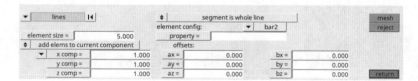

图 4.34　line mesh 窗口

➤ lines：选择要生成梁单元的钢丝的几何中线。

➤ element size=：设置梁单元的目标尺寸，一般与整个模型的单元目标尺寸保持相同即可。

➤ element config：选择 bars 选项即可。

➤ property=：梁单元属性设置用户可以在单击后弹出的列表中选择定义好的梁单元属性，也可以在单击弹出梁单元属性列表后，在图形区单击具有相同属性定义的梁单元完成选择；此外，还可以不选择，等到后续的材料、属性定义后，在零件（*PART）的定义中完成。

4.5 CAE 建模无定式

前面提到的主要是汽车 CAE 建模过程中的一些典型几何特征的 CAE 建模方法，对于其他行业的 CAE 建模同样适用。这里需要提醒大家注意的一点是，CAE 建模并没有固定的模式，即使对于同一个几何模型，如果用户的关注点不同，CAE 建模也会有区别。以汽车碰撞安全性能仿真分析为例，由于计算条件限制，通常要分成两部分（结构耐撞性部分和约束系统部分）分开进行计算，座椅、安全带和假人在约束系统部分的计算模型中是重中之重，因此座椅和安全带的建模要尽可能详细，假人也必须是经过验证的弹性体假人；但是在结构耐撞性部分的计算模型中，白车身和底盘是重中之重，对座椅、安全带以及假人的建模要求就没有那么高了，座椅头枕模型和椅背发泡通常都不需要，安全带也不需要对卷收器进行建模以及设置预紧力、点火时间等参数，假人通常用刚体假人甚至用一个质量点来代替。汽车上的螺栓、焊点等连接方式的 CAE 建模也分别有多种实现方式，在第 6 章"部件连接"中会有更详细的叙述。

下面举一个更具体的有关 CAE 建模多样化的例子。

图 4.35（a1）所示为起重机底盘件钢板焊接区域。为了使大家看得更清楚，图 4.35（a2）所示为该区域 CAD 几何模型示意图。与汽车车身上 1~2mm 厚度的钢板用间距 40mm 左右的点焊连接相比，起重机底盘上 30~40mm 厚度的钢板采用的焊接方式通常是热影响区更大的连续焊。如果用户的关注点不在起重机底盘件上而在于底盘以外的区域，则该区域可用图 4.35（a3）所示的壳单元建模，并在零件交界处采用壳单元直接共节点的方式模拟连续焊，壳单元的厚度方向上也有积分点，因此用户不用担心钢板的厚度问题会成为壳单元建模准确性的负担；如果用户关注点恰恰在图 4.35（a1）所示区域（如关心焊缝的安全性），则可用图 4.35（a4）所示实体单元建模的方式将焊缝通过实体单元描述出来，钢板之间、钢板与焊缝之间全部采用单元共节点的方式连接。

图 4.35（b1）所示为起重机底盘件钢板加强筋区域。为了使大家看得更清楚，图 4.35（b2）所示为该区域 CAD 几何模型示意图。如果用户的关注点正好在此区域，可以采用类似图 4.35（b4）所示实体单元的方式建立 CAE 模型；如果用户的关注点不在此区域，则可以采用图 4.35（b3）所示的方式用壳单元来模拟钢板零件，再单独用一个刚体壳单元零件来定义加强筋区域，或者如图 4.35（b4）所示用矩形截面梁单元来模拟加强筋，梁单元与对应位置的壳单元数量相同且共节点。

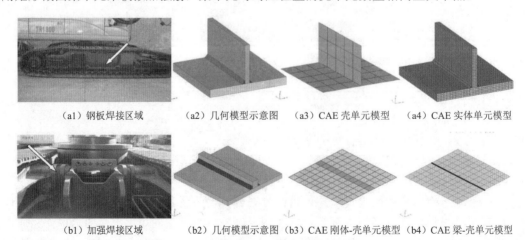

　　（a1）钢板焊接区域　　（a2）几何模型示意图　　（a3）CAE 壳单元模型　　（a4）CAE 实体单元模型

　　（b1）加强焊接区域　　（b2）几何模型示意图（b3）CAE 刚体-壳单元模型（b4）CAE 梁-壳单元模型

图 4.35 同一几何模型的多种 CAE 建模方式

总之，CAE 建模的方式并不是单一、固定的。大家在 CAE 建模时不但要考虑几何模型的结构和形状，还要考虑建模区域在整个模型力学性能中承担角色的重要程度以及计算资源的充裕程度，然后灵活地确定建模方式。

4.6 BatchMesher 网格自动化

BatchMesher 是 HyperWorks 自带的自动划分网格工具。

CAE 建模网格划分部分的工作并非是有限元分析过程中技术含量最高的工作，但肯定是工作量最大的一部分工作，网格划分的质量很大程度上也决定了最终计算结果的准确性。因此虽然很早以前 HyperWorks 就有自带的自动划分网格工具 BatchMesher，但是截至目前网格划分工作主要还是通过人工来完成以达到尽可能准确地控制网格质量的目的。近年来 BatchMesher 划分网格的能力也已经极大提高，自动生成的网格质量也有很大改善。本章最后会为大家介绍 BatchMesher 的操作步骤，以备在项目进度紧张的情况下使用。

📢 **注意：**

> BatchMesher 目前仅对厚度均匀分布、几何特征不太复杂、没有几何缺陷（破损）的薄壁件、钣金件有较好的网格自动划分功能。对于虽然是薄壁件但是厚度分布不均匀统一，几何特征（如加强筋）比较复杂的注塑件和不是薄壁件的铸造件等实体模型，还不能很好地实现网格划分功能。

4.6.1 BatchMesher 打开方式

通常有以下两种方式可以打开 BatchMesher 工具。

（1）在 HyperMesh 界面下，单击下拉菜单 Applications→BatchMesher。

（2）单击 Windows "开始" 菜单进入 HyperWorks 程序目录，找到并单击 BatchMesher。

打开后的 BatchMesher 界面如图 4.36 所示。

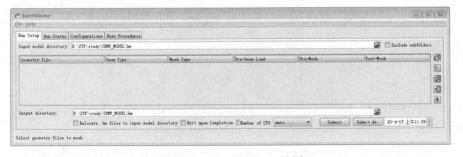

图 4.36 BatchMesher 界面

4.6.2 BatchMesher 基础操作

1. 生成一个 .hm 文件

将几何模型导入 HyperMesh 进行几何清理，仅保留没有几何缺陷，也没有相互干涉、穿透等问题的薄壁件、钣金件，保存成一个 .hm 文件。BatchMesher 会对薄壁件自动进行抽中面并在中面上进行模型简化和网格划分工作，因此用户不需要事先进行这些准备工作；一个 .hm 文件可同时包含多个零件，但是零件越多，BatchMesh 的工作量就越大，所需的时间就越长。

2．定义 BatchMesher 输入路径

打开图 4.36 所示 BatchMesher 界面，在 Input model directory 选项中选择输入模型，即第一步保存的.hm 文件所在的文件夹路径。注意这里最终要选择的是文件夹而不是.hm 文件。

3．选择.hm 文件

单击 BatchMesher 界面右侧工具栏中的 Select Files 图标，打开 Select Model Files 对话框，如图 4.37 所示。当 Type of geometry 选择 HyperMesh 时，窗口会筛选显示第二步确定的文件夹中所有的.hm 文件，从中选取第一步保存的.hm 文件，单击下方的 Select 按钮确认并退出窗口。

图 4.37　Select Model Files 对话框

4．进行参数设置

此时在 BatchMesher 界面的中心区 Geometry File 列会看到上一步输入的.hm 文件，单击该行 Mesh Type 列对应的空白区会出现下拉菜单，选择相应的 criteria 单元质量标准文件，即指定自动划分网格时应遵循的单元质量标准。

用户可以在 Configurations 选项卡中更改单元质量标准，如图 4.38 所示。首先选择 Mesh Type 项，然后单击右侧的打开文件夹图标，选择自己需要的 criteria 文件即可。

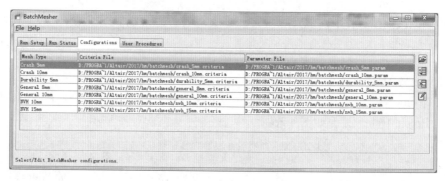

图 4.38　更改单元质量标准

5．定义输出路径

在图 4.36 所示 BatchMesher 界面下方 Output directory 选项中指定输出文件夹路径。

上述各项设置完成之后，BatchMesher 界面如图 4.39 所示。

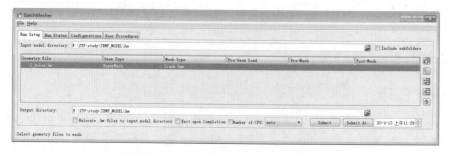

图 4.39　完成设置的 BatchMesher 界面

6. 提交任务

单击 BatchMesher 界面下方的 Submit 按钮提交任务，界面会自动跳转到 Run Status 界面显示任务状态为 working，耐心等待直至任务状态变为 Done（表示任务结束）。若出现 Error：...，则需要根据提示信息重新修改模型或更改设置后再次提交任务。

7. 检查结果

BatchMesher 网格自动化完成后，在当初用户指定的输出路径下会新生成一个文件夹，其中会有一个*.hm 文件，即 BatchMesher 对几何模型进行自动抽中面并划分网格之后生成的结果文件。在 HyperMesh 中打开该文件，对 BatchMesher 自动生成的网格质量进行进一步的检查或修正。

◀)) 注意：

> BatchMesher 会自动对薄壁件进行抽中面，然后在抽取的中面上自动完成划分网格的任务，因此一般不需要事先对薄壁件进行抽中面的操作。但是如果其中存在塑料件，由于塑料件厚度不均匀会对 BatchMesher 抽中面造成很大困难，因此在提交 BatchMesher 之前最好对模型中的塑料件在 HyperMesh 中手动抽取中面，并对中面的缺损尽可能手动修复。

4.7　模 型 实 操

本书配套教学资源结合本章内容为读者提供了 4 个有代表性的建模范例并附有对应模型，初学者可以先按照教学视频的操作步骤完成练习，再结合教学资源附带的其他模型进行融会贯通和自由发挥。

第 5 章 材料属性定义

5.1 单位制的统一性

前面章节提到的前处理操作如几何导入、几何清理、网格划分等全部是 HyperMesh 软件的相关操作，用户如果遇到问题，可以求助 HyperMesh 的帮助文档。在这些操作过程中，CAE 模型也可以在 Abaqus、Nastran、LS-DYNA 等不同的求解器模板之间自由切换而不会产生问题。从材料属性的定义开始，前处理后续环节的相关操作、参数定义因为不同的求解器模板会有所区别而不能自由切换，用户遇到问题寻求帮助也将主要求助于相对应的求解器指导手册。本书主要针对 LS-DYNA 求解器进行介绍，因此问题解决方法主要依据 LS-DYNA 手册。

前面章节的有关操作建立的都是只能被称作没有"生命力"的网格，还不能被称作"有限单元"或者"单元"，因为它们还不能对外界的作用力产生反应，在运动过程中相互之间即使触碰也无法相互识别。只有赋予这些"网格"材料、属性之后，它们才能对外界的作用力产生反应，属性参数（单元类型、厚度及厚度方向积分点的数量等信息）的定义相当于给网格这个 CAE 模型的"骨架"添加了"肌肉"，而材料参数（弹性模量、密度、泊松比、屈服强度等信息）的定义相当于给网格赋予了"灵魂"，接触定义使不同部件碰到时能够相互识别而不至于产生穿透。因此，本章将对有限元模型的材料、属性定义操作进行详细阐述。接触定义也是有限元建模非常重要的一部分，将在后续章节单独阐述。

5.1.1 单位制及其统一性

CAE 模型的参数定义（材料参数、速度、加速度、力、应力、质量等）只有数字而不附单位，因此必须要求所有的数据都在统一的单位制下定义。表 5.1 所示为 3 套单位制，其中（a）套单位制为国际单位制，但是实际应用过程中通常会选择后两套单位制中的一套进行定义，主要是因为模型的几何尺寸和有限单元的特征尺寸都是以毫米（mm）为计量单位的。后续为了描述方便，我们把（b）套单位制命名为 mm-s-t-N（毫米-秒-吨-牛）单位制或者 S2 单位制，把（c）套单位制命名为 mm-ms-kg-kN（毫米-毫秒-千克-千牛）单位制或者 S3 单位制。

表 5.1 CAE 建模通常采用的 3 种单位制

	单位制	（a）单位制	（b）单位制	（c）单位制
基本单位	长度单位	m	mm	mm
	时间单位	s	s	ms
	质量单位	kg	t	kg
	力单位	N	N	kN
示例	①钢的杨氏模量	210.0E+9	210.0E+3	210.0
	②钢的密度	7.85E+3	7.85E-9	7.85E-6
	③钢的屈服应力	200.0E+6	200.0	0.2
	④重力加速度	9.81	9.81E+3	9.81E-3
	⑤50 公里/时等效速度	13.889	13.889E+3	13.889

一旦选定单位制则整个模型所有的参数定义都必须遵循这套单位制，否则会导致计算出错。以表5.1中的（c）套即 mm-ms-kg-kN 单位制为例，钢的杨氏模量即为 210kN/mm^2（GPa），钢的密度即为 7.85×10^{-6}kg/mm^3（在 HyperMesh 输入及提交计算的 KEY 文件中只能采用科学计数法 7.85E-6 的格式），钢的屈服应力即为 0.2kN/mm^2，重力加速度即为 0.00981mm/ms^2。用户在进行参数定义时须注意数据来源的单位制与自己目前正在使用的单位制是否一致，如果不一致则需要进行单位制转换。

需要提醒大家注意的是，单位制不统一问题在 CAE 软件中并没有特定的检查工具，前处理软件 HyperMesh 的模型检查工具不会视单位制不统一问题为模型错误，在提交计算后 LS-DYNA 求解器对模型进行初始化检查时也无法检出单位制不统一的问题，直到正式计算过程中才会导致模型"爆炸"退出，而且根据报错信息定位的零件往往又不是导致单位制不统一的零件，因此对单位制统一性的检查一定要认真、严格，马虎不得。

关于材料属性定义所采用的单位制的统一性问题，由于大公司都有自己统一的材料库，所有零件的材料定义统一从材料库调用，所以一般不会出现材料定义单位制不统一的问题。如果本公司没有统一的材料库、有统一的材料库但是需要临时增加材料本构模型或者由外部供应商提供的子系统模型（座椅、假人、壁障、安全气囊等）自带材料库时，则需要注意检查单位制的统一性问题。

5.1.2 检查模型的单位制

检查模型单位制是否统一的最简便、最直接的方法是查看模型中涉及的金属材料的密度是否都在同一个数量级。例如钢、铝、铜等金属材料的密度的数量级在 mm-s-t-N 单位制下都应当是 10^{-9}［表5.1中（b）单位制］，在 mm-ms-kg-kN 单位制下都应当是 10^{-6}［表5.1中（c）单位制］，否则即存在单位制不统一的问题。其他非金属材料（塑料、橡胶、坐垫发泡等）密度的数量级一般会比金属材料小一到两个数量级，如果相差太大则须注意检查单位制是否统一。

查看材料密度数量级的方式是用功能区→Utility→DYNA Tools→Material Table 打开模型材料列表（图5.1）或者用功能区→Model→Material View 模式查看材料列表。先查看 RHO 列是否存在密度数量级异常的材料，如存在再看与其对应的 Comp used 列是否罗列有 PART ID，以此判断该材料是否被使用；如果已被使用，再用鼠标左键选中该材料行并右击，在弹出的快捷菜单中选择 Display→Only selection 命令在图形区仅显示所有使用该材料的零件，根据这些零件是金属还是非金属材料再判断其材料密度定义的数量级是否正确。由外部供应商提供的自带材料库的子系统模型通常会对其材料库做加密处理，从而导致其材料参数的定义无法检查，此时需要向供应商确认其所采用的单位制。

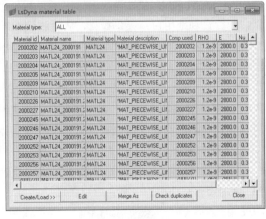

图5.1 模型材料列表

5.1.3 单位制转换方法

如果遇到子系统单位制不统一问题切忌手动逐个修改，因为单位制涉及材料性能参数（弹性模量、密度、屈服强度和应力-应变曲线等）、载荷、速度、加速度定义等很多方面，手动修改不但烦琐，而且很难做到面面俱到、天衣无缝；有些子系统模型（如假人模型、壁障模型）都是由专门的供应商开发的，自带单独的、加密的材料库，手动更改根本就不可能。因此下面给大家介绍两种常用的单位制转换方法。

单位制转换方法一：利用前处理软件 PRIMER 进行操作。

PRIMER 是一种类似于 HyperMesh 的前处理软件，其操作界面有转换单位制的工具，其名称是 UNIT。用户只需要输入当前模型的单位制与目标单位制之间的"长度-时间-质量"的换算关系，即可自动完成整个模型的单位制转换，例如从 mm-ms-kg-kN 单位制转换到 mm-s-t-N 单位制的换算关系是 1-0.001-0.001，完成单位制转换后的模型须重新输出生成新的 KEY 文件。由于这种操作最后导出的新模型的单位制是永久改变的，因此需要提醒用户注意保留单位制转换前的模型文件以便后续模型的更新。对于自带加密材料库的子系统模型（如假人、壁障等模型）不能使用这种方法。

单位制转换方法二：利用 LS-DYNA 关键字*INCLUDE_TRANSFORM 进行转换。

5.2　LS-DYNA 关键字

接下来我们需要认识一下以后经常要打交道的 LS-DYNA 关键字。

5.2.1　KEY 文件及内部关键字简介

在前处理软件 HyperMesh 的 LS-DYNA 求解器模板下建立的有限元模型最后导出（Export 而非 Save）用于 LS-DYNA 求解器求解计算的文件，我们称其为 KEY 文件（*.k/*.key 等），这是因为其文件内部命令全部是由一个个关键字（keyword）组成的。每个关键字内部需要用户定义的变量（variable）都是确定的，CAE 建模过程中的每一项前处理命令最后都会变成对 KEY 文件中的某一个关键字及其内部变量的定义；了解一个全新模型的最快方法是在 HyperMesh 功能区的 Solver 界面查看该模型使用了哪些关键字。因此，作为一名应用 LS-DYNA 求解器的 CAE 工程师来说，熟悉工作范围内涉及的 LS-DYNA 关键字并能够进行必要的编辑操作是必需的。

对已有的 KEY 文件进行编辑主要有两种途径：一是通过前处理软件 HyperMesh 读入 KEY 文件模型，然后直观地用窗口菜单操作，从而达到编辑 CAE 模型的目的；二是通过专门的本文编辑器工具直接打开 KEY 文件进行文本编辑。相比较而言，因为文本编辑器读取和保存更快捷，针对关键字的编辑也是很有针对性的点对点操作而不会产生附加信息，因此很多时候直接进行本文编辑操作会更便捷，当然这需要用户对 LS-DYNA 关键字熟悉到一定程度。通用的 KEY 文件文本编辑器有 UltraEdit 和 NotePad。用 Windows 自带的"记事本"也可以打开，但是由于其一般不是按照单行内容对应一个关键字的一个卡片来显示的，因此不便于阅读和编辑。文本编辑器 UltraEdit 和 NotePad 除了通过其界面上的下拉菜单打开 KEY 文件之外，还支持将要打开的 KEY 文件直接拖入文本编辑器界面的直接打开方式，非常便捷。

能够被 HyperMesh 前处理软件及 LS-DYNA 求解器识别的 KEY 文件有很多种，例如*.k、*.key、*.kinc、*.dyna、*.dynain 等，用户在进行前处理导出（Export）时会看到这些文件类型，其中以*.k、*.key 的使用频率最高。虽然扩展名不同，但是直接在这几种扩展名之间进行切换并不会影响 KEY 文件的使用，因为其内部的关键字及其定义都是相同的。

与*.key 文件相比，*.k 文件的唯一不同之处是，用"$"开头的注释行标出了每个关键字内部的每个变量、变量的位置和变量的定义可以占用的字符长度。图 5.2 所示为打开*.k 文件看到的*CONTROL_TIMESTEP 的关键字内容，这样，我们不用查找 LS-DYNA 手册就可以直接看到其中所包含的变量及各个变量的准确位置，对其中某个变量进行参数定义时只需要与变量名保持右对齐即可。因此建议初学者采用*.k 文件。

```
*CONTROL_TIMESTEP
$#   dtinit    tssfac      isdo    tslimt     dt2ms      lctm     erode     ms1st
      0.000     0.000         0 1.0000E-6 -1.000E-6
$#   dt2msf   dt2mslc     imscl
      0.000         0         0
```

图 5.2　*.k 文件中*CONTROL_TIMESTEP 关键字的定义

当模型比较大需要建立一个主文件和若干个子文件（子系统），然后通过主文件调用子文件的方式读取整个模型时，通常把*.key 作为主文件，而把*.k 作为子文件以便快速识别。一些主机厂自己编写的提交 LS-DYNA 求解器计算的小程序/计算平台甚至默认*.key 为模型主文件，并在用户指定的输入路径里自动搜索到后直接提交计算；当子文件是一个子系统而其下存在若干二级子文件时，通常子系统即一级子文件采用*.kinc 或*.dyna 的形式，而二级子文件采用*.k 的形式命名。当然，以上操作都是一些企业自己内部的惯例，仅供参考。

5.2.2　KEY 文件共性

所有 KEY 文件都有以下共性。

（1）KEY 文件内部的所有命令都是以关键字的形式出现。

（2）每个关键字都是以"*"顶格开始，到下一个"*"结束。

（3）每个 KEY 文件都是以关键字*KEYWORD 开始，以关键字*END 结束。*KEYWORD 之前和*END 之后的内容提交计算后不参与 LS-DYNA 求解器的编译。

（4）每个关键字的名称及其内部包含的变量、每个变量定义时可占用的字符长度都是固定的，因此用户不定义的变量也必须保留其位置。

（5）注释行以"$"开始（图 5.2），有时可以采用这种方式暂时取消一些关键字。

（6）同一个 KEY 文件内部各关键字之间没有顺序要求。

（7）每个关键字可能有多行变量需要定义，每一行变量是一个卡片（card）。每个卡片内部的变量的定义之间可以用空格隔开（图 5.2），也可以用逗号隔开。但是同一个卡片内部的格式必须统一，不能一部分变量的定义用空格隔开，一部分变量的定义用逗号隔开。

（8）每个关键字可能有多个卡片，它们的顺序固定，不能随意变更。并非每个卡片都要定义，前一个卡片定义后（或者不定义），用空行保留位置才能定义下一个卡片。

（9）注意 ID 号的排他性。图 5.3 展示了 LS-DYNA 各主要关键字之间的联系，其中节点编号（NID）、单元编号（EID）、零件编号（PID）、属性编号（SECID）、材料编号（MID）、状态方程编号（EOSID）、沙漏编号（HGID）在整个模型内部都是唯一的，但是不同类属的编号之间不存在冲突问题，例如相同的节点 NID 与单元 EID 之间不存在冲突问题。

（10）所有提交计算的KEY文件必须具备的关键字包括：
*KEYWORD、*CONTROL_TERMINATION、*NODE、
*ELEMENT、*PART、*SECTION、*MAT、*DATABASE_
BINARY_D3PLOT、*END。

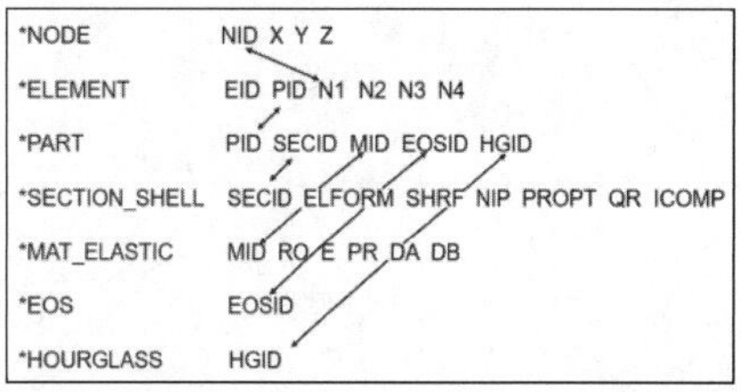

其中：

*KEYWORD、*END 为 KEY 文件首尾必备关键字。

```
*NODE          NID X Y Z
*ELEMENT       EID PID N1 N2 N3 N4
*PART          PID SECID MID EOSID HGID
*SECTION_SHELL SECID ELFORM SHRF NIP PROPT QR ICOMP
*MAT_ELASTIC   MID RO PR DA DB
*EOS           EOSID
*HOURGLASS     HGID
```

图 5.3　LS-DYNA 各主要关键字之间的联系

*NODE、*ELEMENT、*PART、*SECTION、*MAT 为描述实体模型的必备关键字，它们之间的相互关系见图 5.3，即零件*PART 由单元*ELEMENT 构成，单元*ELEMENT 通过节点*NODE 来定义，零件除了单元之外还必须定义材料*MAT、属性*SECTION 等关键字才能具有"生命力"。

*CONTROL_TERMINATION 为计算控制关键字，即 CAE 模型运行多长时间结束。

*DATABASE_BINARY_D3PLOT 为计算结果输出控制关键字。

5.2.3 通过 LS-DYNA 手册熟悉关键字

为了熟悉某个关键字的应用，学会查找、应用 LS-DYNA 关键字手册是必不可少的环节。LS-DYNA 求解器发展到现在已经经历过多个版本，企业应用中也是高、低不同的多个版本并存，每个版本都有对应的 LS-DYNA 手册（高版本相对于低版本有新增关键字或者关键字内部新增变量），前处理软件 HyperMesh 的 LS-DYNA 求解器模板的接口（图 1.3）也相应地有多个，而且 HyperMesh 和 LS-DYNA 都是向前（低版本）兼容的，因此每次打开 HyperMesh 进行前处理操作时应当首先根据自己的求解器版本确定前处理软件的接口版本，遇到问题时也要查找相对应版本的 LS-DYNA 手册。

LS-DYNA 所有关键字的每个卡片即每一行的字符总长不得超过 80 位，超出部分将会被自动忽略（注释行除外）；关键字内部每个变量的定义可以占用的字符数也是确定的。表 5.2 所示为计算控制关键字*CONTROL_TIMESTEP 的卡片 1，该行有 8 个变量，每个变量可以占用 10 个字符的长度，这也是大多数 LS-DYNA 关键字所采用的格式；表 5.3 所示为节点定义关键字*NODE 的卡片 1，该行将字符总长度 80 平均分成 10 份，变量 NID、TC 和 RC 各占 8 个字符的长度，而节点的 X、Y、Z 坐标各占 16 个字符的长度；表 5.4 所示为曲线定义关键字*DEFINE_CURVE 的卡片 2 即定义曲线上的点的坐标，横坐标和纵坐标各占 20 个字符的长度。

表 5.2　*CONTROL_TIMESTEP 关键字的卡片 1

Card 1	1	2	3	4	5	6	7	8
Variable	DTINIT	TSSFAC	ISDO	TSLIMT	DT2MS	LCTM	ERODE	MS1ST
Type	F	F	I	F	F	I	I	I
Default	—	0.9 或 0.67	0	0.0	0.0	0	0	0

表 5.3　*NODE 关键字的卡片 1

Card 1	1	2	3	4	5	6	7	8	9	10
Variable	NID	X		Y		Z		TC	RC	
Type	I	F		F		F		F	F	
Default	none	0.		0.		0.		0.	0.	
Remarks								1	1	

表 5.2 中 Type 行关于变量定义的数据类型的说明中，F 表示该变量的数值定义是浮点数，I 表示该变量的数值定义必须是整数。默认值（Default）为用户不对变量做特别定义时该变量的自动取值，表 5.2 所示关键字*CONTROL_TIMESTEP 中的变量 ISDO 等的默认值为整数 0 或者浮点数 0.0。注意，此处变量值显示为 0 仅表示用户不做特别定义时该变量不发挥作用或者将采用默认值但该默认值的具体数值并不一定是 0，具体默认值是多少需要核对 LS-DYNA 的关键字手册。表 5.3 中 Remarks 行对应变量 TC、

RC 的数字 1 表示对该变量的特别解释可以查看关键字手册关于该关键字的注释 1。

表 5.4　*DEFINE_CURVE 关键字的卡片 2

Card 2	1	2	3	4	5	6	7	8
Variable	A1		01					
Type	E20.0		E20.0					
Default	0.0		0.0					

此外，内部只有一个卡片的同类关键字可以合并。用本文编辑器打开任何一个模型的 KEY 文件，可以看到所有节点定义都是共用一个*NODE。

大家查看关键字手册或者打开从 LSTC 网站下载的共享模型的 KEY 文件，可以看到所有的关键字都是用大写字母书写的，例如节点关键字*NODE。其实在 Windows 操作系统下的 LS-DYNA 求解器对关键字的大小写并没有要求，节点的关键字写作*NODE 或者*node 都是可以的，但是 UNIX 操作系统对命令的大小写是有要求的，这一点需要引起大家的注意。为了避免不必要的麻烦，建议大家都养成用大写字母书写关键字的习惯。

5.2.4　创建 LS-DYNA 关键字

前面提到在 HyperMesh 界面进行的所有对 CAE 模型的节点、单元、零件的创建、编辑操作都对应一个 LS-DYNA 关键字的创建以及对关键字内部变量的定义等操作，因此在 HyperMesh 界面进行界面菜单的命令操作就是新建、编辑关键字的一种使用频率很高、操作又很直观的方法，而且这种方法对于不太熟悉关键字内部变量的用户来说更容易操作。

利用 HyperMesh 下拉菜单 Tools→Create Cards 命令可以看到几乎所有能用到的 LS-DYNA 关键字，单击即可创建相应的关键字。很多时候，HyperMesh 会随即自动切换到界面菜单区，从而完成对该关键字内部变量更详细的定义或操作。

利用 HyperMesh 下拉菜单 View→Solver Browser 命令可以在功能区打开 Solver 界面，在该界面可以看到当前模型用到的所有关键字。在 HyperMesh 功能区 Solver 界面空白处右击，在弹出的快捷菜单中选择 Create 命令，进而选择相应的关键字。如果界面菜单没有正在执行的命令，此时功能区 Solver 界面的下半部分会出现新建关键字的各项变量，用户可以逐项单击进行编辑、定义。

在 HyperMesh 功能区 Solver 界面用鼠标左键选择后，再右击与自己想新建的关键字相同的关键字，在弹出的快捷菜单中选择 Duplicate 命令复制生成一个新的完全相同的关键字（ID 号会自动偏置以免发生 ID 冲突），然后对其内部变量做相应的调整、编辑同样可以实现新关键字的创建。

用 UltraEdit 或者 NotePad 文本编辑器打开要编辑的 KEY 文件，找到与要创建的关键字同类的关键字进行复制、粘贴操作，再对刚才新粘贴的内容进行相应的编辑、定义同样可以实现新关键字的创建。熟练的 CAE 工程师也可以直接在 KEY 文件中手动输入新关键字及其内部变量的定义。

5.2.5　编辑 LS-DYNA 关键字

在 HyperMesh 功能区 Solver 界面或者 Model 界面鼠标左键单击目录中的项目，在其下半部分会显示详细信息列表、变量列表，可以直接进行编辑。

在 HyperMesh 功能区 Solver 界面用鼠标左键选择想要编辑的关键字，再右击，在弹出的快捷菜单中选择 Card Edit 命令即会在界面菜单区展示该关键字的内部卡片和每个卡片包含的变量，与功能区下半部分显示的该关键字可编辑信息列表不同的是，此处展示的关键字内容格式与 LS-DYNA 手册解释的该关键字的内容（表 5.2）及 KEY 文件中关键字的内容（图 5.2）是一一对应的，用户可以单击每个变量下面的空白处对变量直接进行定义。

用文本编辑器工具 UltraEdit、NotePad 或者 LS-DYNA Program Manager 打开 KEY 文件直接对关键字进行编辑。

📢 注意：

> 当界面菜单区有命令正在执行、编辑或者操作时，功能区每个项目（Component、Keyword、Contact 等）的详细信息、内部变量可能无法在下半部分都显示出来，此时用 Esc 键退出界面菜单的命令再次选择功能区的项目即可。

5.3 主文件与子文件

一个 CAE 模型（如汽车整车模型）比较大时，很多时候需要分解为若干个子系统，如白车身、四门（前、后门）两盖（引擎盖、后备箱盖）闭合件系统、动力系统、悬架系统、座椅、油箱或者电池包、内饰件和约束系统等子系统。每个子系统可以单独建模，最后通过一个主文件的调用将这些子系统整合在一起，LS-DYNA 求解器为主文件调用子文件定义了专门的关键字*INCLUDE。

经常用到的*INCLUDE 系列关键字主要有以下几个。

> *INCLUDE：调用普通子文件。
> *INCLUDE_PATH：定义子文件的公共路径。
> *INCLUDE_TRANSFROM：在调用子文件的同时可以对子系统进行 ID 号偏置、单位制的转换以及位置、姿态的调整。
> *INCLUDE_STAMPED_PART：专门用来调用钣金冲压件在冲压成型时产生的残余应变信息。

5.3.1 ID 号的唯一性

一个 CAE 模型较大需要分解为若干个子系统模型（子文件）分开单独建模，最后由主文件统一调用、组装的时候，ID 号的排他性和唯一性就需要特别注意，否则会导致各子系统之间产生 ID 冲突，并最终导致提交计算后 LS-DYNA 求解器报错退出，因此通常需要事先为大模型的各个子系统划定不同的 ID 范围以免发生 ID 冲突。ID 号都是整数且一般不能超过 8 位（虽然其对应的变量所分配的空间很可能大于8 位），即不得大于 99 999 999，否则 HyperMesh 在导出 KEY 文件时会出错。

ID 号不能超过 8 位的具体原因不尽相同。有的是因为变量被分配的空间只有 8 位，如节点定义的关键字*NODE 中的变量 NID；有的 ID 如零件定义关键字*PART 中的变量 PID 虽然分配了 10 位的空间，但是在被其他关键字调用如该零件内部的单元定义关键字*ELEMENT 中的变量 PID（图 5.3）就只有 8位的分配空间，因此 PID 最大只能定义 8 位数，否则不但前处理无法正常导出，求解计算时也会被求解器视为"非法"定义而报错退出；有的 ID 如材料定义关键字*MAT 中的变量 MID 虽然分配了 10 位的空间，被其他关键字调用时也不会有特殊要求，超过 8 位小于 10 位的数值也会被 LS-DYNA 求解器认可，但是从前处理软件 HyperMesh 导出时仍然会被视为"非法"输出，这种情况下如果因为特殊需要 MID 必须要超过 8 位达到 10 位数时，可通过文本编辑器进行专门定义。

5.3.2　*INCLUDE

　　如图5.4所示，主文件通过*INCLUDE 关键字调用了两个子文件，分别是 30loadcellwall.k 和 Taurus.k。其中，子文件 Taurus.k 与主文件在同一个文件夹中，而30loadcellwall.k 子文件所在的文件夹 US-NCAP 与主文件在同一个文件夹中。由此可见，主文件通过*INCLUDE 调用子文件时如果与子文件在同一级目录下，则直接输入子文件的名称即可；如果不在同一级目录中，则还须附上子文件的路径以便主文件能够顺利找到该子文件。文件路径可以是绝对路径，也可以是相对路径。绝对路径是以计算机硬盘的盘符开头的路径；相对路径是相对于主文件位置的路径，图 5.4 中 30loadcellwall.k子文件的路径即相对路径。

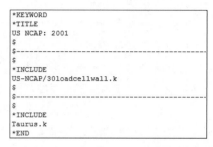

图 5.4　主文件通过*INCLUDE 调用子系统

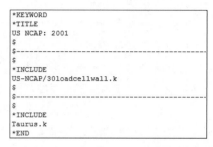

📢 注意：

　　如果主文件的一级子文件又是其他二级子文件的主文件（即二级主文件），则该二级主文件中的二级子文件的相对路径仍然是相对于一级主文件的路径，否则提交计算后 LS-DYNA 求解器会在一开始的模型初始化阶段因为无法找到这些二级子文件而报错退出。同样的道理，即使有三级、四级等更深层次的子文件，其相对路径也都应当是相对于一级主文件的路径。不管是绝对路径、相对路径还是子文件名称，都不可以包含汉字、空格或特殊字符，否则主文件将无法找到子文件。

　　由于 LS-DYNA 的 KEY 文件一行最多只能有 80 个字符（注释行除外），因此子文件及其路径的总长度如果大于 80 个字符则需要换行输入。换行输入的方法是在文件路径的任意位置输入空格再输入加号"+"，然后按 Enter 键换行，再顶格输入剩余的路径及子文件名称。

　　子文件可以附带路径这一"优点"为我们提供了一项便利，就是在子文件比较多的情况下，我们可以将模型的子文件统一放在一个单独的文件路径下，而主文件放在另外一个单独的文件夹中，主文件通过子文件前面的路径逐个找到并读取子文件，而每次计算产生的 d3plot、message 等大量的结果文件与主文件单独存放，就不会发生众多的模型子文件与众多的结果文件混在一起不便管理的问题了。

　　图 5.4 中主文件通过*INCLUDE 读取子文件的内容，通常是在文本编辑器 UltraEdit 等界面手动输入更便捷。中间的一些以"$"开头的注释行是为了使 KEY 文件的结构更清晰明了。子文件路径最好用复制加粘贴的方式写入，因为只要有一个字符对不上主文件就找不到其子文件。大家也可以参考从 LSTC网站下载的示例模型 KEY 文件的书写格式。

　　另外，图 5.4 中*TITLE 关键字的格式要求与*INCLUDE 相同，对*TITLE 定义的内容在对计算结果进行后处理时会自动显示在 HyperView 界面的右上角，因此通常在*TITLE 的定义中加入模型信息及工况的简短描述，例如图 5.4 中"US NCAP：2001"表示该整车模型的分析工况是针对 2001 年发布的美国版新车评价标准。*TITLE 关键字在分析工况非常多，模型优化更新比较频繁的情况下非常便于快速识别模型。有时为了不至于使众多模型的 KEY 文件产生混淆，还会在主文件的开头以"$"注释行的方式记录模型的更新信息，例如该模型是在哪一版模型基础上进行的更新以及做了哪些主要的、具体的更新等。注释行可以使用汉字及特殊字符。

5.3.3 *INCLUDE_PATH

如果子文件比较多，而且子文件前面的路径又都比较长，关键字*INCLUDE_PATH 可以在调用子文件之前先定义公共路径（公共目录），后续通过*INCLUDE 读取子文件的路径只需要相对于该公共目录即可，这样不但可以极大提高 KEY 文件的编辑效率，降低出错率，又可以极大缩短子文件前面路径的长度，从而避免换行操作。

*INCLUDE_PATH 对公共路径的定义一定要在*INCLUDE 对子文件的调用之前，否则将失去意义。一般情况下都是在 KEY 文件的开始阶段，紧接着关键字*KEYWORD 之后定义。

公共路径可以有多个，提交计算后 LS-DYNA 求解器在对模型进行初始化时会逐个搜索用户定义的公共目录，直到找到与子文件同名的 KEY 文件。如果存在多个同名的子文件，则先找到的被选用。

最后请大家不要忘记还有一个无形的公共路径，其不需要专门定义，那就是默认路径。默认路径仍然是主文件所在的路径。如果 LS-DYNA 求解器在用户定义的所有公共路径下都没有找到与*INCLUDE 调用的子文件同名的 KEY 文件，会自动回到主文件所在的目录进行搜索，如果还没有找到才会报错退出计算。

5.3.4 *INCLUDE_TRANSFORM 和*DEFINE_TRANSFORMATION

*INCLUDE_TRANSFORM 通常与*DEFINE_TRANSFORMATION 一起定义。

1. *INCLUDE_TRANSFORM

当子系统与主模型的单位制不一致、与主模型存在 ID 冲突或者在主模型中的位置、姿态需要调整时，需要使用*INCLUDE_TRANSFORM 关键字在调用子系统 KEY 文件的同时对其进行单位制转换、ID 统一偏置和位置、姿态的调整而子系统本身并未做任何改变。图 5.5 所示为*INCLUDE_TRANSFORM 关键字内部的卡片及变量。为了让大家看得更清楚，这里是从 LSTC 的前处理软件 LS-PrePost 里将该关键字的内容截图展示给大家，需要定义的变量都相同；下面很多关键字的内部变量展示的截图也都是从 LS-PrePost 里截取的，不再赘述。

卡片 1 用来定义所要调用的子文件名称及其路径，卡片 2、卡片 3 用来对各项 ID 进行统一偏置以免与主文件或其他子系统产生 ID 冲突，卡片 4 用来对子文件进行单位制的转换以使其与主模型保持单位制的统一，卡片 5 用来调用调整子系统位置、姿态的关键字*DEFINE_TRANSFORMATION。

卡片 1 为必填项；卡片 2～卡片 5 为非必填项，即如果哪个变量不需要定义则保留空位，如果哪个卡片不需要定义则保留空行。如果卡片的数据间隔是用逗号而非空格的方式，则不需要定义的变量若不是该卡片的最后一个变量，则需要用一个逗号代替而不是用空格加逗号代替。

接下来对图 5.5 展示的*INCLUDE_TRANSFORM 关键字的内部变量进行解释。

➢ FILENAME：要转换单位制的 KEY 文件的名称及路径。

➢ IDNOFF：对节点（*NODE）的 NID 进行偏置，例如输入 1000 则子系统在调入主模型时其节点 NID 统一增加 1000。

➢ IDEOFF：对单元（*ELEMENT）的 EID 进行偏置。

➢ IDPOFF：对零件（*PART）的 PID 进行偏置。

➢ IDMOFF：对材料（*MAT）的 MID 进行偏置。

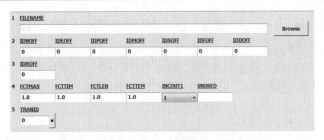

图 5.5 *INCLUDE_TRANSFORM 关键字

> IDSOFF：对属性（*SECTION）的 SECID 进行偏置。
> IDFOFF：对 Function ID 或 Table ID 进行偏置。
> IDDOFF：对除 Function ID 之外所有通过*DEFINE 定义的关键字内的 ID 进行偏置。
> IDROFF：对除上述罗列的 ID 之外的所有 ID 进行偏置。
> FCTMAS：质量单位转换比例系数，例如要从 mm-s-t-N 单位制转换到 mm-ms-kg-kN 单位制，则输入 1000，反之则输入 0.001 或者 1e-3。
> FCTTIM：时间单位转换比例系数，例如要从 mm-s-t-N 单位制转换到 mm-ms-kg-kN 单位制，则输入 1000。
> FCTLEN：长度单位转换比例系数，例如要从 mm-s-t-N 单位制转换到 mm-ms-kg-KN 单位制，则输入 1。
> FCTTEM：温度单位转换比例系数，FtoC 表示华氏温度转摄氏温度，CtoF 表示摄氏温度转华氏温度。
> TRANID：与要调用的关键字*DEFINE_TRANSFORMATION 的内部变量 TRANID 对应。

2. *DEFINE_TRANSFORMATION

*DEFINE_TRANSFORMATION 关键字是对子系统在主模型中的位置、角度进行变换时采用的关键字。图 5.6 所示为*DEFINE_TRANSFORMATION 关键字的相关变量。

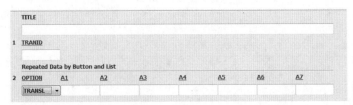

图 5.6 *DEFINE_TRANSFORMATION 关键字

> TRANID：前面提到的*INCLUDE_TRANSFORM 中调用*DEFINE_TRANSFORMATION 的 ID。
> OPTION：主要有 4 种选择，即 SCALE（比例缩放）、ROTATE（旋转）、TRANSL（平移）和 MIRROR（镜像）功能，选择不同，后面几个变量 A1～A7 的作用不同。
>> OPTION 设置为 SCALE，A1、A2、A3 分别表示在 x、y、z 3 个方向缩放的比例系数，该变量还可以执行对子系统的镜像操作，例如当 A1=A2=0，A3=−1 时即表示子系统相对 z=0 的面镜像位置。
>> OPTION 设置为 ROTATE，当 A1～A7 都有定义时，表示以过点（A4、A5、A6）的与 x、y、z 轴的夹角余弦值分别为 A1、A2、A3 的向量为轴心旋转 A7（单位：deg）的角度。
>> OPTION 设置为 TRANSL，A1、A2、A3 分别表示在 x、y、z 3 个方向平移的数值。

↻ OPTION 设置为 MIRROR，镜像面由一个节点位置和一个向量确定，向量为镜像面的法向，A1、A2、A3 分别表示节点的 x、y、z 坐标，A4、A5、A6 分别表示镜像面的法向与 x、y、z 3 个坐标轴的夹角的余弦值，A7=1。例如当 A1=A2=A3=A4=A6=0，A5=A7=1 时即表示子系统相对 $y=0$ 的面镜像位置。

📢 注意：

（1）MIRROR 变量只在高版本 LS-DYNA 手册中才能查到，与此相对应地也只有在使用高版本求解器如 R9.0 以上版本的 LS-DYNA 求解器时才能正常发挥作用。如果用户因为条件限制（如付费子系统的原因）只能使用 R7.0 及其以下版本的 LS-DYNA 求解器，则会出现在前处理软件中采用 MIRROR 变量显示正常即模型已经被镜像，但是计算出来的结果却显示并未镜像的问题，此时可以考虑采用 SCALE 变量试试。

（2）LS-DYNA 求解器虽然有向前（低版本）兼容的特点，但是提交计算时 LS-DYNA 求解器的选择并非越高越好，有些付费子系统（如汽车碰撞安全性能仿真分析中的假人模型）开发成本较高，价格昂贵，模型的更新不如求解器的更新快，此时就有可能出现低版本的求解器能够正常计算而更高版本的求解器却报错退出的案例。

下面仍然以图 5.4 中的主文件为例，假设我们在调用子系统 30loadcellwall.k 时要将其单位制由 mm-s-t-N 转换为 mm-ms-kg-kN，同时要对其进行比例缩放、旋转、平移等操作。

```
*KEYWORD
*TITLE
US NCAP: 2001
$
$-------------------------------------------------------------------------------
*DEFINE_TRANSFORMATION
$# tranid
  99991000
$# option        a1        a2        a3        a4        a5        a6        a7
SCALE     10.000000 10.000000 10.000000     0.000     0.000     0.000     0.000
ROTATE            0         0         1      36.4    -305.5     66.83    45.000
TRANSL    500.00000 500.00000 500.00000     0.000     0.000     0.000     0.000
MIRROR            0         0         0         0         1         0         1
$-------------------------------------------------------------------------------
$
*INCLUDE_TRANSFORM
$# filename
US-NCAP/30loadcellwall.k
$# idnoff    ideoff    idpoff    idmoff    idsoff    idfoff    iddoff
        0         0         0         0         0         0         0
$# idroff
        0
$# fctmas    fcttim    fctlen    fcttem   incout1    unused
 1000.0000 1000.0000  1.000000  1.000000         1
$# tranid
  99991000
$
$*INCLUDE
$US-NCAP/30loadcellwall.k
$
```

```
$------------------------------------------------------------------------
$
*INCLUDE
Taurus.k
*END
```

工程分析过程中经常会遇到完全相同只是位置不同的多个子系统的 CAE 建模问题，例如汽车的前排主驾座椅与副驾座椅相同或者关于 y=0 面对称的情况，又例如列车除头车以外后面各节车厢都相同的情况，再例如钢结构的立体车库各个车位结构都相同的情况等，此时只需利用关键字 *DEFINE_TRANSFORMATION 配合*INCLUDE_TRANSFORM 重复调用子系统模型即可，而不用每个子系统都单独建模一次。这样，既提高了相同子系统的力学性能一致性，又极大地提高了建模效率。

此外对于付费购买的由专业开发商开发并经过验证的假人模型、壁障模型等子系统模型，因为其内部包含加密信息及一些局部坐标系，它们在整个模型中的位置变换或者 ID 更改只能通过关键字 *DEFINE_TRANSFORMATION、*INCLUDE_TRANSFORM 来实现，而不能通过在前处理软件 HyperMesh 中移动位置或者 ID 重置后导出的方式来实现，否则很容易导致提交计算时出现错误。

笔者在应用*DEFINE_TRANSFORMATION、*INCLUDE_TRANSFORM 时一般是在文本编辑器 UltraEdit 或 NotePad 里手动写出这两个关键字的框架，然后保存成一个 transform.k 文件构成一个小"模块"，需要时则在关键字编辑器里将这两个关键字框架复制进所需的主文件中，再根据实际需要编辑各参数的数值。如果子系统在调入主文件时仅做比例缩放、旋转、平移中的一种操作，则示例中的卡片仅保留想要的一个即可（另外两个卡片直接删除或变为注释行）。如果子系统调入主文件时只做 ID 偏置或单位制转换，则示例*INCLUDE_TRANSFORM 中变量 tranid 的值为 0 或者为空行即可。

利用*INCLUDE_TRANSFORM 关键字可以使子系统模型在被主模型调用的时候，其单位制以及在主模型中的位置、角度与主模型保持一致，但是并不改变其自身的单位制、ID 及在整体坐标系中的位置、角度，这样操作对子系统模型的进一步单独更新非常方便，而且计算不容易出错。

📢 注意：

> 利用*INCLUDE_TRANSFORM 关键字调用子系统到前处理软件 HyperMesh 中时，会发现其子系统内部自带材料库的相关参数数量级并未改变成与主模型保持一致，这并非错误。

自带加密材料库的子系统模型（如假人、壁障等）一般会由供应商提供两套不同单位制的模型供主机厂使用。如果只有一套且单位制与主模型不统一时，才会采用关键字转换单位制的方法。

自带加密材料的子系统模型导入 HyperMesh 前处理软件时，会提示子系统内部零件定义的材料找不到，但这并不影响之后提交计算。

5.3.5　*INCLUDE_STAMPED_PART

汽车钣金件都是塑性材料，钣金冲压成型后会产生残余应力和残余应变，残余应变会使钣金件在受力后表现出比冲压成型前更加难以屈服的性能，即金属的冷作硬化效应，这一点将在后续的材料参数讲解中有更加详细的叙述。为了使汽车碰撞安全性能仿真分析更准确，就需要把白车身上的钣金件在冲压成型过程中产生的残余应变考虑进去，但是汽车钣金件非常多，大大小小有几百个，因此为了提高建模效率，通常只需要考虑传力路径上一些对汽车的力学性能非常重要的钣金件，如正面碰撞工况中的前纵梁等零件的残余应变。关键字*INCLUDE_STAMPED_PART 在主文件调用钣金件残余应变信息时使用。

由于最初进行网格划分时，是在已经冲压成型且在整车上的方位已经确定的钣金件的几何模型上操作的，现在利用关键字*INCLUDE_STAMPED_PART是将该钣金件在单件冲压成型仿真分析的结果中提取到的残余应变再次投影到该钣金件上，因此在利用关键字*INCLUDE_STAMPED_PART导入残余应变信息之前，需要在前处理软件 HyperMesh 中核对残余应变冲压件与对应的车身钣金件在空间的位置是否一致，如果不一致，则需要通过移动、旋转等操作调整残余应变冲压件的位置，使其与车身钣金件尽量重合之后，再重新导出 KEY 文件供关键字*INCLUDE_STAMPED_PART 调用。钣金冲压成型仿真分析是另外单独进行的，冲压件上的单元大概率与车身钣金件不一致，但是由于残余应变是以投影方式附着在车身钣金件上的，因此只要残余应变冲压件与车身钣金件位置重合，就能够获得比较准确的残余应变附着结果；当残余应变冲压件与车身钣金件有错位甚至完全不重叠时，则残余应变即使有部分可以投影至车身钣金件，也是不正确的结果，这种不正确的投影虽然会影响 LS-DYNA 求解器计算结果的准确性，却不会导致 LS-DYNA 求解器报错退出计算。

由于汽车白车身上需要读取残余应变的钣金件很多，因此一般会建立一个 stamp.kinc 之类的子文件专门用来保存*INCLUDE_STAMPED_PART 信息，主文件再通过*INCLUDE 读取 stamp.kinc 子文件。

图 5.7 所示为关键字*INCLUDE_STAMPED_PART 的内部卡片及变量展示。

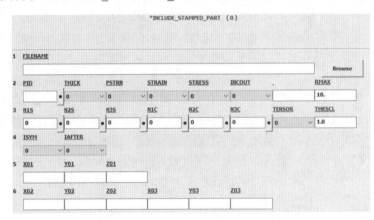

图 5.7　*INCLUDE_STAMPED_PART 关键字

➢ FILENAME：带有钣金冲压件残余应变信息的 KEY 文件及其路径。

➢ PID：残余应变要投影的车身钣金件在整车模型中的 PID（对应*PART>PID）。

➢ THICK：确定是否将冲压信息中各区域的厚度信息也同时投影给目标零件，输入数值 0 表示投影厚度信息，输入数值 1 则表示不投影厚度信息，推荐输入数值 1。

➢ PSTRN：确定是否将冲压信息中各区域的塑性应变投影给目标零件，输入数值 0 表示投影塑性应变信息，输入数值 1 则表示不投影塑性应变信息，推荐输入数值 0。

➢ STRAIN：确定是否将冲压信息中各区域的应变投影给目标零件，输入数值 0 表示投影应变信息，输入数值 1 则表示不投影应变信息，推荐输入数值 1。这里需要提醒大家注意的是，应变包含弹性应变和塑性应变，残余应变是排除了钣金回弹之后的塑性应变。

➢ STRESS：确定是否将冲压信息中各区域的应力投影给目标零件，输入数值 0 表示投影应力信息，输入数值 1 则表示不投影应力信息，推荐输入数值 1。因为钣金的冷作硬化只与残余应变有关，导入残余应力反而会对后续的分析产生干扰。

➢ INCOUT：确定是否将从冲压信息文件中读取的信息保存至一个 dyna.inc 文件中以备后用。如果输入 0，表示拒绝保存；如果输入 1，则表示需要保存，推荐输入数值 0。

➢ RMAX：定义残余应变投影的搜索距离，如果在规定的距离内没有搜索到目标零件，则放弃投影。

由于*INCLUDE_STAMPED_PART 是将残余应变投影到车身的目标零件上，因此前提是 LS-DYNA 求解器已经读取了目标零件的信息。这就需要保存*INCLUDE_STAMPED_PART 信息的子文件 stamp.kinc 在主文件中被读取的位置要靠后，最好在其他子文件都已经被读取之后再被读取。

卡片 3 用来将携带残余应变信息的冲压件（后面简称冲压件）上的 3 个节点 N1S、N2S、N3S 与本体上的目标零件（后面简称目标零件）上的 3 个节点 N1C、N2C、N3C 对应起来，从而使冲压件与目标零件位置重合。如果冲压件与目标零件的位置已经是重合的，则该卡片不用定义。由于冲压件与目标零件的建模都是各自单独完成的，单元、节点不可能一一对应，更何况汽车的白车身还会由于结构优化等原因而不断更新，因此建议冲压件的定位在 HyperMesh 前处理软件中完成后再导出会比较快捷且不易出错。

由于汽车的白车身整体上近乎左右对称，白车身上很多冲压件都是关于 $y=0$ 面对称的，卡片 4、卡片 5、卡片 6 就是用来处理车身上的对称件共用一个残余应变冲压件而设置的。

➤ ISYM=0：选择不对称操作，此时冲压件应当与车身钣金件位置重合。
➤ ISYM=1：冲压件与车身钣金件关于 $x=0$ 面对称。
➤ ISYM=2：冲压件与车身钣金件关于 $y=0$ 面对称。
➤ ISYM=3：冲压件与车身钣金件关于 z 轴对称。
➤ ISYM=4：用户通过 3 个点（X01,Y01,Z01）、（X02,Y02,Z02）、（X03,Y03,Z03）自定义对称面，即卡片 5 和卡片 6 的变量值。

注意：

汽车白车身上有几百个冲压件，采用的材料也不尽相同，如*MAT_001、*MAT_003、*MAT_024 和*MAT_123 等，但是*INCLUDE_STAMPED_PART 附加残余应变仅对*MAT_024 和*MAT_123 两种塑性材料定义的钣金件有冷作硬化效应，对*MAT_001 线弹性材料和*MAT_003 理想弹塑性材料定义的钣金件没有冷作硬化效应；另外一些高强度热成型钣金件由于没有残余应变，即使使用*MAT_024 或者*MAT_123 塑性材料定义，也不可以使用*INCLUDE_STAMPED_PART 附加额外的残余应变。

5.4　*PART 关键字的定义

*PART 是 LS-DYNA 求解器对零件定义的关键字，component 是 HyperMesh 前处理软件对零件或者特征组合体的定义，它们之间的关系与区别在之前的章节已有提及。HyperMesh 前处理界面新建一个 component 并非最终都对应一个 LS-DYNA 关键字*PART，只有在功能区下半部分该 component 信息列表中的 card image 一项选择 Part 设置，并定义相应的属性 Property（对应图 5.3 中的 SECID）和材料 Material（对应图 5.3 中的 MID），才会最终在输出 KEY 文件时对应一个*PART。HyperMesh 为了管理方便，可以将一些零部件之间的刚性连接信息（如铰链等）归类存放于一个或多个 component 中，只是这些"零件"不需要定义 card image，这些 component 可以称为特征组合体。

注意：

在 HyperMesh 前处理中，若需要设置 card image 的*PART 没有设置，或者不可以设置 card image 的特征组合体 component 却设置了 card image，那么在最后提交 LS-DYNA 求解器计算时都会在开始的模型初始化阶段报错退出计算。

新建一个*PART 可以是不包含任何单元的空零件，但是由图 5.3 可知，任何一个单元*ELEMENT 都将对应一个 PID，即必须属于某一个特定的*PART。对于由单个节点定义的质量单元*ELEMENT_MASS 或者惯性单元*ELEMENT_INERTIA，如果用户查阅 LS-DYNA 手册，就会发现其中变量 PID 不是必须定义项，因此，在 HyperMesh 前处理过程中，质量单元 *ELEMENT_MASS 及惯性单元 *ELEMENT_INERTIA 可以单独建立或者"群居"于一个 component 中，也可以将其置于任何一个梁单元、壳单元或者实体单元组成的零件*PART 中。如果质量单元或者惯性单元在 HyperMesh 前处理过程中单独建立或者"群居"于某一个 component 中，则该 component 不需要定义 card image（表 5.5）。

表 5.5　单元属性定义

单元定义	零件控制	全局控制
*ELEMENT_MASS *ELEMENT_INERTIA	—	—
*ELEMENT_SEATBELT	*SECTION_SEATBELT	—
*ELEMENT_DISCRETE	*SECTION_DISCRETE	—
*ELEMENT_BEAM	*SECTION_BEAM	—
*ELEMENT_SHELL	*SECTION_SHELL	*CONTROL_SHELL
*ELEMENT_SOLID	*SECTION_SOLID	*CONTROL_SOLID

由图 5.3 可知，同类单元（如*ELEMENT_SHELL）可以属于不同的零件*PART，但是同一零件*PART 只能对应一个属性 SECID（*SECTION>SECID）和一个材料 MID（*MAT>MID），即单个零件内部材料和属性的单一性或者统一性。由表 5.5 可知，同一个*PART 的内部单元属性*SECTION 应当是单一的，*PART 的单元属性*SECTION 与单元类型*ELEMENT 也应当是对应的。如果一个零件*PART 内全部是壳单元*ELEMENT_SHELL，*PART 的属性却定义为*SECTION_SOLID，则提交计算时会在开始的模型初始化阶段被 LS-DYNA 求解器检查出来并报错退出计算。

多数情况下，一个*PART 模型对应一个实物零件，但是由于*PART 对材料、属性定义的单一性要求，对于一些内部厚度不统一的零件（如塑料件和铸造件）、对于一些复合材料建造的零件（如汽车的风挡玻璃）、对于一整块等厚度的钣金在冲压成型时其压边部分与冲压变形部分的区别等情况，通常需要将一个实物零件在 CAE 建模时分割成多个边界共节点的零件*PART。此外，LS-DYNA 求解器在对模型计算后生成的结果文件 matsum 的内容是以*PART 为最小描述单位的，沙漏控制关键字*HOURGLASS 也是针对单个*PART 且与*PART>HGID 变量对应的，当一个零件的某个区域与其他零件之间的接触性能需要受到特别关注（如后面将提到的*PART_CONTACT）时，也需要用户把自己特别关注的零件的某个区域分割出来建成一个单独的*PART。

*PART 系列关键字最常用的有 3 个：*PART、*PART_CONTACT 和*PART_INERTIA。*PART 是最通用的零件定义关键字；*PART_CONTACT 主要针对由壳单元定义的薄壁零件，在具备*PART 功能的同时对该薄壁零件与其他零件之间的接触性能也做了特别定义；*PART_INERTIA 主要针对用刚体材料*MAT_020 来定义零件材料，用壳单元*SECTION_SHELL 描述外表面几何形状复杂、各个方向质量分布不均匀的实体零件，如汽车发动机和变速箱等零件。

5.4.1　*PART

图 5.8 所示为关键字*PART 的内部变量。

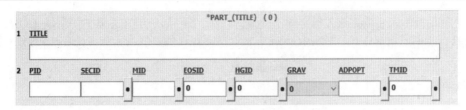

图 5.8　关键字*PART 的内部变量

- ➤ TITLE：零件名称，该项为非必要定义项。零件名称只能用字母、数字、小数点以及中横线、下横线组成，不可以包含汉字、空格及特殊字符。零件命名举例，PID_零件名称_材料_厚度（实体单元零件用 solid，一维单元如梁单元零件用 beam）。用户在 HyperMesh 前处理界面定义了零件名称后，在将其导出到 KEY 文件时，其关键字的名称会自动变成*PART_TITLE；如果用户在 HyperMesh 前处理界面新建一个 component 却不做特别命名，HyperMesh 会自定义一个带数字编码的零件名称 component_nn。变量的位置都是确定的，如果用户在文本编辑器中以手动输入方式创建*PART 关键字，则用*PART_TITLE 关键字定义零件就必须定义 TITLE 变量，用*PART 关键字定义零件就不可以定义 TITLE 变量；如果用户在文本编辑器中采用*PART 不定义零件名称的方式创建零件，在导入 HyperMesh 后会自动定义一个零件名称 component_nn。在 HyperMesh 界面中，如果用户定义的零件名称与已有的零件名称冲突，会被提醒须重新命名；如果子文件之间出现零件名称冲突，在提交计算时并不会导致 LS-DYNA 求解器报错退出，同时导入 HyperMesh 前处理软件时，排在后面的同名零件会在原来的名称后面自动加上数字编码，以表明这是第几个同名的零件。
- ➤ PID：零件的 ID 编码。在 HyperMesh 前处理界面中，每个新建的 component 都会被自动定义一个 PID，零件的 PID 在整个模型内具有唯一性，用户可以更改，但是不能与其他零件的 PID 产生冲突。如果子系统的 KEY 文件之间出现 PID 冲突问题，在同时导入 HyperMesh 时会自动修改后读入零件的 PID，以化解 ID 冲突问题。因此，当发生 ID 冲突时，不能通过把整个模型全部导入 HyperMesh 的方式来查找、解决 ID 冲突问题，而应当通过文本编辑器 UltraEdit 或者 NotePad 的文件夹搜索功能找出发生冲突的 ID 都存在于哪些 KEY 文件中，再对这些文件的一方进行 ID 重置来避免 ID 冲突；因为各个子系统都有事先划定 ID 范围，发生 ID 冲突后要首先确定该 ID 属于哪个子系统的 ID 范围，可大概率判定是其他不遵守 ID 范围规定的子系统与该子系统发生了 ID 冲突。如果子系统之间存在 PID 冲突问题，提交计算时会在一开始的模型初始化阶段被 LS-DYNA 求解器发现并报错退出计算。但是如果出现零件名称冲突问题，则不会导致求解器退出计算。这是零件 PID 冲突与零件名称冲突的最大不同，这也是为什么对于一个零件，PID 是必需的，而零件命名是非必要的。
- ➤ SECID：调用零件属性定义关键字*SECTION 的 ID 号，与*SECTION>SECID 对应。
- ➤ MID：调用零件材料定义关键字*MAT 的 ID 号，与*MAT>MID 对应。
- ➤ EOSID：欧拉状态方程 ID，很少使用。
- ➤ HGID：调用沙漏控制关键字*HOURGLASS 的 ID 号，与*HOURGLASS>HGID 对应。

5.4.2　*PART_CONTACT

接触是双方之间的相互作用，如果单个零件用*PART_CONTACT 关键字来定义，则表示其与周围任何其他零件之间的接触都将遵循该关键字内部变量的约束。图 5.9 所示为关键字*PART_CONTACT 的内部变量。其中，卡片 1 和卡片 2 与关键字*PART 相同；卡片 3 用来处理与其他零件的接触关系。

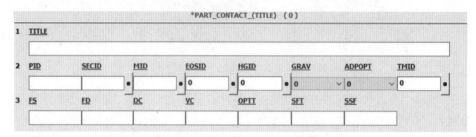

图 5.9　关键字*PART_CONTACT 的内部变量

- FS：静摩擦系数。
- FD：动摩擦系数。
- DC：摩擦衰减指数，与接触速度相关。
- VC：阻尼摩擦系数，主要作用是防止摩擦力过大。
- OPTT：接触厚度，主要针对*SECTION_SHELL 定义的壳单元薄壁零件。OPTT 仅影响零件在接触识别过程中的接触搜索距离，并不影响由*SECTION_SHELL>T 定义的零件厚度决定的力学性能。
- SFT：接触厚度比例系数，主要针对*SECTION_SHELL 定义的壳单元薄壁零件，实际接触厚度是接触厚度比例系数乘以零件厚度（SFT×T）。实际应用过程中，OPTT 和 SFT 两个变量只需定义其中一个即可。
- SSF：接触刚度系数，如果用户不定义或者定义为 0，则 LS-DYNA 求解器会默认接触刚度系数为 1。如果用户已经定义了接触识别，但在计算过程中仍然发生穿透问题时，可适当增加接触刚度系数，但是建议该人为干预不要大于 20，但否则有可能导致计算失真。

*PART_CONTACT 只在零件被用于以下接触定义时，其内部关于接触的变量的定义才会发挥作用。

- *CONTACT_AUTOMATIC_SURFACE_TO_SURFACE。
- *CONTACT_AUTOMATIC_NODES_TO_SURFACE。
- *CONTACT_AUTOMATIC_SINGLE_SURFACE。
- *CONTACT_AUTOMATIC_GENERAL。
- *CONTACT_AIRBAG_SINGLE_SURFACE。
- *CONTACT_AUTOMATIC_ONE_WAY_SURFACE_TO_SURFACE。
- *CONTACT_ERODING_SINGLE_SURFACE。

关于零件之间的接触识别，LS-DYNA 求解器有专门的关键字*CONTACT，后面章节会对该关键字进行更详细的叙述。当零件的*PART_CONTACT 内部变量与其所涉及的接触*CONTACT 的内部变量产生冲突时，*PART_CONTACT 内部变量定义的优先级更高。汽车的零部件很多，零件之间接触的实际情况千差万别，*PART_CONTACT 为用户在定义零件的一般性接触识别*CONTACT 的同时考虑单个零件的接触特殊性提供了便利。

另外，*PART_CONTACT>OPTT 在进行钣金厚度优化时非常有用。用户在进行钣金厚度优化时通常要提出多个钣金厚度方案进行计算，然后比较其结果的优劣，但是如果修改后的钣金厚度比初始厚度大，则会与其他周边零件发生穿透，如果修改后的钣金厚度比初始厚度小，则又会与其他零件产生间隙，此时就可以用*SECTION_SHELL>T 更改钣金的厚度及力学性能，而用*PART_CONTACT>OPTT 保持该钣金件的初始接触厚度不变。

5.4.3 *PART_INERTIA

汽车的发动机、变速箱等部件都是铸造件，形状复杂且质量分布不均，如果用实体单元建模会非常耗时；这些铸造件相对于车身的钣金件刚度又大很多。这种情况下，可以用在外力作用下不会发生任何变形的刚体材料*MAT_020 定义的壳单元零件来描述发动机的外表面，以达到与周围零件进行接触识别的目的，因此将刚体材料发动机壳单元的厚度即零件*PART 的属性*SECTION_SHELL>T 定义为 0.1mm或者 1mm 都可以；在发动机的质心位置定义配重使发动机模型的质量与其实际质量相符；由于发动机各个方向质量分配不均，因此需要同时定义发动机零件各个方向的转动惯量。关键字*PART_INERTIA 可以在创建刚体零件的同时解决其各个方向的转动惯量不同的问题。

📢 **注意：**

> *PART_INERTIA 只能用于材料*MAT_020 定义的刚体零件。由于材料密度涉及模型最小时间步长的计算，切不可采用给壳体发动机定义一个大到严重脱离实际的密度、使其质量与实际发动机质量相同的办法。

图 5.10 所示为关键字*PART_INERTIA 的内部变量。其中，卡片 1 和卡片 2 与*PART 相同；卡片 3 用来标示零件的质心坐标和总体质量；卡片 4 用来定义零件的转动惯量；卡片 5 用来定义零件的初始速度。

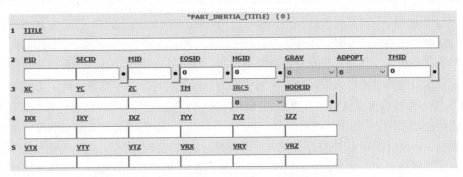

图 5.10 关键字*PART_INERTIA 的内部变量

- ➢ XC、YC、ZC：刚体零件质心的 x、y、z 坐标，汽车发动机的质心坐标需要发动机供应商提供。
- ➢ TM：刚体零件的平动质量。
- ➢ IRCS：确定定义转动惯量的坐标系。IRCS=0 表示采用全局坐标系，IRCS=1 表示要创建局部坐标系。
- ➢ NODEID：选择标识质心位置的节点 ID。如果前面 XC、YC、ZC 已经定义了，则变量 NODEID 不用定义，否则需要在刚体零件的质心位置创建节点，再将该节点固连在刚体零件上成为刚体零件的一部分，固连方式用关键字*CONSTRAINED_EXTRA_NODES_NODE 或者该质心节点创建一个归属于发动机的三角形单元，由于发动机是刚体零件，因此质心处的三角形单元可以处于离散状态而不必与发动机外表的壳单元直接连接（共节点）。
- ➢ IXX、IXY、IXZ、IYY、IYZ、IZZ：刚体零件在各个方向的转动惯量。
- ➢ VTX、VTY、VTZ：刚体零件在各个方向的初始平动速度。
- ➢ VRX、VRY、VRZ：刚体零件在各个方向的初始转动角速度。

)) **注意：**

如果用户定义了 TM 变量，则 TM 的值不得小于刚体现有质量（现有单元计算出来的质量）。

5.5 材 料 本 构

5.5.1 弹性材料、弹塑性材料和塑性材料

材料本构关系（应力-应变关系）反映材料的本质属性。LS-DYNA 求解器开发了 300 多种材料模型，用于描述弹性、弹塑性、刚性、橡胶、泡沫、蜂窝铝、织物纤维等各种材料的力学性能。各向同性的金属材料最常用的 LS-DYNA 材料模型就是线弹性材料（*MAT_001）、弹塑性材料（*MAT_003）和塑性材料（*MAT_024/*MAT_123）。表 5.6 所示为描述线弹性、弹塑性、塑性材料的力学性能所需的参数。材料模型越简单，消耗的计算资源越少，计算速度越快，但是对材料的力学性能的描述也越简化。

表 5.6　描述材料性能的参数

材料性能	弹性模量	泊松比	密度	屈服强度	应力-应变曲线
线弹性材料	√	√	√	—	—
弹塑性材料	√	√	√	√	—
塑性材料	√	√	√	√	√

图 5.11 所示为线弹性、理想弹塑性和塑性材料应力-应变曲线对比示意图。三者中线弹性材料模型是最容易描述的、理想化的材料模型，只需要一个弹性模量即可，卸载时的应力-应变曲线沿加载曲线原路返回。线性静力学分析中，当材料没有发生塑性变形时，或者在非线性准静态分析、非线性动力学分析中，当某个零件较其他零件刚度大很多对整个结构的力学性能的影响又不受关注时，通常采用线弹性材料来定义，LS-DYNA 材料库中使用频率很高的*MAT_001 材料模型即为线弹性材料模型；理想弹塑性材料模型是简化版的、理想化了的塑性材料模型，除了弹性模量之外，还需要定义屈服强度才能描述清楚，材料发生屈服后，卸载时的应力-应变曲线与弹性阶段平行而产生残余应变，在非线性静力学分析中，当材料有可能发生塑性变形时，或者在非线性准静态分析、非线性动力学分析中，当某个零件的力学性能不太重要时，通常采用弹塑性材料模型，LS-DYNA 材料库中使用频率非常高的*MAT_003 材料模型即为弹塑性材料模型；塑性材料较线弹性材料和弹塑性材料的定义都要更为复杂，塑性材料的应力-应变曲线是通过多次试件拉伸实验最后取平均值得到的材料本构关系曲线，比较真实地反映了材料的力学性能，卸载时的应力-应变曲线与弹性阶段平行而产生残余应变，但是由于塑性材料的应力-应变曲线是一条单调上升的曲线，因此沿着上一次卸载曲线再次加载时会表现出比前一次加载更加难以屈服的现象，这就是金属材料的冷作硬化现象，顾名思义，金属热成形加工工艺因为消除了残余应力和残余应变，故不存在硬化效应。而理想弹塑性材料的塑性阶段由于是一条水平的应力-应变曲线，因此再次加载时也不会出现冷作硬化现象。像汽车碰撞、飞机鸟撞这种属于非线性瞬态动力学问题又事关人民生命、财产安全的 CAE 仿真分析项目，都需要尽可能准确地获得每一种材料的应力-应变曲线，LS-DYNA 材料库中使用频率非常高的*MAT_024

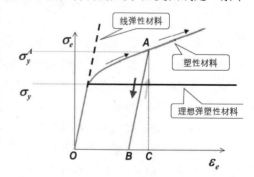

图 5.11　应力-应变曲线示意图

即为塑性材料模型，而*MAT_123则为*MAT_024的材料失效模式"加强版"。

金属的冷作硬化效应可以用来增强钣金冲压件的刚度，这也是为什么汽车上很多钣金件（如白车身底板）不是平板一块而是特意冲压出各种加强筋（图4.26）的原因；图5.12所示为利用钣金冲压成型和金属的冷作硬化效应增强结构刚度的两个示例。因为要考虑冷作硬化效应，汽车碰撞安全性能仿真分析过程中要将车身传力路径上很多力学性能非常重要的冲压件（如前纵梁）通过关键字*INCLUDE_STAMPED_PART将钣金冲压成型过程中产生的残余应变重新"附着"在钣金件上。

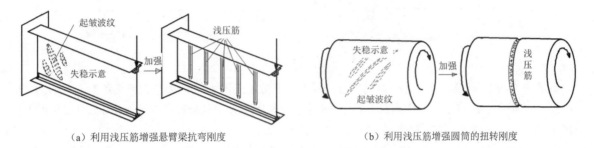

（a）利用浅压筋增强悬臂梁抗弯刚度　　　　　　　　（b）利用浅压筋增强圆筒的扭转刚度

图 5.12　利用金属的冷作硬化效应增强结构刚度

📢 注意：

> 由于钣金冲压成型时是单个零件，而该钣金件在整车模型中有装配方位要求，因此通过*INCLUDE_STAMPED_PART导入钣金件的残余应变信息前应当确认两者位置是否重合。如果不对应则需要通过前处理软件HyperMesh或者PRIMER软件调整残余应变模型的方位。

5.5.2　工程应力-应变曲线、真实应力-应变曲线及有效应力-应变曲线

关于金属材料的应力-应变关系曲线，本科在校生或刚参加工作的工科大学毕业生接触最多的是在准静态下缓慢拉伸试件得到的工程应力-应变曲线，其显著特点是应力-应变曲线的后半段是下垂的，如图5.13（a）所示。这是因为工程应力-应变曲线没有考虑拉伸试验后半段试件在断裂前产生的"颈缩"问题，颈缩之后试件的实际截面变小，而工程应力-应变曲线仍然根据最初的截面积计算应力的缘故。只有把颈缩因素考虑进去，我们才能得到试件的真实应力-应变曲线。下面我们来计算材料的真实应力 σ_t、真实应变 ε_t 与工程应力 σ_e、工程应变 ε_e 之间的换算关系。

$$\sigma_e = \frac{拉力}{试件初始截面积} = \frac{f}{A_0}$$

$$\varepsilon_e = \frac{长度改变量}{试件初始长度} = \frac{d}{l_0}$$

$$\sigma_t = \frac{拉力}{试件真实截面积} = \frac{fl}{A_0 A_c} = \sigma_e(1+\varepsilon_e)$$

$$\varepsilon_t = \frac{长度改变量}{试件真实长度} = \ln\left(\frac{l}{l_0}\right) = \ln(1+\varepsilon_e)$$

式中，其中 l 为试件真实长度，A_c 为试件真实截面积。

根据工程应力-应变曲线计算得到的真实应力-应变曲线是一条单调上升的曲线，如图5.13（b）所示。CAE模型中塑性材料的弹性阶段由弹性模量和屈服强度确定，而塑性阶段由真实应力-应变曲线去除弹

性应变得到，即为有效应力-应变曲线，如图 5.13（c）所示。

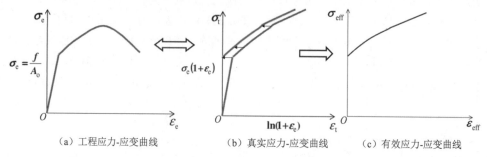

（a）工程应力-应变曲线　　　（b）真实应力-应变曲线　　　（c）有效应力-应变曲线

图 5.13　塑性材料应力-应变曲线

有效应力-应变曲线才是 CAE 建模时材料应力-应变曲线所要描述的力学关系曲线，有效应力-应变曲线的第一点一定是（$0,\sigma_y$），否则在求解计算时会被 LS-DYNA 求解器警告，但不会导致计算中断退出。与真实应力-应变曲线相对应，有效应力-应变曲线也应当是单调上升的，但是通过多次试件拉伸实验，对数据点取平均值后得到的曲线有可能出现个别点位违反单调定律的问题，提交计算时会被 LS-DYNA 求解器警告，但不会导致计算退出；如果出现严重违反定律的问题，如由于操作失误导致 KEY 文件中的应力-应变曲线数据中出现空行，提交计算时求解器会误认为应力-应变曲线突然回到了（0,0）点而报错退出。

5.5.3　应变率及动力硬化

前面提到，材料的应力-应变曲线都是在准静态情况下对试件进行缓慢拉伸得到的应力-应变曲线，该本构关系在静力学分析或者缓慢加载的准静态分析工况下是没有问题的，但是在汽车碰撞、飞机鸟撞、爆破等非线性瞬态动力学工况下，零件都是在非常短的时间内受到非常大的冲击并产生变形、应力和应变的。图 5.14 所示为相同钢结构在相同大小的载荷但是加载速度不同情况下失稳部位的区别。为了更好地理解材料在静态工况和动态工况下的不同表现，我们在这里需要引入一个概念，即应变率。

（a）静态失稳　　　　　　　　　　　　（b）动态失稳

图 5.14　相同结构不同应变率下失稳的区别

应变率是应变对时间的导数，是反映应变发生快慢的指标。由于应变是长度的比值没有单位，因此应变率的国际单位是 s^{-1}（每秒）。我们在本书一开始提到的静力学问题和动力学问题通常采用的计算方法、应用的 CAE 软件尤其是求解器不同，这里所说的静力学问题（如强、刚度计算工况）中材料始终处于力的平衡状态，材料的应变率非常小，甚至可以近似为 0；而动力学问题（如碰撞、跌落等分析工况）中材料在惯性力的作用下有较为显著的应变率。如图 5.15 所示，同一材料在不同的应变率下的有效应力-应变曲线不同且理论上应当是互不相交的；同一材料产生相同应变的应变率越高，材料内部的应力就必须相应地提高，这意味着同一材料受到外界的冲击越强使得材料的应变率越高，材料的刚度反而越大，这就是动力硬化现象。

前面提到同一材料在不同的应变率下的有效应力-应变曲线不同且理论上应当是互不相交的，但是CAE 建模过程中使用的通过多次实验取平均值得到的同一材料在不同应变率下的应力-应变曲线有可能出现相交的情况，此时提交计算时会被求解器 LS-DYNA 警告，但是这种警告并不会导致计算中断退出。

对同一金属材料在静力学工况下和动力学工况下需要定义的应力-应变曲线不同，因而须用不同的关键字来定义。材料在静力学问题、准静态问题中只需要定义一条应变率很小、近乎为 0 的应力-应变曲线，所用的关键字是*DEFINE_CURVE，此时横坐标是应变，纵坐标是应力；材料在动力学问题中则需要同时定义一组不同应变率下的应力-应变曲线（图 5.15），采用的关键字是*DEFINE_TABLE，同样的变量位置横坐标变成了应变率，纵坐标变成了该应变率下材料的应力 - 应变曲线的 LCID （对应*DEFINE_CURVE>LCID），HyperMesh 前处理器和 LS-DYNA 求解器会自动将这种对应关系识别为表格（Table）。

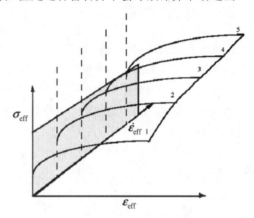

图 5.15　不同应变率下应力-应变曲线

实际应用中不可能测出每种材料在所有应变率下的应力-应变曲线，通常每种材料只会测出 5～10 组不同应变率下的应力-应变曲线，计算过程中材料的应变率也不可能正好符合其中的某一种情况，此时 LS-DYNA 求解器会按照 "就低不就高" 的原则自动选择相应的应力-应变曲线来描述材料的力学性能。与爆破相比，汽车碰撞属于低应变率（1000s^{-1} 以内）下的非线性工况，因此在做试件拉伸试验时要对应变率的范围有所取舍。表 5.7 所示为不同工况下材料的应变率范围。

表 5.7　不同工况下的应变率范围

应变率	1.0E-08	1.0E-06	1.0E-04	1.0E-02	1.0E+00	1.0E+02	1.0E+04	1.0E+06	…
工况	蠕变问题			动态工况			冲击工况		
控制模式	扩散控制→位错控制→弹性波控制								
工况举例			试件拉伸试验		深度拉伸、汽车碰撞		子弹、炮弹冲击		

5.5.4　准静态工况的显式计算

准静态工况是一种缓慢加载但是结构最终会产生大变形的工况，例如汽车座椅安装点刚度分析、汽车安全带固定点刚度分析等。与隐式算法的静力学工况（例如强、刚度分析）相比，准静态工况属于材料非线性、几何非线性和边界条件非线性综合在一起的更复杂的非线性工况；与显式算法的汽车整车碰撞安全性能仿真分析工况相比，汽车的碰撞过程是以 ms 为计时单位的瞬态过程，而座椅安装点刚度分析工况的加载过程是以 min 为计时单位的缓慢过程，如果按照真实实验加载时间来设置计算条件，计算成本会非常高。面对上述情况，实际应用中，工程师一般采用的分析方法是采用 LS-DYNA 求解器的显式算法，但是将准静态工况的加载过程加速、压缩为以 ms 为计时单位，同时材料本构曲线仅选用准静态下的一条应力-应变曲线即可；如果沿用整车碰撞安全性能分析工况的具备多应变率本构曲线的材料模型来计算汽车座椅/安全带固定点的强、刚度性能的准静态分析工况会发现，加载点无法达到平衡，加载点的位移始终是振荡的。

隐式算法的强、刚度等静力学工况下加载力是一个定值，显式算法的准静态工况下，即使加载力是定值也必须定义一条力的时间历程曲线（即力与时间的关系曲线），而且力的时间历程曲线必须从原点开始而不可以是从零时刻开始就有力作用的曲线。

5.5.5　材料失效模式

零件在受力时发生开裂、断裂的情况，在 CAE 分析过程中是通过材料失效来描述的。LS-DYNA 求解器判断材料失效的准则主要有以下几种方式。

（1）应变失效：多用于金属等塑性材料定义的零件，当某些单元的塑性应变达到指定值时判定为失效，判定失效的单元自动删除，对外表现为零件在此处发生开裂，因周围其他单元失效而脱离零件的单元会在惯性作用下继续运动。

（2）应力失效：多用于铸造件等脆性材料定义的零件。

（3）时间步长失效：当某些单元在受力状况下发生严重变形，导致其时间步长小于指定值时判定为失效。

（4）指定时间失效：当 CAE 模型运行到指定时间时，强行指定某些单元失效。

（5）力失效：多用于一维梁单元或者弹簧单元，当某个单元在某个方向受到的力达到指定的数值时，判定为失效。

5.6　LS-DYNA 材料模型简介

打开 LS-DYNA 材料手册，可以看到几乎每一种材料都有两种命名方式，例如对于汽车钣金件使用频率非常高的*MAT_024/*MAT_PIECEWISE_LINEAR_PLASTICITY。在 KEY 文件中，这两种材料关键字名称都可以使用，前者是材料编号，后者在关键字名称中加入了对材料性能的简单描述；前者更便于我们日常交流，在手动书写 KEY 文件时也更便捷；后一种全名称命名方式使材料性能一目了然，通常是 HyperMesh 等前处理软件导出时采用的关键字命名方式。后续举例为了简练，我们将只用材料编号关键字而省去了全名称关键字。

LS-DYNA 求解器开发了 300 多种材料模型用于尽可能准确地描述工程问题中遇到的各种材料的力学性能，这 300 多种材料大致可以分为以下几类：金属材料，复合材料，陶瓷材料，纤维材料，泡沫材料，玻璃材料，塑料材料，橡胶材料，泥土、混凝土材料。

在汽车 CAE 建模过程中使用最多的是金属材料、橡胶材料和泡沫材料。

由于 LS-DYNA 求解器的向上（低版本）兼容性，以前开发的材料模型都会保留，如果有更好的描述同一种材料本构关系的材料模型，会陆续追加而不是替换已有的材料模型，例如涉及混凝土的材料模型就有*MAT_004、*MAT_005、*MAT_078、*MAT_072、MAT_084、*MAT_085 等多种。此外，LS-DYNA 求解器还为用户提供了自行开发材料模型的接口。

对于 LS-DYNA 求解器开发的 300 多种材料模型，用户如何快速知道自己的模型该选用哪种材料呢？

方法一：LS-DYNA 手册有关材料部分在一开始的 MATERIAL MODEL REFERENCE TABLES 一节为用户提供了选材参考。举例说明，如果用户想定义金属材料，首先在 Applications 一列选择有 MT 标志的材料。在此基础上，如果用户还要考虑应变率对材料性能的影响以及材料的失效问题，则进一步筛选出 SRATE 和 FAIL 两列标有 Y 的材料,筛选出*MAT_003、*MAT_011、*MAT_015、*MAT_019、*MAT_024、*MAT_026 等材料模型。用户还可以继续追加限制条件或者直接查看相关材料模型的内部变量的描述与解释,以最终决定自己想要选用的材料模型。

方法二:LSTC 的网站为用户提供了选材指导,用户首先需要自己设置 1~3 个限制条件;第一个条件选择 CAE 建模时想要采用的单元类型是梁单元、壳单元还是实体单元等;第二个条件选择零件的材料类型是金属、发泡还是橡胶等;第三个条件是选择否要考虑应变率及材料失效等因素的影响。用户设置了限制条件,下方会自动列出适合的材料模型。如果适合的材料模型较多,用户还需要更详细地了解材料关键字内部变量的描述,以便最终决定选用哪种材料模型。

5.7　常用的材料关键字定义

金属材料最常用的材料模型*MAT_001、*MAT_003、*MAT_024 等依次是线性材料、弹塑性材料和塑性材料,模型的复杂程度、描述材料性能的准确性和求解计算的成本依次提高。另外,还有一种材料*MAT_123 是*MAT_024 的材料失效定义"加强版"。接下来我们重点对这 4 种材料的定义进行讲解。

5.7.1　*MAT_001

*MAT_001/*MAT_ELASTIC 为线弹性材料。图 5.16 所示为*MAT_001 的内部变量,材料模型比较简单,只有一个卡片。TITLE 项为非必要定义项,如果用户定义了该项,则材料关键字的名称将自动变为*MAT_ELASTIC_TITLE。TITLE 命名可以将同为 1 号材料但是内部变量定义不同的材料区别开,材料名称理论上可以占用 80 个字符的长度。

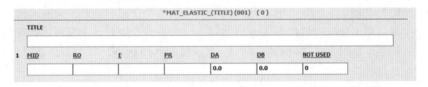

图 5.16　*MAT_001 关键字

> MID:材料 ID 号,在整个模型内部具有唯一性。同一个 KEY 文件内部乃至整个模型内部同一材料关键字可以被多次使用,其他变量(密度、弹性模量、泊松比等)都可以相同,但是材料 ID 必须是唯一的,否则会导致 ID 冲突和 LS-DYNA 求解器计算报错退出,材料名称相同也会导致冲突但不会导致计算报错退出;生成一个新材料时,HyperMesh 会自动生成一个具有唯一性的 ID 号,用户也可以在此基础上进行改动。
> RO:材料密度,定义时请注意单位制的统一性。
> E:弹性模量,定义时请注意单位制的统一性。
> PR:泊松比。

5.7.2　*MAT_003

*MAT_003/*MAT_PLASTIC_KINEMATIC 为弹塑性材料,内部变量如图 5.17 所示。
> TITLE:材料名称,非必要定义项,定义要求同*MAT_001。

TITLE						
1 MID	RO	E	PR	SIGY	ETAN	BETA
					0.0	0.0
2 SRC	SRP	FS	VP			
0.0	0.0	0.0	0.0			

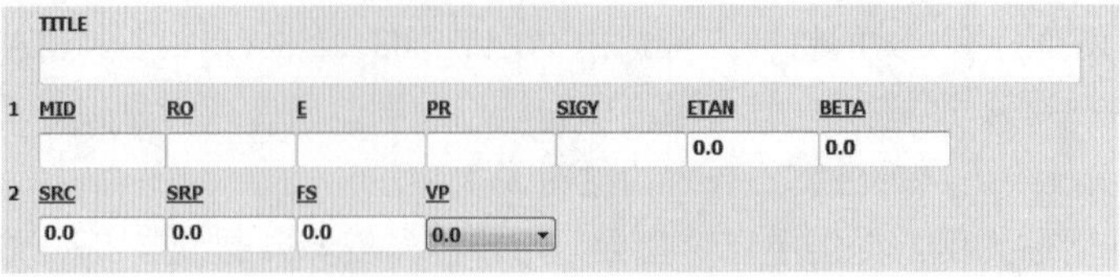

图 5.17 *MAT_003 内部变量

第一个卡片中有 7 个变量，用来定义材料的基本力学性能；第二个卡片中有 4 个变量，用来描述材料的非线性特性。

> MID、RO、E、PR：同*MAT_001。
> SIGY：屈服强度，定义时注意单位制的统一性。
> ETAN：剪切模量，非必要定义项，定义时注意单位制的统一性。
> BETA：冷作硬化系数，取值范围为（0,1），非必要定义项。冷作硬化系数表征材料塑性阶段的斜率，定义后才可以产生冷作硬化效应；不定义则该材料为理想弹塑性材料，故不会产生冷作硬化效应。
> SRC、SRP、VP：应变率影响系数，非必要定义项。在没有准确的不同应变率下的应力-应变曲线的情况下可以用这 3 个系数模拟应变率对动力硬化的影响，不建议采用。
> FS：失效塑性应变，非必要定义项。当零件中有单元的塑性应变达到失效应变时会被判定失效而自动消失，宏观表现为零件在此处发生开裂。不定义或者取默认值 FS=0.0，表示不考虑塑性应变导致的材料失效。

5.7.3 *MAT_024

*MAT_024/*MAT_PIECEWISE_LINEAR_PLASTICITY 为塑性材料，内部变量如图 5.18 所示。第一个卡片中有 8 个变量，用来定义材料的基本力学性能；第二个卡片中有 5 个变量，用来描述材料的非线性特性。卡片 3、卡片 4 是用来定义材料的应力-应变曲线的 8 组数据，其中卡片 3 是有效塑性应变值，卡片 4 是与卡片 3 对应的应力值。

> MID、RO、E、PR、SIGY、ETAN：同*MAT_003。
> FAIL：失效塑性应变，非必要定义项。达到失效标准的单元将被删除；不定义或者取默认值 FAIL=0 表示不考虑材料失效。图 5.18 为变量 FAIL 定义了一个超大值，等同于不考虑材料失效。
> TDEL：最小时间步长失效，非必要定义项。零件内部有单元由于受力变形导致单元时间步长小于指定值时，判定为单元失效并被删除。
> C、P、VP：应变率影响系数，非必要定义项。在没有准确的不同应变率下的应力-应变曲线的情况下可以用这 3 个系数模拟应变率对动力硬化的影响，不建议采用。
> LCSS：当只有一条有效应力-应变曲线时为该曲线的 ID（对应*DEFINE_CURVE>LCID），当有一组不同应变率下的有效应力-应变曲线时，为应变率值与有效应力-应变曲线的 ID 号对应表的 ID（对应*DEFINE_TABLE>TBID）；若变量 LCSS 有定义，则下面的卡片 3、卡片 4 就不用定义了，即使定义了也会被忽略。通常实验数据用来描述应力-应变曲线的坐标点有几十甚至上百组以求尽可能准确地描述材料的本构曲线。
> LCSR：用来描述应变率与屈服应力对应关系的曲线的 ID（对应*DEFINE_CURVE>LCID）。

*MAT_024 相对于*MAT_001、*MAT_003 能更准确地描述金属材料的力学性能，因此汽车被动安

全性能仿真分析中比较重要的区域（如传力路径上的钣金件）多用*MAT_024材料来定义。

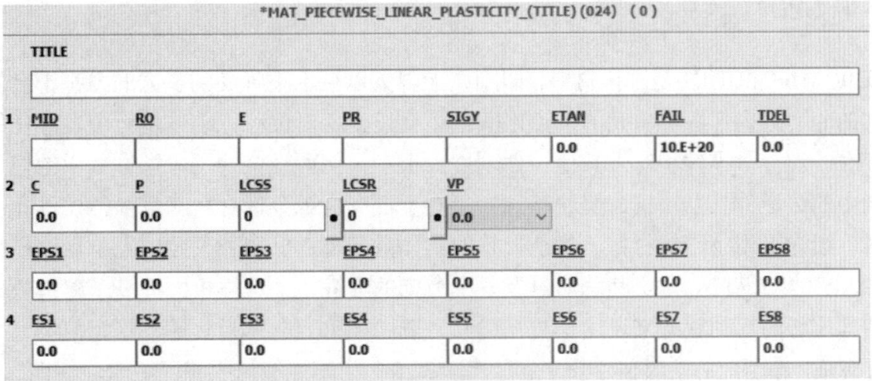

图 5.18　*MAT_024 内部变量

5.7.4　*MAT_123

用户从材料名称也可以推断出*MAT_123/*MAT_MODIFIED_PIECEWISE_LINEAR_PLASTICITY 是*MAT_024的改进版，准确地说是材料失效加强版，目前仅用于定义壳单元建模的零件。图 5.19 所示 为*MAT_123 的内部变量。与*MAT_024 相比，*MAT_123 在卡片 2 内增加了 3 项材料失效指标，分别 是 EPSTHIN、EPSMAJ 和 NUMINT。

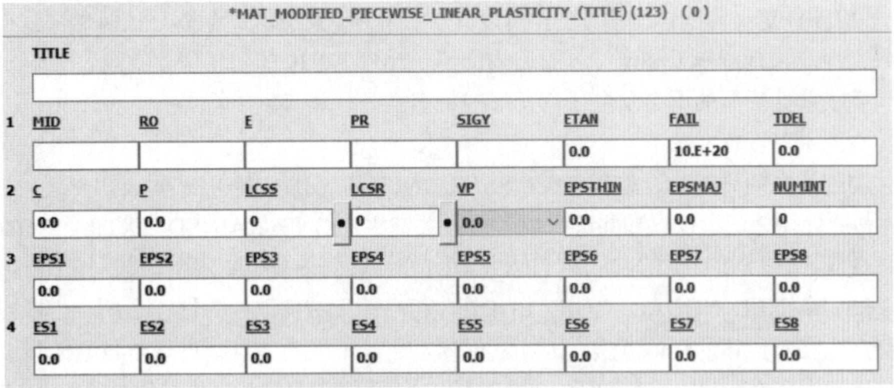

图 5.19　*MAT_123 的内部变量

> EPSTHIN：厚度方向失效应变。其值为正值时表示厚度方向的失效应变，为负值时其绝对值表示 厚度方向失效塑性应变。
> EPSMAJ：壳单元的平面主应变失效判据/实体单元的主应变失效判据。该数据应为负值，失效应 变为定义值的绝对值。
> NUMINT：该变量必须定义为负值，其绝对值用于判定一个壳单元失效的积分点的数量百分比。 壳单元属性关键字*SECTION_SHELL 中变量 NIP 的值表示壳单元厚度方向积分点的数量，当壳 单元为减缩积分单元时，积分点的总数量即*SECTION_SHELL>NIP 的值；当壳单元为全积分单 元时，积分点的总数量即 4*NIP。当失效积分点的数量占壳单元积分点总数量的百分比达到变量 NUMINT 的绝对值时，该壳单元被判定失效。

5.7.5 *MAT_020

　　*MAT_020/*MAT_RIGID 是刚体材料，即刚度无限大以至于不管受到多大的力都不会发生任何变形，不管受到多大的外力其内部各个单元的节点之间都不会发生相对位移。刚体是一个理想化的模型，现实生活中并不存在。当一个零件相对于其他零件刚度大很多，例如钣金冲压成型过程中的模具相对于钣金件、汽车结构中的铸造件（发动机、变速箱等）相对于白车身钣金件时，就可以把模具和铸造件简化定义为刚体材料。因为采用了刚体材料，复杂形状的实体几何可以仅在外表面用壳单元建模来表达其形状和尺寸，用*PART_INERTIA 定义其总质量及各个方向的惯性矩，这样极大提高了建模效率；刚体零件的运动状态由其质心的运动状态来表述，与描述其外表的壳单元的单元质量、单元数量无关，这样又极大地减小了计算成本。因此有些时候，当一个零件远离结构力学性能的敏感区域时，为了提高计算效率、缩短计算周期，也可以把这些零件定义为刚体。例如汽车整车碰撞安全性能仿真分析过程中，主要由薄壁件、钣金件构成的白车身的力学性能是研究的重中之重，但是汽车座椅供应商对于自己设计、生产的座椅也需要进行各种实验验证，在其进行座椅碰撞安全性能仿真分析时，座椅是 CAE 工程师的重点关注对象，很多细节都需要尽可能准确地描述出来，反而是安装、固定座椅的白车身在模型中只能扮演"边界条件"的角色。这种情况下进行 CAE 建模时，通常把白车身钣金件均定义为刚体材料并固连为一个整体。再如，在进行列车碰撞安全性能仿真分析时，由于单节列车的 CAE 模型已经远大于一辆家用轿车的模型，多节车厢串联组成的列车车组的 CAE 模型之大就更不用说了，但是考虑到列车碰撞过程中变形区多位于列车车厢的两端，因此在初期进行简略仿真分析时，也可以把列车车厢中部占整节车厢长度 1/3～1/2 的区域的所有零件定义为刚体材料。这样可以减小计算量、提高计算效率，从而尽快获得一个初步的仿真分析结果供用户预判。基于刚体材料的这些优点，*MAT_020 的使用率非常高。

　　刚体材料除了前面提到的不会发生任何变形的特点之外，还有以下特点。

　　（1）刚体之间不可以直接共节点。

　　（2）刚体与刚体之间只能通过关键字*CONSTRAINED_RIGID_BODIES 固连在一起。

　　（3）刚体与弹性体之间可以直接共节点或者通过关键字*CONSTRAINED_EXTRA_NODES 连接，即把弹性体上被关键字*CONSTRAINED_EXTRA_NODES 抓取的部分也变成刚体的一部分。

　　（4）*CONSTRAINED_NODAL_RIGID_BODIES 相当于把被抓取的弹性体上的一组节点变成了一个相互之间不会产生相对位移的刚体点集，因此它们相互之间不能共节点，也不能与刚体共节点。

　　（5）焊点不能焊接在刚体上，粘胶不能粘接刚体，甚至焊点、粘胶直接接触的焊接件/粘接件上的单元也不可以与刚体共节点，刚体更不可以与焊点、粘胶直接共节点。

　　（6）刚体的单元之间不会发生相对运动和变形，刚体的运动状态通过其质心来表达，因此刚体件的单元质量标准理论上可以不做要求。

　　（7）对刚体的边界条件的定义都有专门的关键字。对刚体自由度的约束不像弹性体是通过*BOUNDARY_SPC 定义在单元节点上，而是通过材料关键字*MAT_020 的内部变量来定义在刚体零件的质心上；通过关键字*LOAD_RIGID_BODY 将加载力直接定义在整个刚体上；通过关键字*BOUNDARY_PRISCRIBED_MOTION_RIGID 将强制位移、速度或者加速度直接定义在整个刚体上；通过*PART_INERTIA 或者*INITIAL_VELOCITY_RIGID_BODY 单独定义刚体零件的初速度。因此刚体零件的单元只是用来描述其形状和边界尺寸或用来与外部零件进行接触识别。

　　刚体的运动状态通过质心来描述，因此对计算资源的消耗非常小且不受其单元质量、数量的影响。有时为了提高计算速度、尽快得到一个可进行概略评估的结果，甚至会把模型中不太关心、不太重要区域的弹性体全部定义成刚体；利用刚体内部节点之间不会产生相对位移这一点，可以将完全不相连接的几个部分定义成一个刚体来达到固连几个零件的目的。

📢 注意：

①虽然刚体的运动状态通过质心来描述，对表面壳单元的单元质量标准不做要求，但是如果该刚体零件与周围其他零件有接触识别要求时，优质的单元质量有助于接触识别的计算，避免穿透的发生。

②刚体之间不可以共节点，因此一些零件在进行刚-柔转换时，需要注意其周围与其有共节点的零件是弹性体还是刚体。

③用*CONSTRAINED_RIGID_BODIES 将两个刚体固连时有主、从之分，先选择的零件为主刚体，后选择的零件为从刚体，从刚体在*CONSTRAINED_RIGID_BODIES 发挥作用期间暂时作为主刚体的一部分，其同时必须放弃自己原先的材料、自由度等参数的定义而采用主刚体的相应参数，这一点要求用户在确定刚体固连的主、从关系时要有所选择。

刚体材料参数（弹性模量、泊松比、密度等）要用真实材料数据，不可以因为是刚体就随意增大其弹性模量和密度。前面的章节已经提到弹性模量、密度和泊松比涉及模型最小时间步长的计算，因此如果想使一个零件的刚度非常大，则可以直接定义为刚体，而不可以采用弹性模量大到严重脱离实际的弹性材料来定义；如果想增大一个零件的重量，可以通过质量单元*ELEMENT_MASS 配重的方式，而不能定义一个密度大到脱离实际的材料来实现。

刚体零件加配重通常有以下方法。

第一种方法是前面提到的通过*PART_INERTIA 定义整个刚体（包含描述刚体外形的壳单元）的总质量。

第二种方法是在质心处创建一个三角形单元且该三角形的一个节点定义在质心位置，然后在质心加质量单元*ELEMENT_MASS。

第三种方法是用质量单元关键字*ELEMENT_MASS_PART 加在整个刚体上。

图 5.20 是*MAT_020 关键字的内部变量，卡片 1 用于描述材料的基本参数，卡片 2 用于描述刚体的自由度，卡片 3 在用户需要时用来定义刚体的局部坐标系。

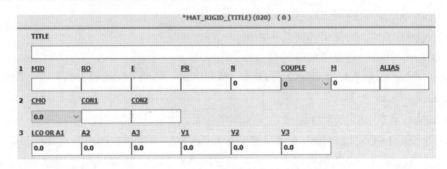

图 5.20　*MAT_020 关键字的内部变量

密度 RO、弹性模量 E、泊松比 PR 是必定义变量。

📢 注意：

刚体材料的密度、弹性模量和泊松比要采用真实材料参数，不可因为是刚体零件就随意定义其材料参数。

➢ CMO：质心约束方式。

- ↳ CMO=0：不加约束。
- ↳ CMO=1：约束定义在整体坐标系下。
- ➤ CON1：CM0=1 时约束刚体在整体坐标系下的平动自由度。
  - ↳ CON1=0：不约束平动自由度。
  - ↳ CON1=1：约束 *X* 向的平动自由度。
  - ↳ CON1=2：约束 *Y* 向的平动自由度。
  - ↳ CON1=3：约束 *Z* 向的平动自由度。
  - ↳ CON1=4：约束 *XY* 向的平动自由度。
  - ↳ CON1=5：约束 *YZ* 向的平动自由度。
  - ↳ CON1=6：约束 *ZX* 向的平动自由度。
  - ↳ CON1=7：约束 *XYZ* 向的平动自由度。
- ➤ CON2：CM0=1 时约束刚体在整体坐标系下的转动自由度。
  - ↳ CON2=0：不约束转动自由度。
  - ↳ CON2=1：约束 *X* 轴转动自由度。
  - ↳ CON2=2：约束 *Y* 轴转动自由度。
  - ↳ CON2=3：约束 *Z* 轴转动自由度。
  - ↳ CON2=4：约束 *XY* 轴转动自由度。
  - ↳ CON2=5：约束 *YZ* 轴转动自由度。
  - ↳ CON2=6：约束 *ZX* 轴转动自由度。
  - ↳ CON2=7：约束 *XYZ* 轴转动自由度。
- ➤ CM0=-1：约束定义在局部坐标系下，此时需要同时定义局部坐标系，即卡片 3 中的变量。
  - ↳ CON2=000000：无约束。
  - ↳ CON2=100000：约束 *X* 向平动自由度。
  - ↳ CON2=010000：约束 *Y* 向平动自由度。
  - ↳ CON2=001000：约束 *Z* 向平动自由度。
  - ↳ CON2=000100：约束 *X* 向转动自由度。
  - ↳ CON2=000010：约束 *Y* 向转动自由度。
  - ↳ CON2=000001：约束 *Z* 向转动自由度。

约束定义在局部坐标系下时对 CON2 可以进行组合定义，例如 CON2=111111 表示约束刚体的全部平动和转动自由度。

- ➤ LCO OR A1、A2、A3：卡片 3 用来定义局部坐标系，如果已经存在现成的局部坐标系可供选择，则第一个变量LCO可以直接定义该局部坐标系的ID值（也可以在图形区直接选择对应坐标系）；如果用户直接定义一个新的局部坐标系，则变量 A1、A2、A3 就是确定局部坐标系的 3 个节点的 NID。刚体定义局部坐标系后，移动、旋转刚体可以通过对局部坐标系的操作实现。

刚体零件的自由度通过刚体的材料*MAT_020 内部变量的定义来实现。图 5.20 中的 TITLE 虽然是非必要定义变量，但是在实际应用中，建议用户定义该项且依据刚体的自由度来命名，例如，该刚体材料需要约束刚体的 *Z* 向平动自由度和所有转动自由度，则可以命名为 RIGID37_***；如果不对刚体自由度作任何约束，则命名为 RIGID00_***等。如此则根据材料名称就可以判断出所有定义了该材料的刚体零件的自由度，而不用每次都打开材料关键字查看。

5.7.6　刚-柔转换

关键字：*DEFORMABLE_TO_RIGID_AUTOMATIC。

应用举例一：整车碰撞安全性能分析中，安全气囊是由很软的织带材料*MAT_FABRIC 定义的，它有很严格的折叠方式要求。安全气囊在车辆碰撞发生后有一定的起爆时间而非从计算的零时刻就起爆，这种情况下要求安全气囊从零时刻至起爆前为刚体，从而能够保持特定的形状同时节省计算资源，到达起爆时间后才自动转换为弹性体正常展开。

应用举例二：物体跌落分析时，从开始跌落到碰撞地面这段时间可以将物体定义为刚体，即将与地面接触时再恢复弹性体，这样不但可以提高计算速度，还可以节省计算资源。不过通常针对物体跌落工况都是忽略物体的跌落过程，通过动能与势能的转换公式 $mgh=mv^2/2$ 计算出物体接触地面时的速度，然后直接计算物体以该速度为初始速度碰撞地面的过程。

刚-柔转换关键字不仅可以将弹性体转换为刚体，也可以将刚体转换为弹性体。

图 5.21 所示为关键字*DEFORMABLE_TO_RIGID_AUTOMATIC 的内部变量。

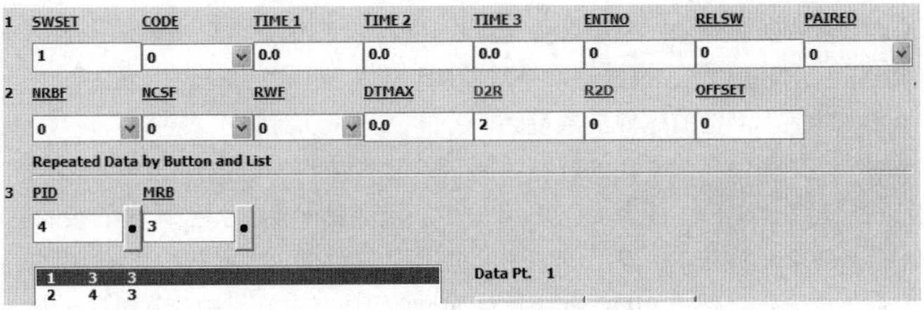

图 5.21　*DEFORMABLE_TO_RIGID_AUTOMATIC 的内部变量

➢ SWSET：刚-柔转换的 ID 编号，在整个模型内具有唯一性。
➢ CODE：指定刚-柔转换的时间区间，与随后的变量 TIME1、TIME2 和 ENTNO 的定义相关。
  ↻ CODE=0：刚-柔转换发生在变量 TIME1 指定的时间。
  ↻ CODE=1：刚-柔转换发生在 TIME1 和 TIME2 之间，同时要求 ENTNO 指定的刚性墙的接触力为 0。
  ↻ CODE=2：刚-柔转换发生在 TIME1 和 TIME2 之间，同时要求 ENTNO 指定的接触力为 0。
  ↻ CODE=3：刚-柔转换发生在 TIME1 和 TIME2 之间，同时要求 ENTNO 指定的刚性墙的接触力不为 0。
  ↻ CODE=4：刚-柔转换发生在 TIME1 和 TIME2 之间，同时要求 ENTNO 指定的接触力不为 0。
  ↻ CODE=5：当*CONTROL_SENSOR>TYPE=DEF2RIG 时，刚-柔转换时间受*CONTROL_SENSOR 控制。
➢ TIME1：刚-柔转换在此时间之前不发生，该变量为必定义项。
➢ TIME2：刚-柔转换在此时间之后不发生，如果不定义则默认为 10^{20}，即到计算终止。
➢ ENTNO：上述 CODE 变量涉及的指定刚性墙*RIGIDWALL 或者接触*CONTACT 的 ID 号，该变量为非必要定义项。
➢ RELSW：相关的刚-柔转换定义的 ID 编号，相关的刚-柔转换定义将与本关键字定义的刚-柔转换保持同步。

➢ NRBF：默认情况下，弹性体暂时转换为刚体后，之前与弹性体共节点的 rigidlink 将会自动与转换后的刚体进行合并，从而避免了刚体与 rigidlink 共节点导致 LS-DYNA 求解器退出计算。

📢》 注意：

> rigidlink 即用*CONSTRAINED_NODAL_RIGID_BODY 关键字定义的把弹性体上的节点固连在一起的节点集刚体，HyperWorks 把这种刚性连接称为 rigidlink。

➢ NCSF：默认情况下，弹性体暂时转换为刚体后，之前定义在弹性体节点上的约束将自动失效，转而采用刚体材料*MAT_020 内部的变量对刚体的约束；之前定义在弹性体上的焊点将会自动失效，从而避免了对刚体的焊接导致求解器计算的不稳定。

➢ RWF：刚-柔转换期间对刚性墙的处置。弹性体转换为刚体期间，如果与刚性墙发生接触、碰撞需要特殊对待，因为弹性体与刚性墙接触和刚体与刚性墙接触的接触刚度有很大区别。

  ↪ RWF=0：不做特别处置，即按"原计划"行动。

  ↪ RWF=1：删除刚性墙，即不考虑与刚性墙的接触。

  ↪ RWF=2：激活刚性墙，即必须计算与刚性墙的接触。

➢ DTMAX：刚-柔转换期间允许的最大时间步长。如果对控制模型最小时间步长的单元所属的零件进行刚-柔转换，有可能导致模型的最小时间步长发生变化。

➢ D2R：弹性体转换为刚体的零件的数量。

➢ R2D：刚体转换为弹性体的零件的数量。同一关键字内部，变量 D2R 和 R2D 只能定义一个。

➢ OFFSET：当变量 CODE=3 或者 CODE=4 时，指定刚体转换为弹性体时的接触厚度。

➢ PID：当变量 D2R 有定义时，表示要转换为刚体的零件的 PID；当变量 R2D 有定义时，表示要转换为弹性体的刚体零件的 PID。如果后续变量 MRB 有定义，则该弹性体转换为刚体后自动成为 MRB 指定的刚体零件的一部分。

➢ MRB：主刚体零件的 PID。当 D2R 被定义时，上述 PID 指向的弹性体转换为刚体后自动成为 MRB 指定的刚体零件的一部分。如果没有定义，则 PID 指向的弹性体将自成刚体。当 R2D 被定义时，MRB 不需要定义。变量 MRB 可以有效避免弹性体转换为刚体后与已有刚体共节点导致求解器计算报错的问题。

➢ PTYPE：PID 的数据类型（注：高版本 LS-DYNA 手册例如 R11.0 以上版本手册中卡片 3 新增第 3 个变量 PTYPE）。

  ↪ PTYPE=PART：之前的变量 PID 为要进行刚-柔转换的单个零件的 PID，依据 D2R/R2D 的定义可以一次选择多个零件并分别定义 MRB。

  ↪ PTYPE=PSET：之前的变量 PID 为要进行刚-柔转换的零件集*SET_PART>SID。

5.7.7 *MAT_009

空材料*MAT_009/*MAT_NULL 通常用来定义梁单元或者壳单元组成的零件。空材料件不承担应力、应变、刚度和势能等力学性能的作用，只用来辅助接触识别。用空材料定义的梁单元或者壳单元与其他材料定义的梁单元、壳单元在相互接触识别时发挥的作用相同。图 5.22 所示为*MAT_009 的内部变量，通常只需要定义 TITLE（材料名称）、MID（材料 ID）、RO（密度）、YM（杨氏模量）和 PR（泊松比）。

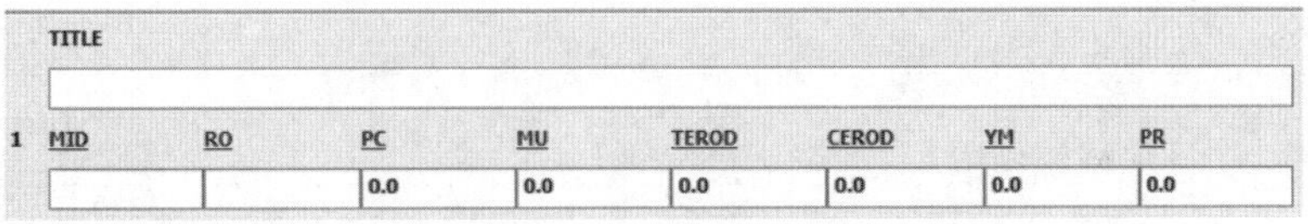

TITLE							
1 MID	RO	PC	MU	TEROD	CEROD	YM	PR
		0.0	0.0	0.0	0.0	0.0	0.0

图 5.22 *MAT_009 的内部变量

由于空材料定义的单元没有刚度，因此这些单元不能单独存在，空材料的梁单元只能用壳单元或者实体单元的节点来定义，并附着在这些单元的边上帮助这些单元与其他单元进行接触识别，空材料梁单元通常参与的接触关键字是*CONTACT_AUTOMATIC_GENERAL；空材料定义的壳单元只能利用实体单元表面的节点来定义，并附着在这些实体单元的表面代替其与其他单元进行接触识别。在实体单元零件表面创建"外包壳单元"的方法是，利用界面菜单区 Tool→Faces 命令对选择的实体单元自动生成共节点的表面壳单元，相关操作说明在网格划分章节已有说明，在此不再赘述。

用附着在实体单元零件表面的空材料壳单元代替实体单元零件进行接触识别：一方面可以极大减小接触的搜索成本，从而提高计算效率；另一方面，对于一些较软的材料（如汽车座椅的坐垫发泡）在计算过程中很容易因为受力产生严重变形导致实体单元产生负体积，进而导致计算中途退出。用零件表面的空材料壳单元代替坐垫实体单元进行接触识别，不但可以减小计算成本，还可以极大降低坐垫发泡实体单元产生负体积的可能性，一些发生负体积比较严重的情况甚至需要对每个实体单元进行空材料"外包壳"的操作。

空材料壳单元通常参与的接触关键字有：*CONTACT_AUTOMATIC_SURFACE_TO_SURFACE、*CONTACT_AUTOMATIC_NODE_TO_SURFACE、*CONTACT_AUTOMATIC_SINGLE_SURFACE 和*CONTACT_SPOTWELD。

关于接触的详细认识与定义在后续章节有专门讲述。在实际应用中，我们经常会发现定义了接触关系的零件之间，在计算过程中仍然发生相互穿透的问题。接触不可以重复定义，但是可以加"双保险"或者"多保险"以增强零件之间的接触识别，例如对*CONTACT_AUTOMATIC_SURFACE_TO_SURFACE 接触中容易产生穿透的局部区域的壳单元或者实体单元表面，用空材料的梁单元建立相互交叉（接触的一方为横向，则另一方为纵向）的线状梁单元，再对这些梁单元建立*CONTACT_AUTOMATIC_GENERAL 的接触，即可在该区域通过接触定义"双保险"起到增强接触识别防止穿透的作用。另外，适当增大空材料梁单元的直径也是增强接触识别的一种手段。

空材料的质量会计入模型总质量，空材料的动能会计入模型总能量，因此不能因为是空材料就随意定义其弹性模量、密度和泊松比等材料参数。通常对空材料的弹性模量、密度等材料参数的定义与它们所附着的零件的材料参数相同，以空材料定义的壳单元的厚度一般要尽可能地薄，如 0.1mm。

5.7.8 *MAT_100

*MAT_100/*MAT_SPOTWELD 是专门用来定义焊点的材料，焊点可以是梁单元，也可以是实体单元。当焊点是梁单元时单元类型 *SECTION_BEAM>ELFORM=9；当焊点是实体单元时单元类型 *SECTION_SOLID>ELFORM=1 且沙漏控制*HOURGLASS>IHQ=6。图 5.23 所示为关键字*MAT_100 的内部变量，其中卡片 1 用来定义材料基本性能，卡片 2 用来定义焊点失效准则，卡片 2 不定义或者定义为 0.0 表示不考虑焊点失效。

TITLE							
1 MID	RO	E	PR	SIGY	ET	DT	TFAIL
				0.0	0.0	0.0	0.0
2 EFAIL	NRR	NRS	NRT	MRR	MSS	MTT	NF
0.0	0.0	0.0	0.0	0.0	0.0	0.0	0.0

图 5.23 *MAT_100 的内部变量

TITLE、MID、RO、E、PR、SIGY、ET 等变量的定义与之前描述相同，其中 MID、RO、E、PR、SIGY 为必须定义项。

> DT：焊点单元最小时间步长，低于该时间步长则对相应的焊点单元进行质量增加，使其达到规定的时间步长。该项为非必须定义项，是在整体模型最小时间步长限制的基础上对焊点单元的最小时间步长提出了单独的、更优先的要求，不定义或者数值为 0.0 表示对定义了该材料的焊点单元的时间步长不做特殊要求。

> TFAIL：指定焊点的失效时间，该项为非必要定义项，不定义或者数值为 0.0 表示忽视该项；实验表明，焊点失效多数情况下并非焊点本身失效，而是焊点周边的钣金件的失效。

> EFAIL：焊点失效的塑性应变准则。

*MAT_100 是专门用来定义焊点的材料，但是焊点的材料并非只能用*MAT_100 来定义，例如用焊接件任何一方的材料也都是可以的，但是只有用*MAT_100 定义焊点时才可以用焊点接触专用关键字*CONTACT_SPOTWELD 定义焊点接触，而且只有用材料*MAT_100 定义焊点且用关键字*CONTACT_SPOTWELD 定义焊点接触时，利用功能区 Utility→QA/Model→Find Attached（Tied）工具才能通过焊点找到邻近的焊接本体零件的单元，或者通过焊接本体单元找到焊点单元。

5.7.9　材料失效的准则及变量

判定材料和单元失效的准则及对应的关键字内部的变量主要有以下几个。

（1）依据壳单元的质量指标雅可比（Jacobian）：例如*CONTROL_SHELL>NFAIL1/NFAIL4（NFAIL1 针对减缩积分单元，NFAIL4 针对全积分单元），当单元在计算过程中变形严重导致其雅可比为负值时判定单元失效。

（2）依据单元的时间步长：例如变量*MAT_024>TDEL，当定义了材料的单元的时间步长小于 TDEL 时判定该单元失效并被删除；另外，针对整个模型的全局变量*CONTROL_TIMESTEP>ERODE=1 和*CONTROL_TERMINATION>DTMIN 共同作用也可以判定小于指定时间步长的单元失效。

（3）依据塑性应变：例如*MAT_024>FAIL、*MAT_003>FS 和*MAT_100>EFAIL，当单元的塑性应变达到指定值时判定单元失效。

（4）依据单元负体积：仅针对实体单元和厚壳单元（*ELEMENT_TSHELL），例如全局变量*CONTROL_TIMESTEP>ERODE=1 和*CONTROL_TERMINATION>DTMIN 共同作用判定发生负体积的单元为失效单元，从而阻止了 LS-DYNA 求解器因发现负体积单元而退出计算。

（5）依据模型的运行时间：例如焊点材料*MAT_100>TFAIL 变量，该时间是针对*CONTROL_TERMINATION>ENDTIM 而言，并非针对 LS-DYNA 求解器的计算时间而言。

（6）依据单元受力/力矩：如*MAT_100 关键字的内部变量 NRR、NRS、NRT 分别表示沿各个坐标轴方向的力的失效准则，变量 MRR、MSS、MTT 分别表示沿各个坐标轴方向的合力矩失效准则。

（7）*MAT_ADD_EROSION：附加多种材料失效准则。

5.7.10　*MAT_ADD_EROSION

　　*MAT_ADD_EROSION 是材料附加失效关键字,可以为没有失效变量的材料模型附加定义各种各样的前面已经提到的或者还没有提到的失效准则,如果该材料关键字中的变量已经包含失效参数,相互之间也并不冲突,则先达到哪个失效准则都可发生材料失效。

　　*MAT_ADD_EROSION 目前仅应用于单点积分的壳单元或者实体单元的零件。图 5.24 所示*MAT_ADD_EROSION 为高版本 LS-DYNA 求解器定义的内部变量,低版本 LS-DYNA 求解器对应的该关键字的内部只有卡片 1 和卡片 2,而且卡片 1 也只有前 4 个变量,卡片 3 用于定义材料破坏模式。

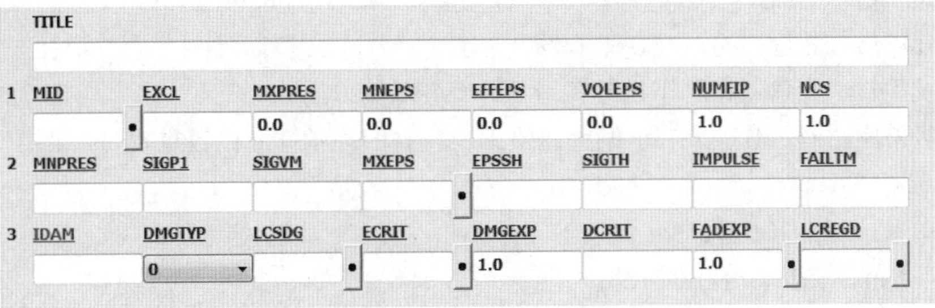

图 5.24　*MAT_ADD_EROSION 的内部变量

下面对*MAT_ADD_EROSION 关键字的变量做出说明。

➢ MID:材料 ID,对应*MAT>MID,即指定为哪个材料附加失效准则。由于*MAT_ADD_EROSION 是附加在材料上而不是在零件上,因此要对某个零件单独附加失效准则时,该零件不得与其他零件共用材料*MAT;如果有共用材料可对该材料进行复制,然后将新生成的材料单独定义给需要判定材料失效的零件。

➢ EXCL:排除失效指令。*MAT_ADD_EROSION 内部的失效指标很多,其是为了适用于尽可能多的工况和材料,但是对于一个具体的材料和工况,其中的很多失效模式可能并不需要。当需要排除其他失效指标的干扰而单独采用某一项失效指标时,可以给 EXCL 变量定义一个实数,如1234.0,然后对想排除在外的失效变量定义相同的数值。

➢ MXPRES:最大失效压强(Maximum pressure at failure)。

➢ MNEPS:最小失效主应变(Minimum principal strain at failure)。

➢ EFFEPS:最大失效有效应变(Maximum effective strain at failure)。

➢ VOLEPS:体积应变失效准则(Volumetric strain at failure),正值表示受拉,负值表示受压。

➢ NUMFIP:判定单元失效的积分点的数量。NUMFIP 为负值时仅应用于壳单元,其绝对值表示壳单元失效的积分点占该单元总积分点的百分比,达到该百分比即判定壳单元失效。

➢ NCS:判定单元失效的失效准则数量。虽然*MAT_ADD_EROSION 定义了很多失效变量,但是只有 NCS 指定数量的失效准则得到满足才判定单元失效。

➢ MNPRES:最小失效压强(Minimum pressure at failure)。

➢ SIGP1:失效主应力(Maximum principal stress at failure)。

➢ SIGVM:失效等效应力(Equivalent stress at failure)。

➢ MXEPS:最大失效主应变。

➢ EPSSH:失效剪切应变。

➢ SIGTH：阀应力/门槛应力失效准则。

➢ IMPULSE：失效应力脉冲。

➢ FAILTM：指定模型运行失效时间。到达该时间则使用该材料的零件全部失效。

总之，失效指标有很多，总有一款可以用。

5.7.11 汽车 CAE 建模常用材料模型

前面已经提到 CAE 建模筛选材料模型的方法，下面为大家介绍汽车碰撞安全性能仿真分析常用的材料模型。

➢ 粘胶、轮胎常用材料：*MAT_001、*MAT_003、*MAT_138（结构胶）。

➢ 实体单元零件外包壳材料：*MAT_009。

➢ 轮毂、发动机、变速器、刹车盘等铸造件：*MAT_020。

➢ 汽车轮毂常用材料：正向 25%小偏置碰撞工况轮毂的力学性能比较重要时，采用*MAT_003 或者 *MAT_024。

➢ 汽车白车身：*MAT_024、*MAT_123。

➢ 蜂窝铝：*MAT_026、*MAT_126。

➢ 发动机、变速箱悬挂橡胶块：*MAT_027（实体单元）、*MAT_S06/*MAT_119（非线性 6 自由度弹簧梁）。

➢ 风挡玻璃：*MAT_032。

➢ 安全气囊：*MAT_034。

➢ 防撞梁：*MAT_024（钢材）、*MAT_036（铝材）。

➢ 座椅发泡：*MAT_057、*MAT_083。

➢ 编织材料：*MAT_058。

➢ 电池包内隔热材料：*MAT_063。

➢ 座椅调角器弹簧梁：*MAT_066、*MAT_067、*MAT_068。

➢ 轮胎钢帘线：*MAT_071。

➢ 发动机舱冷却风扇：*MAT_081-082。

➢ 聚合物：*MAT_089。

➢ 前大灯壳：*MAT_098。

➢ 点焊、缝焊：*MAT_100。

➢ 各向异性弹塑性材料：*MAT_157。

➢ 安全带：*MAT_B01（1D 单元）、*MAT_034（2D 单元）。

5.8 全积分单元与剪切自锁问题

5.8.1 全积分单元与减缩积分单元

在讲解零件属性之前，先要讲解一下全积分单元与减缩积分单元的区别，因为随后零件属性的定义中，*SECTION>ELFORM 这一重要变量的定义会涉及单元类型的选择问题。

有限单元的分类方式有多种，图 4.2 所示为依据单元的几何形状进行的分类，依据单元各个方向上积分点的数量还可以把单元分为全积分单元和减缩积分单元。

LS-DYNA 求解器开发的全积分壳单元在每个方向至少有两个积分点，而减缩积分单元较全积分单元在每个方向少一个积分点（注意此处是积分点而不是节点）。积分点的数量越多，对单元的变形描述得更准确的同时计算成本也越高。如图 5.25 所示，全积分四边形壳单元面内每个方向有两个积分点，而减缩积分四边形壳单元面内只有一个积分点。

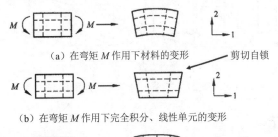

（a）全积分　　　（b）减缩积分

图 5.25　四边形单元的积分点

本章的最后有全积分单元与减缩积分单元对计算结果准确性影响的实例对比分析。

5.8.2　全积分单元的剪切自锁问题

如图 5.26（a）所示，一根梁在受到弯矩发生弯曲变形时，其截面都应当是垂直于中性面的；全积分单元虽然内部积分点较多，但是单排全积分单元受到弯矩时，梁截面并不垂直于中性面［图 5.26（b）］，这就是全积分单元的剪切自锁问题。但是图 5.26（c）告诉我们细化单元（减小单元尺寸，增加单元数量）或者采用高阶次全积分单元可以有效克服全积分单元引起的剪切自锁问题。

壳单元零件属性关键字 *SECTION_SHELL 中的单元类型变量 ELFORM=16 即比较常用的全积分壳单元，由于其计算成本较高，故一般仅用于比较重要的零件，例如汽车整车碰撞安全性能仿真分析时传力路径上的钣金件。

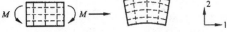

（a）在弯矩 M 作用下材料的变形

（b）在弯矩 M 作用下完全积分、线性单元的变形

（c）在弯矩 M 作用下完全积分、二次单元的变形

图 5.26　全积分单元的剪切自锁现象

LS-DYNA 求解器也开发出高阶单元，例如 *SECTION_SHELL>ELFORM=22/23 就是二阶壳单元，但是由于计算不稳定，目前不推荐使用。

5.9　减缩积分单元与沙漏问题

5.9.1　减缩积分单元的沙漏问题

减缩积分单元在每个方向上较全积分单元少一个积分点。壳单元零件属性关键字 *SECTION_SHELL 中的单元类型变量 ELFORM=2 是比较常用的减缩积分壳单元，只有一个面内积分点。减缩积分单元由于积分点数量少，因而计算成本低、计算速度快，它是目前整车碰撞安全性能分析建模时使用率最高的单元类型。但是正因为减缩积分单元的积分点少，反而容易出现沙漏问题。

沙漏问题即零变形能问题。如图 5.27（a）所示，减缩积分单元在描述梁的弯曲时，虽然已经发生了节点位移导致的单元变形，但是相对于单元内部的单个积分点来说，单元并未变形（长、宽尺寸未变），因而也不会计算出变形能，这就是减缩积分单元的零变形能问题，也称为沙漏问题。图 5.27（b）和图 5.27（c）分别是二维壳单元和三维六面体单元的各种沙漏表现形式。从图 5.27 中我们可以发现，单个减缩积分四边形单元的翘曲刚度非常弱，同时我们也可以看到减缩积分单元对单元的雅可比质量要求更高，CAE建模时尤其要注意消除雅可比极端恶劣（如 Jacobian<0.4）的单元。前面提到单排全积分单元描述梁的弯曲存在剪切自锁问题，现在我们看到单排减缩积分单元对于弯矩和扭矩几乎是零抵抗力，但是与全积分单元解决问题的方法相同，优化单元质量、减小单元尺寸、增加单元数量同样可以有效克服沙漏问题。

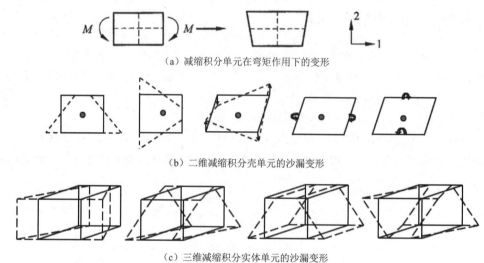

（a）减缩积分单元在弯矩作用下的变形

（b）二维减缩积分壳单元的沙漏变形

（c）三维减缩积分实体单元的沙漏变形

图 5.27　减缩积分单元的沙漏问题

5.9.2　抑制沙漏的方法

抑制沙漏的方法如下。

（1）优化单元质量、减小单元尺寸、增加单元数量，避免出现用单排单元描述几何特征的情况。

（2）用三角形单元代替四边形单元。三角形单元的计算精度弱于四边形单元，但是不会出现沙漏问题。

（3）利用全局控制关键字*CONTROL_BULK_VISCOSITY 调整整个模型的体积黏度抑制沙漏，其原理是引入与节点速度成比例的节点力来抑制沙漏变形（图 5.28），高速和高应变率问题推荐使用该方法。由于是人为增加减缩积分单元的刚度来达到抑制沙漏变形的目的，因此定义体积黏度时需注意适可而止。

（4）利用沙漏控制关键字 *CONTROL_HOURGLASS 或者 *HOURGLASS 引入与节点位移成比例的节点力来抑制沙漏变形。其中*CONTROL_HOURGLASS 是针对整个模型的沙漏控制关键字；*HOURGLASS 是针对单个零件的沙漏控制关键字，*PART>HGID 与 *HOURGLASS>HGID 对应（图 5.3）。由于是人为增加减缩积分单元的刚度来达到抑制沙漏变形的目的，因此定义时需注意适可而止。

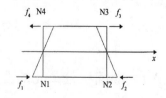

图 5.28　引入节点力抑制沙漏变形

（5）利用关键字*CONTROL_SHELL>BIW=1 激活减缩积分单元的翘曲刚度达到抑制沙漏变形的

目的。

（6）避免单点加载和单点约束。

（7）将减缩积分单元改为全积分单元。全积分单元的计算精度高于减缩积分单元且不会产生沙漏问题，但是由于会极大增加计算成本，因此一般只在非常重要的零件上使用，例如整车碰撞安全性能仿真分析中白车身传力路径上的零件。

综合前面的讲述，我们可知细化单元可以解决很多问题：可以抑制全积分单元的剪切自锁问题、可以抑制减缩积分单元的沙漏问题、可以更好地控制单元质量、可以更好地仿真几何特征、可以更好地处理零件之间的接触识别、可以使计算更稳定，可以使计算结果更精确等。细化单元目前面临的一个主要问题就是，会导致模型的最小时间步长减小，从而使计算速度变慢。

5.9.3　*HOURGLASS 沙漏控制

图 5.29 所示为沙漏控制*HOURGLASS 关键字的内部变量，只有一个卡片。

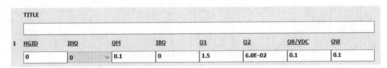

图 5.29　*HOURGLASS 关键字的内部变量

➢ TITLE：沙漏名称，为非必要定义项。

➢ HGID：沙漏控制关键字 ID，与引入沙漏控制的零件关键字*PART 中的变量 HGID 对应。

➢ IHQ：沙漏控制类型。IHQ=1/2/3 为 3 种黏性沙漏控制方式，沙漏力与单元节点在沙漏变形方向的速度分量成正比，可以延缓和阻止沙漏的发展但不可消除沙漏导致的变形，主要用来定义比较软的材料（如流体）或者高速度、高应变率的问题（如爆破）等；IHQ=4/5/6 为刚性沙漏控制方式，沙漏力与单元节点在沙漏变形方向上的位移分量成正比，不但可以延缓、阻止沙漏的蔓延，甚至可以消除沙漏导致的变形，主要用来定义比较硬的材料（如金属、塑料等）在低速碰撞中的零件；IHQ=8 与全积分壳单元（*SECTION_SHELL>ELFORM=16）配合会自动激活单元翘曲刚度控制，从而使计算更准确，但是计算速度会相应地降低 25%左右，此模式推荐用于求解扭曲梁问题。

➢ QM：沙漏控制系数。由于沙漏控制是通过人为因素干预增强单元刚度达到抑制沙漏变形的目的，因此沙漏控制系数不可过大，一般建议 0.05～0.1。

关于沙漏控制的实际应用，还有以下几点补充。

（1）对于软材料（如泡沫）建议配合体积黏度控制关键字*CONTROL_BULK_VISCOSITY 降低线性与二次体积黏度。

（2）对于刚性部件，基于刚性的沙漏控制（IHQ=4,5）比黏性沙漏控制（IHQ=1,2,3）更有效，当使用刚性沙漏控制时，习惯于采用小的沙漏系数 QM 值（范围为 0.05～0.1），这样既可最小化非物理的硬化响应同时又能有效控制沙漏模式。

（3）对于高速冲击，即使对于固体结构部件，也推荐采用基于黏性的沙漏控制（IHQ=1,2,3）。

（4）IHQ=6，QM=1.0 时，一个弹性部件在厚度方向上仅需划分一层*SECTION_SOLID>ELFORM=1 的体单元就可以获得正确的弯曲刚度；在隐式计算中，对于*SECTION_SOLID>ELFORM=1 的体单元应该总是使用类型 IHQ=6 的沙漏控制；当使用大长宽比或歪斜形状的体单元时，IHQ=6 对于沙漏控制非常有效，而 IHQ=4,5 对于大长宽比和歪斜形状单元反而不好；材料不是特别软或者单元有理想的形状且网格不是太粗糙时，类型 IHQ=4,5,6 似乎都能得到同样的效果，这种情况下推荐 IHQ=4，因为它比其他的类型计算速度更快。

（5）IHQ=8 仅用于*SECTION_SHELL>ELFORM=16 的全积分壳单元，该沙漏类型激活了全积分单元翘曲刚度。

（6）对于剪切模量 G 相对于弹性模量 E 很小的情况，沙漏系数 QM 建议取小值，一般取 0.001～0.1。

沙漏控制实质上是通过引入人为干预弥补单元缺陷的不得已而为之的方法，因此沙漏控制应当限定在一定的范围。在计算结果中衡量沙漏控制影响程度的物理量是沙漏能，每一个零件的沙漏能应小于其内能峰值的 10%，相应地，模型总沙漏能应当小于总能量的 10%。

5.9.4 沙漏能的输出与读取

（1）在 HyperMesh 前处理软件中定义以下关键字，才能在后处理时获得模型的沙漏能。

➤ *CONTROL_ENERGY>HGEN=2：计算零件的沙漏能并将其纳入模型的总能量作为考查模型能量是否守恒的因素之一。要提醒大家注意的是，LS-DYNA 求解器对变量 HGEN 定义的默认值为1，即不计算零件的沙漏能。

➤ *DATABASE_GLSTAT：输出模型总体的各项能量指标。

➤ *DATABASE_MATSUM：输出每个零件的各项能量指标。

➤ *DATABASE_EXTENT_BANARY>SHGE=2：输出壳单元零件的沙漏能密度云图。要提醒大家注意的是，LS-DYNA 求解器对变量 SHGE 定义的默认值为1，即不输出壳单元零件的沙漏能。

（2）在 HyperGraph 后处理时读取沙漏能的操作如下。

SMP 求解器可直接读取 glstat 或 matsum 文件并输出 Hourglass energy 沙漏能的时间历程曲线；MPP求解器可读取 binout 文件并从中找到 glstat 或 matsum 项输出 hourglass energy 沙漏能曲线。

5.9.5 *CONTROL_BULK_VISCOSITY

目的：设置单元的体积黏度。

作用：抑制应力振荡或沙漏变形。

图 5.30 所示为*CONTROL_BULK_VISCOSITY 的内部变量，其中定义的数值都是 LS-DYNA 求解器的默认值。

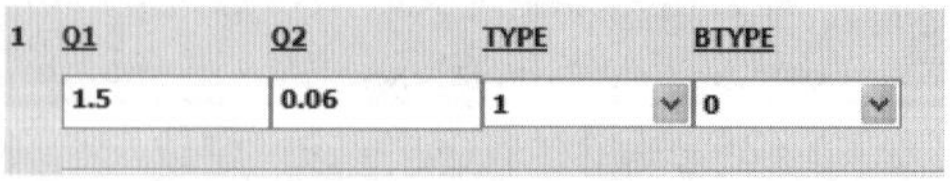

➤ Q1：二次黏度定义。

➤ Q2：一次/线性黏度定义。

1	Q1	Q2	TYPE	BTYPE
	1.5	0.06	1	0

图 5.30 *CONTROL_BULK_VISCOSITY 关键字

➤ TYPE：被体积黏性消耗的能量是否计入单元内能。

   ↳ TYPE=−2：被体积黏性消耗的能量计入单元内能。

   ↳ TYPE=−1：被体积黏性消耗的能量不计入单元内能。

   ↳ TYPE=1：仅用于实体单元，被体积黏性消耗的能量计入单元内能。

➤ BTYPE：被梁单元体积黏性消耗的能量是否计入总能量。

   ↳ BTYPE=0：关闭梁单元体积黏性控制。

   ↳ BTYPE=1：对*SECTION_BEAM>ELFORM=1/11 的梁单元采取体积黏性控制，能量不计入总能量。

↪ BTYPE=2：对*SECTION_BEAM>ELFORM=1/11 的梁单元采取体积黏性控制，能量计入总能量。

5.10　壳　单　元

5.10.1　*SECTION_SHELL

汽车上绝大部分都是钣金件，壳单元是汽车碰撞安全性能仿真分析中使用最广泛的单元类型，壳单元零件*PART 中的 SECID 变量对应的就是壳单元零件属性关键字*SECTION_SHELL 中的变量 SECID。图 5.31 所示为*SECTION_SHELL 关键字的内部变量。如果零件内部是用壳单元建模，但是零件属性定义却采用关键字*SECTION_SOLID 或者其他属性，则提交计算后 LS-DYNA 求解器在模型初始化阶段就会报错退出计算，这也是为什么同一个零件内部单元类型必须统一的原因。

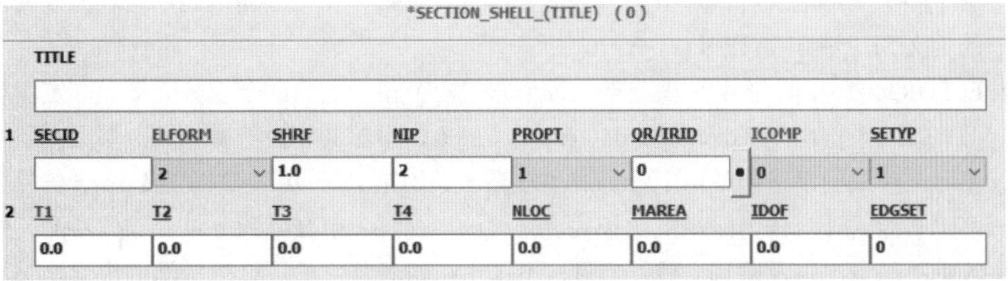

图 5.31　*SECTION_SHELL 关键字的内部变量

➢ TITLE：属性名称，为非必要定义项。如果用户定义了该项则关键字的名称在输出 KEY 文件时会自动变成*SECTION_SHELL_TITLE。通常用户在定义该项时会在名称中加入单元类型信息（ELFORM）及材料厚度信息（T）。

➢ SECID：零件属性关键字的 ID 编号，不得大于 8 位数。SECID 在整个模型中具有唯一性。

➢ ELFORM：选择单元计算公式。单元的分类方法有多种，前面提到了按几何形状、按积分点的数量等的分类方法，这里又新增加了一种按照单元的计算公式进行分类的方法。LS-DYNA 求解器开发了 40 多个壳单元公式，其中有一些是早期开发的，现在已经很少使用了，有一些是有针对性地开发的，如针对安全带/安全气囊等织物材料等。下面仅列举使用频率最高的几种单元类型。

　　↪ ELFORM=2：减缩积分单元（BT 单元），只有一个面内积分点，定义单元的每个节点有 6 个自由度（dx、dy、dz、rz、ry、rz）。虽然其会产生沙漏问题（推荐沙漏控制*HOURGLASS>IHQ=4），但是由于计算速度快、使用频率非常高，因此也是 LS-DYNA 求解器的默认选择。

　　↪ ELFORM=4：C0 型三角形单元公式，针对全三角形单元建模的零件。三角形单元较四边形单元更刚硬，而且单元尺寸相同时时间步长更小（三角形单元的特征尺寸是 3 个边上最短的高，见表 3.2），从而导致计算更加费时，因此单一三角形单元零件通常用于辅助实体零件（如汽车座椅的发泡、汽车底盘铸造件等零件）的全四面体单元建模。图 5.32 所示为 C0 型单元与 C1 型单元的区别。

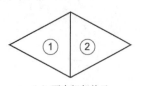  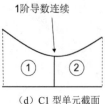

（a）两个相邻单元　　（b）C0 型线性单元截面　　（c）C0 型二次单元专截面　　（d）C1 型单元截面

图 5.32　C0 型单元与 C1 型单元的区别

- ↳ ELFORM=5：面内单点积分的膜单元（BT membrane）。其不能承受弯矩或者横向剪切力；主要用于安全带、安全气囊的建模，此时另外两个相关变量的定义必须是 SHRF=0，NIP=1。如果用户对变量 NIP 的定义不为 1，提交计算后 LS-DYNA 求解器会在一开始的模型初始化阶段将其改为 1 并向用户提出警告信息。
- ↳ ELFORM=9：面内 4 个积分点（每个方向两个积分点）的全积分膜单元（BT membrane）。其不能承受弯矩或者横向剪切力；主要用于安全带、安全气囊单元，此时另外两个相关变量的定义 SHRF=0，NIP=1。
- ↳ ELFORM=16：面内 4 个积分点（每个方向两个积分点）的全积分壳单元。定义单元的每个节点有 6 个自由度（dx、dy、dz、rz、ry、rz），虽然其相对于减缩积分单元精确性更高，也不存在沙漏问题，但是由于计算成本较高（大约是 ELFORM=2 时的 2.5～3 倍），因此通常多用于显式计算传力路径上比较关键区域的零部件、用减缩积分单元导致沙漏问题严重又很难解决的情况以及隐式非线性问题。不过现在随着各主机厂计算资源的极大增强和计算机硬件水平的提高，有些主机厂已经开始将汽车上的所有钣金件全部采用全积分壳单元建模了。

- ➤ SHRF：剪切系数，默认值为 1，各向同性的材料（如金属材料）通常定义为 $5/6 \approx 0.8333$。
- ➤ NIP：壳单元厚度方向上积分点的数量，这个数值只能定义为整数。注意此处单元厚度方向上的积分点不同于前面叙述的用于区分全积分单元与减缩积分单元的面内积分点，全积分壳单元的面内积分点是 4 个，则其积分点总数为 $4 \times \text{NIP}$。图 5.33 所示为 *SECTION_SHELL> ELFORM=16/NIP=5 全积分四边形壳单元的单元节点、面内积分点及厚度方向积分点的关系与区别。单元厚度方向上积分点的数量并非越多越好，通常厚度 T 小于 0.5mm 的材料 NIP=3，厚度 $0.5\text{mm} \leqslant T \leqslant 2.5\text{mm}$ 的材料建议 NIP=5，厚度 $T>2.5\text{mm}$ 的材料建议 $\text{NIP} \geqslant 7$，但是有些材料如 *MAT_FABRIC 织带材料（多用于安全带、安全气囊等）定义的零件属性*SECTION_SHELL>NIP 只能定义为 1，否则会在提交计算后被 LS-DYNA 求解器改回 1 并提出警告信息；NIP 的定义多为奇数，这样正好有一个积分点在中性面；壳单元的应力沿厚度方向呈线性分布，因此积分点的失效顺序是自外向内的。
- ➤ T1、T2、T3、T4：单元厚度。虽然 T1、T2、T3、T4 分别对应壳单元 4 个节点处的厚度，但是在 HyperMesh 功能区 component 的信息列表中只需要定义一个材料厚度值 T1，HyperMesh 会自动将 T2=T3=T4=T1，即壳单元内部都是等厚度的，LS-DYNA 求解器不考虑汽车上的钣金件在冲压成型时产生的厚度不均匀问题。
- ➤ NLOC：设置壳单元参考面的位置。
  - ↳ NLOC=0：默认设置，此时单元处于材料的中面。
  - ↳ NLOC=1.0：壳单元处于材料的上表面，即材料处于单元法向相反的一面。
  - ↳ NLOC=-1.0：壳单元处于材料的下表面，即材料处于单元法向所指的一侧。

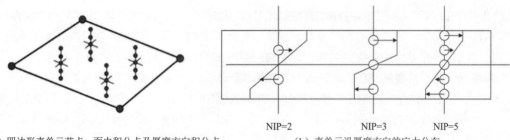

（a）四边形壳单元节点、面内积分点及厚度方向积分点　　　　　（b）壳单元沿厚度方向的应力分布

图 5.33　全积分四边形壳单元的单元节点和积分点的关系与区别及壳单元沿厚度方向的应力分布

变量 NLOC 的默认值的含义想必能够让大家理解，为什么对薄壁零件的 CAE 建模首先要对几何抽中面，然后在中面上划分网格。

由于 LS-DYNA 求解器要求每个壳单元、每个壳单元零件都是单一厚度的，钣金件都是等厚度的零件（忽略钣金冲压成型过程中的材料厚度变化），因此通常不会存在争议。但是塑料件及铸造件通常各个区域厚度不同，此时要依据厚度将同一个零件分割定义成若干个内部厚度单一的零件*PART，对于一些截面为梯形的厚度过渡区域，需要将平均厚度定义为分割零件的厚度。

5.10.2　不同单元公式的计算成本

图 5.34 所示为不同壳单元计算公式以计算成本相对最小的 BT 减缩积分单元（即 ELFORM=2 的单元公式）为基准进行计算成本比较的结果。其中，BTW 就是对 BT 减缩积分单元增加了翘曲刚度（*CONTROL_SHELL>BWC）以后的结果，FBT 是 BT 减缩积分单元的全积分形式（单元面内每个方向增加一个积分点），其他的诸如 BL 即 ELFORM=8 的单元公式，BWC 即 ELFORM=10 的单元公式，HL 即 ELFORM=1 的单元公式，FHL 即 ELFORM=1 的全积分形式。计算成本越低，计算速度越快。

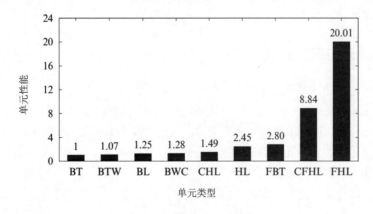

图 5.34　不同壳单元公式的计算成本比较

5.10.3　零件厚度与单元节点厚度

前面提到对于内部各区域厚度不统一的零件（如注塑件和铸造件），通常的建模方法是将一个物理零件分割成多个内部厚度统一的 CAE 零件（*PART），此处的厚度指的是零件厚度，对应变量 *SECTION_SHELL>T1。其实还有一种方法是一个物理零件对应一个 CAE 零件，零件厚度 *SECTION_SHELL>T1 仍然是单一厚度，但是同时用 *PART 内部各个壳单元的节点厚度

*ELEMENT_SHELL_THICKNESS>THIC1/THIC2/THIC3/THIC4 来对应物理零件各区域的真实厚度。

零件内部单元的节点厚度与零件厚度并不冲突，但是前者的优先级更高。当零件内部壳单元的节点厚度没有定义时，该壳单元的关键字为*ELEMENT_SHELL（内部卡片及变量如图 5.35 卡片 1），此时单元节点厚度默认由零件厚度*SECTION_SHELL>T1 统一定义；当零件内部壳单元的节点厚度有特别定义时，该壳单元的关键字为*ELEMENT_SHELL_THICKNESS（图 5.35），该关键字较*ELEMENT_SHELL 增加了一个卡片，卡片 2 的内部变量 THIC1、THIC2、THIC3、THIC4 分别用于定义该单元 4 个节点处的厚度，且单元 4 个节点厚度的定义可以互不相同且不同于该壳单元所属零件的厚度，即变量 *SECTION_SHELL>T1 的值，只是对于 LS-DYNA 求解器来说，壳单元节点厚度定义的优先级要高于整个零件属性关于材料厚度的定义。

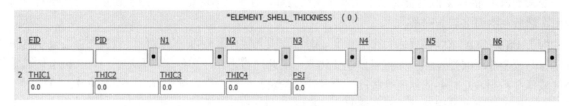

图 5.35 *ELEMENT_SHELL_THICKNESS 关键字的内部变量

单元节点厚度建模方法除非万不得已（如汽车铝合金车身上对其结构耐撞性非常重要的大铸件），建议不要采用，以尽量避免不必要的结构噪声。笔者在进行汽车防撞梁的刚度对比分析时，发现全部用单元节点厚度定义的铝合金防撞梁在被正向挤压的过程中，压头受到的接触反力的振荡非常严重，其他定义都不做改动，仅将单元节点厚度全部删除并改为零件厚度后，压头的接触反力就明显平稳了很多。

通常情况下，二维壳单元是以无厚度面单元的形式呈现在图形区的。单击工具栏 3 中的 2D Traditional Element Representation 图标 ◈ ▾ 切换至 2D Detailed Element Representation ◈ 显示模式，可以直观地看到二维壳单元零件的材料厚度和节点厚度。但是这种单元显示模式不便于模型的编辑和操作，通常只用于查看零件的材料厚度。

5.10.4 三角形单元与四边形单元

关于三角形单元与四边形单元对比如下。

（1）三角形单元与四边形单元的关键字都是*ELEMENT_SHELL，其关键字内部三角形单元与四边形单元都需要 4 个节点 N1、N2、N3 和 N4 来定义，只是三角形单元的 N3 和 N4 两个节点相同。

（2）三角形单元比四边形单元更容易控制单元质量，也更容易模拟一些复杂的几何特征。

（3）三角形单元不会产生沙漏问题。

（4）同一模型，同样的单元尺寸要求，用三角形单元建模的单元数量会成倍增加。

（5）三角形单元比四边形单元计算更耗时：相同单元尺寸的三角形单元比四边形单元的单元特征尺寸更小，因而单元时间步长更小（表 3.2）。

（6）三角形单元内部是等应力、等应变的，四边形单元内部的应力、应变是可以线性变化的；三角形单元比四边形单元更刚硬，四边形单元比三角形单元更精确。

如果三角形单元所属零件的属性定义*SECTION_SHELL>ELFORM 变量的值不是专门为单一三角形单元零件定义的单元公式（如 ELFORM=4）时，三角形单元只能被称为退化的四边形单元（degenerate quad elements），此时壳单元全局控制关键字*CONTROL_SHELL>ESORT 的值必须定义为 1，否则求解计算时会被 LS-DYNA 求解器认为该三角形单元是四边形单元的两个节点 N3、N4 发生了重合问题而报错退出；针对单一三角形单元零件的单元公式 ELFORM=4 通常很少被采用，而且大多数钣金件内部都是大量的四边形单元混杂着少量的三角形单元，而关键字*CONTROL_SHELL 是针对整个模型所有壳单元的计算控制关键字，因此所有模型中壳单元控制关键字*CONTROL_SHELL>ESORT 变量的定义都是1。图 5.36 所示为同等条件（同一工况、同一零件、相同材料以及相同单元尺寸）下分别用四边形单元、三角形单元和退化四边形单元建模进行刚性墙垂直压溃仿真分析得到的零件变形结果；图 5.37（a）为这3 种建模方式下刚性墙受到的接触力对比，接触力越大，说明被压缩的零件刚度越大；图 5.37（b）为这3 种建模方式下零件的内能对比，想必大家由此对控制模型中三角形单元的数量又有了更深一层的认识和理解。

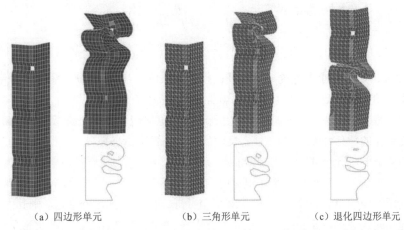

（a）四边形单元　　　　　　（b）三角形单元　　　　　　（c）退化四边形单元

图 5.36　同等条件下四边形单元、三角形单元和退化四边形单元零件变形分析结果对比

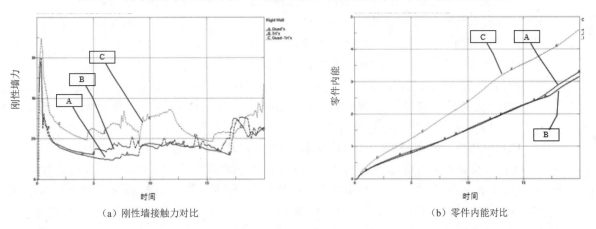

（a）刚性墙接触力对比　　　　　　　　　　　　（b）零件内能对比

图 5.37　同等条件下四边形单元、三角形单元和退化四边形单元零件分析结果刚性墙力和零件内能对比

A—四边形单元建模；B—三角形单元建模；C—退化四边形单元建模

5.10.5　*CONTROL_SHELL

关键字*CONTROL_SHELL 是对整个模型所有壳单元属性的控制，是对单个壳单元零件属性定义*SECTION_SHELL 的补充，因此当单个零件*SECTION_SHELL 的内部变量与*CONTROL_SHELL 的内部变量的定义发生冲突时，*SECTION_SHELL 的定义有优先权。

图 5.38 所示为*CONTROL_SHELL 关键字的内部变量，其中已经定义的数值都是 LS-DYNA 求解器

的默认值。在低版本的 HyperMesh 前处理软件的 LS-DYNA 求解器接口上可能会存在只看到前两个卡片的情况，此时用户如果想定义后两个卡片中的变量可用文本编辑器 UltraEdit 或者 NotePad 打开对应的 KEY 文件，然后手动编辑或者用两个空行表示采用 LS-DYNA 求解器定义的默认值即可。

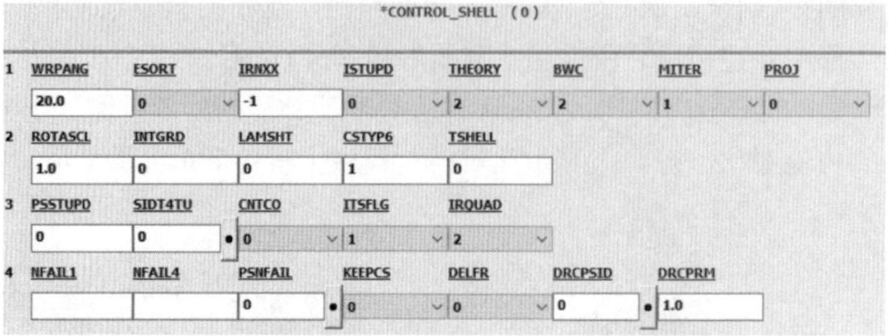

图 5.38　*CONTROL_SHELL 关键字的内部变量

> WRPANG：限定整个模型壳单元的翘曲度，默认值为 20。超过该翘曲度的壳单元提交计算时，在模型初始化阶段会被 LS-DYNA 求解器警告。

> ESORT：将退化四边形单元定义为三角形单元。退化四边形单元特指一些三角形单元，这些三角形单元所在的零件*PART 的属性定义中的单元公式变量*SECTION_SHELL>ELFORM 并非专门针对三角形的单元公式如 ELFORM=4。可以说，对于所有三角形单元与四边形单元混合存在的零件，其内部的三角形单元都是退化的四边形单元。即使对于一些全三角形单元的零件*PART，如果其所对应的单元公式即 ELFORM 的值并非专门针对三角形单元，则其内部的三角形单元也都是退化的四边形单元。三角形单元关键字*ELEMENT_SHELL 与四边形单元一样都是由 4 个节点来定义，不同的是三角形单元有两个节点 N3 和 N4 的节点 NID 相同。如果不将退化的四边形单元通过此处的 ESORT 变量特别定义为三角形单元，提交计算后 LS-DYNA 求解器会以发现四边形单元的两个节点共节点为由退出计算。

  ↳ ESORT=0：默认值，表示不将退化的四边形做三角形处理。

  ↳ ESORT=1：将退化的四边形做三角形处理。由于四边形单元的计算精度高于三角形单元，因此几乎所有的 CAE 模型建模时都是尽量采用四边形单元且尽量控制三角形单元的比例。即使个别用全三角形单元建模的零件也很少用专门针对三角形单元的单元公式来定义 ELFORM 值，因此 ESORT=1 虽然不是默认值，却是必定义值。

> IRNXX：单元法向更新设置，只针对特定的单元公式 ELFORM。当同一卡片内另一变量 BWC=1 时可用于减缩积分单元（ELFORM=2）；当*HOURGLASS>IHQ=8 时可用于全积分单元（ELFORM=16）。当用户不定义时默认值为 0，但是默认值为 0 时 LS-DYNA 求解器将执行 IRNXX=−1 的操作。

> ISTUPD：是否激活整个模型的壳单元厚度更新。薄壁零件在变形过程中受泊松比影响厚度会发生改变，但是此处除钣金冲压成型工况外，推荐设置 ISTUPD=0，即不考虑壳单元薄壁件在计算过程中的厚度变化以免导致计算不稳定。另外，卡片 3 中的变量 PSSTUPD 为指定 PID 激活单个零件的壳单元厚度更新设置。

> THEORY：设置默认的壳单元公式即 ELFORM 变量值。前面讲解*SECTION_SHELL>ELFORM 变量时提到 LS-DYNA 求解器默认选择 ELFORM=2 即由此而来。

> BWC：激活单元翘曲刚度设置。BWC=2（默认值）仅针对单元公式 ELFORM=2 的壳单元激活单元翘曲刚度，以抵抗减缩积分壳单元的翘曲变形；BWC=1 对 ELFORM=10 的壳单元同时激活单

元翘曲刚度。对于单元公式 ELFORM=2 这一常用的单元类型，同时推荐定义同卡片的另一变量 PROJ=1 设置单元翘曲刚度投影方法。

- NFAIL1：当减缩积分单元发生严重变形导致雅可比为负值时的处置措施。
  - NFAIL1=1：将单元信息输出到 message 文件提醒用户的同时删除相应单元。
  - NFAIL1=2：将单元信息输出到 message 文件提醒用户的同时生成一个重启动文件 d3dump，然后退出计算，用户在利用重启动文件重新提交计算前可以修改该参数。
  - NFAIL1>2：将单元信息输出到 message 文件提醒用户的同时删除相应单元，然后生成一个重启动文件 d3dump，再退出计算。
- NFAIL4：当全积分单元发生严重变形导致雅可比（Jacobian）为负值时的处置措施，设置方式与 NFAIL1 相同。
- PSNFAIL：指定壳单元零件 PID 接受变量 NFAIL1 和 NFAIL4 的检测，如果不定义则整个模型的壳单元都将接受 NFAIL1 和 NFAIL4 指标的检测。

5.10.6 壳单元应力、应变输出

1. 应力输出

全积分壳单元面内积分点有 4 个，厚度方向上有几个积分点就有几层，即 4 个积分点的层面。全积分单元在厚度方向上每一层输出的应力值是该层 4 个积分点应力的平均值。LS-DYNA 求解器通过关键字 *DATABASE_EXTENT_BINARY>MAXINT 指定壳单元厚度方向上输出积分点的数量（默认值为 3，即上表面、下表面和中面的应力）。

2. 应变输出

壳单元的应变只能在厚度方向上最外边的两个积分点输出，且壳单元厚度方向的应变变化假定为线性变化。

变量 *DATABASE_EXTENT_BINARY>STRFLG=1 表示将单元应变输出到 elout 文件（针对 SMP 串行求解器）或者 binout 文件内的 elout 项（针对 MPP 并行求解器）。

从 elout 文件读取的壳单元的数据基于单元局部坐标系下的数据，而从 d3plot 读取的壳单元的数据基于全局坐标系下的数据。

5.10.7 壳单元导致计算非正常终止的原因

壳单元导致计算非正常终止通常是因为发生严重扭曲变形导致单元雅可比为负值，从而触发了 LS-DYNA 求解器的检测指标，例如前面提到的 *CONTROL_SHELL>NFAIL1/NFAIL4 导致的。但是目前这种情况多发生于全积分单元，因为我们普遍使用的减缩积分单元 ELFORM=2 是只有一个面内积分点的减缩积分壳单元，而这种单元由于计算方法的原因无法被 LS-DYNA 求解器检测出翘曲问题。

5.11 实 体 单 元

5.11.1 *SECTION_SOLID

实体单元零件关键字 *PART 的内部变量 SECID 对应 *SECTION_SOLID>SECID，图 5.39 所示为

*SECTION_SOLID 的内部变量。

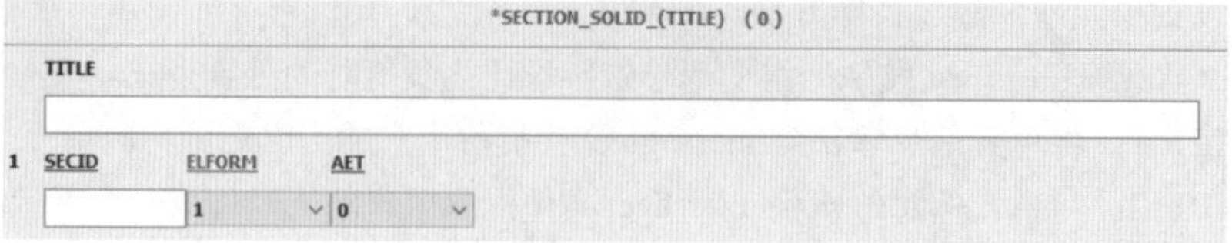

图 5.39　*SECTION_SOLID 关键字的内部变量

TITLE、SECID 与*SECTION_SHELL 相同。

➤ ELFORM：该变量是实体单元的计算公式的选择，LS-DYNA 求解器为实体单元开发了 40 多种单元公式，使用频率较高的是以下几个。

   ↳ ELFORM=0：专门用于蜂窝材料*MAT_MODIFIED_HONEYCOMB 定义的三维实体单元零件，开发用于汽车碰撞的可变形壁障。其所定义的实体单元在不失稳的情况下可发生极度变形；像非线性弹簧一样，单元可以扭转而保持稳定。

   ↳ ELFORM=1：默认的也是最常用的常应力单元公式。最有效和最稳定的 8 节点体单元；中心节点积分（减缩积分单元），因此需要同时定义沙漏控制；对于弯曲载荷，厚度方向至少需要划分 2 排单元（因为是常应力单元，为表示拉压应力状态同时避免沙漏变形，至少需要 2 排单元）。其通常要配合*CONTROL_SOLID>ESORT=1 使用。

   ↳ ELFORM=4：减缩积分带有节点转动的四面体单元公式（四面体单元首选公式），用于定义全部由四面体单元描述的零件*PART。此时单元有 5 个积分点，每个积分点有 6 个自由度；实体单元中的四面体单元就像壳单元中的三角形单元一样不存在沙漏问题；由于四面体通常比六面体单元更刚硬，弯曲变形时这种刚化作用更明显，因此通常需要用更细化的单元来提高计算精度。

   ↳ ELFORM=9：与公式 ELFORM=0 一样，唯一的区别是单元局部坐标系的更新不同。公式 ELFORM=0 的实体单元的局部坐标系与单元一起转动；ELFORM=9 的实体单元的局部坐标系基于通过单元质心的轴线，在剪切状态下性能可能较差。如果壁障是固定的，建议使用 0 号单元公式；如果壁障是移动的，建议使用 9 号单元公式。

   ↳ ELFORM=10：单点积分的四面体单元公式，用于定义全部由四面体单元描述的零件。比公式 4 定义的四面体单元计算速度快，但计算结果的准确性稍差，推荐使用 ELFORM=1 的退化单元（*SECTION_SOLID>ELFORM=1、*CONTROL_SOLID>ESORT=1）。

   ↳ ELFORM=13：等节点压力四面体单元公式。其与 ELFORM=10 相似但是无体积锁定问题，专门用于不可压缩材料或者近乎不可压缩材料，如橡胶和具有等容塑性变形的锻造仿真分析。

➤ AET：专门为环境单元公式 ELFORM=7/11/12 设置。

5.11.2　Lagrange 法、Euler 法和 ALE 法

*SECTION_SOLID>ELFORM=5/6/7/11/12 涉及一种 Euler（欧拉）单元公式，在此为读者做简单介绍。

变形体的节点与单元的划分通常有两种描述方法：Lagrange（拉格朗日）法和欧拉法。它们的区别如图 5.40 所示，其中灰色区域代表分析对象的材料，网格代表仿真建模生成的单元。

Lagrange 建模法通常用于固体结构的应力-应变分析，例如本书主要针对的汽车碰撞安全性能仿真分析；节点与单元在建模初期完成，计算过程中会随着材料的变形而变形，就像是将单元"雕刻"在零件

上一样；有限元节点即为物质点，分析对象的变形和单元的变形是完全一致的，物质不会在单元与单元之间发生流动。

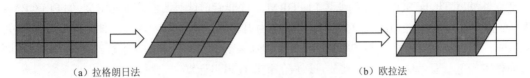

（a）拉格朗日法　　　　　　　　　　　　　　（b）欧拉法

图 5.40　拉格朗日法与欧拉法比较

优点：单元、节点数少，边界节点始终保持在边界上。

缺点：单元会随材料发生变形，在材料大变形时单元会严重畸变。

Euler 法多用于流体的分析：单元和节点在任意时刻都是固定不变的，当材料变形时，单元不会随着物体的变形而变形，或者说物质可以在单元之间流动，就像拿着刻有网格的透明玻璃片观察流体一样。

优点：单元始终保持不变，故无单元畸变现象。

缺点：因需要"包容"变形前和变形后材料的存在范围，网格节点数较多；材料边界的位置会变化，因此边界条件的处理较复杂。

ALE（Arbitrary Lagrangian-Eulerian，任意拉格朗日-欧拉法）法据说综合了前两者的优势。ALE 方法最初出现在数值模拟流体动力学问题的有限差分方法中。这种方法兼具拉格朗日法和欧拉法二者的特长，即首先在结构边界运动的处理上，它引进了 Lagrange 方法的特点，因此能够有效地跟踪物质结构边界的运动；其次在内部网格的划分上，它吸收了 Euler 的长处，也就是使内部单元独立于物质实体而存在，但它又不完全与 Euler 单元相同，ALE 单元可以根据定义的参数在求解过程中适当调整位置，使得单元不至于出现严重的畸变。使用 ALE 方法时，单元与单元之间的物质也是可以流动的，这种方法在分析大变形问题时非常有利。

ALE 将离散化的方程建立在既非 Euler，又非 Lagrange 的任意活动的单元上，以达到不断重分单元而适应大变形计算的目的。

总结：

（1）Lagrange 方法实质上是为了处理速度为常数的材料移动问题。

（2）Euler 方法适用于处理不含时间的稳态问题。

（3）ALE 方法不仅仅可以处理上述两类问题，同时还可以处理大变形问题。

5.11.3　*CONTROL_SOLID

*CONTROL_SOLID 是对整个模型的实体单元进行计算控制的关键字，图 5.41 所示为 LS-DYNA 求解器关键字*CONTROL_SOLID 的内部变量，其中已经定义的数值为 LS-DYNA 求解器的默认设置。

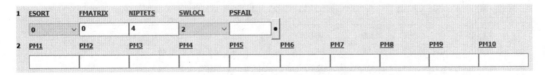

1	ESORT	FMATRIX	NIPTETS	SWLOCL	PSFAIL					
	0	0	4	2						
2	PM1	PM2	PM3	PM4	PM5	PM6	PM7	PM8	PM9	PM10

图 5.41　*CONTROL_SOLID 关键字的内部变量

ESORT=1：自动将退化六面体单元按四面体单元或五面体单元处理。如果打开四面体或五面体单元的关键字*ELEMENT_SOLID，会发现四面体单元、五面体单元与六面体单元一样是由 8 个节点定义的，只是四面体单元后 4 个节点的 NID 相同，五面体单元有两对节点的 NID 相同。当一个实体单元零件内部的单元由四面体单元、五面体单元和六面体单元混合而成，或者当一个零件由单一的四面体单元组成而其零件属性*SECTION_SOLID 中的变量 ELFORM 却并非专门针对四面体单元定义（如 ELFORM=4），LS-DYNA 求解器会将这些四面体、五面体单元视为退化的六面体单元，此时体单元全局控制关键字 *CONTROL_SOLID 中的变量 ESORT 必须为 1，否则提交计算时 LS-DYNA 求解器会认为这些四面体单元、五面体单元是六面体单元的顶点共节点造成的错误而退出计算。

5.11.4 实体单元导致计算非正常退出的原因

实体单元导致计算非正常退出最常见的原因就是，单元因严重变形产生负体积。实体单元负体积问题即实体单元上有若干节点产生严重"内卷"的问题。

抑制实体单元负体积的方法通常有以下几种。

（1）优化单元质量、增大单元尺寸。

（2）外包空材料壳单元代替内部的实体单元零件与其他零件进行接触识别。

（3）利用关键字*CONTACT_INTERIOR 增加单元刚度。

（4）引入沙漏控制，推荐 *SECTION_SOLID>ELFORM=1 、*HOURGLASS>IHQ=2/3，不推荐 ELFORM=2。

（5）全部用四面体单元建模并定义*SECTION_SOLID>ELFORM=10。

（6）减小时间步长使计算更加稳定。

（7）对于用材料*MAT_057 定义的零件，推荐*MAT_057>DAMP=0.5 增加材料阻尼。

（8）如果采用*MAT_126 材料定义的零件，建议*SECTION_SOLID>ELFORM=0。

（9）调整材料应力-应变曲线后半段的斜率，增加单元的刚度。

5.12 梁 单 元

5.12.1 *SECTION_BEAM

梁单元通常用来描述螺栓、钢丝、点焊、缝焊等特征，由梁单元*ELEMENT_BEAM 组成的零件*PART 对应的属性关键字*SECTION_BEAM 的内部变量如图 5.42 所示，其中已经定义的变量值为 LS-DYNA 求解器的默认设置，若改变卡片 1 中定义单元公式的变量 ELFORM 的选项，卡片 2 会自动变换内部变量与之对应。

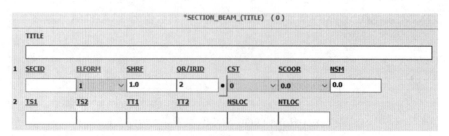

图 5.42 *SECTION_BEAM 关键字的内部变量

➤ ELFORM：梁单元类型选择。

- ↳ ELFORM=1：HUGHES_LIU 积分梁（默认选择），该公式在梁单元中段的横截面上计算应力，通常用来定义钢丝或增强接触识别的空材料梁单元；TS1、TT1 为梁单元两端的外径，TS2、TT2 为梁单元两端的内径，内径不定义则表示为实心梁。
- ↳ ELFORM=2：Belytschko-Schwer 合力梁，该公式不计算梁单元的应力，仅计算梁单元两端节点上的力和力矩，适用的材料模型较少（*MAT_001/020/028/029/098/139/166/171/191），通常用来定义螺栓。
- ↳ ELFORM=3：杆单元，只需要定义卡片 2 的变量 A（截面积）即可。
- ↳ ELFORM=4：Belytschko-Schwer 横截面全积分梁单元公式。
- ↳ ELFORM=5：Belytschko-Schwer 横截面积分管单元公式。
- ↳ ELFORM=6：离散梁单元和索单元积分公式，离散梁可以是零长度（梁单元生成后在首尾节点位置重合）且在 6 个自由度上定义刚度/阻尼，索单元公式定义的零件*PART>MID 需要对应材料*MAT_CABLE；承担扭转的弹簧梁也用该单元公式。
- ↳ ELFORM=7：2D 平面应变壳单元（XY 平面）。
- ↳ ELFORM=8：2D 轴对称壳单元（XY 平面）。
- ↳ ELFORM=9：可变形焊点梁单元，焊点材料*MAT_100 可以定义焊点失效。
- ➢ SHRF：剪切系数，一般杆单元、积分梁、离散梁、索单元不需要定义，默认值为 1，推荐定义 5/6 $\approx$ 0.8333。
- ➢ QR/IRID：积分公式的选择，*INTEGRATION_BEAM 如有定义可通过 IRID 选择，如无则直接通过 QR 来选择。
    - ↳ QR=1.0：单点积分。
    - ↳ QR=2.0：2×2 高斯积分（默认值）。
    - ↳ QR=3.0：3×3 高斯积分。
    - ↳ QR=4.0：3×3 Lobatto 积分。
    - ↳ QR=5.0：4×4 高斯积分。
- ➢ IRID：对应*INTEGRATION_BEAM>IRID。
- ➢ CST：截面类型，对于杆单元、积分梁、离散梁以及索单元不需要定义，仅合力梁的定义可以发挥作用。
    - ↳ CST=0.0：矩形截面。
    - ↳ CST=1.0：圆形截面。
    - ↳ CST=2.0：用户自定义（与变量 IRID 配合使用）。
- ➢ SCOOR：确定局部坐标系 CID 的位置，用于跟踪梁单元的扭转。
    - ↳ SCOOR=2：离散梁为有限长度。
    - ↳ SCOOR=0：离散梁为零长度。
    - ↳ SCOOR=3：离散梁为零长度且节点会分开。
- ➢ NSM：单位长度上的无结构质量，仅用于 ELFORM=1～5。
    - ↳ ELFORM=1/2/6/9（ELFORM=6 时索单元除外）时，梁单元两端节点各有 6 个自由度。
    - ↳ ELFORM=3/6（ELFORM=6 时仅限于索单元）时，梁单元两端节点各有 3 个自由度。
    - ↳ ELFORM=6 作为零长度离散梁时可以代替汽车发动机悬挂里的橡胶块，从而可以有效避免橡胶块用实体单元建模时因严重变形产生的负体积问题，此时变量 SCOOR=3;离散梁可以在一个单元内表达 6 个自由度上的刚度/阻尼，方法是通过定义材料*MAT_066/067/068 里面的变量实现，其中*MAT_066 为线弹性离散梁，可以定义 6 个自由度方向的刚度参数或者 6 个自由度方向的阻尼参数；*MAT_067 为非线性弹性离散梁，需要定义 6 个自由度方向的刚度曲线或者阻尼曲线；*MAT_068 为非线性塑性离散梁，较少采用。

梁单元长度会影响单元时间步长的计算。

5.12.2　梁单元导致计算非正常退出的原因

梁单元最常见的导致计算退出的原因是找不到第三节点：打开梁单元关键字*ELEMENT_BEAM 会看到定义一个梁单元需要 3 个节点（图 5.43），其中 N1、N2 即为用户看到的梁单元两端的节点，第三节点 N3 是用来定义梁截面（特别是不对称截面）的方向的，因此 N3 不可以处于节点 N1、N2 的连线上。用户可以指定 N3 的位置，但是通常会由 HyperMesh 自动生成 N3 节点且该节点非常靠近梁单元的一个端节点。如果用户执行节点合并操作时选中了梁单元，而搜索距离（tolerance）的设置又大于 N3 与梁单元端节点的距离，很可能会使 N3 节点与 N1 或者 N2 节点合并，提交计算时 LS-DYNA 求解器会报错提示梁单元的第三节点找不到并因此退出计算。此时，用户无须重新生成梁单元，只需在生成梁单元的界面更新（Update）一下涉及的梁单元即可。

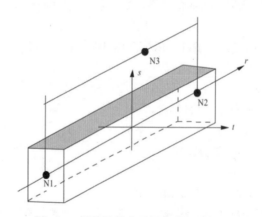

图 5.43　梁单元节点及局部坐标系

5.12.3　梁单元建模举例

（1）钢丝：ELFORM=1，QR=4.0，CST=1.0，TS1=TT1=D（直径）。

（2）承担扭转的弹簧钢丝：ELFORM=1，QR=2.0，CST=1.0，THIC1$_s$=THIC2$_s$=D（直径）。

（3）空材料梁：*MAT_009（*MAT_NULL），ELFORM=1，D=0.5/1.0，QR=2.0，CST=1.0，THIC1$_s$=THIC2$_s$=0.5/1.0。

（4）螺栓：ELFORM=2，QR=2.0，CST=1.0，A=?，ISS=?，ITT=?，SA=?，OPTION=Generic。其中，A 为截面积，ISS、ITT 为局部坐标系 s 和 t 方向的惯性矩（图 5.43），SA 为剪切面积（如果定义了*ELEMENT_BEAM_THICKNESS 则不用定义该项）。

（5）座椅调角器弹簧钢丝：ELFORM=6，QR=2.0，SCOOR=−2.0，VOL=?，INER=?。其中，VOL 为零件体积，INER 为质量惯性矩。

（6）失效梁、焊点：*MAT_100，ELFORM=9，QR=4.0，CST=1.0，THIC1$_s$=THIC2$_s$=D（直径）。

5.12.4　梁单元信息输出

梁单元的计算结果（力、应力、应变等的时间历程）不需要特别设置也可以从结果文件 d3plot 中读取，但是由于 d3plot 的输出频率低，因此对于用户比较关注的梁单元多从输出频率更高、信息更详细的 binout 文件读取，只是需要用户事先设置并指定要输出计算结果的梁单元。

*DATABASE_HISTORY_BEAM_SET 用于指定要输出计算结果的梁单元的集合*SET_BEAM，另外一个关键字*DATABASE_ELOUT 才是单元信息输出控制关键字，这两个关键字需要同时定义。

（1）定义关键字*DATABAS_HISTORY_BEAM 和*DATABASE_ELOUT 可以在求解计算时记录并输出合力梁（ELFORM=2）和弹簧梁（ELFORM=6）在其自身局部坐标系 r、s、t（图 5.43）各个方向的力和力矩。

（2）对于积分梁（ELFORM=1），用户可以先定义*DATABASE_EXTENT_BINARY>BEAMIP 变量设置输出积分点的个数，然后定义*DATABASE_HISTORY_BEAM 和*DATABASE_ELOUT 指定输出哪些积分梁上各积分点的应力、应变的时间历程。

📢 注意：

> *DATABAS_HISTORY_BEAM 可以定义多个，但是相互之间涉及的梁单元不可以有交集，否则提交计算后会被 LS-DYNA 求解器报错退出。

5.13　弹簧、阻尼单元

5.13.1　*ELEMENT_DISCRETE

弹簧、阻尼单元共用一个关键字*ELEMENT_DISCRETE，具体是弹簧单元还是阻尼单元要通过其所属的零件*PART>MID 指向的材料是*MAT_SPRING 还是*MAT_DAMPER 来确定。弹簧阻尼单元具有平动和转动自由度；弹簧阻尼单元与梁单元建模最大的区别是，弹簧阻尼单元一次只能建一个单元，不能像梁单元那样一次可以建成首尾相连的一串梁单元。图 5.44 所示为该关键字的内部变量，其中已经定义的数值为 LS-DYNA 求解器的默认设置。

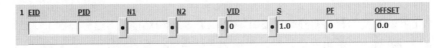

图 5.44　*ELEMENT_DISCRETE 关键字的内部变量

➢ EID：单元 ID 编号，在整个模型内具有唯一性。
➢ PID：单元所属零件*PART 的 ID 编号，与*PART>PID 对应。
➢ N1、N2：弹簧、阻尼单元两个端节点的 NID。N1 指向 N2 的方向为弹簧的正方向，以此可以确定弹簧的拉伸与压缩。
➢ VID：定义弹簧的运动方向。
  ↳ VID＝0：弹簧/阻尼单元沿 N1-N2 轴线伸缩。
  ↳ VID≠0：弹簧/阻尼单元沿指定的方向动作，向量 VID 值与变量*DEFINE_SD_ORIENTATION>VID 对应。

> S：弹簧弹力/阻尼力比例系数。
> PF：输出设置。
  ↳ PF=0：力输出到 DEFORC 文件，对应 *DATABASE_DEFORC。
  ↳ PF=1：力不输出到 DEFORC 文件。
> OFFSET：初始伸缩量/扭转角，扭转角用弧度定义，初始偏置使弹簧阻尼单元在初始状态就带有力或力矩。

5.13.2 *SECTION_DISCRETE

图 5.45 所示为*SECTION_DISCRETE 关键字的内部变量。

> SECID：弹簧属性 ID 编号，与弹簧单元所属零件的*PART>SECID 变量对应。
> DRO：伸缩/扭转设置。
  ↳ DRO=0：伸缩弹簧/阻尼。
  ↳ DRO=1：扭转弹簧/阻尼，扭转角用弧度定义。
> KD：动载系数。
> V0：N1-N2 初始相对速度。
> CL：初始压缩量。
> FD：失效伸缩量（当 DRO=1 时表示失效扭转角）。
> CDL：压缩（当 DRO=1 时表示扭转）极限，负值表示压缩，正值表示拉伸。
> TDL：拉伸（当 DRO=1 表示扭转）极限。

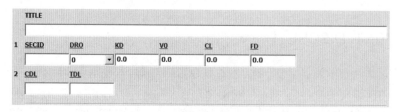

图 5.45　*SECTION_DISCRETE 关键字的内部变量

5.13.3 *MAT_SPRING 和*MAT_DAMPER

弹簧阻尼单元可以定义的材料有*MAT_S01～*MAT_S08 和*MAT_S13～*MAT_S15。当是弹簧单元时，弹簧力是位移的函数；当是阻尼单元时，阻尼力是速度的函数。

> *MAT_S01/*MAT_SPRING_ELASTIC：线弹性弹簧，只需要定义一个弹簧刚度 K 即可。
> *MAT_S03/*MAT_SPRING_ELASTOPLASTIC：弹塑性弹簧，需要定义弹性刚度 K 和剪切刚度 KT 以及屈服力 FY。
> *MAT_S04/*MAT_SPRING_NONLINEAR_ELASTIC：非线性弹簧，需要通过曲线 LCD 定义弹簧力与拉伸/压缩量的关系。
> *MAT_S06/*MAT_SPRING_GENERAL_NONLINEAR：一般非线性弹簧，可以分别定义加载曲线 LCDL、卸载曲线 LCDU，即卸载曲线并非沿加载曲线原路返回。
> *MAT_S02/*MAT_DAMPER_VISCOUS：线性黏性阻尼，只需要定义一个阻尼常数 DC 即可。
> *MAT_S05/*MAT_DAMPER_NONLINEAR_VISCOUS：非线性黏性阻尼,需要通过曲线 LCDR 定义。

大家会发现弹簧阻尼材料*MAT_SPRING 和*MAT_DAMPER 没有材料密度变量，也就是说弹簧阻尼单元本身是无质量单元，而弹簧阻尼单元又会影响整个模型的最小时间步长计算，弹簧单元的时间步长计算公式如下。

$$\Delta t = 2\sqrt{\frac{2M_1M_2}{k(M_1+M_2)}}$$

其中，M_1、M_2 为弹簧两个端节点的质量，k 为弹簧刚度。由此可知弹簧阻尼单元两端的节点不可以是无质量节点，即使是通过*ELEMENT_MASS 附加一个很小的质量也可以，比如 mm-ms-kg-kN 单位制下定义附加质量的大小为 1E-6；施加在弹簧阻尼单元上的力也不可以是一个大到严重脱离实际的力。

5.13.4　弹簧梁与弹簧单元比较

大家会发现用*ELEMENT_DISCRETE、*SECTION_DISCRETE、*MAT_SPRING 定义的弹簧单元与前面提到的用*ELEMENT_BEAM、*SECTION_BEAM>ELFORM=6 定义的弹簧梁的力学性能非常相似，下面我们来比较两种单元的异同。

（1）节点定义。

弹簧单元：由单元首尾两个节点定义。

弹簧梁：除了首尾两个节点定义梁单元的长度和位置，还需要有第三节点定义梁截面的方向，可以为零长度。

（2）自由度。

弹簧单元：有 1 个自由度，只能在某一个方向上拉伸、压缩或者扭转，需要很多个弹簧单元才可以模拟汽车发动机悬挂系统里的橡胶块。

弹簧梁：有 6 个自由度，合力与合力矩在局部坐标系中输出。单个弹簧梁就可以模拟发动机悬挂的橡胶块。

（3）有无质量。

弹簧单元：自身无质量，不可以连接无质量节点。

弹簧梁：自带质量，可以连接无质量节点，如 rigidlink 的无质量节点。

（4）截面、形状等指标。

弹簧单元：无截面、形状描述。

弹簧梁：有截面形状、截面积、转动惯量指标。

（5）可否定义不同的加载曲线和卸载曲线。

弹簧单元：可以定义不同的加载曲线和卸载曲线。

弹簧梁：尚不可定义不同的加载曲线与卸载曲线。

5.14　*SECTION_SEATBELT

本节简单介绍安全带的建模，其原因之一在于通常一个整车模型中安全带建模都同时采用一维、二维两种单元类型，而且这两种单元类型的材料、属性定义又都不相同，见表 5.8；原因之二是安全带的建模方法对于很多织带材料零件的建模都有借鉴作用。

表5.8　一维、二维安全带单元比较

安全带定义	一维线单元	二维壳单元
*ELEMENT	*ELEMENT_SEATBELT	*ELEMENT_SHELL
*SECTION	*SECTION_SEATBELT	*SECTION_SHELL
*MAT	*MAT_B01	*MAT_034

汽车整车碰撞安全性能分析最终的、最重要的目的是分析乘员受伤害的程度，与这一最终目的关系最密切的因素当然都会受到特殊"照顾"，安全带二维单元部分通常是与乘员假人发生接触的部分，而一维单元部分通常都是远离假人的部分也就不难理解了，而且一维单元通过 B 柱滑环及卷收器的计算也更简单一些。

对于表 5.8 需要说明的一点是，二维类型的*ELEMENT_SEATBELT 单元只能是四边形单元，而*ELEMENT_SHELL 则可以是直角三角形单元。

5.15　建模技巧

5.15.1　曲线文件格式

下面介绍如何手动书写可导入 HyperMesh 的曲线数据文件*.dat。

首先生成一个*.dat 文本文件，内部数据格式如下：

```
XYDATA,X Y
0 0
1 1
. .
. .
. .
n n
ENDDATA
```

📢 注意：

　　数据顶格写，同一行两个数字之间用空格隔开，第 1 列对应曲线上点的 x 坐标，第 2 列对应曲线上点的 y 坐标；另外注意 XYDATA 和 ENDDATA 的书写。

5.15.2　UltraEdit 的操作技巧

（1）Ctrl+F：查找字符串，查找范围可以是当前文件也可以是所有打开的文件。先选择一串字符再按 Ctrl+F 快捷键，则被选择字符串自动成为搜索关键字。

（2）Ctrl+R：替换字符串，替换范围可以是当前文件也可以是所有打开的文件。

（3）下拉菜单→视图→设置列标记：推荐在第 80 列后设置列标记，因为 KEY 文件每行不得超过 80 个字母（注释行除外），在此处设置列标记可以有效防止用户编辑 KEY 文件时超出范围。

（4）下拉菜单→文件→比较文件：比较两个 KEY 文件的异同，默认为比较两个打开的 KEY 文件。

（5）下拉菜单→文件→全部保存/全部关闭/关闭除当前文件之外的所有文件：针对同时打开很多个 KEY 文件时的快速处理方式。

（6）工具栏→列模式：可以纵向选择/输入，这一功能在需要将多行内容暂时变成注释行时非常有效。

（7）下拉菜单→搜索→在文件中查找：可以对指定目录下的所有文件搜索指定的字符串。这一功能在 MPP 并行计算中途报错退出需要查找出错原因，但是面对众多的 message 信息文件不知出错信息"***error"具体出现在哪一个文件中时非常有用。搜索前，注意把 message 文件与其他文件（尤其是 d3plot 文件）隔开，否则将会导致搜索过程非常缓慢。当发生 ID 冲突时，前面已经提到不能把整个模型导入前处理软件 HyperMesh 来查找是哪几个子系统产生了 ID 冲突，因为导入过程中 HyperMesh 会自动纠错而导致用户无法确定 ID 冲突的根源，此时可以以发生冲突的 ID 号为搜索关键字，采用文件夹搜索功能对所有涉及的 KEY 文件进行搜索，从而找出是哪几个 KEY 文件导致的 ID 冲突。

（8）文本区右击，在弹出的快捷菜单中选择"格式">转换为大写字母/转换为小写字母/首字母大写/转换大小写。

（9）文本区右击，在弹出的快捷菜单中选择"全选"：自动选择当前文件内全部内容。

（10）文本区右击，在弹出的快捷菜单中选择"选择范围"：将自动选择用户指定的起始行与终止行、起始列与终止列之间的内容。

（11）右击文本区上方当前文件的文件名，在弹出的快捷菜单中可选择：关闭/关闭除此以外所有文件/保存/另存为/重命名文件。

（12）右击文件名，在弹出的快捷菜单中选择"恢复到已保存"：忽略用户之前对文件的编辑，恢复文件至上一次保存时的状态。

（13）右击文件名，在弹出的快捷菜单中选择"复制文件路径/名称"：复制文件路径至剪贴板。

5.15.3 NotePad 的操作技巧

（1）下拉菜单→设置→首选项→自动完成→所有选项均不选择：提高编辑文件的效率，否则每改动一个字母都要停下来等待 NotePad 搜索全文是否存在相同的单词。

（2）下拉菜单→设置→编辑→显示列标记→边界线模式→边界宽度=80：因为 KEY 文件每行不得超过 80 个字符（注释行不计算在内），此处设置列标记可以防止每一行的定义超出范围。

（3）Ctrl+鼠标滚轮（中键）：字体缩放。

（4）Ctrl+F：查找/替换/文件夹中查找，其中 find in files 是在整个文件夹中搜索存在指定关键字的文件，directory 可以指定搜索目录。

（5）Alt+鼠标左键：列选择模式。

（6）下拉菜单→插件→compare→compare：比较两个文件的差异。

（7）下拉菜单→文件→全部保存/全部关闭/更多关闭方式：针对同时打开很多个 KEY 文件时的快速保存/关闭方式。

（8）文本区右击，在弹出的快捷菜单中选择"开始/结束"：选择当前文本中的一段内容。需要选择两次，第一次选择快捷菜单中的"开始/结束"后在文本区确定选择的起始位置，第二次选择快捷菜单中的"开始/结束"后在文本区确定选择的终止位置，则起始位置与终止位置之间的内容被自动选中。

（9）文本区右击，在弹出的快捷菜单中可选择：转成大写/转成小写。

（10）文本区右击，在弹出的快捷菜单中选择"打开文件"：将自动打开当前光标所在行的子文件，该功能对于打开主文件内部的子文件很有帮助。

（11）文本区右击，在弹出的快捷菜单中选择"添加/删除单行注释"：将光标所在行自动变为注释行，或者将注释行自动变为文本行。

（12）文本区右击，在弹出的快捷菜单中选择"区块注释"：将一段或多行文本全部自动变为注释行。

（13）文本区右击，在弹出的快捷菜单中选择"清除区块注释"：将连续多行注释内容全部变为正式文本。

（14）右击文件名，在弹出的快捷菜单中可选择：关闭当前文件/关闭非当前文件/关闭（当前文件）左边文件/关闭（当前文件）右边文件/当前文件另存为/当前文件重命名/删除当前文件。

（15）右击文件名，在弹出的快捷菜单中可选择：打开所在文件夹/复制文件路径到剪切板/复制文件名到剪切板，这几项功能对于快速找到主文件的子文件很有帮助。

5.16　全积分单元与减缩积分单元实例比较

本节我们通过一个材料力学中很常见的悬臂梁问题的计算来比较全积分单元与减缩积分单元、不同的单元尺寸和密度对计算精度的影响。

5.16.1　工况描述

如图 5.46 所示，悬臂梁的矩形截面高为 150 mm，宽为 100 mm，悬臂梁长度 L=2000mm，悬臂梁材料的弹性模量 E=210GPa，悬臂梁一端垂直加载力 F=1000N。该问题运用我们材料力学的知识进行理论计算，可知加载点的位移应当是 0.45mm。

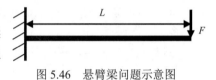

图 5.46　悬臂梁问题示意图

5.16.2　CAE 建模

图 5.47 所示为悬臂梁的 4 种单元密度的实体单元建模方案，方案 A 中长-高-宽方向的单元数量分别为 10-1-1，方案 B 中长-高-宽方向的单元数量分别为 20-2-1，方案 C 中长-高-宽方向的单元数量分别为 30-3-2，方案 D 中长-高-宽方向的单元数量分别为 50-4-3；实体单元采用两种单元计算公式（*SECTION_SOLID>ELFORM=?）：一种是最通用的减缩积分单元 ELFORM=1，一种是全积分单元 ELFORM=2；对于减缩积分单元，又分别采用无沙漏控制和有沙漏控制，总共 4 种方案。CAE 计算结果及与理论计算结果的对比如图 5.48 所示。

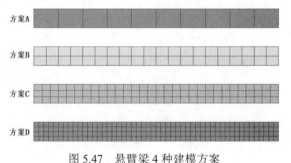

图 5.47　悬臂梁 4 种建模方案

单元数量 长*高*宽	理论计算	ELFORM=2	ELFORM=1			
			无HGID	IHQ=4 QH=0.004	IHQ=4 QH=1	IHQ=6 QH=1
10*1*1	0.451499	0.4097346	——	21.00677	0.08407779	0.4464147
比值	100.00%	90.75%		4652.67%	18.62%	98.87%
20*2*1	0.451499	0.41418	0.601929	0.5978699	0.2919	0.44699
比值	100.00%	91.74%	133.32%	132.42%	64.65%	99.00%
30*3*2	0.451499	0.43323	0.507813	0.5070801	0.34406	0.44788
比值	100.00%	95.95%	112.47%	112.31%	76.20%	99.20%
50*4*3	0.451499	0.44617	0.479126	0.4788818	0.39789	0.44861
比值	100.00%	98.82%	106.12%	106.06%	88.13%	99.36%
机时	——	2CPU, 218s	2CPU, 81s	2CPU, 83s	2CPU, 86s	2CPU, 111s

图 5.48　悬臂梁问题计算结果对比

5.16.3　结果分析

（1）没有设置沙漏控制的单排减缩积分单元建模的悬臂梁没有弯曲刚度（即产生零变形能问题），因而无法进行悬臂梁问题分析。

（2）同等条件下，单元密度越高，计算准确性越高。

（3）全积分单元的计算结果更稳定和可靠，且计算准确性普遍高于减缩积分单元，但是减缩积分单元如果能够找到合适的沙漏控制参数，也可以得到比全积分单元更准确的计算结果。

（4）全积分单元的计算成本是减缩积分单元的 2～3 倍。

（5）连续材料的悬臂梁是无限自由度的，CAE 建模将其离散成数量有限的单元后变成有限自由度的零件，也就是说，有限元模型理论上应当是比悬臂梁实物更刚硬的；随着 CAE 模型中单元的不断细化，零件的自由度不断提高，CAE 模型的计算结果理论上应当是从下向上接近真实值的。表 5.9 中 ELFORM=2 和 ELFORM=1，IHQ=6 这两列数据的变化趋势都符合理论推断，而 ELFORM=1 下的前两列数据的变化趋势则是不合理的，因而计算结果的准确性与可靠性是存在问题的。

5.17　模型实操

5.17.1　模型获得

本书配套教学资源共享了一个从 LSTC 网站获得的丰田汽车的整车碰撞刚性墙仿真分析模型，读者在配套教学资源的文件夹中搜索 Model_2010-toyota-yaris-coarse-v11 文件夹，便可找到该整车模型，整个模型由一个主文件和三个子文件组成：

➤ combine.key 是模型主文件。

➤ yaris-coarse-v11.key 是整车模型子文件。

➤ set-yaris-coarse-v11.key 是加速度计及边界条件子文件。

➤ wall.key 是刚性墙子文件。

同样一个模型，当处于文件夹中时或者在文本编辑器中打开时，通常称为主文件与子文件；当处于 HyperMesh 界面时，通常称为模型的主系统与子系统。

◀)) 注意：

> 如果将此次实操模型保存至本机，须注意保存的目录路径不可以有汉字及特殊字符。

5.17.2　HyperMesh 界面操作

1．HyperMesh 导入整车模型

打开 HyperMesh 界面后，选择 LS-DYNA 求解器。

在 HyperMesh 界面工具栏 1 中用鼠标左键单击 Import Solver Deck 工具 ，在功能区打开 Import 界面，该界面有 5 个子页面，选择第二个页面即 Import Solver Deck 页面（图 5.49）导入前面找到的整车模型的主文件 combine.key，注意要事先选中该界面中的 Import as include 复选框并且 Include files 设置为

Preserve，这样整车模型导入完成后各个子文件仍然单独存在而不会合并成一个文件。

2．查看模型中可以使用的关键字

模型导入完成后，在功能区 Solver 界面查看模型中都使用了哪些关键字。如果在功能区尚未打开 Solver 界面，可在下拉菜单 View 里面找到并用鼠标左键单击即可。

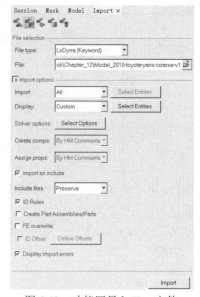

图 5.49　功能区导入 Key 文件

3．确定当前子系统和当前零件

在功能区 Model 界面的 Includes View 子界面可以查看模型包含的主文件与子文件（子系统）的列表。选择列表中的 yaris-coarse-v1l.key 子文件并右击，在弹出的快捷菜单中选择 Isolate Only 命令，使该子系统的模型在图形区单独显示出来；选择列表中的 yaris-coarse-v1l.key 子文件并右击，在弹出的快捷菜单中选择 Make Current 命令，使该子系统成为当前子系统，此时可以看到该子文件在列表中已经加粗显示，此后在模型编辑过程中新生成的节点、单元、零件、边界条件等关键字都默认保存在该子文件中。

在功能区 Model 界面的 Components View 子界面可以查看模型包含的零件信息列表，当用户要对其中某个零件进行编辑时，首先应当在该界面选择该零件并右击，在弹出的快捷菜单中选择 Make Current 命令使其成为当前零件，此时该零件的名字会加粗显示，此后在模型编辑过程中新生成的节点、单元等信息都默认保存在该零件中。

4．创建新的关键字

创建新的有限元特征或者关键字主要有以下几种操作方式。

方法一：通过 HyperMesh 界面的工具进行直观操作创建新的有限元特征，比如第 4 章讲述的划分网格的直观操作即属于此类，用户通过在 HyperMesh 界面的直观操作生成新的节点和单元，HyperMesh 会自动在后台将用户的操作转换为新生成的节点、单元的关键字保存在模型中。

方法二：通过 HyperMesh 界面功能区的 Solver 界面直接生成用户想要的关键字，操作方法是在 Solver 界面的空白处右击，在弹出的快捷菜单中选择 Create 命令后再进一步选择具体的关键字进行编辑即可。

方法三：在 HyperMesh 功能区的 Model 界面或者 Solver 界面选择与用户想创建的关键字同类的特征，右击并在弹出的快捷菜单中选择 Duplicate 命令进行复制，然后对新生成的特征进行编辑即可。

针对上述三种操作方法并结合本章讲述的材料、属性等相关内容，读者可以利用现有模型进行 HyperMesh 实操训练、自由发挥，主要目的是熟悉这些操作方法及相关的关键字的内部变量。

5.17.3　文本编辑器界面操作

1．UltraEdit/NotePad 读取模型 Key 文件

直接将此次实操模型的主文件 combine.key 用鼠标左键拖到 UltraEdit 或者 NotePad 等文本编辑器的界面内即可打开该 Key 文件。

读者可以先观察一下 Key 文件的内容，用快捷键 Ctrl+f 搜索"*"可以快速查看 Key 文件中包含多少个关键字；可以先简单地认识、学习一下这些关键字的格式及内部变量的定义；需要重点关注其中几个*INCLUDEU 关键字的内容及格式，接下来我们将要针对该关键字进行实操练习。

2. 创建子文件夹和子文件路径

在此次实操模型存在的 Model_2010-toyota-yaris-coarse-v1l 文件夹内,新建一个名为 include 的空文件夹,将此次实操模型中的三个子文件移动到该文件夹。

用 UltraEdit 或者 NotePad 文本编辑器打开模型主文件 combine.key,在三个通过*INCLUDE 调用的子文件的名字前面加上"include/"相对路径,即*INCLUDE 关键字调用的这三个子文件分别是:

```
include/yaris-coarse-v1l.key
include/set-yaris-coarse-v1l.key
include/wall.key
```

将 combine.key 主文件另存为一个 combine_temp.key 文件,且与其在同一个目录下。

在 HyperMesh 界面导入新生成的主文件 combine_temp.key,看能否完整读取该整车正向撞击刚性墙的模型。

3. 绝对路径与相对路径

在上一步操作的基础上,在 combine_temp.key 内部紧接着关键字*KEYWORD 新增一个关键字 *INCLUDE_PATH,其内容为此次实操模型的主文件在本机的绝对路径,其格式举例为:

```
*INCLUDE_PATH
D:\zyf\temp\Model_2010-toyota-yaris-coarse-v1l
```

将 combine_temp.key 主文件另存为一个 combine_temp02.key 文件,与原主文件 combine.key 保存在同一个目录下。

在 HyperMesh 界面导入新生成的 combine_temp02.key 主文件,看能否完整读取该整车正向撞击刚性墙模型。

4. 将某个关键字变为注释行

在上一步操作的基础上,在新增关键字*INCLUDE_PATH 的每一行第一个字符位置新增一个"$",使其变为注释行从而失去关键字的作用,其格式为:

```
$*INCLUDE_PATH
$D:\zyf\temp\Model_2010-toyota-yaris-coarse-v1l
```

将 combine_temp02.key 主文件另存为一个新的主文件 combine_temp03.key,与原主文件 combine.key 在同一个目录下,在 HyperMesh 界面导入该主文件,看能否完整读取该整车正向撞击刚性墙的仿真分析模型。

5. 将 HyperMesh 界面的特征与文本编辑器里的关键字对应起来

在 HyperMesh 界面导入此次实操模型,即整车正向撞击刚性墙仿真分析模型,在 UltraEdit 或者 NotePad 文本编辑器里同时打开该模型的所有相关 Key 文件(主文件和子文件)。

读者可针对 HyperMesh 功能区 Solver 界面里显示的该实操模型包含的所有关键字中的某一个关键字,在文本编辑器界面搜索其对应项,建议先搜索以"*"开头的关键字名称进行粗略定位,再通过 ID 号进行精确定位。

观察在文本编辑器里搜索到的关键字的内容及格式。

6. 在文本编辑器中创建关键字

上面第 3 步已经成功完成一次关键字的全新创建了,下面再介绍一种创建关键字的方法。

在文本编辑器界面,打开要编辑的 Key 文件,找到与要创建的关键字同类的关键字,例如*PART、*SECTION、*MAT、*DEFINE_CURVE 等,选择一个完整的关键字进行复制和粘贴,然后对新生成的关键字的内部变量的定义进行重新编辑,特别注意要对该关键字的 ID 号进行更新以免产生 ID 冲突。

第 6 章　部 件 连 接

前面章节讲述的都是针对单个零件的建模，CAE 模型是一个相互关联的整体，不可能也不可以有游离于组织之外的自由体。本章主要讲述零件之间各种连接方式的建模方法，首先要提醒大家注意的是，INCLUDE 子系统（子文件）之间的连接、接触定义建议单独放在一个 KEY 文件中。

6.1　rigidlink 刚性连接

关键字：*CONSTRAINED_NODAL_RIGID_BODY。
命令：界面菜单 1D→rigids，如图 6.1 所示。

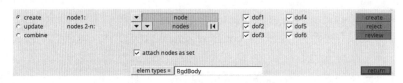

图 6.1　rigidlink 单元生成界面

rigidlink 是最基本、最简单的零部件之间的连接方式，它其实是忽视任何外力的作用而强制一组从节点 nodes2-n 的自由度、相对位置与主节点 node1 保持不变，即将主节点与从节点固连起来形成一个由节点组成的刚体，即节点集刚体。

> node1：定义 rigidlink 的主节点。rigidlink 的主节点只有一个，主、从节点之间可以是一对一（node1 与 node 2），也可以是一对多（node1 与 nodes 2-n）的关系。一对多时，主节点 node1 可以由用户在图形区直接选择，也可以由 HyperMesh 通过计算从节点组 nodes 2-n 的几何形心自动生成。当从节点 nodes 2-n 对应 nodes 多节点选项时，单击 node 左侧的下拉菜单可以选择 calculate node 选项，表示无须用户选择主节点而是在从节点的几何形心自动生成一个节点作为 rigidlink 的主节点。

> nodes 2-n：定义 rigidlink 的从节点。第一个下拉菜单可以设置主、从节点之间是一对一（single node）还是一对多（multiple nodes/sets）的关系，第二个下拉菜单是从节点的辅助选择快捷菜单。当 rigidlink 是一对一的主从关系时，在图形区选择两个节点无须确认会自动生成一个 rigidlink。

> attach nodes as set：设置是否将本次定义的 rigidlink 的所有主、从节点自动定义成一个节点集*SET_NODE，默认设置是建立节点集。

> creat：依据选择的主、从节点生成 rigidlink。

> reject：放弃之前的选择，不生成 rigidlink。

> review：在生成 rigidlink 之前，先预览一下效果。

从定义 rigidlink 的关键字*CONSTRAINED 可以看出它是一种主、从节点之间的强制约束关系而不是单元*ELEMENT，但是在 HyperMesh 前处理操作过程中却可以像单元那样进行编辑。例如，单元的显示、隐藏、复制、移动和删除以及可以从属于某一个 PART 等操作均适用于 rigidlink，即选择特征类型时用 elems 即可。所以一般称它为 rigidlink 单元。

rigidlink 原则上可以从属于任何一个零件 component，但是为了管理方便，一般把一些 rigidlink 统一归属到一个单独的零件 component 里，该零件与其他壳单元、实体单元的零件*PART 的不同之处在于，不需要定义 Card Image、Property 和 Material，如果定义了在提交计算时反而会导致 LS-DYNA 求解器报错退出。rigidlink 连接的每一个节点都应当属于某一个单元而不可以是自由节点，否则提交计算时会导致报错，其检查方法是使用界面菜单 Tool→check elems（快捷键 F10，图 1.16），打开 1-d 界面，单击 free 1-d's 则图形区连接到自由节点的 rigidlink 会高亮显示。

定义 rigidlink 时，attach nodes as set 默认是选中的，意思是将所选择的用于定义 rigidlink 的节点自动建成一个节点集（*SET_NODE）。由于一个 CAE 模型中需要建立 rigidlink 的位置成千上万，因此建议取消该设置，这样可以避免生成大量没有实际应用价值的节点集，但是在导出 KEY 文件时，HyperMesh 还是会自动将这些节点集分别定义为一个个*SET_NODE，当用户再次导入 KEY 文件时发现大量的*SET_NODE 应当不会惊讶了。

对于已经生成的 rigidlink，如果想对主、从节点进行编辑、更改，可以选中图 6.1 中的 update 单选按钮切换到图 6.2 所示的命令界面，首先选择要更新的项，如 connectivity 表示要对 rigidlink 的节点集成员进行编辑。

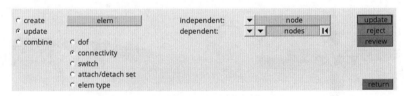

图 6.2　rigidlink 单元编辑界面

➢ elem：在图形区直接选择要更新的 rigidlink，被选中的 rigidlink 会高亮显示，但是 rigidlink 的主、从节点的颜色会不同，以便于用户区分，每次只能编辑一个 rigidlink。

➢ independent：更改 rigidlink 的主节点，先单击其右侧的 node 使其被蓝框高亮显示，然后在图形区点选新的节点作为主节点。

➢ dependent：编辑 rigidlind 的从节点，使用鼠标左键单击或框选可增加节点，右击或框选可取消一些节点。

➢ update：确认完成更新。

➢ reject：放弃之前的编辑，不更新 rigidlink。

➢ review：在更新 rigidlink 之前，先预览一下效果。

◀》 注意：

> rigidlink 的节点不可以是焊点单元或粘胶单元的节点。其检查方法是先在图形区单独显示所有的焊点、粘胶单元，然后单击工具栏 2 中的 Unmask Adjacent Elements 图标 显示与这些焊点、粘胶单元粘连、共节点的单元，理论上应当找不到存在粘连的单元。因此，凡是出现粘连焊点、粘胶的单元都应当及时修正。

rigidlink 相当于由一组离散的节点组成的刚体。由于刚体不可以共节点，因此 rigidlink 之间也不可以共节点。其检查方法是使用界面菜单 Tool→check elems（快捷键 F10，图 1.16），打开 1-d

界面，单击 dependency 按钮则图形区中共节点的 rigidlink 会高亮显示，单击 save failed 按钮可以保存检查到的共节点的 rigidlink 信息，以便后续单独显示在图形区方便修正。

rigidlink 与刚体材料定义的零件之间或者刚体零件通过*CONSTRAINED_EXTRA_NODES 固连的弹性体上的节点之间也不可以共节点，否则在提交 LS-DYNA 求解器计算时会在一开始的模型初始化阶段就直接报错退出。其检查方法是，先在功能区 Model 界面的 Material View 子界面材料列表中选中所有*MAT_020 刚体材料，然后右击，在弹出的快捷菜单中选择 Show Only 命令，在图形区单独显示刚体材料定义的零件，之后通过工具栏 2 中的 Unmask Adjacent Elements 图标显示与这些零件共节点的单元，再查看这些单元中是否存在 rigidlink 单元。

6.2　点　焊

点焊是用焊枪的正、负柱状电极像钳子一样从两边将多层钣金件打点压实后，通电流局部熔接的工艺。点焊因为热影响区小进而热变形小而广泛应用于汽车白车身钣金件之间的焊接，汽车整车焊点通常有成千上万个，焊点间距最小为 30～35mm。图 6.3 所示为点焊的工作原理及两层钣金点焊后生成的焊点的物理模型。

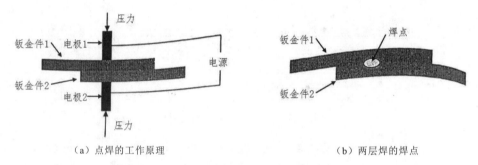

（a）点焊的工作原理　　　　　　　　　　　（b）两层焊的焊点

图 6.3　点焊的工作原理及焊点的物理模型

6.2.1　焊点生成的操作步骤

命令：界面菜单 1D→connectors→spot，如图 6.4 所示。

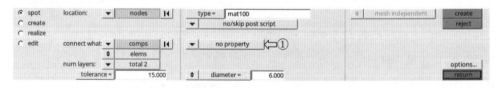

图 6.4　焊点生成界面

在生成焊点之前，首先应当确认当前 component 是否为生成的焊点要放置在其中的 component。

➢ type=：选择焊点类型。用鼠标左键单击 type=按钮会弹出一个焊点类型选择对话框，其中经常用到的是表 6.1 所示的 4 种类型，而以①、②两种，即 beam 梁单元［图 6.5（b）］、hex8 正六面体单元［图 6.5（c）］焊点的使用频率最高。hex8 焊点单元通常用于点焊，而 beam 梁单元通常用于缝焊/塞焊/CO_2 气体保护焊，8×hex8 焊点［图 6.5（d）］模式通常用于需要考虑焊点失效的区域的焊点。

表 6.1 常用焊点类型比较

No.	①	②	③	④
spotweld	beam	hex8	8×hex8	rigidlink
type=	mat100	mat100（hexa）	acm（shell gap+coating）	rigidlink
diameter=	6mm	6mm	5mm	—
element	*ELEMENT_BEAM	*ELEMENT_SOLID	*ELEMENT_SOLID	*CONSTRAINED_NODAL_RIGID_BODY
property	*SECTION_BEAM	*SECTION_SOLID	*SECTION_SOLID	—
ELFORM	9	1	1	—
material	*MAT_100	*MAT_100	*MAT_100	—
实际应用	缝焊、点焊	点焊	焊点失效	固连

（a）焊点物理模型　　（b）beam 梁单元焊点　　（c）hex8 六面体单元焊点　　（d）8×hex8 焊点俯视图

图 6.5 焊点物理模型及 CAE 模型对比

➢ no property：（图 6.4 中箭头①所指）表示不在此处定义焊点属性，而在焊点所属的零件 *PART 中定义焊点属性 *SECTION，以下所有类似设置同此说明。

➢ diameter=：用于定义焊点的直径，数值见表 6.1。

➢ tolerance=：用于定义焊点的搜索范围，该距离设置须确保从焊点位置能够搜索到要焊接在一起的几块钣金件。汽车白车身点焊的搜索距离一般定义为 15～20mm。

➢ num layers：选择焊接的钣金件的数量。为了确保焊接效果，实际应用中一般不会出现超过 4 层钣金的点焊，甚至要尽量避免出现 4 层焊（4 层以上钣金的点焊在工艺上很难实现），钣金数量超过 4 层的区域要尽量分化成多个 3 层焊或 2 层焊。

➢ location：用于定义焊点的位置，可以同时定义多个焊接关系相同的焊点的位置。焊点的位置用节点的位置确定，如果存在几何焊点模型则可以先从几何焊点提取中心节点作为焊点的位置；如果没有几何焊点，则一般选择钣金上最靠近实际焊点位置的现有单元的节点；此外，也可以在壳单元或几何曲面上用鼠标左键小范围轻轻拖动，直到单元或曲面高亮显示，此时随便单击该单元或曲面任何位置都可以生成代表焊点位置的临时节点。前面提到的 tolerance= 的数值定义即指从此处选择的节点开始的搜索距离。缝焊一般是选择其中一块钢板的边缘的一组连续节点（使用辅助选择菜单里的 by path），缝焊只有两层焊而不存在多层焊。

➢ connect what：选择要焊接的钣金件，是几层焊就选择几个零件，多层钣金叠加区域不可以跨钣金选择，选择完成后单击图 6.4 中的 create 按钮或者直接在图形区单击鼠标中键确认即生成焊点。

如果焊点能够正常生成，则焊点位置会同时生成一个绿色的小圆柱体 connector，该 connector 其实是一个焊点信息存储器，里面包含焊点位置、焊点类型及焊接件信息。如果出现错误而无法生成焊点，connector 会显示为红色；如果删除正常生成的焊点，则绿色的 connector 会变成黄色，在功能区 Connector 界面选择绿色的 connector 后右击，在弹出的快捷菜单中选择 Unrealize 命令，则这些绿色的 connector 变成黄色的同时其对应的焊点也会被删除，这种删除焊点但是保留 connector 的方式也是笔者推荐的删除焊点方式，保留的 connector 后续还可以重新、快速生成焊点。模型中焊点的数量越多，connector 对提高建模效率的作用就越明显；对于黄色的 connector，在功能区 Connector 界面选择这些 connector 后右击，在弹出的快捷菜单中选择 Realize 命令就会重新生成焊点，或者在图 6.4 的 realize 界面按照之前的设置重新生成焊点而不需要从头操作一遍焊点生成的流程；如果用户对生成的焊点的位置不满意，也可以通过 Translate（快捷键 Shift+F4）移动 connector 至满意位置后重新生成焊点。图 6.6 所示为两层焊的 beam 焊点及焊点 connector 示例。

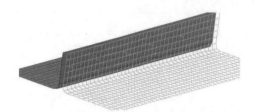
（a）两层焊的 beam 焊点示例

（b）两层焊的焊点 connector 示例

图 6.6　两层焊的 beam 焊点及焊点 connector 示例

🔊 **注意：**

①如果一个区域有 4 层及 4 层以上的钣金叠加，而定义的焊点却为多个 3 层焊或者 2 层焊，此时不得出现跨钣金焊接，一方面是因为这样不符合实际情况，另一方面是因为计算过程中会导致焊点接触混乱而出错。

②如果一个区域出现 4 层及 4 层以上的钣金叠加，需要分为多个 3 层焊或者 2 层焊时，不同焊点的位置最好错位不要发生重叠，否则可能会导致计算过程中出现"脱焊"问题，即重叠的焊点的一方或者双方焊点失效。

③焊点不能焊接刚体件，甚至焊点直接接触到的被焊接件的单元不能与 rigidlink 单元或者刚体零件单元共节点连接，否则会出现"脱焊"问题。涉及刚体的焊接可用 *CONSTRAINED_TIED_SHELL_EDGE_SURFACE_OFFSET 来定义。

④焊点单元上不可以定义约束、力等边界条件。

图 6.7 所示为梁单元焊点的优劣示例，其中图 6.7 中上图为正常的梁单元焊点建模方式，图 6.7 中下图为容易造成脱焊或计算不稳定的建模方式。

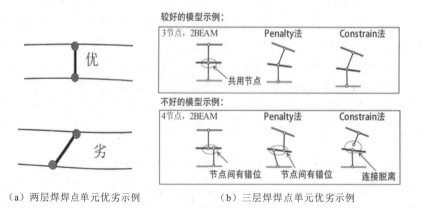

（a）两层焊焊点单元优劣示例　　　　　　（b）三层焊焊点单元优劣示例

图 6.7　梁单元焊点优劣示例

　　HyperMesh 允许对焊接件的模糊选择，使得焊点建模的效率极大提高：以两层焊为例，并非每次只能选择两个要焊接的钣金件，用户一次可以选择的钣金件的数量理论上是不受限制的，只要在每一个用户定义焊点的位置按照图 6.4 中 tolerance=设置的搜索距离搜索到的焊接件不会让 HyperMesh 产生歧义即可。

　　钣金件自焊接问题：CAE 建模过程中难免会出现一些区域需要将单个钣金件的一部分折边与另一部分折边焊接起来的情况，也就是说需要焊接起来的两部分属于同一个零件。在低版本的 HyperMesh 无法实现钣金件自焊接的情况下，可以采取把别处生成的焊点复制、移动到此，再将实体焊点单元上下两个面上的节点分别投影到上下两个焊接件壳单元面内的方式来解决；高版本的 HyperMesh 可以实现钣金件的自焊接问题，用户按照与其他焊点相同的设置操作即可。

📢 **注意：**

> 　　即使用户事先已经设置了当前零件，HyperMesh 在生成焊点的过程中仍然有可能自动新建一个名为 realize***的 component 并将新生成的实体单元焊点放置其中，或者自动新建一个名为 beam_comp***的 component 并将新生成的梁单元焊点放置其中，HyperMesh 还会为这些自动生成的存放焊点的 component 自定义材料、属性。如果出现此类情况，用户需要将新生成的焊点单元、节点通过快捷键 Shift+F11 归属到指定的零件中并删除 HyperMesh 自定义的相关信息，否则用户后续可能无法对这些焊点的单元、节点 ID 进行重新排序（renumber）。

　　点焊是钣金件之间的焊接方式。使用焊枪点焊可使较薄的钣金件在焊接过程中的热变形尽可能小，即便如此点焊区域也不可避免地会出现变形及凸凹不平的情况，因此焊点不可以出现在汽车车身外表面购车客户可看到的地方，以免影响美观。有鉴于此，汽车外表面一些地方的钣金件之间的连接，如引擎盖内、外板之间在边缘区域通过压边（包边）的工艺来实现，在内部通过结构胶的工艺来实现；一些不得不使用焊点的区域最终也需要通过胶条或外饰件来遮挡以免影响产品的外观。

6.2.2　connector 的作用

　　connector 不是有限元特征，因而最终不会作为有限元模型的组成部分参与计算，它们只是辅助建模用的焊点信息存储器，低版本的 HyperMseh 将其划归几何特征，高版本的 HyperMesh 将其单独作为几何特征和有限元特征之外的一类特征，因此黄色、红色等有"警戒色"的 connector 只是表征此处的焊点有缺失或者生成失败而不会对模型导出后的求解、计算造成障碍。

　　利用 connector 的 realize 功能重新生成焊点的操作较之前第一次生成焊点的操作要高效很多，因为此处的 connector 可以用鼠标键轻松框选，而不像第一次生成焊点时要逐个确定每个焊点的位置；而且 connector 已经保存了该位置焊点焊接的钣金件信息，不需要再逐个重新定义。

　　connector 使用案例一：焊点生成之后难免会出现个别焊点的位置不合理，如焊点单元的节点跑到焊接件外边去了；或者焊点焊接的钣金件进行结构优化后形状发生了改变，使得优化之前的焊点位置已经不再符合要求了。此时可以直接删除不合要求的焊点单元，然后将已经由绿色变成黄色的 connector 移动到合理的位置再重新生成焊点。

　　connector 使用案例二：用户在前处理建模过程中常常会遇到需要将强、刚度分析使用的 Nastran 模型或者 ABAQUS 模型转换为 LS-DYNA 模型的问题。由于不同求解器的焊点类型不同、定义焊点的关键字也不同，但是它们在 HyperMesh 前处理软件中的 connector 是相通的，因此在模型转换前先提取焊点的 connector 信息，模型转换后在新的求解器模板下重新生成焊点即可。汽车整车模型上有成千上万个焊点，利用 connector 信息短时间内重新生成焊点不但可以极大地提高建模效率，还可以避免很多不必要的错误。

利用焊点提取 connector 信息的操作：使用界面菜单 1D→connectors→fe absorb 命令打开图 6.8 所示的操作窗口，注意此时的焊点必须采用 LS-DYNA 专门为焊点定义的材料*MAT_100 才可以提取出 connector 信息，而且该命令目前仅对点焊有效，对缝焊及粘胶 connecotr 信息的提取还比较困难。

- ➢ FE configs：焊点类型确认，选择图 6.8 所示的 custom 万能选项即可。
- ➢ FE type：确认将要提取 connector 信息的焊点的类型，如果是 beam 梁单元焊点则选择 dyna 100 mat100 选项；如果是 hex8 六面体单元焊点则选择 dyna 101 mat100（hexa）选项。
- ➢ Elem filter：选择要提取 connector 信息的焊点的选择方式，推荐图 6.8 所示从图形区直接选择的方式。
- ➢ Absorb：对选取的焊点提取 connector 信息。

connector 的显示控制：低版本的 HyperMesh 软件 connecotor 信息属于几何特征，可以用控制几何特征显示、隐藏的命令控制焊点 connector 的显示与隐藏；高版本的 HyperMesh 专门为 connector 在功能区设置了一个界面用于 connector 的相关信息、状态的查看与操作，用户也可以在功能区对选定的 connector 信息右击，利用弹出的快捷菜单中的命令（如 connector unrealize/rerealize 等）进行操作以达到与界面菜单命令相同的效果。

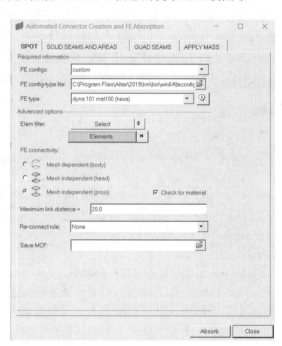

图 6.8 依据焊点提取 connector 窗口

6.2.3 不同求解器模板之间的转换

命令：下拉菜单 Tools→Convert，在功能区打开 Convert 界面。

目前 HyperMesh 只能对有限元模型在 LS-DYNA 与 OptiStruct 求解器之间，或者 OptiStruct 与 ABAQUS 求解器之间进行模板转换，LS-DYNA 与 ABAQUS 求解器之间的转换必须用 OptiStruct 格式进行过渡，Nastran 求解器与 OptiStruct 求解器之间的模型可以无障碍通用。

由于不同的求解器之间的单元类型、材料模型、属性定义以及连接方式都不相同，因此即使模型转换完成，很多信息还是要逐个确认并重新定义。不同求解器之间转换完成之后有可能会出现单元丢失 card image 信息的情况，此时需要在目的求解器模板下利用工具栏 3 中的 Card Edit 图标对单元进行更新。图 6.9 所示为对四边形壳单元的 card image 进行更新的界面。

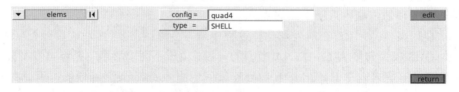

图 6.9 对壳单元进行 card image 更新界面

- ➢ elems：在图形区选择要更新 card image 的四边形壳单元，鼠标左键单击 elems，在弹出的辅助选择快捷菜单中可以用更便捷的工具完成单元的选择。
- ➢ config=：选择要更新的 card image 的类型。
- ➢ edit：执行更新命令。

6.2.4　焊点的材料

LS-DYNA 有专门的焊点材料，即*MAT_100，用户也可以用焊接件中任何一方的材料来定义焊点，但是只有用专门的焊点材料*MAT_100 才能在后续的焊点接触中使用 LS-DYNA 为焊点专门开发的焊点接触关键字*CONTACT_SPOTWELD；也只有用*MAT_100 定义的焊点才能通过焊点查找到附近的焊接件上的单元或者通过焊接件找到焊点单元，其查找方法是使用功能区 Utility→QA/Model→Find Attached（Tied）命令，HyperMesh 软件会自动为图形区所有与*CONTACT_TIED或者*CONTACT_SPOTWELD 相关的单元找到对接单元，即为焊点单元找到附近的焊接件单元或者为焊接件单元找到附近的焊点单元；还有一点前面已经提到，那就是只有用*MAT_100 定义的焊点才可以提取焊点的 connector 信息。

焊点失效定义可以直接定义在焊点本身所使用的材料*MAT_100 上，但是考虑到实际应用中出现的焊点失效往往并非焊点本身断裂，而是焊点周边的钣金件开裂，因此对于要考查是否会发生失效的焊点一般用表 6.1 中的第三种焊点类型来进行 CAE 建模（图 6.10），然后对焊点附近的钣金单元单独定义材料失效。点焊是有一定间距的（≥35mm）孤立焊点的组合；点焊焊接的钣金件的焊边区域单元不得少于两排（图 4.20）；点焊焊点的位置一般在焊边的中间，而不在边缘。表 6.1 中①、②、④焊接方法不会改变钣金件的单元现状，但第三种焊接方法会对钣金件在焊点周边一定范围内的单元进行重新生成，甚至会出现质量很差的单元，因此建议谨慎使用，而且由于图 6.10 这种方式生成的对应表 6.1③和图 6.5（d）的焊点与焊接件的壳单元是共节点的，因此在定义焊点接触时需要将这些焊点排除在接触定义之外。

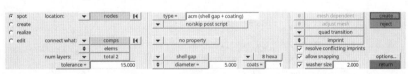

图 6.10　8×hex8 焊点定义

6.2.5　梁单元焊点的局限性

如图 6.5 所示，梁单元焊点与实体单元焊点相比有以下局限性：
（1）梁单元焊点无法传递扭矩。
（2）梁单元焊点的端节点如果太靠近被焊接钣金件的单元节点，则很可能造成"脱焊"问题。
（3）梁单元的长度如果小于梁单元的直径会弱化梁单元焊点的焊接效果。

6.3　缝　　焊

缝焊又称 CO_2 气体保护焊、连续焊。缝焊由于产生的热量较大、热影响区较大，因此多存在于汽车副车架、悬架等子系统内部厚度较厚的钢板之间的焊接区域。塞焊也是缝焊的一种，是在两块重叠的厚钢板中的一块上开孔，然后在孔的周边进行连续焊将两块钢板焊接起来的方式。缝焊的位置一般在其中一块金属板的边缘（塞焊在内孔的边缘）。

点焊有两层板、三层板，甚至四层板（很少）的焊接，但是缝焊都是两层板之间的焊接。缝焊的焊点一般采用表 6.1 中的第一种 beam 梁单元类型。

缝焊生成方式一：一般是两两焊接，生成方式与点焊 beam 单元的生成方式相同，只是点焊是选择一个个有一定间距的离散的节点，而缝焊一般是选择两个焊接件中一个零件上的一组连续的节点，节点组的长度大致等于缝焊的长度。

缝焊生成方式二：使用界面菜单 1D→connectors→seam 命令，打开图 6.11 所示的界面，并进行具体设置。

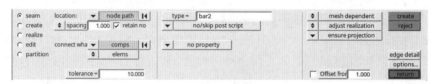

图 6.11　缝焊 seam 设置

缝焊生成方式三：缝焊还可以用壳单元来模拟，此时要求两个焊接件在缝焊区域的节点一一对应，缝焊的四边形壳单元与两边被焊接件的单元共节点。

📢 注意：

> 缝焊梁单元上不得定义约束、力等边界条件，也不可与 rigidlink 单元共节点；缝焊不可以焊接刚体；不可与*MAT_020 材料定义的刚体零件出现共节点问题。

6.4　粘　　胶

命令：界面菜单 1D→connectors→area，如图 6.12 所示。

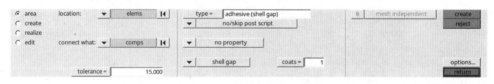

图 6.12　粘胶单元创建窗口

关键字：*ELEMENT_SOLID、*PART、*SECTION_SOLID、*MAT_001。

汽车车身上的粘胶主要分为密封胶与结构胶两种。密封胶起密封、防漏水、防渗水以及隔热等作用，主要存在于汽车白车身的底板上、顶盖周围以及燃油发动机汽车的前围板（挡火墙）等区域，密封胶区域可以继续施加点焊而不会发生冲突；结构胶主要在一些无法使用点焊、缝焊的区域起结构固连、固定作用，例如前、后风挡玻璃粘胶，或者一些有外观要求而避免使用焊接的区域，例如汽车顶盖与顶盖横梁之间以及图 6.13 所示引擎盖内、外板之间的固定。

密封胶与结构胶材料的性能不同，但是 CAE 模型的生成方式相同，都是如图 6.12 所示的操作。粘胶只能在钣金件两两之间定义，不可能出现多于两层钣金的粘胶连接。在生成粘胶之前，须确认当前 component 为粘胶最终要存放的 component。

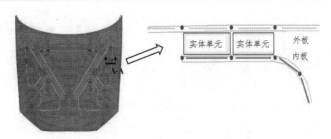

图 6.13 引擎盖结构胶的建模

> type=：选择粘胶类型，如图 6.12 所示选择 adhesive（shell gap）。

> tolerance=：定义粘胶搜索范围，通常选择 15～20mm。

> location：指定粘胶位置，选择其中一个钣金件上的一排连续壳单元来确定粘胶生成的位置，然后在图形区单击鼠标中键确认。

> connect what：选择要粘接的钣金件，选择粘胶要连接的两个钣金件后，在图形区单击鼠标中键确认即生成一串实体单元的粘胶，与焊点的生成类似，随同粘胶会生成绿色的 connector；如果出错会生成红色的 connector；如果删除绿色 connector 对应的粘胶单元中的一个单元，则其对应的所有粘胶单元均被删除，同时 connector 会由绿色变成黄色，用户可以在图 6.12 的 realize 界面利用这些 connector 重新生成粘胶单元，也可以类似之前焊点 connector 的操作一样，在功能区 Connector 界面选择相应的 connector，然后右击，在弹出的快捷菜单中选择 Unrealize/Realize 命令删除 connector 对应的粘胶或者重新生成粘胶。

📢 注意：

　　粘胶单元上不得施加约束、力等边界条件，不可与 rigidlink 单元共节点，也不可与*MAT_020 材料定义的刚体零件出现共节点问题。

6.5 包边（压边）

包边的 CAE 建模方法在第 4 章"网格划分"中已经做过介绍，总共有 3 种方法（图 4.25），前两种方法包边的两端分别与内、外板通过共节点的方式连接在一起，第三种方法包边与内板通过共用节点的方式连接，包边与外板通过连续焊或者 TIED 接触的方式连接，此时连续焊的位置不在包边的边缘而在包边的中间。建议优先选择前两种方式中的一种。

6.6 螺   栓

螺栓在机械结构中是应用非常广泛的一种连接方式。依据螺栓在结构中所承担力学性能的重要性，其建模的精细与复杂程度各不相同。下面我们依次为大家讲解。

6.6.1 rigidlink 刚性连接

命令：界面菜单 1D→rigids，如图 6.1 所示。
界面菜单 1D→connectors→bolt，如图 6.14 所示。

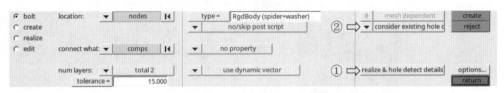

图 6.14　螺栓的 connector 建模

关键字：*CONSTRAINED_NODAL_RIGID_BODY。

两种操作的结果相同，都是用一个 rigidlink 将几个螺栓孔固连起来，如图 6.15 中的模型①所示。图 6.1 所示的操作方法前面已经说明，现在对图 6.14 所示用 connector 进行螺栓建模的方法做出说明。

> realize & hole detect details：单击图 6.14 中箭头①所指按钮打开相应界面，定义 max dimension= 值使其略大于螺栓孔的直径；按键盘的 Esc 键或者在图形区单击鼠标中键返回图 6.14 所示的主操作界面，单击箭头②所指下拉菜单选择 consider existing hole only 或者 use hole, if available。

> type=：选择 RgdBody（spider+washer）类型。

> tolerance=：搜索距离的定义要确保从定义螺栓位置的节点能够搜索到螺栓紧固的几个钣金件。

> num layers：选择螺栓紧固的零件数。

> location：定义螺栓位置，选择其中一个螺栓孔内圈的一个节点即可。用户可以一次选择多个连接关系相同的螺栓的位置。

> connect what：选择螺栓紧固的几个零件，完成之后在图形区单击鼠标中键确认即生成固连螺栓孔的 rigidlink 单元。用户可以一次生成多个 rigidlink 螺栓。

螺栓孔的数量越多、单个螺栓紧固的零件越多，图 6.14 所示用 connector 创建 rigidlink 螺栓的效率越明显，因为其不需要选择螺栓穿过的各个螺栓孔周边的每一个节点，而只需要选择其中一个螺栓孔的一个节点，然后选择几个螺栓要紧固的零件即可。

rigidlink 是最简单、直接，也是应用最普遍的螺栓、铆钉建模方式，但是由于这种刚体连接方式与实际物理模型相差较大，因此多用于大量的、远离力学性能敏感区域的普通紧固件的 CAE 建模。

6.6.2　Patch 刚片固连

命令：界面菜单 2D→ruled。

关键字：*ELEMENT_SHELL、*PART、*SECTION_SHELL、*MAT_020。
　　　　*CONSTRAINED_RIGID_BODIES。

Patch 是一个用刚体材料定义的壳单元零件（component），通常称为刚片，用不同 Patch 刚片的壳单元封住螺栓穿过的各个螺栓孔或者直接将螺栓孔周边的 washer 单元归属至各自的 Patch 刚片，然后将这几个刚片 Patch 用关键字*CONSTRAINED_RIGID_BODIES 固连成一个刚体来模拟螺栓的紧固效果，如图 6.15 中的模型②所示。

Patch 刚片模拟螺栓紧固的效果与上面提到的 rigidlink 相同，但是 rigidlink 通常用于子系统内部或者单个 KEY 文件内部模型之间的连接，Patch 刚片固连多用于紧固的几个零件属于不同的子系统及不同的 KEY 文件，刚片固连信息*CONSTRAINED_RIGID_BODIES 通常集中放在一个单独的 KEY 文件中被主文件调用，这样可以避免在前处理软件 HyperMesh 中单独导入、导出某个子系统时造成刚片固连信息丢失。如果 Patch 刚片模拟的紧固件都属于一个子系统和同一个 KEY 文件也是可以的，此时只需把图 6.15 中的模型②所示的几个 Patch 合并到同一个 Patch 刚片件中就可以了，此时的 Patch 刚片与 rigidlink 无异，却比后者建模要更麻烦，因为要多定义一些关键字*PART、*SECTION 和*MAT。

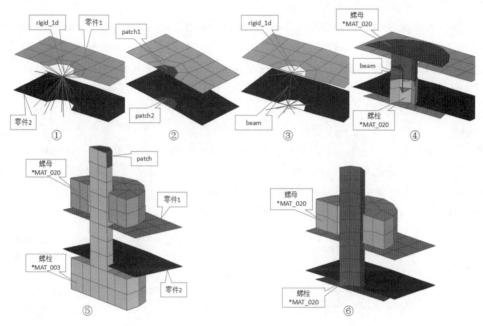

图 6.15　螺栓 CAE 建模的 6 种方法（断面图）

对于 rigidlink 连接的弹性体单元的节点，由于模型更新过程中单元 EID、节点 NID 时常会改变，用 rigidlink 连接不同 KEY 文件之间的子系统模型不利于模型的更新，时常会导致 LS-DYNA 求解器计算时找不到 rigidlink 的相关节点，并最终导致报错退出或者模型更新之后 rigidlink 的节点没有丢失但是抓取的已经不是螺栓孔周围的节点了；而 Patch 刚片固连关键字*CONSTRAINED_RIGID_BODIES 由于连接的是刚片零件*PART>PID，因此只要刚片的 PID 不变，其内部单元的 EID 或者节点的 NID 如何改变并不影响 Patch 刚片的固连关系。同样的道理，后面我们定义接触时也建议尽量选择零件*PART，尽量不要直接对应零件内部的单元和节点。

📢 注意：

　　子系统之间（即 KEY 文件之间）的连接信息，如上面提到的 Patch 之间的连接信息*CONSTRAINED_RIGID_BODIES 需要单独放在一个 KEY 文件中，这样在 HyperMesh 中单独导入子系统 KEY 文件时不会报错，也不会导致连接信息丢失，对子系统 KEY 文件单独提交计算进行模型检查时也不会因为连接信息的缺失而报错。

所有 Patch 刚片的材料*MAT 和属性*SECTION 可以相同，但是每个 Patch 刚片要单独建立一个*PART。

6.6.3　beam 梁单元

命令：界面菜单 1D→line mesh，如图 6.16（a）所示；

　　　　界面菜单 1D→bars，如图 6.16（b）所示。

关键字：*ELEMENT_BEAM、*PART、*SECTION_BEAM。

用 beam 梁单元模拟螺栓和铆钉避免了钣金件之间的硬连接和冲击力的硬传递，通常应用于处于力学性能敏感区但是用户却不关注的紧固件的 CAE 建模，例如汽车前防撞梁与前纵梁之间、后防撞梁与后纵梁之间的紧固件的 CAE 建模。

如图 6.15 中的模型③所示，首先在几个螺栓孔上分别建立 rigidlink(spier+washer)，即用 rigidlink 单元将各个螺栓孔的 washer 单元的节点分别"抓"起来，操作如图 6.1 所示。注意主节点 node1 采用自动生成即 calculate node 方式，自动生成的 node1 一般会处于孔的中心；在用 beam 梁单元将几个螺栓孔的 rigidlink 中心之 node1 串连起来之前，用户首先要确认当前零件（component）是接下来生成的 beam 梁单元最终要放置的零件。

如图 6.16（b）所示，采用界面菜单 1D→bars 命令更快捷，只需要单击两螺栓孔的 rigidlink 中心的两个节点即自动生成一个 beam 梁单元；图 6.16（a）对应界面菜单 1D→line mesh 命令，该命令需要用户自己检查两孔之间是否只生成一个 beam 梁单元，如果不是则建议将其数量改为 1 再用鼠标中键确认，但是如果事先将图 6.16 中箭头①所指 element size=数值定义为大于两个螺栓孔中心距离，则一般情况下初次生成的梁单元数量就是一个，而不用再手动修改。

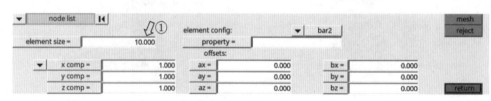

（a）界面菜单 1D→line mesh 打开的界面

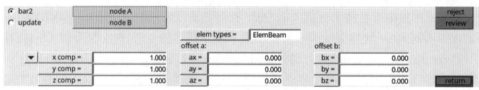

（b）界面菜单 1D→bars 打开的界面

图 6.16　螺栓 beam 建模

6.6.4　宏螺栓

命令：界面菜单 1D→line mesh；

　　　界面菜单 1D→bars。

关键字：*ELEMENT_BEAM、*SECTION_BEAM、*PART；

　　　　*CONTACT_AUTOMATIC_SURFACE_TO_SURFACE（简称 AS2S）；

　　　　*CONTACT_AUTOMATIC_NODES_TO_SURFACE（简称 AN2S）；

　　　　*CONTACT_AUTOMATIC_GENERAL（简称 AG）。

宏螺栓比之前的刚体固连方式模拟螺栓在 CAE 建模上更复杂，但是也更接近实际情况，通常用于更重要的一些区域（如汽车座椅固定点）的 CAE 建模。

如图 6.15 中的模型④所示，螺栓、螺母均用刚体材料定义的壳单元来建模，螺栓与螺母各带半截螺柱用于穿过被紧固零件的螺栓孔并阻止螺栓与被紧固零件之间的穿透；螺栓与螺母之间用 beam 单元连接，由于螺栓与螺母都是刚体材料，因此 beam 单元可以直接连接在螺栓、螺母的单元节点上；螺栓、螺母与紧固的两个或者多个钣金件之间要定义接触 AS2S/AN2S 以防止相互穿透，即接触对的一方由螺栓、螺母组成，另一方是螺栓紧固的几个钣金件，螺栓与螺母之间不需要定义接触，因此即使彼此存在相互穿透也无妨。

螺栓、螺母与钣金件之间的接触定义至少有两个，而且这两个接触必须同时定义。一个接触是 AS2S 定义的面-面接触，用以确保螺栓、螺母能够压住钣金件，接触对的一方是螺栓、螺母组成的 *SET_PART，另一方是紧固的几个钣金件在螺栓孔 washer 及其附近的单元组成的 *SET_SHELL 或者 *SET_SEGMENT（不用 *SET_PART 是为了缩小接触搜索的成本），此时接触双方对主、从面的定义与选择没有特别要求，即随便定义哪一方为接触的主面都可以；另一个是 AN2S 定义的点-面接触，用以确保钣金件的螺栓孔周边单元不会穿透螺柱，此时主面仍然是螺栓、螺母组成的零件集 *SET_PART，从节点集 *SET_NODE 由螺栓孔 washer 单元（即前面定义的 *SET_SEGMENT）的节点组成。

如果在计算过程中发现螺栓、螺母与钣金件之间仍然存在穿透行为，则可以在螺栓、螺母及钣金件螺栓孔处的 washer 单元上增加空材料（*MAT_009）定义的 beam 梁单元。这些梁单元只是用来增加零件之间的接触识别的，实物模型中并不存在，因此用空材料来定义。这些梁单元可以属于同一个零件，也可以属于不同的 component，但是螺栓、螺母上的空材料梁单元必须与螺栓孔周边的空材料梁单元方向正交，即钣金螺栓孔上的 washer 壳单元上附着的空材料梁单元是环形的，螺栓、螺母上的空材料梁单元应当与螺柱的轴线平行，然后对这些 beam 梁单元定义 AG 接触。

注意：上述在同一位置进行"双保险""三保险"接触定义的方法在容易产生接触穿透的地方会经常用到，初学者对此要有充分的理解和领悟。

关于接触的具体操作，在第 8 章"边界条件设置"中将有详细解释。

6.6.5　带预紧力的螺栓

关键字：*ELEMENT_SHELL、*PART、*SECTION_SHELL、*MAT_020；
　　　　*CONTACT_AUTOMATIC_SURFACE_TO_SURFACE（简称 AS2S）；
　　　　*CONTACT_AUTOMATIC_NODES_TO_SURFACE（简称 AN2S）；
　　　　*CONTACT_AUTOMATIC_GENERAL（简称 AG）；
　　　　*CONSTRAINED_EXTRA_NODES_SET；
　　　　*LOAD_RIGID_BODY。

带预紧力的螺栓比之前简单的刚体固连更接近物理模型的真实情况，通常用于非常重要的紧固件的建模，例如整车碰撞安全性能仿真分析中乘员安全带的固定点的 CAE 建模、新能源汽车电池包固定点的 CAE 建模、整车正向碰撞安全性能仿真分析时前副车架的安装螺栓等。

带预紧力的螺栓有好几种建模方法，我们先来解释一种比较简单的建模方法。

如图 6.15 中的模型⑥所示，螺栓、螺母均用刚体材料（*MAT_020）和外表面壳单元来建模，螺母通过关键字 *CONSTRAINED_EXTRA_NODES_SET 固定在最靠近自己的钣金件上，实际应用中螺母一般是通过 2 个点位或 4 个点位点焊在钣金上的，*SET_NODE 的定义只需要在对应位置选择 1~2 个单元的节点即可，切不可把钣金件上螺母覆盖区域的单元节点全部选中、固定；螺栓、螺母与被紧固的钣金件之间定义 AS2S 面-面接触，主、从面的选择无特殊要求，螺栓、螺母一侧用 *SET_PART 将螺栓和螺母建成一个零件集，钣金件一侧用 *SET_SHELL 或者 *SET_SEGMENT，即钣金件上只需要选择螺栓孔周边有可能与螺栓、螺母接触的单元即可，这样可以尽量缩小接触的搜索成本；螺栓与螺母之间也要定义 AS2S 面-面接触，这是与宏螺栓不同的地方；螺栓与钣金件之间如果在计算过程中仍然出现穿透，则在螺栓与钣金件上增加空材料定义的 beam 梁单元并对这些单元用 AG 定义接触（参考上述宏螺栓的有关定义）。

螺栓预紧力通过作用在螺栓和螺母上的一对大小相等、方向相反的力来实现，力的定义关键字要选择专门为刚体定义的*LOAD_RIGID_BODY，关键字卡片如图 6.17 所示。

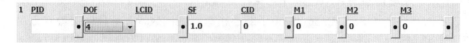

图 6.17　*LOAD_RIGID_BODY 的内部变量

- ➤ PID：力作用的刚体的 ID，对应*PART>PID。
- ➤ DOF：根据后面定义的 3 个节点 M1、M2、M3 依据右手法则确定加载力的方向。
- ➤ LCID：力的时间历程曲线的 ID，在 mm-ms-kg-kN 单位制下，这条力的加载曲线应当由 3 个坐标点来定义(0,0)、(1,1)、(1000,1)，即从原点开始，在 1ms 内上升到预定值，然后一直保持到计算结束，注意力的单位制与整个模型的单位制要保持统一。
- ➤ SF：力的加载曲线的比例系数，该系数只是对曲线的纵坐标（即力值）进行比例放大；比例系数如果是负值，则其绝对值表示加载力的比例系数，负号表示力的方向与后面 M1、M2、M3 这 3 节点依据右手法则确定的方向相反。
- ➤ M1、M2、M3：确定加载力方向的 3 个节点的 NID，3 个节点通过右手法则确定力的加载方向，这个方向应当与螺柱的轴线平行且螺栓、螺母上的力都应当互相指向对方；这 3 个点最好选在螺栓或螺母上，而不是除此之外的其他零件上，这样可以确保计算过程中即使结构发生了严重变形，螺栓上的力始终指向螺母，螺母上的力也始终指向螺栓。

完成紧固件预紧力螺栓或者螺母一侧力加载的定义后，另一侧的定义只需要把刚才定义的关键字*LOAD_RIGID_BODY 进行复制（在功能区右击该关键字并在弹出的快捷菜单中选择 Duplicate 命令），然后对其中的两个变量的值进行更改即可（一个是 PID，另外一个是比例系数 SF 变成原来的相反数）。

6.6.6　带预紧力、可失效的螺栓

关键字：*ELEMENT_SHELL、*SECTION_SHELL、*ELEMENT_SOLID、*SECTION_SOLID；
　　　　*MAT_020、*MAT_024；
　　　　*PART；
　　　　*CONTACT_AUTOMATIC_SURFACE_TO_SURFACE（简称 AS2S）；
　　　　*CONTACT_AUTOMATIC_NODES_TO_SURFACE（简称 AN2S）；
　　　　*CONTACT_AUTOMATIC_GENERAL（简称 AG）；
　　　　*CONSTRAINED_EXTRA_NODES_SET；
　　　　*CONSTRAINED_RIGID_BODIES；
　　　　*DATABASE_CROSS_SECTION_PLANE；
　　　　*INITIAL_STRESS_SECTION。

带预紧力的、可失效的螺栓通常用于处于力学性能敏感区域、用户又特别关注的紧固件的 CAE 建模，例如汽车正向碰撞仿真分析工况中前副车架的固定螺栓的 CAE 建模。

将汽车副车架安装在白车身前纵梁上的长螺栓直径一般为 10～14mm，这几个螺栓在安装时对

预紧力有严格的要求（用专门的扭力扳手安装），在汽车发生正向碰撞时常常会断裂且这几个螺栓断裂与否对计算结果的评价有很大的影响，因此在前处理进行有限元建模时要特别重视。

如图 6.15 中的模型⑤所示，螺母为刚体材料（*MAT_020）定义的外包壳单元零件，螺栓为弹塑性（*MAT_003）或塑性材料（*MAT_024）定义的实体单元零件；螺母的固定以及螺栓、螺母与钣金件之间的接触定义同上。

如图 6.15 中的模型⑤与图 6.15 中其他模型最大的区别是：①在螺栓的头部外包用刚体材料 *MAT_020 定义的壳单元 Patch 刚片，该 Patch 刚片与刚体螺母通过*CONSTRAINED_RIGID_BODIES 固连；②螺栓预紧力的施加是在螺栓横截面上通过关键字*INITIAL_STRESS_SECTION 来实现；③螺栓的失效通过螺栓材料的关键字*MAT 中相关变量的定义来实现。

由于螺栓预紧力需要定义在螺栓横截面上，因此在施加螺栓预紧力之前，需要先建立截面。图 6.18 所示为*DATABASE_CROSS_SECTION_PLANE 截面关键字的内部变量，总共有 3 个卡片，卡片 1 用来定义横截面的 ID 及名称，卡片 2 用来定义横截面的位置，卡片 3 用来定义横截面的大小。

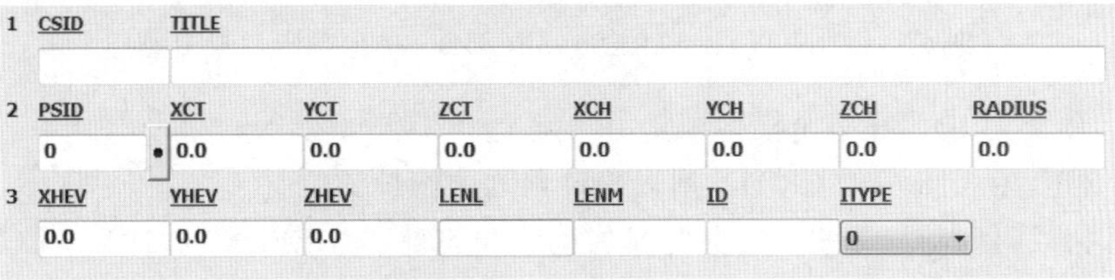

1	CSID	TITLE						
2	PSID	XCT	YCT	ZCT	XCH	YCH	ZCH	RADIUS
	0	0.0	0.0	0.0	0.0	0.0	0.0	0.0
3	XHEV	YHEV	ZHEV	LENL	LENM	ID	ITYPE	
	0.0	0.0	0.0				0	

图 6.18　*DATABASE_CROSS_SECTION_PLANE 关键字的内部变量

➢ CSID：CSID（Cross Section ID，横截面 ID）在整个模型内有唯一性或排他性，后续定义螺栓预紧力时该 ID 会被调用以确定预紧力施加的位置（对应图 6.19 中的变量 CSID）。

➢ TITLE：定义横截面的名称以便之后快速查找。如果用户不定义则 HyperMesh 会自动定义一个名称。从图 6.18 可以看出，横截面名称的长度最多可以占用 70 个字符。

➢ PSID：截面对应的零件组成的集合的 ID，对应*SET_PART>PSID，此处要对每个螺栓单独定义预紧力，因此每个*SET_PART 里只能有一个螺栓件。

➢ N1（XCT、YCT、ZCT）、N2（XCH、YCH、ZCH）：定义两个节点 N1 和 N2，N1 确定截面的位置即预紧力加载的位置，N1 与 N2 共同确定横截面的法向，法线的方向从 N1 指向 N2。

➢ RADIUS：圆形截面的半径，该变量如果定义，则卡片 3 用来定义截面大小的变量的定义将被忽略。

➢ N3（XHEV、YHEV、ZHEV）：矩形截面的一个角节点的坐标，截面的长、宽将相对于该节点沿截面直角坐标轴的两个坐标轴的正向进行计算，因此 N3 的位置并不是可以任意选取的，否则要施加预紧力的螺栓将处于横截面的外边。

➢ LENL,LENM：矩形截面长和宽的尺寸，该尺寸的定义要确保螺栓位于横截面内。如果不定义则默认截面为无限尺寸大小。由于预紧力的施加仅针对前面的变量 PSID 指定的零件，因此即使截面尺寸无限大，也不会产生其他负作用。

HyperMesh 前处理的实际操作与上述内部关键字变量的定义有所不同。在 HyperMesh 前处理中，在功能区 Solver 界面空白处右击，在弹出的快捷菜单中选择 Create → *DATABASE → *DATABASE_CROSS_SECTION_PLANE 即可新建一个截面，然后在详细信息列表中对上述各项参数进行编辑、定义。例如上述节点 N1 和 N2 的定义，HyperMesh 需要定义节点 N1（可直接在图形区选取）确定截面的位置，然后在图形区选择 3 个节点按右手法则确定截面的法向，HyperMesh 会自动在这个法向上选择一点来定义 N2（XCH、YCH、ZCH）。建议在 HyperMesh 中定义横截面时，Geometry type 项选择 infinite plane，即无限大小的截面，这样建模效率更高，因为这样卡片 2 中的变量 RADIUS 及卡片 3 中的变量就都不用定义了。由于变量 PSID 中只有一个螺栓，因此横截面再大预紧力也不会定义到其他零件上去。

由于螺栓预紧力的加载截面的位置应当位于螺柱上加载单元的中间，而不是一端，因此用户如果经过上述操作生成的截面并不处于单元的中间而是一端，则可以利用 Translate（快捷键 Shift+F4）将其移动至预定位置。

螺栓预紧力的加载截面建成后，下面开始定义螺栓预紧力的操作。

图 6.19 所示为定义螺栓预紧力的关键字*INITIAL_STRESS_SECTION 的内部卡片及变量。

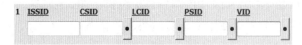

图 6.19　*INITIAL_STRESS_SECTION 的内部卡片及变量

➢ ISSID：预紧力 ID，在整个模型预紧力的定义中有唯一性。
➢ CSID：对应图 6.18 中的 CSID，用以确定预紧力施加的位置。
➢ LCID：加载时间历程曲线，对应定义加载曲线关键字*DEFINE_CURVE>LCID 的变量。
➢ PSID：对应*SET_PART>PSID，即预紧力要施加在哪些零件上。虽然是集合，但是通常只包含需要施加预紧力的单个螺栓。

用 HyperMesh 操作时，在功能区 Solver 界面空白处右击，在弹出的快捷菜单中选择 Create→*INITIAL→*INITIAL_STRESS_SECTION 即可新建该关键字，然后在参数列表中对其内部变量进行具体定义。

关于螺栓预紧力的定义，需要注意以下几点。

（1）*INITIAL_STRESS_SECTION 只针对实体单元螺栓定义预紧力。

（2）定义螺栓预紧力需要定义截面，输出螺栓截面力也需要定义截面。如果既要定义螺栓预紧力，又要在计算结果中输出螺栓截面力，则可以共用一个截面*DATABASE_CROSS_SECTION。

（3）螺栓预紧力是应力，单位是 MPa 或者 GPa；螺栓截面力是力，单位是 N 或者 kN。定义时注意单位制的统一性及数值的换算关系。

（4）螺栓预紧力的加载曲线应当是从原点开始，而不应当从零时刻开始就存在预紧力；通过*DEFINE_CURVE 定义螺栓预紧力曲线只需要定义 3 点即可，mm-ms-kg-kN 单位制下分别是（0,0）、（0.1,1）、（0.3,1），再根据预紧力的具体数值调整曲线的比例系数。预紧力曲线第三点的横坐标可以是 0.3ms，也可以是 0.5ms，但是必须在外界的应力波传递至螺栓区域之前终止，这就是动态松弛（Dynamic Relaxation）。预紧力会继续通过在螺栓中产生的应力发挥作用，而不会随着预紧力曲线的终止而消失。

◁») **注意：**

> 螺栓材料的屈服强度不应小于螺栓预紧力，这一点在更新螺栓材料时尤其要注意。

（5）螺栓预紧力的加载截面应当位于螺柱上加载单元的中间而不是一端，预紧力加载时加载截面位置处的螺栓实体单元会在加载方向上急剧收缩，因此加载截面位置处的螺栓单元沿加载力方向的长度一般要设置为螺柱上其他单元长度的两倍多，否则会因为单元急剧收缩产生负体积或者最小时间步长问题而导致计算异常，甚至退出。

为防止螺栓预紧期间受到别处传来的应力波的干扰，可定义动态释放专门进行螺栓预紧。图 6.20 所示为*CONTROL_DYNAMIC_RELAXATION 的内部变量及其定义。模型提交计算后，LS-DYNA 求解器会首先对模型进行初始化，初始化过程中求解器会对模型进行一次整体的检查，以确保模型不存在导致计算无法进行的致命错误，同时会计算模型中每个零件的质量、质心位置坐标及整个模型的总质量、质心位置坐标及为调整时间步长产生的质量增加和质量增加百分比，MPP 求解器还会对模型进行分块（decomposition）并为每个分块区域指定参与计算的 CPU，当用户看到 Initialization complete 信息时表明模型的初始化已经完成。接下来便是为模型中的螺栓预紧专门设置的动态释放过程，Dynamic Relaxation information 会显示动态释放的进展情况，与此同时会有 d3drlf 文件记录螺栓预紧力的加载过程，用户也可以通过后处理软件 HyperView 读取该 d3drlf 文件并以动画的方式演示螺栓预紧力加载过程中螺栓及被其紧固的零件的变化。所有上述流程都正常进行完，LS-DYNA 求解器才正式开始对模型的计算，此时 d3plot 文件才开始出现。动态释放期间不应有单元失效（element ### failed）信息出现。

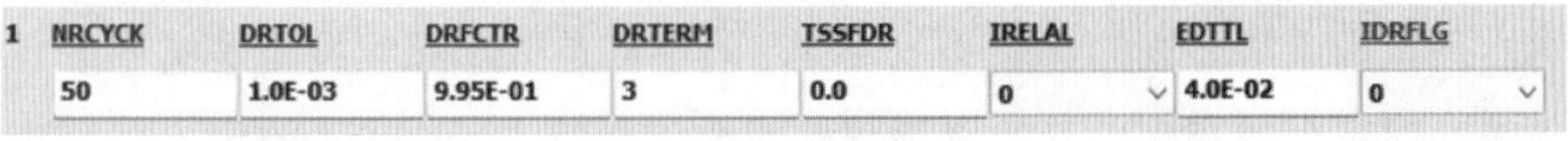

	NRCYCK	DRTOL	DRFCTR	DRTERM	TSSFDR	IRELAL	EDTTL	IDRFLG
1	50	1.0E-03	9.95E-01	3	0.0	0	4.0E-02	0

图 6.20 *CONTROL_DYNAMIC_RELAXATION 的内部变量

- ➢ NRCYCK：迭代次数，默认值为 250 个计算周期（cycle）。
- ➢ DRTOL：收敛公差，默认值为 1.0E-3。收敛公差由收敛时的变形动能与峰值变形动能的比值计算出来，收敛公差越小，计算越稳定，但是计算所耗费的时间也越长。
- ➢ DRFCTR：动力释放因子，默认值为 9.95E-01。动力释放因子是指每一个时间步的节点速度减小因子。该值太小，模型可能会因为过阻尼而无法达到稳定状态。
- ➢ DRTERM：动态释放可选择的中断时间，默认为无限值。如果计算时间达到 DRTERM 指定的时间仍然无法收敛，也将终止动态释放的计算。

因为定义了动态释放，可以不用担心螺栓预紧期间受到其他地方传来的应力波的干扰，故 mm-ms-kg-kN 单位制下螺栓预紧力加载的时间历程曲线可以用 3 个点来定义（0,0）、（0.5,1）、（1,1）。

6.6.7 梁单元螺栓定义预紧力

命令：界面菜单 1D>line mesh；
界面菜单 1D>bars。
关键字：*SECTION_BEAM>ELFORM=9、*MAT_SPOTWELD、*PART；
*INITIAL_AXIAL_FORCE_BEAM。

梁单元螺栓定义预紧力可为图 6.15 中的模型③、模型④中的梁单元螺栓进行"装备升级"。

在第 5 章"材料属性"中，我们提到梁单元螺栓的单元公式通常采用*SECTION_BEAM>ELFORM=2，此处需要定义预紧力的梁单元螺栓的单元公式则是 ELFORM=9，大家可能注意到这是焊点梁单元的专用单元公式，不仅如此，可定义预紧力的梁单元的材料也是焊点专用材料*MAT_100，螺栓的失效准则也可以通过*MAT_100 内部变量的定义来实现。当螺栓较长时，可将 ELFORM=2 梁单元中一个单元改为 ELFORM=9 的单元。

定义梁单元螺栓预紧力的关键字 *INITIAL_AXIAL_FORCE_BEAM 的内部变量也比较简单，只有一个卡片，只需要定义 3 个变量，如图 6.21 所示。

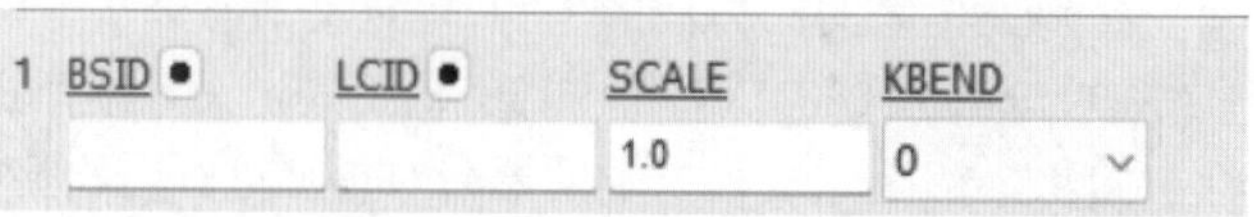

1	BSID ●	LCID ●	SCALE	KBEND
			1.0	0 ⌄

图 6.21   *INITIAL_AXIAL_FORCE_BEAM 的内部变量

➢ BSID：需要定义预紧力的梁单元集合的 ID，对应*SET_BEAM>BSID，也就是说可以同时对多个梁单元定义预紧力，但是即使只有一个梁单元，螺栓要定义预紧力也必须定义 *SET_BEAM。

➢ LCID：定义预紧力的时间历程曲线，对应*DEFINE_CURVE>LCID。

➢ SCALE：预紧力曲线 LCID 的比例系数，该系数只针对曲线的纵坐标。

与前面实体单元螺栓预紧力的主要区别是，梁单元预紧力定义的是力，而不是应力；梁单元预紧力的加载曲线与实体单元螺栓预紧力的加载曲线相同，只是比例系数不同；梁单元预紧力的加载也不需要定义加载截面；可以同时对多个梁单元螺栓施加预紧力，但是每次只能对一个实体单元螺栓定义预紧力。两种螺栓预紧力建模方式的比较见表 6.2，但不管是梁单元螺栓还是实体单元螺栓，由预紧力引起的螺栓单元应力都不应当超过其屈服极限，否则会导致 LS-DYNA 求解器报错退出计算。

表 6.2   两种螺栓预紧力建模方式的比较

建模方式	Solid	Beam
*SECTION	*SECTION_SOLID>ELFORM=1	*SECTION_BEAM>ELFORM=9
*MAT	*MAT_001/*MAT_003/*MAT_024	*MAT_100
*INITIAL	*DATABASE_CROSS_SECTION_PLANE；*INITIAL_STRESS_SECTION	*INITIAL_AXIAL_FORCE_BEAM
载荷	应力	力

螺栓预紧力加载期间，螺栓单元会急剧收缩，此时如果螺栓两端约束不足或者与被紧固的零件之间间隙过大，会导致被预紧螺栓单元的特征尺寸变得非常小，进而导致质量增加异常而退出计算，这一点要引起用户足够的重视。

6.7   铆   接

铆接建模既可以采用 rigidlink 的建模方式（图 6.15 中的模型①），我们前面讲述的不加预紧力梁单元螺栓的建模方式（图 6.15 中的模型③），也可以采用我们后面将要讲述的铰链的建模方式。

6.8   铰   链

命令：界面菜单 1D→fe joints。

关键字：*CONSTRAINED_JOINT。

铰链只能连接两个刚体（以材料*MAT_020 定义）零件。若想在两个弹性体之间定义铰链连接，则需要在定义铰链处局部刚化，即建立 rigidlink 或者刚片 Patch。

铰链（*CONSTRAINED_JOINT）不是单元（*ELEMENT），但是其移动、复制、删除等操作与单元相同，即选择特征类型时用 elems 即可，这一点与 rigidlink 相同。

铰链的类型有多种，下面分别介绍。

6.8.1 球铰

关键字：*CONSTRAINED_JOINT_SPHERICAL。

球铰的几何模型如图 6.22 所示，两个零件在连接处各自呈现球形，其中一个零件的球面只能在另一个零件的球面内绕共同的球心转动。汽车控制臂、转向拉杆等与轮毂支架的连接处经常会用到球铰连接。

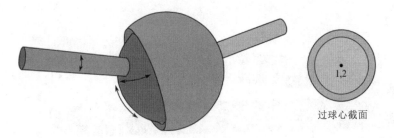

图 6.22 球铰几何形状、截面及工作原理

球铰建立界面如图 6.23 所示。节点 N1、N2 分别属于球铰连接的两个零件。

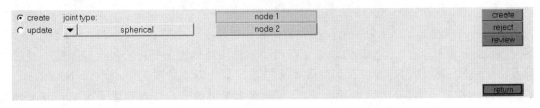

图 6.23 球铰建立命令

由于铰链只能连接刚体，因此在建立球铰之前，首先需要建立球铰连接的刚体。

方法一：在两个零件的球面上分别建立 rigidlink 单元，其中 rigidlink 的从节点为零件球面单元上的节点，主节点采用自动定义的方式生成在球心位置，这两个主节点将作为球形铰链连接的两个节点 N1、N2，如图 6.24 所示。

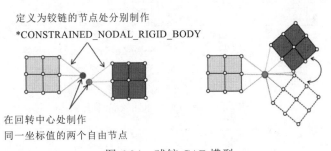

图 6.24 球铰 CAE 模型

方法二：在两个零件的球面上分别用界面菜单 Tool→faces 命令生成刚体材料定义的壳单元 Patch 刚片，再用*CONSTRAINED_EXTRA_NODES_NODE 命令固连各自球心上的一个节点或者直

接用一个三角形单元连接 Patch 与球心，各自球心上的节点将作为球形铰链连接的两个节点 N1、N2。

推荐采用方法一。

图 6.23 所示的操作完成后，还必须将 N1、N2 两个节点的位置重合（快捷键 F3），注意此处是节点位置重合，而不是节点合并（图 6.24）。

6.8.2 转动铰链

关键字：*CONSTRAINED_JOINT_REVOLUTE。

转动铰链的几何形状及工作原理如图 6.25 所示，零件 1 与零件 2 只能绕铰链的轴心转动。汽车前/后车门铰链、引擎盖或尾门铰链均为转动铰链。

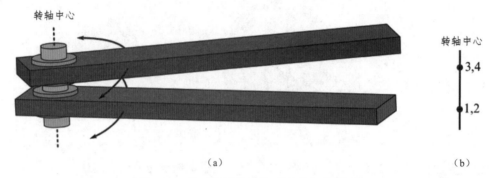

图 6.25　转动铰链的几何形状及工作原理

转动铰链的生成界面如图 6.26 所示，在铰链的轴心上定义 4 个节点，节点 N1、N3 属于零件 1，节点 N2、N4 属于零件 2。具体操作方法是，在两个零件安装铰链的孔中心处生成节点，然后对生成的节点沿铰链轴心移动、复制，直到生成 4 个节点，自上而下依次为节点 N1、N2、N3、N4，建立 rigidlink 连接节点 N1、N3 与零件 1 铰链安装孔单元上的节点，再建立一个 rigidlink 连接节点 N2、N4 与零件 2 铰链安装孔单元上的节点；打开图 6.26 所示转动铰链的生成界面，选择节点 N1、N2、N3、N4 后，单击 create 按钮或者在图形区用鼠标中键确认即可生成铰链单元。注意此时并未完成转动铰链的建模工作，还需要将节点 N1 与节点 N2 重合于铰链轴心，节点 N3 与节点 N4 也重合于铰链轴心，转动铰链的旋转轴心，即节点 N1、N2 重合位置与节点 N3、N4 重合位置的连线［图 6.25（a）］。

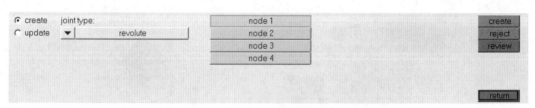

图 6.26　转动铰链的生成界面

📢 注意：

节点重合不是节点合并，即按快捷键 F3（界面菜单 1D→replace 命令）打开相应界面后（图 1.9），不要选择 equivalence 选项。

节点 1 与节点 2 重合、节点 3 与节点 4 重合后，如果不在铰链轴心位置，需要使用快捷键 Shift+F7（project to vector）投影到铰链轴心。

6.8.3　活塞铰链

关键字：*CONSTRAINED_JOINT_CYLINDRICAL。

活塞铰链的几何形状及工作原理示意图如图 6.27 所示。两个零件只能沿其共同的轴心做轴向相对运动。汽车前、后轮的独立悬架就是采用活塞铰链建模。

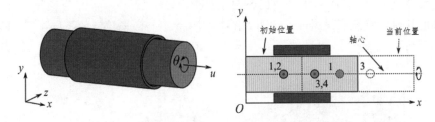

图 6.27　活塞铰链的几何形状及工作原理示意图

活塞铰链建模界面如图 6.28 所示，需要定义 4 个节点，节点 N1、N3 属于零件 1，节点 N2、N4 属于零件 2，具体的操作方法与转动铰链相同，所不同的是两个 rigidlink 位于两个同心圆柱形零件重叠区域的两端，除了连接轴心铰链上各自所属的两个节点外，还要连接自身活塞零件上两到三排壳单元的节点，最后节点 N1、N2 与节点 N3、N4 同样分别重合于两个零件共同的轴心，活塞铰链进行活塞运动的轴心即节点 N1、N2 重合位置与节点 N3、N4 重合位置的连线。

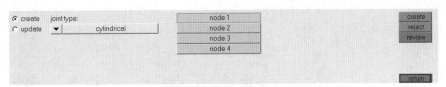

图 6.28　活塞铰链建模界面

6.8.4　万向节

关键字：*CONSTRAINED_JOINT_UNIVERSAL。

万向节的几何形状及工作原理示意图如图 6.29 所示。万向节的自由度较高，但尚不至于像其名字那样达到 1 万个，发动机前置、后轮驱动或者发动机后置、前轮驱动的燃油发动机汽车传动轴上用到的就是万向节，汽车方向盘转向管柱上也会用到万向节。

万向节建模界面如图 6.30 所示，需要定义 4 个节点，节点 N1、N3 属于零件 1，节点 N2、N4 属于零件 2。具体的操作方法是，在每个零件的两个"耳朵"上的铰链安装孔上分别建立 rigidlink，每个 rigidlink 的主节点即为节点 N1、N2、N3、N4，然后在图 6.30 所示界面依次选择节点，在图形区用鼠标中键确认即可。与之前的铰链建模方法不同的是，N1、N2、N3、N4 这 4 个节点不需要两两重合。

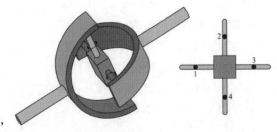

图 6.29　万向节的几何形状及工作原理示意图

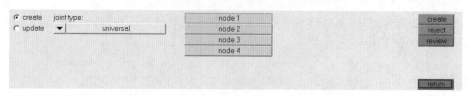

图 6.30　万向节建模界面

6.8.5　平动铰链

关键字：*CONSTRAINED_JOINT_TRANSLATIONAL。

平动铰链的几何形状及工作原理示意图如图 6.31 所示。与活塞铰链的不同在于，两个零件不能绕其共同轴线转动。

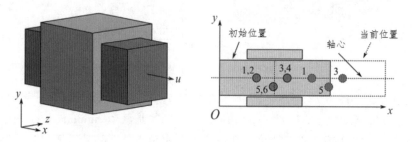

图 6.31　平动铰链的几何形状及工作原理示意图

平动铰链建模界面如图 6.32 所示，需要定义 6 个节点，节点 N1、N3、N5 属于零件 1，节点 N2、N4、N6 属于零件 2，节点 N1 与节点 N2、节点 N3 与节点 N4、节点 N5 与节点 N6 分别两两重合，其中前两对节点必须重合于铰链轴心，第三对节点则一定要偏离铰链轴心，这与我们之前描述梁单元的第三节点道理一样。

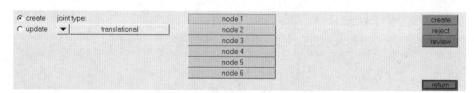

图 6.32　平动铰链建模界面

6.8.6　铰链失效

通过*CONSTRAINED_JOINT_..._FAILURE 在定义铰链的同时定义该铰链的失效准则，并要求*CONTROL_RIGID>LMF=0。图 6.33 所示为带失效模型的球铰关键字*CONSTRAINED_JOINT_SPHERICAL_FAILURE 的内部卡片及变量。

- ➢ CID：铰链所属的局部坐标系，不定义表示采用全局坐标系。
- ➢ TFAIL：指定铰链的失效时间。
- ➢ COUPL：力/力矩失效准则，不定义表示与焊点的失效准则相同。
- ➢ NXX、NYY、NZZ：X、Y、Z 向轴向力失效准则。
- ➢ MXX、MYY、MZZ：X、Y、Z 向力矩失效准则。

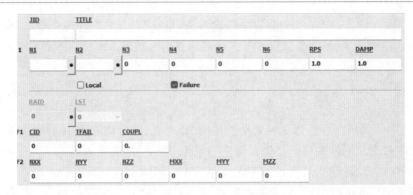

图 6.33 *CONSTRAINED_JOINT_SPHERICAL_FAILURE 的内部卡片及变量

6.9 刚 体 固 连

关键字：*CONSTRAINED_RIGID_BODIES。

前面讲述螺栓建模方式时提到，将螺栓孔周围的 washer 单元建成刚片再固连起来也是采用此关键字的刚体连接，只是连接的两个刚体都比较小。其实刚体固连很多时候用于两个很大的刚体零件的固连，例如汽车发动机与变速箱的固连，再如汽车约束系统仿真分析建模时白车身上的零件全部是刚体，而且全部是底板件的从刚体。在此我们将对刚体固连做进一步的、更详细的阐述。

首先不同的 KEY 文件模型之间的刚体固连信息最好定义在一个单独的 KEY 文件中，这样将某个相关的子系统单独导入 HyperMesh 前处理软件或者单独提交 LS-DYNA 求解器计算以检测子模型是否存在问题时，不会因为刚体固连组件找不到另一半而报错，找不到另一半的刚体固连组件在从 HyperMesh 导出时甚至会直接丢失刚体固连信息。

6.9.1 刚体固连的建模方法

刚体连接的建模方法一：首先确认当前子系统 KEY 文件，然后在 HyperMesh 软件的功能区 Solver 界面（可单击下拉菜单 View→Solver Browser 打开）右击，在弹出的快捷菜单中选择 Create →*CONSTRAINED→*CONSTRAINED_RIGID_BODIES，此时用户在功能区可以看到新生成的刚片连接（图 6.34）。用鼠标左键单击该连接即可在下方看到该连接的详细信息，用户可对其名称 Name（图 6.34 中箭头①所示）、ID 号（图 6.34 中箭头②）所属子系统 KEY 文件 Include File（图 6.34 中箭头③）、主刚片 PIDM（图 6.34 中箭头④）、从刚体 PIDS（图 6.34 中箭头⑤所示）进行更改编辑。

📢 注意：

> 主刚体只能有一个，从刚体可以选择（在图形区逐个单击或者框选）多个。在前处理软件 HyperMesh 中可以一对多地进行选择，导出生成 KEY 文件后会自动变成一一对应的关系，只不过很多刚体固连组件的主刚体都相同而已。

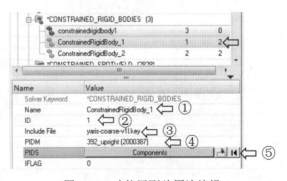

图 6.34 功能区刚片固连编辑

刚体连接的建模方法二：KEY 文件直接手工输入法。直接在 KEY 文件的查看及编辑软件 NotePad 或者 UltraEdit 中新建一个 KEY 文件（保存时扩展名设置为.k 或者.key），并输入如下关键字。

```
*CONSTRAINED_RIGID_BODIES
$#    pidm      pids     iflag
   2000387   2000414
   2000397   2000399
```

其中，第 1 列为主刚片的 ID 号，第 2 列为从刚片的 ID 号，ID 号均占用 10 个字符的长度；如果存在一个主刚片固连多个从刚片的情况，则需要主、从刚体一一对应输入多次。

在保存、退出前，注意输入起始、结束关键字*KEYWORK 和*END。

刚体固连是主刚体 pidm 与从刚体 pids 之间的一一对应关系，因此即使这两个刚体的几何形状、单元、节点再怎么更新，只要其*PART>PID 不变，则刚体固连关系不变。

6.9.2　刚体固连的主从关系

两个刚体固连后从刚体将会变成主刚体的一部分，从刚体的材料、自由度等参数在固连期间会服从于主刚体，此时如果两个刚体的自由度不同，则在确定刚体的主、从关系时就需要做出选择。此外，如果一个刚体需要与多个刚体固连，则该刚体最好定义为主刚体。

定义刚体固连的两个刚体的惯性特性（质量、质心位置）为两刚体之总和。当不需要考虑从刚体的惯性特征时，可通过*PART_INERTIA 来定义主刚体的惯性特征，从而保持质心不变。

主、从刚体之间是归属关系，如果其中一个刚体是用*PART_INERTIA 定义的，则必须作为主刚体，否则相关变量的定义会因为从属于另外一个刚体而被覆盖或抹去。

为了照顾大多数用户，本书是以 HyperMesh 14.0 为基础进行讲解的，最新版的 HyperMesh 2019 在功能区 Model 和 Solver 界面均单独为*CONSTRAINED_RIGID_GODIES 设置了一个目录（图6.34），用户右击想要查看的主、从刚体组，在弹出的快捷菜单中选择 Isolate Only 则会在图形区以虚线连接十字符的方式显示出所有的刚体组 [图 6.35（b）]；在界面菜单区没有命令在执行的情况下用户右击功能区主、从刚体组，在弹出的快捷菜单中选择 Review 则会在图形区显示固连刚体对的主从关系，主刚体一般是以蓝色显示，从刚体一般是以红色显示，如图 6.35（a）所示。

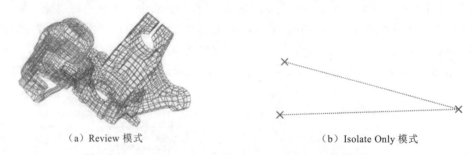

（a）Review 模式　　　　　　　　　　（b）Isolate Only 模式

图 6.35　*CONSTRAINED_RIGID_BODIES 主从关系

刚体固连通常都是相邻的刚体进行固连，因此在 Isolate Only 显示模式下，如果刚体连接线很长则说明固连的刚体距离很远，此时需要检查、确认刚体固连关系是否正确。

📢 注意：

如果界面菜单区有命令尚未退出，则在功能区右击打开的快捷菜单中可能看不到 Review 命令，此时只要用鼠标左键在图形区单击一次，再按键盘上的 Esc 键即可退出界面菜单正在执行的命令。

6.10 一维、二维、三维单元之间的连接

6.10.1 一维单元与二维、三维单元连接

LS-DYNA 模型需要避免单节点加载以免在 LS-DYNA 求解器计算过程中产生沙漏现象，同理需要避免单节点传递载荷。由于一维单元（梁单元、安全带单元等）的端点只有一个节点，在与二维壳单元或者三维实体单元连接时不能简单地将一维单元的端点与二维或者三维单元上的某个节点合并了事，还需要以其为主节点连接周围一小片区域二维或者三维单元的节点建立一个 rigidlink 单元，即将其与附近的单元节点固连起来。但是如果二维单元或者三维单元采用的是刚体材料，则一维单元与其的连接可以采用单节点合并的方式。

图 6.36（a）所示为钢丝的 beam 梁单元与钣金件的壳单元之间通过 rigidlink 连接的示例。

6.10.2 二维壳单元与三维实体单元连接

壳单元节点有 3 个平动自由度和 3 个转动自由度总共 6 个自由度，实体单元节点只有 3 个平动自由度，因此壳单元与实体单元的连接有专门的关键字*CONSTRAINED_SHELL_TO_SOLID；实际应用中更多的是以二维单元的节点为主节点、以周围区域三维单元的节点为从节点，建立一组 rigidlink 单元。

图 6.36（b）所示为壳单元零件与实体单元零件之间的对接，注意此处用了很多个 rigidlink 将每个壳单元零件边缘的节点与实体单元零件上的对应区域的节点就近连接，而不是用一个 rigidlink 将所有的壳单元零件边缘的节点与实体单元零件对应区域的节点全部固连一起。

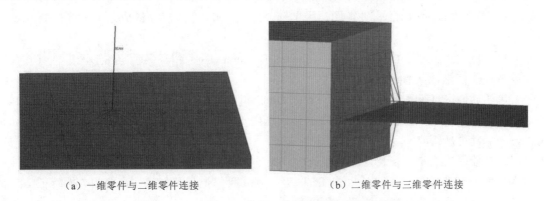

（a）一维零件与二维零件连接 （b）二维零件与三维零件连接

图 6.36 一维、二维和三维单元零件之间的连接

6.11 建 模 技 巧

6.11.1 替换件

CAE 前处理建模过程中经常会遇到因为需要进行局部的结构优化而对个别零件进行替换、更新的问题，在这里为大家推荐一个操作步骤。

（1）先导入被替换件所在的 KEY 文件，再导入替换件所在的 KEY 文件，并在 HyperMesh 软件中各自生成一个单独的 INCLUDE 子文件。为此目的，如图 6.37 所示在导入 KEY 文件时 Include files 选项要选择 Preserve 而不能选择 Merge，此时在功能区 Model 界面的 include view 子界面列表中可以看到新增加的 include 文件。如果导入的是 HM 文件，则导入之前，要先在功能区 Model 界面的 include view 子界面新建一个 include 文件，并将其作为当前 include，再如图 6.38 所示在功能区 Import 界面中选择第一项导入 HM 文件。

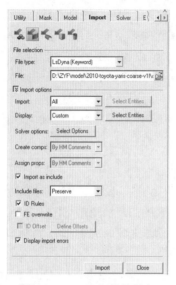

图 6.37　KEY 文件的导入

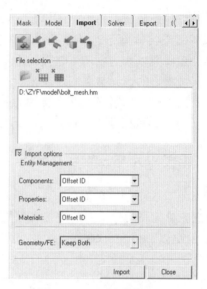

图 6.38　HM 文件的导入

（2）将被替换件所在的 include 文件作为当前文件（右击，在弹出的快捷菜单中选择 Make Current 命令），将被替换件作为当前件，并在图形区单独显示（右击，在弹出的快捷菜单中选择 Isolate Only 命令）。

（3）单击一次工具栏 2 中的 Unmask Adjacent Elements 图标■，显示与图形区零件直接共节点的单元或者连接信息，如 rigidlink。

（4）单击功能区 Utility→QA/Model→find attached（tied）命令查找出与被替换件相关的焊点，如果这些焊点有对应的 connector 则在图形区显示这些 connector，如果没有则依据焊点生成 connector 信息以方便后续更新焊点。

（5）在功能区右击被替换件，在弹出的快捷菜单中选择 Reference 命令，显示与该替换件相关的信息，如接触定义*CONTACT、集合*SET 等。到此我们把与被替换件直接相关的特征信息都找到了，方便替换件后再次恢复、更新这些信息。

（6）删除被替换件及相关焊点，将替换件的单元利用快捷键 Shift+F11（图 1.29）归属至当前零件（默认情况下图 1.29 中单元归属的目标零件 dest component 会自动指定当前零件），然后在图 1.29 中的 includes 界面将当前零件及其单元、节点都归属至被替换件所在的 include。

（7）利用 connectors 重新生成相关的焊点，更新之前的 rigidlink 的从节点。

（8）把新生成的焊点的单元、节点以及 rigidlink 等连接信息利用快捷键 Shift+F11 归属到当前的 include 文件。

（9）对更新过的单元、节点的 ID 进行重新编组（renumber），使其在子系统对应的 ID 范围内避免与其他子系统产生 ID 冲突。

（10）利用快捷键 Shift+F2 打开 temp nodes 窗口，清除所有的自由节点。

（11）利用界面菜单 Analysis→preserve node 命令进入相应操作界面，直接选择 clear all preserved，清除所有临时保存的节点。

（12）右击被替换件所在的 include 文件，在弹出的快捷菜单中选择 export 命令，导出更新后的子系统 KEY 文件。

建议用户重新打开一个 HyperMesh 界面，把刚刚导出的 KEY 文件导入，再检查一遍以确认无误，否则等发现错误而之前进行替换件操作的 HyperMesh 界面已经关闭就麻烦了。

◆ 重点提醒：

> 即使对被替换件所在的 include 文件编辑时就已经将其设置为当前对象，在替换件的一系列操作完成后仍然要用快捷键 Shift+F11 将所有有更新的零件 components+单元 elements+节点 nodes 归属到目标 include 文件中，以确保相关信息不会丢失，此处的操作即使多余也只浪费几分钟的时间，如果造成特征丢失再返工就要耗费成倍的时间来补偿。

6.11.2　*SET 集合

关键字：*SET_NODE_{OPTION1}_{OPTION2}；　*SET_BEAM_{OPTION1}_{OPTION2}；
　　　　*SET_SHELL_{OPTION1}_{OPTION2}；　*SET_SEGMENT_{OPTION1}_{OPTION2}；
　　　　*SET_PART_{OPTION1}_{OPTION2}

SEGMENT 是定义 AS2S 面-面接触或者 AN2S 点-面接触 surface 一方的单元集时对壳单元、实体单元模糊选择的结果。如果用户选择的是壳单元，则每个壳单元对应一个 SEGMENT "面段"；如果用户选择的是实体单元，则此时 SEGMENT 指的是实体单元与其他零件接触的一侧的一个表面。

当 OPTION1 为 LIST（如*SET_NODE_LIST、*SET_SHELL_LIST 或者*SET_PART_LIST）时需要将该集合内部所有的节点 NID、壳单元 EID 或者零件 PID 一一罗列出来；*SET_BEAM 和*SET_SEGMENT 没有该项。

当 OPTION1 为 GENERATE 或者 OPTION1_OPTION2 为 LIST_GENERATE 时，如*SET_NODE_LIST_GENERATE、*SET_BEAM_GENERATE、*SET_SHELL_LIST_GENERATE、*SET_PART_LIST_GENERATE 时，*SET 的内容是成双成对出现的，用来定义多个 ID 范围，其中每个奇数项为 ID 范围的起始 ID，偶数项为 ID 范围的终止 ID，且凡是在限定 ID 范围内的节点、单元或者零件都将被*SET 选中。

当 OPTION1 为 ADD（如*SET_NODE_ADD）时，该*SET 的内容是一些*SET_NODE 的 ID，对应*SET_NODE>SID，即该*SET_NODE_ADD 是一些*SET_NODE 的集合（即集合的集合），其他的如 *SET_BEAM_ADD、*SET_SHELL_ADD 或者*SET_PART_ADD 含义相同。

6.12　模 型 实 操

本书配套教学资源为读者提供了点焊、缝焊、粘胶、螺栓、铰链以及 connector 的建模操作示范并附带有相应的模型供读者练习，读者可结合本章所学的内容进行实际操作以增强对相关知识的理解与记忆。

视频讲解:
2小时4分钟

第 7 章　假人姿态和座椅发泡预压

7.1　假人 *H* 点坐标与座椅 *R* 点坐标

非汽车碰撞安全性能仿真分析领域的读者可以跳过本章的学习。

假人的 *H* 点是指假人臀部中心局部坐标系的原点,是用来确定假人位置的参考点,如图 7.1 所示。由于付费假人的材料都是加密的,而且假人的内部涉及复杂的连接关系和局部坐标系,因此假人在模型中的位置不能像其他一般零件那样通过快捷键 Shift+F4 打开 translate 界面的方法来移动,而必须通过关键字 *INCLUDE_TRANSFROM 来移动,而该关键字对假人位置的移动就是针对假人 *H* 点的移动而言的。

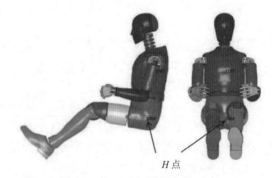

H 点

图 7.1　50%*H* Ⅲ型假人的 *H* 点

座椅的 *R* 点即设计座椅时乘员/假人的 *H* 点理论上应处于的位置,但是由于同一辆车需要分析的工况多样,每一种工况、同一乘员位置(主驾/副驾/后排乘员等)座椅的姿态(前后、高低的调节位置)要求不同、假人的种类各异,假人的 *H* 点并非每次都会与座椅的 *R* 点重合,但是假人的 *H* 点坐标每一次肯定都是以座椅的 *R* 点坐标为参考位置来确定的。座椅的 *R* 点坐标及座椅前后、高低可调节的范围由座椅供应商提供。

假人模型都是由专业公司设计且经过反复验证的,假人子系统通常自带材料库,自带内部各部件之间的连接关系和接触定义。用户只需要检查假人模型与整车主模型的单位制是否统一,同时只需要定义假人表面零件与整车其他部件的接触即可。

付费假人、壁障的材料都是加密的,一般会提供两套不同单位制的模型,如果只提供了一套模型却又与主模型的单位制不一致,则用户只能通过关键字*INCLUDE_TRANSFORM 调用假人模型的同时对其进行单位制转换。

7.2　刚体假人与柔性假人

为了避免 CAE 模型太大导致建模难度太大、分析周期太长,整车碰撞安全性能仿真分析通常分为结构耐撞性部分和约束系统两部分分别进行。结构耐撞性部分主要考虑整车与壁障的碰撞过程中车体金属结构的变形、吸能情况以及 B 柱上乘员附近加速度传感器的输出信息；约束系统部分主要分析假人在安全带、安全气囊、座椅以及地毯、内饰件的约束下发生二次碰撞时假人受到的伤害值。前者输出的加速度信息作为后者的加载信息；前者的假人多为刚体假人，更准确地说相当于一个可活动的配重，后者的假人要求尽可能准确地模拟实验用假人的各项性能指标且需要配备很多传感器，从而能够尽可能准确地评估假人在碰撞过程中受到的伤害。

7.3　假人姿态的调整

（1）调整目的：调整假人模型（dummy）的姿态，使其适合车内空间布局（座椅位置、座椅靠背角度、脚踏板位置、方向盘位置等）。

（2）实现方式：通过 HyperMesh 软件实现、通过 LS-PrePost 软件实现和通过 PRIMER 软件实现。

7.3.1　在 HyperMesh 中调整假人姿态

利用 HyperMesh 软件导入假人模型后，单击下拉菜单 Tools→Dummy，在功能区打开假人姿态调整界面，如图 7.2 所示。以下的操作如果未做特别说明，则都是针对该界面中目录列表的项目而言的。

1. 调整假人 H 点坐标

单击根目录项（图 7.2 中 ID=1 的 ES-2reLSTC PRIMER TREE FILE）则在信息列表中 H-Point location 项处可以输入假人 H 点的 x、y、z 坐标值，也可以在图形区用鼠标左键选择存在的节点以其坐标作为假人 H 点坐标值；Global rotation 项可以指定假人绕过 H 点的与车体坐标系 x、y、z 轴平行的轴旋转一定的角度，一般情况下很少使用。大多数情况下都是在整车模型的主文件中通过 *INCLUDE_TRANFORM 调用假人模型时，使用 *DEFINE_TRANSFORMATION 对假人旋转指定的角度，可以确保以后反复使用该假人模型时调整假人靠背角的准确性。

2. 调整假人靠背角

单击目录列表中的 Pelvis 项，可以在信息列表中 Current angle 项处指定假人靠背角该功能与上述 Global rotation 项绕 y 轴旋转的作用一样，所不同的是此处是绕假人 H 点处局部坐标系的 y 轴转动。假人靠背角在碰撞安全法规中有具体要求，初学者需要熟悉相关的安全法规。

3. 调整假人肢体位置

功能区 Dummy 界面目录中上述以外的其他项都是用来调整假人上肢体的腕关节、肘关节、肩关节以及下肢体的踝关节、膝关节和髋关节角度的。它们的调整方法都是选择相应的项，在信息列表中设置适当的 Current angle 值，此时图形区假人相应的部位会高亮显示，同时随着用户定义的角度而适时改变假人肢体的位置。

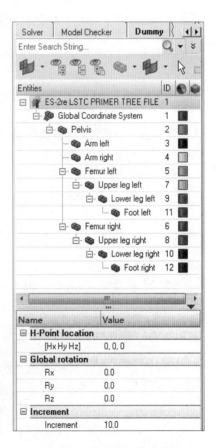

图 7.2　功能区假人姿态信息

4. 假人模型的输出

按照上述操作调整好假人的位置及姿态后就可以输出该假人模型了，注意此时的输出不可以覆盖原来导入时的假人模型 dummy_A.k，而是要另存一个模型 dummy_B.k，然后在文本编辑器 UltraEdit 或 NotePad 中用 B 模型中的所有节点信息（KEY 文件中*NODE 的相关内容）替换模型 A 中的节点信息（此处需要用到文本编辑器中的区域选择功能），再将更改后的模型 A 另存为一个 KEY 文件 dummy_C.k，此 C 模型即后面整车模型真正提交计算时调用的假人模型。这样做的原因在于，付费的假人模型的材料都是加密的且假人体内存在众多的局部坐标系和复杂的连接关系，加密的材料模型通过 HyperMesh 的导入、导出可能会出错。上述操作的目的是保持基础模型 dummy_A.k 不会因为对假人位置、姿态进行多次人为改动而出现混乱，同时确保了调整假人姿态用于提交计算的 dummy_C.k 模型的整洁。

7.3.2　在 LS-PrePost 中调整假人姿态

低版本的 LS-PrePost 4.0 假人姿态调整工具在界面菜单 DmyPos 界面中；高版本的 LS-PrePost 4.7 及其以上版本的假人姿态调整工具在下拉菜单 Application→Occupant Safety→Dummy Positioning 中，后续操作与之前 HyperMesh 的操作大同小异。

7.3.3　在 PRIMER 中调整假人姿态

PRIMER 调整假人姿态的工具在界面菜单中选择 Tool→Safety→Dummy Position 命令，打开命令界面后，后续操作与之前 HyperMesh 的操作相同。

7.4　安全带生成

使用界面菜单 Analysis→safety→belt routing 命令打开安全带生成界面，如图 7.3 所示。

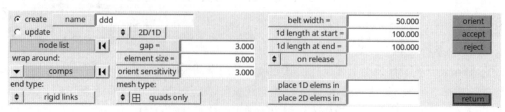

图 7.3　安全带生成界面

7.4.1　安全带参数定义

下面就图 7.3 中的相关设置进行说明。

➢ name：命名此次安全带生成的操作流程，以便后续查找、编辑。

➢ node list：定义安全带路径上的节点，三点式安全带需要分肩带和腰带两次生成。肩带部分一般需要定义 5 个节点，依次分别是 B 柱上端固定点（或滑环点）、假人肩部节点、假人胸部中间节点、假人肋部节点和安全带卡扣节点；腰带部分一般需要定义 5 个节点，依次是安全带卡扣节点（即上述肩带安全带的终点）、假人胯部节点、假人腹部中间节点、假人另外一侧胯部节点和安全带 B 柱下端固定点。

➢ warp around comps：在图形区选择安全带路径上可以与安全带产生接触的部件，例如假人胸、腹部外表面以及座椅的相关零件等，建议单击 Warp around 下方 comps 左侧的下拉菜单，选择 elems 选项并在图形区仅选择假人前胸和前腹部表面的单元，否则生成安全带时，HyperMesh 可能会走捷径将安全带单元生成在假人的后背上。

➢ gap=：定义安全带路径上与其可能接触的零件与安全带之间的间隙，避免产生穿透，推荐 1～2mm。

➢ 1d length at start=：对于 1D/2D 单元混合型安全带模型，指定起始端 1D 单元区域的长度，一般为 100mm。

➢ 1d length at end=：指定安全带末端 1D 单元区域的长度。

➢ mesh type：mesh type 选择全四边形壳单元 quads only 或者全三角形单元 R-trias 均可。

完成上述定义后，用鼠标中键确认或单击图 7.3 右侧的 orient 按钮生成安全带模型，此时可在图形区通过拖动鼠标修正安全带的路径，再单击 accept 按钮完成此次安全带生成操作，或者按键盘 Esc 键完成并退出此次安全带生成操作。

7.4.2　安全带滑环定义

安全带滑环单元的功能：当假人运动带动安全带时，安全带单元可通过滑环变向移动。例如三点式安全带的肩带与腰带在卡扣处共节点呈 V 字形，但是可通过定义在卡扣上的滑环单元实现互通。

单击下拉菜单 View→Solver Browser 命令在功能区打开 Solver 界面，在该界面空白处右击，在弹出的快捷菜单中选择 Create→*ELEMENT→*ELEMENT_SEATBELT_SLIPRING 命令，即可看到 Solver 界面关键字列表*ELEMENT_SEATBELT_SLIPRING 下新生成了一个滑环单元，如图 7.4 所示。单击选择该单元，用户可在滑环单元信息列表中对该单元的各项参数中进行编辑。

➢ Name：单元名称。

➢ Include：所属 KEY 文件。

➢ SBID1：滑环一侧连接滑环的安全带 1D 单元的 ID 号，用户可在图形区直接选择该单元，如图 7.5 中 belt_1 所示。

➢ SBID2：滑环另一侧的安全带 1D 单元的 ID 号，如图 7.5 中 belt_2 所示。

图 7.4　滑环单元定义

> FC：安全带通过滑环时与滑环之间的摩擦系数。
> SBRNID：滑环在座椅安全带卡扣或者车身 B 柱上的固定点（安装点）节点 ID，用户可在图形区直接进行节点选择。

📢 注意：

> 滑环两侧安全带 1D 单元在滑环处共节点，该节点最终要与滑环固定点位置重合而不是节点合并，如图 7.5 所示。

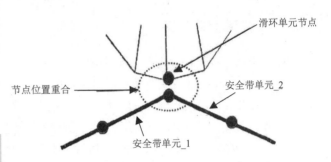

图 7.5　滑环单元与安全带单元相对位置

7.5　座椅发泡预压

设计部门提供的座椅发泡（包括椅背发泡、坐垫发泡和头枕发泡）是未变形的，假人模型按照座椅设计部门确定的 *R* 点坐标放置就会与座椅发泡产生穿透，而在实车实验当中，当假人放置在座椅上后由于假人自身的重量会使座椅发泡产生相应的变形而不会穿透，因此在正式进行汽车碰撞安全仿真分析之前需要消除该穿透，使得假人与座椅发泡的相对位置关系更符合实际情况，这一过程称为座椅发泡预压。

座椅发泡预压方案：先将假人从 *H* 点位置向上、向前各移动 50～100mm，使其与座椅发泡脱离接触，再从该脱离接触位置移动回 *H* 点位置，在假人回位的过程中利用假人与座椅发泡之间定义的接触挤压发泡变形。为此目的，座椅发泡预压使用的假人并不需要最后整车碰撞安全性能分析所用的整个假人，只需要将假人身上与座椅发泡存在穿透的零件找出来，如图 7.6 所示（根据实际情况有可能要加上假人的膝盖和小腿）。图 7.6 中所示假人身上的每个部位都包括弹塑性材料定义的一个实体单元零件和空材料（*MAT_009）定义的外包在实体单元零件上的壳单元零件，但在座椅发泡预压计算中只选用壳单元零件。预压发泡用的假人零件都找出来后（见图 7.6），将这些零件合并（快捷键 Shift+F11）到一个新的零件如 dummy_skin 中，该零件采用刚体材料（*MAT_020 且只释放 *x*、*z* 向的平动自由度）定义，属性（*SECTION_SHELL）与这些零件中厚度最厚的零件相同或者在此基础上再增加 0.5mm 的厚度作为接触余量。

图 7.6　预压发泡的假人

实际操作过程目前主要有两种实施方案，方案一是图 7.6 所示的预压假人与座椅单独建立一个模型进行座椅发泡预压计算（*CONTROL_TERMINATION>ENDTIM=5ms），然后对计算结果中的座椅零件（主要是变形后的发泡）的最终状态进行模型"回收"，再用回收的零件替换原来座椅中未变形的同位置的零件，从而得到与真实假人没有穿透的预压座椅参与整车碰撞安全性能仿真分析计算；方案二是将座椅发泡预压与其后的汽车整车碰撞安全性能仿真分析合并在一起提交计算，但是将模型的计算时间比原计划的整车碰撞安全性能分析时间延长 5ms，例如原先整车碰撞安全性能仿真分析中关键字 *CONTROL_TERMINATION 中变量 ENDTIM 定义的计算时间是 120ms，现在更改为 125ms，增加的这前 5ms 即用来预压座椅发泡，给发泡预压假人 dummy_skin 一个强制位移（mm-ms-kg-kN 单位制下关键字*BOUNDARY_PRESCRIBED_MOTION_RIGID(Disp)>DEATH=5 表示强制位移只在前 5ms 有效，其他变量在第 8 章"边界条件设置"中会有详细解释），mm-ms-kg-kN 单位制下预压假人与座椅发泡的接触 *CONTACT_AUTOMATIC_SURFACE_TO_SURFACE>DT=5 表示接触定义只在前 5ms 有效。与此相对应，由于前 5ms 用来进行座椅发泡预压计算，因此整车碰撞安全性能分析的边界条件（如真实假人与座椅的接触、整车初速度等）的定义要注意的是从 5ms 以后才开始发挥作用（mm-ms-kg-kN 单位制下相关关键字中的变量 BT=5 或者 BIRTH=5），这一点需要用户切记。后一种方案省去了单独计算座椅发泡预压，还省去了从座椅预压的计算结果中"回收"变形后的零件，也省去了座椅变形零件的替换和变形座椅的重新导出等流程，极大地提高了计算效率。

📢 **注意：**

> 在对座椅发泡进行单独预压（上述方案一）时，座椅骨架要进行全约束，只有座椅发泡和支撑发泡的钢丝可变形；从计算结果中"回收"变形后的发泡及支撑钢丝的操作可在后处理软件 HyperView 中进行，也可在前处理时定义关键字*INTERFACE_SPRINGBACK_LSDYNA 以便在计算完成之后自动"回收"到一个 dynain 文件中。相关操作在后续的第 9 章"控制卡片设置"和第 12 章"后处理"中会有详细讲述。

7.6 模 型 实 操

本书配套教学资源为读者提供了假人姿态调整和座椅发泡预压的操作示范及相关模型，读者可结合本章内容进行实操练习以加深对相关知识的理解与记忆。

第 8 章　边界条件设置

边界条件主要用来描述 CAE 模型与外界的关系及模型内部各部分之间的相互关系，边界条件同时是驱使模型发展、变化的"动力"。

边界条件涉及的主要关键字有：*BOUNDARY、*INITIAL_VELOCITY、*PART_INERTIA、*LOAD、*CONTACT、*CONSTRAINED、*RIGIDWALL。

8.1　约　　束

关键字：*BOUNDARY_SPC_NODE。

命令一：界面菜单 Analysis→constraints（针对*BOUNDARY_SPC_NODE）；

命令二：在功能区 Solver 界面空白区右击，在弹出的快捷菜单中选择 Create→*BOUNDARY→*BOUNDARY_SPC_NODE 命令。

约束是通过限制 CAE 模型中一些节点的自由度来仿真周边环境以使 CAE 模型运动受限的状况。刚体零件内部各个节点之间的相对位置始终保持不变，刚体零件的运动状态通过其质心的运动状态来表达，刚体零件的自由度通过定义刚体的材料*MAT_020 的内部相关变量来实现。

8.1.1　*BOUNDARY_SPC_NODE/SET 的内部变量

图 8.1 所示为单个节点施加约束的关键字*BOUNDARY_SPC_NODE 的内部变量，只有一个卡片。对一个节点集合施加约束的关键字*BOUNDARY_SPC_SET 与之相比唯一的区别是，卡片 1 的第一个变量是 NSID。

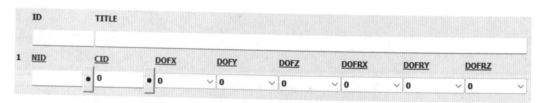

图 8.1　*BOUNDARY_SPC_NODE 的内部变量

➢ ID：约束定义关键字的 ID，为非必要定义项。如果用户定义了该项，则关键字自动变为*BOUNDARY_SPC_NODE_ID；如果用户不定义该项，提交计算不会报错，但是再次导入、导出 HyperMesh 时会被自定义一个 ID。

➢ TITLE：约束定义的命名，为非必要定义项。

➢ NID：约束施加的节点的 NID。*BOUNDARY_SPC_SET 关键字的该项变量 NSID 对应 *SET_NODE>SID，即节点集的 ID。

➢ CID：局部坐标系 ID 号，CID=0 表示采用全局坐标系。当约束的自由度方向与全局坐标系方向不一致时可以定义局部坐标系，使该局部坐标系的坐标轴的方向与约束的自由度的方向相同；全约束或者全不约束时局部坐标系与全局坐标系没有区别。

➢ DOFX、DOFY、DOFZ：沿坐标轴 x、y、z 3 个方向的平动（translation）自由度，定义值为 1 表示约束该方向的自由度，不定义或者值为 0 表示不约束该方向的自由度。

➢ DOFRX、DOFRY、DOFRZ：沿坐标轴 x、y、z 3 个方向的转动（rotation）自由度，定义值为 1 表示约束该方向的自由度，不定义或者值为 0 表示不约束该方向的自由度。

下面举例说明利用*BOUNDARY_SPC_NODE 节点约束关键字对节点 ID 分别为 12345678、38、39、40 的 4 个节点进行全自由度约束时，在 KEY 文件中的内容格式。

```
*BOUNDARY_SPC_NODE
$HMNAME LOADCOLS        1auto1
$HWCOLOR LOADCOLS        1     5
$#    nid       cid      dofx      dofy      dofz     dofrx     dofry     dofrz
  12345678        0         1         1         1         1         1         1
        38        0         1         1         1         1         1         1
        39        0         1         1         1         1         1         1
        40        0         1         1         1         1         1         1
```

KEY 文件中以$开头的行为注释行。

卡片 1 中每个变量所占用的长度为 10 个字符，用户在必要的时候也可以打开 KEY 文件进行手动编辑而不用每次都从 HyperMesh 导入、编辑再导出。

📢 注意：

> 上述每个变量占用的长度为 10 个字符，但是节点 ID（NID）最大只能达到 8 位数，上述 KEY 文件中关键字内容示例中的第一个节点 ID（12345678）即提醒大家该变量最多只能定义 8 位数，同时也提醒大家 KEY 文件关键字变量的定义是后对齐而不是前对齐。

大家知道了*BOUNDARY_SPC_NODE/SET 的内部变量的含义，其实已经可以通过文本编辑器 UltraEdit 或者 NotePad 在 KEY 文件中手动输入模型的约束定义。如果需要约束的节点比较多时，人工输入节点 ID 比较麻烦，还容易出错。下面为大家介绍在 HyperMesh 界面进行直观操作来定义模型约束的过程。

8.1.2 HyperMesh 定义节点约束

HyperMesh 界面定义模型的自由度约束比较直观，用户可以在图形区直接选择需要施加自由度约束的节点，但是需要额外地做一些辅助工作。

1. 建立载荷集 Load Collectors

首先在工具栏 3 中单击 Load Collectors 图标 ，在界面菜单区打开载荷集/约束集定义界面，界面及其设置如图 8.2 所示。

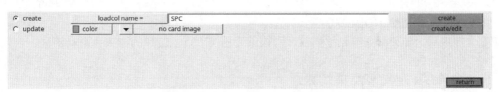

图 8.2 Load Collectors 定义

➢ loadcol name：自定义约束集的名称，如 SPC。

➢ no card image：不需要定义 Card Image。

➤ create：确认生成约束载荷集。

此时在功能区 Model 界面目录中可以看到刚刚定义的 Load Collectors，而且是加粗显示表明其为当前集。如果不做改动，接下来生成的所有约束、载荷都在该集合下。

如果当前模型还没有建立任何 Load Collectors 载荷集，则不用通过图 8.2 所示的操作新建载荷集，而在直接对模型定义约束的同时，HyperMesh 会自动新建一个载荷集 Load Collectors 作为当前载荷集，并将刚刚定义的约束归于其内；如果当前模型中已经定义有载荷集而用户又没有新建载荷集即开始定义约束，HyperMesh 会自动将新定义的约束归于当前载荷集而不管这个载荷集是否适合，因此建议用户定义约束之前先要确认一下当前载荷集或者直接新建一个载荷集。

2. 定义约束

单击界面菜单 Analysis→constraints 命令打开节点约束定义界面，如图 8.3 所示。

图 8.3　节点约束定义界面

➤ nodes：在图形区模型中选择需要约束自由度的节点，可以用鼠标左键单击单选，也可以用 Shift+鼠标左键框选。虽然只选择单个节点进行约束理论上并不为错，但是我们推荐大家至少要选择一个单元的 4 个节点或者 rigidlink 的主节点，因为单点约束容易导致减缩积分单元的沙漏问题。

➤ relative size=：约束图标在图形区的显示尺寸。如图 8.4 所示，对模型节点施加约束后，在图形区会显示一个三角形的约束标识，三角形顶点的数字 1~6 表示该节点的哪些自由度受到约束。约束图标太小，用户不容易发现约束究竟施加在模型中的哪些节点上；约束图标太大，影响用户对约束施加的准确位置的判断。约束图标的尺寸可以随时调整，即使不定义节点约束时调整该数值也可以适时改变图形区约束图标的显示尺寸。

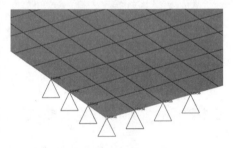

图 8.4　节点约束显示

➤ dof1~dof6：节点的 6 个自由度，dof1~dof3 分别是节点在 x、y、z 3 个方向的平动自由度，dof4~dof6 分别是节点在 x、y、z 3 个方向的转动自由度，哪一项被选中即表示该方向自由度被约束。

➤ create：确认在所选节点上生成约束。确认后会在图形区看到指定的节点上出现三角形的约束图标及自由度标识，同时在功能区的 Solver 界面目录中会看到有新增加的 *BOUNDARY_SPC_NODE 关键字定义。

约束定义完成后，如果某个单元被删除，则该单元相关节点上施加的约束会自动消失。

8.1.3　HyperMesh 定义节点集约束

关键字：*BOUNDARY_SPC_SET。

首先用界面菜单 Analysis>entity sets 命令打开界面建立需要施加约束的节点集合*SET_NODE，如图 8.5 所示。

图 8.5 节点集约束定义界面

其次在功能区的 Solver 界面空白处右击，在弹出的快捷菜单中选择 Create→*BOUNDARY→*BOUNDARY_SPC_SET 命令，此时在该界面目录中会增加一个*BOUNDARY_SPC_SET 关键字定义，如图 8.6 所示。用户可以在变量明细中对其具体的参数进行定义、编辑。

> Name：关键字名称，用户可以单击进行更改，但是在同类关键字中要具有唯一性。

> ID：关键字 ID，在同类关键字中具有唯一性，关键字生成时 HyperMesh 会自定义一个 ID，用户可以将其更改成其他不会产生 ID 冲突的号码，但是最多只能是 8 位数。

> BirthDeathOption：设置约束生效及失效的时间范围。不选择表示约束定义在整个计算过程中自始至终都发挥作用；如果选择，则可以在下面新增加的变量 BIRTH、DEATH等项定义约束作用的起止时间。如果不定义，则 BIRTH的默认值是从零时刻开始，DEATH 的默认值是计算的终止时刻，即默认值与不选择 BirthDeathOption 设置项是一样的。

图 8.6 定义节点集约束

> NSID：施加约束的节点集的 ID（对应*SET_NODE> SID）。用户可以直接输入 ID 号，也可以单击该项，在弹出的 SET列表窗口中进行选择。如果 SET 列表中的内容较多，则可以在列表窗口上方的搜索栏内输入搜索关键字（例如节点集的名称等）加快筛选、定位。

> CID：局部坐标系 ID。如果约束的自由度的方向并非全局坐标系的 x、y、z 轴的正方向，则可以建立局部坐标系，使局部坐标系的方向与想约束的方向相同。

> DOFX～DOFRZ：沿 x、y、z 3 个方向的平动（translation）自由度和转动（rotation）自由度，值为 1 表示该自由度被约束，不选择或者选择 0 则表示该自由度没有约束。

如果约束节点集中的节点涉及的单元被删除导致该节点被删除，则节点集内容会自动更新。

下面是*BOUNDARY_SPC_SET 在 KEY 文件中的对应内容示例。

```
*BOUNDARY_SPC_SET
$HMNAME LOADCOLS       2SPC
$HWCOLOR LOADCOLS      2       6
$#    nsid      cid      dofx      dofy      dofz     dofrx     dofry     dofrz
  12345678        0         1         1         1         1         1         1
*SET_NODE_LIST
$HMSET
$HMNAME SETS12345678SPC
$#     sid       da1       da2       da3       da4    solver
  12345678     0.000     0.000     0.000     0.000MECH
$#    nid1      nid2      nid3      nid4      nid5      nid6      nid7      nid8
         3        12        13        14        15        16        78        79
        80        81        83        85         0         0         0         0
```

关键字中以$开头的行为注释行。

关键字*BOUNDARY_SPC_SET 中的第一个变量 NSID（Node Set ID）=12345678 是一个节点集的 ID号，指向一个节点集关键字*SET_NODE_LIST 并与其变量 SID 的值相对应。

节点集关键字*SET_NODE_LIST中卡片2中的变量NID1～NID8表示每一行可以写8个节点ID号，虽然每个节点ID占用10个字符长度，但是ID号最大只能达到8位数；ID号可以写多行（示例中写了两行），每一行不用全部写满（当然从HyperMesh导出时生成的KEY文件在最后一行之前都是写满的），这样在用户对KEY文件内容进行手动追加或删减时可以提高编辑效率，因此上述*SET_NODE_LIST的内容也可以改为如下方式（用户可以自己比较一下其中的异同）。

```
*SET_NODE_LIST
$HMSET
$HMNAME SETS12345678SPC
$#        sid        da1        da2        da3        da4     solver
    12345678      0.000      0.000      0.000      0.000MECH
$#       nid1       nid2       nid3       nid4       nid5       nid6       nid7       nid8
            3         12         13         14         15         16
           80         81         83         85          0          0          0          0
           78         79
```

🔊 **注意：**

> 在文本编辑软件 NotePad 或者 UltraEdit 中对 KEY 文件进行编辑时，当某个关键字的一个卡片（CARD）编辑完成后按 Enter 键转到下一行时，如果此时光标没有顶格显示，则要注意先将光标移到顶格位置再输入新的内容；有些用户以为正好可以节省敲几个空格的时间而不将光标进行顶格处理，就会导致提交计算时出错。

对*MAT_020材料定义的刚体零件自由度的约束通过材料关键字内部变量的定义来实现（见第5章的相关详解），用户也可以在需要施加约束的弹性体区域附加一块定义了相应自由度约束的刚片 Patch 来实现对弹性体自由度的约束。

8.1.4　几种典型的约束举例

（1）螺栓紧固：当机械结构被螺栓紧固在地面上时，可对 CAE 模型中对应的螺栓孔周围的 washer 单元的节点直接进行全约束（x、y、z 3个方向的平动和转动自由度全约束）而忽略螺栓紧固件的建模；当机械结构被螺栓紧固在地面上的非常坚固的物体上时，也可以忽略该坚固底座的 CAE 建模而直接对机械结构固定点处的螺栓孔周围的 washer 单元的节点进行全约束。例如汽车白车身弯曲刚度、扭转刚度的实车实验都是将白车身前、后悬架安装点位置固定在一个台架上，在进行 CAE 静态仿真分析、隐式计算时，就可以忽略台架的建模而直接在白车身前、后悬架安装点处施加约束；汽车白车身上座椅固定点刚度、安全带固定点刚度的实车实验也都是在台车上进行的，在进行 CAE 准静态仿真分析、显式计算时，同样忽略了台架的建模而将约束直接定义在白车身固定点处。

（2）焊接：当机械结构被焊接在地面上或者固定在地面上非常坚固的物体上时，可对 CAE 模型中焊接区域涉及的单元的节点进行全约束。

（3）悬臂梁：被固定一端的单元的节点定义全约束，如图8.7所示。

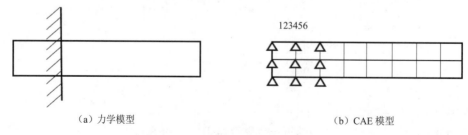

(a) 力学模型　　　　　　　　　　　　　　(b) CAE 模型

图8.7　悬臂梁 CAE 模型约束示例

（4）简支梁：如图 8.8 所示，一端约束 x、y、z 3 个方向的平动自由度，另一端约束 y、z 两个方向的平动自由度。

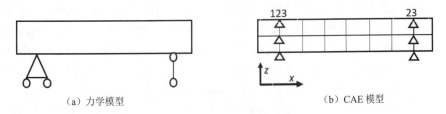

（a）力学模型　　　　　　　　　　　　　　（b）CAE 模型

图 8.8　简支梁 CAE 模型约束示例

8.1.5　模型截面的约束

有些时候为了减小计算量、缩短计算周期需要对模型进行裁减，例如汽车前排座椅固定点刚度的准静态分析工况中，试验测试是将前排座椅安装在白车身上，再将白车身的前、后悬架安装点位置固定在台架上，CAE 仿真模拟分析一般也是如此建模的，不同的是台架无须建模而将约束直接施加在前、后悬架安装点处，前悬安装点一般约束 x、y、z 向的平动自由度即 dof1～dof3，后悬安装点一般约束 z 向的平动自由度即 dof3。但是在时间、进度要求紧张的情况下，CAE 建模也可以只截取白车身的前半个车身（只取白车身 B 柱之前的部分），而在截面位置施加对 x、y、z 向的平动自由度的约束即 dof1～dof3，这样极大减小了模型、减少了计算量同时缩短了计算周期。

截面位置自由度约束的确定：截面之前受到多大的自由度限制，截面之后即有多大的自由度约束。

截面一侧需要删除的部分应当采取先框选删除单元再删除空 *PART 的方式，而不可直接框选删除 *PART。

📢 **注意：**

> 　　截面处如果有焊点或者粘胶，则施加截面约束时不能定义在焊点单元、粘胶单元的节点上；截面处的焊点、粘胶可以直接删除。用户如果仅用肉眼搜索检查是否有焊点单元/粘胶单元定义了约束，则很容易出现疏漏，正确的检查方法是首先在图形区单独显示焊点和粘胶，再用工具栏 2 中的 Unmask Adjacent Elements 图标显示与图形区焊点、粘胶直接共节点的特征是否存在约束，注意此时功能区列表中的约束项 *BOUNDARY_SPC 应当是处于显示而非隐藏状态的。

8.2　地面或刚性墙

8.2.1　关键字 *RIGIDWALL_PLANAR

定义刚性地面与刚性墙的关键字相同，其实它们也是一种约束，即限制研究对象只能在地面以上进行运动或者刚性墙的一侧运动。刚性地面在汽车整车碰撞安全性能仿真分析中非常重要，因为汽车的 CAE 模型需要在地面上运动，汽车碰撞的固定壁障的位置是相对于地面固定的，移动壁障也需要在地面上运动，而刚性墙则直接用来模拟实测试验中的刚性墙壁障。地面、刚性墙对结构的约束通过它们之间的接触的定义来实现，即通过接触的定义来使地面与主模型相互识别，从而不会在相遇时发生穿透。

传统意义上的地面是水平的，物体置于地面之上；传统意义上的刚性墙是垂直于地面的，物体置于刚性墙一侧。CAE 模型中定义刚性地面与刚性墙的关键字相同，都是 *RIGIDWALL_PLANAR，区别仅在于*RIGIDWALL_PLANAR 的正方向不同。不仅如此，CAE 模型中的刚性地面*RIGIDWALL 的正方向可以是任意方向，在进行物体跌落分析如手机、空调、新能源汽车的电池包等电器以各种姿态跌落地面（即不同部位与地面开始接触）工况的 CAE 仿真分析时，如果对研究对象做出旋转等各种姿态的调整不但容易导致计算出错（特别是在主模型内部存在各种局部坐标系和*INCLUDE_TRANSFROM 嵌套的情况下），也不利于模型的优化更新。CAE 仿真分析的优势在于，我们可以不用旋转主模型而直接以上、下、左、右各种方位的刚性墙作为地面建立多个分析工况，每个工况中主模型以相同的速度沿各自地面的法向撞击地面达到模拟研究对象以各种姿态跌落、触地的目的。

鉴于不论是地面还是刚性墙，它们的关键字都相同，因此在不需要特别指明是刚性地面的情况下，我们统一称其为刚性墙。*RIGIDWALL_PLANAR 有正方向，主模型需要置于刚性墙的正方向一侧才能在互相靠近时被刚性墙有效识别，进而阻止其"穿墙而过"。

*RIGIDWALL_PLANAR 系列关键字主要有以下几个。

➢ *RIGIDWALL_PLANAR_FINITE_ID：有限大小的固定刚性墙，需要定义刚性墙的尺寸。

➢ *RIGIDWALL_PLANAR_FINITE_FORCES_ID：可以输出刚性墙的接触力。

➢ *RIGIDWALL_PLANAR_ID：无限大小的固定刚性墙。

➢ *RIGIDWALL_PLANAR_MOVING：可移动刚性墙，可定义刚性墙的质量和初速度。

➢ *RIGID_PLANAR_ORTHO：与固定刚性墙的接触会产生正交各向异性的摩擦力。

接下来，我们以*RIGIDWALL_PLANAR_FINITE_FORCES_ID 为例来进行讲解。在 KEY 文件中用户一般看到的该关键字的内容如图 8.9 所示。该关键字需要定义 5 个卡片，而关键字*RIGIDWALL_PLANAR_FINITE_ID 只需要定义其中的前 4 个卡片，关键字*RIGIDWALL_PLANAR_ID 只需要定义其中的前 3 个卡片即可，我们选择了并非最常用的但是最能说明问题的关键字。关键字中最后一个卡片之前的卡片可以不定义变量，但是位置必须保留，即空一行。

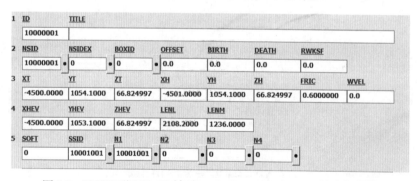

图 8.9 *RIGIDWALL_PLANAR_FINITE_FORCES_ID 的内部变量

➢ ID：刚性墙关键字的 ID，用户可以自定义，但是在所有*RIGIDWALL 中必须具有唯一性。

➢ TITLE：刚性墙的命名，占用 70 个字符的长度。

卡片 2 定义刚性墙的接触。

➢ NSID：从节点的节点集（*SET_NODE）的 ID 号。即以刚性墙为默认的主面，以撞向刚性墙的模型上的节点组成的集合为从节点，节点集中的节点从刚性墙正向一侧靠近刚性墙时将会被识别，从而避免穿透发生；如果不定义该项，则默认所有刚性墙以外的单元的节点都是从节点。

➢ NSIDEX：排除在刚性墙从节点以外的节点集（*SET_NODE）的 ID 号。当模型中只有极少数节点不是该刚性墙的从节点时，可以使用这种排除法。该变量为非必要定义项，且 NSIDEX 与 NSID 通常是二者选其一。

- BOXID：之前通过*DEFINE_BOX 定义的"盒子"的 ID 号，对应*DEFINE_BOX>BOXID。位于该"盒子"内部的节点将被定义为刚性墙的从节点，如果 NSID 或者 NSIDEX 有定义，则刚性墙的从节点是它们的交集。

- OFFSET：刚性墙沿法向偏移（OFFSET）指定距离之内的节点为刚性墙的从节点。如果 NSID、NSIDEX、BOXID 有定义，则从节点是它们之间的交集。

- BIRTH：刚性墙起作用时间起点。不定义即表示从零时刻开始。

- DEATH：刚性墙起作用时间终点。不定义即表示至计算终止。

- RWKSF：刚性墙的接触刚度比例系数，默认值为 1。当计算过程中刚性墙已经识别到其他零件的靠近、产生了接触力的情况下仍然发生刚性墙穿透时，可适当增大该比例系数，例如令RWKSF=10，但是切记该接触刚度不可定义过大（建议不大于 20），否则会导致计算失真。

卡片 3 定义刚性墙的位置。

- XT、YT、ZT：确定刚性墙位置的节点，同时也表明了刚性墙法线方向的向量的尾节点（tail node）的 x、y、z 轴坐标。用户可以手动输入坐标，也可以在 HyperMesh 图形区选择已有节点。

- XH、YH、ZH：表明刚性墙法线方向的向量的头节点（head node）的 x、y、z 轴坐标。刚性墙的法线方向由上述的尾节点指向头节点。HyperMesh 界面操作中增加了 Normal 选项，即通过在图形区选择 3 个节点根据右手法则确定刚性墙的法向，或者指定某个坐标轴的正向或负向为刚性墙的法向，或者指定某个向量（vector）的方向为刚性墙的法向，或者与图形区平行、垂直的方向为刚性墙的法向。总之先确定刚性墙的法线方向，HyperMesh 会在该方向上随机选择一点来自动定义头节点的坐标 XH、YH、ZH。

- FRIC：模型（准确地说是刚性墙的从节点）与刚性墙接触时的摩擦系数。摩擦系数应当是一个小于 1 的正数，摩擦系数等于 1 则从节点接触刚性墙后不能在刚性墙上滑动。

卡片 4 定义刚性墙的大小。

- XHEV、YHEV、ZHEV：刚性墙的扩展方向的头节点，即刚性墙位于节点（XT、YT、ZT）的哪一侧。HyperMesh 操作中增加了 Edge 选项，与上述 Normal 选项的定义类似，即通过定义一个方向，然后在该方向上自动选择一点来定义（XHEV、YHEV、ZHEV）。

- LENL、LENM：有限尺寸刚性墙的宽度和高度。HyperMesh 会自动为刚性墙建立一个以 l、m、n 为坐标轴的局部坐标系，其中 n 轴即刚性墙的法向也就是 Normal 定义的方向，l 轴即 Edge 定义的方向，变量 LENL、LENM 的值即定义有限大小刚性墙以节点（XT、YT、ZT）为基准在 l 轴方向和 m 轴方向的尺寸；如果这两个数值不定义，则该刚性墙就变成了一个无限大小的刚性墙。

卡片 5 定义刚性墙接触力的输出。

SSID：*SET_SEGMENT 的 ID 号，即刚性墙上仅限于由该*SET_SEGMENT 定义的区域的接触力输出，不定义则默认整个刚性墙的接触力都输出。

刚性墙定义完成后，用户可以直接在图形区看到刚性墙的位置、法向和大小。如果觉得位置不合适，用户还可以通过快捷键 Shift+F4 移动刚性墙到指定位置。

知道了*RIGIDWALL_PLANAR 关键字内部变量的含义，用户可以通过文本编辑器直接在 KEY 文件中以手动输入的方式来定义刚性墙或者地面，但是其中涉及的一些坐标如 XT、YT、ZT 等变量的值通常都不是整数，刚性墙定义完成后，用户对刚性墙与 CAE 模型中其他特征的相对位置关系也没有一个直观的认知，如果在 HyperMesh 界面直接进行节点选择等操作会更方便、更直观。

8.2.2　HyperMesh 创建刚性墙

在功能区 Solver 界面的空白区域右击，在弹出的快捷菜单中选择 Create→ *RIGIDWALL→ *RIGIDWALL_PLANAR_...即可新建一个刚性墙。单击该刚性墙的名称，在 Solver 界面的下半部分会出现该关键字的详细信息（如果没有出现，则很可能是因为界面菜单区有命令没有退出），用户可对其中的卡片及变量进行编辑，从而完成对刚性墙的定义。

8.2.3　整车碰撞中的地面

实车碰撞中地面只有一个，汽车前、后轮以及可变形移动壁障（Mobile Deformable Barrier，MDB）都在同一个地面上，偏置可变形壁障（Offset Deformable Barrier，ODB）的离地高度也是相对于同一地面。但是在对实车零件进行测绘而获得几何模型的过程中，由于汽车的前、后悬架都处于释放状态，导致所有汽车零部件进行 CAD 组装之后会出现前、后轮不在同一高度的情况，其验证方法是在 HyperMesh 的图形区将车体以侧视图显示，查看前、后轮最低节点的 z 轴坐标是否相同。前、后轮地面高度不同时需要对汽车前、后轮分别定义地面，此时 MDB 和 ODB 的地面 z 轴坐标也需由设计方提供。

汽车前、后轮地面的高度确定：以前轮为例，在 HyperMesh 图形区将汽车以侧视图放置，局部放大后找到前轮最低的节点并对其复制后沿 z 轴坐标方向向下移动轮胎厚度一半的距离再加上 0.5～1mm 的余量，该位置即前轮地面的高度位置，地面为无限大小*RIGIDWALL_PLANAR_ID，图 8.9 所示卡片 2 中的变量可以只定义 BOXID，且 BOX 的大小只需覆盖前轮的下半个车轮即可，这样可以尽可能地缩小前轮地面的接触搜索范围，从而节省计算量。后轮地面的高度确定与前轮类似。

汽车前、后轮地面的位置是用前、后轮位置推导出来的。壁障则相反，其地面位置（全局坐标系下的 z 轴坐标）由设计方提供（即事先确定的），可变形移动壁障 MDB/MPDB 等再依据地面位置和车轮的厚度确定其在全局坐标系下的 z 轴坐标，可变形固定壁障 ODB 依据地面位置和法规要求的离地高度确定其在全局坐标系下的 z 轴坐标，壁障的 z 轴坐标确定后再依据法规中壁障与汽车的位置关系确定壁障的 x、y 轴坐标。由于刚性墙是无限大小的，因此汽车正向 100%撞击刚性墙仿真分析工况只需要确定刚性墙的 x 轴坐标即可。

📢 注意：

> 刚性墙有正方向，模型应当处于刚性墙的正方向一侧，否则无法被刚性墙识别。

8.2.4　壁障位置的调整

汽车碰撞安全性能仿真分析中用到的壁障、假人等 CAE 模型一般都是由专业公司开发出来，经过验证之后向整车厂出售 LICENSE 使用权限。所谓验证即要确保这些壁障、假人模型的力学性能与实车碰撞测试所用的壁障、假人的力学性能非常接近，从而保证 CAE 仿真模拟的准确性。出于商业利益考虑，这些壁障、假人模型的核心数据（如材料性能参数等数据）都是加密的，在 HyperMesh 中检查模型时会提示这些子系统模型所使用的材料的应力-应变曲线找不到或者未定义，这就要求用户对壁障位置的调整不能采用导入 HyperMesh、用快捷键 Shift+F4 调整位置姿态、再导出 HyperMesh 的方式来实现，而应当采用导入 HyperMesh、调整位置姿态、记住各个方向调整的数据、定义*DEFINE_TRANSFORMATION，在主 KEY 文件中采用*INCLUDE_TRANSFORM 调用壁障子系统模型的方法。

8.2.5 刚性墙比较

*RIGIDWALL_PLANAR、*RIGIDWALL_GEOMETRIC_OPTION 和用*MAT_020 刚体材料定义的壳单元零件都可以作为刚性墙,它们之间有什么区别呢? 表 8.1 列举出了这 3 个刚性墙各方面比较的异同。除了需要计算与外界的接触之外,它们自身对计算资源的消耗都很小,相当于计算一个质点的运动状态。

静止的刚性墙在后处理时是否可视可以通过计算控制关键字*CONTROL_CONTACT> SKIPRWG 变量的定义来控制。

表 8.1　三种刚性墙各方面比较

比较项	*RIGIDWALL_PLANAR	*RIGIDWALL_GEOMETRIC	*MAT_020 定义的刚性墙
默认自由度	默认固定不动	默认固定不动	默认可以自由运动
强制运动自由度	只能沿法向运动	任意方向平动	任意方向平动、转动
强制运动方式	初始速度	强制位移和速度	初始速度或者强制位移、速度、加速度
连接方式	不可以固定在模型或者零件上		可以固定在模型或者零件上
能否配重	可以	不可以	可以
后处理可视性	固定时可见	固定时不可见	与其他零件一样可见
	运动时不可见	运动时可见	
包含特征	不包含节点、单元等特征		须定义 NID、EID、PID、SECID、MID
ID 冲突	不用顾虑与零件的 ID 冲突		需要考虑 ID 冲突和单元质量问题
尺寸	默认无限大小,可以自定义大小		只能是有限尺寸
形状	平面	平面、圆柱形、方柱形、球形	任意复杂形状
连续性	一个整体		可以是不连续的几个区域
接触定义	自带接触定义		需要自定义接触
	自为主面,默认模型中所有节点都是从节点		需要定义主、从关系
接触搜索方式	单面搜索		可以双面搜索
接触力	可以分区输出		一个接触定义只能输出一个接触力
接触力读取	RWFORC		RCFORC

8.3 集 中 力

集中力与约束一样不能施加于壳单元/实体单元的单个节点上,至少要加在一个单元的几个节点上,或者用 rigidlink 抓取一小片区域的单元的节点,集中力施加在该 rigidlink 的主节点上,这样可以有效避免减缩积分单元的沙漏问题。

8.3.1 加载力的准备工作

动力学显式分析与静力学隐式分析的一个很显著区别是,显式计算的力是一个有时间历程的力,即力是时间的函数,而静态隐式计算的力是一个确定的、不变的数值。因此,在 HyperMesh 界面定义集中力前需要做两项准备工作。

准备工作一:与约束的定义一样,如图 8.2 所示,首先需要定义一个载荷集 Load Collectors,同样是选择 no card image 设置。

　　准备工作二：定义一个力的时间历程的曲线。该曲线必须从坐标原点开始而不可以在零时刻就有力产生，时间历程要大于模型运行时间，即*CONTROL_TERMINATION 中变量 ENDTIM 定义的数值。

　　集中力与约束一样在新建载荷集 Load Collectors 时，同样是选择 no card image 设置，也就是说集中力与约束虽然对应的关键字不一样，但是可以放在同一个载荷集 Load Collectors 里，而为了模型管理、编辑方便，一般还是将其分开定义在不同的 Load Collectors 里。

8.3.2　曲线定义

1. 关键字：*DEFINE_CURVE

　　曲线定义关键字*DEFINE_CURVE 的内部变量如图 8.10 所示。其中有两个卡片：第一个卡片用来定义曲线属性，有 7 个变量，每个变量占用 10 个字符的长度；第二个卡片用来定义曲线坐标点，有两个变量，每个变量占用 16 个字符的长度。

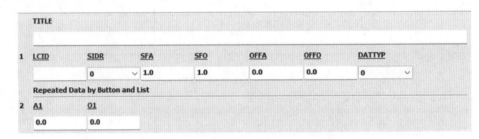

图 8.10　*DEFINE_CURVE 的内部变量

> TITLE：曲线名称，该项为非必要定义项。当用户不定义该项时，HyperMesh 会自定义该项；当该项被定义后，关键字名称自动变成*DEFINE_CURVE_TITLE。
> LCID：曲线的 ID 号，在整个模型内具有唯一性。
> SIDR：动态松弛设置，选用默认值即可。
> SFA：曲线横坐标比例系数（Scale factor for abscissa value），对曲线上的点的横坐标进行比例放大/缩小，不定义则默认比例系数是 1。
> SFO：曲线纵坐标比例系数（Scale factor for ordinate value），对曲线上的点的纵坐标进行比例放大/缩小。如果是力的曲线，则比例系数为负值表示力的方向相反，不定义则默认的比例系数是 1。
> OFFA：对曲线沿横坐标轴平移指定的数值。如果是时间历程曲线，则平移过后出现在横坐标轴负半轴的曲线部分会被自动忽略，即曲线从零时刻开始。
> OFFO：对曲线沿纵坐标轴平移指定的数值。
> DATTYP：曲线坐标点的数据类型，默认值表示曲线可以描述力-时间关系、力-位移关系以及应力-应变关系曲线。
> $(A1,01) \sim (An, nn)$：曲线坐标点的横、纵坐标值，横、纵坐标值各占用 16 个字符的长度。在 KEY 文件中，每个坐标点单独占用一行。

　　知道了曲线定义关键字内部变量的含义后，用户可以通过文本编辑器打开 KEY 文件进行书写、定义曲线。下面为大家解释在 HyperMesh 界面定义曲线的操作步骤。

2. HyperMesh 定义曲线

在 HyperMesh 中功能区 Solver 界面空白处右击，在弹出的快捷菜单中选择 Create→*DEFINE→*DEFINE_CURVE 命令，即可出现图 8.11 所示的对话框，单击右下角的 New...按钮打开为新建的曲线命名的界面，自定义曲线名称后单击 proceed 确认回到图 8.11 所示的对话框来定义该曲线上几个点的坐标。用户可以手动逐个输入每个点的横、纵坐标值，也可以右击上方灰色区域的 X 或者 Y，在弹出的快捷菜单中选择 Paste 命令批量粘贴从外部复制的数据，最后单击左下方的 Update 按钮确认数据更新，即可关闭该对话框退出曲线的定义。

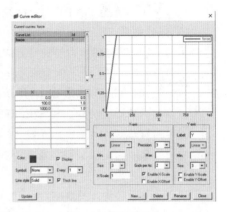

图 8.11　曲线的定义

📢 **注意：**

> 从外部输入曲线坐标数值时要注意单位制是否统一。

关闭 curve editor 对话框后会看到界面菜单区正在打开*DEFINE_CURVE 卡片编辑界面，用户可以对曲线的横、纵坐标进行比例放大或将曲线沿横、纵坐标轴进行平移，即图 8.10 中卡片 1 的内容。

如果退出*DEFINE_CURVE 定义后想重新编辑，在功能区右击该曲线，在弹出的快捷菜单中选择 card edit 命令即可。如果想对曲线的坐标进行重新编辑，则在弹出的快捷菜单中选择 edit 命令即可重新进入图 8.11 所示的对话框编辑坐标。

8.3.3　定义集中力

1. 关键字*LOAD_NODE_POINT/*LOAD_NODE_SET

图 8.12 所示为单个节点加载集中力关键字*LOAD_NODE_POINT 的内部变量，只有一个卡片。

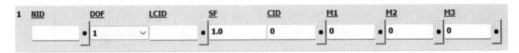

图 8.12　*LOAD_NODE_POINT 的内部变量

- ➢ NID：集中力施加的节点的 ID。
- ➢ DOF：力的自由度设置，既定义力的方向，也定义力的类型。
  - ↪ DOF=1：沿 x 轴方向的集中力。
  - ↪ DOF=2：沿 y 轴方向的集中力。
  - ↪ DOF=3：沿 z 轴方向的集中力。
  - ↪ DOF=4：沿后续变量 M1、M2、M3 定义的指定方向的集中力。
  - ↪ DOF=5：沿 x 轴方向的力矩。
  - ↪ DOF=6：沿 y 轴方向的力矩。
  - ↪ DOF=7：沿 z 轴方向的力矩。
  - ↪ DOF=8：沿后续变量 M1、M2、M3 定义的指定方向的力矩。
- ➢ LCID：当用曲线定义力时输入曲线的 ID，对应*DEFINE_CURVE>LCID；当用一个函数表达式定义力时，对应*DEFINE_FUNCTION>FID。

➢ SF：力加载曲线的比例系数，仅对曲线的纵坐标即力值进行缩放。

➢ CID：局部坐标系的 ID，DOF 变量定义的力的方向即相对于该坐标系，如不定义则默认采用全局坐标系。

➢ M1、M2、M3：力的矢量方向与 x、y、z 这 3 个坐标轴的夹角的余弦值，仅在 DOF=4/8 时发挥作用。

从上可知，对加载力进行比例缩放有以下两个途径。

（1）对力的时间历程曲线*DEFINE_CURVE 的内部变量 SFO 进行编辑。

（2）对*LOAD_NODE_POINT 内部变量 SF 进行编辑。

知道了集中力定义关键字及其内部各个变量的含义，用户可以通过文本编辑器打开 KEY 文件直接书写、定义集中力。

节点集加载关键字*LOAD_NODE_SET 与*LOAD_NODE_POINT 相比的不同之处仅在于图 8.12 中的第一个变量是 NSID，与节点集*SET_NODE>NSID 变量对应，可单次对一个节点集*SET_NODE 中的所有节点施加相同的集中力（即集中力的方向、大小都相同）。

2．HyperMesh 定义集中力

命令：界面菜单 Analysis→forces。

图 8.13 所示为界面菜单中的 forces 命令打开的界面。虽说是殊途同归，但是用 HyperMesh 界面定义集中力的操作与直接在 KEY 文件中定义集中力还是有区别的。

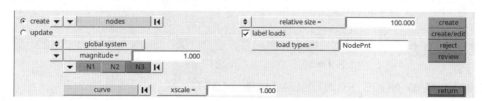

图 8.13　HyperMesh 定义集中力

➢ nodes：指定加载节点。用户可以在图形区选择多个节点，则最终会在每个节点上施加一个后续定义的集中力；每个节点上可以同时定义多个集中力，如果用户定义在某个节点上的集中力的矢量并非坐标轴的正方向而是存在一个夹角，再次导入 CAE 模型时 HyperMesh 也会自动将其沿 X、Y、Z 轴方向分解为 3 个分量。

➢ N1、N2、N3：3 个节点依据右手法则确定加载力的方向，单击左侧的下拉按钮可以选择其他定义方向的方式。

➢ magnitude=：加载曲线的比例系数，其是对力的曲线的纵坐标即力的数值进行比例放大或缩小。如果是负值则表示力的方向与 N1、N2、N3 定义的方向相反。

➢ curve：选择力的时间历程曲线。

➢ xscale=：加载曲线的比例系数，其是对力的曲线的横坐标即时间进行比例放大或缩小。

➢ relative size=：力的图标在图形区显示的尺寸的大小，加载力定义完成后也可以随时调整该数值。

从上可知，用 HyperMesh 界面对集中力进行比例缩放有以下两个途径。

（1）对力的时间历程曲线*DEFINE_CURVE 的内部变量 SFO 进行编辑。

（2）对图 8.13 中的 magnitude=项进行编辑。

集中力定义完成后，要想重新编辑可进入图 8.13 中的 update 界面进行操作。

8.3.4　螺栓预紧力

当螺栓与螺母都是刚体（*MAT_020）时，螺栓预紧力是通过*LOAD_RIGID_BODY 的定义分别作用在螺栓、螺母上的一对大小相等、方向相反的力，而且定义力的方向的 3 个节点相同，都在螺栓上或者都在螺母上，只是力的大小一个为正值，另一个为负值。

当螺栓为弹塑性材料（*MAT_003、*MAT_024）、solid 实体单元时，螺母要固定在自己一侧的钣金上，同时螺母要与螺栓穿过螺母一端的末端固连。先根据螺栓预紧力及螺栓横截面面积计算出截面应力，再通过*DATABASE_CROSS_SECTION_PLANE 定义预紧力施加在螺栓上的位置，再通过*INITIAL_STREE_SECTION 定义螺栓预紧力。

关于螺栓预紧力涉及的几个关键字的定义和 HyperMesh 界面的操作步骤，在前面第 6 章的预紧螺栓部分已有讲述，在此不做重复讲述。

📢 **注意：**

①刚体螺栓预紧力是力，单位是 N 或者 kN；弹性体实体单元螺栓预紧力是应力，单位是 MPa 或者 GPa。刚体螺栓预紧力的加载曲线要用 3 个点来定义且加载时间要大于模型的运行时间，而弹性体螺栓预紧力的加载曲线定义时要考虑动态松弛，加载时间很短。

②定义弹性体实体单元螺栓预紧力需要定义截面*DATABASE_CROSS_SECTION_PLANE，定义螺栓截面力输出同样需要定义截面，两个截面的关键字相同，因此可以共用同一个截面，当然如果想各建一个截面也是可以的。

③螺栓输出的截面力是力，单位是 N 或者 kN；螺栓预紧力是输入的边界条件，螺栓截面力是输出的计算结果。定义螺栓预紧力时注意单位制的统一性及数值的换算关系。

④螺栓预紧力施加位置的单元会由于预紧力的作用而产生很大的收缩，因此螺栓预紧力施加的位置不应当在螺栓单元的节点上，而应当在单元的中间位置，而且此处的单元沿预紧力方向的尺寸较其他位置的单元尺寸要长，一般是别的位置单元长度的两倍。

8.4　表面均布加载：压强

8.4.1　压强加载关键字定义

关键字：*LOAD_SEGMENT/*LOAD_SEGMENT_SET。

图 8.14 所示为单个壳单元/面段 Segment 上定义压强的关键字*LOAD_SEGMENT_ID 的内部变量。

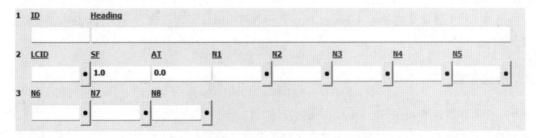

图 8.14　*LOAD_SEGMENT_ID 的内部变量

- ➤ ID：载荷 ID，占用 10 个字符的长度，但是定义时最大只能是 8 位数。
- ➤ Heading：载荷名称/描述，占用 70 个字符的长度。
- ➤ LCID：压强的时间历程曲线的 ID，对应*DEFINE_CURVE>LCID。
- ➤ SF：载荷比例系数，仅对加载曲线的纵坐标进行比例缩放，默认值为 1。
- ➤ AT：加载时间。用户不定义则默认从零时刻开始加载；用户指定了加载时刻，则该时刻即为上述变量 LCID 所指加载曲线的"零时刻"。
- ➤ N1～N8：加载的 Segment 节点的 NID，既指定加载的位置，选择的节点顺序也确定了加载的方向。如图 8.15 所示，如果加载的面段 Segment 是一个三角形单元或者四边形单元，则需要定义 N1～N4（退化的四边形单元 N3=N4）4 个节点的 ID，加载的压强方向由 N1、N2、N3 这 3 个节点按右手法则确定。N5～N8 是针对高阶壳单元而言的，由于目前 LS-DYNA 建模通常不会选用高阶单元，因此通常不需要定义。

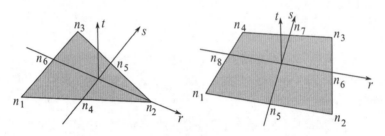

图 8.15　*LOAD_SEGMENT>N1～N8 的选择

以上是单个面段 Segment 上定义均匀分布载荷压强的关键字*LOAD_SEGMENT_ID 内部变量的含义，用户可以用文本编辑器打开 KEY 文件以手动输入的方式定义压强载荷。当加载面较大，涉及的面段 Segment 较多时，建议采用面段集加载关键字*LOAD_SEGMENT_SET 来定义。图 8.16 所示为*LOAD_SEGMENT_SET_ID 关键字的内部变量，与*LOAD_SEGMENT 相同的变量在这里不再赘述。

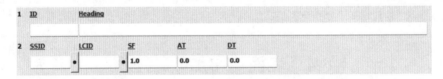

图 8.16　*LOAD_SEGMENT_SET_ID 的内部变量

- ➤ SSID：面段集的 ID，对应*SET_SEGMENT>SID。
- ➤ DT：压强加载结束时间，默认至模型运行结束，即*CONTROL_TERMINATION>ENDTIM 的值。

*LOAD_SEGMENT 的内部卡片和变量比较简单，但是即使单个单元上加载压强也需要同时输入其 4 个节点。当压强加载面较大涉及的壳单元/面段 Segment 较多时，在 KEY 文件中手动输入还是比较麻烦的，特别是一些实体单元的表面 Segment 的定义更容易出错。相比较而言，HyperMesh 界面的操作要便捷很多。

8.4.2　压强加载

命令：使用界面菜单 Analysis→pressures 打开图 8.17 所示的压强加载界面。

集中力是定义在单元节点上的，压强是分布在壳单元或者实体单元表面上的。定义载荷集 Load Collectors，选择加载区域的单元，定义比例系数，选择压强的时间历程曲线这些操作都与集中力的加载类似，其余选项选择默认设置即可。

需要特别说明的一点是，在图 8.17 中选择加载单元时，HyperMesh 的模糊选择对提高建模效率很有帮助：用户选择单元时不用区分壳单元与实体单元，而可以直接在图形区进行批量选择，HyperMesh 会自动将实体单元的外表面作为压强加载的面段 Segment。

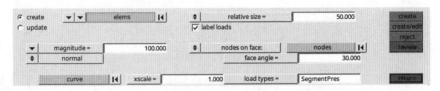

图 8.17　压强加载界面

📢 注意：

> 计算压强时要注意单位制的一致性，如果当前单位制是 mm-s-t-N，则压强的单位是 N/mm^2；如果当前单位制是 mm-ms-kg-kN，则压强的单位是 kN/mm^2。

爆炸冲击波对物体的作用就可以用表面压强来描述。用加载力除以加载面积计算加载的压强时，加载面积即图 8.17 中选择的单元的表面积。

8.4.3　计算单元面积

命令：界面菜单 Tool→mass calc（ulate）。

如图 8.18 所示，可以统计所选择的 components/elements 的质量、实体单元的体积和壳单元的面积。如果是在体单元的表面施加压强，则为了计算加载区域的面积可临时在体单元外面生成与之共节点的壳单元，然后通过计算这些壳单元的面积达到统计压强加载区域的面积的目的。

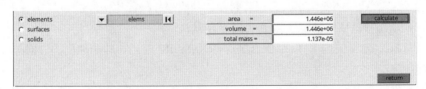

图 8.18　CAE 模型的质量、体积、面积统计

8.4.4　生成与体单元共节点的表面壳单元

命令：界面菜单 Tool→faces，打开的界面如图 8.19 所示。

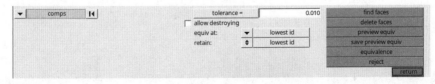

图 8.19　生成体单元外包的壳单元

➢ comps：选择体单元零件 components，单击左侧的下拉按钮可以将特征类型改为实体单元 elements。

➢ find faces：在被选择的实体单元表面生成共节点的壳单元，同时在功能区 Model 界面的 components 列表中会多出一个材料、属性和 Card Image 都没有定义的 ^faces 零件，从实体单元表面抽出的壳单元就放在这个零件内。如果再次通过 faces 命令抽取实体单元或者实体单元零件的外包壳单元，则新生成的壳单元信息会覆盖^faces 零件中前一次生成的壳单元信息。因此，如果想保留本次抽取的壳单元以免被后续抽取的壳单元覆盖，只需对零件^faces 进行重命名即可。

➤ delete faces：删除上一次生成的保存在^faces 内的所有壳单元。

8.5 体　力

集中力作用于指定的节点上，体力则是作用于整个模型或者指定区域所有的节点上；集中力可以定义在 rigidlink 的无质量的主节点上，体力则只能定义在有质量的节点上。

重力是体力中使用频率最高的一种，重力通过施加重力加速度实现。

8.5.1　KEY 文件定义重力

关键字：*LOAD_BODY_Z。

图 8.20 所示为关键字*LOAD_BODY_Z 的内部变量，只有 1 个卡片。关键字*LOAD_BODY_X/Y/Z/RX/RY/RZ/VECTOR 共用 1 个卡片，只是需要定义的内部变量有差异。

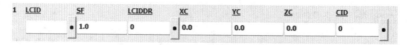

图 8.20　*LOAD_BODY_Z 的内部变量

➤ LCID：重力加速度曲线的 ID，对应*DEFINE_CURVE>LCID，加速度的方向默认沿 z 轴方向。如果关键字改为*LOAD_BODY_X，则加速度的方向默认沿 x 轴方向，其他关键字依此类推。

➤ SF：重力加速度曲线的比例系数，仅针对曲线的纵坐标进行比例缩放。

➤ LCIDDR：动态松弛曲线 ID，定义重力时采用默认值。

➤ XC、YC、ZC：定义关键字*LOAD_BODY_RX/RY/RZ 时用，即角速度的方向与 x、y、z 轴夹角的余弦值。

➤ CID：局部坐标系 ID。如果定义了局部体系，则前面 LCID 曲线定义的加速度方向即相对于局部坐标系的 z 轴；不定义则默认相对于全局坐标系的 z 轴。

任何有质量的物体都无法摆脱重力的束缚，对于所有物体来说重力是一直存在的，但是与其他力的加载曲线的定义一样，图 8.20 中变量 LCID 选择的曲线仍然要从坐标原点开始而不应当从零时刻开始就存在加速度。以 mm-ms-kg-kN 单位制为例，通常定义重力加速度的曲线需要 3 个点，分别是（0,0）、（0.1,1）、（t,1），其中 t 值要大于模型的运行时间即*CONTROL_TERMINATION>ENDTIM 的值，然后通过变量 SF 来定义重力加速度的值 9.81E-3（表 5.1）。

📣 注意：

虽然重力加速度与全局坐标系 z 轴的正方向相反，但是此处重力加速度曲线和比例系数 SF 却都必须是正值。这也是重力与之前讲述的集中力、压强的最大区别。关键字*LOAD_BODY_Z 是用来定义体力的，重力是体力，但是体力不限于重力。

8.5.2 HyperMesh 定义重力

在功能区 Solver 界面空白处右击，在弹出的快捷菜单中选择 Create →*LOAD→*LOAD_BODY_Z 命令即新建一个 z 向重力加载关键字，Solver 界面的下半部分显示该关键字的内部变量，以供用户编辑（图 8.21）。

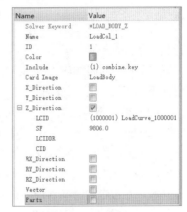

图 8.21　重力加载

> ➤ Name：重力的名称，用户可以进行自定义，如 gravity 等。
> ➤ ID：重力载荷的 ID 号，在所有*LOAD_BODY_Z 中具有唯一性。新建关键字时 HyperMesh 会自定义一个 ID 号，用户也可以自行更改为没有被使用过的其他号码。
> ➤ Include：所属 include 文件，用户可以自行更改。
> ➤ Card Image：默认定义为 LoadBody。

其他参数如 Z_Direction 项下面的 LCID、SF、LCIDDR、CID 等在上一节已有讲解，这里不再赘述。

🔊 **注意：**

（1）前面集中力的定义中提到，比例系数为负表示力的方向与正方向相反，但是重力虽然与全局坐标系的 z 轴方向相反却不需要将曲线内部的坐标值或者外部的比例系数定义为负数，切记。

（2）我们虽然一开始在功能区新建的关键字是*LOAD_BODY_Z，但是如果在图 8.21 中进行参数定义时，转而选择了 X_Direction/Y_Direction/RX_Direction/RY_Direction/RZ_Direction/Vector/Parts 中的任何一项，则关键字随即自动变换成*LOAD_BODY_X/Y/RX/RY/RZ/VECTOR/PARTS；用户也可以同时选择多项，等同于一次定义多个*LOAD_BODY 关键字，即对同一模型同时加载多种体力。

关于图 8.21 中的 Parts 项：不选择则默认体力施加于整个模型的所有质量点且不需要特别排除其中的无质量节点；如果选择并指定*SET_PART，则要注意排除无质量节点，例如一些 rigidlink 的主节点。这也是为什么 rigidlink 可以放入任何定义了 Card Image 的 component 当中并不为错，但是我们还是坚持将其单独放在一个或几个没有 Card Image 定义的 component 当中的原因之一。

8.5.3 地面并非只能是 z 向的

在一些工况如物体跌落分析时，有时需要考查物体以各种姿态接触地面造成的损伤，建模时一种方法是地面只有一个 z 向的*RIGIDWALL_PLANAR，通过对物体模型进行各种旋转达到以各种姿态接触地面的目的；另一种方法是跌落物体模型不动，地面围绕物体变动，同时物体接触地面时的速度的方向及重力加速度的方向随地面法向的变动做出调整。物体模型越复杂，第二种方法的优势就越明显，因为模型尤其是存在局部坐标系和子系统的模型在旋转、移动的过程中很可能出现错误；而且模型的旋转对其后续零部件的局部更新也非常不利。

当地面的方向及重力加速度的方向不是全局坐标轴正向而是与 x、y、z 3 个坐标轴都有一定的夹角时，可以利用图 8.20 和图 8.21 中的 CID 变量指定局部坐标系，使局部坐标系的方向与地面法向及重力加速度的方向相同即可。

8.6　用显式计算分析准静态工况

显式计算对于动力学问题有优势，但是也可以用来进行静力学或者准静态（缓慢加载）工况的分析计算，需要注意以下几点。

（1）每个材料的应力-应变曲线仅保留一条准静态曲线，而不像动力学问题那样每个材料都有不同应变率下的多条应力-应变曲线。

（2）准静态问题力的加载可能比较缓慢且耗时较长，显式分析可以极大压缩该加载过程，一般为100～200ms。

（3）静力学问题中力是一个定值，显式计算中力必须有一个时间历程，而且必须是从坐标原点开始，即零时刻力的初始值为 0，因此静力学问题/准静态问题的显式算法的力的时间历程曲线一般是从坐标原点开始，在很短的时间内如 0.1～1ms（依据计算的总时长 ENDTIMD 而定）加载到指定的数值，然后水平保持至计算终止，即力的时间历程曲线上最少只需要定义 3 个坐标点即可，建议曲线节点设置为(0,0)、(0.1,1)、(t,1)，最后一点的横坐标 t 只要大于工况计算时间即*CONTROL_TERMINATION 中变量 ENDTIM 的值即可，至于具体大多少都无所谓，然后通过*DEFINE_CURVE 或者*LOAD_NODE_POINT 中的比例系数的调节来调节力的大小。毕竟调整一个比例系数比调整曲线上多个坐标点要高效一些。

8.7　强制位移/速度/加速度

关键字：*BOUNDARY_PRESCRIBED_MOTION。

强制位移/速度/加速度即不管前方遇到什么样的障碍物，加载对象都要按照强制指令进行运动，该关键字大多数情况下用来驱动刚体，因为刚体执行强制命令更彻底。

8.7.1　刚体强制运动关键字

*BOUNDARY_PRESCRIBED_MOTION_RIGID 专门针对刚体定义强制位移、速度或者加速度，图 8.22 所示为该关键字的内部变量。卡片 1 有 8 个变量，每个变量占用 10 个字符的长度。第 1 行变量 ID 和 TITLE 不算在卡片内，因此不是必须定义项，但是在 KEY 文件中以手写方式输入该关键字时，如果用户要定义 ID 号，则关键字的名称必须变为*BOUNDARY_PRESCRIBED_MOTION_RIGIG_ID。

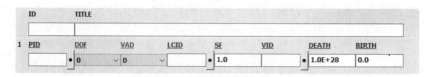

图 8.22　*BOUNDARY_PRESCRIBED_MOTION_RIGID 的卡片及内部变量

➤ PID：刚体零件的 PART ID 号。如果有多个刚体，即使其他变量的定义都一样也需要写多个卡片。
➤ DOF：自由度，即强制位移/速度/加速度的方向。
  ↺ DOF=0：没有强制位移、速度或者加速度施加于该刚体。
  ↺ DOF=1：x 向平动自由度，即刚体沿 x 向平动。

- ↳ DOF=2：y 向平动自由度。
- ↳ DOF=3：z 向平动自由度。
- ↳ DOF=4：沿变量 VID 指定的向量平动。
- ↳ DOF=5：x 向转动自由度，即刚体绕 x 轴转动。
- ↳ DOF=6：y 向转动自由度。
- ↳ DOF=7：z 向转动自由度。
- ↳ DOF=8：绕变量 VID 指定的向量转动。
- ➢ VAD：选择是定义强制位移、速度还是定义加速度。
  - ↳ VAD=0：刚体速度。
  - ↳ VAD=1：刚体加速度。
  - ↳ VAD=2：刚体位移。
  - ↳ VAD=3：速度相对于位移，也就是说前面 3 个参数对应的位移、速度、加速度都是时间的函数，后续的 LCID（Load Curve ID）对应的曲线的横坐标都是时间，而这个参数对应的速度却是位移的函数，后续的 LCID 对应的曲线的横坐标是位移。
- ➢ LCID：加载曲线 ID 号，对应于*DEFINE_CURVE>LCID。LS-DYNA 显式计算的加载必须是一个曲线（大多数情况下是时间历程曲线），即使是一个定值也至少要通过 3 点来定义一条折线，即从原点开始，在很短时间内（如 0.1ms）上升到指定值并保持该定值到指定时刻。
- ➢ SF：比例系数，该系数是对 LCID 指定曲线的纵坐标的比例系数。
- ➢ VID：向量（Vector）ID，当加载的方向不是坐标轴的方向时，可以在空间定义一个向量，以该向量的方向为加载的方向。
- ➢ DEATH：加载失效时间，默认为直到计算终止。
- ➢ BIRTH：加载生效时间，默认为 0 时刻。

*BOUNDARY_PRESCRIBED_MOTION_RIGID（Disp）只能对刚体零件定义强制位移，如果是弹性体则可将其固定于一个刚体上，然后对该刚体定义强制位移，或者对弹性体上的节点（可以框选）采用关键字*BOUNDARY_PRESCRIBED_MOTION_NODE（Disp）定义强制位移。

8.7.2　HyperMesh 前处理操作

*BOUNDARY_PRESCRIBED_MOTION 关键字内部变量的定义在 HyperMesh 前处理操作时会有所不同。

在 HyperMesh 中，单击下拉菜单 Tools→Create Cards→*BOUNDARY 命令或者在功能区 Solver 界面空白处右击，在弹出的快捷菜单中选择 Create→*BOUNDARY 命令会看到刚体强制位移、速度、加速度的定义是分开的。

*BOUNDARY_PRESCRIBED_MOTION_RIGID（Disp）。

*BOUNDARY_PRESCRIBED_MOTION_RIGID（Vel）。

*BOUNDARY_PRESCRIBED_MOTION_RIGID（Accl）。

其实它们都对应同一个关键字*BOUNDARY_PRESCRIBED_MOTION_RIGID，只不过在选择的同时 HyperMesh 自动定义了关键字内部卡片中的变量 VAD 的值（图 8.22）。

以定义强制位移为例，在功能区 Solver 界面右击，在弹出的快捷菜单中选择 Create→*BOUNDARY →*BOUNDARY_PRESCRIBED_MOTION_RIGID（Disp），在界面菜单区打开图 8.23 所示的界面。

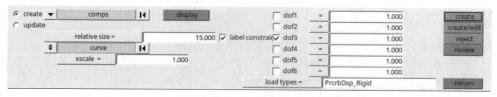

图 8.23　定义刚体强制位移

- comps：对应图 8.22 所示卡片中的 PID，只能选择刚体，即以材料*MAT_020 定义的零件，可以选择多个。当选择多个刚体时，HyperMesh 会自动为每个刚体定义一个 *BOUNDARY_PRESCRIBED_MOTION_RIGID，或者将这些相同的关键字合并成同一个关键字下面的多张卡片。
- curve：对应图 8.22 所示卡片中的 LCID，单击 Curve 界面菜单会切换到 curve 列表展示模型中现有的所有曲线，用户从中选择想要的曲线之后会自动回到图 8.23 所示的界面，只能选择一条曲线。
- xscale=：针对加载曲线横坐标的比例系数。
- dof1～dof6：选择强制运动的自由度，可以选择多个，HyperMesh 会自动将其转换为同一个关键字下面的多个卡片，dof*后面的数值即对应图 8.22 中的变量 SF，即相对于加载曲线纵坐标的比例系数。
- relative size=：加载图标在图形区的显示尺寸。

用户也可以在功能区下半部分对上述关键字的内容进行同样的编辑，在此不再赘述。

前面讲到*BOUNDARY_PRESCRIBED_MOTION_RIGID 只能对刚体定义强制运动，对弹性体则需要运用关键字 *BOUNDARY_PRESCRIBED_MOTION_NODE 或者 *BOUNDARY_PRESCRIBED_MOTION_SET（针对*SET_NODE）来定义，当使用*BOUNDARY_...SET 时，需要事先定义加载的节点集*SET_NODE。

8.7.3　刚体强制运动应用举例

1．座椅发泡预压

通常从设计部门得到的汽车座椅的坐垫和椅背发泡是没有受力变形的，当人坐到座椅上后，座椅发泡及发泡下面起支撑作用的钢丝会发生相应的变形。在 CAE 建模过程中，如果将假人放置到指定位置，肯定会与没有任何变形的座椅发泡产生穿透，因此在正式计算前需要先消除假人与座椅发泡之间的这种穿透，这就是座椅发泡的预压。

座椅发泡预压时，需要先将刚体预压假人从座椅 H 点位置向上提高 50～100mm（有些情况可能需要向前、向上各移动 50～100mm）使其与坐垫发泡、椅背发泡脱离接触，然后用强制位移命令关键字*BOUNDARY_PRESCRIBED_MOTION_RIGID（Disp）使其运动回 H 点位置（即碰撞安全性能分析时真正假人的位置），在运动过程中通过预压假人与座椅发泡的接触达到压缩坐垫发泡使其与真正假人的穿透消除的目的。

将预压假人从 H 点位置向上提高 50mm 使其与坐垫发泡脱离接触和穿透在前处理中完成，座椅发泡预压的 CAE 分析计算即预压假人从 50mm 处运动回 H 点位置这一段过程，计算时间即*CONTROL_TERMINATION>ENDTIM 设置为 5ms 即可。

2．座椅子系统碰撞安全性能分析

汽车座椅供应商也需要对自己设计、生产的座椅进行单独的实验验证和 CAE 仿真分析，此时 CAE 工程师的重点关注对象是座椅，汽车白车身就可以简化为一个刚体。座椅实验验证的工况都是汽车整车

碰撞安全实验在座椅上的响应，例如汽车整车正向刚性墙碰撞实验输出的 B 柱下端的加速度曲线，可以作为主、副驾座椅单独实验验证时输入的边界条件，在进行对应的 CAE 仿真分析时，该加速度曲线就施加在刚体白车身上以考查紧固在白车上的座椅响应是否满足强、刚度要求。这一分析过程中需要用到强制加速度定义*BOUNDARY_PRESCRIBED_MOTION_RIGID（Accl）。

8.8 初始速度的定义

处于强制运动（位移、速度、加速度）状态下的零件的运动状态不会因为障碍物的阻碍而改变，但是定义了初始速度的零件在碰到其他零件后会在阻力的作用下产生运动状态的改变，如减速、反弹等。

在整车碰撞安全性能仿真分析中，很多工况都需要依据法规定义整车或移动壁障的初始速度。中国新车评价标准 C-NCAP 50km/h 正向刚性墙碰撞，C-NCAP 50km/h 正向 MPDB（可变形移动壁障）50%偏置碰等都是指的初始速度。

8.8.1 初始速度相关关键字

初始速度定义涉及的关键字如下。

（1）*INITIAL_VELOCITY：对节点集*SET_NODE 定义初始速度。

（2）*INITIAL_VELOCITY_NODE：定义节点初始速度。

（3）*INITIAL_VELOCITY_RIGID_BODY：定义刚体零件初始速度。

（4）*INITIAL_VELOCITY_GENERATION：既可以对节点集又可以对零件*PART 或零件集*SET_PART 定义初始速度。

（5）*INITIAL_VELOCITY_GENERATION_START_TIME：针对零件集初始速度定义的生效不是从零时刻开始。

（6）*PART_INERTIA：定义刚体零件的初始速度。

除*INITIAL_VELOCITY_RIGID_BODY 和*PART_INERTIA 是专门针对刚体定义之外，其他几个关键字定义对象都是弹性体或者弹性体与刚体的混合。

◄》注意：

①所有初始速度的定义都必须是有质量的节点或者有材料定义的零件。有质量的节点即有材料定义的零件的节点，或者没有材料定义但是有附加质量*ELEMENT_MASS 的节点。

②上面提到的（1）、（3）、（4）、（5）这 4 个*INITIAL_VELOCITY 初始速度定义，当在 HyperMesh 前处理操作过程中已经建立了一个初始速度关键字，如果想变成另外 3 个关键字，并不需要删除之后再重新建立，而只需要在功能区下半部分对该关键字详细信息中的 Options 选项更改设置即可。

③关于刚体定义初始速度的优先级问题，对刚体定义初始速度有多个途径可以实现，除了*INITIAL_VELOCITY 之外，用之前提到的*PART_INERTIA 内部变量同样可以实现。当两者发生冲突时，例如一个刚体零件同时被定义了这两个关键字，则哪一个的优先级更高与*INITIAL_VELOCITY 的内部变量 IRIGID 的值相关。

8.8.2 刚体的初始速度

1. 关键字 INITIAL_VELOCITY_RIGID_BODY

图 8.24 所示为*INITIAL_VELOCITY_RIGID_BODY 关键字的卡片及内部变量。

1	PID	VX	VY	VZ	VXR	VYR	VZR	ICID
		0.0	0.0	0.0	0.0	0.0	0.0	

图 8.24 *INITIAL_VELOCITY_RIGID_BODY 的内部变量

➢ PID：刚体零件的 ID，对应*PART>PID。每次只能定义一个刚体或者 rigidlink。

对于刚体零件的 PID，大家应当不难理解。关于 rigidlink 单元，从其关键字名称 *CONSTRAINED_NODAL_RIGID_BODY 我们可以判断其并非单元（*ELEMENT），而是由一组节点组成的一个不可变形的刚体。我们通常称其为 rigidlink 单元是因为，在对其进行复制、移动、删除以及查找 ID 号等操作时选择的特征类型都是 elements，而且 HyperMesh 功能区 Solver 界面 *CONSTRAINED_NODAL_RIGID_BODY 目录下的名称也都是 elements，但是当右击这些 elements，在弹出的快捷菜单中选择 Card Edit 命令时，在界面菜单区显示的关键字内容第一个变量就是 PID，而且这个 PID 与我们按单元 ID 查找到的号码相同。

在 HyperMesh 前处理操作时，功能区 Solver 界面下半部分关键字详细参数列表中有一项需要我们选择 PID TYPE 是 Part ID 还是 CNRB ID，此时选择 Part ID 表示要对单个刚体零件定义初始速度，选择 CNRB ID 则表示要对单个 rigidlink 单元定义初始速度。

➢ VX、VY、VZ：x、y、z 方向的平动速度，定义数值时注意单位制的统一性。

➢ VRX、VRY、VRZ：x、y、z 方向的转动角速度，角度的单位是 rad（弧度）。

➢ ICID：局部坐标系的 ID，该项为非必要定义项。当定义了局部坐标系后，上述初始速度、角速度的方向即为相对于局部坐标系的坐标轴方向。当发生 ICID 冲突时，此处依据 ID 选择的局部坐标系很有可能与用户最初的定义不符进而导致初始速度的方向不符，因此建议用户在提交计算前的模型整体最终检查环节注意这一点。

2. *PART_INERTIA

对*MAT_020 材料定义的刚体零件（如发动机）来说，初始速度还可以在*PART_INERTIA 中定义。

将一个刚体零件（*PART）定义成*PART_INERTIA，在 HyperMesh 前处理操作中有两种实现途径，一种是在功能区 Model 界面的 Component View 子界面的零件列表中找到该零件*PART，单击选择后，在界面下半部分会显示其详细信息，其中 Option 选项可以选择 INERTIA，则该零件关键字自动由*PART 变成*PART_INERTIA；另一种途径是在功能区右击该零件，在弹出的快捷菜单中选择 Card Edit 命令，在界面菜单区打开*PART 内部卡片，在其中设置 INERTIA 卡片。

关于*PART_INERTIA 卡片与内部变量的讲解，在第 5 章已经说明，此处不再赘述。

需要用*PART_INERTIA 定义初始速度的零件的特点是硬度大、质量大、形状复杂且各个方向质量分布不均。例如，燃油车的发动机以及新能源电动车的电动机等，CAE 建模时通常用壳单元描述其外表面的形状及所占用的空间，主要目的是用于计算过程中与周围零件的接触识别；材料用*MAT_020 刚体，材料关键字内部关于弹性模量、密度和泊松比等变量的定义用普通钢的材料参数即可。

由于采用了刚体材料定义，发动机与变速箱外表面壳单元质量标准要求较弹性体正常建模要低，但是考虑到发动机、变速箱在整车碰撞过程中与周围钣金件的挤压、接触，通常用三角形单元建模，但是单元尺寸要与周围零件单元的目标尺寸保持一致,这样不仅建模速度快,而且能够满足接触计算的要求。针对这一点,我们在本书曾多次指出。

8.8.3　*INITIAL_VELOCITY

图 8.25 所示为*INITIAL_VELOCITY 的卡片和内部变量,其中第三排变量是第一个卡片的变量 NSIDEX 的相关变量,只有 NSIDEX 被定义的情况下才出现。

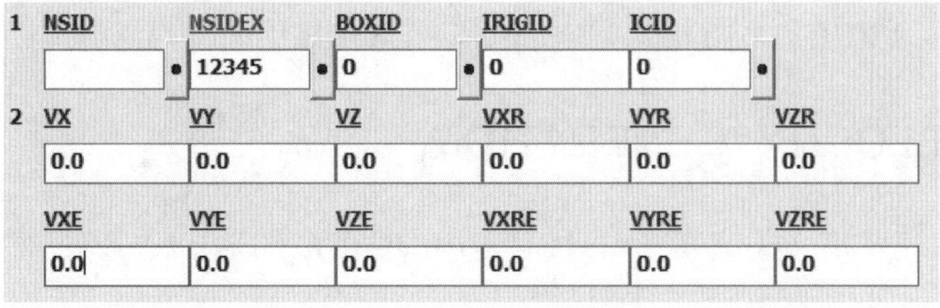

1	NSID		NSIDEX		BOXID		IRIGID		ICID	
		•	12345	•	0	•	0		0	•
2	VX	VY	VZ	VXR	VYR	VZR
	0.0	0.0	0.0	0.0	0.0	0.0
	VXE	VYE	VZE	VXRE	VYRE	VZRE
	0.0	0.0	0.0	0.0	0.0	0.0

图 8.25　*INITIAL_VELOCITY 的内部变量

HyperMesh 定义*INITIAL_VELOCITY 关键字的操作方法:在功能区 Solver 界面空白区域右击,在弹出的快捷菜单中选择 Create→*INITIAL→*INITIAL_VELOCITY 命令新建一个关键字,然后在功能区的下半部分对其相关参数进行设置,或者右击该关键字,在弹出的快捷菜单中选择 Edit 命令,然后在界面菜单区对其内部变量进行定义。界面菜单区的显示内容与图 8.25 的内容相同,功能区下半部分的关键字详细信息的显示与图 8.25 的内部变量有异,但是殊途同归。

➢ NSID:节点集*SET_NODE 的 ID 号。如果不定义,则表示模型中所有带质量的节点都被包含在内。需要注意的是,如果用户不定义该项,则 HyperMesh 和 LS-DYNA 会默认选择模型中所有的质量节点,但是如果用户做了特别定义,则被选择的节点都必须是质量节点,否则提交计算会导致 LS-DYNA 求解器报错。

➢ NSIDEX:排除在初始速度定义之外的节点集*SET_NODE 的 ID 号。当不需要定义初始速度的节点数量较少时,用排除法可以提高操作效率。被排除在外的节点仍然可以通过第三排变量 VXE、VYE、VZE 定义初始速度。

NSID、NSIDEX 两个变量只需要定义一个即可。

➢ BOXID:对应*DEFINE_BOX>BOXID,即最终被定义初始速度的节点是 NSID 与 BOXID 的交集。对于刚体零件,只要刚体的质心位置处于 BOX 之内,即视为该刚体被包含在 BOX 之内;被定义了 VXE、VYE、VZE 初始速度的 NSIDEX 的节点不受 BOXID 定义的影响。

➢ IRIGID:当刚体在此处定义的初始速度与其*PART_INERTIA 中定义的初始速度发生冲突时,或者当 rigidlink 单元的节点在此处定义的初始速度与其在 *CONSTRAINED_NODAL_ RIGID_BODY_INERTIA 中定义的初始速度发生冲突,IRIGID 的值将决定哪一个的优先级更高。

    ↺ IRIGID=*SET_PART>SID:该*SET_PART 中的刚体如果在本*INITIAL_VELOCITY 中已经定义了初始速度,同时刚体的*PART_INERTIA 的内部相关变量也定义了初始速度,则*INITIAL_VELOCITY 的定义将覆盖*PART_INERTIA 内部关于初始速度的定义。

    ↺ IRIGID=-1:所有*PART_INERTIA 及*CONSTRAINED_NODAL_RIGID_BODY_INERTIA 中定义的初始速度都将被*INITIAL_VELOCITY 的定义覆盖;如果 BOXID 有定义,则仅指定 BOX 内部所有的刚体的 *PART_INERTIA 及 *CONSTRAINED_NODAL_RIGID_BODY_ INERTIA 中定义的初始速度被覆盖。

↪ IRIGID=−2：所有*PART_INERTIA 及*CONSTRAINED_NODAL_RIGID_BODY_INERTIA 中定义的初始速度都将被*INITIAL_VELOCITY 的定义覆盖。

> ICID：局部坐标系 ID。如果局部坐标系有定义，则初始速度的方向即相对于局部坐标系的坐标轴。

> VX、VY、VZ：初始速度在 *x*、*y*、*z* 坐标轴的分量。

> VXR、VYR、VZR：初始角速度在 *x*、*y*、*z* 坐标轴的分量。

> VXE、VYE、VZE：当 NSIDEX 有定义时，其指向的*SET_NODE 中的节点被排除在初始速度定义范围之外，此时可通过 VXE、VYE、VZE 3 个变量单独定义初始速度。

> VXRE、VYRE、VZRE：NSIDEX 指向的*SET_NODE 中的节点单独定义初始角速度。

8.8.4   *INITIAL_VELOCITY_GENERATION

图 8.26 所示为初始速度定义关键字*INITIAL_VELOCITY_GENERATION 的卡片及内部变量。

1	NSID/PID	STYP	OMEGA	VX	VY	VZ	IVATN	ICID
	•	1	0.0	0.0	0.0	0.0	0	•
2	XC	YC	ZC	NX	NY	NZ	PHASE	IRIDID
	0.0	0.0	0.0	0.0	0.0	0.0	0	0

图 8.26   *INITIAL_VELOCITY_GENERATION 的内部变量

HyperMesh 定义该关键字的操作方法：在功能区 Solver 界面空白区域右击，在弹出的快捷菜单中选择 Create→*INITIAL→*INITIAL_VELOCITY_GENERATION 命令新建一个关键字，然后在功能区的下半部分对其内部变量进行定义。

> NSID/PID：可以是*SET_NODE 的 SID、*SET_PART 的 SID，也可以是*PART 的 PID。

> STYP：前一项 NSID/PID 的数据类型。

      ↪ STYP=1：NSID/PID 内容为*SET_PART 的 SID。

      ↪ STYP=2：NSID/PID 内容为*PART 的 PID。

      ↪ STYP=3：NSID/PID 内容为*SET_NODE 的 SID。

HyperMesh 前处理操作时，当定义了 NSID/PID 变量后，HyperMesh 会自动根据用户的数据类型定义 STYP 的值。只是当用户在文本编辑器 NotePad 或者 UltraEdit 中手动书写、编辑 KEY 文件关键字时，需要特别注意指定 STYP 的值。

> OMEGA：角速度值。此处角度的单位是 rad（弧度）。

> VX、VY、VZ：*x*、*y*、*z* 3 个方向的平动速度。

> IVATN：是否关联从属零件或者节点。当一个刚体通过*CONSTRAINED_RIGID_BODYS 作为主刚体与其他刚体固连时，或者通过*CONSTRAINED_EXTRA_NODES_SET 与其他弹性体上的节点固连时，判断主刚体初始速度的定义是否会延伸到从刚体。

      ↪ IVATN=0：默认值，主刚体的初始速度定义不会延伸到从刚体。

      ↪ IVATN=1：从刚体、从节点的初始速度与主刚体的初始速度相同。

> ICID：局部坐标系的 ID 值。

> XC、YC、ZC：定义角速度向量上的一点 N1（XC、YC、ZC），用以定义旋转轴的位置。

> NX、NY、NZ：角速度向量的方向余弦值，当 NX=−999 时，NY、NZ 的值变成两个节点的 NID，且 NY 自动用上面的 N1（XC、YC、ZC）定义，NZ 用角速度向量上另外一个节点的 NID 定义，角速度方向由节点 NY 指向 NZ。

- PHASE：初始速度定义何时生效。
  - ↪ PHASE=0：默认值，计算一开始即生效。
  - ↪ PHASE=1：从 *INITIAL_VELOCITY_GENERATION_START_TIME 中变量 STIME 定义的时刻开始生效。
- IRIGID：当 *INITIAL_VELOCITY_GENERATION 定义的初始速度与 *PART_INERTIA 或者 *CONSTRAINED_NODAL_RIGID_BODY_INERTIA 的定义发生冲突时，判断哪一个的优先级更高。
  - ↪ IRIGID=0：默认值，*PART_INERTIA/*CONSTRAINED_NODAL_RIGID_BODY_INERTIA 的优先级更高。
  - ↪ IRIGID=1：*INITIAL_VELOCITY_GENERATION 的优先级更高。

8.8.5 速度定义比较

下面对 *INITIAL_VELOCITY（下面用 V1 代替）与 *INITIAL_VELOCITY_GENERATION（下面用 V2 代替）进行比较。

V1 只能定义 *SET_NODE，V2 可以定义 *SET_NODE、*PART、*SET_PART。

V1 只能定义沿坐标轴方向的角速度，V2 可以定义任意向量上的角速度。虽然二者异曲同工，但是当角速度的方向与坐标轴方向不同时，V2 避免了人工计算角速度在各个坐标轴上的分量。

当与 *PART_INERTIA 定义的初始速度发生冲突时，V1 默认自己的优先级更高，而 V2 默认 *PART_INERTIA 的优先级更高。

8.9 核准模型质量和质心位置

由 $F=ma$ 我们知道，模型质量、质心位置的准确性对汽车碰撞等动力学问题计算结果的准确性是有决定性影响的，但是 CAE 建模过程对物理模型（几何模型）做了若干简化，使形状复杂的模型从无限自由度变成有限自由度的同时质量也减轻了，质心位置也改变了，因此需要为 CAE 模型另外附加质量使其与物理模型的总质量、质心位置保持一致。

8.9.1 模型质量计算

选择界面菜单命令 Tool→mass calc（ulate），打开的界面如图 8.27 所示。特征类型选择项可以选择 comps（components）或者 elems（elements），建议如图 8.27 所示选择 comps 项。右击特征项，在弹出的辅助选择快捷菜单中选择 all 命令以选中模型中的所有零件，单击右侧的 calculate 按钮开始计算模型的面积、体积和总质量并最终显示在右侧相应的栏目中。该总质量与物理模型总质量的差值即为初步需要通过 *ELEMENT_MASS 附加在 CAE 模型上的质量。

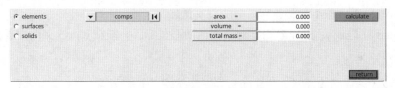

图 8.27 mass calculate 界面

8.9.2 模型质心位置计算

1. HyperMesh 前处理计算模型质量和质心位置

选择界面菜单命令 post→summary，打开的界面如图 8.28 所示。

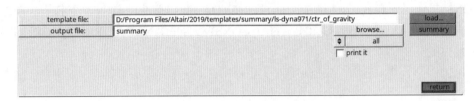

图 8.28 summary 界面

> load…：选择计算模板，单击该按钮，在弹出的窗口中选择 HyperWorks 程序目录下 summary 文件夹下的 ls-dyna 文件夹，打开之后选择 ctr_of_gravity 表示要进行质心位置计算。
> all：指定参与计算的特征范围。all 表示整个模型的所有质量点都参与计算；displayed 表示仅图形区显示出来的质量点参与计算。
> summary：开始计算模型的总的质心位置。

计算完成之后会弹出一个 summary 窗口，在其内容的最后会显示 Center of Gravity for Model—x：***y：*** z：***，即模型总质心位置的 x、y、z 坐标。将该坐标与物理模型质心位置相比较，即可得知前面计算出来的需要附加的质量应当附加在模型中的大概位置。模型质量调整之后，再次通过 summary 计算新的质心位置查看是否与实物质心契合，如果有差异还需要反复多次调整，直到满足要求为止。

整车碰撞安全性能分析中，整车质心坐标的 x 坐标和 y 坐标最重要，对 z 坐标的准确性一般不做要求。CAE 模型整车的质心坐标与实车的质心坐标并非要求完全相同，而是允许有一定的误差，具体误差范围有多大，各主机厂、各种不同工况要求可能不同，通常为 5～10mm。

在 HyperMesh 前处理中计算并调整整车质量、质心位置直到满足要求并不算完，只能说离最终的结果非常近了，还要等提交计算后，LS-DNYA 求解器在对模型初始化时，依据时间步长控制关键字 *CONTROL_TIMESTEP 的要求对模型中不满足最小时间步长要求的小单元进行适当的质量增加以后，得到的整车质量和质心位置与实车契合才算大功告成。

2. LS-DYNA 求解器计算模型质量和质心位置

以查看整车整备质量和质心位置为目的的计算不需要设置工况（如力、速度、加速度等）边界条件，甚至不需要定义地面、接触等信息，只需要加上计算控制 KEY 文件（后续章节会详细解释）能够提交计算并顺利完成最初的模型初始化检查即可。当看到结果文件中出现 d3plot 时即表示 LS-DYNA 求解器对模型的初始化检查完成且并未发现什么原则性的错误，此时将结果文件中的 d3hsp 文件用文本编辑器 UltraEdit 或者 NotePad 打开，搜索以下关键词可以获得模型质量相关信息。

> total mass of body：整个参与计算模型的总质量。
> mass property of body：整个参与计算模型的质心坐标（一般在 d3hsp 文件中紧接着 total mass of body 显示）。
> total mass of part：每个参与计算的零件的质量及质心位置。
> physical mass：整个参与计算的模型的总质量（与 total mass of body 两者选其一即可）。
> added mass：为达到最小时间步长要求而导致的整个模型的质量增加（一般在 d3hsp 文件中紧接

着 physical mass 显示）。

d3hsp 文件中模型总质量 physical mass 与模型质量增加 added mass 之和应当等于物理模型的总质量；mass property of body 提供的整个模型的质心位置应当与物理模型的质心位置相符。如果两者的数据相差较大，需再次对整车模型进行附加质量调整之后再提交计算，反复验证多次直到模型质量和质心位置满足要求为止。

以汽车整车碰撞安全性能仿真分析为例，由于一般的分析工况不太在乎质心的 z 坐标是否契合，当 CAE 模型的质量及质心位置与物理模型不符时，一般情况下通过附加质量对汽车下车体进行质量调整。

📢 注意：

> 汽车碰撞实验数据中的汽车整备质量不包括壁障、假人的质量，计算汽车 CAE 模型质心位置时要把壁障、假人等车体以外的模型排除在外。因此希望用户不要急于把汽车模型以外的子系统（如壁障、假人等）过早地与整车模型合并。

8.9.3 附加质量

1. 质量单元关键字

质量单元关键字有如下几个。

➢ *ELEMENT_MASS：质量附加在单个节点上。
➢ *ELEMENT_MASS_NODE_SET：质量附加在一组节点上。
➢ *ELEMENT_MASS_PART：质量附加在单个零件上。
➢ *ELEMENT_MASS_PART_SET：质量附加在一组零件上。

在 HyperMesh 功能区 Solver 界面空白处右击，在弹出的快捷菜单中选择 Create→*ELEMENT→*ELEMENT_MASS→*ELEMENT_MASS_PART 或者*ELEMENT_MASS_PART_SET 即新建一个质量单元。理论上选择其他两个关键字*ELEMENT_MASS、*ELEMENT_MASS_NODE_ SET 将附加质量加在指定的节点上或者节点集上也是可以的，但是在这里推荐大家把附加质量定义在零件上或者零件集上，主要原因有以下几点。

（1）配重定义在节点上容易造成质量分布不均和沙漏问题，而配重定义在零件上不会改变其原来的质心位置。

（2）处于力学性能敏感区域（例如汽车正向撞击刚性墙的仿真分析中车体 A 柱以前的区域）的配重*ELEMENT_MASS 应尽量避免定义在节点上甚至单个零件上，否则很可能导致计算结果异常。

（3）配重定义在节点上，当模型更新导致节点 NID、单元 EID 发生变动时都需要对附加质量进行重新定义，而定义在*PART 或者*SET_PART 上时，只要这个零件*PART 的 PID 不变，则不管对其内部单元、节点如何调整都不需要再对附加质量进行重新定义。

（4）如果附加质量定义在单元节点上，单元失效被删除后附加质量的作用会同时失效（见后续*CONTROL_CONTACT>ENMASS 变量的相关讲解），这无异于模型的质量丢失。

因此，这里推荐选择附加质量关键字的先后顺序是*ELEMENT_MASS_PART_SET、*ELEMENT_MASS_PART、*ELEMENT_MASS_NODE_ SET、*ELEMENT_MASS。

2. HyperMesh 前处理定义质量单元

在 HyperMesh 中单击界面菜单 1D→Mass，打开图 8.29 所示*ELEMENT_MASS_PART 的界面。

➢ elem types=MASS_PART：选择配重关键字为*ELEMENT_MASS_PART。如果此处选择 elem types=MASS 即配重附加在单元节点上，而图 8.29 左上方特征类型依然是 components，则意味着用户选择的零件上每个节点附加相同的质量*ELEMENT_MASS。

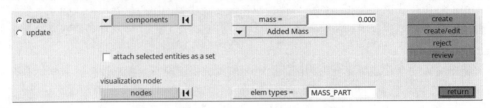

图 8.29 *ELEMENT_MASS_PART 的界面

➢ components：选择要施加配重的零件，可以选择单个零件，也可以一次选择多个零件。当选择单个零件时，关键字自动对应*ELEMENT_MASS_PART；当选择多个零件时，表示每个零件附加相同的配重，即单次生成多个*ELEMENT_MASS_PART。

➢ attach selected entities as a set：选择该项相当于选择了*ELEMENT_MASS_PART_SET，此时若一次选择多个零件，HyperMesh 会自动将其定义成一个*SET_PART，而增加的质量也是相对于整个零件集而言的；若不选择该设置，同样可以选择多个 component，但是此时就变成了每个零件的质量增加指定的数值，如上所述。

➢ visualization node：表示用户可以指定节点显示 element mass 标识的位置，配重标识的作用仅在于提醒用户此处已经附加了配重。通常对哪个零件附加配重则选择这个零件上的单元节点，对哪个零件集附加配重则选择该集合中某一个零件的单元节点。

➢ Added Mass：表示上边 mass=定义的数值是在原来的基础上单纯增加的质量，其前面的下拉菜单中另外的选项 Total Mass 表示该增加多少由 HyperMesh 决定，只要最终零件与附加质量之和达到 mass=定义的数值即可。建议选择 total mass 选项，这样就不用费心去计算质量差值，而且不用在乎提交计算后 LS-DYNA 求解器会因为调整最小时间步长而对其中单元进行的质量增加。

附加质量一旦定义，在 KEY 文件中直接调整、改动数值最方便。

能在 KEY 文件中直接手动编辑完成的操作，尽量避免在 HyperMesh 中反复导入、导出。

📢 注意：

①以前提到定义力的大小时，数值为负表示方向相反，但是此处质量增加的定义只能是正值。

②当图 8.29 中选择 Total Mass 而不是 Added Mass 时，定义的目标总质量必须大于现有总质量（即附加质量的*SET_PART 的所有单元的总质量），否则提交计算后会在最初的模型初始化阶段被 LS-DYNA 求解器报错退出计算。

8.9.4 建模技巧

当试校准整车模型的总质量和质心位置时，最快捷的方法是直接在 KEY 文件中对关键字*ELEMENT_MASS 的内容进行编辑以调整附加质量的数值。需要提醒大家注意的是质量的此消彼长，一处质量增加了，其他地方质量同时需要做出调整才能维持总质量保持不变。

用 LS-DYNA 进行准静态工况、显式计算（如汽车座椅拉拽实验、座椅固定点实验、安全带固定点实验的仿真模拟分析）时，因为只有白车身和座椅两个子系统，整车质量、质心位置的准确性就不做特别要求了。

8.10 接 触 定 义

只有定义了接触的节点、单元、零件及其集合才能相互识别，从而不至于在相遇时发生穿透。

8.10.1 新建接触关键字

接触定义在 HyperMesh 功能区 Solver 界面中显示在 CONTACT 目录下，但是在 Model 界面中显示在 Group 目录下。

新建一个接触的方法与途径如下。

（1）在下拉菜单 Tools→Create Cards→*CONTACT 下选择需要定义的接触类型的关键字。

（2）在功能区 Solver 界面空白区域右击，在弹出的快捷菜单中选择 Create→*CONTACT，选择自己想要定义的接触类型关键字。

（3）在功能区 Solver 界面右击目录中的 CONTACT，在弹出的快捷菜单中直接选择想要定义的接触类型关键字。

（4）可以对功能区 Solver 界面或者 Model 界面已经建立的同类接触关键字*CONTACT 右击进行复制，再对新复制出来的接触关键字进行编辑。

新建一个接触之后，可以在功能区下半部分的该接触关键字的信息列表中对各变量进行定义或者编辑，也可以右击该接触，在弹出的快捷菜单中选择 Card Edit 命令，在界面菜单区对其内部变量进行定义、编辑。界面菜单区显示的形式更接近该关键字在 KEY 文件中的格式，两种方式殊途同归。

8.10.2 常用接触关键字

由于 LS-DYNA 是向前（低版本）兼容的，因此之前开发的所有版本的接触关键字都保留了下来，所以大家会看到*CONTACT 的关键字非常多。其实其中的*CONTACT_AUTOMATIC 系列关键字才是最新开发的功能更全面、可靠性更高的接触关键字，故推荐大家在 CAE 建模过程中优先考虑采用*CONTACT_AUTOMATIC 接触类型。

常用的接触关键字有以下几个。

（1）*CONTACT_AUTOMATIC_SINGLE_SURFACE（以下简称 ASS 或自接触）：通常用于整个模型或者某个子系统的所有二维壳单元零件及三维实体单元零件组成的集合内部的相互接触及自接触。针对零件比较多，相互之间的接触状况比较复杂却又不关心它们之间的接触力，只希望它们之间不要发生相互穿透的情况。后处理时通过读取计算结果 binout 文件中 sleout 项获得该自接触的能量曲线，如果曲线出现负值则表明计算过程中存在接触穿透问题，但是穿透的具体位置需要用户自己去查找。由于参与 ASS 自接触定义的单元相互之间互为主、从面，因此通常只需要定义从面信息即关键字*CONTACT 中的变量 SSID 和 SSTYP 即可。

（2）*CONTACT_AUTOMATIC_GENERAL（以下简称 AG）：通常用于钢丝等采用一维 beam 单元建模的零件之间的接触，或者钣金件的边缘之间发生交叉接触等边-边接触的情况，如图 8.30 所示。针对一些二维壳单元零件和三维实体单元零件区域虽然已经定义了其他面-面接触，但是计算过程中仍然出现穿透的情况，可以利用这些壳单元或者实体单元的节点沿单元边界建立多条相互交叉的以*MAT_009 空材料定义的 beam 梁单元线，再对这些 beam 单元零件定义 AG 接触，等于给这个区域的接触设置了"双保险"。由于参与 AG 接触的单元相互之间互为主、从，因此通常只需要定义 slave 一侧的信息即关键字 *CONTACT 中的变量 SSID 和 SSTYP 即可。

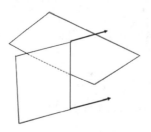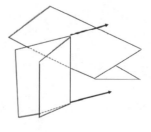

图 8.30 边-边接触类型

（3）*CONTACT_AUTOMATIC_SURFACE_TO_SURFACE（以下简称 AS2S）：相关的零件分成两组进行面-面接触，一组是主面（master），另一组是从面（slave），可以是一对一，或者一对多，也可以是多对多，主、从的选择没有特别要求，用户通常比较关心主、从之间接触力的大小或者接触过程中发生穿透的具体位置。接触力的读取在 binout 文件的 rcforc 中。

（4）*CONTACT_AUTOMATIC_NODES_TO_SURFACE（以下简称 AN2S）：通常用于一维单元零件（例如钢丝）与二维壳单元钣金件或三维实体单元零件之间的线-面接触。此时线性零件（*PART）、零件集（*SET_PART）或其部分节点的节点集（*SET_NODE）只能定义在从节点（slave）一侧，二维、三维单元零件则定义在主面（master）一侧。

（5）*CONTACT_SPOTWELD：专门用于定义点焊、缝焊、粘胶的接触，slave 一侧是焊点和粘胶组成的*SET_PART，Master 一侧是钣金件组成的集合*SET_PART。点焊、缝焊的焊点材料必须是*MAT_100；beam 梁单元焊点的单元公式必须是 ELFORM=9；beam 梁单元的点焊、缝焊要与实体焊点、粘胶分开定义接触；主面一侧的钣金件集合只可多选，不可少选，否则会出现"脱焊"问题。为了方便、快速起见，通常会使用上述 ASS 自接触定义时采用的零件集*SET_PART 定义主面。关于焊点接触的更多定义，例如焊点单元直接关联的焊接件的单元失效时，该如何处置焊点单元等问题，参见*CONTROL_CONTACT 的相关变量。

（6）*CONTACT_FORCE_TRANSDUCER_PENALTY（以下简称 CFTP）：相当于一个接触力传感器，专门用于测量某个零件或者某个零件的部分区域受到的接触力，至于是谁与其发生接触、是否产生穿透则不关心，因此 CFTP 接触通常只需要定义*CONTACT 的内部变量 SSID 和 SSTYP 即可。

（7）*CONTACT_TIED_NODE_TO_SURFACE：当 beam 点焊、缝焊的材料不是*MAT_100 时，焊点的接触用该关键字定义，此时焊点单元的节点集必须定义为从节点，焊接件则定义为主面。

（8）*CONTACT_TIED_SHELL_EDGE_TO_SURFACE：常用来描述一根弹性材料管子的一端（壳单元的边）焊接在一块弹性材料的钣金件上，即边-面焊接但是省略了焊点的建模，此时管子一端必须定义为 slave 一侧，平面钣金件一侧则作为 master 一方；当实体单元焊点不是用材料*MAT_100 定义时，焊点/粘胶与焊接/粘接件的接触也可以用该关键字定义，此时焊点、粘胶必须定义为 slave 一侧，而被焊接件/被粘接件则定义为主面一侧。如果 TIE 接触的一侧是刚体，则需要使用*CONTACT_TIED_SHELL_EDGE_TO_SURFACE_OFFSET。

（9）*CONTACT_TIED_SURFACE_TO_SURFACE：常用来定义面-面粘接问题，即两个面用一层薄薄的胶粘接在一起，却省略这层胶的建模。

（10）刚性墙*RIGIDWALL_PLANAR，*RIGIDWALL_GEOMETRIC：该关键字自带接触定义，默认模型中所有节点都是其从节点；刚性墙的接触搜索是单面搜索，即刚性墙仅搜索其法线方向一侧的从节点是否靠近、穿透刚性墙。

🔊 注意：

　　CONTACT_TIED 对接触双方的距离非常敏感，间隙稍大就有可能失效。理论上参与 tie 接触的零件之间的间距不得大于 0.6（主面段厚度+从节点厚度）和 0.05*（主面段对角线的最小值）两者中的最大值。

8.10.3　接触的基本概念

1. 主从关系

　　LS-DYNA 求解器对接触双方有主、从关系要求，即接触关键字卡片 1（card 1）的前两个变量 MSID、SSID。LS-DYNA 每一次都是从主面（即 MSID 涉及的单元的面）出发搜索、检查从节点（即 SSID 涉及的节点）是否足够靠近并阻止其穿透主面。接触搜索的距离以及搜索频率都是可以由用户自行设置的，只是大多数情况下都是采用 LS-DYNA 的默认值。

　　需要注意的是，接触定义只搜索并阻止从节点穿透主面，并非从节点所属的单元不得穿透主面，如图 8.31（a）所示，从节点并未穿透主面，因此即使从节点所属的单元已经穿透了主面仍然会被 LS-DYNA 视为安全距离，故不会产生接触力；如图 8.31（b）所示，从节点被主面搜索到足够靠近后，立即产生惩罚力阻止其继续靠近以免发生相互穿透，这个惩罚力宏观表现即为零件之间的接触力。之前我们一再强调 CAE 建模要求单元尺寸均匀，刚体零件即使对单元质量标准不做要求，也应当尽量与周围零件保持单元尺寸的均匀，至此大家应当有更深刻的理解与认识了。

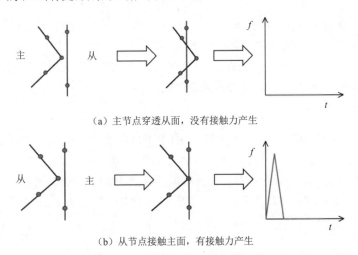

（a）主节点穿透从面，没有接触力产生

（b）从节点接触主面，有接触力产生

图 8.31　接触的主、从关系差异

　　ASS 自接触、AG 接触因为主、从相同，所以只需要定义从面一侧即可；测量接触力的专用关键字 *CONTACT_FORCE_TRANSDUCER_PENALTY 因为主面不限，所以也只定义从面一侧即可。

2. 零件自接触

　　如图 8.32 所示，汽车整车碰撞安全性能分析等显式计算的模型内部的零件在计算过程中往往会发生非常严重的变形，很多零件（如汽车的前纵梁）在设计时还专门开发了诱导零件失稳、起皱导致最终压溃的诱导槽，借此将碰撞中的动能吸收转换为钣金件的变形能，从而弱化车内乘员受到的冲击和伤害，但是如果此时起皱、压溃的零件其自身的一部分与另一部分不能进行自接触识别而起到相互支持的作用，不但吸收动能的效果极大弱化，与实际情况也严重不符。

ASS 自接触只需要定义从面 SSID，主面 MSID 默认与从面相同。参与 ASS 自接触定义的零件之间、单个零件内部的一部分与另一部分之间互为主、从，相互搜索对方的节点是否足够靠近自己、是否有产生穿透的风险，从而决定采取多大的接触惩罚力阻止对方穿透。汽车整车碰撞安全性能分析时通常把整车所有的壳单元零件以及没有定义外包空材料壳单元的实体单元零件都集合在一起定义一个 ASS 自接触，因此接触计算是整车模型中最耗费计算资源的部分之一，而整车自接触是所有接触中最耗费计算资源的接触定义之一。

3. 单向搜索与双向搜索

关键字名称中含有 ONE_WAY 的接触（如*CONTACT_ONE_WAY_SURFACE_TO_SURFACE）或者接触关键字名称中含有 NODE_TO_SURFACE 的（如*CONTACT_AUTOMATIC_NODES_TO_SURFACE）为单向搜索接触，即只搜索从面上的节点是否穿透主面；关键字名称带 AUTOMATIC 的面-面接触 AS2S、ASS 等默认为双向搜索，即 MSID 与 SSID 互为主从，互相搜索、互相检查对方的节点是否靠近、穿透自己。

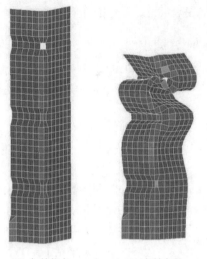

(a) 初始状态　　　　(b) 起皱变形

图 8.32　自接触定义的必要性

4. 单面搜索与双面搜索

单面搜索即 MSID 定义的主面仅搜索从其单元法向一侧向其靠近的从节点，前面提到的单个零件内部单元法向要统一（快捷键 Shift+F10）即为此考虑因素之一；双面搜索即主面每次同时搜索从其单元法向正反两侧向其靠近的从节点，此时主面内部单元法向不统一的问题对接触搜索没有影响。目前接触关键字名称中带 AUTOMATIC 的接触对主面均为双面搜索。

5. Segment

一个 Segment 就是一片接触面（又称面段，后面会不断提及）。当用户定义接触面时，如果选择的是壳单元，则一个壳单元就是一个 Segment；如果选择的是实体单元，则该实体单元的每一个表面就是一个 Segment，但是在定义接触面进行单元选择时，只会把所选中的实体单元在零件表面的那一个或者几个面自动纳入*SET_SEGMENT。图 8.33 所示为壳单元与实体单元 Segment 的区别。

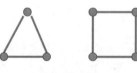

(a) 壳单元的 Segment　　　　　　　　（b）实体单元的 Segment

图 8.33　壳单元与实体单元 Segment 的区别

Segment 的概念使得用户在定义接触面时可以对壳单元和实体单元、壳单元零件和实体单元零件不加区分地进行模糊选择，这样极大地提高了建模效率。当定义接触面要选择的基本元素是单元时，对壳单元和实体单元进行"混选"后，HyperMesh 会自动将这些单元定义成*SET_SEGMENT；当选择的基本元素是零件*PART 时，对壳单元零件和实体单元零件进行"混选"后，HyperMesh 会自动将这些零件定义成一个*SET_PART，但是 LS-DYNA 求解器在计算过程中进行图 8.31 所示的接触搜索时，还是会把其中的实体单元与外界接触的每一个表面作为一个 Segment 来处置。

6. 材料厚度与接触厚度

通常情况下壳单元的接触厚度等于其材料厚度，但是如果有特殊要求的情况下，接触厚度是可以调节的，而材料厚度必须实事求是地定义，因为其直接涉及单元、零件的力学性能。

模拟钢丝的梁单元建在钢丝的中心线上，钢丝的直径通过梁单元所在零件*PART>SECID 对应的属性 *SECTION_BEAM 来描述，梁单元属性中定义的直径即梁单元参与 *CONTACT_AUTOMATIC_GENERAL 接触定义时进行接触识别的搜索直径，侵入该搜索直径范围内的其他梁单元节点即被视为穿透，LS-DYNA 会自动产生接触惩罚力使其脱离穿透。如果增大梁单元属性中关于直径的定义可以增强梁单元的接触识别，但是这样会改变梁单元的力学性能而导致计算失真，此时可以用空材料（*MAT_009）定义一个与模拟钢丝的梁单元共节点的梁单元，定义该空材料梁单元的直径大于钢丝梁单元的直径，再用该空材料梁单元代替钢丝梁单元承担*CONTACT_AUTOMATIC_GENERAL 中的接触识别任务，即用钢丝梁单元定义钢丝的材料直径，用空材料梁单元定义钢丝的接触直径，这样既可以增强钢丝的接触识别，又不会改变其力学性能。

钣金件的单元建在钣金件的中面上，如图 8.34 所示，钣金件的材料厚度信息通过定义壳单元所在的零件*PART>SECID 对应的属性关键字*SECTION_SHELL 中的变量 T 来实现。壳单元零件作为主面参与接触计算时，接触厚度通常在理论上等于其材料厚度，其材料厚度的一半即接触搜索距离。如果增大壳单元零件的材料厚度定义，也就增大了壳单元零件的接触搜索距离，进而可以增强该零件的接触识别，从而更有效地防止从节点的穿透，但是这样也同时改变了壳单元零件的力学性能而导致 CAE 模型的失真。此时可以通过将*PART 变为*PART_CONTACT，利用后者的内部变量 OPTT 增大壳单元零件的接触厚度和接触搜索距离而不改变其材料厚度和力学性能，或者通过调整该壳单元零件参与的接触 *CONTACT>SST/MST/SFST/SFMT 变量同样可以达到增大壳单元零件的接触厚度和接触搜索距离而不改变其材料厚度和力学性能的目的。

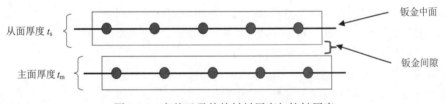

图 8.34　壳单元零件的材料厚度与接触厚度

实体单元*ELEMENT_SOLID 在从面侧，则从节点的接触厚度为 0，如果在主面侧，则主面段 Segment 的接触厚度等于实体单元的体积除以面段 Segment 的面积。

由于*CONTACT_TIED_...对主、从之间的距离比较敏感，参与 TIE 接触的零件单元之间的间隙不得大于 0.6*（主面段厚度+从节点厚度）和 0.05*（主面段对角线的最小值）两者的最大值，否则会导致绑定接触失效，此时可以通过定义*CONTACT_TIED>SST/MST 提高接触厚度以防止绑定失效。

📢 注意：

> 　　*CONTACT_TIED>SST/MST 要定义为负值。增大接触厚度会增加计算成本，因此非必要情况下还是建议采用材料的真实厚度（即材料厚度）。除非已经定义了接触*CONTACT，否则还是在计算过程中发生零件之间的穿透问题时再考虑调整零件的接触厚度。

7. 材料在厚度方向的投影方式

图 8.34 所示为理想状态下平面薄壁零件的壳单元的材料厚度，实际应用中由于零件的形状都比较复杂且不规则，相邻单元之间很难处在同一个平面内，此时就面临一个材料在壳单元表面的投影方式问题。目前 LS-DYNA 对材料在单元表面的投影方式主要有两种：一种是基于节点的投影方式，如图 8.35（a）所示；另一种是基于单元面段（即 Segment）法向的投影方式，如图 8.35（b）所示。

材料在单元厚度方向上投影方式的不同，将直接影响计算的精度与计算耗时的长短。基于节点的投影方式虽然可以生成连续的无死角的材料表面，但是计算成本高，有复杂几何形状时还会导致计算的不稳定，因此很少采用；目前 LS-DYNA 最新开发出的、最常用的接触关键字都是针对基于面段法向的材料投影方式，如*CONTACT_AUTOMATIC_...系列，但是该投影方式在进行接触搜索时会存在死角，而该搜索死角在一些特定的接触如梁单元焊点接触中可能会导致脱焊现象。以前在*CONTACT 关键字中附加卡片 A 中的变量 MAXPAR 是专门针对基于面段法向投影的死角问题的（图 8.36），不过该变量现在已经被最新开发的、使用频率最高的*CONTACT_AUTOMATIC 系列关键字代替了。关于基于面段法向的投影方式的死角问题的应对，我们还会继续介绍。

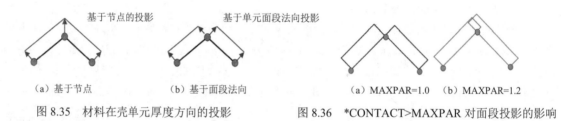

基于节点的投影	基于单元面段法向投影		
（a）基于节点	（b）基于面段法向	（a）MAXPAR=1.0	（b）MAXPAR=1.2

图 8.35　材料在壳单元厚度方向的投影　　　图 8.36　*CONTACT>MAXPAR 对面段投影的影响

8. 接触力与接触刚度

当从节点进入主面的接触搜索范围时将会被主面锁定，并在之后的计算过程中不断确认该从节点是否穿透主面；当从节点进入主面的接触厚度范围时，LS-DYNA 求解器会在从节点与主面之间产生接触惩罚力以阻止从节点穿透主面，如图 8.37 所示。接触惩罚力宏观表现为主、从之间的接触力，由接触力计算公式 $F=K\delta$（其中 K 为接触刚度，δ 为从节点的穿透量）可知接触力与接触面刚度成正比，接触刚度越大则阻止穿透的能力越强。

接触刚度 K 与材料特性相关，由壳单元或者体单元的体积模量决定，而单元的体积模量是平均主应力与体积应变的比值。因此理论上说，当接触双方的材料确定之后，其接触刚度即是确定的，但是如果已经定义了接触关系的主、从面之间仍然发生穿透问题时，可人为地适当提高接触刚度以阻止穿透的发生。

图 8.37　主面阻止从节点穿

涉及接触刚度的变量有以下几个。

（1）*CONTACT>SLDSTF：单独定义体单元的接触刚度。

（2）*CONTACT>SFM/SFS：主、从面的接触刚度比例系数，默认值为 1。

（3）*CONTROL_CONTACT>SLSFAC：滑移惩罚系数，也可以调整接触刚度，默认值为 0.1。

（4）*PART_CONTACT>SSF：指定单个零件在参与接触时的接触刚度比例系数；

（5）*CONTACT>SOFT：选择接触刚度的计算方法。

8.10.4 接触搜索方式和频率

1. 接触搜索方式

接触搜索方式即接触对的主面搜索从节点的方式，目前主要有 3 种搜索方式：基于节点增量的搜索方式、基于面段 Segment 的搜索方式和基于面段的 bucket 搜索方式。

基于节点增量的搜索方式简单、快速，是 LS-DYNA 早期开发的接触搜索方式。它是一种单向的搜索方式，几乎所有的关键字名称中不带 "AUTOMATIC" 的接触关键字都是默认采用基于节点增量的接触搜索方式；如果在接触关键字中变量*CONTACT>SOFT=2，则该接触将采用基于面段的接触搜索方式；而 LS-DYNA 最新开发的、使用频率最高的*CONTACT_AUTOMATIC_...系列接触均默认采用的基于面段的 bucket 接触搜索方式，可见后者的优势是不言自明的了。

基于节点增量的搜索方式的搜索过程：如图 8.38（a）所示，对于一个从节点 slave node，先找到距离其最近的主节点 master node，再依据该主节点找到关联的主面段 segment1 和 segment4，再查看从节点相对于主面段是否穿透。

基于节点增量的搜索方式的缺点如下。

（1）单向搜索，即仅搜索从节点是否穿透主面，这样很容易发生图 8.31（a）所示的情况。

（2）单面搜索，即仅搜索主面段 segment 法向一侧的从节点。

（3）如果主面段在主节点处不连续，如图 8.38（a）所示，则面段 segment2 和 segment3 虽然距离从节点与 segment1、segment4 同样近，但是即使被从节点穿透 LS-DYNA 也不会发现。

（4）由于该搜索方法是基于从节点找到最近的主节点，这样从节点很可能由于单元尺寸问题越过垂直距离最近的主面段 segment 而搜索到其后面的主节点，如图 8.38（b）所示。

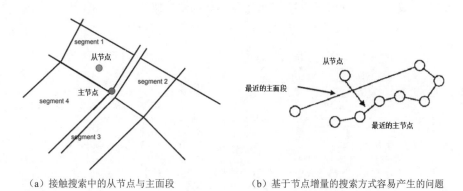

（a）接触搜索中的从节点与主面段　　　　（b）基于节点增量的搜索方式容易产生的问题

图 8.38　接触搜索方式及易产生的问题

所有*CONTACT_AUTOMATIC_...系列且内部变量 SOFT=0/1 的接触都是基于面段的 bucket 搜索方式，由于 SOFT=0 是 LS-DYNA 的默认值，因此所有*CONTACT_AUTOMATIC 接触默认都是基于面段的 bucket 搜索方式。这种最新开发的搜索方式与前面讲述的基于节点增量的搜索方式最大的不同，一方面不但是双向搜索，而且是双面搜索，即不但搜索从节点是否穿透主面，同时搜索主节点是否穿透从面，而且是在主、从面法向的正反两个方向同时进行搜索；二是其是通过从节点直接搜索最近的主面段。可以说基于面段的 bucket 搜索方式有效地避免了之前基于节点增量的搜索方式遇到的问题。而基于面段的搜索方式（SOFT=2）与前两种搜索方式相比最大的不同是面段对面段，即依据从面段搜索主面段，这种搜索方式比较耗时。

基于面段的 bucket 搜索方式的搜索过程：首先把接触空间划分成很多小的区块（bucket），然后依据每一个从节点的方位找到同区块内距离最近的主面段（如图 8.38（a）所示的 segment1～segment4），看从节点是否穿透这些主面段；经过一定的计算周期后重复上述搜索过程，注意此时与从节点同区块内的主面段有可能会改变、更新。

2．接触搜索频率

接触搜索频率即每隔多少个计算周期（Cycle）接触对的主面搜索一次从节点是否会穿透自己以便决定是否需要产生接触惩罚力、产生多大的接触惩罚力。

接触搜索频率受两个变量控制：一个是关键字*CONTACT 的附加卡片 A 中的变量 BSORT 的定义；另一个是计算控制关键字*CONTROL_CONTACT 中变量 NSBCS 的定义。关于接触搜索频率，通常情况下建议初学者采用 LS-DYNA 求解器的默认设置即可。

8.10.5　接触关键字的内部变量

图 8.39 所示为*CONTACT 的所有卡片及变量，这些卡片对所有类型的接触关键字都一样，不同接触关键字的区别仅在于使用的卡片数量及每个卡片内部选择定义的变量不同，这样也为我们更改接触类型提供了便利，很多情况下只需在 KEY 文件中更改关键字*CONTACT 的名称即可。

图 8.39 所示的卡片 1～卡片 3 是公共卡片，即所有接触关键字都包含的卡片，即使用户不需要定义某个卡片的内部变量也要为其保留空行。A、B、C、D 4 个卡片是选择性卡片或者说附加定义卡片，当需要定义某一个卡片（行）内部的变量时，则该卡片前面的卡片都必须被定义或者空一行保留其位置，其后如果没有需要定义的卡片则不需要保留空行。当某一个卡片内部的某个变量需要被定义时，则其前面的变量必须被定义或者用空格保留足够的字符串空位；如果该卡片内是用逗号隔开变量值的方式则不需要保留足够的空位，仅用一个逗号代表不定义或采用默认的变量值。

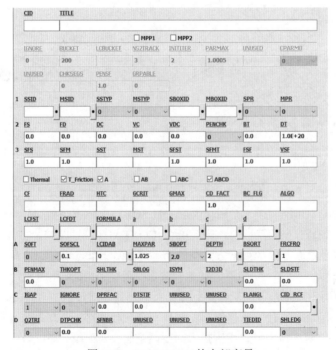

图 8.39　*CONTACT 的内部变量

公共卡片使得通过 NotePad 或者 UltraEdit 等文本编辑工具手动编辑接触定义变得更方便。例如要将接触类型从 AN2S 改为 AS2S，在 HyperMesh 前处理界面功能区里一旦改变接触类型（Card Image），其内部变量就需要全部重新定义，而在文本编辑器中对 KEY 文件进行手动直接编辑时可能只需要改变关键字*CONTACT 的名称，而不需要更改内部变量的定义。

> CID/TITLE：非必要定义项，如果用户不定义这两项，HyperMesh 和 LS-DYNA 会给出自定义：若用户在 HyperMesh 界面定义了 CID，则接触关键字的名称自动变为*CONTACT_..._ID；若用户在 HyperMesh 界面定义了 CID 和 TITLE 这两项，则接触关键字的名称自动变为*CONTACT_..._ID_TITLE。当用户在文本编辑器中直接对 KEY 文件进行编辑时，如果定义了 CID 和 TITLE 这两项，则关键字的名称必须为*CONTACT_..._ID_TITLE；如果没有定义这两项，则关键字的名称中不可以有 ID_TITLE。

卡片 1 主要定义接触范围，即接触双方都有谁。

> SSID：SSID（Slave Side ID），即从节点 ID 号。其可以是零件的 PID（*PART>PID），也可以是集合（*SET_NODE、*SET_SEGMENT、*SET_PART）的*SET>SID。

> MSID：MSID（Master Side ID），即主面 ID 号。其可以是 PID，也可以是 SID（对应*SET_SEGMENT 或者*SET_PART），注意此处 MSID 不能对应*SET_NODE>SID。

📢 注意：

①ASS 自接触、AG 接触及 CFTP 接触力传感器等只需要定义 SSID。

②当接触关键字为 *CONTACT_TIED_SHELL_EDGE_TO_SURFACE_BEAM_OFFSET 或者 *CONTACT_AUTOMATIC_NODE_TO_SURFACE 时，SSID 不可以是*SET_SEGMENT。

SSTYP/MSTYP：前面 SSID、MSID 的数据类型。HyperMesh 前处理操作时，若选择了 SSID、MSID，HyperMesh 会根据用户的选择自动定义 SSTYP、MSTYP。但是当在文本编辑器中手动编辑 KEY 文件时，用户需要了解这两个变量不同选项的含义。

↪ SSTYP、MSTYP=0：表明 SSID、MSID 的值对应*SET_SEGMENT>SID。

↪ SSTYP、MSTYP=1：表明 SSID、MSID 的值对应*SET_SHELL>SID，因为一个壳单元同时也是一个 segment 面段，因此如果主、从双方都是壳单元集合，SSTYP、MSTYP 的值通常仍然是 0。

↪ SSTYP、MSTYP=2：表明 SSID、MSID 的值对应*SET_PART>SID。

↪ SSTYP、MSTYP=3：表明 SSID、MSID 的值是单个零件*PART 的 ID。

↪ SSTYP、MSTYP=4：表明 SSTYP、MSTYP 的值对应*SET_NODE>SID，注意 MSTYP=4 只用于接触关键字*CONTACT_FORCE_TRANSDUCER_PANALTY，因为此时 MSID 默认与 SSID 相同而不用定义。

↪ SSTYP、MSTYP=5：表示包含模型中所有单元，此时 SSID、MSID 不用定义，即使有定义也会被忽略。

↪ SSTYP、MSTYP=6：表明 SSTYP、MSTYP 的值对应排除在接触定义之外的*SET_PART>SID，即除该*SET_PART 以外的*PART 将被选中作为接触对的内容。

> SBOXID：对应*DEFINE_BOX>BOXID，表示 slave 一侧包含的内容是 SSID 与 SBOXID 的交集，即 SSID 所指向的零件集位于指定的 BOX 之内的部分。此时 SSTYP=2、3 定义才有效。

> MBOXID：对应*DEFINE_BOX>BOXID，表示 master 一侧包含的内容是 MSID 与 MBOXID 的交集。此时 MSTYP=2、3 定义才有效。

➢ SPR/MPR：SPR/MPR=1 时将接触对 slave 一侧或者 master 一侧的节点接触力输出到 *DATABASE_NCFORC。接触区域较大时一般选择不输出，即采用默认值 SPR/MPR=0 以尽量减少结果文件 binout 的内容。接触对的整体接触力可以从结果文件 binout 中的 rcforc 中读取，如果每个节点的接触力信息都输出将会导致 binout 文件很大，后处理时会严重影响读取速度。

卡片 2 大多数情况下只需要定义 FS、FD 两个变量即可。

➢ FS：静摩擦系数（Static Coefficient of Friction）。钢-钢之间的摩擦系数一般是 0.2～0.3。当 FS=-1 时，将采用 *PART_CONTACT>FS 的值来定义静摩擦系数；当 FS=-2 时，将采用 *DEFINE_FRICTION 来定义摩擦系数。

➢ FD：动摩擦系数（Dynamic Coefficient of Friction）。钢-钢之间的摩擦系数一般是 0.2～0.3，动摩擦系数通常要小于静摩擦系数，但是有些用户为了省事全部定义为动摩擦系数对计算结果也不会产生明显的影响。

➢ VDC：黏性阻尼系数（Viscous Damping Coefficient），用以弱化接触力引起的结构噪声，相当于在计算过程中就对接触力进行一次滤波操作。一般情况下不需要定义，当接触双方有一方或两方同时较硬（例如是刚体材料*MAT_020）或者接触区域存在尖锐棱角而导致即使定义了接触在计算过程中仍然发生穿透现象时，可以定义该变量来抑制穿透的发生。VDC 的取值在 0～100，推荐值为 20。

➢ BT：BT（birth time），即接触定义生效的时间。不定义表示从 0 时刻开始生效。

➢ DT：DT（death time），即接触定义失效的时间。不定义表示采用默认值 1E+20。如果此时模型采用 mm-ms-kg-kN 单位制则表示 1E+20ms；如果此时模型采用 mm-s-t-N 单位制则表示 1E+20s。但是不管采用哪种单位制都是模型运行时间远远无法达到的，相当于默认到计算终止接触定义都不会失效。

BT、DT 的定义在整车碰撞安全性能分析中需要对座椅的坐垫发泡进行预压时，可以用来将坐垫发泡预压与整车碰撞安全性能仿真分析合并在一起，一次性完成计算，从而极大地提高了计算效率。具体方法是计算的前 5ms 为坐垫发泡预压计算，预压假人从与坐垫发泡脱离接触的位置运动到假人 *H* 点位置完成对坐垫的预压（预压假人与坐垫的接触 BT=0 不用定义，DT=5）；从 5ms 开始到计算结束为真正假人与坐垫的接触生效时间，同时也是整车碰撞的分析计算（真正假人与坐垫的接触 BT=5，DT 不定义），加载曲线（速度/加速度曲线）也要沿横坐标正向偏移 5ms。

卡片 3 大多数情况下不需要定义。

➢ SFS：变量 SOFT=0、2 时从面一侧接触惩罚刚度系数，默认值为 1。大于 1 表示对穿透抑制的作用加强。

> ➢ SFM：变量 SOFT=0、2 时主面一侧接触惩罚刚度系数，默认值为 1。大于 1 表示对穿透抑制的作用加强。
>
> ➢ SST：从面一侧零件的接触厚度，默认值为材料厚度。零件的接触厚度的定义只是在接触搜索时表现出来的厚度，并不影响其在*SECTION_SHELL 中定义的材料厚度及其相关的力学性能。
>
> ➢ MST：主面一侧零件的接触厚度，默认值为材料厚度。
>
> ➢ SFST：从面一侧零件的接触厚度的比例系数。钣金件的接触厚度等于其真实的材料厚度乘以此处的比例系数，与 SST 同样的道理，接触厚度比例系数不影响该零件*SECTION_SHELL 中定义的材料厚度及其相关的力学性能。如果定义了 SFST 就可以不用再定义 SST 了；如果 SST 有定义则 SFST 的定义会被忽略。
>
> ➢ SFMT：主面一侧钣金件的接触厚度的比例系数。如果定义了 SFMT 就不用定义 MST 了，如果 MST 有定义则 SFMT 的定义会被忽略。

📢 注意：

　　当主、从双方都有厚度不统一的多个零件时，采用 SST、MST 统一指定其内部的接触厚度时要慎重，此时采用 SFST、SFMT 更合理。

　　对于单个零件的接触厚度的定义还有一种方法，即用*PART_CONTACT 代替*PART，然后通过*PART_CONTACT 中的变量 OPTT 定义其接触厚度，或者用变量 SFT 定义其接触厚度比例系数。

　　增大零件的接触厚度会同时增加模型的计算成本，因此在非必要情况下还是建议采用零件的材料厚度来定义其接触厚度。通常需要增大接触厚度定义的情况有以下几种：一种情况是材料厚度非常薄的零件，如安全气囊；还有一种情况是已经定义了接触但仍然在计算过程中发生穿透的情况，此时增大零件的接触厚度或者接触厚度比例系数大于 1 有利于零件尽早搜索到并抑制有可能穿过自己的从节点。

> ➢ SOFT：选择接触刚度的计算方法，当接触双方的弹性模量相差较大时，SOFT 的定义很有必要。
>
> ↺ SOFT=0：基于单元尺寸与材料体积模量的接触刚度计算方法。
>
> ↺ SOFT=1：基于节点质量和模型最小时间步长的接触刚度计算方法，计算出来的接触刚度可能会比 SOFT=0 大很多，另外变量*CONTACT>SOFSCL 就是针对 SOFT=1 的变量。
>
> ↺ SOFT=2：接触刚度的计算方法与 SOFT=1 相同，但是接触搜索方式是基于面段 segment 的搜索方法，例如 AS2S 面-面接触定义或者 ASS 自接触定义等适合定义 SOFT=2。
>
> ↺ SOFT=1、2 适用于接触双方的接触刚度不同，单元密度也不同的情况，例如泡沫材料零件与金属零件之间的接触定义等。

8.10.6　接触定义的 HyperMesh 操作

　　HyperMesh 前处理操作中，在功能区下半部分接触关键字详细信息列表中定义变量 SSID、MSID 时，会有下拉菜单让用户选择特征类型为节点（nodes）、单元（elements）、零件（component）还是集合（set），还有一个 contactsurfs 选项是低版本的残留设置，一般不用考虑。

　　选择 set 设置需要用户事先已经定义了相应的*SET。如果用户选择了 set 并单击该按钮就会弹出窗口显示模型中所有符合要求的 set 的列表，窗口上方可以输入搜索关键字帮助用户快速筛选到心仪的*SET。

　　如果用户选择的是 components 类型并单击该按钮，同样会弹出窗口显示模型中所有符合要求的零件列表供选择，用户同时可以从图形区直接单击单选一个或者框选多个零件达到选择的目的，然后单击 OK 按钮退出选择窗口。如果用户选择的是单个零件，则变量 SSID 或者 MSID 的值就是该零件的 PART ID；

如果用户选择的是多个零件，则 HyperMesh 会自动将这些零件定义成一个集合*SET_PART，并将该*SET 的 ID 作为变量 SSID 或者 MSID 的值，同时 SSTYP、MSTYP 也会自动做出调整。

选项 elements 和 nodes 的定义稍有不同，不管用户选择单个单元、节点还是多个单元、节点，HyperMesh 都会自动将其定义为一个*SET_SEGMENT 或者*SET_NODE 并将该*SET 的 ID 作为 SSID 或者 MSID 的值（*SET_NODE>SID 只可以用来定义 SSID）。

对于 AN2S 接触的从节点集 SSID 的定义，如果用户选择的是 components 类型，则 HyperMesh 会自动将这些零件的节点作为从节点，这样可以极大提高建模效率。

8.10.7 初始穿透问题

1. 零件间的穿透问题

零件间的穿透问题通常有以下两种类型。

（1）Intersections 穿透类型：即部分从节点已经跑到主面的另一侧，计算过程由于穿透部分的从节点不能穿透主面返回"大部队"，这些穿透区域会发生"粘连"现象。

（2）Penetrations 穿透类型：即从节点并未穿透主面，但是由于零件接触厚度的原因而产生相互干涉的情况，提交计算后 LS-DYNA 在对模型进行初始化检查的时候，会在该穿透区域从节点上产生惩罚力促其离开主面回到安全距离（图 8.37），从节点越靠近主面，惩罚力越大。这种惩罚力的大小有时可能使 CAE 模型在计算一开始外力还没有发挥作用的时候就存在局部应力或塑性应变，甚至使从节点产生很大的位移和速度，这些都是 CAE 模拟失真现象。

2. 初始穿透检查

通过界面菜单 Tool→penetration 或者下拉菜单 Tools→Penetration Check 在功能区打开 Penetrations 界面（图 8.40），该界面分为上、下两栏，下栏为穿透检查条件设置，上栏为穿透检查结果。

穿透检查条件设置主要分为两类：针对被选择零件间的穿透检查和针对被选择的接触定义的穿透检查。

- ➢ Check type：选择检查类型，用户可以选择分别针对 Penetrations、Intersections 类型的穿透进行检查或对两种类型同时进行检查。
- ➢ Entity type：选择检查对象的类型，用户可以选择针对被选择零件（Components）间的穿透检查或者针对特定的接触定义（Groups/Contacts）的主、从之间的穿透检查。
- ➢ Selection：选择检查对象。单击该项右侧的特征类型，在弹出的窗口列表中可以进行选择；如果用户事先确定的特征类型是 Components，也可以直接在图形区进行选择。

下面几项仅针对特征类型为 Components 的情况。

- ➢ Thickness option：接触厚度的定义，选择 Component thickness 材料厚度即可。
- ➢ Thickness > size option：是否针对零件自接触的穿透问题进行检查，选择 Consider self-penetrations when thickness >

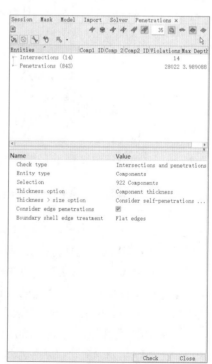

图 8.40 功能区 Penetrations 界面

element size 即可。

➤ Consider edge penetrations：是否检查边-边穿透。

以上各项穿透检查设置完成之后，单击图 8.40 下方的 Check 按钮开始初始穿透的检查。检查的过程需要一些时间，检查完成之后在功能区 Penetrations 界面的上栏会显示穿透检查中出现的各个问题点，逐项单击可以在图形区显示各个问题点具体的穿透情况，以便用户进行模型的修正。

🔊 注意：

模型的穿透检查完成后，功能区 "Penetrations" 界面的工具栏中有可以自动修复穿透的工具🔧，在此不推荐大家使用。因为这种 HyperMesh 自动修复的过程是不可控的，很可能会由于修正穿透问题却产生无法预料的问题，例如导致 CAE 模型严重偏离几何模型的问题等。

3. 弱化初始穿透对计算产生的负面影响的措施

理论上讲，凡是检查出初始穿透的区域都必须进行模型修正，直到穿透消除为止，但是工作当中难免会遇到 "时间紧，任务急" 的情况，此时对于一些非常棘手的穿透问题，还可以退而求其次采取以下几点措施。这样，即使最终有一些穿透遗留问题被带入随后的求解计算阶段，也可以尽可能地消除穿透问题对计算产生的负面影响。

（1）在计算控制关键字 *CONTROL_CONTACT 中定义变量 IGNORE=1 或 2 忽略初始穿透，从而弱化初始穿透问题对计算产生的负面影响。

（2）通过调整零件的接触厚度来消除 Penetrations 类型的穿透问题。通常零件的关键字是 *PART，当调整其接触厚度时需要采用 *PART_CONTACT 关键字来定义，其内部卡片 3 中的变量 OPTT 即指定该零件与其他零件接触时表现出来的接触厚度，而表现其力学性能的真实厚度仍然是 *SECTION_SHELL 中定义的材料厚度。这种方法在结构优化需要不断变更某个零件厚度以找到最优值时非常有用。

（3）有时接触的一方或者双方材料过刚（如刚体间接触）会导致即使定义了接触仍然在计算过程中发生穿透的现象，则用户可通过定义接触阻尼变量 *CONTACT>VDC 来减缓主、从之间的冲击力，推荐值小于 20。

（4）如果接触的一方材料过软导致计算过程中出现穿透问题，则用户可以通过变量 *CONTACT>SFS/SFM 提高接触刚度、增大接触惩罚力，从而达到抑制穿透的目的，推荐值小于 20。前面已经提到接触刚度与材料的体积模量相关，人为干预接触刚度过大可能会导致计算失真。

（5）将穿透部分单独定义为一个或者多个零件，再将这些零件排除在相关的接触定义之外，即可消除其所引发的穿透问题对计算结果的负面影响，但是其所承担的力学性能如对结构强、刚度等的作用仍然保留。

将初始穿透弱化后代入计算实属无奈之举，用户更不可因为有这些可弱化初始穿透的设置就放任模型中初始穿透的存在。

4. 接触穿透相关的建模技巧

对于 Penetrations 类型（因为零件的接触厚度导致）的初始穿透问题，最直观的检查办法是单击工具栏 3 中的 2D Traditional Element Representation 图标 ◆ ▼ 右边的下拉按钮切换至 2D Detailed Element Representation ◆ 显示模式，可以直观地看到二维壳单元零件的材料厚度，从而更方便用户判断零件间是否存在穿透、干涉问题。

计算过程中模型的各项能量曲线如果出现负值，从理论上讲此次的计算结果是不合理的。对计算结果进行后处理时，Sliding Interface Energy（接触滑移能）为负值表示已经定义了接触的主、从之间存在穿透问题。用户可以通过 sleout 文件输出每个接触对的接触能量曲线进一步确定具体是哪个接触中存在初始穿透问题。

8.10.8　接触定义注意事项

其实在此之前我们已经陆续提出了一些接触定义过程中的注意事项，此处再补充几点。

（1）避免重复定义接触。接触计算是整个模型中消耗计算资源最大的部分之一，接触的重复定义本身不但越发增大了计算资源的消耗，同时会造成计算的混乱。接触重复定义最直接、最简单的例子就是同一个接触同时定义了多次，或者一个接触的主、从双方分别是另一个同类接触的主、从双方的子集。

用空材料定义实体单元零件的外包壳单元零件的唯一目的就是，用外包壳来代替其内部的实体单元零件进行自接触识别或者与其他零件之间的接触识别。第 5 章空材料定义部分已经提到用表面共节点的空材料壳单元零件代替内部的实体单元零件进行接触识别不但极大缩小了接触搜索的计算成本，而且可以有效防止实体单元产生负体积的问题。如果实体单元零件定义了空材料外包壳后，实体单元零件与外包壳只需要一个参与接触定义即可，特别是自接触 ASS 的定义，二者只能选其一（理所当然地应当选择空材料外包壳），因为代替实体单元零件参与接触计算本身就是空材料外包壳产生的主要目的。

所有接触定义主、从面之间的接触力都可以在后处理时通过读取 RCFORC 文件得到，但是在接触的主、从双方零件较多，接触状况复杂的情况下，用户很难判断接触力峰值出现在什么区域。为避免接触的重复定义，一些需要输出接触力的重点关注区域可以使用关键字 *CONTACT_FORCE_TREANSDUCER_PENALTY 来定义。

（2）增强接触识别的方法。重复接触定义要避免，但是实际建模过程中经常会出现已经定义了接触的主、从之间仍然产生穿透的问题，此时需要采取措施增强主、从之间的接触识别，从而阻止它们之间穿透问题的发生。

方法一：在不改变零件材料厚度的基础上增大其接触厚度达到增大接触搜索距离而增强接触识别的目的，与接触厚度相关的关键字及变量前面已有讲述。

方法二：通过多种途径定义接触而实现接触识别双保险甚至多保险的目的，例如在 AS2S 或者 AN2S 接触的基础上，用相互正交的空材料 beam 梁单元定义 AG 接触增强零件之间的接触识别等方法。

方法三：硬接触可通过*CONTACT>VDC 提高接触阻尼系数阻止穿透问题的发生，$VDC_{max}=20$。

方法四：软接触可提高接触刚度*CONTACT>SFS/SFM 阻止穿透问题的发生，但是不宜过大。

方法五：调整单个零件的接触厚度*PART_CONTACT>OPTT/SFT 或者接触刚度*PART_CONTACT>SSF，以达到增强接触识别的目的。

（3）脱焊问题及解决办法。脱焊问题即 CAE 模型已经定义了焊点接触的区域，却在计算过程中没有"焊住"的问题。

首先焊点、粘胶单元对接触搜索距离非常敏感，焊点、粘胶单元的节点要直接落在焊接件面段 segment 的平面内，而不是落在图 8.34 所示单元材料厚度的表面上或者材料厚度内。焊点、粘胶单元的节点只要没有落在焊接件壳单元的平面内都有可能发生脱焊。

焊点/粘胶单元的节点不可以暴露在焊接件/粘接件之外。

焊点不能焊接刚体，粘胶不能粘接刚体；焊点、粘胶直接接触的主面壳单元（焊点 beam 单元或者实体 solid 单元的节点位置的主面壳单元）不能与 rigidlink 或者刚体材料（*MAT_020）零件单元共节点。

*CONTACT_TIED_...接触定义的主、从双方不得是刚体；参与*CONTACT_TIED_...接触定义的壳单元不可直接与 rigidlink 单元或者刚体材料定义的零件单元共节点，或者改用关键字*CONTACT_TIED_..._OFFSET。

由于目前材料在壳单元厚度方向的投影方式广泛采用图 8.35（b）所示的方式，beam 焊点单元的节点处于主面壳单元的节点位置或者单元边界上时，很可能造成"脱焊"现象。

避免 beam 焊点脱焊的办法：缝焊生成时通常使用主面壳单元上的连续节点来标识焊点路径和位置，这样生成的梁单元焊点的一端节点必然位于主面壳单元的节点位置，为避免脱焊需要将该节点直接与同位置的主面壳单元节点合并，而只将焊点梁单元的另外一个节点纳入*CONTACT_SPOTWELD 焊点接触定义的 SSID。

选择焊点梁单元另一端自由节点的方法是，首先在图形区只显示缝焊梁单元，使用快捷键 F10 打开相应界面，单击 1-d>free 1-d nodes（图 8.41），自动选出所有图形区显示的梁单元中未与主面壳单元节点合并的自由节点，单击 save failed 按钮保存这些节点并退出界面。单击界面菜单 Analysis→entity set 建立一个*SET_NODE 节点集来保存上述搜索出来的焊点梁单元的自由节点，这个节点集即焊点接触*CONTACT_SPOTWELD>SSID 定义时所要选择的节点集。

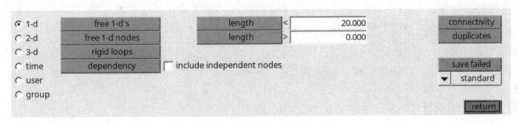

图 8.41　check elems:1-d 界面

（4）接触定义时内部元素的选择。

ASS、AS2S、AN2S 等主面为 SURFACE 或主、从均为 SURFACE 的接触在定义时，SURFACE 集合内部不得包含以下特征：3D 的 glue（粘胶）、spotweld（焊点）、2D 的 patch 刚片零件、1D 的 spring（弹簧单元）、discrete（弹簧单元）、beam（梁单元）、seatbelt_1d（安全带单元）、rigidlink 和 joint 铰链单元。如果这些单元掺杂其中在前处理阶段并不会检查出错误，提交计算后也不会导致计算报错退出，但是有可能导致计算异常缓慢或者其他异常情况。

网格尺寸均匀对提高接触搜索的效率有帮助，刚体零件自身对单元质量无要求，但是如果其要参与接触定义则对单元尺寸的均匀性有要求。

（5）接触定义时主、从类型的选择。

当采用*CONTACT_TIED_SHELL_EDGE_TO_SURFACE_BEAM_OFFSET 定义焊点接触时，从面一侧 SSTYP 不可以是*SET_SEGMENT，否则提交计算时会报错退出。

*CONTACT_AUTOMATIC_NODES_TO_SURFACE 接触定义时，SSID 的定义并非只能选择节点或者节点集*SET_NODE，也可以选择*PART 或者*SET_PART，LS-DYNA 会自动将其中的单元的节点作为从节点。

（6）MSID、SSID 并非必须同时定义。

*CONTACT_AUTOMATIC_...接触关键字不仅是最新开发的关键字，它们中的 AG、AS2S 接触中的 MSID 与 SSID 都是互为主、从关系的，而且是对主面进行双面搜索的；ASS、AG 自接触只需要定义 SSID，因为 MSID 默认与 SSID 相同，即 SSID 内部各零件互相搜索、每个零件双面搜索确保不发生节点穿透；*CONTACT_FORCE_TRANSDUCER_PANELTY 接触力传感器也只需要定义 SSID，因为不需要关注 MSID；但是对于接触关键字*CONTACT_AUTOMATIC_NODES_TO_SURFACE 来说，节点集只能定义在 SSID 内，对于焊点接触*CONTACT_SPOTWELD 来说，焊点也只能定义在 SSID 内。

（7）跨子系统的接触建议单独定义。

涉及多个 INCLUDE 子系统的接触最好定义在一个单独的 KEY 文件中，原因与跨子系统的零件之间的连接信息要保存在一个单独的 KEY 文件中相同，避免单独编辑子系统时连接/接触信息的丢失。

（8）尽量节省接触计算的成本。

接触定义影响计算成本，包括接触搜索的范围的大小、接触搜索的频率高低、接触刚度等因素都会影响接触计算的成本。

接触搜索的频率可以由用户指定，但是通常选择由求解器 LS-DYNA 自动决定。接触搜索的频率、搜索范围、接触力等都是有计算成本的，即定义接触的主（Master）、从（Slave）双方所包含的内容越多，则接触搜索的成本就越高，因此在定义接触时没有可能接触到的部分尽量避免纳入主、从双方的定义。例如汽车碰撞安全性能仿真分析过程中作为地面的刚性墙*RIGIDWALL_PLANAR，虽然自带的接触如果不定义 SSID（Slave 一侧的内容）则默认模型中所有节点都是其从节点。其看似省事了，但是这样设置每次都要搜索整车的所有节点是否有可能穿过地面，因此通常还是仅定义几个车轮作为刚性地面接触 Slave 一侧的内容，这样可以提高接触搜索效率同时可极大降低接触计算成本；再如汽车 50km/h 正面撞击刚性墙的工况，一般也只选择 A 柱之前的车头部分作为刚性墙接触 Slave 一侧的内容，从而极大降低了计算成本。

8.10.9 空材料包壳

前面反复提到，实体单元零件外包的由空材料（*MAT_NULL）定义的壳单元零件代替其与其他零件进行接触计算可以极大提高接触搜索效率、减小接触计算的成本。对于较软的橡胶材料、泡沫材料零件，用外包壳代替内部实体单元进行接触计算还可以有效减轻橡胶、泡沫的实体单元产生负体积的可能性。

包壳生成的操作步骤：使用界面菜单 Tool→faces 打开图 8.42 所示的界面。

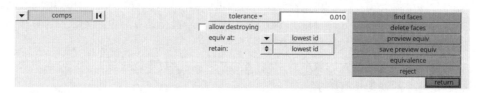

图 8.42 实体单元零件生成外包壳

- comps：特征类型，即针对被选择的一个或者多个实体单元零件同时生成外包壳单元。单击特征类型左侧的下拉按钮还可以选择其他特征类型，如 elems。
- find faces：依据被选择的实体单元生成外包壳单元（通常是红色的），此时功能区零件列表中会增加一个没有 Card Image 定义、没有材料及属性定义的名为^faces 的零件。如果重新选择实体单元零件并单击 find faces 按钮，则重新生成的外包壳会覆盖上次生成的外包壳。
- delete faces：删除之前生成的、保存在^faces 中的外包壳单元。如果生成的外包壳不想被该命令删除或者被下次生成的其他外包壳覆盖，则只需要将零件名^faces 改成其他名称（一般改为其本体零件名后加_NullShell 以方便查找、对应）。

^faces 改名之后再单击图 8.42 中的 delete faces 按钮就无法被删除了。

外包壳单元的节点与生成该外包壳的实体单元零件表面的单元节点是一一对应、自动共节点的。

将生成的外包壳单元的零件名^faces 改名之后，更改其 Card Image 为 part，再定义材料（*MAT_NULL 材料，材料参数如密度、弹性模量、泊松比与其实体单元零件本体的材料参数相同）、属性

*SECTION_SHELL（厚度一般定义为 0.1mm）之后就可以代替其实体单元零件本体参与接触的计算了。在接触定义（尤其是 ASS 自接触定义）时，实体单元零件本体与其外包壳二者只能选其一。

8.10.10　Null_beam 增加接触识别

对于已经定义了 ASS/AS2S/AN2S 等接触仍然发生穿透的区域可通过附加在壳单元、实体单元边界上的、相互交叉的、以 *MAT_NULL 定义的空材料梁单元之间的 AG 接触（即 *CONTACT_AUTOMATIC_GENERAL）来增强此处的接触识别，相当于是给此区域的接触识别增加了"双保险"。

HyperMesh 的操作步骤如下。

首先新建一个零件 Component，定义 Card Image 为 part、材料为 *MAT_NULL（密度、弹性模量等材料参数与其附着的本体零件的材料参数相同）、属性为 *SECTION_BEAM、属性内部单元公式变量 ELFORM=1、梁单元直径 THIC1s 及 THIC2s 的值为 0.5mm（注意单位制的统一性）即可。

单击界面菜单 1D>line mesh 命令进入图 8.43 所示的界面。

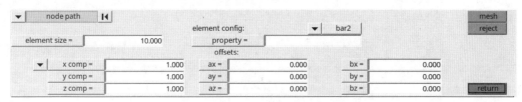

图 8.43　单元边界生成连续梁单元

➢ node path：选择梁单元节点路径，用户可以在图形区连续选择多个节点定义一串路径。

➢ element size=：设置梁单元目标尺寸，此处的值应大于梁单元要附着的 2D/3D 本体单元的尺寸，从而确保一个 2D 或者 3D 单元边界生成的梁单元的数量不多于 1 个。

➢ mesh：确认生成梁单元，生成之后用户还需要检查、确认每个相关 2D/3D 单元的边上生成的梁单元的数量不多于 1 个。

同一零件上生成多条尽量平行的梁单元线，与之接触的其他零件上的梁单元路径的走向尽量与之正交。所有这些生成的空材料梁单元都可以放在同一个零件内，然后对其定义 AG 接触。

8.10.11　Review 查看接触

接触定义完成后，用户在 HyperMesh 功能区 Model 界面的 Groups 列表中或者 Solver 界面的 *CONTACT 列表内右击，在弹出的快捷菜单中选择 Review 命令，可以在图形区高亮显示该接触的主、从双方的内容，一般主面一方是呈蓝色显示，从面一方是呈红色显示。自接触 ASS 因为只定义了从面一方，所以全部是呈红色高亮显示。

◀》 注意：

如果界面菜单区有命令未退出，则右击，在弹出的快捷菜单中找不到 Review 命令。

8.10.12　Isolate Only 查看接触

在 HyperMesh 功能区 Model 界面的 Groups 列表中或者 Solver 界面的 *CONTACT 列表内右击，在弹

出的快捷菜单中选择 Isolate Only 命令，则图形区就会单独显示该接触所涉及的零件、单元。此时通过功能区 Mask 界面的设置隐藏图形区的 2D 壳单元零件，即可查看是否有实体单元零件，例如已经包壳的实体零件或者粘胶、实体焊点被选进了接触定义的主、从一方；如果再进一步隐藏 3D 实体单元零件，即可查看 surface 接触中是否混入了 1D 单元。

8.11　模型实操

　　本书配套教学视频为读者提供了*CONTACT_AUTOMATIC_GENERAL 建模的操作示范及相关模型，读者可结合本章内容进行实操练习以加深对相关知识的理解与记忆。

第 9 章　控制卡片设置

相同的单位制下，控制卡片的设置基本相同，其区别可能在于计算时间控制 *CONTROL_TERMINATION>ENDTIM、输出频率控制*DATABASE_BINARY_D3PLOT>DT 等少数变量的定义，所以一般会把控制卡片制作成一个单独的 KEY 文件，以便随时调用。

9.1　计算控制关键字

计算控制关键字*CONTROL 的主要作用是对计算过程进行控制，例如模型的运行时间、计算终止的条件、最小时间步长限定等。常用的计算控制关键字如下。

- ➢ *CONTROL_TERMINATION。
- ➢ *CONTROL_TIMESTEP。
- ➢ *CONTROL_SHELL。
- ➢ *CONTROL_SOLID。
- ➢ *CONTROL_CONTACT。
- ➢ *CONTROL_HOURGLASS。
- ➢ *CONTROL_OUTPUT。

9.1.1　*CONTROL_TERMINATION

*CONTROL_TERMINATION 关键字为设置计算终止条件的关键字，为 CAE 模型必备关键字。图 9.1 所示为*CONTROL_TERMINAITON 关键字的内部变量，只有 1 个卡片，5 个变量。该图中显示的数值为各变量的默认值，其中 ENDTIM 为必须定义项，其他每一个变量的定义也都可以终止计算。当有多个变量同时被定义时，则任何一个变量得到满足，LS-DYNA 求解器都会立即终止计算。

1	ENDTIM	ENDCYC	DTMIN	ENDENG	ENDMAS
	0.0	0	0.0	0.0	0.0

图 9.1　*CONTROL_TERMINATION 的内部变量

- ➢ ENDTIM：强制计算终止时间，为必须定义项。注意该时间是 CAE 模型的运行时间，而不是 LS-DYNA 求解器的运算时间。以汽车整车正向 100%撞击刚性墙的仿真分析工况为例，该变量通常需要定义为 120ms（毫秒）。
- ➢ ENDCYC：计算终止周期数，通常无须定义。ENDCYC 不定义时正常完成计算所需的周期数等于变量 ENDTIM 的值除以最小时间步长；如果用户定义了 ENDCYC，则与变量 ENDTIM 两个中任何一个条件得到满足，LS-DYNA 求解器的计算都会立即终止。
- ➢ DTMIN：最小时间步长系数，通常无须定义。假设 LS-DYNA 计算出的 CAE 模型的初始时间步长为 DTSTART，则可计算出模型限定的最小时间步长 TSMIN=DTSTART*DTMIN，即当模型的最小时间步长小于 TSMIN 值时，LS-DYNA 求解器会生成一个重启动文件 d3dump 并终止计算；如果变量*CONTROL_TIMESTEP>ERODE=1 被定义，则导致模型的最小时间步长小于 TSMIN 的单元会自动被判定为失效并自动删除，LS-DYNA 求解器因此也就不会终止计算了。

- ➢ ENDENG：模型总能量变化百分比的限值，达到该限值则 LS-DYNA 求解器退出计算，通常无须定义。
- ➢ ENDMAS：模型质量增加百分比的限值，达到该限值则 LS-DYNA 求解器退出计算。该变量通常无须定义，若定义则必须同时定义*CONTROL_TIMESTEP>DT2MS 指定模型的最小时间步长才能发挥作用。

9.1.2　*CONTROL_TIMESTEP

*CONTROL_TIMESTEP 为控制模型最小时间步长的关键字，图 9.2 所示为其内部卡片和变量，该图中已经定义的数值均为 LS-DYNA 的默认数值。

1	DTINIT	TSSFAC	ISDO	TSLIMT	DT2MS	LCTM	ERODE	MS1ST
	0	0.9	0	0.0	0.0	0	0	0

2	DT2MSF	DT2MSLC	IMSCL	UNUSED	UNUSED	RMSCL
						0.0

图 9.2　*CONTROL_TIMESTEP 的内部变量

CAE 模型提交计算后，LS-DYNA 求解器会在最初的模型初始化阶段计算出每个单元的时间步长及整个模型的最小时间步长，然后依据最小时间步长对模型进行计算。由于直接计算出的最小时间步长通常太小，导致计算缓慢、计算耗时太长，因此常常需要通过*CONTROL_TIMESTEP 限定模型的最小时间步长。其限定的方法是对时间步长小于限定时间步长的单元进行适当的质量增加，从而使整个模型的最小时间步长达到限定的时间步长。

CONTROL_TIMESTEP 关键字的变量很多，有多种组合定义可以指定模型的最小时间步长，但是最常用的还是由 TSSFAC|DT2MS|确定的最小时间步长。

- ➢ DTINIT：模型的初始时间步长。通常选择默认值，即由 LS-DYNA 求解器在最初的模型初始化阶段计算出整个模型的最小时间步长。
- ➢ TSSFAC：时间步长变量 DT2MS 的比例系数，TSSFAC*|DT2MS|两者乘积共同决定模型强制执行的最小时间步长。TSSFAC 的默认值为 0.9，推荐用户自定义值也应当小于 1.0。
- ➢ ISDO：指定壳单元时间步长的计算公式，可对照表 3.2 认识该变量。
- ➢ DT2MS：用户指定的时间步长。当 DT2MS 为正值时，控制最小时间步长的单元进行质量增加以便达到限定时间步长 TSSFAC*DT2MS 时，整个模型中的所有单元都会进行同步质量增加；当 DT2MS 为负值时，仅对时间步长小于限定时间步长 TSSFAC*|DT2MS|的单元进行适当的质量增加以使其时间步长能够达到限定的最小时间步长。因此 DT2MS 通常定义为负值，这一点一定要引起注意和重视。在 mm-ms-kg-kN 单位制下，DT2MS 通常在 10^{-4}～10^{-3} 数量级，在 mm-s-t-N 单位制下，DT2MS 通常在 10^{-7}～10^{-6} 数量级，通常整个模型因为限定最小时间步长导致的质量增加的百分比要控制在 5%以内，用户可以以此为参考根据自己的实际情况调整变量 DT2MS 的值。
- ➢ LCTM：通过一条时间历程曲线限定模型在各个时刻的最大时间步长。如果该时间历程曲线的时间范围小于模型运行时间*CONTROL_TERMINATION>ENDTIM，则剩余时间内将用 LS-DYNA 求解器计算得到的模型的最小时间步长；如果 LCTM 未定义或者值为 0，则仍然按照求解器计算得到的模型的最小时间步长。

> ERODE：针对实体单元和厚壳单元（*ELEMENT_TSHELL，很少使用）的失效判据的变量。
> ↻ ERODE=0 则当实体单元和厚壳单元的时间步长小于变量*CONTROL_TERMINATION 限定的最小时间步长（TSMIN=DTSTART*DTMIN）的值时，LS-DYNA 求解器会终止并退出计算。
> ↻ ERODE=1 则当实体单元和厚壳单元的时间步长小于*CONTROL_TERMINATION 限定的最小时间步长（TSMIN）的值时，会被判定单元失效但是计算不会终止。

📢 **注意：**

　　ERODE=1 且*CONTROL_TERMINATION 限定的最小时间步长（TSMIN）有定义，则实体单元产生负体积时会被判定失效而删除，这也不失为由于实体单元负体积导致计算中途退出的问题的解决方法之一；若 ERODE 和 TSMIN 未定义，则一旦发现实体单元产生负体积，LS-DYNA 求解器就会终止并退出计算；当 *CONTROL_SOLID>PSFAIL 有定义时，ERODE=1 的作用将被忽略。

> MS1ST：当变量 DT2MS 为负数时发挥作用。
> ↻ MS1ST=0：LS-DYNA 求解器的默认值，在计算过程中整个模型的最小时间步长会始终保持 TSSFAC*|DT2MS|，这可能导致一种结果就是，有些单元因为受力变形严重导致单元时间步长变小，为了迎合最小时间步长的硬性规定而进行质量增加且最终导致整个模型的质量增加量超标。在对计算结果进行后处理时，时间步长（timestep）曲线应当是一条水平线，而质量增加（added mass）曲线将会是一条整体上升的曲线。这一点需要引起大家的注意，可作为计算完成后对结果进行评价的依据。
> ↻ MS1ST=1：LS-DYNA 求解器对模型的初始化完成之后，将会对一些不满足最小时间步长要求的单元做出一次性的质量增加调整，但是在此后的正常计算阶段，模型的总质量将保持不变，此时如果模型中的单元因为受力发生严重变形，将会导致整个模型的最小时间步长减小，时间步长的时间历程曲线呈现下降的趋势。

📢 **注意：**

　　通过对局部区域单元的质量增加达到限定模型最小时间步长目的的方法是人为因素干预的结果，最小时间步长越大，计算速度越快，但是计算不稳定的风险也越大，由于局部质量增加导致模型失真的风险也增大，因此通过限定最小时间步长而导致 CAE 模型增加的质量相对于模型总质量的百分比通常需要控制在 5%以内。

9.1.3　*CONTROL_SHELL 和*CONTROL_SOLID

*CONTROL_SHELL 和*CONTROL_SOLID 的内部变量在第 5 章已有讲述，因此这里不再讲述。

9.1.4　*CONTROL_HOURGLASS

*CONTROL_HOURGLASS 是对整个模型的沙漏控制关键字，前面讲到的*HOURGLASS 是针对单个零件的沙漏控制关键字。*CONTROL_HOURGLASS 关键字中的变量 IHQ 和 QH 分别对应 *HOURGLASS 关键字中的变量 IHQ 和 QM。当单个零件*PART>HGID 对应的*HOURGLASS 有定义时，全局沙漏控制关键字*CONTROL_HOURGLASS 的定义将被忽略，即局部变量的优先级更高。

> IHQ=1,2,3：是基于黏性的沙漏控制，只能抑制沙漏的进一步恶化。
> IHQ=4,5,6：是基于刚性的沙漏控制，不但可以抑制沙漏的恶化，还会尽力消除沙漏变形。

关于沙漏定义的更多注意事项，读者可参考之前第 5 章的相关内容。

9.1.5 *CONTROL_CONTACT

　　*CONTROL_CONTACT 是为整个模型中所有的接触定义设置默认参数的计算控制关键字，图 9.3 所示为其内部的卡片及变量，其中已经定义的变量为 LS-DYNA 求解器的默认值。卡片 3～卡片 6 仅对*CONTACT_AUTOMATIC 系列、*CONTACT_SINGLE_SURFACE 和*CONTACT_ERODING_ SINGLE_ SURFACE 适用。当*CONTROL_CONTACT 的内部变量与*CONTACT 或者*PART_CONTACT 的内部变量的定义产生冲突时，*CONTACT 或者*PART_CONTACT 的定义优先被选择。

1	SLSFAC	RWPNAL	ISLCHK	SHLTHK	PENOPT	THKCHG	ORIEN	ENMASS
	0.1		1	0	0	0	1	0
2	USRSTR	USRFRC	NSBCS	INTERM	XPENE	SSTHK	ECDT	TIEDPRJ
	0	0	0	0	4.0	0	0	0
3	SFRIC	DFRIC	EDC	VFC	TH	TH_SF	PEN_SF	
	0.0	0.0	0.0	0.0	0.0	0.0	0.0	
4	IGNORE	FRCENG	SKIPRWG	OUTSEG	SPOTSTP	SPOTDEL	SPOTHIN	
	0	0	0	1	0	0		
5	ISYM	NSEROD	RWGAPS	RWGDTH	RWKSF	ICOV	SWRADF	ITHOFF
	0	0	0	0	1.0	0	0.0	0
6	SHLEDG	PSTIFF	ITHCNT	TDCNOF	FTALL	UNUSED	SHLTRW	
	0	0	0	0	0		0.0	

图 9.3　*CONTROL_CONTACT 的内部变量

➤ SLSFAC：滑移接触惩罚比例系数，默认值为 0.1，这是一个人工干预接触面刚度的变量。

➤ RWPNAL：刚体与固定的刚性墙之间接触的惩罚比例系数，取值不同接触力的计算方法不同。通常取默认值即可，当零件在与刚性墙接触期间发生刚-柔转换时建议 RWPNAL=1。

➤ ISLCHK：是否检查初始穿透。

  ↪ ISLCHK=0：不检查初始穿透。

  ↪ ISLCHK=1：检查初始穿透并将穿透信息提示给用户（默认设置）。

➤ SHLTHK：非自动接触（即非*CONTACT_AUTOMATIC_...）时是否考虑壳单元的厚度偏置。

  ↪ SHLTHK=0：不考虑接触厚度。

  ↪ SHLTHK=1：考虑接触厚度但是刚体排除在外。

  ↪ SHLTHK=2：考虑接触厚度且包括刚体（推荐采用）。

➤ PENOPT：接触刚度是基于主面还是从面。

  ↪ PENOPT=0：默认设置，表示用户不定义，LS-DYNA 求解器将自动转向 PENOPT=1 的设置。

  ↪ PENOPT=1：选择主面和从面接触刚度最小的一方。

  ↪ PENOPT=2：基于主面的接触刚度。

  ↪ PENOPT=3：基于从面的接触刚度。

  ↪ PENOPT=4、5：主要针对钣金冲压成型工况。

➤ THKCHG：ASS 自接触在计算过程中是否考虑壳单元厚度的变化。

  ↪ THKCHG=0：默认设置，也是推荐选择项，不考虑壳单元厚度在计算过程中的变化。

  ↪ THKCHG=1：考虑壳单元厚度在计算过程中的变化，建议慎用，因为可能会导致计算不稳定。

➤ ORIEN：是否允许 LS-DYNA 求解器在模型初始化过程中自动检查并重新定向接触面段 Segment 的法向。对于非*CONTACT_FORMING 的接触定义，选择默认值即可。

➤ ENMASS：单元失效且被删除后，原先定义单元的节点的接触处理方式。当*CONTACT>SOFT=2

时 ENMASS 的定义将被忽略；当质量单元*ELEMENT_MASS 定义在实体单元或者壳单元的节
点上而不是零件*PART 或者零件集*SET_PART 上时，单元失效后附带质量的节点是否在接触中
继续被主面识别并阻止其穿过，将会对结果产生一定的影响。

- ENMASS=0：默认设置，不考虑失效且被删除单元的节点的接触问题。
- ENMASS=1：实体单元失效后其节点继续在接触定义中有效。
- ENMASS=2：实体单元和壳单元失效后其节点继续在接触定义中有效。

> NSBCS：指定间隔多少个计算周期（cycle）进行一次接触搜索，推荐采用默认值，即由 LS-DYNA
求解器自主决定。

> XPENE：接触厚度的比例系数，接触搜索距离是接触厚度与该比例系数的乘积。从节点进入该搜
索距离即被主面锁定并持续跟踪直至其运动到搜索距离之外。

> SSTHK：ASS 自接触在计算过程中是否考虑零件材料厚度的变化。在讲解 *CONTROL_
SHELL>ISTUPD 时，我们就一再强调不考虑壳单元在计算过程中的厚度变化以免导致计算不稳
定。因此，此处推荐采用默认值 SSTHK=0，即在计算过程中不考虑 ASS 自接触涉及的零件的真
实材料厚度的变化。

> ECDT：*CONTACT_ERODING_...在计算过程中是否会对模型的最小时间步长产生影响。
- ECDT=0：默认值，*CONTACT_ERODING 对模型的最小时间步长有影响。
- ECDT=1：不考虑*CONTACT_ERODING 对最小时间步长的影响。

> TIEDPRJ：*CONTACT_TIED_...接触在计算开始后是否需要将从节点投影到主面上。TIE 接触是
焊接、粘接等连接方式在 CAE 建模过程中忽略了焊缝、粘胶的建模而将两个焊接件/粘接件直接
固连起来的连接方式，焊接件/粘接件单元之间的真实距离（间隙）除了材料厚度还有之前建模时
被忽略的焊缝、粘胶的厚度，如图 8.34 所示，TIE 接触的从节点投影到主面表示计算一开始，从
面上的节点就忽略零件间隙和主、从面零件的材料厚度以最短的路径运动至主面上，这样不但与
真实的物理模型有差距，还会因为从节点的运动导致其所属零件在计算一开始就产生明显的局部
位移和应力、应变。
- TIEDPRJ=0：默认值，将从节点投影到主面上，从而消除主、从之间的间隙，不推荐使用。
- TIEDPRJ=1：忽略投影，保持主、从之间的原始间隙，推荐采用。

卡片 3 中的变量是关键字*PART_CONTACT 中卡片 3 中各变量的默认设置，即*PART_CONTACT
中卡片 3 中的变量没有被定义时，将采用*CONTROL_CONTACT 中卡片 3 中对应变量的定义；如果关
键字*PART_CONTACT 中相关的变量有定义，则会优先被选用。

> SFRIC：默认静摩擦系数。当*PART_CNTACT>FS 没有定义时，将自动采用此处 SFRIC 的值；
当*PART_CNTACT>FS 有定义时，则变量 FS 的优先级更高。

> DFRIC：默认动摩擦系数。当*PART_CONTACT>FD 没有定义时，将自动采用此处 DFRIC 的值；
当*PART_CNTACT>FD 有定义时，则变量 FD 的优先级更高。

> EDC：默认的摩擦衰减指数，对应*PART_CONTACT>DC，但是变量 DC 的优先级更高。

> VFC：默认的阻尼摩擦系数，对应*PART_CONTACT>VC，但是变量 VC 的优先级更高。

> TH：默认的接触厚度，对应*PART_CONTACT>OPTT，但是变量 OPTT 的优先级更高。

> TH_SF：默认的接触厚度比例系数，对应*PART_CONTACT>SFT，但是变量 SFT 的优先级更高。

> PEN_SF：默认的接触刚度比例系数，对应*PART_CONTACT>SSF，但是变量 SSF 的优先级更高。

> IGNORE：对*CONTACT_AUTOMATIC_...忽略初始穿透的设置，但是如果是 SMP 串行计算求
解器，将无法对接触定义*CONTACT_AUTOMATIC_GENERAL 忽略初始穿透。该变量是对变量

*CONTACT>IGNORE 的默认设置。

- ↪ IGNORE=0：默认设置，选择不忽略初始穿透。当 LS-DYNA 求解器发现初始穿透时，将移动从节点直至穿透消除，这样有可能导致计算一开始节点不是因为受到外力而是因为初始穿透产生位移，单元因为初始穿透而产生应力、应变，严重时节点的位移甚至造成单元畸变，故不推荐采用此方法来消除初始穿透。
- ↪ IGNORE=1：忽略初始穿透，即 LS-DYNA 求解器不移动从节点以达到消除初始穿透的目的，但是 LS-DYNA 求解器会记录发生初始穿透的从节点的位置，在随后计算接触惩罚力（图 8.37）的时候会减去初始穿透量，避免了因为初始穿透而导致的接触力计算误差。
- ↪ IGNORE=2：与 IGNORE=1 的作用相同，不同的是会以警告信息提示用户哪些节点发生了初始穿透。

📢 注意：

> 建议用户在前处理阶段尽可能地消除初始穿透，忽略初始穿透设置是避免初始穿透对计算产生影响的无奈之举，不可因此放松对初始穿透问题的要求。

- ➤ FRCENG：是否计算摩擦接触产生的能量。
  - ↪ FRCENG=0：不计算摩擦产生的能量。
  - ↪ FRCENG=1：计算摩擦产生的能量，且摩擦能转化为热能，这对热-机耦合分析很有帮助。
  - ↪ FRCENG=2：计算摩擦能，但是摩擦能不转化为热能。
- ➤ SKIPRWG：是否在后处理时显示静止的刚性墙。
  - ↪ SKIPRWG=0：用一个四边形壳单元显示刚性墙的位置。
  - ↪ SKIPRWG=1：不显示静止刚性墙，因为用户关心的通常是刚性墙所阻止的模型的状态。
- ➤ OUTSEG：是否将*CONTACT_SPOTWELD 中作为从节点的焊点梁单元的节点与其所对应的主面段的信息输出到 d3hsp 文件。
  - ↪ OUTSEG=0：不输出，推荐采用该设置以尽量减少 d3hsp 文件中的无用信息。
  - ↪ OUTSET=1：输出。
- ➤ SPOTSTP：当*MAT_SPOTWELD 定义的焊点单元的节点脱离主面段时是否终止计算。
  - ↪ SPOTSTP=0：删除焊点但不输出信息到 message 文件，计算继续。
  - ↪ SPOTSTP=1：将焊点信息输出到 message 文件并终止计算。
  - ↪ SPOTSTP=2：删除焊点并输出信息到 message 文件，计算继续。
  - ↪ SPOTSTP=3：保留焊点，计算继续，该设置可能导致焊点成为"悬浮"焊点。
- ➤ SPOTDEL：当焊点单元直接接触的焊接件的单元失效时，焊点单元是否删除。
  - ↪ SPOTDEL=0：保留焊点单元，该设置可能导致焊点成为"悬浮"焊点。
  - ↪ SPOTDEL=1：同时删除焊点单元。

关于 SPOTSTP 和 SPOTDEL 这两个变量的设置，笔者这里不推荐，仅供参考：保留脱离或者失去主面单元的焊点，以便用户查找和追踪焊点的位置，否则在成千上万个焊点中删除个别焊点很难被肉眼察觉，当然"悬浮"焊点有可能导致计算不稳定。

9.1.6 *CONTROL_ENERGY

*CONTROL_ENERGY 用于控制模型内各种能量的计算，图 9.4 所示为该关键字内部变量，只有 1

个卡片，4 个变量，该图中已经定义的变量值为 LS-DYNA 的默认设置。

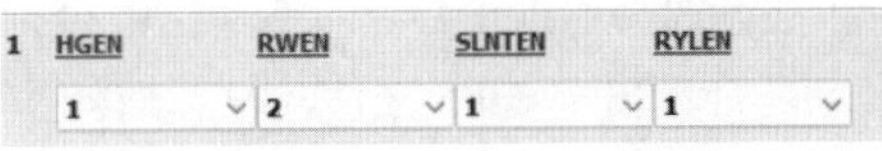

1	HGEN	RWEN	SLNTEN	RYLEN
	1	2	1	1

图 9.4 *CONTROL_ENERGY 关键字内部变量

- ➢ HGEN：沙漏能（Hourglass Energy）的计算控制。
  - ↳ HGEN=1：默认值，不计算模型内部减缩积分单元的沙漏能。
  - ↳ HGEN=2：计算沙漏能且沙漏能计入模型总能量以考查能量是否守恒，沙漏能的输出需要用户事先定义*DATABASE 关键字，用户后处理时可以通过 glstat 文件查看模型的总沙漏能，或者通过 matsum 文件查看单个零件的沙漏能。推荐定义 HGEN=2，因为沙漏能是通过人为干预抑制减缩积分单元缺陷的结果，所以沙漏能通常需要控制在模型总能量的 10%以内，计算并输出沙漏能为用户判断计算结果的有效性提供了依据。
- ➢ RWEN：刚性墙的能量（如与其他零件的摩擦能等能量的总和）的计算控制。
  - ↳ RWEN=1：不计算模型的刚性墙的能量。
  - ↳ RWEN=2：计算刚性墙的能量并计入模型总能量以考查能量是否守恒。刚性墙能量的输出需要用户在前处理时定义*DATABASE 关键字，并在后处理时读取 glstat 文件查看计算结果。
- ➢ SLNTEN：接触滑移能的计算控制。如果计算过程中存在接触双方之间的穿透问题，滑移能会出现负值，因此常常据此判断已经定义的接触在计算过程中是否存在穿透，情况严重的还必须回到前处理软件对模型进行修正；要想输出滑移能必须在前处理过程中定义*DATABASE 关键字，后处理时读取 glstat 文件查检模型的总滑移能，读取 sleout 文件查看单个接触的滑移能。
  - ↳ SLNTEN=1：不计算接触滑移能。
  - ↳ SLNTEN=2：计算接触滑移能且计入模型总能量以考核能量是否守恒。
- ➢ RYLEN：阻尼能的计算控制，用户要想输出阻尼能，首先要在前处理阶段定义*DATABASE 关键字，在后处理阶段读取 glstat 文件查看 damping energy（阻尼能）。
  - ↳ RYLEN=1：不计算阻尼能。
  - ↳ RYLEN=2：计算阻尼能且计入模型总能量以考核能量是否守恒。

推荐*CONTROL_ENERGY 中 4 个变量的值全部定义为 2，即计算并输出指定的能量。

9.1.7 *CONTROL_OUTPUT

　　*CONTROL_OUTPUT 与后面将要讲述的*DATABASE_EXTENT_BINARY 输出控制不同，前者主要是控制向 message、d3hsp 或者 d3thdt 等文本文件输出计算状态、模型状态信息，后者主要用来控制输出后处理所需信息至 d3plot 或者 binout 等二进制文件；前者输出的结果文件都可以通过文本编辑器 UltraEdit 或者 NotePad 读取，后者输出的结果文件只能通过后处理软件 HyperView 读取。图 9.5 所示为*CONTROL_OUTPUT 的卡片和内部变量。除非特别需要，否则用不到的信息建议不输出，以免导致输出文件过大不便于文本编辑器查看。

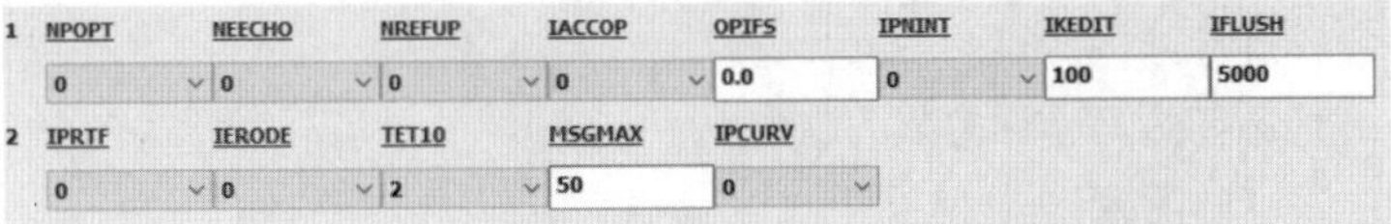

1	NPOPT	NEECHO	NREFUP	IACCOP	OPIFS	IPNINT	IKEDIT	IFLUSH
	0	0	0	0	0.0	0	100	5000
2	IPRTF	IERODE	TET10	MSGMAX	IPCURV			
	0	0	2	50	0			

图 9.5 *CONTROL_OUTPUT 关键字的内部变量

- ➢ NPOPT：计算过程中，节点坐标、单元连贯性、刚性墙定义、节点约束、初速度和初始应变等信息是否输出到 d3hsp 文件。推荐选择 NPOPT=1 即不输出，否则 d3hsp 文件会很大。
- ➢ NEECHO：节点和单元信息是否输出到 echo 文件，推荐选择 NEECHO=3，即不输出。
- ➢ NREFUP：是否更新梁单元（ELFORM=1、2、11）第三节点坐标，推荐选择 NREFUP=0，即不更新。
- ➢ IACCOP：是否对节点加速度信息进行平均和滤波后输出到 nodout 和 d3thdt 文件，推荐选择 IACCOP=1，即需要进行平均和滤波处理。
- ➢ OPIFS：定义接触信息的输出时间间隔。
- ➢ IPNINT：输出控制时间步长的单元信息至 d3hsp 文件。
  - ↪ IPNINT=0：默认值，仅输出导致最小时间步长的 100 个单元的信息。
  - ↪ IPNINT=1：输出所有单元的时间步长信息。
  - ↪ IPNINT>1：输出导致最小时间步长的与 IPNINT 定义值相同数量的单元的信息。

9.1.8 *CONTROL_BULK_VISCOSITY

应力波在零件材料中传播时会产生结构噪声，*CONTROL_BULK_VISCOSITY 用于控制整个模型的体积黏性，从而减小甚至消除结构噪声。

*CONTROL_BULK_VISCOSITY>TYPE=-1：激活实体单元和壳单元的体积黏性，但是由此引起的内能不计入模型总能量。

9.1.9 *CONTROL_ACCURACY

*CONTROL_ACCURACY 用于控制 LS-DYNA 求解器的计算精度。

*CONTROL_ACCURACY>INN=2：壳单元局部坐标系选择不变的节点编号方式（图 9.6），如此可以使计算更加稳定（对正交各向异性材料非常重要）。

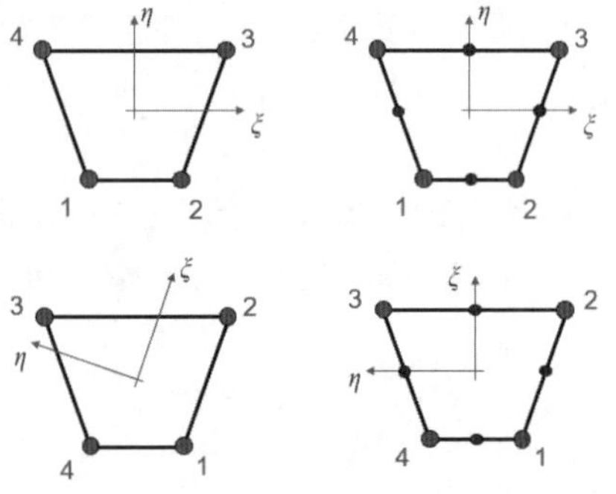

9.1.10 *CONTROL_SOLUTION

*CONTROL_SOLUTION 用于控制计算方式，图 9.7 所示为该关键字的内部卡片及变量，其中已经定义的数值为 LS-DYNA 的默认值。

（a）默认方式　（b）不变节点编号方式

图 9.6　壳单元的局部坐标系的定义

1	SOLN	NLQ	ISNAN	LCINT	LCACC	NCDCF	NOCOP
	0		0	100	0	1	0

图 9.7　*CONTROL_SOLUTION 的内部卡片及变量

- ➢ SOLN：选择求解器类型。
  - ↪ SOLN=0：只进行结构计算。
  - ↪ SOLN=1：只进行热力学计算。
  - ↪ SOLN=2：进行热-机耦合计算。
- ➢ ISNAN：当计算出现关于 NaN 的原因不明的报错信息时的处置措施。

➲　ISNAN=1：计算出错时输出更详细的关于 NaN（Not a Number）的信息，从而更方便用户"确
诊"。提交计算后经常会遇到一些仅告知 NaN detected on the processor ***却没有更加明确的
提示信息、导致用户不好诊断出错"病根"的问题，此时用户可以尝试通过该变量指示 LS-
DYNA 求解器提示更详细的出错信息。

9.2　能量及能量守恒原则

9.2.1　能量守恒原则

依据能量守恒原则，提交计算的 CAE 模型在计算过程中应当遵守以下公式：

$$E_{kin}+E_{int}+E_{sil}+E_{rw}+E_{damp}+E_{hg}=E^0_{kin}+E^0_{int}+W_{ext}$$

➤　E_{kin}：即时动能（Current Kinetic Energy）。

➤　E_{int}：即时内能（Current Internal Energy）。

➤　E_{sil}：即时接触滑移能（Current Siding Interface Energy）。默认情况下，接触滑移能并不包含在总
能量中，需要设置关键字*CONTROL_ENERGY>SLNTEN=2 将其包含在内。

➤　E_{rw}：即时刚性墙能量（Current Rigid Wall Energy）。默认情况下，刚性墙能量并不包含在总能量
中，需要设置关键字*CONTROL_ENERGY>RWEN=2 将其包含在内。

➤　E_{damp}：即时阻尼能（Current Damping Energy）。默认情况下，阻尼能并不包含在总能量中，需要
设置关键字*CONTROL_ENERGY>RYLEN=2 将其包含在内。

➤　E_{hg}：即时沙漏能（Current Hourglass Energy）。默认情况下，沙漏能并不包含在总能量中，需要
设置关键字*CONTROL_ENERGY>HGEN=2 将其包含在内。

➤　E^0_{kin}：初始动能。

➤　E^0_{int}：初始内能。

➤　W_{ext}：外力作功。

　　➲　$E_{total}=E_{kin}+E_{int}+E_{sil}+E_{rw}+E_{damp}+E_{hg}$：模型即时总能量。

　　➲　$E^0_{total}=E^0_{kin}+E^0_{int}$：模型初始总能量。

以 C-NCAP 整车正面碰撞刚性墙的安全性能仿真分析为例，汽车的初始速度产生初始动能 $mv^2/2$，
其中 m 为整车质量，v 为汽车碰撞速度 50km/h；初始内能为 0；整个过程中仅有重力作为车与壁障组成
的系统的外力，但是由于发生碰撞的 100 多毫秒的极短时间内汽车在重力加速度方向的位移可以忽略不
计，因此整车碰撞刚性墙工况中，系统的总能量 E_{total} 在计算过程中理论上应当是一条近乎水平的直线，
这一点也成为我们判断整车正面撞击刚性墙 CAE 仿真分析计算结果可靠性的首要准则。在 LS-DYNA 求
解器的求解计算过程中，如果发现模型的总能量发生了严重偏离就需要及时检查、修正模型，然后重新
提交计算。

如果计算过程中上述能量方程发生左侧大于右侧（$E_{total}>E^0_{total}$）的情况，可能是引入了一些人工能量，
例如数值不稳定，或者突然探测到接触穿透需要产生很大的接触惩罚力来抑制从节点穿透主面，例如单
位制不统一导致一些零件炸开而产生瞬间陡增的即时动能、即时内能等。

如果方程左侧小于右侧（$E_{total}<E^0_{total}$），可能是能量被吸收，例如沙漏变形严重，或者发生初始穿透
以及计算过程中已经定义了接触关系的主、从之间仍然产生穿透导致的负接触滑移能问题等。

能量比 $E_{ratio}=E_{total}/(E^0_{total}+W_{ext})$ 理论值应当为 1，我们可以通过 *CONTROL_TERMINATION>

ENDENG 变量控制计算过程中模型能量的波动，超过规定的能量比则计算中断并退出。

glstat 结果文件中的弹簧阻尼能 spring and damper energy 是离散弹簧单元（discrete elements）、安全带单元（seatbelt element）内能及铰链刚度（*CONSTRAINED_JOINT_STIFFNESS）等相关单元的内能之和。内能 E_{int} 包含弹簧阻尼能和其他单元内能，因此弹簧阻尼能是内能 E_{int} 的子集。

9.2.2 失效单元的能量

glstat/matsum 中的内能（Internal Energy）、动能（Kinetic Energy）只包含未失效单元的内能和动能。失效单元的内能（Eroded Internal Energy）并非模型内能 E_{int} 的子集，即模型内能 E_{int} 并不反映因单元失效导致的内能丢失；失效单元的动能（Eroded Kinetic Energy）也并非模型动能 E_{kin} 的子集，即动能 E_{kin} 并不反映因单元失效导致的动能丢失。

当变量*CONTROL_CONTACT>ENMASS=2 时，虽然与因失效而被删除（eroded）单元相关的节点不会删除，但这些单元失效后的动能对模型动能 E_{kin} 的占比仍然为 0。

9.2.3 负能量

理论上，能量、能量曲线不可以为负值。

1. 关于壳单元的负内能

为了克服壳单元零件出现负内能这种不真实的效应，可以采取以下应对措施：

（1）*CONTROL_SHELL>TSTUPD 关闭，即不考虑壳单元在计算过程中因受力变形而导致的厚度变化。

（2）*CONTROL_BULK_VISCOSITY>TYPE=−2，调用壳单元的体积黏性。

（3）对 matsum 中显示为负内能的零件使用*DAMPING_PART_STIFFNESS 调用刚性阻尼，建议先试着用一个较小的值，如 0.01。如果变量*CONTROL_ENERGY>RYLEN=2，则刚性阻尼能将包含在内能中。

2. 关于负接触滑移能

接触滑移能（Sliding Interface Energy）为负值多是由于模型的初始穿透及计算过程中由于受力变形产生的穿透导致的，故应对措施也应当从抑制、消除接触穿透着手。

关于接触滑移能，还有以下两点说明。

（1）设置*CONTROL_CONTACT>FRCENG=1，可以快速识别高摩擦区域（通过后处理时表面能量密度的可视化），对金属冲压成形、锻造模拟、刹车啸叫等工况分析非常有用。

（2）接触摩擦能是一个热源，只是摩擦生热的计算目前还无法实现，但是通过接触实现热传递的计算已经可以实现，在*CONTACT_SURFACE_TO_SURFACE 中增加热力学选项（图 8.39 中 Thermal 选项），输入传导率和辐射参数，从而使热量可以从高温部件传递到低温部件。

9.3 输出控制关键字*DATABASE

LS-DYNA 求解器对用户提交的 CAE 模型求解计算完成后会生成一系列结果文件，诸如 message、d3hsp、binout 以及 d3plot 文件等，其中前两个主要用来记录计算过程、计算进度信息，用户可以通过文本编辑器 UltraEdit 或者 NotePad 打开并阅读；后两者主要供用户通过 HyperView/HyperGraph 软件后处理时提取能量信息，单元信息，节点信息，力、应力、应变等信息，进而对结果的正确性、有效性进行评价时采用。

binout 与 d3plot 的关系和区别如下。

（1）binout 文件只能通过 HyperGraph 读取相关信息的时间历程曲线，d3plot 可以将模型在边界条件的驱动下产生的运动、变化状态通过 HyperView 以 3D 动画的形式直观地展现给用户。

（2）binout 文件中的相关信息有些无法从 d3plot 文件中获得，如能量信息、接触力信息、截面力信息等，有些虽然也可以通过 d3plot 文件获得，如单元、节点信息等，但是 binout 文件可以比 d3plot 文件以更高的输出频率、用更小的文件获得更详细的信息。

（3）binout 文件的内容在前处理阶段通过关键字*DATABASE_OPTION 来定义，d3plot 文件通过*DATABASE_BINARY_D3PLOT 来控制输出。

*DATABASE_OPTION 关键字用来指定 LS-DYNA 求解器对 CAE 模型求解后的输出信息，诸如能量信息（动能、内能、接触滑移能、沙漏能等）、单元信息（力、应力、应变等）、节点信息（位移、速度、加速度等）、截面力信息和接触力信息等。信息输出的文件类型因求解器不同而异，SMP 串行求解器可以得到单项信息文件 glstat、matsum、elout、nodout 等和集成的 binout 文件等数据格式，MPP 并行求解器只能得到集成的 binout 文件格式。

9.3.1　*DATABASE_OPTION

*DATABASE 系列的关键字有很多，下面选择部分使用频率较高的关键字做简要解释，这些关键字在 KEY 文件中书写时没有顺序要求。

➢ *DATABASE_GLSTAT：针对整个模型的信息，例如能量、时间步长、质量增加等信息。

➢ *DATABASE_MATSUM：针对单个零件的信息，例如能量、质量增加等信息。

➢ *DATABASE_ELOUT：针对单个单元（梁单元、安全带单元、壳单元和实体单元）的信息，例如梁单元轴向力（拉、压）、剪切力（S、T 向）等信息，实体单元和壳单元的应力、应变等信息。用户必须首先通过*DATABASE_HISTORY 指定要输出信息的单元，可以定义多个，但是*DATABASE_HISTORY 相互之间不可以有交集，即不可以重复定义。binout 文件较 d3plot 文件输出频率更高，但是只能指定非常有限的、重要的单元输出相关信息，否则文件将会很大，后处理时将会严重影响读取速度。*DATABASE_ELOUT 与*DATABASE_HISTORY 两个关键字只定义其中一个提交计算时并不会导致计算报错退出，但是用户将无法在后处理时获得相应数据，后续类似关键字相同。

➢ *DATABASE_DEFORC：针对单个单元（弹簧、阻尼单元）的信息输出，用户必须首先通过关键字*DATABASE_HISTORY 指定要输出信息的单元，可以定义多个，但是相互之间不可以有交集。

➢ *DATABASE_NODOUT：控制特定节点的位移、速度、加速度等信息的输出，通常用来输出加速度传感器的相关信息。用户必须首先通过关键字*DATABASE_HISTORY 指定要输出信息的节点，可以定义多个，但是相互之间不可以有交集。

➢ *DATABASE_SECFORC：截面力输出，用户需要首先通过关键字*DATABASE_CROSS_SECTION 定义截面，才能在后处理时获得相应的截面力信息。

➢ *DATABASE_RCFORC：接触力输出，针对所有已定义的*CONTACT 接触关键字输出接触力，接触状况比较复杂的定义只输出每一时刻的最大接触力。

➢ *DATABASE_RWFORC：刚性墙接触力输出。

- ➢ *DATABASE_JNTFORC：铰链力输出。
- ➢ *DATABASE_SBTOUT：安全带力输出，通常指 1D 的安全带单元受力信息的输出。
- ➢ *DATABASE_SLEOUT：接触滑移能输出，主要用来判断接触对在计算过程中是否出现穿透。
- ➢ *DATABASE>DT：定义信息输出的时间间隔（图 9.8），binout 文件的输出频率一般比 d3plot 高一至两个数量级，例如*DATABASE_BINARY_D3PLOT>DT 定义的输出时间间隔是 2ms，通常 *DATABASE>DT 定义的输出时间间隔是 0.2ms 或者 0.02ms，输出频率过高一方面会导致 binout 文件过大，后处理读取时也会严重影响速度，另一方面也没有必要。

					*DATABASE_OPTION (0)			
	0.0	0		1				
☑ DEFORC	DT	BINARY	LCUR ●	IOOPT				
	0.01	0		1				
☐ DEMASSFLOW	DT	BINARY	LCUR ●	IOOPT				
	0.0	0		1				
☑ ELOUT	DT	BINARY	LCUR ●	IOOPT	OPTION1	OPTION2	OPTION3	OPTION4
	0.01	0		1	0	0	0	0
☐ GCEOUT	DT	BINARY	LCUR ●	IOOPT				
	0.0	0		3				
☑ GLSTAT	DT	BINARY	LCUR ●	IOOPT				
	0.01	0		1				

图 9.8　*DATABASE_OPTION 的部分卡片及变量

9.3.2　截面力传感器

关键字说明如下。

- ➢ *DATABASE_CROSS_SECTION_PLANE：自动选择节点和单元。
- ➢ *DATABASE_CROSS_SECTION_SET：手动选择节点和单元。
- ➢ *DATABASE_SECFORC：指定截面数据的输出时间间隔，输出数据包括截面力、截面力矩、截面中心和面积等信息。

如图 4.1 所示，汽车碰撞过程中，车身结构会将受到的冲击力通过各条传力路径尽可能分散、化解至整个车身，以求避免重要部位受力过大产生失稳，进而压缩车内乘员生存空间的问题。通过在车身传力路径上各处定义截面力传感器，可以考查力在传力路径上的传递是否通畅。

如图 9.9 所示，汽车车身的传力路径通常是由多个钣金件焊接在一起形成的空腔结构。而决定空腔结构刚度的最主要因素是其有效截面面积，其次才是钣金件的厚度，这为我们在定义截面力传感器、选择传力路径在截面处的零件时提供了理论依据。

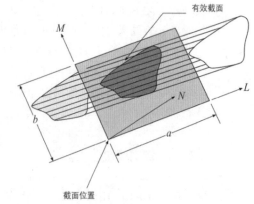

图 9.9　截面定义与模型有效截面

1. *DATABASE_CROSS_SECTION_PLANE

图 9.10 所示为关键字*DATABASE_CROSS_ SECTION_PLANE 的内部变量。

- ➢ CSID：截面 ID，在整个模型内具有唯一性。
- ➢ TITLE：截面名称。
- ➢ PSID：穿过截面的零件集合的 ID，对应*SET_PART>SID，这些零件在截面位置受到的沿截面法向的力即截面力，根据力相互作用的原理，截面的法向指向哪一侧并不重要。如果不定义 PSID，则所有穿过截面的零件在截面处的受力都将被计入截面力。

1	CSID	TITLE						

2	PSID	XCT	YCT	ZCT	XCH	YCH	ZCH	RADIUS
	0	0.0	0.0	0.0	0.0	0.0	0.0	0.0

3	XHEV	YHEV	ZHEV	LENL	LENM	ID	ITYPE	
	0.0	0.0	0.0				0	∨

图 9.10 *DATABASE_CROSS_SECTION_PLANE 关键字的内部变量

注意：

> PSID 所指的零件集合*SET_PART 中不可以包含刚体零件、焊点和粘胶。

➤ （XCT、YCT、ZCT）、（XCH、YCH、ZCH）：描述截面法向向量的尾、首两个节点的坐标，截面法向的尾节点坐标同时确定了截面的位置。HyperMesh 建模时可以直接在图形区选择两个节点来定义。截面的法向应尽可能使截面成为此处空腔结构的横截面（图 9.9）。

如果截面位置定义不当，则可以通过快捷键 Shift+F4 打开相应界面，通过 Translate: crosssections 调整截面位置。

➤ RADIUS：圆形截面的半径，如果定义了该变量，则卡片 3 中用来描述矩形截面大小的相关变量就不用定义了。如图 9.9 所示，截面力传感器的大小至少应当大于结构的传力路径在此处的有效截面，与截面边界相交的单元不会被考虑在截面力测量范围内。

如果不定义截面尺寸，则默认截面为无限大。HyperMesh 操作时，功能区下半部分截面力传感器的信息列表中有一个 Geometry type 选项，通过是选择 Finite plane 还是选择 Infinite plane 来确定是有限尺寸的截面还是无限大小的截面。

➤ （XHEV、YHEV、ZHEV）：矩形截面对角线的一个节点的坐标，该点应当是描述矩形截面的 4 个节点中坐标值最小的，因为后续矩形截面的长、宽尺寸将基于该节点坐标沿坐标轴正向增长（图 9.9）。

➤ LENL：矩形截面的长度。

➤ LENM：矩形截面的宽度。

2. *DATABASE_CROSS_SECTION_SET

图 9.11 所示为*DATABASE_CORSS_SECTION_SET 的内部变量。*DATABASE_CORSS_SECTION_SET 较前者的优势和最大的区别是可以输出弹簧阻尼单元的截面力，不便之处是截面力传感器的定义直接具体到节点和单元，如此当模型更新时零件的 PID 没有改动，但是单元 EID 和节点 NID 更新后必须同时更新相关的截面力传感器的定义，否则提交计算时会导致求解器报错退出或者输出错误的截面力。

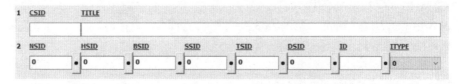

1	CSID	TITLE						

2	NSID	HSID	BSID	SSID	TSID	DSID	ID	ITYPE
	0	0	0	0	0	0		∨

图 9.11 *DATABASE_CROSS_SECTION_SET 关键字的内部变量

➤ NSID：对应一个节点集*SET_NODE，节点集中的节点用来定义截面力传感器的位置和截面大小，也就是说该节点集对应*DATABASE_CROSS_SECTION_PLANE>PSID 在截面力传感器区域的单元的节点；节点的选择可以在截面法向上有一定的宽度范围，并非只能选择截面平面上的节点，但最好是连续单元上的节点。

📢 **注意：**

> 定义*SET_NODE 时不可以选择刚体零件、焊点和粘胶单元上的节点。

- ➤ HSID：实体单元集合*SET_SOLID>SID，例如要测量实体单元建模的螺栓的截面力。
- ➤ BSID：梁单元集合*SET_BEAM>SID，例如要测量梁单元建模的螺栓的截面力。注意即使要测量单个梁单元螺栓的截面力，也需要单独建立一个*SET_BEAM。
- ➤ SSID：壳单元集合*SET_SHELL>SID，测量汽车白车身传力路径上的截面力时使用频率最高。
- ➤ TSID：厚壳单元集合*SET_TSHELL>SID。
- ➤ DSID：弹簧单元集合*SET_DISCRETE>SID。

9.3.3 *DATABASE_BINARY_D3PLOT

*DATABASE_BINARY_D3PLOT 用来定义除 binout 文件之外，另外一个很重要的结果文件 d3plot 的输出频率。d3plot 文件可以通过后处理工具 HyperView 以 3D 动画的形式直观地查看模型的运动、接触、变形、应力、应变以及失效等信息，还可以测量零件的位移、零件的间距，标注应力、应变极值出现的位置等。图 9.12 所示为*DATABASE_BINARY_D3PLOT 的内部变量。

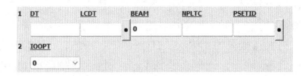

图 9.12 *DATABASE_BINARY_D3PLOT 关键字的内部变量

- ➤ DT：定义 d3plot 的输出时间间隔，注意此处是 d3plot 信息的输出时间间隔，而不是 d3plot 文件的输出时间间隔。默认情况下，当模型比较小时，可能 d3plot 信息会多次输出在同一个 d3plot 文件中。每一次 d3plot 输出结果是否单独生成一个 d3plot 文件由变量*DATABASE_EXTENT_BINARY>IEVERP 的定义控制。
- ➤ LCDT：定义 d3plot 的输出时间间隔曲线，即 d3plot 的输出时间间隔可以是不均匀的。
- ➤ BEAM：将离散弹簧单元和阻尼单元写入 d3plot 数据中。
    - ↳ BEAM=0：离散弹簧单元和阻尼单元写入 d3plot 数据中，并在后处理时显示为梁单元。单元的整体坐标和合力都被写入 d3plot 数据中。
    - ↳ BEAM=1：离散弹簧单元和阻尼单元不会被写入 d3plot 数据中。
    - ↳ BEAM=2：其与 BEAM=0 时类似。
- ➤ NPLTC：用 ENDTIM/NPLTC 的比值重新定义变量 DT 的值。
- ➤ PSETID：指定输出至 d3plot 的*SET_PART>SID，不建议定义。

9.3.4 *DATABASE_EXTENT_BINARY

*DATABASE_EXTENT_BINARY 是对输出控制*DATABASE_BINARY 的扩展定义关键字，控制要输出到 d3plot、d3part、d3thdt 等结果文件中的二进制数据。图 9.13 所示为其内部变量，初学者采用默认值即可。

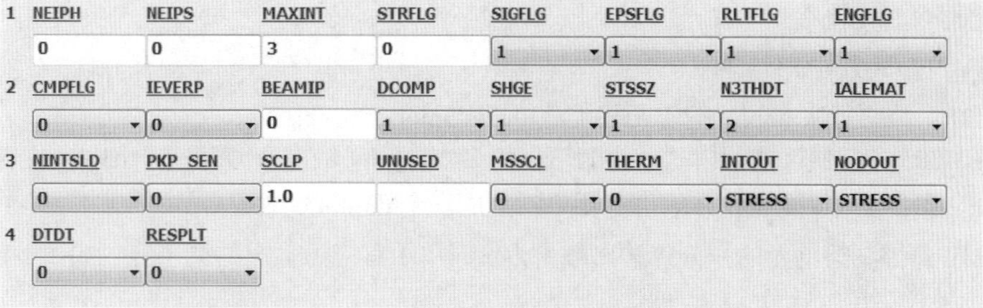

图 9.13 *DATABASE_EXTENT_BINARY 的内部变量

➢ NEIPH：写入二进制数据的实体单元额外积分点的数量。

➢ NEIPS：写入二进制数据的壳单元和厚壳单元每个积分点处额外积分点的数量。

➢ MAXINT：壳单元厚度方向上积分点输出的数量，默认为 3 个积分点，即上表面、下表面和中面的积分点。也就是说，*SECTION_SHELL>NIP 定义的沿壳单元厚度方向上的积分点中，并非每个积分点的信息都会输出至 d3plot 文件。

  ↳ *SECTION_SHELL>NIP=5，*DATABASE_EXTENT_BINARY>MAXINT=5：输出到 ASCII 文件 elout 中的壳单元厚度方向上有 5 个积分点，输出到 d3plot 文件中的壳单元厚度方向上有 5 个积分点。

  ↳ *SECTION_SHELL>NIP=5，*DATABASE_EXTENT_BINARY>MAXINT=3：输出到 ASCII 文件 elout 中的壳单元厚度方向上有 5 个积分点，输出到 d3plot 文件中的壳单元厚度方向上有 3 个积分点。

➢ STRFLG：应变张量输出控制，默认情况下 LS-DYNA 计算的弹性应变是不输出的。

  ↳ STRFLG=1：输出实体单元、壳单元、厚壳单元的应变张量，用于后处理云图显示。对于壳单元和厚壳单元，会输出最外和最内两个积分点处的张量；对于实体单元，只输出一个应变张量。

➢ SIGFLG：壳单元、实体单元数据是否包括应力张量信息。

  ↳ SIGFLG=1：包括（默认）。

  ↳ SIGFLG=2：壳单元不包括，实体单元包括。

  ↳ SIGFLG=3：不包括。

➢ EPSFLG：壳单元、实体单元数据是否包括有效塑性应变信息。

  ↳ EPSFLG=1：包括（默认）。

  ↳ EPSFLG=2：壳单元不包括，实体单元包括。

  ↳ EPSFLG=3：不包括。

➢ RLTFLG：壳单元数据是否包括合成应力信息。

  ↳ RLTFLG=1：包括（默认）。

  ↳ RLTFLG=2：不包括。

➢ ENGFLG：壳单元数据是否包括内能密度和单元厚度信息。

  ↳ ENGFLG=1：包括（默认）。

  ↳ ENGFLG=2：不包括。

➢ CMPFLG：当实体单元、壳单元和厚壳单元由正交异性或者各项异性材料定义时，应力、应变输出时采用的单元局部坐标系。

↳ CMPFLG=0：全局坐标系。

   ↳ CMPFLG=1：局部坐标系。

➢ IEVERP：控制每次 d3plot 输出是否创建一个 d3plot 文件。

   ↳ IEVERP=0：默认值，模型较小时可以将多次 d3plot 输出合并至一个 d3plot 文件。

   ↳ IEVERP=1：每次 d3plot 输出都要单独生成一个 d3plot 文件。

➢ BEAMIP：控制梁单元的积分点输出数量，仅应用于有应力输出的梁单元公式（不包括合力梁公式），建议采用默认值。

➢ DCOMP：数据压缩以去除刚体数据。

   ↳ DCOMP=1：关闭（默认）。没有刚体数据压缩。

   ↳ DCOMP=2：开启。激活刚体数据压缩。

   ↳ DCOMP=3：关闭。没有刚体数据压缩，但节点的速度和加速度被去除。

   ↳ DCOMP=4：开启。激活刚体数据压缩，同时节点的速度和加速度被去除。

➢ SHGE：控制减缩积分壳单元的沙漏能密度输出，以便后处理时可以通过云图查看。

   ↳ SHGE=1：默认设置，不输出壳单元的沙漏能密度。

   ↳ SHGE=2：激活壳单元的沙漏能输出，后处理时可以对壳单元的沙漏能密度进行云图显示。

➢ STSSZ：控制壳单元的质量增加或者时间步长信息。

   ↳ STSSZ=1：关闭（默认设置）。

   ↳ STSSZ=2：只输出时间步长。

   ↳ STSSZ=3：输出质量、增加的质量或时间步长，后处理时可以对壳单元的质量增加或者时间步长情况进行云图显示。

➢ N3THDT：为 d3thdt 结果文件设置的能量输出选项。

   ↳ N3THDT=1：关闭。能量不写入 d3thdt 结果文件。

   ↳ N3THDT=2：开启（默认）。能量写入 d3thdt 结果文件。

➢ NINTSLD：写入 d3plot 的实体单元积分点数量，默认值为 1。对于只有一个积分点的实体单元，默认值不会产生争议；对于有 8 个积分点的实体单元，如果该值设置为 $n<8$，则将输出一个平均值。

9.4 从计算结果中“回收”CAE 模型

1. 从计算结果中“回收”CAE 模型的应用范例

  范例一：在 HyperView 后处理软件中只能靠肉眼观察模型运行过程中是否发生穿透问题，在模型比较复杂、零件相互遮掩时难免会产生顾此失彼的问题，此时用户可以将后处理软件 HyperView 导出的 CAE 模型导入前处理软件 HyperMesh，并借助后者的专业工具检查模型是否发生了穿透。

  范例二：汽车整车碰撞安全性能仿真分析之前，需要用假人对座椅发泡进行预压计算，从而消除假人与座椅发泡之间的穿透；预压计算完成后，用户需要将 d3plot 结果文件中发泡的最终状态导出为 CAE 模型，作为汽车整车碰撞安全性能分析正式计算时座椅发泡的模型。

  范例三：汽车车身上的钣金件绝大部分都是冲压成型的，附带残余应变的钣金件的冷作硬化效应对整车碰撞安全性能的影响不容忽视，这就需要从钣金冲压成型计算的结果中提取钣金最终状态信息，再通过*INCLUDE_STAMPED_PART 附着在整车零件上。

2．"回收" CAE 模型的两种操作方法

（1）单击后处理软件 HyperView 界面的工具栏 1 中的 EXPORT SOLVER DECK 图标 ，可以将计算结果 d3plot 在运行过程中任一时刻的模型状态输出为 CAE 模型的 KEY 文件，更详细的操作方法在第 12 章讲述。

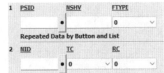

（2）前处理阶段通过定义关键字 *INTERFACE_SPRINGBACK_LSDYNA，可以帮助用户在 LS-DYNA 求解器对 CAE 模型计算完成后自动提取指定零件的最终状态并输出为无后缀的 dynain 文件。该文件的内容也是关键字，可与其他 KEY 文件一样导入 HyperMesh 前处理软件。图 9.14 所示为该关键字的内部变量。

图 9.14 *INTERFACE_SPRINGBACK_LSDYNA 的内部变量

PSID：零件集 ID，对应想要从计算结果中"回收"的零件组成的集合 *SET_PART>SID，即使只回收一个零件也必须定义一个 *SET_PART。

如果前处理软件无法直接定义关键字 *INTERFACE_SPRINGBACK_LSDYNA，用户可以通过文本编辑器 UltraEdit/NotePad 手动输入 KEY 文件，只需要定义第一个变量 PSID 即可。

3．从 d3plot "回收" CAE 模型与通过 dynain 文件 "回收" 模型的区别

（1）只要提交 LS-DYNA 求解器计算的 CAE 模型进入正常计算阶段就有 d3plot 结果文件生成，即使中途退出无法完成预定计算也可以通过后处理软件导出 KEY 文件，dynain 文件则要求计算必须正常完成才能最终生成。

（2）d3plot 提取的 KEY 文件只包含 *PART、*ELEMENT、*NODE 等信息，而 dynain 文件中除了这些信息还包含单元内部在计算过程中产生的应力 *INITIAL_STRESS、应变 *INITIAL_STRAIN 等信息。如果用户不需要这些应力、应变信息，可在导入 HyperMesh 前通过文本编辑器打开 dynain 文件并删除其中的 *INITIAL_STRESS、*INITIAL_STRAIN 等关键字相关信息。

9.5 参数化变量定义

9.5.1 *PARAMETER 及应用举例

用户在建模过程中会经常遇到的一个问题就是，有些变量的定义需要频繁地更改，例如求解计算时间 *CONTROL_TERMINATION>ENDTIM 变量。不同的分析工况（如 50km/h 整车正面撞击刚性墙、50km/h 的 MPDB 偏置碰、64km/h 的小偏置碰等仿真分析工况）对 ENDTIM 变量的定义都不尽相同，当用户想要更改计算时间时，可采取的方法为：一种方法是首先找到该变量所属的关键字存在的 KEY 文件，再用文本编辑器打开该 KEY 文件，搜索关键字 "*CONTROL_TERMINATION" 找到该关键字所在位置，然后更改变量 ENDTIM 的定义；另一种方法是通过参数化定义该变量，这样每次不用查找该变量所属的关键字在什么位置，只需要更改主文件开始部分的参数化变量 *PARAMETER 的定义即可。

图 9.15 所示为关键字 *PARAMETER 的内部变量。（注：前处理界面如图 9.15 是为了操作方便显示单词，输出至 KEY 文件中时只显示 R/I/C 中的一个字母）

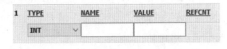

图 9.15 *PARAMETER 的内部变量

➢ TYPE：变量类型，准确地说是变量定义的数据类型。

TYPE 有 3 种类型可供选择，其中 "R" 表示定义变量的数据类型为浮点数；"I" 表示定义变量

的数据类型为整数；"C"表示定义变量的数据类型为字符串。3 种类型在 KEY 文件中为大小写皆可，但是必须顶格书写。

➢ NAME：参数名称，参数的命名应尽可能使其与所对应的变量有关联，这样当参数化变量的定义很多时用户也不至于混淆，有时还要专门加上以"$"开头的注释行对参数的含义及对应的变量进行说明。如此可使其他工程师拿到该模型能很快明白参数与变量的对应关系。此后，在定义 KEY 文件内部该参数对应的变量时，只需输入参数名称并在该名称前面加上"&"即可。

➢ VALUE：参数值同时也是该参数对应的变量的定义值，即在此处定义参数等同于在关键字内部定义对应的变量。

参数化变量最好放在 KEY 文件的开头，紧接着*KEYWORD 之后定义；之前有提到 KEY 文件中的关键字没有顺序要求，但是参数化变量的定义*PARAMETER 必须在该变量所属的关键字之前出现。

下面我们以*CONTROL_TERMINATION>ENDTIM 变量的定义为例，说明参数化变量的定义过程。

```
*KEYWORD
*PARAMETER
R ENDTIM 120
*CONTROL_TERMINATION
&ENDTIM
```

我们对关键字*CONTROL_TERMINATION 的第一个卡片的第一个变量 ENDTIM 进行了参数化定义，例句中参数的名称与变量名称相同，当然用户也可以根据自己的需要定义为任何其他不同的参数名称。下一次我们只需调整*PARAMETER 内部参数 ENDTIM 的值，则变量*CONTROL_TERMINATION>ENDTIM 的值就会自动、同步更新。

9.5.2 参数化变量定义的规则

除了前面的讲述之外，参数化变量的定义还要注意以下规则。

（1）*PARAMETER 中的变量类型与参数名称共同占用该卡片的前 10 位。变量类型与参数名称之间可以没有空格，也可以有多个空格，但是定义变量类型的字符与参数名称总共只能占用 10 位的空间，否则参数所对应的变量的定义"&+参数名称"将会超出规定的位数；参数值即变量值占用该卡片第二个 10 位的空间，只要在规定的长度空间内，不用前对齐也不用后对齐，但是不得超出 10 位的空间。

（2）参数名称不得是 time。

（3）主文件中的*PARAMETER 为针对整个模型的参数化变量的定义，子文件中的*PARAMETER 只适用于子文件范围（包括子文件的子文件）。

（4）当主文件中的*PARAMETER 与子文件中的*PARAMETER 定义冲突时，并不会导致计算报错退出，但是子文件的定义服从主文件的定义。子文件的参数要想不被主文件的同名参数定义覆盖，须要通过*PARAMETER_LOCAL 定义。

（5）主文件不识别子文件的参数化变量定义，因此子文件的参数只要不与主文件的参数重名就不会产生冲突。

（6）参数化变量可多处同时调用，例如我们最初只是想对变量*CONTROL_TERMINATION>ENDTIM 进行参数化定义，但是假如模型内有其他变量与 ENDTIM 保持相同的数值定义都可以调用其参数&ENDTIM。

9.5.3　*PARAMETER_DUPLICATION

*PARAMETER_DUPLICATION 关键字用于处置主文件与子文件的参数化变量发生冲突时的优先级问题，关键字内部只有一个变量 DFLAG，占用 10 个字符的长度。

- ➢ DFLAG=1：默认设置，先定义的参数覆盖后定义的参数并向用户提出警告信息。
- ➢ DFLAG=2：后定义的参数覆盖先定义的参数并向用户提出警告信息。
- ➢ DFLAG=3：报错退出计算。
- ➢ DFLAG=4：后定义的参数覆盖先定义的参数，但是不产生警告、提示信息。
- ➢ DFLAG=5：先定义的参数覆盖后定义的参数，但是不产生警告、提示信息。

*PARAMETER_DUPLICATION 关键字通常在 CAE 模型的 KEY 文件中并不出现，但是不出现并不意味着不发挥作用，只是 LS-DYNA 求解器直接执行其默认设置。通过对该关键字的认识与了解，想必大家现在也应当明白之前提到的当子文件的参数定义与主文件的参数定义发生冲突时，子文件服从主文件的原因了。

9.5.4　*PARAMETER_EXPRESSION

*PARAMETER_EXPRESSION 关键字可以用一个数学表达式的值来定义参数化变量，表达式中可以包含已经定义的参数。该关键字只有 1 个卡片，3 个变量，如图 9.16 所示。

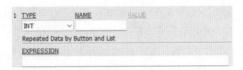

图 9.16　*PARAMETER_EXPRESSION 的内部卡片及变量

- ➢ TYPE、NAME：定义及规定与之前讲述的*PARAMETER 的相同。
- ➢ EXPRESSION：数学表达式，数学表达式的长度可以占据该卡片的剩余空间。

9.6　关键字及变量定义的优先级

CAE 建模过程中经常遇到关键字、变量的重复定义或者功能重复的情况，依据具体情况需要采取不同的处置措施：有些定义冲突会导致 LS-DYNA 求解器直接退出计算，有些定义虽然也具有排他性，但是在发生冲突时仅限于优先级的选择问题而不会导致计算中途退出，有些重复定义甚至会产生功能的相互叠加而非排斥。

1．ID 冲突问题

节点的 NID、单元的 EID、零件的 PID、材料的 MID 等关键字的 ID 在整个 CAE 模型中具有唯一性，如果在各子系统之间产生冲突会直接导致 LS-DYNA 求解器退出计算，因此必须避免模型中产生此类的 ID 冲突问题。

2．局部变量优先全局变量

针对单个零件的接触定义*PART_CONTACT 中卡片 3 的变量与针对整个模型的缺省接触定义

*CONTROL_CONTACT 中卡片 3 的变量的定义发生冲突时，局部变量*PART_CONTACT 的定义优先；针对单个零件的沙漏控制定义*HOURGLASS 与针对整个模型的默认沙漏控制定义*CONTROL_HOURGLASS 发生冲突时，局部关键字*HOURGLASS 的定义优先。

类似局部变量定义优先于全局默认变量定义的情况还有以下几个。

*CONTACT 中变量定义的优先级高于*CONTROL_CONTACT 中的相关变量。

*SECTION_SOLID 中变量定义的优先级高于*CONTROL_SOLID 中的相关变量。

*SECTION_SHELL 中变量定义的优先级高于*CONTROL_SHELL 中的相关变量等。

3. 后定义覆盖先定义

*TITLE、*CONTROL、*DATABASE 等关键字出现重复定义时，后出现（被 LS-DYNA 求解器后读取）者会覆盖之前的定义。这种情况多出现在 CAE 模型主文件与一些需要单独运行、试算的子系统（如假人模型、安全气囊模型等）之间。一种处置办法是暂时将子系统内部的相关关键字变为注释行，另一种处置办法是调整它们的顺序，从而使用户需要的关键字定义被 LS-DYNA 求解器最后读取。

4. 全局覆盖局部

前面讲到的*PARAMETER 变量即为此例，主文件的*PARAMETER 不识别子文件的参数化变量定义，当子文件的*PARAMETER 与主文件的定义产生冲突时，默认情况下子文件服从主文件的定义。

5. 由特定的变量值决定

关于由特定的变量值决定，下面通过两个案例来说明。

案例一：后出现的参数化变量定义*PARAMETER 与先定义的参数化定义产生冲突时，优先级由变量*PARAMETER_DUPLICATION>DFLAG 的值确定，DFLAG 的值不同，优先级的选择不同。

案例二：零件关键字*PART_INERTIA 中关于该零件初始速度的定义与全局初始速度定义关键字*INITIAL_VELOCITY 的定义产生冲突时，优先级由变量*INITIAL_VELOCITY>IRIGID 的定义确定。

6. 追加定义：*LOAD_BODY_Z、*BOUNDARY_SPC

约束*BOUNDARY_SPC 或者载荷*LOAD 的重复定义非但不会产生冲突与排斥，反而会产生叠加效果，其中尤其需要注意重力加速度的重复定义与叠加问题。一些需要单独验证、试算的子系统（如假人模型等）通常会自带重力加速度*LOAD_BODY_Z、计算控制关键字*CONTROL 和输出控制关键字*DATABASE 等关键字的定义，这样难免会与主模型的相关定义产生冲突，其中重力加速度的重复定义造成的叠加效果通常会导致 LS-DYNA 求解器的计算很快退出，只是此处导致计算退出的原因与 ID 冲突不同，而是因为重力加速度的叠加导致结构过载。

7. 特定变量优先

关于特定变量优先，下面通过两个案例来说明。

案例一：当变量*CONTROL_SOLID>PSFAIL 有定义时，*CONTROL_TIMESEP>ERODE=1 的作用被忽略。

案例二：当*CONTACT>SOFT=2 时，*CONTROL_CONTACT>ENMASS 的定义将被忽略。

9.7　加速度计的定义

关键字：*ELEMENT_SEATBELT_ACCELEROMETER。

对于瞬态动力学问题来说，分析对象特定位置的加速度是一个很重要的评价指标。以汽车被动安全问题为例，作为汽车被动安全性能的重要评分标准的车内乘员的头部伤害值的计算，即以乘员的头部加速度的峰值和幅宽（即 3ms 峰值或者 5ms 峰值）为主要计算因子。加速度计也称加速度传感器，可以将模型中指定位置的加速度时间历程输出至计算结果中的 ASCII 文件 nodout（针对 LS-DYNA 的 SMP 求解器）或者二进制文件 binout（针对 LS-DYNA 的 MPP 求解器）。

关键字名字中虽然包含 SEATBELT（安全带），但是与汽车安全带没有什么必然的联系。

关键字*ELEMENT_SEATBELT_ACCELEROMETER 的内部卡片及变量如图 9.17 所示。

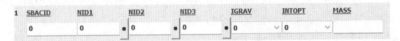

图 9.17 *ELEMENT_SEATBELT_ACCELEROMETER 的内部卡片及变量

➢ SBACID：加速度计的 ID 号，在整个模型中具有唯一性。

➢ NID1、NID2、NID3：定义加速度计局部坐标系的三个节点的 NID。其中，NID1 是局部坐标系的原点，其加速度时间历程即该加速度计最终输出的加速度时间历程；NID1 与 NID2 两个节点定义加速度计局部坐标系的 X 轴，且 X 轴正向由 NID1 指向 NID2；NID1 与 NID3 两个节点定义加速度计的局部坐标系的 Y 轴，且 Y 轴的正向由 NID1 指向 NID3。通常指定加速度计的局部坐标系坐标轴的方向与模型全局坐标系的方向相同，从而更便于计算结果的后处理。

加速度计只能定义在刚体上且 NID1、NID2 和 NID3 属于同一刚体，若定义在弹性体上会产生很大的结构噪声。

目前常用的加速度计建模方法有两种，一种是金字塔式的加速度计（图 9.18 中 ACC①），另一种是立方体式的加速度计（图 9.18 中 ACC②）。这两种建模方式的主要区别及特点见表 9.1。

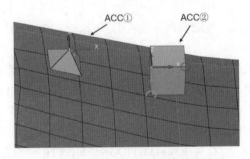

图 9.18 加速度计的两种建模方式

表 9.1 加速度计的两种建模方式比较

ACC 类型	金字塔 ACC①	立方体 ACC②
固定方式	*CONTACT_TIED_SHELL_EDGE_TO_SURFACE_OFFSET	*CONSTRAINED_EXTRA_NODES_SET
*PART 数量	每个 ACC 包含两个*PART(*MAT_020，*MAT_001)	每个 ACC 包含一个*PART(*MAT_020)
建模方式	每个 ACC 单独建模	可通过复制、粘贴等方式新建
与主模型关系	对主模型节点 NID 无依赖	对主模型节点 NID 有依赖
	与主模型不可发生穿透； 对与主模型的接触距离较敏感；	不参与模型的接触计算； 可与主模型发生穿透；
	与最近的主模型单元的面段 SEGMENT 保持平行	不受主模型形状的影响
与焊点/粘胶关系	与焊点/粘胶无关	ACC 影响区不得有焊点/粘胶单元

1. 建模方式比较

金字塔 ACC 的"底座"是一个弹性体*MAT_001 定义的四边形壳单元，金字塔 ACC 的塔尖是四个*MAT_020 定义的刚体三角形单元。

立方体 ACC 是一个用*MAT_020 定义的刚体，由六个正方形壳单元搭建或者一个立方体实体单元构成（建议选择壳单元建模方式以尽可能减轻附加质量）。

2. 零件数量

所有金字塔 ACC 的弹性体"底座"属于同一个*PART 零件（后续定义*CONTACT_TIED 时更便捷），但是每个金字塔 ACC 的刚体塔尖须单独定义一个*PART 零件。

每个立方体 ACC 须单独定义一个刚体*PART 零件。

3. 固定方式

金字塔 ACC 由"底座"的弹性体四边形壳单元通过*CONTACT_TIED_SHELL_EDGE_TO_SURFACE_OFFSET 固定在主模型上，因此不可与主模型发生穿透，且要求与距离最近的主模型壳单元或者实体单元面段 SEGMENT 尽量保持平行；与主模型距离过大很可能导致无法"绑定"。

立方体 ACC 通过*CONSTRAINED_EXTRA_NODES_SET "抓取"临近主模型上的一组节点并将这些节点作为自身刚体的一部分。被抓取的节点不可以是焊点/粘胶单元的节点，被抓取的节点涉及的壳单元不可以直接接触焊点/粘胶单元；因为与主模型没有接触识别关系，立方体 ACC 与主模型尽量靠近甚至发生穿透也无妨。

4. 对主模型的依赖

（1）金字塔 ACC 必须依势而建，因此会受到主模型形状的影响，不同的位置需要单独建立金字塔模型。

立方体 ACC 由于与主模型没有接触识别关系，因此可以通过复制、粘贴的方式快速生成不同位置的加速度计。

（2）金字塔 ACC 不受主模型节点 NID 重置的影响，甚至不受主模型零件 PID 重置的影响；不管金字塔 ACC 临近的主模型零件的 PID 如何更新，只要仍然在*CONTACT_TIED 内部主面集合 MSID 的"管控"范围即可（金字塔 ACC 的底座在*CONTACT_TIED 定义中通常被置于 SSID 一侧）。

立方体 ACC 不受主模型零件 PID 重置的影响，但是主模型上被立方体 ACC 固连的节点的 NID 如果重置，则必须同时更新立方体 ACC 关于*CONSTRAINED_EXTRA_NODES_SET 的定义。

5. 对主模型的影响

由于立方体 ACC 需要通过*CONSTRAINED_EXTRA_NODES_SET "抓取"临近主模型上的一组节点并将这些节点作为自身刚体的一部分，因此立方体 ACC 较金字塔 ACC 对主模型的附加影响更大，甚至会影响主模型上临近区域的焊点、粘胶正常发挥作用。

建议模型中所有的加速度计单独保存在一个 KEY 文件中并为其单独划定 ID 范围，这样无论主模型怎么更新、优化，每个测量点的加速度计的 NID 都是确定的从而使得对计算结果的后处理操作更加便捷。

最后用户要想从计算结果中的 nodout 文件（针对 LS-DYNA 的 SMP 求解器）或者 binout 文件（针对 LS-DYNA 的 MPP 求解器）中读取加速度计的输出结果，必须同时定义*DATABASE_HISTORY_NODE 及*DATABASE_NODOUT（见最后一节的控制卡片定义示例）两个关键字。*DATABASE_HISTORY_NODE 可以定义多个，但是涉及的节点不可以有交集，即不可重复定义。

9.8　控制卡片定义参考

控制卡片的设置通常是千篇一律的，因此一般把控制卡片单独作成一个 KEY 文件以便随时调用。本节是 LSTC 提供的共享整车模型中在"毫米-秒-吨-牛顿"（mm-s-t-N）单位制下的控制卡片，仅供参考。每个工业企业内部一般也都有自己相对固定的控制卡片，在相同的单位制下，不同分析工况的用户一般只需要对计算时间、输出频率和控制时间步长的参数稍加调整就可以直接使用了。

对于初学者来说，下面的计算控制关键字中除计算时间、输出频率和控制时间步长的参数需要根据自己的模型稍加调整以外，其他关键字直接引用一般是不会导致计算出现原则性错误的。但是随着操作熟练程度和理解能力的加深，还是建议大家对这些关键字及其内部变量有更详细、更具体的理解和应用，例如如果模型中有应用到*CONTACT_TIED 接触定义，推荐其中的*CONTROL_CONTACT>TIEDPRJ=1 会得到更合理的结果。

```
*KEYWORD
*CONTROL_TERMINATION
$$ ENDTIM    ENDCYC    DTMIN    ENDENG    ENDMAS    NOSOL
      0.15
*CONTROL_TIMESTEP
$$ DTINIT    TSSFAC    ISDO     TSLIMT    DT2MS     LCTM     ERODE    MSIST
      0.0       0.0           01.0000E-06-1.000E-06
$$ DT2MSF    DT2MSLC   IMSCL                        RMSCL
      0.0        0         0
*CONTROL_SHELL
$$ WRPANG    ESORT     IRNXX    ISTUPD    THEORY    BWC      MITER    PROJ
      0.0        1
$$ ROTASCL   INTGRD    LAMSHT   CSTYP6    THSHEL
      1.0        0         0        1
$$ PSSTUPD   SIDT4TU   CNTCO    ITSFLG    IRQUAD
       0         0
*CONTROL_HOURGLASS
$$   IHQ      QH
      1       0.1
*CONTROL_SOLID
$$ ESORT     FMATRX    NIPTETS  SWLOCL    PSFAIL    T10JTOL
      1
$$ PM1       PM2       PM3      PM4       PM5       PM6      PM7      PM8      PM9      PM10
      0         0         0        0         0         0        0        0        0        0
*CONTROL_CONTACT
$$ SLSFAC    RWPNAL    ISLCHK   SHLTHK    PENOPT    THKCHG   ORIEN    ENMASS
      0.0       0.0        0        0         1
$$ USRSTR    USRFRC    NSBCS    INTERM    XPENE     SSTHK    ECDT     TIEDPRJ
       0         0                          0.0        1
$$ SFRIC     DFRIC     EDC      INTVFC    TH        TH_SF    PEN_SF
      0.0       0.0       0.0      0.0       0.0       0.0      0.0
$$ IGNORE    FRCENG    SKIPRWG  OUTSEG    SPOTSTP   SPOTDEL  SPOTHIN
      1
$$ ISYM      NSEROD    RWGAPS   RWGDTH    RWKSF     ICOV     SWRADF   ITHOFF
      0         0                          1.0                1.0
```

```
*CONTROL_OUTPUT
$$    NPOPT    NEECHO    NREFUP    IACCOP    OPIFS    IPNINT    IKEDIT    IFLUSH
         1         3                   2
$$    IPRTF    IERODE    TET10    MSGMAX    IPCURV      GMDT    IP1DBLT    EOCS
         2
*CONTROL_ENERGY
$$     HGEN      RWEN    SLNTEN    RYLEN
         2         2         2         2
$$DATABASE_OPTION -- Control Cards for ASCII output
*DATABASE_ABSTAT
$$       DT    BINARY      LCUR      IOPT
1.0000E-03         2
*DATABASE_GLSTAT
$$       DT    BINARY      LCUR      IOPT
1.0000E-03         2
*DATABASE_JNTFORC
$$       DT    BINARY      LCUR      IOPT
1.0000E-03         2
*DATABASE_MATSUM
$$       DT    BINARY      LCUR      IOPT
1.0000E-03         2
*DATABASE_NODOUT
$$       DT    BINARY      LCUR      IOPT      DTHF     BINHF
1.0000E-04         2
*DATABASE_RCFORC
$$       DT    BINARY      LCUR      IOPT
2.0000E-04         2
*DATABASE_RWFORC
$$       DT    BINARY      LCUR      IOPT
1.0000E-04         2
*DATABASE_SLEOUT
$$       DT    BINARY      LCUR      IOPT
1.0000E-03         2
*DATABASE_BINARY_D3PLOT
$$ DT/CYCL      LCDT      BEAM     NPLTC    PSETID
     0.005
         0
*DATABASE_EXTENT_BINARY
$$    NEIPH     NEIPS    MAXINT    STRFLG    SIGFLG    EPSFLG    RLTFLG    ENGFLG
         0         0         0         0         2         0         2
$$  CMPFLG    IEVERP    BEAMIP     DCOMP      SHGE     STSSZ    N3THDT    IALEMAT
         0         1
$$ NINTSLD   PKP_SEN      SCLP     HYDRO     MSSCL     THERM    INTOUT    NODOUT
         0         0       0.0         0                   0
*END
```

9.9 模型实操

本书配套教学资源为读者提供了加速度传感器建模的操作示范及相关模型，读者可结合本章内容进行实操练习以加深对相关知识的理解与记忆。

第 10 章　模型整体检查

视频讲解：45 分钟

LS-DYNA 求解器对前处理导出的 CAE 模型进行求解计算的过程中遇到的导致计算中途退出的大多数问题，都是由建模过程中被忽略的错误、不合理的建模方法等原因导致的。在前处理的各个阶段都有有针对性的检查模型的任务和方法，例如，第 1 章 CAE 分析流程图（图 1.4）中提到的单个零件的单元质量检查、零件间的穿透检查、部件连接检查、边界条件检查等，但即使按部就班，层层把关，仍不可避免地会在提交计算后出现这样或那样的问题。因此，即使经过层层把关，CAE 模型的最终检查环节仍是必不可少的，更不能忽视各阶段的检查而把问题积攒到最后，否则提交计算后会出现一些不容易定位、不好诊断的"疑难杂症"。

本章将为大家介绍在 CAE 建模基本完成，导出模型并提交 LS-DYNA 求解器计算之前对模型整体进行最终检查的一些方法和步骤，有些检查方法在之前阶段性的模型检查过程中没有使用过，有些虽然使用过但是在模型最终检查阶段的使用方法上会有所不同，这一点希望引起大家的注意。

10.1　模型整体检查工具

10.1.1　Import Process Messages 窗口

CAE 模型导入 HyperMesh 的过程中会对模型进行检查，模型导入完成后会有一个 Import Process Messages 窗口弹出（图 10.1）并显示模型的诊断报告，同时提醒用户模型导入已经完成。用户可根据诊断报告的最后一句总结信息"Feinput finished with *** errors and *** warnings."提示的错误数量反向查找具体的模型错误信息，再对症下药解决问题。不过如果提示信息显示的是被加密的材料信息找不到或者未定义则是正常现象。

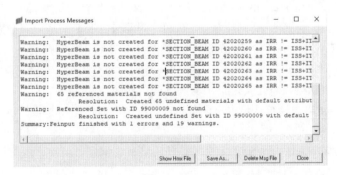

图 10.1　CAE 模型导入 HyperMesh 后生成的模型检查报告

10.1.2　Model Checker 检查工具

利用 HyperMesh 界面中下拉菜单 Tools→Model Checker→LsDyna 命令在功能区打开 Model Checker 界面，如图 10.2 所示。

➤ RUN：单击 Model Checker 界面右上角绿色的 RUN 图标（高版本的 HyperMesh 是在功能区 Model Checker 界面空白区右击，在弹出的快捷菜单中选择 Run 命令），开始按照图 10.2 所示检查列表 Entities 逐项地检查模型，这个检查过程依据模型大小需要一些时间；图 10.2 最下方的状态栏会显示任务完成的进度百分比，已经检查完成的项会在 Status 列显示"√"表示该项检查没有发现问题，或者显示红色的"×"表示该项检查发现问题；用户可双击该项或者单击该项前面的"+"展开出错的详细信息以便对症下药解决问题。

➤ Apply Auto Correction：此处建议尽量不要使用 HyperMesh 的自动纠错工具 Apply Auto Correction 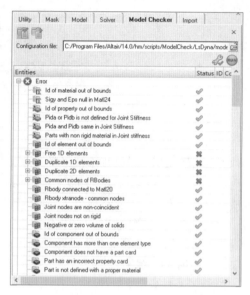（高版本的 HyperMesh 是在功能区 Model Checker 界面空白区右击，在弹出的快捷菜单中选择 Apply Auto

图 10.2　功能区 Model Checker 界面

Correction 命令）进行自动修复，因为以目前的软件水平进行自动修复过程不可控，有可能制造出新的、更麻烦的问题。

➤ Isolate only：对 Status 标为×的项可以右击，在弹出的快捷菜单中选择 Isolate only 命令，即可在图形区单独显示涉及的单元、节点，以便用户更好地判断错误的原因及解决办法。

对于图 10.2 中 Entities 列表中出现在 Error 区间的错误，有些并不比出现在 Warning 区间的错误更严重，例如以下几个。

（1）Duplicate 2D elements：有些重复单元的存在是正常现象，是建模需要。例如汽车风挡通常是三层复合玻璃，建模时通常采用 3 个完全相同但是材料不同的壳单元零件叠加、单元全部共节点而制成（接触定义时通常只选择其中的一个零件）；再如一些钣金件螺栓孔位置处的 patch 刚片与孔周围钣金件的壳单元是共节点的重复单元也是允许的，只是这些刚片通常被排除在接触定义之外；还有一些实体单元零件与代替其参与接触计算的外包空材料壳单元都是共节点的。

（2）Master set not defined or empty：接触的主面未定义的问题，有一些接触定义 *CONTACT 并不需要主、从面全部定义。例如自接触 ASS 自为主、从面，因此只需要定义从面而不需要定义主面；再如单独输出接触力的 *CONTACT_FORCE_TRANSDUCER_PANELTY 也只需要定义从面。

（3）Id of curve out of bounds curve is not defined：曲线未定义问题，有些材料的本构曲线被加密后，HyperMesh 无法读取而误认为没有定义是正常现象。

同样，Model Checker 界面检查结果中出现在 Warning 区间的问题也并非都是无关紧要的问题，例如以下几个。

（1）beam：3nodes aligned：梁单元的第三节点找不到，该问题不解决，提交计算时一定会在模型初始化阶段就被 LS-DYNA 求解器视为致命错误而退出计算。

（2）Un-tied nodes in Contact tied：脱焊、脱胶或者绑定接触（*CONTACT_TIED_...）失效问题，这些问题虽然不会导致计算报错退出，但是会导致计算失真、无效。

总之，模型检查报告中的"错误"虚虚实实，用户对有些错误必须认真对待，定点清除；对有些报错信息也可以睁一眼，闭一眼；对有些错误甚至可以忽略不计。对检查报告的认识有一个经验积累的过程，建议初级用户慢工出细活，对照图 10.2 中的检查报告逐项核对，尽量消除隐患。

10.1.3　借用 PRIMER 检查模型

命令：PRIMER→Check→选择模型→Apply。

PRIMER 是一个与 HyperMesh 类似的前处理软件，其模型整体检查的结果与图 10.2 所示功能区显示的信息列表类似，其模型检查功能非常强大、细致，一些 HyperMesh 无法检查出来的问题可以在这里找到答案。可以说，经过 PRIMER 检查过关的模型是值得信赖的模型。当用户提交计算总是报错退出却苦于找不到问题的根源时，用 PRIMER 对模型进行整体检查并尽可能逐条消除检查报告中的错误信息，一般都会迎刃而解。本书主要针对 HyperMesh 软件的应用，因此对 PRIMER 的更多操作细节不展开。

10.1.4　借用 LS-PrePost 检查模型

命令：

低版本 LS-PrePost→MdCheck（工具栏第 4 页）。

高版本 LS-PrePost→下拉菜单 Application→Model Checking→General Checking。

想必大家从名称也可以推断出来，LS-PrePost 是一个既可以进行前处理（Pre-process）操作也可以进行后处理（Post-process）操作的软件，是开发 LS-DYNA 求解器的公司 LSTC 开发的一款软件。低版本的 LS-PrePost 只在界面右侧开发了几个菜单式的工具栏（这也是笔者熟悉的界面）；高版本的 LS-PrePost 用类似 HyperMesh 的工具栏 1、工具栏 2、工具栏 3 式的工具代替了界面菜单而使图形区的占比更大，但是用户可以通过快捷键 F11 在新、旧界面之间切换。本书主要针对 HyperMesh 软件的应用，因此在此对它们也不做更多展开。

以上是针对整个模型整体检查的方法或工具，接下来将为大家解说一些很重要但是会被整体检查忽略的单项检查的操作。关于有些单项检查（如单元质量问题等）项目，大家之前在建模的各个环节已经有所接触，但是在模型整体检查阶段也会稍有不同，这一点请大家注意。

10.2　单位制统一性问题

首先提出模型的单位制统一性问题是希望能够引起大家对这一问题的重视，因为 HyperMesh 目前没有针对模型单位制统一性问题的专用检查工具，而且即使模型存在单位制不统一的问题，在提交计算后，LS-DYNA 求解器在对模型进行初始化的过程中也无法检出；虽然单位制不统一问题这颗"雷"即使躲得过层层检查，在正常计算阶段也一定会被引爆，但是最终从计算结果中观察到的表现异常的零件又往往不是导致单位制定义不统一的直接相关件，因此模型单位制不统一的问题必须消除在前处理阶段。

前处理软件和求解器之所以对单位制不统一问题视而不见或者说不作为错误检出，是因为不同的单位制之间仅仅是一个数量级的差异问题，而类似的差异在同一单位制内部也会产生，只是没有这么大而已，但是这一点也为我们检查模型单位制的统一性提供了思路。

方法一：检查所有钢材、金属部件材料的密度数量级的统一性。金属材料的密度在 mm-s-t-N 单位制［表 5.1 中（b）单位制］下是 10^{-9} 数量级，而在 mm-ms-kg-kN 单位制［表 5.1 中（c）单位制］下是 10^{-6} 数量级，否则即存在单位制不统一问题；其他材料如玻璃、橡胶、泡沫等材料的密度较金属材料低一到两个数量级，但是最大不会相差三个数量级。据此我们可以通过检查模型的材料信息来检验模型单位制的统一性，具体操作方法第 5 章已有讲述。

方法二：重点检查追加材料的单位制与原有材料库的单位制是否一致。已有材料库内材料单位制的统一性一般都是经过多次计算应用检验过的，出现单位制不统一的问题多是由新增加的、临时增加的材料模型导致的。

方法三：重点检查供应商提供的子系统模型（座椅、假人、安全气囊等）的单位制是否与主模型一致，如果不一致须用特定关键字*INCLUDE_TRANSFORM 来更改。座椅、安全气囊等由零部件供应商提供的子系统通常是自带材料库的，总装工程师需要检查其与整车模型的单位制是否统一；假人、壁障等付费子系统模型通常也是自带材料库的，而且都是加密处理的材料库，如果仅仅是对材料的本构曲线进行加密处理，则可以检查材料密度的数量级，如果是对整个材料库进行加密，则需要向子系统供应商确认其所采用的单位制。通常自带加密材料库的子系统模型都会同时提供两套不同单位制的模型供选择，否则用户只能通过关键字*INCLUDE_TRANSFORM 来调用子系统模型达到单位制的统一。

📢 **需要注意的是：**

> 前面我们是以材料参数为例检查模型单位制的统一性，即首先假定每个子系统内部单位制是统一的，此时如果一个子系统的材料参数与模型中其他子系统的材料参数的单位制不统一，则通常其他物理量如力、加速度等边界条件的定义也会出现同样的问题；有时我们不可避免地会遇到不涉及材料参数的物理量的数据来源，例如若需要把整车碰撞实验测得的 B 柱的加速度曲线提取出来用以定义整车 CAE 模型的边界条件，我们就需要向数据提供方确认加速度曲线的单位制问题。

之前我们提到过，如果一个零件的质量不足则可以通过质量单元*ELEMENT_MASS 增加配重，切不可通过将零件的材料密度提高到不切实际的地步来实现；如果想使一个零件的刚度远大于周围其他零件则可将其定义为刚体（*MAT_020），切不可将零件的材料的弹性模量增大到不切实际的地步。其原因在于：一方面是因为材料的密度和弹性模量等参数与单元的时间步长和模型的最小时间步长直接相关；另一方面是因为不切实际的密度或弹性模量会导致跨单位制定义，总之严重脱离实际情况的材料定义都会导致计算不稳定。

10.3　接触定义检查

10.3.1　面段一侧是否混入了 1D 单元

AS2S 面-面接触、AN2S 点-面接触以及 ASS 自接触定义中面段一侧（即理论上只应当存在二维壳单元、三维实体单元及其所属零件集合的一方）如果混入了梁单元、弹簧单元、安全带单元等一维单元，模型整体检查时不会被查出，提交计算时在模型初始化阶段也不会报错退出，初始化完成后也会正常计算并出现 glstate、d3plot、binout 等结果文件，但是可能会出现计算速度异常缓慢的情况，例如同样的最小时间步长限制，同系列的模型通常 1 个小时输出一步 d3plot 文件，此时却需要两至三个小时，甚至更长时间才能输出一步 d3plot 文件，整个模型计算完成所需的时间自然也就成倍地增大了。

接触定义中面段一方是否混入了 1D 单元的检查方法及步骤如下。

（1）在功能区 Solver 界面右击要检查的接触*CONTACT（针对 ASS 自接触或者 AS2S 面-面接触）或者该接触涉及的*SET（针对 AN2S 点-面接触），在弹出的快捷菜单中选择 Show Only 或 Isolate only 命令，在图形区单独显示该接触定义涉及的单元。

（2）全部隐藏壳单元（功能区 Mask 界面相关工具）查看图形区是否混入焊点、粘胶单元。实体焊点、梁单元焊点和粘胶单元等有专门的接触定义关键字*CONTACT_SPOTWELD，在其他接触定义中混入焊点、粘胶等单元，不但会因为接触的重复定义导致计算的成本增加，还很有可能导致脱焊、脱胶等问题，甚至计算不稳定。

（3）全部隐藏实体单元查看图形区是否存在梁单元、弹簧单元、安全带单元等一维单元，如果存在则需要从接触定义中删除。rigidlink、joint 铰链单元对接触定义本无影响，但是建议大家还是将其清除出接触定义为好。

10.3.2　漏接触问题

同时没有参与或者没有同时参与接触定义的两个零件在相遇时，将会因为无法识别对方而产生穿透问题，进而导致计算失真，因此检查是否有零件遗漏在接触定义之外，也是很重要的一项模型检查任务，特别是针对模型整体的焊点接触和自接触问题。

方法一：首先使模型中的所有单元信息都显示在图形区（使用快捷键 d），然后在功能区 Solver 界面*CONTACT 目录下用"Shift+鼠标左键"选择所有的接触定义，再右击，在弹出的快捷菜单中选择 Hide命令，隐藏涉及的所有相关单元，查看图形区还剩下什么零件，然后检查这些零件是否为接触漏定义零件，注意用于零部件固连的刚片 Patch 以及质量配重*ELEMENT_MASS、rigidlink、joint 铰链等单元通常不参与任何接触定义，有外包空材料壳单元的实体单元零件由外包壳单元代替其参与接触定义。

方法二：在功能区选择单个接触定义，如 ASS 自接触，右击，在弹出的快捷菜单中选择 Isolate only命令使其在图形区单独显示，再通过按快捷键 d，用 Reverse 反向显示检查是否有零件被遗漏而没有参与该接触的定义。

10.3.3　重复接触定义问题

接触计算是 CAE 模型中占用计算资源非常大的一部分。为了尽可能地节省计算资源、提高计算速度，用户常常需要尽量避免不必要的接触定义。例如，在整车正向撞击刚性墙的仿真分析工况中，车体A 柱以后的部分一般不可能接触刚性墙的情况下，通常借助*DEFINE_BOX 和*RIGIDWALL>BOXID 的定义将车体与刚性墙的接触限定在车体 A 柱以前的部分；再如，汽车正向撞击刚性墙仿真分析工况中，刚性地面接触的从节点通常限定在汽车的前、后轮上也是为了尽量避免不必要的接触搜索与计算成本。不仅如此，接触的重复定义更是需要避免，因为接触的重复定义不但会增加计算资源的消耗、导致计算更耗时，还可能导致计算不稳定。

重复接触类型一：一个接触定义的主、从面分别是另一个接触定义的主、从面的子集。

重复接触类型二：已经对实体单元零件定义了外包空材料（*MAT_009）壳单元，却令两者同时参与接触定义。

对实体单元零件定义外包空材料壳单元的首要目的就是，用其代替内部的实体单元零件参与接触计算，一方面可以极大降低实体单元在计算过程中产生负体积的概率，另一方面可以降低接触搜索成本。如果一个实体单元零件已经定义了外包空材料壳单元，却又与其同时参与同一接触的定义，非但多此一举，还会导致计算异常，甚至报错退出。

外包壳单元与内部实体单元重复接触定义的检查方法及步骤如下。

（1）在功能区依据材料*MAT_009 或者依据零件名称（通常包含 null_shell）选择项目，右击，在弹出的快捷菜单中选择 Isolate only 命令使其在图形区单独显示。

（2）在功能区选择这些零件，右击，在弹出的快捷菜单中选择 References 以查看这些空材料外包壳单元零件涉及的接触。

（3）单击一次工具栏 2 中的 Unmask Adjacent 图标 ▦，找到与图形区显示的单元共节点的相邻单元并从中找出被之前显示的空材料壳单元包裹的实体单元零件，然后隐藏除这些实体单元零件以外的其他一维、二维单元以使图形区仅存在实体单元零件。

（4）在功能区选择图形区存在的实体单元零件，右击，在弹出的快捷菜单中选择 References 命令以查看这些实体单元零件参与的接触是否与其外包壳单元零件有交集。

10.3.4　接触穿透检查

首先在功能区 Model 界面或者 Solver 界面选择一个接触定义，右击，在弹出的快捷菜单中选择 Isolate only 命令以使其接触双方在图形区单独显示。

利用界面菜单 Tool→penetration 或者下拉菜单 Tools→Penetration check 在功能区打开 Penetrations 界面，重点检查 intersections 项即一个零件的部分节点已经穿透到另外一个零件的另一侧的情况，检查结果中只关注分别属于主、从面的零件之间的穿透问题，同属于主面或者同属于从面的零件之间的穿透可以忽略（自为主、从面的 ASS 自接触除外）。

换一个接触定义，重复上述操作。

对于一些在 CAD 结构设计阶段即出现穿透问题的区域，如果该区域为力学性能不敏感区域，例如汽车整车碰撞安全性能分析过程中一些塑料件导致的穿透问题，在时间紧迫时也可以采取权宜之计，即将穿透部分单独定义为一个或者多个零件，再将这些零件排除在相关的接触定义之外即可消除其所引发的穿透问题对计算结果的负面影响，但是其所承担的力学性能如对结构强、刚度等的作用仍然保留。

10.3.5　主、从双方共节点问题

AS2S 面-面接触、AN2S 点-面接触和*CONTACT_SPOTWELD、*CONTACT_TIED_...等接触定义主、从双方之间不可以共节点。

检查步骤及方法如下。

（1）Isolate only：在功能区 Model 界面或者 Solver 界面选择上述某一接触定义的主面一侧涉及的零件 component 或者零件集*SET_PART，右击，在弹出的快捷菜单中选择 Isolate only 命令使其在图形区单独显示。

（2）Unmask Adjacent：单击工具栏 2 中的 Unmask Adjacent 图标 ▦，找出与图形区显示的主面单元共节点的单元。

（3）Hide：在功能区 Model 界面或者 Solver 界面选择该接触定义的主面一侧涉及的零件 component 或者零件集*SET_PART，右击，在弹出的快捷菜单中选择 Hide 命令，以隐藏主面单元，查看图形区剩余的单元、节点是否包含在同一接触的从面定义之内。

10.4　焊点、粘胶相关检查

10.4.1　焊点、粘胶上定义边界条件问题

焊点单元、粘胶单元上不可以直接施加约束*BOUNDARY_SPC、集中力*LOAD_NODE 和压强

*LOAD_SEGMENT 等边界条件，否则会导致计算报错并退出。

检查方法一：首先在功能区选择焊点单元、粘胶单元所属的零件 components 或者零件集合 *SET_PART，右击，在弹出的快捷菜单中选择 Isolate only 命令以使其在图形区单独显示；单击工具栏 2 中的 Unmask Adjacent 图标 ▦ 使图形区显示与焊点、粘胶直接共节点的特征，查看是否存在约束和力的定义（理论上应当不存在），注意此时功能区的约束和力的 load collector 项要处于显示状态。

检查方法二：首先在功能区选择焊点单元、粘胶单元所属的零件 components 或者零件集合 *SET_PART，右击，在弹出的快捷菜单中选择 Isolate only 命令以使其在图形区单独显示；选择功能区 Utility→QA/Model→Loads→Comps（find loads attached to comps）查找图形区显示的焊点、粘胶单元上是否定义了约束和力，注意此时功能区的约束和力的 Load Collectors 项要处于显示状态。

10.4.2 焊点、粘胶与刚体共节点问题

（1）焊点单元、粘胶单元不可以与刚体材料（*MAT_020）定义的零件或者 rigidlink 单元共节点。

检查方法如下。

➢ Isolate only：首先在功能区选择焊点单元、粘胶单元所属的零件 components 或者零件集合 *SET_PART，右击，在弹出的快捷菜单中选择 Isolate only 命令以使其在图形区单独显示。

➢ Unmask Adjacent：单击工具栏 2 中的 Unmask Adjacent 图标 ▦ 显示与图形区焊点、粘胶直接共节点的特征，查看是否存在 rigidlink 单元或者刚体材料定义的零件的单元。除了表 6.1 中焊点类型③之外，理论上不应当存在与实体焊点、粘胶共节点的其他零件、单元。

（2）焊点、粘胶直接接触的焊接件/粘接件的单元不可与刚体材料（*MAT_020）定义的零件或者 rigidlink 单元共节点；焊点、粘胶更不可以直接焊接、粘接刚体零件。

检查方法如下。

➢ Isolate only：首先在功能区选择焊点单元、粘胶单元所属的零件 components 或者零件集合 *SET_PART，右击，在弹出的快捷菜单中选择 Isolate only 命令以使其在图形区单独显示。

➢ Find attached（tied）：选择功能区 Utility→QA/Model→Find attached（tied）显示与这些焊点、粘胶单元直接接触的焊接件上的单元（前提是模型中有定义焊点接触*CONTACT_SPOTWELD）。

➢ Unmask Adjacent：单击一次工具栏 2 中的 Unmask Adjacent 图标 ▦ 显示与图形区显示的单元共节点的单元。

➢ s：最后查看图形区中是否存在 rigidlink 单元或者属于刚体材料（*MAT_020）定义的零件的单元，在功能区 Model→Material View 界面，按快捷键 s 后，在图形区选择当前显示的所有零件，查看是否存在*MAT_020 定义的零件。

10.4.3 焊点与焊接件共节点问题

因为焊点热影响区材料失效的 8×hex8 焊点类型（表 6.1）在 HyperMesh 中生成时会自动与焊点件的单元共节点，需要将这些焊点排除在焊点接触定义*CONTACT_SPOTWELD 之外。

缝焊的梁单元焊点如果是以焊接件上的单元的节点为参考位置建立的，则这些梁单元的一端通常是与焊接件上的单元的节点一一对应的，用户需要通过人工操作将缝焊梁单元这一端的节点与焊接件上的对应节点进行节点合并，再将这一端的节点排除在焊点接触之外，只用另一端的自由节点参与焊点接触定义*CONTACT_SPOTWELD、*CONTACT_TIED_NODES_TO_SURFACES。其具体的操作方法是先在 HyperMesh 图形区单独显示这些缝焊的梁单元，然后按快捷键 F10 检查图形区的自由节点并保存起来建

立一个单独的集合*SET_NODE，最后用这个节点集作为缝焊接触的从节点。

除上述两个情况之外的焊点单元的节点都不可以与焊接件共节点，更不可以既共节点又参与焊点接触，否则会导致计算报错。

10.4.4　脱焊、脱胶问题

脱焊、脱胶问题是指虽然定义了焊点、粘胶及其与焊接件之间接触，但是这些焊点、粘胶却没有发挥作用而导致模型失真的现象。

检查方法一如下。

（1）Isolate only：在功能区选择焊点、粘胶的零件 components 或者集合*SET_PART，使其在图形区单独显示。

（2）Find attached（tied）：单击一次功能区 Utility→QA/Model→Find Attached（tied）工具，查看与图形区显示的焊点、粘胶通过关键字*CONTACT_SPOTWELD 直接关联起来的焊接件、粘接件的单元，如果找不到直接关联的单元或者即使找到关联单元仍然发现焊点、粘胶的部分节点裸露在外，则此处在计算过程中会出现脱焊、脱胶问题。

检查方法二如下。

借助 PRIMER 软件，选择工具栏中的 CONTACT→*CONTACT_SPOTWELD/*CONTACT_TIED_...→Pen check→查看 untied nodes 是否存在，若存在则单击 Sketch 定位脱焊、脱胶、未绑定等问题的准确位置，然后在 HyperMesh 中模型的对应位置核对、修正。

10.4.5　其他焊点问题

（1）焊点跨钣金焊接、粘胶跨钣金粘接问题。在存在多层钣金的区域，焊点不可以跨过中间的钣金件焊接其上下相邻的两层钣金件，粘胶也不可以跨过中间的钣金粘接其相邻的两层钣金件，否则会导致计算报错。

检查方法如下。

➢ Isolate only：首先在图形区单独显示所有的焊点和粘胶。

➢ Find attached（tied）：单击一次功能区 Utility→QA/Model→Find Attached（tied）工具，查看与图形区显示的焊点、粘胶通过关键字*CONTACT_SPOTWELD 直接关联起来的焊接件、粘接件的单元。

➢ Penetration Check：单击下拉菜单 Tools→Penetration Check，在功能区打开 Penetrations 穿透检查界面，检查图形区显示的单元之间是否存在穿透问题，再逐个确认穿透区域是否是因为跨钣金焊接、粘接导致的。

（2）三层焊或者三层以上点焊（四层以上点焊通常很难实现）中间的钣金件缺失问题。这种问题通常在模型更新、优化时出现，优化前是三层或者三层以上钣金的焊接区域，优化后中间少了一层钣金，但是焊点却没有更新。检查方法与上述检查脱焊、脱胶的方法相同。

（3）焊点单元质量恶劣的问题。例如，钣金件距离太近导致焊点单元厚度过小，从而在计算过程中导致质量增加异常问题；再如实体焊点、粘胶单元的雅可比太差可能导致计算异常的问题。

检查方法如下。

➢ Isolate only：首先在图形区单独显示所有的焊点和粘胶。

➢ F10：用快捷键 F10 在界面控制区打开 Element Check 界面，检查 3-d 实体单元的单元尺寸小于

0.5mm 或者雅可比小于 0.4 的质量恶劣的焊点、粘胶单元并进行修正或者重新生成，个别恶劣的粘胶单元可以删除，少几个粘胶单元不会影响粘胶的力学性能。

10.5 自由节点问题

首先通过快捷键 F10→check element：1d→free 1-d nodes 检查是否存在自由节点，若存在，单击 save failed 保存这些节点。

通过快捷键 Shift+F5→find attached→elems attached to nodes 在图形区显示与刚才保存的节点直接相关的单元。这些单元中有些是正常存在，如梁单元形式的焊点单元或者钢丝梁单元的末稍梁单元，有些是问题单元如 rigidlink 的自由节点，用户自己要有所判断和选择。

10.6 自由边问题

自由边问题在单个零件划分网格完成时就应当检查并杜绝，但是只要有人为因素存在，就难免会有"漏网之鱼"进入模型总装阶段，更何况在模型总装之后仍然会因为检查出各种各样的问题需要对模型做出调整，在此提醒广大用户切不可想当然地认为之前会层层把关的问题在总装后就不会再出现，这也是笔者的经验之谈。之前我们讲过单个零件建模过程中的自由边的检查方法，主要是通过快捷键 Shift+F3>Find edges，然后肉眼观察是否存在异常的自由边来实现。当针对整个模型的所有零件检查自由边问题时，由于零件非常多又相互重叠、遮挡，想通过这种操作达到检查自由边的问题几乎是不可能的。

整个模型检查自由边的具体操作步骤如下。

（1）功能区 Mask 界面：首先在图形区单独显示所有的 2D 壳单元和 3D 实体单元（自由边只会存在于二维壳单元零件和三维实体单元零件内部）。

（2）Hide：打开功能区 Model→Material View 子界面，隐藏所有的以 *MAT_020 定义的刚体零件，因为这些零件无须考虑自由边问题。

（3）Shift+F3：通过快捷键 Shift+F3 打开 Edges 界面，然后选择图形区所有壳单元和实体单元，在模型的单元目标尺寸为 5mm 的情况下可定义搜索距离 torlence=0.3（mm），单击 preview equiv 按钮预览是否存在两个节点相互在对方搜索距离内的情况，但是这些都只是存在自由边问题的可疑区域，单击 save preview equiv 按钮保存这些节点信息，这些可疑节点存在的区域都是可能存在自由边问题的重点区域。

（4）d：通过快捷键 d→none 清空/隐藏图形区的所有显示信息。

（5）Shift+F5：依次使用快捷键 Shift+F5→Find Attached Entities→elems attached to nodes 单击 nodes，在弹出的快捷菜单中选择 retrieve 命令，调用之前保存的节点，单击 find 按钮找出与这些节点直接相关的单元。

（6）d：通过快捷键 d→"Shift+鼠标右键框选"显示与图形区单元所在的零件邻近的零件。此时图形区的零件既囊括了之前发现的存在自由边问题的可疑区域，又隐藏了其他不相关的零件，从而便于用户逐个甄别。

（7）Shift+F3：再次通过快捷键 Shift+F3→Edges→preview equiv 逐个确认之前的可疑区域是否存在自由边问题，若确认是自由边问题，再单击 equivalence 消除自由边。

（8）d：通过快捷键 d→all 在图形区显示所有的壳单元和实体单元。

（9）Shift+F3：再次通过快捷键 Shift+F3～Edges 界面逐步扩大搜索距离 torlence=0.5～2（mm），重复上述步骤。对于单元目标尺寸更大的模型，该搜索距离的设置还可以更大。

上述方法建立在假设发生自由边问题的区域单元节点错位较小的基础上，因此并不能保证完全找到并杜绝所有的自由边问题。在提交计算后，在正常计算过程中，用户还需要适时监控模型的变化，以便及时发现问题、解决问题、及时更新模型并重新提交计算。

10.7 刚体共节点问题

刚体之间、刚体与 rigidlink 之间以及 rigidlink 之间不可以出现共用节点或者说存在节点"一仆二主"的问题（即这些节点只能属于一个刚体）。

10.7.1 rigidlink 共节点问题

刚体之间不可以共节点，rigidlink 是节点集刚体，因此 rigidlink 之间共节点理论上也是不允许的，但是少量的 rigidlink 共节点问题在提交计算时不会导致 LS-DYNA 求解器报错退出计算；遇到少量此类问题时，LS-DYNA 求解器会自动"化解"问题并向用户发出警告信息，化解的办法是将 rigidlink 之间共用的节点划归其中一方所有，至于划归哪一方所有，则是用户控制范围以外的事情，因此建议用户尽量将 rigidlink 共节点问题消除在前处理阶段。

检查 rigidlink 共节点的方法如下。

> Mask：首先通过功能区 Mask 界面→Components→Elements→0D/Rigids→rigids 使图形区单独显示所有的 rigidlink 单元。

> F10：通过快捷键 F10→check elements: 1d→dependency 命令可以查找 rigidlink 共节点问题。

> Unmask Adjacent：通过工具栏 2 中的 Unmask Adjacent 图标▉找到与这些 rigidlink 直接相关的单元，以便进行 rigidlink 的节点更新。

> rigids：通过界面菜单 1D→rigids→update 更新涉嫌冲突的 rigidlink 的节点。

10.7.2 刚体材料零件与 rigidlink 共节点问题

刚体材料（*MAT_020）定义的零件之间共节点或者刚体材料零件与 rigidlink 单元共节点，在提交计算时会在一开始的模型初始化阶段就导致 LS-DYNA 求解器直接报错退出计算，因此需要引起用户的足够重视。

检查刚体零件之间共节点的方法如下。

> Isolate only：在功能区 Model 界面→Material View 子界面选择所有刚体材料*MAT_020 模型，右击，在弹出的快捷菜单中选择 Isolate only 命令以使所有定义了刚体材料的零件在图形区单独显示，然后在工具栏 3 选择 By Comp 则用户可依据零件的颜色不同观察哪些刚体零件发生了共节点的问题。

> Unmask Adjacent：单击一次工具栏 2 中的 Unmask Adjacent Elements 图标▉，找到与这些刚体零件直接连接的单元。

> Mask：通过功能区 Mask 界面隐藏除 rigidlink 单元之外的所有单元，如果此时图形区还存在 rigidlink 单元，则证明模型中存在刚体零件与 rigidlink 共节点的问题。

10.7.3　刚体"一仆二主"问题

两个刚体不可以通过共节点固连在一起,但是可以通过*CONSTRAINED_RIGID_BODIES 关键字固连并暂时合并成一个刚体,此时固连在一起的两个刚体有主、从之分,即其中的一个刚体为主刚体(PIDM),另外一个刚体为从刚体(PIDS)。从刚体在刚体固连期间要作为主刚体的一部分,其材料属性、自由度特征等也同时要与主刚体保持一致(固连解除后会自动恢复其原来的定义),因此当两个要固连在一起的刚体的材料属性、自由度甚至局部坐标系不同时,用户选择哪一个刚体作为主刚体需要有所取舍,通常是以体积更大、重量更重的刚体为主刚体。

📢 注意:

> 如果两个共节点的刚体一开始就通过*CONSTRAINED_RIGID_BODIES 固连、合并成一个刚体了,则不会被 LS-DYNA 求解器视为刚体共节点问题。

一个刚体可以参与多个刚体对的固连,一个刚体作为主刚体时可以有多个从刚体,但只能作一次其他主刚体的从刚体,即刚体固连不可以出现"一仆二主"的问题,否则提交计算后会在模型初始化阶段即导致 LS-DYNA 求解器报错退出计算。

刚体固连"一仆二主"问题的检查方法及步骤如下。

(1)用文本编辑器 NotePad 或者 UltraEdit 打开包含刚体固连信息*CONSTRAINED_RIGID_BODIES 的 KEY 文件,将所有的主、从"刚体对"信息复制到 Excel 文档中,主刚体与从刚体分属两列,第 1 列应当对应主刚体(PIDM),第 2 列应当对应从刚体(PIDS)。

(2)借助 Excel 软件的排序功能可找到多次担任主刚体的零件,然后再从刚体列查找这些刚体是否出现两次以上,若出现两次以上则存在刚体固连"一仆二主"问题或者重复定义问题。

10.8　重复单元问题

重复单元通常有以下一些表现形式。

(1)两个四边形壳单元或者两个三角形单元完全共节点。

(2)一个四边形壳单元与一个实体单元的一个四边形面的 4 个节点完全共节点,或者一个三角形壳单元与一个四面体/五面体实体单元的一个三角形面的 3 个节点完全共节点。

(3)两个四边形单元只有 3 个节点共节点。

重复单元问题需要区别对待而不能一概而论,如果是实体单元零件与外包的空材料壳单元之间,则是正常单元共节点现象而不属于重复单元问题;汽车风挡玻璃都是三层复合材料,有些主机厂选择用 3 个单元完全相同只是材料不同的零件重叠在一起且共节点来仿真(只需其中的一个零件代表风挡玻璃参与外界的接触),此处的单元共节点现象也是正常的,并不属于重复单元问题;再如一些用于部件、子系统连接的刚片 patch 会与对应位置的弹性体的单元重合且共节点,由于这些刚片通常不参与接触计算,因此它们引起的重复单元问题也可以忽略。

重复单元问题的检查方法及步骤如下。

(1)通过快捷键 F10→Check Elements: 1-d/2-d/3-d→duplicates 可分别检查出图形区显示的 1D/2D/3D单元是否存在重复单元问题,若存在则单击 save failed 按钮保存这些单元信息以备单独显示时调用,因为这些重复单元目前只能说是存在重复单元问题的嫌疑，还需要再确认。

（2）通过快捷键 d→none 清空图形区的显示内容，以便单独显示存在重复单元嫌疑的单元。

（3）依次使用快捷键 Shift+F5→Find Attached Entities→elems attached to elems，单击 elems 特征类型，在弹出的快捷菜单中选择 retrieve 命令调用之前保存的单元，单击 find 按钮找出邻近的相关单元，再次确认重复单元问题，如果确认是不正常的单元重复问题则需要删除重复单元。

重复单元问题首先是两个单元完全共节点的问题，因此即使两个四边形单元位置完全重合但是没有共节点也是查不出来的。在进行单元镜像、复制等操作时，如果用户选择了快捷菜单中的 duplicate 命令却终止了后续的操作，则复制生成的单元与原来被复制的单元就处于位置完全重合但是却不共节点的状况，此时可以通过快捷键 Shift+F3 使这些位置重合的单元先共节点，再重复上述检查、删除重复单元的操作。

10.9　恶劣单元问题

界面菜单 2D→quality index 适合检查单个零件的单元是否符合单元质量标准。如果图形区显示的零件较多会导致操作非常缓慢，更不适合对整个模型的所有单元同时进行单元质量检查了。快捷键 F10→check elements: 1-d/2-d/3-d 适合对整个模型的所有一维/二维/三维单元同时进行单项单元质量指标的检查，笔者本人通常会用其来检查质量极为恶劣的少数单元。

下面以使用频率最高的 Check elements：2-d 为例，介绍检查恶劣单元的方法。

（1）Length 查找极细的壳单元：在 CAE 建模过程中，由于各种各样的原因会在相邻壳单元的公共边上生成极个别宽度很小、肉眼观察与壳单元的边界无异的壳单元，此时通过检查 Length<0.2（mm）可以找到在单元"夹缝中生存"的极细的壳单元。

（2）Length 查找形似三角形单元实为四边形单元的壳单元：有些劣质四边形单元的两个相邻节点距离非常近，甚至重合在一起，肉眼观察与正常的三角形单元无异，用上述方法同样可以找出这些劣质单元。

（3）Length 查找严重影响最小时间步长计算的小单元：如果要求最小单元是 2.5mm，通过 Length<0.5mm 可以找到单元尺寸小到会严重影响最小时间步长计算的单元并进行修正。

（4）Jacobian 查找极端恶劣单元：通过 Jacobian<0.4 或者更小值检查出模型中存在的极其恶劣的单元。

（5）warpage 找出翘曲严重的四边形单元：通常要求壳单元的翘曲度不得大于 20°，此处可以通过 warpage>40 或者更大值找到单元翘曲特别严重的四边形壳单元以便修正。

📢 注意：

> 并非所有找出的问题单元都要修正，我们知道刚体材料定义的零件是对单元质量标准不做要求的，因此如果发现的质量极其恶劣的单元属于刚体材料零件，则可以不用修正。

10.10　重复定义问题

10.10.1　ID 冲突问题

ID 信息是有限元特征节点*NODE、单元*ELEMENT、零件*PART 等的"身份证"，因此在一个模型中要具有唯一性，否则会发生 ID 冲突导致提交计算后求解器报错退出。

已经在前处理软件打开的模型，在建模过程中不可能发生 ID 冲突问题，因为 HyperMesh 会自动生成一个不发生 ID 冲突的 ID 号或者警告用户无法执行会导致 ID 冲突的操作。

ID 冲突通常发生在不同的 KEY 文件子系统之间，这些发生冲突的 ID 信息会在用户将 CAE 模型提交 LS-DYNA 求解器运算后，在一开始的模型初始化阶段被查出并以出错信息的方式提交给用户。用户通过把整个模型都导入 HyperMesh 前处理软件的方式，只能找出导致 ID 冲突问题的一方"责任人"，因为在模型导入的过程中，HyperMesh 会自动"化解"ID 冲突问题（将发生 ID 冲突的一方的 ID 号重新自定义）。此时只能通过文本编辑器 UltraEdit 或者 NotePad 的文件夹搜索功能，自动搜索模型相关子系统的 KEY 文件中哪些文件包含发生冲突的 ID 信息来确定问题的根源，然后在 HyperMesh 中单独导入该子系统进行 ID 修正。

10.10.2　关键字/变量重复定义优先级问题

模型中用到的所有关键字在 HyperMesh 功能区 Solver 界面关键字列表中都可以看到，模型中产生的关键字重复问题也可以在这里被发现。关键字或者变量的重复定义问题的具体情况千差万别，优先级问题也不尽相同。

1. 局部变量优先于全局变量

*HOURGLASS>*CONTROL_HOURGLASS（前者的优先级高于后者）：*HOURGLASS 是针对单个零件的沙漏控制关键字，*CONTROL_HOURGLASS 是针对整个模型的默认沙漏控制关键字，只有在单个由减缩积分单元定义的零件 *PART>HGID 没有定义的情况下，才执行全局控制关键字 *CONTROL_HOURGLASS 的沙漏控制。

*PART_CONTACT>*CONTACT>*CONTROL_CONTACT （此处" > "表示优先级顺序）：*PART_CONTACT、*CONTROL_CONTACT 和*CONTACT 3 个关键字中都有关于接触厚度、接触刚度变量的定义，零件定义关键字*PART_CONTACT 中关于接触厚度的变量 OPTT/SFT 和接触刚度定义的变量 SSF 的优先级最高，其次是零件参与的接触定义*CONTACT 中关于接触厚度定义的变量 SST/MST/SFST/SFMT 和接触刚度定义的变量 SFS/SFM，最后才是全局控制关键字*CONTROL_CONTACT 中关于接触厚度定义的变量 TH/TH_SF 以及接触刚度定义的变量 PEN_SF。

壳单元的节点厚度*ELEMENT_SHELL_THICKNESS>THIC 的优先级高于该单元所属零件的材料厚度的相关变量*SECTION_SHELL>T 的定义。当零件内部壳单元的节点厚度有特别定义时，该壳单元的关键字为*ELEMENT_SHELL_THICKNESS，该关键字较*ELEMENT_SHELL 增加了一个卡片（图 5.35 卡片 2），且卡片 2 的内部变量 THIC1、THIC2、THIC3、THIC4 分别用于定义该单元 4 个节点处的厚度。

2. 最小值原则

零件定义关键字*PART_CONTACT 关于接触的摩擦系数的变量 FS/FD 和该零件参与的接触定义关键字*CONTACT 中关于摩擦系数的变量 FS/FD 产生冲突时，执行两者中的最小值。

3. 后定义覆盖先定义

有些由供应商提供的子系统（如假人、壁障、安全带、安全气囊等子系统）通常会自带计算控制关键字*CONTROL、输出控制关键字*DATABASE 以及模型信息关键字*TITLE 等关键字信息，这些关键字会与模型主文件的相同关键字产生重复定义的问题。与 ID 冲突不同的是，这些关键字的重复定义不会导致计算报错退出，但是会产生一个定义优先权问题，通常是在提交计算后被 LS-DYNA 求解器后读取的关键字会覆盖先读取的关键字的定义，因此可以通过调整这些重复定义关键字或者其所属的 KEY 文件的先后顺序达到解决重复定义的问题，但是最常用的解决办法还是，将子系统中与主文件产生关键字重复定义的那些关键字的定义暂时变成注释行（每行的起始位置加"$"符号）。

4. 由特定变量的定义判定优先级

子系统如发动机通过*PART_INERTIA 单独定义初始速度与主模型通过*INITIAL_VELOCITY 对整个模型定义的初始速度发生冲突时，哪一个的优先级更高与*INITIAL_VELOCITY 的内部变量 IRIGID 的值相关，IRIGID 变量取值不同优先级不同（详情请查看 8.8.3 节相关内容）。如果优先级的选择导致 CAE 模型的初始速度定义不符合实际情况，如整车正向刚性墙碰撞工况中发动机与整车的碰撞速度不同，在提交计算时可能不会导致 LS-DYNA 求解器报错退出，但是计算结果是错误的、无效的。整个模型的初始速度定义是否统一在提交计算并进入正常计算阶段（d3plot、d3plot01…出现），在后处理软件 HyperView 中模型初始时刻的速度云图中也可以直观看到。

5. 全局变量的优先级高于局部变量

*PARAMETER 参数化变量定义关键字与*CONTROL、*DATABASE 等重复定义的关键字情况不同，当主文件的*PARAMETER 与子文件的*PARAMETER 的定义相同时，LS-DYNA 求解器始终以主文件的定义为准，因此可以不必把子文件中相同的*PARAMETER 定义删除或者变为注释行。

6. 叠加定义问题

力*LOAD 与约束*BOUNDARY 关键字的重复定义与前面提到的情况又不相同，它们之间不会产生冲突或者优先权问题，而是会叠加定义。

例如假人、壁障等子系统模型中已经自带关键字*LOAD_BODY_Z 定义了重力加速度，如果用户由于疏忽又在主文件中进行了重复定义，提交计算后 LS-DYNA 求解器不会因为重力加速度的重复定义导致冲突而退出计算，也不会在重复定义中做优先权的选择，但却会因为这种重复定义导致重力加速度的叠加以至于结构无法承受而退出计算。

以上 6 种关键字/变量的重复定义问题，虽然都不会导致 LS-DYNA 求解器报错退出计算，但是会导致计算结果是错误、无效的。以整车碰撞安全性能仿真分析为例，一个工况的计算通常至少要耗费二三十个小时，计算任务繁重时，提交计算后还需要耗费数天时间进行排队等待，因此，提醒用户在前处理进程中模型的最终检查阶段要不厌其烦，认真核对模型的关键字的重复定义问题以求减少返工率。

10.11　总质量及质心位置的检查

模型初次搭建完成后要进行总质量及质心位置的检查，因为总质量及质心位置如果相差太大，即使可以顺利地完成计算也会导致计算结果失真、无效。

10.11.1　模型质量计算

命令：界面菜单 Tool→mass calc（ulate）→elements，打开界面如图 8.27 所示。具体操作方法见 8.9.1 小节。

针对模型中存在子系统的情况，建议先对子系统单独进行质量校核，再对模型整体进行质量校核；对模型整体进行质量校核时，测量值与真实值的差距的补偿通常也不会一次补偿在一个点上，而是根据后续模型质心位置的校核分布在多个区域上。

配重的定义有*ELEMENT_MASS_PART_SET、*ELEMENT_MASS_PART、*ELEMENT_MASS_

NODE_SET 和*ELEMENT_MASS 等多种关键字，建议用户也依据上述列举顺序作为选择关键字的优先顺序。原因一，即使零件后续会被编辑、更新多次，其内部单元的 EID 和节点的 NID 无论怎样变化，只要零件的 PID 保持不变，配重关键字 *ELEMENT_MASS_PART/PART_SET 都不用更新，而 *ELEMENT_MASS_NODE 对应的是节点的 NID，只要这些节点的 NID 有更新，*ELEMENT_MASS_NODE 就要同步更新，否则要么配重会加错位置，要么提交计算后 LS-DYNA 求解器会报错找不到对应的节点 NID。原因二，以整车碰撞安全性能仿真分析为例，离碰撞区域越近的零件/节点越要尽量避免单独施加配重，特别要避免用关键字*ELEMENT_MASS 对单个节点施加配重，以免导致计算不稳定。

📢)) **注意：**

> 汽车碰撞安全性能分析中的整车整备质量不包括壁障、假人，也就是说用户需要先单独校核汽车的整备质量再将壁障、假人等子系统加进去。单独校核汽车的整备质量不但要在 HyperMesh 的前处理中检查，也要用汽车整备模型提交 LS-DYNA 求解器试算，依据生成的 d3hsp 文件再次校核，以确保质量和质心位置无误。汽车整备质量校核完成之后，整合了壁障、假人子系统的整车模型不用再校核，因为这些由专门供应商提供的子系统的质量都是确定的，而且经过反复验证。

📢)) **注意：**

> *ELEMENT_MASS_PART/PART_SET 只能增重，不能减重。当用这些关键字中的 FINMASS 变量来定义配重时，配重指定的零件或者零件集合的总质量小于其现有质量是不被 LS-DYNA 求解器允许的，提交计算时会报错退出。

10.11.2 模型质心位置计算

命令：界面菜单 post→summary。

具体操作详见 8.9.2 小节。此处提醒读者 HyperMesh 界面获得的模型质心位置并非最终值。

总质量及质心位置检查，最终还是要以提交计算后生成的 d3hsp 文件中提供的模型总质量及质心位置数据为准，因为这才是最终被 LS-DYNA 求解器认可的总质量和质心位置。虽然要以提交计算后获得的 d3hsp 文件中的质量数据为准，但是前处理阶段的质量校核并非没有任何意义；恰恰相反，正是由于前处理阶段的质量校核，提交计算之后的质量校核才更高效。

10.12 节点、单元、零件等归属确认

在模型整体检查过程中，如果发生模型再编辑、再更新的操作，模型导出前就需要进行节点、单元及零件归属再确认。

> Make Current：通常模型编辑涉及哪个子系统，就需要预先将该子系统设置为当前 KEY 文件，其操作方法是在功能区 Model 界面→Include View 子界面，选择要编辑的子系统，右击，在弹出的快捷菜单中选择 Make Current 命令，则此后所做的操作中新生成的零件、单元及节点都会自动归属于该子系统；编辑哪个零件就要首先将该零件设置为当前零件，操作方法是在功能区 Model 界面→Component View 子界面，选择要编辑的零件，右击，在弹出的快捷菜单中选择 Make Current 命令，则此后所做的操作中新生成的单元及节点都会自动归属于该零件。即使如此，在此还是建议用户在模型编辑完成、即将导出时对节点、单元和零件及其他特征的归属进行再确认，因为这

一再确认的过程非常简单，而解决不确认所造成的问题的步骤却非常麻烦，往往相当于要将之前的很多工作重新再做一遍。在此也建议用户在导出模型前保存一个*.hm 文件，以免提交计算出现问题后要做很多重复性工作。

➢ Organize：特征归位的操作即前面提过的快捷键 Shift+F11 的应用，如图 1.29 所示。先通过 Shift+F11→collectors 界面将新生成的节点、单元归属于其对应的零件 component，再通过 Shift+F11→includes 界面（图 10.3）将编辑过的零件归属于其对应的子系统，此时要选中 move nodes 或 move elements 复选框以确保零件内部的单元、节点随其一同归属至目标子系统。

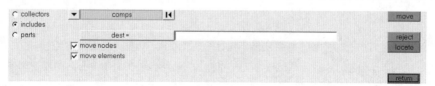

图 10.3 Organize 零件归属操作

除了上述零件、单元和节点的归属操作之外，如果在模型检查、编辑过程中增加其他的特征（如曲线*DEFINE_CURVE、接触*CONTACT、集合*SET 等特征），都需要在模型导出前做归属确认。其操作方法是首先在功能区 Model 界面→Include View 子界面将目标子系统定义为当前子系统，然后在功能区选择要归属的曲线、接触定义、集合等特征并右击，在弹出的快捷菜单中选择 Move to Current 命令将其移入当前子系统，也就是说可以不用耗费时间确认这些特征目前是否已经归属至正确的子系统，而直接进行子系统归属操作以确保万无一失。

10.13 壳单元法向统一

壳单元的单元法向是其接触搜索的正方向，同时也是单元偏置（Offset）和比例缩放（Scale）的正方向，单个壳单元零件内部所有壳单元的法向保持统一则其接触搜索的方向、单元偏置的方向及比例缩放的方向也都会保持一致。单个零件的单元法向统一操作前面已经讲过，建模过程中零件会不断地被编辑、更新，因此在最后导出模型提交计算之前需要再进行一次零件的单元法向统一操作。与之前不同的是，这次我们要对整个模型的所有壳单元零件进行一次单元法向统一操作。

首先在图形区显示整个模型的所有零件。

Normals：通过快捷键 Shift+F10→Normals: elements 打开图 10.4 所示的界面。依图 10.4 所示的设置，单击右侧的 adjust 按钮，则图形区即模型中所有壳单元自动进行单元法向统一操作，此时单元的法向统一向哪一侧并不重要，重要的是每个壳单元零件内部的单元的法向会变成一致的。单元法向统一之后会用红、蓝两种颜色表示出单元法向的正、反面，用户可以依据颜色的统一性判断单元法向统一的执行情况。

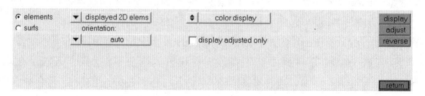

图 10.4 Normals 命令执行法向统一操作

10.14　删除空特征

删除空特征操作通常在上述列举的模型检查和编辑操作完成之后、快要导出 KEY 文件之前进行，以清理一些无用信息。其删除原因在于：一方面可以简化模型、清除不必要的干扰信息；另一方面可以避免无用信息占用 ID 号段，从而使模型的 ID 号段更紧凑。

操作方法一：通过快捷键 F2→Delete: comps→preview empty 自动选择模型中所有不包含有限元信息、几何信息的空的零件，再单击 delete entity 按钮删除这些空的零件。

操作方法二：通过快捷键 F2→Delete: set→preview empty 自动选择模型中不包含有限元信息的空集合，再单击 delete entity 按钮删除这些空的集合。

依此类推，完成对 load collectors、groups 等空特征的删除操作。

漏网的空特征在提交计算后会被 LS-DYNA 求解器提示警告信息，但不会导致计算中途退出。

10.15　删除无用节点

删除无用节点操作通常在上述列举的模型检查和编辑操作完成之后、快要导出 KEY 文件之前进行。

通过快捷键 Shift+F2→temp nodes 将界面打开后（不加选择）直接单击 clear all 按钮，则会清除模型中所有未使用的临时节点。这些临时节点除了在前处理期间有辅助建模的功能外，对求解计算没有任何作用却要占用 KEY 文件的大量篇幅，清除这些临时节点不但可以简化模型，同时可以避免无用信息占用 ID 号段，从而使模型的 ID 信息更紧凑；不但如此，清除临时节点还可以有效避免边界条件定义在这些无质量节点上的错误。

10.16　删除临时保存的节点

删除临时保存的节点操作通常在上述列举的模型检查和编辑操作完成之后、快要导出 KEY 文件之前进行。

通过界面菜单 Analysis→preserve node 打开相应界面（图 10.5），不加任何选择，直接单击 clear all preserved 按钮，清除所有临时保存的节点。

图 10.5　清除所有临时节点

清除删除临时保存的节点比 10.15 节讲述的清除无用节点更重要，前者会导致计算一开始就直接退出，而后者不会。

📣 注意：

> 在 CAE 仿真分析工作中，在 CAE 模型提交 LS-DYNA 求解器计算后有可能会经常遇到一种关于 NaN（Not a Number）的报错信息 NaN detected on processor ***，由于该信息并未提供更详细的、便于用户"诊断"问题的信息，因此经常导致用户无法"对症下药"解决问题。在此建议大家在今后的工作当中如果遇到类似问题，首先确认前处理过程中有没有执行清除临时保存的点节的操作。

10.17　无质量节点定义初始速度的问题

初始速度*INITIAL_VELOCITY 不可以定义在无质量节点上，否则提交计算后，在一开始的模型初始化阶段即会被 LS-DYNA 求解器报错退出。如果变量*INITIAL_VELOCITY>NSID 选择不定义，由 LS-DYNA 求解器自动选择模型中所有的带质量节点并定义初始速度，则不会出现初始速度定义在无质量节点上的问题；如果变量 NSID 有定义，则 NSID 涉及的节点必须是质量节点，即有材料定义的零件的节点或者附加*ELEMENT_MASS/*ELEMENT_MASS_NODE_SET 质量配重的节点。这也是为什么在模型导出前要依上述操作清除模型中的无用节点和临时保存的节点的主要原因之一。

检查方法一如下。

（1）d：首先通过快捷键 d→none 清空图形区的显示内容。

（2）Shift+F5：通过快捷键 Shift+F5→Find Attached→elems attached to nodes 在图形区显示与定义了初始速度的节点集*INITIAL_VELOCITY>NSID 直接关联的单元，再判断图形区显示的 NSID 涉及的节点是否是无质量节点。

检查方法二如下。

如果用户已经事先清除了模型中的临时节点，则模型中的无质量节点只会存在于 rigidlink 单元、铰链单元的节点上。

（1）Mask：通过功能区 Mask 界面→Elements 子界面隐藏不可能导致在无质量节点上定义初始速度问题的特征，在图形区单独显示模型中所有可能涉及初始速度定义和无质量节点的 rigidlink 及 joint 等一维单元。

（2）Unmask Adjacent：单击工具栏 2 中的 Unmask Adjacent 图标 📵 显示与 rigidlink 等直接关联的单元，以帮助筛查、确认 rigidlink 等单元中的无质量节点并单独显示在图形区（快捷键 F5>Mask：elements 隐藏不存在无质量节点的 rigidlink 单元）。

（3）Review：右击功能区 Model 界面*INITIAL_VELOCITY>NSID 对应的*SET_NODE，在弹出的快捷菜单中选择 Review 命令，即可看出哪些 rigidlink 单元的节点无质量却被定义了初始速度。

检查方法三如下。

（1）Mask：首先在图形区单独显示涉及无质量节点的 rigidlink 和 joint 单元（操作方法与上述方法二相同）。

（2）Find loads attached to comps：通过功能区 Utility 界面→QA/Model→Loads>>Comps 显示图形区 rigidlink 单元、铰链单元的节点上定义的初始速度，即可判定是否存在初始速度定义在无质量节点上的问题。

找出定义了初始速度的无质量节点后，有以下几种处理方法：删除无质量节点上的速度加载；将无质量节点与质量节点合并或者在无质量节点上定义一个很小量值的质量单元*ELEMENT_MASS。

10.18　弹簧、阻尼单元连接无质量节点的问题

前面已经讲述过弹簧、阻尼单元自身不带质量，但是单元时间步长计算规则又要求其端节点必须带质量，因此弹簧、阻尼单元不可以连接无质量节点。

检查方法：首先在图形区单独显示模型中所有的弹簧、阻尼单元，单击工具栏 2 中的 Unmask Adjacent 图标 ▄ 显示与图形区单元直接共节点的单元，以帮助筛查及确认弹簧、阻尼单元是否连接了无质量节点。

找出连接了无质量节点的弹簧、阻尼单元后，可在该无质量节点上定义一个量值小到可以忽略不计的质量单元*ELEMENT_MASS。例如，在 mm-ms-kg-kN 单位制下，可以在无质量节点上定义一个量值为 1E-6（kg）的质量单元。

10.19　plots 删除

在导出模型前，建议用户删除功能区 Model 界面列表中的 plots 项，该项对模型计算没有任何实质作用。

总之，对于那些在模型提交计算前的最终检查阶段不容易通过专项工具检出，提交计算后在 LS-DYNA 求解器对模型的初始化过程中也无法检出，但最终即使计算不会中途退出也会得到错误的结果，而且即使中途退出报错信息也无法让用户准确定位错误根源的问题，提醒用户在前处理的最终阶段一定要戒骄戒躁，认真检查。

建议用户在模型检查过程中养成按部就班、逐项检查的习惯，切忌想当然，觉得有些地方肯定不会出错因而可以忽略不用检查。

最后，模型检查还有一个经验积累的过程，大家在之后提交计算的过程中难免会遇到一些导致计算中途退出的问题、错误。找到问题的根源并解决后，再次进行 CAE 建模时就会尽量避免发生类似的错误了。

10.20　模　型　实　操

本书配套教学资源为读者提供了模型检查、特征归类及 ID 重新编码的操作示范及相关模型，读者可结合本章内容进行实操练习以加深对相关知识的理解与记忆。

第 11 章 提 交 计 算

11.1 单机单个提交计算方式

方法一：通过 LS-DYNA Program Manager 软件提交。

方法二：通过命令提交。

11.1.1 通过 LS-DYNA Program Manager 软件提交

通过 LS-DYNA Program Manager 软件提交方法目前仅适用于 Windows 操作系统。

1. 软件获得

从 LSTC 网站可以免费下载 LSTC 公司开发的集成了前、后置处理软件 LS-PrePost 和 LS-DYNA 提交计算模块以及对提交计算的 KEY 文件进行文本编辑的 LS-DYNA Program Manager 软件，还可以下载适用于 Windows 操作系统或者 UNIX 操作系统的各个版本的求解器（Solver）。只不过求解器下载之后需要通过 LSTC 公司购买版权才可以使用。

2. 选择求解器

图 11.1 所示为 Windows 操作系统下 LS-DYNA Program Manager 的单机提交计算界面。提交计算前，先单击下拉菜单 Solver→Show Current Solver Name 命令查看当前使用的求解器，单击该菜单下的 Select LS-DYNA Solver 命令可以选择或者更改求解器。

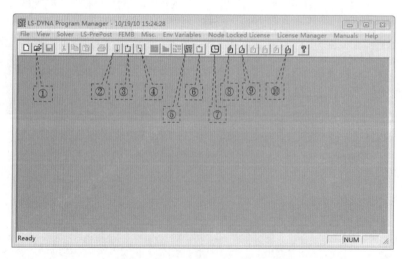

图 11.1 Windows 操作系统 LS-DYNA 综合管理器界面

①—打开 KEY 文件编辑器； ②—提交计算； ③—再次提交最近一次的计算； ④—重启动中断的计算；
⑤—打开 LS-PrePost 界面； ⑥—打开 LS-PrePost 界面并直接读取最近一次读取的 d3plot 结果； ⑦—查看提交计算项目列表；
⑧—打开 LS-DYNA 关键字手册；⑨—打开 LS-DYNA 理论手册； ⑩—打开 LS-PrePost 应用手册

计算机的操作系统不同（Windows/UNIX），适用的求解器不同；选择的求解器版本与前处理软件对应的 LS-DYNA 端口的版本及单独子系统如假人模型内部关键字的版本要尽量对应。

求解器的版本并非越高越好。LS-DYNA 求解器虽然有向前（即向低版本）兼容的能力，但是由于高版本求解器总是会开发出更多的关键字，或者同一关键字追加、设计出更多的变量以便能够更准确地描述物理模型，这往往会造成因为前处理软件 HyperMesh 的求解器端口输出的 KEY 文件内部关键字版本与最终提交计算使用的 LS-DYNA 求解器版本不一致而产生计算障碍。例如，用户用关键字 *INCLUDE_TRANSFORM>MIRROR 镜像模型有可能在求解器端口较高（如 LS-DYNA R9.0 以上版本）的前处理软件 HyperMesh 中显示镜像已经实现，但是如果提交计算的 LS-DYNA 求解器的版本是 R7.0 或者更低的版本，就会发现最终的计算结果并未镜像成功。一些由专业开发商提供的付费子系统如假人、壁障模型由于成本高（开发成本高，使用成本高）、使用周期长，模型的更新速度往往落后于求解器的更新速度；与此同时，另外一些子系统如安全带、安全气囊等模型更新速度快，又常常会造成无法适用于低版本求解器的问题。这些付费子系统都是通过反复验证的，因此如果求解计算时显示报错信息是由于这些付费子系统的问题导致的，则建议首先确认是否是因为求解器的版本不匹配造成的。

下面对从 LSTC 网站下载的 LS-DYNA 求解器进行举例说明。

ls-dyna_smp_s_R11_0_0_winx64_ifort131_installer.exe。

ls-dyna_smp_d_R11_0_0_winx64_ifort131_installer.exe。

ls-dyna_mpp_s_R11_0_0_winx64_ifort131_pmpi_installer.exe。

ls-dyna_smp_s_R11_0_0_x64_redhat56_ifort160.gz_extractor.sh。

➢ smp/mpp: smp（Shared Memory Parallel）表示多处理器共享内存，即通常所说的串行计算求解器；mpp（Massively Parallel Processing）表示大规模处理器并行计算求解器。后续会有 SPM 求解器与 MPP 求解器之间异同的更详细解释。

➢ s/d：s 表示单线程求解器（推荐采用）；d 表示双线程求解器。

➢ R11_0_0：求解器更新的版本编号。

➢ winx64/x64：winx64 表示适用于 64 位 Windows 操作系统的求解器；x64 表示适用于 64 位 UNIX 操作系统的求解器。

注意：

Windows 操作系统对提交计算的命令及 KEY 文件内部关键字的字母大小写可能不做要求，可以模糊处理，但是 UNIX 操作系统通常对命令及 KEY 文件内部关键字的字母大小写要求比较严格。

3．提交计算

在 LS-DYNA Program Manager 界面，选择下拉菜单 Solver→Start LS-DYNA Analysis 命令或者直接单击图 11.1 所示工具栏中的图标（标注②所指工具），打开图 11.2 所示提交计算对话框。

➢ Input File I=： 指定有限元模型 KEY 文件，如果模型由多个 KEY 文件组成，则只选择主文件。

➢ Output Print File O=：指定计算结果文件的输出路径，也可以不用定义，直接选择默认设置。

➢ NCPU：指定 CPU 数量，无论是串行计算 SMP 求解器

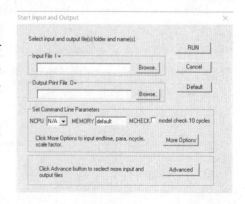

图 11.2　LS-DYNA Manager 提交计算对话框

还是并行计算 MPP 求解器，CPU 的数量都必须是偶数，单机提交计算时建议不要把本机所有的 CPU 都投入使用，否则提交计算后其他任何操作都会非常慢。

> MEMORY：指定计算使用的内存大小。500 万个左右单元的整车碰撞模型采用 SMP 求解器时，内存大小一般定义为 1G～2GB，内存不足时，求解器会自动进行适当扩展，但是如果指定的内存与所需的内存相差太大则会报错退出并在 message 文件中提示因为内存不足而退出计算。以 1GB 大小的内存定义为例，可以输入 1000000000 全数字定义（实际输入时没有中间的逗号），也可以是 1000m 或 1g（注意字母都是小写）。

计算所需的内存除了在图 11.2 所示对话框中定义外，还可以直接在主文件中进行定义，方式是在 KEY 文件一开始*KEYWORD 后加空格再加 MEMORY=1000m，不过笔者不推荐采用此种定义方式，因为之后每次更改内存设置都要使用文本编辑器 UltraEdit 或者 NotePad 编辑。

> RUN：上述几项定义完成之后，就可以单击图 11.2 中的 RUN 按钮或者直接敲击键盘 Enter 键提交计算，计算机桌面会弹出一个 DOC 窗口滚动显示计算进展情况。

关于 Input 与 Output：图 11.2 中提交 KEY 文件一栏上面的提示信息是 Input File I=，对于 LS-DYNA 求解器来说，用户提交计算的 CAE 模型是输入信息，计算结果 d3plot、binout 等文件是输出（Output）信息；后续求解器在计算过程中出现的报错终止计算信息中，如果提示在 Input 中没有找到或者未定义某些信息，用户就应当明白其意思是指在提交计算的 KEY 文件/CAE 模型中有些信息缺失。

提交计算后会弹出一个 DOC 窗口滚动显示计算进度信息、警告信息、单元失效信息、控制时间步长的单元信息、计算完成或者出错退出计算信息等。在 Windows 操作系统下关闭该窗口的同时，LS-DYNA 求解器也会终止并退出计算；在 UNIX 操作系统下关闭该窗口后，计算仍然在后台运行，LS-DYNA 求解器的 License 及计算机的 CPU 等计算资源仍然被该计算占用，这一点需要提醒用户特别注意，最好在计算完成或者计算终止后再关闭窗口。

11.1.2 SMP 与 MPP 求解器的区别

1．计算原理不同

SMP 串行计算所有 CPU 共同计算一个模型（单元应力/应变、接触、边界条件、节点加速度等），MPP 并行计算依据占用的 CPU 数量将一个模型划分成若干个区域，每个 CPU "包产到户"，在每一个计算周期内单独计算各自区域内的单元应力/应变、接触、边界条件、节点加速度等信息，然后与周围其他相关区域进行同步数据交换，从而使区域边界的信息统一。

图 11.3 所示为分别采用 LS-DYNA SMP 求解器和 MPP 求解器占用计算机 4CPU 进行汽车整车模型计算的区别，其中一个 "○" 代表一个 CPU，"$" 代表计算成本。SPM 求解器 4 个 CPU 共用内存，共同参与整车模型所有单元、接触、边界条件以及节点的相关数据的计算；MPP 求解器将车体模型沿纵向 "分割" 成 4 部分，每个 CPU 单独分配内存，分别独自承担一部分模型内部的所有单元、接触、边界条件以及节点的相关数据的计算，然后在区域交界处进行数据交换。

2．适用的计算类型不同

隐式计算只能用 SMP 求解器，显式计算既可以使用 SMP 求解器，也可以使用 MPP 求解器。

3．计算效率不同

显式计算 CAE 模型越大，使用的计算机 CPU 数量越多，则 MPP 求解器相对于 SMP 求解器的优势就越明显。因为 MPP 求解器是各 CPU 对模型 "分片包干" 后并行计算的，CPU 数量翻倍，计算效率翻倍；分块模式可以是求解器自动分块，也可以由用户自定义分块，用户自定义分块可以根据需要将 CPU 集中分配给计算量大的区域（如高度非线性区域），这可以说是 MPP 求解器相对于 SMP 求解器的一个独特优势。以汽车整车 50km/h 正面撞击刚性墙的仿真分析为例，车体 A 柱之前通常是高度非线性区域，而 A 柱之后几乎不发生塑性变形，这种情况下，理应把大部分的 CPU 资源投入 A 柱之前区域的计算中，而不是进行平均分配。

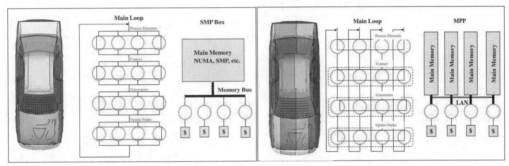

（a）SMP 求解器 4CPU 提交计算　　　　　　　（b）MPP 求解器 4CPU 提交计算

图 11.3　LS-DYNA SMP 与 MPP 求解器 4CPU 提交计算比较

图 11.4 所示为对一个单元数量为 53.5 万个、节点数量为 53.2 万个的汽车整车模型进行正向撞击刚性墙的仿真分析计算，计算时间*CONTROL_TERMINATION>ENDTIM=30(ms)时，在其他计算条件（操作系统、CPU 性能等）都相同的情况下，不同的求解器类型及 CPU 数量对计算耗时的影响。计算耗时越小，计算速度越快。

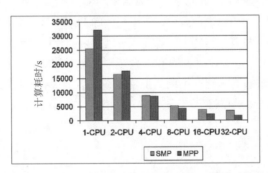

图 11.4　LS-DYNA SMP、MPP 求解器及不同 CPU 数量对计算耗时的影响

对于 MPP 求解器来说，随着 CPU 数量的增多，各包干区域之间的数据交换也就更频繁，这会抵消一部分 MPP 求解器的计算效率优势，因此 CPU 数量增大到一定程度后，用户会发现计算效率并非与 CPU 数量严格成正比，反而会出现相对减弱的趋势。换句话说，对于一个具体的 CAE 模型来说，CPU 的数量并非越多越好，但是当计算资源紧张时，这一点就显得很重要。表 11.1 所示为采用相同的 LS-DYNA MPP 求解器、不同的 CPU 数量对同一个单元数量为 49.3 万个规模的整车正向撞击刚性墙的仿真分析模型进行多次计算时，计算总耗时和计算速度的比较。当 CPU 数量从 16 个增加到 32 个时，计算速度的提高与 CPU 数量的增加已经明显不成比例了，此后的 64CPU 和 96CPU 的计算，这种比例失调就变得更为严重了，这种情况下，用 64CPU 计算机资源同时计算两个分别占用 32CPU 的算例比用全部 64CPU 计算机硬件资源计算一个算例可以让 CPU 发挥更高的效能。对于 MPP 求解器来说，除了模型的分块方式直接影响求解速度之外，各分块子区域之间的数据交换的效率即按 MPI（Message Passing Interface）协议进行数据交换的效率也是一个至关重要的因素。

表 11.1　LS-DYNA MPP 求解器计算速度与 CPU 数量的关系

CPU 数量	计算耗时	相对速度
1	约 21 天	1.00
4	127.03 小时	4.00
8	64.18 小时	7.92
16	32.26 小时	15.75
32	19.52 小时	26.03
64	11.05 小时	45.98
96	8.80 小时	57.74

4．内存分配不同

SMP 的所有 CPU 共用内存，MPP 的每个 CPU 单独定义内存。SMP 在提交计算时只需定义一个内存 memory 的大小，500 万个单元左右的整车碰撞安全性能仿真分析模型一般需要 1G～2GB 的内存；MPP 在提交计算时需要定义两个内存的大小，memory 为第一个 CPU 在模型初始化及模型分块时所需占用的内存，通常较大如 600MB，memory2 为正式计算时分配给每个 CPU 的内存，通常较小如 400MB；内存定义够用即可，并不是越大越好。

5．计算稳定性不同

SMP 求解器较 MPP 求解器的计算更稳定。使用 SMP 求解器时，CPU 数量只会影响计算速度但是不会影响计算结果；使用 MPP 求解器时，CPU 数量直接影响模型的分块，因此不同的 CPU 数量、相同 CPU 数量但是不同的分块包干方式等因素都可能导致计算结果产生稍许的差异。图 11.5（a）所示为同一个汽车整车正面撞击刚性墙仿真分析工况的 CAE 模型，采用相同的 LS-DYNA MPP 求解器但是占用的 CPU 数量分别是 1 个、2 个、4 个和 8 个并由 LS-DYNA 求解器对模型自动分块时计算得到的刚性墙反力的差异。

此外，其他计算条件都相同但是计算机的操作系统不同时对计算结果也会有稍许影响，图 11.5（b）所示为采用 LS-DYNA SMP 求解器分别在不同的操作系统（Windows 64 位、Windows 32 位和 UNIX 操作系统）下采用单个 CPU 对同一个汽车整车正向撞击刚性墙的仿真分析工况的 CAE 模型进行计算得到的刚性墙反力的比较。

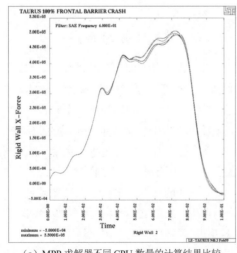　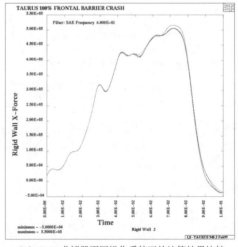

（a）MPP 求解器不同 CPU 数量的计算结果比较　　　（b）SMP 求解器不同操作系统下的计算结果比较

图 11.5　LS-DYNA MPP、SMP 求解器不同计算条件下对计算结果的影响

笔者对同一个汽车正向撞击刚性墙仿真分析模型在计算条件（计算机操作系统、CPU 数量、MPP 求解器等）相同仅仅是模型分块方式不同的情况下分别进行计算，前围板的最大侵入量竟然相差 10mm 以上。

6．人机交互方式不同

SMP 求解器在计算过程中随时可以在 DOC 窗口通过快捷键 Ctrl+c 暂停计算并查看计算进度；MPP 求解器提交计算时需要首先启动 mpirun 可执行文件以执行各分块子区域之间的数据交换协议，按快捷键 Ctrl+c 会导致 mpirun 文件退出运行并最终导致 MPP 求解器终止计算，但是用户可以通过将 d3kil 文件复制到主文件目录下，等 LS-DYNA 求解器检测到该文件后自动执行其内部命令来实现与 SMP 求解器相同的操作结果（关于 d3kil 文件，后续有更详细的叙述）。

7．结果文件的差异

SMP 求解器的计算结果是一个 message 计算信息记录文件，计算过程中也是单次生成一个 d3dump 重启动文件；MPP 求解器则是使用几个 CPU 就会生成相同数量的 message、d3dump、d3full 等文件；MPP 求解器在计算完成后会显示每个 CPU 参与计算的时间。

SMP 计算根据前处理时的输出控制定义*DATABASE_…可以输出多个ASCII 文件，如 glstat、matsum、rcforc、secforc 等；MPP 只能生成一个集成、压缩版的二进制 binout 文件。

8．计算结果的差异

图 11.6 所示为对一个节点数量为 39.3 万个、单元数量为 38.2 万个的整车 56km/h 正向撞击刚性墙仿真分析模型分别用 LS-DYNA 的 SMP 求解器（smp_s_R11.1.0）和 MPP 求解器（mpp_s_R11.1.0，MPP 求解器对模型自动分块）采用相同的计算机软、硬件资源，8CPU 数量计算得到的刚性墙反力、左侧 B 柱下端加速度曲线及 3ms 峰值和整车等效加速度 OLC 的比较。

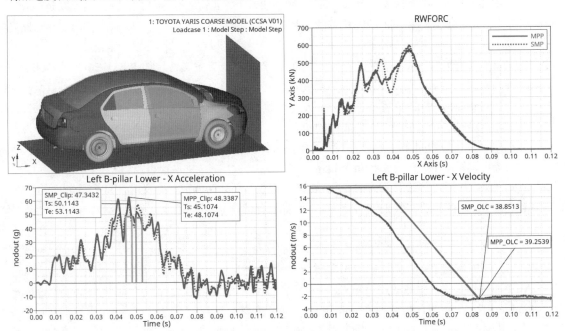

图 11.6　LS-DYNA MPP、SMP 求解器对同一模型计算结果的比较

最后，有极少数关键字仅适用于 SMP 求解器或者 MPP 求解器，如*CONTACT_TIED_SURFACE_TO_SURFACE_FAILURE 仅应用于 SMP 求解器。

综上所述，当用户需要对同一模型进行多批次的结构优化并对计算结果进行评价、比较时，为保持计算结果的一致性，建议尽量采用相同的计算条件（计算机操作系统、CPU 数量、求解器的类型以及 CAE 模型分块方式等），否则将无法判断计算结果的差异是由结构差异导致的，还是由计算条件差异导致的。

11.1.3　用命令行提交计算

用命令行提交计算对于 Windows 或者 UNIX 操作系统都适用，只是 Windows 操作系统下命令行必须写在一个*.bat 格式的可执行文件中才可以执行，而 UNIX 操作系统中只需直接输入命令行，然后按 Enter 键执行即可。

1．bat 文件的建立

首先生成一个文本文件*.txt，编写内部命令后另存为一个*.bat 文件，或者直接将文件的扩展名更改为 *.bat。对*.bat 文件的编辑可以用文本编辑软件（如写字板、NotePad、UltraEdit 等）打开进行编辑、修改。

2．bat 文件的运行

bat 文件是可执行文件，用鼠标左键双击即可运行。

3．SMP 求解器提交计算命令

下面是 SMP 求解器提交计算命令行（斜体字部分表示非必要命令，命令之间用空格隔开）：

ls-dyna i=main.key nCPU=-n *d=dpf g=ptf* memory=nwds

➢ ls-dyna：求解器名称，即前面提到的 LS-DYNA Program Manager 下拉菜单 Solver→Select LS-DYNA Solver 中选择的求解器。如果该求解器与*.bat 可执行文件不在同一目录，则求解器前要加上文件路径，该路径可以是绝对路径（如 E:/LSDYNA/program/ls-dyna），也可以是相对路径（即相对于可执行文件*.bat 所在位置的路径）。相对路径的定义与 DOC 命令相同。相对路径非常简单时才建议采用相对路径，否则建议采用绝对路径以免造成不必要的混乱。

➢ i=main.key：指定求解计算的有限元模型的 KEY 文件或者主文件。如果该 KEY 文件与 bat 命令文件不在同一目录，则需要加上文件路径。与上相同，该路径可以是绝对路径，也可以是相对路径，如 main.key 所在的文件夹 frt_impact 与可执行文件*.bat 在同一目录，则在命令行中 KEY 文件的相对路径可以写成 i=./frt_imapct/main.key；如果 main.key 所在的文件夹 frt_impact 在可执行文件*.bat 的上一级目录（无论上一级目录的文件夹的名称是什么），则命令行中 KEY 文件的相对路径可以写成 i=../frt_impact/main.key。

➢ nCPU=-n：指定求解计算所需的 CPU 数量，此数量必须为偶数，定义时注意数量前面的负号。

➢ d=dpf：定义重启动文件的文件名称。如果没有特别定义该命令，则 LS-DYNA 的默认值是 d=d3dump，用户也可以明白为什么重启动文件名是 d3dump 而不是别的名称。换言之，如果此处命令是 d=Rerun，则最终生成的重启动文件的文件名将会变成 Rerun。重启动文件可以使计算中断后，在中断处重新开始计算而不需要从头开始。SMP 串行计算每次生成一个 d3dump 文件，MPP 并行计算每次生成的 d3dump 文件的数量与使用的 CPU 数量相同，分别是 d3dump、d3dump01、d3dump02…。如果此命令为 d=nodump，则表示在计算过程中不生成 d3dump 重启动文件，除非用户临时强行指令 LS-DYNA 求解器输出 d3dump。由于 d3dump 文件不仅要保存模型信息还要保存计算状态、应力、应变等信息，因此 d3dump 文件通常较大，当用 MPP 并行求解器进行计算时，一次还会生成多个很大的 d3dump 系列文件，故在不需要重启动文件时建议用户在命令行指定不生成 d3dump 重启动文件，从而避免占用大量内存。

> ➤ g=ptf: 定义 LS-DYNA 计算过程中输出的、可以通过 HyperView 后处理软件读取并进行 3D 动画展示的文件的名称。如果不定义则 LS-DYNA 的默认值是 g=d3plot，用户也可以明白为什么 HyperView 后处理要读取的文件名称是 d3plot 而不是别的名称了。如果此处定义为 g=result，则计算输出将不会是 d3plot、d3plot01、d3plot02、…，而将会是 result、result01、result02、…。

建议用户不要对 LS-DYNA 提交计算的命令中与输出控制相关的命令的默认值做标新立异的更改，以免给自己带来不必要的混乱或者给其他同事造成不必要的麻烦。

> ➤ memory=nwds：定义计算所需的内存大小。以 1GB 大小的内存定义为例，可以是 memory=1000000000 全数字定义，也可以是 memory=1000m 或者 memory=1g（注意字母都是小写）。调用内存的大小可以在此处以命令行的形式来定义，也可以在主文件开头紧接着关键字 *KEYWORD 后面定义 "*KEYWORD MEMORY=####"，推荐采用命令行的方式定义内存以便更改。

综上所述，如果使用 48 个 CPU、1000m 内存进行 SMP 串行计算且不需要输出重启动文件，经常使用的提交命令是：

ls-dyna i=main.key nCPU=-48 d=nodump memory=1000m

4. MPP 提交计算命令

MPP 提交计算命令（斜体字部分为非必要命令）如下：

mpirun ls-dyna i=main.key nCPU=-n *d=nodump p=pfile* memory=nwds memory2=nwds

> ➤ mpirun：MPP 提交计算与 SMP 最大的不同是，需要先激活 mpirun 可执行文件。如果 mpirun 文件与提交计算的可执行文件 *.bat 不在同一个目录，则此处需要同时定义文件路径以便可执行文件 *.bat 能够找到 mpirun 文件。

> ➤ p=pfile：用户自定义 CPU 分块计算的命令文件名称。

MPP 并行计算与 SMP 串行计算最大的区别之一是，MPP 求解器可以在模型初始化过程中根据 CPU 数量对模型进行分块后再分配给不同的 CPU 进行区域"包干"计算，CPU 数量翻倍则每个 CPU "承包"的区域成倍减小，从而导致计算效率近似成倍提高，但是 CPU 数量翻倍导致模型分块区域数量成倍增加的同时，各区域之间特别是相邻区域之间的数据交换就更加频繁，而这一点会对由于 CPU 数量增加导致的计算效率提高产生负面效应，因此 CPU 数量与计算效率并非严格地成正比。整车碰撞安全性能仿真分析计算一般采用 48CPU 或者 64CPU 是最高效的。

通常在计算一开始的模型初始化阶段，LS-DYNA 的 MPP 并行求解器会对模型进行自动分块，当然用户也可以通过无后缀的 pfile 文件对模型进行自定义分块，然后在提交计算的命令中通过 p=pfile 命令读取该文件，从而令求解器在初始化过程中依据 pfile 内部命令对有限元模型进行分块。当然，此处 pfile 是自定义 CPU 分块文件的统称，也是 LS-DYNA 的默认文件名，用户也可以定义为诸如 p=decomposition。文件名称不重要，重要是文件内部的命令。

> ➤ memory=nwds、memory2=nwds：定义内存大小。其中，第一内存 memory=nwds 为第一个 CPU 进行有限元模型初始化及对模型依据 CPU 数量进行分块时所需的内存大小。第二内存 memory2=nwds 为模型初始化完成之后，正式开始计算时分配给每个 CPU 的内存大小。第一内存通常较第二内存大，以 500 万个左右单元的整车碰撞安全性能仿真分析为例，第一内存通常需要 600M~1GB，第二内存通常需要 400M~600MB。

以整车碰撞安全性能仿真分析为例，如果使用 48 个 CPU 进行并行计算且由求解器对模型进行自动分块，则通常使用的提交计算命令如下：

mpirun ls-dyna i=main.key nCPU=-48 memory=1200m memory2=400m

🔊 **注意：**

> LS-DYNA MPP 求解器对模型进行自动分块通常是以模型中各个节点的初始速度为依据的，因此，模型中不能同时存在以下关键字。
> *INITIAL_VELOCITY。
> *CHANGE_VELOCITY。
> *BOUNDARY_PRESCRIBED_MOTION。

同时不能存在*CONTROL_MPP_DECOMPOSITION_TRANSFORMATION 自定义分块关键字。

最后，如果不是用命令提交计算的情况，而是如之前提到的通过窗口界面提交计算的情况，又该如何读取 pfile 文件呢？此时可在主文件中加入一个关键字*CONTROL_MPP_PFILE 读取并执行 pfile 文件内部的命令。该关键字定义举例如下：

```
*CONTROL_MPP_PFILE
decomp {
region { <region specifiers> <transformation> <grouping> }
region { <region specifiers> <transformation> <grouping> }
<transformation> }
```

🔊 **注意：**

> 此处是直接输入 pfile 文件的内部命令行，而不是 pfile 文件的文件名。

接下来为大家详细讲解 pfile 文件的定义及不同的模型分块方式对计算速度的影响。

11.2　pfile

CAE 模型的分块方式是对 LS-DYNA MPP 求解器的计算速度影响最大同时又是用户可操控的因素之一。关于用户自定义模型分块方式的 pfile 文件更进一步的知识，读者可以学习 LS-DYNA 手册附录 O（Appendix O：LS-DYNA MPP User Guide）。

11.2.1　通过 pfile 查看 LS-DYNA 求解器自动分块

1．pfile 内部命令

前面提到用户提交计算后，LS-DYNA 的 MPP 并行计算求解器会在模型初始化阶段先对用户提交的 CAE 模型进行自动分块。大家如果对此感到好奇并想知道 LS-DYNA 并行求解器到底是如何对模型进行分块的，可以通过 pfile 查看。下面的 3 行命令为查看 LS-DYNA 并行计算时对 CAE 模型自动分块情况的 pfile 文件的内部命令。

```
general { nodump nobeamout }
decomp { rcblog filename vspeed automatic dunreflc show }
dir { global d3plot local ./message }
```

首先 pfile 的内部命令通常由 3 个部分组成，分别是 general、decomp 和 dir，这 3 个部分之间没有顺序要求，其次注意{}内部两端的空格是必需的。

下面为大家逐一讲解上述命令。

（1）general 内部命令。

➢ nodump：指定计算结果不生成 d3dump、runs、d3full 等文件，从而节省计算资源。

➤ nobeamout：梁单元、壳单元、实体单元等单元失效的信息不输出到 d3hsp 或者 message 文件，这样可以尽可能地屏蔽一些用户不关心的信息，减少不必要信息的输出。

（2）decomp 内部命令。

➤ rcblog filename：如果当前目录不存在 filename 文件，则 LS-DYNA 求解器会生成一个同名的 pfile 类型文件记录求解器对模型的分块过程，该文件本身就可以作为一个 pfile 文件用于提交 MPP 并行计算(p=filename)，因此初学者也可以通过该文件来学习 pfile 文件的编写；如果当前目录已经存在名为 filename 的 pfile 文件，则 LS-DYNA 求解器会自动读取该文件并依据其内部的命令对当前模型进行分块。当对一个模型进行多批次结构优化时，每一次模型内部的单元、零件有更新都有可能导致 LS-DYNA 求解器自动分块的不同，通过 rcblog filename 读取以前同批次模型的分块模式用作本次计算的模型分块模式可以确保模型的更新不会影响 LS-DYNA 求解器的分块方式，从而确保同批次模型计算结果的可比性。

➤ vspeed：测试提交计算所涉及的各 CPU 的性能以便根据 CPU 的性能好坏分配计算区域。如果 CPU 性能无差异但是分给每个 CPU 的模型区域的计算量相差较大，则整个计算会被计算量最大、计算速度最慢的分块区域所"拖累"；如果各 CPU 性能有差异却无差别地进行模型区域分块，即使 CPU 数量很多，整个计算也会被性能最差的 CPU 拖累，也就是通常所说的"短板效应"。因此如果 CPU 的性能有明显差异却采用求解器无差别自动分块，计算速度很有可能远不如 CPU 数量更少但是 CPU 性能更高的硬件配置。如果用户提交计算占用的各 CPU 之间的性能存在明显差别，在提交计算的 pfile 文件中加入 vspeed 命令，LS-DYNA 求解器会首先对参与计算的各个 CPU 的性能进行测试，然后根据 CPU 的性能进行模型分块，性能好的 CPU 分配的模型区域的计算量大一些，性能差的 CPU 分配的区域的计算量小一些，这样就不会出现因为计算量分配不均导致性能差的 CPU 拖累整个计算速度的问题。

通常变形越大、接触状况越复杂的区域计算量越大，这些区域的分块应当更细或者分配更多的 CPU。

🔊 注意：

　　求解器对各个 CPU 的性能测试可能需要耗费的时间较长，而且 CPU 的数量越多，测试时间越长。因此除非确认各个 CPU 的性能差异较大或者用户时间确实充裕，否则建议不要使用 vspeed 命令。

➤ automatic：求解器根据模型各个节点的初始速度自动分块。如果用户已经对模型某些特定区域进行了自定义分块操作，则该自动分块只针对用户自定义分块之外的区域。

➤ dunreflc：与加载曲线不相关的单元节点所属的分块不考虑曲线对本区域计算的影响，这样对提高计算效率很有帮助。

➤ show：将自动分块信息输出到 d3plot 文件以便用户能够通过后处理软件查看分块情况。

🔊 注意：

　　如果选择 show 命令则计算只输出一步 d3plot 即终止，用户可以通过后处理软件 HyperView 读取该 d3plot 文件以查看 LS-DYNA 求解器的分块情况，但是正式计算时切记要去除该命令。

（3）dir 内部命令。

➤ global *d3plot*：计算开始后会在与主文件 main.key 相同目录下自动生成一个名为 d3plot 的文件夹，主要结果文件 d3plot 等信息会保存在其中。此处采用"global *./d3plot*"也是可以的，当然用户还可以在此处定义其他的文件名及路径。

> local ./*message*：计算开始后会在与主文件 main.key 相同目录下自动生成一个名为 message 的文件夹，次要计算结果如 messag 等文件将会保存在该文件夹中。

2．pfile 内部命令与关键字的对应

其实，pfile 内部每一个命令都对应一个 LS-DYNA 关键字命令*CONTROL_MPP_...，只不过在 pfile 文件内部将其浓缩成了一个单词。例如想单纯地查看 LS-DYNA MPP 求解器对 CAE 模型自动分块的结果，可在 pfile 文件中简单输入：

```
decomp { show }
```

或者在 KEY 文件中输入关键字*CONTROL_MPP_DECOMPOSITION_SHOW，也可以达到同样的目的。

要想单纯地记录 LS-DYNA MPP 求解器对模型进行分块的过程中使用的命令，可在 pfile 文件中简单输入：

```
decomp { outdecomp }
```

或者在 KEY 文件中输入关键字*CONTROL_MPP_DECOMPOSITION_OUTDECOMP，也可以达到同样的目的。

3．show 与 outdecomp 的区别

使用 show 与 outdecomp 命令都可以让用户看到 LS-DYNA 的 MPP 并行计算求解器对模型的分块结果。

show 命令下生成的 d3plot 文件通过后处理软件 HyperView 读取，可以直接以可视化的方式查看求解器对模型的分块结果，但是 LS-DYNA 求解器在生成一个 d3plot 文件后就会自动退出计算，用户必须把 pfile 文件中的 show 命令去掉，然后再次提交计算才能正常完成计算。

outdecomp 命令下输出的文件 decomp_parts.lsprepost 的内部命令可在下次提交计算时直接作为 pfile 使用，也可以作为初学者学习 pfile 文件格式之用。用户还可以通过前、后置处理软件 LS-PrePost 读取计算结果文件 d3plot 之后，再通过以下命令操作：

高版本 LS-PrePost 界面→Model and Part →Views →MPP→Load（图 11.7）；

低版本 LS-PrePost 界面→Views（菜单第一页）→MPP→Load。

读取上述输出文件 decomp_parts.lsprepost 也可以以可视化的形式查看 LS-DYNA MPP 求解器的分块结果，最重要的是 outdecomp 命令不会导致 LS-DYNA 求解器在生成第一个 d3plot 文件之后退出计算。

图 11.7 LS-PrePost 软件读取 decomp_parts.lsprepost 文件窗口

11.2.2 MPP 递归二分法

LS-DYNA MPP 求解器默认采用递归二分法，即 RCB（Recursive Coordinate Bisection）对 CAE 模型进行自动分块。图 11.8（a）所示为 LS-DYNA MPP 求解器对 CAE 模型进行三阶分块的示意图，第一阶分块通常是沿模型的最大尺寸方向进行分块；图 11.8（b）所示为 RCB 法模型分块示例。

RCB 分块法的特点如下。

（1）划分简单，容易实现，划分速度快。

（2）划分的子块较规则，容易识别。

（3）对最大尺寸方向进行平均划分。

（4）依赖节点和粒子的坐标点。

（5）没有考虑各个计算节点的负载平衡。

（6）MPI 耗时不均衡，容易导致"短板效应"。

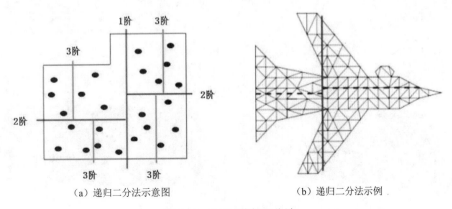

（a）递归二分法示意图   （b）递归二分法示例

图 11.8　RCB 递归二分法

由于 RCB 分块法过分依赖节点的坐标，在对同一个模型进行多批次结构优化的过程中，单元、零件的更新会直接导致模型分块的不同，进而造成对计算结果的一致性的干扰，如图 11.9 所示。对于同一模型进行多批次的结构优化时，建议采用 pfile 文件用户自定义分块方式以保持各模型之间分块方式的一致性。

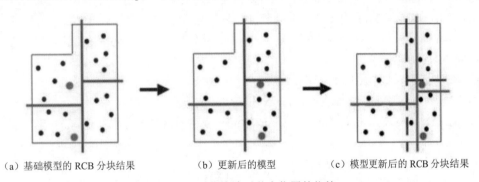

（a）基础模型的 RCB 分块结果　　　（b）更新后的模型　　　（c）模型更新后的 RCB 分块结果

图 11.9　RCB 分块法对节点位置的依赖

11.2.3　用户自定义分块 pfile 文件内部命令讲解

前面讲述了 LS-DYNA MPP 并行求解器对用户提交的 CAE 模型进行自动分块的查看方法，　LS-DYNA 求解器的自动分块并没有侧重点，图 11.10（a）所示为汽车以 64km/h 的速度与可变形壁障进行正向 40%偏置碰的仿真分析工况提交计算后，LS-DYNA MPP 并行求解器对模型进行自动分块的结果。由于我们通常遇到的工况都会在模型中产生力学性能敏感区和不敏感区，用户对整个模型会有重点关注区和非重点关注区之分，甚至有些时候我们所使用的 CPU 的性能也会参差不齐，这时就更不应当采取"一刀切"的分块模式了。为此目的，我们可以通过 pfile 文件指导 LS-DYNA 求解器按照分析对象的特殊工况进行有针对性的分块，而且通过 pfile 文件可以在对同一模型进行多批次结构优化求取最优解时确保各优化方案的模型分块方式的一致性。图 11.10 所示为汽车以 64km/h 的速度与可变形壁障进行正向 40%偏置碰仿真分析工况的模型分别采用 LS-DYNA MPP 并行求解器自动分块和用户自定义分块的结果对比，自定义分块可以使得模型中越靠近壁障、碰撞过程中变形越严重的区域分配更多的 CPU 参与计算。

下面 7 行命令是提交 LS-DYNA MPP 并行求解器计算时，用户自定义分块的 pfile 文件的内部命令格式。

```
general { nodump nobeamout }
decomp { rcblog decomp_record dunreflc show }
dir { global ./d3plot local ./message }
decomp {
region { <region specifiers> <transformation> <grouping> }
region { <region specifiers> <transformation> <grouping> }
<transformation> }
```

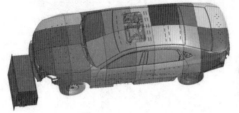
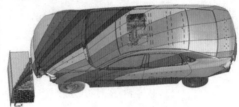

（a）LS-DYNA MPP 求解器自动分块　　　　　　（b）用户自定义分块

图 11.10　LS-DYNA MPP 求解器自动分块与用户自定义分块比较

自定义分块可以在模型中划分出几个特定的区域（通常是比较关键、重要的区域，如高度非线性区域等）region01, region02, …并对每个特定区域分配指定数量的 CPU 参与计算。下面对其中提到的一些命令做出解释，上一节讲解 MPP 自动分块时提到的命令此处不再赘述。

（1）<region specifiers>：用特定的形状在 CAE 模型中分割出特定的区域范围，类似于之前接触定义中提到的*DEFINE_BOX。

区域范围及定义方式有以下几种 。

1）方形区域：box Xmin Xmax Ymin Ymax Zmin Zmax。

其中，Xmin、Xmax、Ymin、Ymax、Zmin、Zmax 分别为该方块区域的 x、y、z 坐标的下限值和上限值。

2）圆柱形区域：cylinder Xc Yc Zc ax ay az r d。

其中，(Xc,Yc,Zc)是圆柱形区域底面的圆心坐标；（ax,ay,az）是圆柱形轴心的矢量，即与坐标轴夹角的余弦值；r 是圆柱的直径；d 是圆柱的高度，如果 d=0 则圆柱形区域为无限高度。

3）球形区域：sphere Xc Yc Zc r。

其中，(Xc,Yc,Zc)为球心坐标；r 为球心半径。

4）特定零件的集合：parts PID01 PID02 PID03 …。

其中，P1D$_n$是零件 ID 号码。

5）特定接触定义*CONTACT 涉及的单元：silist CID01 CID02 CID03 …。

其中，CID 是接触定义的 ID，对应*CONTACT>CID。

（2）<transformation>（前两个）：对上述<region specifiers>指定的区域进行分块，切块方式有以下几种。

➤ sx t：用与坐标轴 x 垂直的面将指定区域切成 t 份，分块边界上的单元不会切成两半，而是只能属于相邻分块区域中的某一边。

➤ sy t：用与坐标轴 y 垂直的面将指定区域切成 t 份，分块边界上的单元不会切成两半，而是只能属于相邻分块区域中的某一边。

➤ sz t：用与坐标轴 z 垂直的面将指定区域切成 t 份，分块边界上的单元不会切成两半，而是只能属于相邻分块区域中的某一边。

➤ rx t：切面绕 x 轴旋转 t 度。

> ➤ ry t：切面绕 y 轴旋转 t 度。
>
> ➤ rz t：切面绕 z 轴旋转 t 度。

（3）<transformation>（第三个）：对特定区域以外的所有剩余区域由 LS-DYNA 并行计算求解器进行自动分块。

（4）<grouping>：用于确定该特定区域分配多少个 CPU 参与计算。如果不定义则所有的 CPU 都参与计算。其定义格式如下。

nproc n

该区域指定 n 个 CPU 参与计算。

11.2.4 pfile 示例

1. LS-DYNA 求解器自动分块与用户自定义分块比较

（1）汽车碰撞 ODB 仿真分析工况下不同分块方式对计算速度的影响

图 11.11 所示为同一汽车碰撞 ODB 工况仿真分析模型，占用 8CPU 分别采用 LS-DYNA MPP 求解器自动分块和 SY、C2R 两种用户自定义分块方式进行求解计算时的速度比较，两种用户自定义分块方式均优于 LS-DYNA 求解器自动分块方式，其中以 SY 分块方式的计算速度最快。

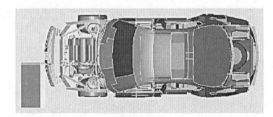

default

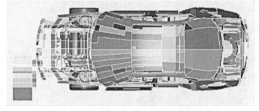

decomp { sy 1000 numproc 16 show }

decomp { C2R 177 -1134 1143 0 0 1 1 0 0 sy 10000 numproc 16 show }

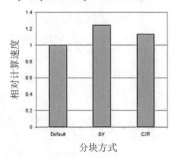

图 11.11 汽车碰撞 ODB 工况下不同分块方式对计算速度的影响

（2）汽车碰撞 MDB 仿真分析工况下不同分块方式对计算速度的影响

图 11.12 所示为汽车碰撞 MDB 仿真分析工况下，占用 8CPU 分别采用 LS-DYNA MPP 求解器自动分块和 SX、SX+SILIST 两种用户自定义分块方式进行计算的求解速度的比较，两种用户自定义分块方式均优于 LS-DYNA 求解器自动分块方式，其中以 SX+SILIST 分块方式的计算速度最快。

综上所述，LS-DYNA 求解器默认的 RCB 分块方法简单、易执行，但是无法顾及模型工况的特殊性，从而易造成"短板效应"；用户自定义分块方式可以充分考虑模型工况的特殊性，用户可以集中"优势兵力"，调配更多的 CPU 资源用于计算量更大的高度非线性区域，因而可以获得较 LS-DYNA 求解器自动分块更快的求解计算速度。

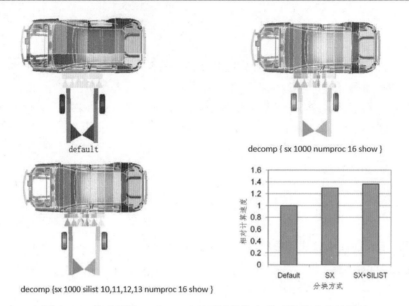

图 11.12　汽车碰撞 MDB 工况下不同分块方式对计算速度的影响

另外需要提醒大家注意的一点是，即使提交计算占用的 CPU 数量只有 8 个，用户自定义的模型分块却可以是 8 的倍数或者被 8 整除的数字（如 4），即一个 CPU 可以同时参与多个分块区域的计算或者多个 CPU 同时参与一个"包干"区域的计算，并非多少个 CPU 就需要将模型切分成多少个区域。

2. 几种汽车碰撞工况的用户自定义 pfile 文件示例

下面以 48CPU 为例提供几个不同的汽车碰撞安全性能分析工况的 pfile 文件书写示例供大家参考，大家可以在提交计算时先在提交命令中加入 p=pfile，然后在后处理软件中打开输出的 d3plot 文件，查看 LS-DYNA 求解器是如何分块的（正式提交计算时需要把其中的 show 命令去掉）。用户也可以在平时的工作中探索能够提高计算效率更好的自定义分块方式。

（1）CNCAP_50km/h_正面 100%刚性墙碰撞 pfile 文件内容示例：

```
general { nodump nobeamout }
decomp { rcblog decomp_record dunreflc show }
dir { global ./d3plot local ./message }
decomp {
region { box -965 800 -1286 1286 -1000 1500 sy 32 nproc 32 }
sy 16 }
```

（2）C-IASI_64km/h 正面 25%小偏置碰 pfile 文件内容参考：

```
general { nodump nobeamout }
decomp { rcblog decomp_record dunreflc show }
dir { global ./d3plot local ./message }
decomp {
region { box -965 0 -1286 0 -1000 1500 sy 16 nproc 16 }
region { box 0 800 -1286 0 -1000 1500 sy 16 nproc 16 }
sy 16 }
```

（3）C-NCAP_32km/h 侧面柱碰（柱中心的 *x* 坐标值为 1205）pfile 文件内容参考：

```
general { nodump nobeamout }
decomp { rcblog decomp_record dunreflc show }
dir { global ./d3plot local ./message }
decomp {
```

```
region { cylinder 1205 -1127 1442.025 0 0 1 1000 0 sx 32 nproc 32 }
sy 16 }
```

11.3　批量提交、排队计算

很多时候用户可能需要同时提交多个计算，但是受计算资源限制而无法实现，却又常常遇到一个计算完成时是在晚上下班之后，因为无法及时提交后续计算造成计算资源的闲置与浪费的情况。这时就需要我们定义一个批处理文件*.bat，让它们自动排队进行计算以尽可能充分地利用计算资源。

批处理文件*.bat与之前单个计算提交的*.bat文件的主要区别在于，需要加入多条路径以便引导LS-DYNA求解器依次找到每个计算模型的主文件Main.key。

由于所有计算的输出都是相同文件名的binout、d3plot等结果文件，因此不同模型的计算需要放在不同的文件夹中完成，以免其输出文件相互覆盖。

例如，现有case1、case2、case3在等待计算，但是受计算资源限制每次只能计算一个，具体的操作步骤如下。

首先，在当前目录下建立3个文件夹case1、case2、case3，分别放入3个模型的KEY文件case1_main.key、case2_main.key、case3_main.key。

其次，在这3个文件夹相同目录下建立可执行文件如CAE_analysis.bat，其内部命令如下（每行命令顶格书写）：

```
cd ./case1
ls-dyna i=case1_main.key nCPU=-48 d=nodump memory=1000m
cd ..
cd ./case2
ls-dyna i=case2_main.key nCPU=-48 d=nodump memory=1000m
cd ../case3
ls-dyna i=case3_main.key nCPU=-48 d=nodump memory=1000m
cd ..
```

如此，双击运行该CAE_analysis.bat文件，则LS-DYNA求解器会依次进入3个文件夹对其中的KEY文件进行求解计算。不管是正常计算完成还是中途报错退出，都会依命令退出该文件夹，再按照命令进入下一个文件夹并对其中的KEY文件进行求解计算，直到全部案例计算完成。

即使在计算过程中，用户也可以对后续尚未计算的模型的KEY文件进行编辑，甚至可以对*.bat文件中尚未执行的命令进行编辑，如更改主文件的名称或者更改调用内存的大小等。

◁》 注意：

UNIX操作系统下进行批处理计算应在UNIX操作系统下生成及编辑bat文件，若在Windows操作系统下生成再复制到UNIX操作系统下运行很可能会出错，报错信息一般是文件路径找不到：file path #### not found。

11.4　计算重启动

11.4.1　简单重启动

SMP重启动命令：LS-DYNA r=d3dump。
MPP重启动命令：mpirun LS-DYNA r=d3dump。

简单重启动即对原模型不做任何修改，仅从上一次计算中断处开始重新启动以完成计算。d3dump 文件本身就包含模型信息以及 CPU 数量、内存设置等信息，这也是为什么 d3dump 文件通常很大的原因。LS-DYNA 求解计算过程中可以多次输出重启动文件 d3dump，依次是 d3dump01、d3dump02、…，用户可以根据自己的需要选择重启动的时间点，MPP 求解器每次会输出与使用的 CPU 数量相同的 d3dump 文件，用户重启动时选择 d3dump 头文件即可。

11.4.2　模型更新后重启动

重启动之前可对原模型更新的内容主要有以下几个方面。
（1）接触定义*CONTACT 的增减。
（2）更改一些阻尼/刚度系数。
（3）约束自由度*BOUNDARY_SPC 的增减。
（4）计算控制关键字*CONTROL_TIMESTEP、*CONTACT_TERMINATION 等的再定义。
（5）输出控制关键字*DATABASE 的再定义。
（6）刚-柔转换。
模型重新编辑后，重启动命令如下。
SMP 重启动命令：LS-DYNA i=restartinput.key r=d3dump。
MPP 重启动命令：mpirun LS-DYNA i=restartinput.key r=d3dump。
其中，restartinput.key 为原 CAE 模型更新后重新生成的 KEY 文件。
提醒：重启有风险，重启须谨慎，且用且珍惜。

11.5　从 message 文件可以获取的信息

单机用户提交计算后会弹出一个 DOC 窗口适时、滚动显示计算进度信息，网上服务器在线提交计算的用户无法看到这个即时信息窗口，但是结果文件中会出现一个*.log 文件，其内容也是适时更新的，与单机用户看到的弹出窗口中滚动显示的信息一样。此外，结果文件中同时出现的 message 文件的内容其实是 DOC 滚动窗口信息的记录，这样一方面在用户关闭 DOC 窗口后对之前的计算进度信息仍然有据可查，另一方面计算出错后，可以用文本编辑器 UltraEdit 或者 NotePad 打开 message 文件运用其搜索工具快速定位出错信息，而 DOC 窗口则没有该功能；而且 DOC 窗口的信息不但是随着计算进度滚动播出的，每次有最新的信息出现时都会自动回到最后、最新出现的信息位置，不方便用户查看之前的计算信息，而 message 文件在用户使用文本编辑器打开后就是静止的，因而可以仔细查看有关信息；最后，message 文件不仅仅是对滚动窗口即时信息的简单记录，message 文件记录的信息尤其是出错信息更详细，从而更便于用户对问题的快速诊断；也就是说，DOC 窗口显示的信息更简洁，而 message 文件中记录的信息更详尽。

11.5.1　求解器及操作系统信息

图 11.13 所示为 LS-DYNA 求解器提交计算后，在弹出的 DOC 窗口中最先显示的内容。
➢ Date/Time：计算开始的日期和时间，注意不是提交计算的时间。
➢ LSTC 公司信息：其中包括 LSTC 公司的全称、总部地址、联系电话及公司网址，笔者推荐浏览公司网址，在上面可以免费下载很多整车模型、假人模型以及各种版本的 LS-DYNA 手册以供学习和实践，也可以免费下载用来提交计算及前、后处理的软件，还可以帮助在线筛选材料模型的工具。

图 11.13　提交计算的求解器版本及操作系统信息

- Version：求解器版本，图 11.13 所示为 "MPP s R9.3.1" 即并行-单精度-R9.3.1 版 LS-DYNA 求解器。当接手别人已经算通的模型来进行更新、优化后再次提交计算时，可以从对方提交计算生成的 message 文件中开头部分的信息得知对方之前采用的求解器版本，为自己提交计算时选择求解器版本提供参考。
- Platform：操作系统信息，图 11.13 所示运行的操作系统是 64 位 Linux 操作系统。
- input file：模型主文件，当文件夹中的 KEY 文件较多时，在此处可以核对自己提交计算时是否选对主文件。

11.5.2　计算监控命令

前面已经对 DOC 即时信息窗口与 message 文件的异同进行了说明，其实两者最大的区别是，message 文件只是信息记录文档，而 DOC 窗口可以通过与 LS-DYNA 求解器的互动对计算过程进行监控。

在 DOC 窗口和 message 文件的开头部分，紧接着图 11.13 所示内容的下面，会显示图 11.14 所示的计算监控命令及其功能解释。

- Ctrl+c：暂停计算命令。模型提交计算后，求解器首先对模型进行初始化（后面详解），然后才开始正式计算。正式计算过程中用户可以在 DOC 窗口输入指令查看计算进度、预估计算总耗时、强制输出 d3plot 文件、强制输出重启动的 d3dump 文件或者强制终止计算。其操作方法是先按下键盘上的 Ctrl+c 快捷键暂停计算，然后在 DOC 窗口输出图 11.14 所示的对应命令并按 Enter 键。

🔊 注意：

　　MPP 求解器提交计算与 SMP 求解器提交计算不同，SMP 求解器提交计算后对计算的即时监控可以直接按照上述操作输入指令进行，而 MPP 求解器提交计算时由于首先需要运行 mpirun 文件，但按快捷键 Ctrl+c 会导致 mpirun 退出运行，进而导致 LS-DYNA 求解器终止计算。不过，当用户想要强行终止并退出正在进行的 MPP 求解器计算时，按快捷键 Ctrl+c 倒不失为一种快捷的办法。

关于 d3kil 文件：MPP 求解器提交计算后对计算的即时监控可通过 d3kil 文件来执行，其具体操作方法是先生成一个 *.txt 文件，在文件中输入图 11.14 所示列表中的某个指令如 "sw2"，然后保存、退出 *.txt 文件，再把文件名改为无扩展名的 d3kil 文件，将该文件放到或者上传到与 CAE 模型主文件同一目录，LS-DYNA 求解器会定时搜索该文件，找到 d3kil 后会直接读取并执行其中的命令，与此同时，用户可以在 DOC 窗口或者 message 文件中看到与使用 SMP 求解器时同样的信息反馈。d3kil 文件一旦被 LS-DYNA 求解器发现并读取会自动消失，用户也可以据此判断 LS-DYNA 求解器是否已经执行了 d3kil 文件中的命令。用户再次与求解器沟通以监控计算过程时需要再次放置 d3kil 文件才可以。d3kil 文件一旦生成就可以直接用文本编辑器对其内容（指令）进行编辑了，不用每次都通过*.txt 文档进行转换。

接下来，对图 11.4 中的指令进行说明。

```
ctrl-c interrupts ls-dyna and prompts for a sense  switch.
type the desired sense switch: sw1., sw2., etc. to continue
the execution.  ls-dyna will respond as explained in the users manual

  type                      response
  ----      --------------------------------------------------------------
  quit      ls-dyna terminates.
  stop      ls-dyna terminates.
  sw1.      a restart file is written and ls-dyna terminates.
  sw2.      ls-dyna responds with time and cycle numbers.
  sw3.      a restart file is written and ls-dyna continues calculations.
  sw4.      a plot state is written and ls-dyna continues calculations.
  sw5.      ls-dyna enters interactive graphics phase.
  swa.      ls-dyna flushes all output i/o buffers.
  lpri      toggle implicit lin. alg. solver output on/off.
  nlpr      toggle implicit nonlinear solver output on/off.
  iter      toggle implicit output to d3iter database on/off.
  prof      output timing data to prof.out and continue.
  conv      force implicit nonlinear convergence for current time step.
  ttrm      terminate implicit time step, reduce time step, retry time step.
  rtrm      terminate implicit at end of current time step.
```

图 11.14 LS-DYNA 求解器计算监控指令及解释

> quit/stop：终止并强行退出计算命令，输入两个命令中任何一个都可以。计算终止的同时 DOC 窗口会关闭，如果未关闭，输入 exit 命令并按 Enter 键确认即可。

🔊 注意：

> Windows 操作系统下终止 LS-DYNA 求解器的计算也可以通过直接关闭 DOC 窗口实现，但是 UNIX 操作系统下的 SMP 求解器的计算必须通过输入命令才可以。UNIX 操作系统下直接关闭 DOC 窗口后，计算仍然在后台运行并占用着计算机的 CPU 资源和 LS-DYNA 求解器的资源，此时如果还要关闭计算，在操作上就会比之前稍微麻烦一些，需要在后台直接终止计算机 CPU 的任务。

> sw1：生成一个重启动文件 d3dump 后终止并退出计算。如果是 MPP 求解器提交计算，则会同时生成与占用 CPU 数量相等的 d3dump 文件。

🔊 注意：

> 图 11.14 所示命令 sw1～sw5 后都有一个小数点，实际操作中并不需要。

> sw2：显示计算进度及预计总共需要的 CPU 计算时间，该时间随着计算的进行会不断修正。通常情况下，d3plot03 文件出现后求解器对计算总耗时的预估会比之前 d3plot01 文件刚出来时的预估要小很多，但是在此之后对计算总耗时的预估通常都比较接近，不会再产生较大的波动。如果正在计算的 CAE 模型之前因为不断结构优化已经计算过多次，用户已经知道全部计算完成总共会生成多少个 d3plot 文件，则依据此次计算已经获得的 d3plot 文件数量可以推断出还剩余多少个 d3plot 文件没有出现，再根据当前相邻两个 d3plot 文件出现的时间间隔乘以剩余 d3plot 的数量就是预计完成计算还需要的 CPU 时间。

🔊 注意：

> 同批次模型即使经过不断的结构优化导致模型有不同程度的差异，但计算总耗时通常都很接近，d3plot 数量通常会保持不变，甚至计算过程中相邻 d3plot 文件之间的时间间隔通常都很相近，因此如果用户发现前后相邻的两个 d3plot 文件生成的时间间隔与之前的算例相差数倍则需要检查模型、查找原因。

- ➤ sw3：生成一个重启动文件 d3dump 并继续计算。
- ➤ sw4：生成一个 d3plot 文件并继续计算。前处理阶段定义的*DATABASE_BINARY_D3PLOT 输出控制关键字指定了 d3plot 文件的输出频率，但是正是这个输出频率的指定有时会导致用户错过自己非常想看的过程。例如，当求解计算中途非正常退出却无法看到计算最后时刻模型究竟发生了什么变化时，再次提交计算并在预计达到上次非正常退出计算时刻之前通过指令 sw4 强制求解器增加输出 d3plot 文件的频率，然后通过后处理软件 HyperView 读取 d3plot 文件并动画演示就可以看到模型在最终时刻究竟发生了什么变化。

11.5.3　计算进度信息

CAE 模型提交 LS-DYNA 求解器计算后，求解器首先会对 CAE 模型进行初始化，然后才开始正式计算。图 11.15 所示为 LS-DYNA 求解器开始正式计算后，在 DOC 窗口显示的计算进度信息。

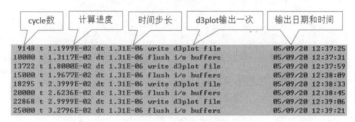

图 11.15　计算进度信息

- ➤ cycle 数：计算周期数。完成计算所需总周期数=DT/dt，其中 DT 为关键字*CONTROL_TERMINATION 中变量 ENDTIM 的值（即计算模型运动变化的时间），dt 为最小时间步长。
- ➤ 计算进度 t：该时间是模型运行时间，是相对于变量*CONTROL_TERMINATION>ENDTIM 的定义而言的。
- ➤ 时间步长 dt：通常 mm-ms-kg-kN 单位制的时间步长是 $10^{-4} \sim 10^{-3}$ 数量级的，而 mm-s-t-N 单位制的时间步长是 $10^{-7} \sim 10^{-6}$ 数量级的。时间步长过大不但会导致质量增加过大而失真，还会导致计算不稳定；当计算异常缓慢时，用户首先要检查 DOC 窗口显示的时间步长是否合理。
- ➤ write d3plot file：表示在这一时刻输出 d3plot 一次。注意 d3plot 的输出频率与结果文件中 d3plot 文件数量很多时候并不一致，当模型很小时可能求解器的多次输出才能新增加一个 d3plot 文件。
- ➤ 日期和时间（data&time）：d3plot 输出时间，利用输出时间可以计算出输出 d3plot 的时间间隔。

11.5.4　计算出错信息

图 11.16 所示为 DOC 窗口显示的因提交计算时设置的内存不足导致计算报错退出的信息。图 11.16 中对出错原因已经说明得非常清楚了，但是多数情况下用户还需要用文本编辑器打开 message 文件或者*.log 文件，然后参照图 11.16 搜索关键字***error 快速定位更详细的出错信息，以便"对症下药"解决问题。

```
*** Error 70021 (OTH+21)
   Memory is set 5190130 words short
   memory size 100000000
   Increase the memory size by one of the following
   where #### is the number of words requested:
   1) On the command line set - memory=####
   2) In the input file define memory with *KEYWORD
   i.e., *KEYWORD #### or *KEYWORD memory=####
```

图 11.16　计算出错信息

MPP 求解器提交计算时虽然会生成与使用的 CPU 数量相等的 message 文件，但是建议用户还是首先在 message 头文件 mes0000 中搜索出错信息，找不到时再用文本编辑器 UltraEdit 或者 NotePad 的"文件夹搜索"功能对所有 message 文件进行搜索以求快速找到出错信息，并且使用"文件夹搜索"功能时注意把 message 文件与其他计算结果文件，如 d3plot 隔离开来，否则搜索时间会非常漫长。

11.5.5　计算终止信息

➤ Error termination：非正常终止并退出计算。

凡是在 DOC 窗口出现 Error termination 信息即表明计算已经由于非正常原因终止并退出计算了。用户可以从 message 文件中查找类似图 11.16 所示的出错信息，诊断出错原因后更新模型，然后重新提交计算。

➤ Normal termination：计算任务完成，图 11.17 所示为 SMP 求解器计算完成信息。

```
N o r m a l   t e r m i n a t i o n                     05/09/20 14:24:11

Memory required to complete solution  :     6047267
Additional dynamically allocated memory:    3274577
                        Total:              9321844

T i m i n g   i n f o r m a t i o n
                        CPU(seconds)   %CPU   Clock(seconds) %Clock

Keyword Processing ...  0.0000E+00   0.00    4.3600E-01    0.04
  KW Reading .........  0.0000E+00   0.00    1.5600E-01    0.01
  KW Writing .........  0.0000E+00   0.00    1.4000E-01    0.01
Initialization .......  1.0000E+00   0.09    6.7200E-01    0.06
  Init Proc Phase 1 ..  1.0000E+00   0.09    4.3700E-01    0.04
  Init Proc Phase 2 ..  0.0000E+00   0.00    3.1000E-02    0.00
Element processing ...  6.3900E+02  59.17    6.4314E+02   59.55
  Solids .............  1.0000E+00   0.09    6.6700E-01    0.06
  Shells .............  5.9600E+02  55.19    5.9274E+02   54.88
  Beams ..............  1.4000E+01   1.30    1.3206E+01    1.22
Binary databases .....  0.0000E+00   0.00    7.4400E-01    0.07
ASCII database .......  1.4000E+01   1.30    1.2279E+01    1.14
Contact algorithm ....  2.5600E+02  23.70    2.3945E+02   22.17
  Interf. ID      1 1.0000E+01   0.93    8.1370E+00    0.75
  Interf. ID      2 6.0000E+00   0.56    5.7700E+00    0.53
  Interf. ID      3 2.0000E+02  18.52    1.9492E+02   18.05
  Interf. ID      4 3.9000E+01   3.61    2.9825E+01    2.76
Rigid Bodies ........  1.1000E+01   1.02    9.3750E+00    0.87
Other ...............  1.5900E+02  14.72    1.7399E+02   16.11

T o t a l s             1.0800E+03 100.00    1.0801E+03  100.00

Problem time     =   1.8905E-01
Problem cycle    =   144114
Total CPU time   =     1080 seconds (   0 hours 18 minutes  0 seconds)
CPU time per zone cycle  =      277 nanoseconds
Clock time per zone cycle=      277 nanoseconds

Number of CPU's     4
NLQ used/max     136/ 136
Start time   05/09/2020 14:06:11
End time     05/09/2020 14:24:11
Elapsed time    1080 seconds(   0 hours 18 min.  0 sec.) for  144114 cycles
N o r m a l   t e r m i n a t i o n                     05/09/20 14:24:11
```

图 11.17　SMP 求解器计算正常终止信息示例

接下来，对图 11.17 中的输出信息进行说明。

➤ Normal termination 05/09/20 14:24:11：计算完成的日期和准确时间。

➤ Memory required to complete solution：完成计算需占用的内存大小。MPP 求解器还会列出第一CPU 在模型初始化期间实际占用的内存 memory=***和正常计算过程中每个 CPU 实际占用的内存 memory2=***。此处显示的内存大小为用户同系列模型提交计算时定义内存提供了参考。之前多次提到，内存定义够用即可，并非越大越好。

➤ Additional dynamically allocated memory：计算过程中动态扩展的内存大小。MPP 求解器还会列出针对每个 CPU 分配的内存扩展。计算过程中存在一些时间段由于模型变形较大、单元畸变严重等因素导致计算量大增，此时求解器会临时自动扩展内存，但是如果此时可扩展的内存大小与求解器的需求差距太大，也有可能导致计算中途退出。

➤ Total：计算过程中实际总共占用的内存大小。该数值为用户提交计算时采用的硬件资源提出了基本要求，即提交计算时可以不指定这么大的内存，但是必须具备这么大内存的"储备"。

➤ Timing information：计算资源分配/占用清单，从中可以看到计算机的 CPU 资源主要消耗在哪些问题的计算上。从图 11.17 中我们可以看到计算机的 CPU 资源主要消耗在单元的计算（单元的应力、应变和节点加速度等信息的计算）上，其次就是对接触的计算（接触搜索、接触惩罚力、接触滑移能等信息的计算），这也是为什么对接触主、从双方的定义范围要尽量精准及避免不必要接触搜索的原因，例如汽车正面碰撞刚性墙仿真分析中，刚性墙的从节点只需要选择汽车 A 柱之前的车体部分就可以了，没有必要把整个车体都定义为刚性墙的从面。

➢ Problem time：模型运行时间，对应变量*CONTROL_TERMINATION>ENDTIM 的定义。

➢ Number of CPU's：此次计算使用的 CPU 数量。

➢ Start time：计算开始时间。

➢ End time：计算终止时间。

➢ Elapsed time *** for *** cycles：记录总共消耗了多长时间计算了多少个周期。该计算耗时对于同批次模型提交计算时预估计算总耗时提供了参考。

11.6　模型初始化

提交计算后 LS-DYNA 求解器并未立即开始计算力、位移、加速度等信息，而是首先对模型进行初始化操作。

11.6.1　初始化任务

初始化任务如下。

（1）LS-DYNA 求解器检查模型是否存在导致计算无法继续的严重错误。

（2）计算模型中每个零件的质量及质心位置坐标及整个模型的总质量和质心坐标。

（3）计算整个模型的最小时间步长和为达到计算控制关键字*CONTROL_TIMESTEP 中指定的最小时间步长，需要对不满足要求的单元采取的质量补偿总和及该质量增加量相对于模型总质量的质量增加百分比。

（4）检查初始穿透、向用户警告导致初始穿透的节点 ID 信息、适当消除或忽略初始穿透。

（5）并行计算模型分区并为每个分区分配 CPU。

在模型初始化过程中，LS-DYNA 求解器还会尽己所能对一些查找出的模型错误进行修正以努力维持计算的推进，举例如下。

（1）当发生 rigidlink 共节点的问题时，会主动修正模型以使发生冲突的一方让出共用的节点，修正结果以警告信息提示用户。

（2）当发生 ID 冲突的两个节点的距离足够近时，求解器会自动把这两个节点合并成一个节点，从而避免计算因其中断并退出。

（3）当用户对织带材料*MAT_FABRIC 定义的零件的*SECTION_SHELL>NIP 属性变量的定义大于 1 时，求解器会自动将其改为 1 并以警告信息提示用户。

11.6.2　初始化阶段报错

单机用户提交计算后会弹出一个 DOC 窗口适时、滚动显示计算进度信息。当计算由于各种原因而终止时，求解器会在滚动信息窗口给出相应的信息提示，此时用户也可以在结果文件中找到 message 文件

（使用 MPP 求解器提交计算的用户会得到多个 message 文件 mes0000、mes0001、…）并从中找到更详细、更准确的出错信息，以便"对症下药"解决问题。建议使用 MPP 求解器求解计算的用户先搜索 message 信息的头文件（即 mes0000 文件）查找计算出错信息，如果找不到，再使用文本编辑器的"文件夹搜索"功能对所有 message 文件中的 error 进行自动搜索。

📢 注意：

> 使用文本编辑器 UltraEdit 或者 NotePad 的"文件夹搜索"功能对所有 message 文件进行搜索，以求快速定位计算出错信息的时候，建议把所有 message 文件单独存放在一个文件夹中，以尽可能降低搜索成本。

用文本编辑器 UltraEdit 或者 NotePad 打开 message 文件后，使用快捷键 Ctrl+f 打开关键字搜索窗口，输入搜索关键字 error 或*** error（图 11.16）可以快速定位出错信息；message 文件中的出错信息都是相互关联的，很多时候很多 error 信息都是由于同一个前处理错误引发的，因此建议大家搜索出错信息时从前向后查找，大多数情况下前面的一两个错误解决了，后面所有的问题就都同时解决了。

虽然前处理过程中进行了各方面的模型检查，但是不可避免地会出现疏漏；有时时间紧迫通过提交计算让 LS-DYNA 求解器主动报错，然后根据报错信息定位问题点，甚至比自己在前处理过程中查缺补漏更高效。但是提醒大家还是应当在前期建模的各个阶段就按部就班地检查模型中可能出现的问题，千万不可将希望全部寄托于 LS-DYNA 求解器对 CAE 模型的初始化检查上，因为前处理阶段如果不认真检查模型并尽可能消除错误，将问题全部积累至模型初始化阶段可能会出现千奇百怪让用户无法准确定位的错误；LS-DYNA 求解器有一定的容错性，模型初始化阶段仅能找出模型中致命的、会导致求解器无法完成计算的问题，能够通过求解器的初始化检查并开始正常计算并不意味着模型中隐藏的"雷"就全部排掉了，即不能把希望全部寄托于 LS-DYNA 求解器的模型初始化检查；当计算资源紧张时，排队计算的时间已经耗费了很多，如果因为一个原本可以事先处理好的小问题导致要重新排队计算，在时间上也是很大的损失。

下面罗列一些在模型初始化阶段通常会遇到的问题，希望大家引以为戒，尽量把问题杜绝在前处理阶段。

1. 内存定义不足

当用户提交计算后发现定义的内存不能满足要求时，通常 LS-DYNA 求解器会在用户定义的内存基础上自动进行适当的扩展，但是当内存要求与用户定义的内存相差悬殊时，LS-DYNA 求解器不得不报错退出。汽车碰撞安全性能仿真分析适用的内存大小前面已有讲述。

2. 材料、假人、壁障、求解器等的 License 过期

提交计算后弹出的滚动显示计算进度信息的 DOC 窗口，最先显示的便是求解器的版本信息（图 11.13），因此如果求解器的 License 过期会立即报错并退出计算。如果内存定义、求解器 License 都没有问题，求解器接下来会逐个读取主文件内部的子文件模型并开始进行对 CAE 模型的检查工作。

有些用户可能使用的是购买或者租用的材料库，这些材料信息一般都是经过加密处理的，获得 License 授权后，LS-DYNA 求解器可以读取但是用户无法识别其中的材料参数；如果材料库的 License 已经过期，提交计算后 LS-DYNA 求解器会报错并退出计算，但是报错信息通常是有些材料*MAT>MID 没找到或者未定义。

假人、壁障等付费子系统通常也都是通过对其自带的材料库或者直接对材料的本构曲线进行加密处理来达到加密整个子系统模型的目的，因此如果求解器报错信息显示这些付费子系统的材料找不到或者未定义，用户需要首先检查其 License 是否过期。

3. 求解器版本不匹配

前面已经提到，虽然 LS-DYNA 求解器是向前兼容的，但是求解器版本并非越高越好，而是与模型内部关键字对应的求解器版本匹配即可。

隐式计算的强/刚度计算、模态分析等 CAE 模型只能用 SMP 串行计算求解器，而不能用 MPP 并行计算求解器提交计算。

4. 信息找不到或者未定义——not found/undefined/does not exist

（1）KEY 文件找不到：主文件中通过 *INCLUDE 调用的子系统 KEY 文件的名称写错；KEY 文件名没写错，但是文件名格式错误，如存在空格或者特殊字符；子系统 KEY 文件没有放在指定的路径；KEY 文件路径有汉字、空格或者特殊字符等不符合要求的内容；如果仅提示 KEY 文件找不到却没有具体指出 KEY 文件名称，很可能是主文件中某个 *INCLUDE 关键字下面有空行。

（2）对应 *MAT>MID 的材料信息找不到或者未定义：首先确认是否定义了该材料；检查该材料所在的 KEY 文件是否被主文件调用；如果该材料取自材料库则需要确认材料库 License 是否过期。前面已经提到，如果材料库的 License 过期，则通常对外表现为已经定义的材料找不到或者未定义。

（3）对应 *SECTION>SECID 的属性信息找不到或者未定义：首先确认是否定义了该属性；检查该属性所在的 KEY 文件是否被主文件调用；属性信息一般不会加密或者涉及 License 过期问题，如果没有一个单独的、详细而又全面的 *SECTION 属性库供模型中所有零件调用，则应当为每个零件建一个一一对应的属性 *SECTION（PID=SECID）并与对应的零件放在同一个 KEY 文件中。

（4）对应 *NODE>NID 的节点未定义：通常原因是此前该节点被别的关键字（如 rigidlink、*SET_NODE 等）调用，节点被更新后调用该节点的关键字并未同步更新。

（5）对应 *DEFINE_CURVE>LCID 的曲线找不到或者未定义：隐式计算载荷是一个定值，但是显式计算的载荷即使保持不变也必须通过一个时间历程曲线来定义。该曲线无定义，LS-DYNA 求解器将无所适从。

（6）*PARAMETER 未定义：模型内部某个关键字的某个变量采用了参数化定义（&parameter）方式，LS-DYNA 求解器却没有在模型中找到相应的参数化变量定义关键字 *PARAMETER。

5. 关键字定义错误

（1）HyperMesh 前处理操作时不该设置 Card Image 的用来存放 rigidlink 或者铰链等信息的 component 却设置了该项，或者该设置 Card Image 的零件却没有设置该项。

（2）应当单调的曲线（如金属材料的有效应力-应变曲线）定义的坐标数据中存在重复点或者空行。

（3）属性 *SECTION 定义错误：壳单元零件的属性定义了 *SECTION_SOLID，或者实体单元零件定义了 *SECTION_SHELL。

（4）*CONTROL_SHELL>ESORT=1 未定义：LS-DYNA 会将退化的四边形单元（相关概念见 5.10.5 节）视为四边形单元的两个相邻节点共节点而报错退出。

（5）*CONTROL_SOLID>ESORT=1 未定义：LS-DYNA 会将退化的六面体单元（相关概念见第 5 章）视为六面体单元的多个相邻节点共节点而报错退出。

6. 重复定义或 ID 冲突

重复定义或 ID 冲突多发生在不同的子系统 KEY 文件之间，多是因为各个子系统单独编辑导致的，故对各子系统划定 ID 范围还是很有必要的。

关于 ID 冲突：由于 HyperMesh 在读取模型时会自动"化解"一些问题（如 ID 冲突问题），因此发生 ID 冲突时把整个模型导入 HyperMesh 的办法通常只能找到导致冲突的一方，而无法确定另一方。如果模型较大、子系统 KEY 文件较多，把每个 KEY 文件都打开进行搜索也费时费力，此时可以把相关的 KEY 文件放在一个单独的文件夹下，然后通过文本编辑器 UltraEdit 或者 NotePad 的"文件夹搜索"功能对整个文件夹内的所有 KEY 文件进行自动"扫描"找到所有包含冲突 ID 信息的 KEY 文件，之后可以直接在文本编辑器里对其中的一个或者多个相关的 KEY 文件进行手动编辑以消除 ID 冲突。ID 冲突较多的情况也可以将相关 KEY 文件单独导入 HyperMesh 进行 ID 重新编码（Renumber）。

如果两个发生 ID 冲突节点的距离足够近，LS-DYNA 求解器会自动将这两个节点合并为一个节点，从而化解 ID 冲突并向用户提出警告信息；如果这两个节点的距离没有小到可以让求解器将它们合并的程度，求解器就报错并退出计算。

7. 刚体共节点

一个节点不可以同时属于两个刚体零件，也不可以同时属于一个刚体零件和一个 rigidlink 单元，否则 LS-DYNA 求解器发现之后会报错并退出计算。

理论上一个节点也不可以同时属于两个节点集刚体，即 rigidlink，但是 LS-DYNA 求解器在多数情况下遇到此类问题时却并没有报错退出，而是自行"化解"了问题并向用户提示 warning 警告信息。其化解的办法是让共节点的两个 rigidlink 的一方让出这些共节点，具体由哪一方让出也不确定，因此建议用户最好在前处理阶段就清除此类问题，自己决定该由哪一方让出共节点。

8. 刚体上多点定义强制运动

刚体零件上或者 rigidlink 上各节点自由度同步，刚体边界条件的定义有专门的关键字，如果用户在同一刚体的多个节点上同时定义强制运动*BOUNDARY_PRESCRIBED_MOTION_NODE，LS-DYNA 求解器会无所适从。

9. 用弹性体定义刚体固连

*CONSTRAINED_RIGID_BODIES 只能是刚体固连，如果混入弹性体会导致计算报错并退出。
*CONSTRAINED_EXTRA_NODES 的主体只能是刚体，如果采用弹性体会导致计算报错并退出。
铰链只能连接刚体或者 rigidlink，如果连接弹性体会导致计算报错并退出。

10. 梁单元第三节点未定义或者丢失

用户在 HyperMesh 前处理过程中进行梁单元建模时，即使自己不定义第三节点，HyperMesh 也会自动定义梁单元的第三节点，因此出现这种情况多是因为在前处理过程中执行节点合并命令时误操作选中了梁单元，导致梁单元的第三节点与另外两个端节点中的一个合并引起的。此时只需要在界面菜单 1D→bars→update 打开的界面中选中相应的梁单元或者将其所属零件包含的所有有第三节点故障嫌疑的梁单元全部更新一次即可。

11. 约束或力加载到焊点、粘胶上

焊点、粘胶单元上不可以出现约束或者集中力、压强等载荷；焊点、粘胶单元也不可以与 rigidlink 或者刚体零件共节点，否则都会导致求解器计算报错并退出；焊点、粘胶直接接触的焊接件/粘接件上的单元甚至不可以与 rigidlink 或者刚体零件共节点，否则虽然不至于导致计算报错并退出，但是会导致脱焊、脱胶问题。

如果提示的与焊点相关的错误还与关键字*DEFINE_HEX_SPOTWELD_ASSEMBLY 相关，这些关键字及其内部变量的定义可以直接从 KEY 文件中删除。

12. 实体单元负体积

显式计算的模型在计算过程中经常会发生较大的变形，这种情况下一些较软材料定义的实体单元零件（如座椅发泡或者橡胶块等）会由于发生严重的畸变而产生负体积，进而导致计算无法继续；如果模型的单元质量较差以至于在前处理阶段就产生了实体单元的负体积问题，则提交计算后在求解器对模型的初始化阶段就会报错并退出计算。

前处理阶段查找实体单元负体积可通过快捷键 F10→heck elements→3-d 查找雅可比 Jacobian 小于 0.35 或者更小的质量恶劣的实体单元来实现。

13. 主文件歧义

一些主机厂为了提高工作效率会编写程序将提交计算的命令简化成几个单词，用户每次只需要选择求解器版本和 CPU 数量，系统会自定义内存并自动将当前文件夹中的 *.key 文件作为计算模型的主文件，如果此时当前文件夹中存在两个以上的 *.key 文件，求解器将无所适从。

14. 安全气囊泄气孔尺寸定义错误

安全气囊子系统供应商通常只能提供特定泄气孔尺寸系列的安全气囊，其提供的安全气囊子系统的 CAE 模型自然会有相对应的定义，如果整车建模时用户自定义的泄气孔尺寸不在供应商规定的泄气孔尺寸系列之内，求解器会报错并退出计算。

15. 螺栓预紧力超标

如果用户在模型中定义了螺栓预紧力并为螺栓预紧设置了动态释放 *CONTROL_DYNAMIC_RELAXATION 以防螺栓预紧的过程受到外来应力波的干扰导致计算失真，则在提交计算且 LS-DYNA 求解器完成模型的初始化之后、正式计算开始之前会进行模型的动态释放计算。对弹性材料定义的实体单元螺栓或者梁单元螺栓施加预紧力时，在螺栓单元内部引起的应力不应当超过材料的屈服强度，否则 LS-DYNA 求解器会报错并退出计算。模型动态释放期间不应有单元因为螺栓预紧而失效导致 "element ### failed" 等信息输出，否则应当返回前处理阶段重新检查、校对模型。

大多数情况下，message 文件中的出错信息会明确提到涉及的 KEY 文件名称、零件的 PID、单元的 EID、节点的 NID、材料的 MID、属性的 SECID 等信息，以帮助用户快速锁定问题的根源。一般情况下，锁定了问题的根源，问题就解决了一半，因为剩下的工作都是前处理阶段比较熟悉的操作了。当用户迟迟无法锁定问题的根源时，此处还有一个"锦囊妙计"供大家参考，就是对每一个包含单元模型（*PART、*ELEMENT、*NODE）的子系统 KEY 文件联合材料、属性关键字、计算控制关键字和输出控制关键字进行逐个、单独试算，从而锁定问题所在。如果此时该子系统与其他子系统之间的连接信息没有单独保存在一个 KEY 文件内，而是与子系统保存在同一个 KEY 文件内，单独对子系统提交计算时求解器会因为找不到连接信息的另一半而报错并退出，而这一导致计算报错的原因显而易见又不是最初导致整个模型计算报错并退出的原因，想必大家此时会对把子系统之间的连接信息单独存放在一个 KEY 文件中有更加深刻的认识了。

11.6.3 初始化过程中的警告信息

Warning 信息虽然不会导致计算终止并退出，但是很多在模型中也是非常不合理的。

1. 初始穿透问题

模型初始化过程中，求解器会对模型的初始穿透进行检查并以 Warning 的方式提醒用户哪些定义了接触的节点发生了初始穿透，虽然这些初始穿透一般不会导致计算报错并退出，但是严重的初始穿透会导致零件在穿透区域产生"粘连"，而且这种"粘连"会伴随计算的整个过程并从而影响计算结果的准确性；初始穿透还会导致接触滑移能为负值，情况严重的还会导致计算失真。

2. rigidlink 共节点

前处理检查方法是通过快捷键 F10→check elements 界面→1-d 界面选择 dependency，图形区共节点的 rigidlink 会呈高亮显示，单击界面菜单区右侧的"save failed"按钮保存这些 rigidlink 信息以便后续单独显示、修正。

3. *SECTION_SHELL>NIP 定义不当

有些特定的零件，如用*MAT_FABRIC 织带材料定义的安全带、安全气囊等零件，其*SECTION_SHELL 中厚度方向积分点数量 NIP 只能定义为 1，如果用户定义值大于 1，求解器发现后会将其重新定义为 1 并向用户提出警告。

11.7 初始化完成后可以查看的信息

LS-DYNA 求解器对用户提交计算的 CAE 模型初始化的完成，以 DOC 即时信息显示窗口中出现 initialization completed 且结果文件中出现 d3plot 文件为标志。虽然初始化完成仅表示用户提交计算的模型不存在导致计算无法继续的"致命"错误，但是我们已经可以获得很多非常有价值的信息了。

11.7.1 从 DOC 窗口查看信息

图 11.18 所示为从 DOC 窗口看到的 LS-DYNA 的 SMP 串行计算求解器对模型初始化完成后，开始正式计算时显示的信息。服务器在线提交计算的用户可以从计算结果中的*.log 文件或者 message 文件中看到同样的信息。

> initialization completed：模型初始化已经完成，开始正式计算的提示信息。

> dt of cycle 1 is controlled by shell 7776 of part 79：第一步计算的时间步长受*PART>PID=79 的零件中单元 EID=7776 的壳单元控制，即最小时间步长出现在该单元上，控制时间步长的单元随着计算的推进、模型的变形会不断发生变化。

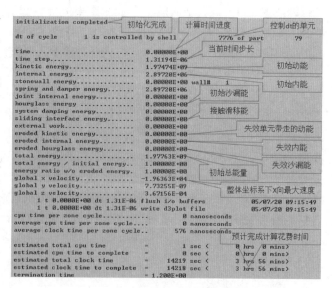

图 11.18　初始化完成看到的信息

🔊 **注意：**

> 完成计算所需周期（cycle）数=DT/dt，其中 DT 为关键字*CONTROL_TERMINATION 中变量 ENDTIM 的值，即计算模型运动变化的时间，dt 为最小时间步长，即*CONTROL_TIMESTEP 中两个变量 TSSFAC*|DT2MS| 的值。LS-DYNA 每隔多少个 cycle 对所有接触对进行搜索并查看是否有穿透发生由变量 *CONTROL_CONTACT>NSBCS 控制，只是一般情况下取 LS-DYNA 求解器的默认值即可。

➤ time（计算时间进度）：该时间是相对于关键字*CONTROL_TERMINATION 中变量 ENDTIM 即模型计算时间而言的，即对图 11.18 最下方 termination time=1.200E+00 而言。

➤ time step（当前最小时间步长）：其理论上应当与用户在前处理过程中计算控制关键字里指定的最小时间步长相同。

➤ kinetic energy（初始动能）：用户可根据 $E=mv^2/2$ 计算模型的初始动能的理论值，与求解器初始化完成后提示的初始动能相比对，如果相差太大则需要返回模型检查问题根源。

➤ total energy（初始总能量）：初始总能量是初始动能与初始内能之和。对于汽车碰撞安全性能仿真分析来说，由于初始内能一般为 0，因此初始总能量一般近似等于初始动能，否则需要查找问题原因。图 11.18 中显示的各项能量值都会随着计算的进行不断变化，但是根据能量守恒的准则，总能量理论上应当保持不变，但是受结构噪声影响允许有小量的波动，但是如果总能量出现大的波动则需要查找问题根源并消除。

➤ global x/y/z velocity（零时刻整体坐标系下 x、y、z 向最大速度）：其理论上应当等于用户在前处理过程中定义的初始速度，如果不相符则需要查找问题根源。若图 11.18 中 y、z 向的初始速度分别为 10^{-9} 和 10^{-4} 数量级的极小值，可视为初始速度为 0。

➤ estimated total CPU time（求解器预计耗费时间）：如图 11.18 下方所示，"预计完成计算耗费时间"所指即预计 LS-DYNA 求解器完成 CAE 模型计算需要占用计算机 CPU 的时间，这个时间随着计算的推进还会不断地修正，通常 d3plot03 出现后该预估时间的波动就很小了。

注意模型计算时间与求解器占用计算机 CPU 时间的区别：模型计算时间是指模型在外部作用力下的动态反应过程，例如对于汽车碰撞安全性能仿真分析而言，即汽车发生碰撞变形的那短短 100～200ms 的过程，模型计算时间由关键字*CONTROL_TERMINATION 中变量 ENDTIM 定义；求解器消耗时间即 LS-DYNA 求解器对 CAE 模型进行求解计算的过程需要占用计算机 CPU 及 LS-DYNA 求解器 License 的时间，影响因素包括模型计算时间 ENDTIM、CPU 数量、CPU 性能、内存大小、求解器类型（SMP/MPP）、求解器版本等。一般 24CPU 情况下，一个汽车碰撞安全性能仿真分析模型计算完成需要 30 个小时左右。

11.7.2　从结果文件查看信息

1．单个零件和整个模型的质量及质心坐标

初始化完成后，通过文本编辑器 NotePad 或者 UltraEdit 打开 d3hsp 文件，可以看到其中记录了每个零件的质量（total mass of part）和质心坐标（coordinate of mass center）及整个模型的总质量（total mass of body）和质心坐标。由于 d3hsp 文件内容较多、文件较长，输入搜索关键字 total mass of body 可以快速定位模型总质量及总质心坐标信息的位置。前处理阶段测得的单个零件的质量及整个模型的总质量只能作为参考，最终都应当以 d3hsp 文件中的数据为准，因为这个数据是模型最终参与计算的数据，即 LS-DYNA 求解器认可的数据。如果 d3hsp 文件中显示的整车模型总质量及质心位置与实车的实际整备质量相差较大，则需要回到前处理阶段调整 CAE 模型的配重，然后重新提交试算。初期建模往往需要反复调试多次，才能获得与实际质量及质心位置的误差在可接受范围内的数值。

关于模型总质量及质心的误差范围不同的工况要求不同，整车碰撞安全性能仿真分析通常只需要校核整车质心的 x、y 坐标，而对 z 坐标不做要求，质心坐标的误差通常要求在 10mm 以内，总质量的误差通常要求在 1kg 以内。

🔊 **注意：**

> d3hsp 文件中的 physical mass 是提交计算的整个模型的质量，但是并不包括因为最小时间步长限制导致的

模型的质量增加；与 physical mass 在一起的 added mass 才是整个模型因为最小时间步长限制导致的质量增加量；ratio 是质量增加百分比，通常要求不得大于 5%，否则会导致计算失真；physical mass 与 added mass 的和才是整个模型的计算质量；total mass of body 与 physical mass 的值非常接近，说明该值也没有考虑由于时间步长限制导致的质量增加问题。

注意：

整车碰撞安全性能仿真分析中，汽车的整备质量是不包括汽车以外零部件如壁障、假人等的质量的，因此要在整车整备质量校核完成以后再整合壁障、假人模型。

2. 初始质量增加

初始化完成之后，正式计算开始的时候会显示当前模型由于最小时间步长限制而产生的质量增加量（added mass）及相对于整个模型的质量增加百分比。通常质量增加百分比大于 5%会对计算结果的准确性有较大影响，如果出现这种情况，用户需要返回前处理调整计算控制关键字中对最小时间步长的定义或者查找导致模型质量增加过大的原因。通常情况下，导致模型质量增加过大的原因是由于模型中出现了小于或者远小于单元质量标准中的最小单元尺寸的单元，而且这些单元所属的零件并非刚体材料定义的。由于单元在力等外部因素作用下会产生变形甚至失效，因此控制整个模型最小时间步长的单元、模型的质量增加量及质量增加百分比都会随着计算的进程有些许调整。

3. CPU 分块

模型初始化最后的、很重要的一步就是对模型进行分块并分配 CPU。正式计算开始后，各个 CPU 对分配给自己的区域从区域边界向内逐次计算出每一个单元节点的受力及加速度，每个区域、每个单元节点的受力及加速度都计算出来为一个计算周期（cycle），然后每个区域再回到边界与相邻区域进行数据交换并就区域边界的单元节点的受力和加速度达成一致，再开始下一个计算周期。整车碰撞安全性能仿真分析的计算周期通常是纳秒（ns）级的。

LS-DYNA 求解器对 CAE 模型的自动分块通常是依据模型中每个节点的初始速度来完成的，用户可以参考前面关于 pfile 文件的讲解查看求解器是如何对 CAE 模型进行自动分块的；用户也可以自定义 pfile 文件指导求解器按照自己的要求对 CAE 模型进行分块。合理的分块可以有效提高计算效率，不合理的分块会导致整个计算被计算最慢的分块区域"拖后腿"。

4. 动态释放过程

如果用户在模型中定义了螺栓预紧，通常需要同时定义动态释放 *CONTROL_DYNAMIC_RELAXATION 在正式计算前进行专门的螺栓预紧的计算，从而避免了螺栓预紧的过程受到外来应力波的干扰导致计算的失真。动态释放计算过程中会输出类似于 d3plot 的 d3drlf 文件，用户也可以通过后处理软件 HyperView 读取 d3drlf 文件以 3D 动画的形式演示螺栓预紧过程。需要提醒注意的一点是，螺栓预紧期间或者说动态释放计算期间，不应当有单元因此而失效,否则应当返回前处理软件检查模型是否存在问题。

11.8 初始化无法查出的问题

由于 LS-DYNA 求解器有一定的容错性，因此对用户提交计算的 CAE 模型的初始化顺利完成并不表示模型的错误归零。更何况有一些模型错误即使明显存在，只要不会严重到导致计算无法继续,LS-DYNA 求解器也会坚持计算下去，这可能也是显式计算相对于隐式计算的一个不能算作优势的特点吧。

初始化无法查出的模型错误包括：单位制不统一问题、自由边问题、Free 1D 问题、脱焊问题、接触定义错误、控制卡片定义错误等。正因为 LS-DYNA 求解器在模型初始化阶段无法帮助用户检出这些错误或者说能够容忍这些错误存在，用户才需要在前处理阶段更加认真地消除这些错误。因为这些问题的存在最终都会导致计算的准确性、有效性大打折扣，最终也将是用户无法回避的问题，尤其是单位制不统一的隐患最终一定会在正常计算阶段"爆雷"，用户通过后处理软件 HyperView 读取计算输出的 d3plot 文件后，会看到有些零件并未严重受力却突然炸开，而且炸开的零件又往往并非是导致整个模型单位制不统一的直接相关件，这种情况有时候会误导一些用户快速查找问题的根源。

11.9　d3plot 出现后报错及应对

初始化完成之后，若结果文件中出现了 d3plot 文件，则表明求解器开始正式对 CAE 模型进行求解计算，但是初始化完成并不表示模型就不存在问题了。下面罗列一些 d3plot 已经出现但是 d3plot01 还没有出现，计算还未步入正常化之前可能会遇到的一些导致计算退出的问题，希望大家看到后尽量把问题消除在前处理阶段。

（1）*CONSTRAINED_EXTRA_NODES_SET 中涉及的节点找不到：造成的原因通常是 CAE 模型已经更新，但是在此之前定义的刚体与弹性体固连的关键字*CONSTRAINED_EXTRA_NODES _SET 中涉及的从节点信息 NID 没有更新。

（2）*DATABASE_HISTORY 定义中涉及的节点、单元找不到：造成的原因通常是 CAE 模型已经更新，但是在此之前定义的节点、单元信息输出关键字*DATABASE_HISTORY_...中涉及的节点 NID、单元 EID 没有更新。

（3）*DATABASE_HISTORY 定义了了多个且相互之间有交集。

（4）用*SECTION_BEAM>ELFORM=9 定义的梁单元焊点的材料不是*MAT_100，而是其他材料，例如*MAT_001，或者用*MAT_SPOTWELD（*MAT_100）定义的焊点单元的单元公式 ELFORM≠9。

（5）part # 12345678 is out of range（其中 12345678 是 PID 举例）：*SET_PART 中 PID 涉及的零件已经不存在，但是相关的*SET_PART 却没有更新；刚体固连*CONSTRAINED_ RIGID_BODIES 中主、从刚体中一方或者两方的刚体零件都已经不存在了，但是相关的*CONSTRAINED_RIGID_BODIES 却没有更新；*CONSTRAINED_EXTRA_NODES 涉及的主刚体不存在；节点*NODE、单元*ELEMENT 关键字中变量 PID 所指的零件*PART 没有定义等原因都会导致出现 part ### out of range 的报错信息。

（6）*CONSTRAINED_RIGID_BODIES 只能用于刚体之间固连却被混入了弹性体；或者之前是刚体材料，后来改用了非刚体材料定义，相关的关键字却没有更新。

（7）铰链没有连在刚体上或者 rigidlink 上。

（8）提交计算后已经出现 d3plot，但迟迟未出现 d3plot01，且计算并未报错退出，显示计算一直在正常进行：建议一，检查接触定义是否出错；建议二，查看是否存在应当被排除在特定的接触定义之外却被疏忽的零件。

11.10　正常计算过程中出错及应对

正常计算标志：d3plot、d3plot01、glstat 这 3 个文件都具备且 glstat 文件通常要大于 3KB，表明 LS-DYNA 求解器对模型的计算已经步入正轨。

正常计算阶段的结果文件主要分为两类：一类是 d3hsp 和 message 等记录计算进度信息的文件，这些文件都可以通过文本编辑器 UltraEdit 或者 NotePad 进行查阅；另一类是 d3plot 文件和 binout 等二进制文件，其中 d3plot 文件需要通过后处理软件 HyperView 读取，以对 CAE 模型的运动变化过程进行直观的动画演示，binout 文件需要通过后处理软件 HyperGraph 读取，以时间历程曲线图的形式展示前处理过程中通过*DATABASE 定义的输出信息。

正常计算过程中，对计算结果的查看其实与计算完成后的一系列后处理操作无异，因此相关的具体操作，我们将在后处理章节进行详细讲述。

11.10.1　正常计算过程中可查看的信息

模型步入正常的计算阶段与之前最大的区别是，在计算过程中就可以通过后处理软件 HyperView 读取计算结果 d3plot 进行动画演示或者通过后处理软件 HyperGraph 读取 binout 文件进行相关指标的时间历程曲线图展示。d3plot 文件可以直观地以 3D 动画的形式查看模型在计算过程中的运动、变形过程，binout 文件可以读取能量、位移、力等重要参数的时间历程曲线，这样不但可以适时查看自己重点关注区域的模型状态，还可以及时发现模型中的问题或者错误，从而可以返回前处理软件对 CAE 模型进行及时修正、重新提交计算。以整车碰撞安全性能仿真分析为例，完成一个计算通常需要 30 个小时左右，计算资源紧张时还要经过漫长的排队等待，因此及时发现模型中的问题并修正后重新提交计算，在项目进度比较紧张时非常有必要。

模型正常计算过程中用户通常需要关注两个问题：一个是模型的正确性和准确性；另一个是此次仿真分析的重点考查项和目标值。CAE 模型的正确性与准确性是 CAE 仿真分析结果可靠性的有效保障，CAE 仿真分析结果的正确性是指模型不存在异常自由边问题、初始速度不统一问题、单位制不统一等模型错误，准确性是指模型不存在质量增加异常、能量曲线异常等不合理结果。仿真分析结果存在正确性、准确性问题都是分析失真问题，失真的分析计算即使能够顺利完成也是白费工夫；仿真分析的考查指标评价一般需要在计算完成之后才可以正式进行，但是也并不影响在计算过程中进行一系列预判，这样可以极大提高工作效率。

正常计算过程中虽然不会导致计算报错退出但是会导致计算失真、无效的问题通常有以下几类。此处我们只指出可能出现的问题，很多具体的操作与计算完成后的后处理操作完全相同，我们在后续有关后处理的章节会有详细的讲述。

（1）初始速度不统一问题：通过速度云图查看是否存在一些通过*PART_INERTIA 定义初始速度的零件的速度与其他通过*INITIAL_VELOCITY 定义初始速度的零件出现速度不统一的情况。

（2）飞件：整个 CAE 模型应当是一个有机体，理论上不存在独立于"组织"之外的自由体，因此如果有零件脱离"大部队"飞出模型，应当首先关注是否在零部件的连接上存在问题。

（3）脱焊/脱胶：焊点脱落或者由于焊点没有发挥作用导致钣金件脱落或者连接失败的问题。发生脱焊/脱胶的原因：可能是焊点、粘胶单元或者焊接、粘接的钣金件在定义焊点接触时被遗漏；可能是焊点、粘胶单元的节点不在焊接件、粘接件单元的平面内；可能是由于同一钣金件同一位置正、反两面错位的焊点单元属于不同的焊点导致的相互干扰所致；还可能是焊点、粘胶单元直接接触的钣金件的单元与刚体零件的单元或者 rigidlink 单元直接共节点；三层或者更多层钣金重叠的区域是否存在焊点跨过中间钣金件焊接其上、下两个钣金件的情况等。

（4）自由边问题：自由边问题不但是模型错误问题，在计算过程中求解器会把发生自由边问题的区域误认为是零件穿透区域而施加惩罚力使自由边两边的单元相互排斥，这种惩罚力可能会使零件的自由边区域还没有受到外力时就产生开裂，因此一旦发现，必须回到前处理阶段予以消除。

（5）能量曲线问题：初始动能/总能量与理论计算 $mv^2/2$ 严重不符的问题；能量曲线理论上不应当出现负值，实际情况中却出现负值的问题；沙漏能不应大于总能量的10%；能量曲线应当光滑且无尖锐的跳动；根据能量守恒定律，在无外力做功时，如整车碰撞安全性能仿真分析工况的总能量的时间历程曲线应当是一条近似水平的直线等。先通过 glstat 文件查看整个模型的各项能量曲线是否异常，若存在异常再通过 matsum 文件查看具体是由于哪个零件导致的能量曲线异常，或者通过 sleout 文件查看具体是哪个接触定义导致滑移接触能出现负值，再返回前处理阶段进行模型的检查与修正。

（6）关于壳单元零件的负内能，为了克服这种不真实的效应可以采取以下措施。

1）*CONTROL_SHELL>TSTUPD 关闭，即不考虑壳单元厚度减薄问题。

2）*CONTROL_BULK_VISCOSITY>TYPE=–2，调用壳单元的体积黏性。

3）对于从 matsum 读取的显示为负内能的零件使用*DAMPING_PART_STIFFNESS 调用单元的刚性阻尼，先试着用一个较小的值，如 0.01；如果变量*CONTROL_ENERGY>RYLEN=2，则刚性阻尼能将包含在内能中。

（7）如果从 glstat 文件中检查出接触滑移能（Sliding Interface Energy）出现负值，可查看 sleout 文件确认具体是哪一个接触定义导致接触滑移能为负值，然后可采取如下措施。

1）消除初始穿透（可在 message 文件中通过查找 warning 信息得知何处存在穿透）。

2）检查并排除冗余的接触，如重复定义的接触。

3）接触定义"双保险"。在已经定义了自接触 ASS 或者面面接触 AS2S 的区域仍然出现穿透问题的情况，可增加空材料（*MAT_009）定义的梁单元并定义*CONTACT_AUTOMATIC_GENERAL 接触以增强接触识别。

4）增大接触厚度，增强接触识别。

5）刚体接触出现穿透可以调整接触阻尼*CONTACT>VDC；弹性体接触出现穿透可以调整接触刚度 SFS/SFM。

6）提高接触的搜索频率。

7）减小时间步长缩放系数*CONTROL_TIMESTEP>TSSFAC，使计算更加稳定。

8）*CONTROL_CONTACT 各项接触控制参数恢复到默认值（SOFT=1/2，IGNORE=1 除外）。

9）对于存在尖锐棱角的接触面，设置 SOFT=2（仅用于 segment_to_segment 接触，如 AS2S 面-面接触、ASS 自接触）。

（8）模型的质量增加百分比应当控制在 5% 以内，否则会导致计算失真；模型的总动能直线上升但是单个零件的动能却无异常，一般与质量增加异常有关。通过 matsum 文件可查看具体是哪个零件的质量增加存在异常。

（9）*CONTROL_TIMESTEP>MS1ST=0 则 CAE 模型在计算过程中的时间步长是定值，即应当是一条水平的直线；如果从 glstat 中读取的时间步长的时间历程曲线不是一条水平的直线，则需要返回前处理检查模型并确认原因。

（10）接触问题。此处的问题主要有以下 4 类：第 1 类是已经定义了接触的零件之间依然发生穿透，这是建模时考虑不周导致的分析计算失真的问题；第 2 类是*CONTACT_TIED_...绑定接触没有发挥作用或者发挥作用了，但是在计算一开始从节点就被吸附到主面上并因此产生位移、应力和应变，这也属于有限元建模问题；第 3 类是*CONTACT_TIED_...定义在刚体零件上或者主、从一方或者双方都与刚体或 rigidlink 共节点导致计算结果异常；第 4 类是接触定义正常发挥作用，但是分析结果却可以判定设计失败，例如整车碰撞安全性能仿真分析过程中假人与安全气囊的接触正常无穿透，但是假人在冲击力的作用下依然压迫安全气囊并最终撞击到气囊后面的仪表板而导致假人头部伤害值严重超标，这是设计缺陷导致的。不管出现上述问题中的哪一类问题，都需要及时对 CAE 模型进行修正，然后重新提交计算以求尽快获得满意的结果。

（11）失稳、失效、开裂：整车正向碰撞安全性能仿真分析过程中，A 柱、门槛梁失稳折弯即视为设计失败；新能源电动汽车碰撞安全性能仿真分析过程中，电池包内部电芯受到撞击、变形即视为设计失败；汽车安全带固定点分析中，安全带固定点钣金开裂即视为设计失败等。当设计失败的判据已经显现时，虽然计算还没有完成或者计算没有出错导致中途退出，用户已经可以着手研究结构优化的方案了。

（12）计算异常缓慢问题：正常计算过程中有一类特殊的问题，就是既没有报错退出计算，也没有之前列举的非正常现象，但是计算异常缓慢，例如同系列的模型一个小时输出一个 d3plot 文件而这个模型却要两三个小时或者更长时间才能输出一个 d3plot 文件。遇到此类问题，用户应当首先检查 DOC 窗口（图 11.15）的信息，检查模型的最小时间步长是否正常，再检查模型中的 AS2S 面-面接触、AN2S 点-面接触、ASS 自接触等接触定义中理论上应当全部为面段 segment 的一侧中是否包含一维单元，如梁单元、安全带单元、弹簧单元以及 rigidlink 等信息，若存在则应全部剔除。建议在定义面段 segment 集合时先隐藏所有的 1D 单元，从而避免造成误选。

11.10.2　正常计算过程中报错退出及应对

模型提交计算后，随着 d3plot01 文件的出现，标志着进入了正常的计算阶段。经过最初的模型初始化阶段的筛查，此后的正常计算阶段导致计算出错的问题通常会比较少。如果出现问题，有以下几个总的处置措施。

（1）有明确指示信息的应对措施：出错信息中有明确的 ID 信息提示等，用户可以直接在 HyperView 动画中定位该 ID 所在的区域并观察其"症状"，或者在 HyperMesh 中打开模型并依据 ID 定位诊断问题的根源。

（2）无明确指示信息时的应对措施。由于没有具体的可追踪的报错信息，建议采取以下措施查找"病因"。

1）确认模型导出前清除了 preserve node。

2）用文件编辑器的文件夹搜索功能查看所有的 message 文件是否有更详细、更具体的报错信息。

3）用后处理软件 HyperView 读取计算结果 d3plot 并进行 3D 动画演示，查看结果有无异常。

4）用后处理工具 HyperGraph 读取计算结果 binout 并查看能量曲线、质量增加有无异常。

5）用前处理软件检查模型中是否存在关键字重复定义问题、关键字定义格式错误等问题（如关键字内部多了或少了一个卡片）。

6）用前处理软件检查模型，查看是否存在时间历程曲线的时间范围小于 *CONTROL_TERMINATION> ENDTIM 的情况。

7）再次提交计算，但是将最小时间步长调至更小，从而使计算更稳定；定义变量 *CONTROL_SOLUTION>ISNAN=1，以确保在计算中途退出时可以输出更详细的信息；在接近上次计算终止的时间段内通过指令 sw4 提高 d3plot 的输出频率，从而可以更仔细地观察模型在出错前的异常表现。

8）万能钥匙一：用 HyperMesh 或 PRIMER 的模型整体检查功能（见第 10 章）彻查模型，消除所有可疑问题。

9）万能钥匙二：依次对子系统联合材料库、计算控制关键字、输出控制关键字单独提交计算，确认问题出在哪一个子系统。

下面再列举几个正常计算阶段容易遇到的具体问题及解决办法，以供大家参考。

1. 负体积问题

负体积（negative volume）问题是由比较软的材料（如泡沫材料、橡胶等材料）定义的实体单元受力时发生严重变形造成的。解决实体单元负体积问题的办法有以下几种。

（1）重新生成实体单元，提高单元质量，增大单元尺寸；对泡沫用四面体（tetrahedral）单元建模，使用单元公式 ELFORM=10。

（2）对产生负体积的实体单元零件建立空材料外包壳单元，负体积比较严重的甚至需要建内包壳单元（每个实体单元都用壳单元外包），然后用这些壳单元代替实体单元参与接触计算；对实体单元零件定义*CONTACT_INTERIOR。

（3）减小时间步长提高计算的稳定性；检查子系统的控制卡片*CONTROL 是否与主文件的定义存在冲突。

（4）将产生负体积的实体单元判定为失效单元：*CONTROL_TIMESTEP>ERODE=1，*CONTROL_TERMINATION>TSMIN>0。

（5）将产生负体积的零件材料的应力-应变曲线在大应变段硬化（注：曲线最后阶段陡然上升），使其单元在变形到一定程度后刚度陡增。

（6）用 6 自由度的弹簧梁单元代替产生负体积的橡胶块的实体单元的建模方式。

（7）增加 DAMP 参数：*MAT_057>DAMP=0.5（最大推荐值）。

（8）对包含泡沫的接触，用*CONTACT 选项卡 B（图 8.29）来关闭"shooting node logic"。

2. 零件炸裂、节点运动失控（Node out of range）

零件炸裂、节点运动失控（Node out of range）等问题的检查及解决办法如下。

（1）检查模型的单位制是否统一。

（2）检查模型中非刚体材料定义的零件是否存在尺寸异常小的单元；检查节点运动失控区域是否存在单排减缩积分四边形壳单元情况，若存在可将这些四边形单元全部"劈"为三角形单元。

（3）尽量消除模型中的初始穿透，不可因为定义了*CONTROL_CONTACT>IGNORE 而忽略初始穿透，因为 LS-DYNA 求解器为了消除初始穿透施加惩罚力可能导致节点运动失控。

（4）通过检查表现异常的零件沙漏能来确认是否是因为沙漏变形严重导致的节点运动失控，如果确认是此原因可通过之前讲述的抑制沙漏的方法处理。

（5）空材料的壳单元/梁单元没有与附着的本体零件的单元共节点。

（6）检查*CONTACT_TIED 双方是否与刚体材料零件或者 rigidlink 单元共节点。

（7）检查自定义的子系统是否存在问题，如岩石爆破中只考虑受压，不考虑受拉。

（8）检查是否存在焊点与刚体材料零件或者 rigidlink 共节点的问题；检查焊点是否与焊接件共节点；检查焊点单元是否混入了非焊点接触；检查焊点、粘胶上是否定义了约束、集中力等边界条件。

（9）模型的最小时间步长调小些，从而使计算更稳定。

（10）rigidlink 连接点撞到刚性墙上反弹也有可能导致 node out of range，改用*CONTACT_TIED_SHELL_EDGE_TO_SURFACE_BEAM_OFFSET 代替 rigidlink 固连试试。

（11）*CONSTRAINED_EXTRA_NODE_SET 中从节点所属的 PART 不存在，或者从节点因为模型更新、ID 重新编码而导致已经不存在，但涉及的*SET_NODE 却未及时更新；检查*SET_NODE 所涉及的节点是否为自由节点。

（12）提高模型异常区域的接触刚度试试。

（13）异常区域是否存在*ELEMENT_MASS，若存在可改为*ELENENT_MASS_PART/*ELEMENT_MASS_PART_SET 试试。

📢 **注意：**

> 如果在存在计算结果的文件夹里重新提交一个新的计算，则新生成的结果文件 d3plot、binout 等会自动覆盖原来的文件，因此建议新建文件夹来提交新的计算。

11.10.3 判断计算剩余用时

通过 sw2 指令可指示 LS-DYNA 求解器提示计算预计还需要消耗多长时间。随着计算的进行该预测时间还会不断地调整，但是 d3plot03/d3plot04 出现之后的预测时间还是比较稳定的。

通过同系列计算生成的 d3plot 文件数量减去此次正在进行的计算已经输出的 d3plot 文件数量，即为计算还需要输出的 d3plot 文件个数，再乘以 d3plot 文件输出时间间隔，也可以大致估算出计算剩余消耗时间。

11.11 常用 UNIX/Linux 命令

UNIX 操作系统和 Linux 操作系统都是用 FORTRAN 语言编写的，由于 FORTRAN 语言具备强大的数值计算能力，因此大多数专门用于数值计算的服务器、超算中心的操作系统都采用 UNIX 或者 Linux 操作系统。在 UNIX/Linux 操作系统下提交计算需要使用该系统的专用命令，接下来为大家介绍 Linux 操作系统的一些常用命令的使用方法。

首先需要提醒大家的一点是，UNIX/Linux 操作系统下的命令对字母的大小写是有区分的。

在 Linux 操作系统下的窗口界面，用键盘的上、下方向键（↑、↓）可以翻看以前使用过的命令。

在 Linux 操作系统界面用鼠标左键选中一串字符或者命令后，右击，则被选中的字符串会自动复制到光标所在位置。

很多用户本机使用 Windows 操作系统，而远程提交计算的服务器使用的却是 Linux 操作系统，此时在 Windows 操作系统下使用键盘快捷键 Ctrl+c 复制一段字符串至剪贴板后，在 Linux 操作界面右击同样可以在光标位置粘贴保存在剪贴板上的字符串。

用户如果对某个 Linux 命令的使用不熟悉，可在输入命令后加空格再输入--help 并按 Enter 键，以获得该命令的帮助信息。

11.11.1 系统操作命令

1．clear

【命令说明】快速清理 DOC 窗口中的显示信息，通过键盘上的快捷键 Ctrl+1 可以实现相同功能。清理屏幕显示信息后，操作命令的历史记录并未被清除，用户还可以通过键盘上的上、下方向键翻看历史操作。

2．dircolors

【命令说明】色彩设置。用户可以设置使用 ls 指令显示当前目录下的文件/文件夹列表时所用的色彩，即用不同的颜色区分普通文件、可执行文件、压缩包和子文件夹等内容，从而便于快速识别。

3. exit

【命令说明】关闭/退出当前窗口命令。与 Windows 操作系统关闭窗口不同的是，如果要关闭与 LS-DYNA 求解器进行信息交互的 DOC 窗口，Linux 操作系统会在关闭窗口的同时退出正在运行的 LS-DYNA 求解器的计算。

4. free

【命令说明】显示内存状态，例如系统总内存（total memory）、已被占用的内存（used memory）、剩余内存（free memory）、共享内存（shared memory）、缓冲内存（buff/cache memory）等。

【命令格式】free [-bkmgth] [-s <间隔秒数>]

【参数说明】

-b：以 Byte 为单位显示内存。

-k：以 KB 为单位显示内存。

-m：以 MB 为单位显示内存。

-g：以 GB 为单位显示内存。

-t：显示内存总和。

-h：显示内存单位，使用户更易读。

【命令举例】

free -g -t -h

5. shutdown

【命令说明】关闭系统/关机命令（慎用）。

【命令格式】shutdown[-hr]<时间>

【命令举例】

shutdown -h now：立即关闭系统。

shutdown -h 2：2 分钟后关机。

shutdown -r now：立即重启系统。

shutdown -r 2：2 分钟后重启系统。

6. top

【操作说明】在任意路径下输入 top 命令并按 Enter 键，可查看系统正在运行的进程及占用 CPU 的状况。该信息为滚动播出状态，按键盘 Q 键退出命令。

【命令说明】用户在 Windows 操作系统下提交 LS-DYNA 求解器计算后，如果关闭与求解器进行信息交互的 DOC 窗口则将同时终止 LS-DYNA 求解器的计算；但是在 Linux 操作系统下，用户若没有使用 stop 命令终止计算而直接关闭该信息交互窗口，LS-DYNA 求解器仍然在后台继续计算并占用着计算机内存和 LS-DYNA 求解器的 License，这种情况下用户要还想终止计算就可以先使用 top 命令查看后台正在运行的进程及其 PID，然后使用 kill 命令终止相关进程。

【命令格式】kill [project_ID]

其中，project_ID 为 top 命令显示的进程对应的 PID。

7. uname

【命令说明】显示系统信息，如内核名称、主机名称、内核版本号、处理器类型等信息。

【命令格式】uname[-amnsv]

【命令举例】

uname -a：显示全部信息。

uname -m：显示计算机类型。

uname -n：显示网络上的主机名称。

uname -s：显示操作系统名称。

uname -v：显示操作系统版本。

uname -s -v：显示操作系统的名称和版本。

8．w

【命令说明】显示当前登录系统的用户信息。

11.11.2　目录操作命令

1．cd

【命令说明】切换当前目录。

【命令格式】cd [文件路径]

【补充说明】打开路径所指的文件夹并作为当前文件夹。文件路径可以是绝对路径，也可以是相对于当前文件夹的相对路径。

【命令举例】

cd ..：返回上一级目录。

cd ../..：返回上一级目录的上一级目录。

cd /：切换至根目录。

cd ～：切换至 home 目录。

cd –：切换至上一次操作的目录。

2．ls（list）

【命令说明】查看文件夹内容列表。使用 tree 命令可以实现相同功能，所不同的是 tree 是以树状图的形式显示文件夹内容。

【命令格式】ls [-adilrtAFR] [文件夹及路径]

【参数说明】

-a：显示所有文件及文件夹，包括隐藏文件。

-d：显示当前文件夹本身信息，而不是文件夹内部文件的信息。

-i：显示文件的索引号和引用计数。

-l：显示文件的详细信息，包括文件名、拥有者、权限和文件大小等信息。

-r：将所有文件按字母顺序排列。

-t：将所有文件按时间顺序排列。

-A：与-a 同，但是不列出当前目录及上一级目录。

-F：为列出的文件名称后面加一符号，如可执行文件加"*"，文件夹加"/"。

-R：依次列出当前目录中的文件。

以上参数除非互相排斥（如针对排序的参数），否则可以组合使用。

【命令举例】

ls：列出当前文件夹中所有文件/子文件夹的名称。

ls /：直接列出根目录下的所有文件及子文件夹的名称。

ls -alF ./result：列出当前目录下 result 子文件夹中所有文件（包括隐藏文件）及子文件夹的详细信息，并在文件名和子文件夹名称后加标识符。

ls -l ./result/d3plot*：列出当前目录下 result 子文件夹中所有名称以 d3plot 开头的文件和子文件夹的详细信息。在 CAE 模型提交 LS-DYNA 求解器（特别是 MPP 并行求解器）计算后，文件夹中会生成很多辅助文件（如 message*、d3dump*、scr*等文件），此时用上述命令或者更简洁的 ls ./result/d3plot*可以快速得知计算已经生成了多少个 d3plot 结果文件，从而判断出计算的进度。

3. mkdir（make directory）

【命令说明】创建文件夹，即在指定路径下创建指定名称的文件夹。

【命令格式】mkdir [-mpv] [文件夹及路径]

【参数说明】

-m/--mode：创建文件夹的同时设置访问权限，其类似 chmode 命令。

-p/--parents：在指定路径下创建文件夹时，如果指定路径上的指定文件夹不存在，则同时自动创建该文件夹。

-v/--verbose：每次创建新目录都显示信息。

【命令举例】

mkdir ./result：在当前文件夹下创建名为 result 的子文件夹。

mkdir result：在当前文件夹下创建名为 result 的子文件夹。

mkdir -m 777 result：在当前文件夹下创建名为 result 的子文件夹，且所有人都可以对该文件夹进行读、写操作；777 表示文件操作权限，是"8421 法"的对应代码。

mkdir -p ../result01/result02：在当前文件夹的上一级目录中的 result01 文件夹中创建 result02 子文件夹；如果上一级目录中不存在 result01 文件夹，则首先创建该文件夹，然后在其中创建 result02 子文件夹。

4. pwd

【命令说明】显示当前目录路径。由于 Linux 操作系统只会显示当前文件夹的名称，因此用户要想查看当前文件夹相对于根目录的绝对路径则需要使用 pwd 命令。

【命令格式】pwd

5. rmdir（remove directory）

【命令说明】删除空文件夹。

【命令格式】rmdir [-pv] [文件夹及路径]

【参数说明】

-p/--parents：删除指定的文件夹后，如果该文件夹的上一级目录因此同时成为空文件夹时，附带删除其上一级文件夹。

-v/--verbose：显示指令的执行过程。

【命令举例】

rmdir ../result：删除上一级目录下名为 result 的文件夹。

rmdir -p ./result：删除当前文件夹中名为 result 的子文件夹，如果删除该子文件夹后当前目录为空，则同时删除当前文件夹，改当前文件夹的上一级目录为当前文件夹。

6. rm（remove）

【命令说明】删除指定路径下的文件/文件夹，若删除的是文件夹，则同时删除其内部文件。

【命令格式】rm [-rf] [文件/文件夹及路径]

【参数说明】

-r：删除该文件夹及其子文件。

-f：强制执行删除操作，无须确认。

【命令举例】

rm d3plot：删除当前目录下名称为 d3plot 的文件或者空文件夹。

rm d3plot*：删除当前目录下所有名称以 d3plot 开头的文件/空文件夹。

rm -r result：当当前目录下的文件夹 result 不为空（即包含子文件或者子文件夹）时，可以使用该命令删除该文件夹及其内部的子文件/子文件夹。

rm -rf d3plot*：强制删除当前目录下所有名称以 d3plot 开头的文件及文件夹，文件夹内部若包含子文件/文件夹则一并删除，无须确认。

rm -rf *：强制删除当前目录下的所有文件及文件夹。

rm -rf /*：强制删除根目录下的所有文件（慎用）。

7. tree

【命令说明】以树状图显示文件内容。该命令与 ls 相似，所不同的是显示方式。

11.11.3 文件操作命令

1. cp（copy）

【命令说明】文件复制命令，即将源文件路径下的指定文件复制至目标路径文件夹下，源文件路径和目标路径既可以是绝对路径，也可以是相对于当前文件夹的相对路径；被复制文件既可以是存在的、确定的文件名，也可以是*.*、d3plot*等泛指的文件名。

【命令格式】cp [-finrt] [源文件及路径] [目标路径]

【参数说明】

-f：强制执行而无须确认目标路径下是否存在同名文件。

-i：如果目标路径下存在同名文件，覆盖前先询问并获得确认才执行。

-n：如果目标路径下存在同名文件，不要覆盖已存在的文件。

-r：递归复制（复制目录及其子目录）。

-t：先指定目标路径（默认都是先指定源文件路径）。当需要同时复制多个文件至目标路径下时，可使用该参数先指定目标路径。

【命令举例】

cp ./*.* ./test：将当前文件夹下的所有文件全部复制到同一级目录下的 test 子文件夹中，如果该文件夹不存在，则会自动创建该文件夹，然后执行复制操作。

cp d3plot* test：将当前文件夹下名称以 d3plot 开头的文件全部复制到当前目录下的 test 子文件夹中。

cp *.k ./test：将当前文件夹下扩展名为*.k 的所有文件复制到当前目录下的 test 子文件夹中。

cp *.key ./result/result_01.k：在复制文件的同时更改文件名和文件扩展名。如果当前目录下只有一个扩展名为*.key 的文件，则使用该命令进行复制时可不用输入文件名称而仅指定文件扩展名。

2．chmode

【命令说明】改变文件的操作权限命令。

【命令格式】chmode [-rwxrwxrwx] [文件及路径]

【参数说明】

-/d：若用"-"代表对文件的操作权限的定义；若用"d"代表对文件夹的操作权限的定义。

r(4)：可读，括号内为"8421 法"的对应代码。

w(2)：可写，括号内为"8421 法"的对应代码。

x(1)：可执行，括号内为"8421 法"的对应代码。

第一组三位 rwx 表示拥有者的权限；第二组 rwx 表示拥有者所在组的组员的权限；第三组 rwx 表示其他用户的权限。

【命令举例】

chmode +x main.key：对文件 main.key 进行普通授权。

chmode 777 main.key：文件 main.key 对所有人授予所有权限（1+2+4=7）。

3．diff（different）

【命令说明】比较两个文件的差异，该命令在比较两个 KEY 文件的差异时非常有用。

【命令格式】diff [-abBcHilqs] [文件 1 及其路径] [文件 2 及其路径]

【参数说明】

-a：diff 命令预设，会逐行比较文本文件。

-b：不检查空格字符的不同。

-B：不检查空白行。

-c：显示全部内容，并标出不同之处。

-H：比较大文件时，可加快比较速度。

-l：如果两个文件在某几行有不同，而这几行都包含指定的字符/字符串，则不显示这几行的差异。

-i：忽略字母大小写的区别。

-q：仅显示有无差异，不显示详细信息列表。

-s：若没有发现差异，仍然显示信息。

【命令举例】

diff -c ./test01/test01.key ./test02/test02.key：对当前目录下 test01 子文件夹中的 test01.key 文件与 test02 子文件夹中的 test02.key 文件进行比较，查看两者在内容上有什么差异。

diff -q ./test01/test01.key ./test02/test02.key。

diff -s ./test01/test01.key ./test02/test02.key：当用户输入上述两个命令（diff-cq）对两个文件进行比较没有得到回应时，可使用本命令确认这两个文件是否完全相同。

4．du

【命令说明】显示目录或文件大小。

【命令举例】

du –m：显示当前目录下文件/子文件夹的大小，单位为 MB。

du ./：显示当前目录下文件/子文件夹的大小，单位为 B。

du ../test02：显示上一级目录下 test02 文件夹中所有文件/子文件夹的大小，单位为 B。

5．file

【命令说明】显示文件类型。

【命令举例】

file d3hsp：显示当前目录下 d3hsp 文件的文件类型。

file d3plot：显示当前目录下 d3plot 文件的文件类型。

file message0000：显示当前目录下 message0000 文件的文件类型。

6．find

【命令说明】查找文件命令/目录。

【命令格式】find [查找路径] [-name/-type f/-min/-time/-empty] [搜索关键字]

【补充说明】该命令需要注意是先指定查找路径，再约束查找条件。

【参数说明】

-name d3plot*：表示查找所有文件名以 d3plot 开头的文件。

-iname d3plot*：对搜索关键字 d3plot 不区分大小写。

-amin n：查找在 n 分钟前被访问过的文件，n 前加"+"表示大于 n，n 前加"-"表示小于 n。

-atime n：查找在 n 天前被访问过的文件。

-mmin n：查找在 n 分钟前被修改过的文件。

-mtime n：查找在 n 天前被修改过的文件。

-empty：查找空文件。

-type t：查找文件类型为"t"的文件，"t"可以是"b"表示设备文件，可以是"c"表示字符设备文件，可以是"f"表示普通文件，可以是"l"表示符号链接，可以是"s"表示套接字。

【命令举例】

find ./result -name d3plot*：在当前路径下的 result 子文件夹中查找名字以 d3plot 开头的文件及文件夹。

find ./result*/d3hsp：对当前目录下所有名字以"result"开头的子文件夹进行搜索，查看其中是否存在 d3hsp 文件。

find ./*/d3hsp：找出当前目录下所有子文件夹中的 d3hsp 文件。

find */d3hsp：找出当前目录下所有子文件夹中的 d3hsp 文件。

find -type f：列出当前目录及其子目录内的所有普通文件。

find ./result -atime -20：将当前目录下 result 子文件夹中最近 20 天内，更新过的所有文件列出。

find -mmin +30 -mmin -60：查找当前目录下 30min 前、60min 内修改过的文件。

7．grep

【命令说明】在文本文件中搜索指定的字符串，该命令对于用户在计算过程中查找报错信息，或者模型初始化完成后查找模型总质量、质量增加、质心位置信息，以及单个零件的质量、质量增加、质心位置等操作都非常有帮助。

【命令格式】grep [-iABCr] [搜索字符串] [搜索文件及路径]

【补充说明】

grep、egrep、fgrep 命令可实现相同的功能，其中：

egrep 命令相当于 grep -e 指令。

fgrep 命令相当于 grep -f 指令。

grep 命令只能向后/向下搜索，不能向上/向前搜索。

【参数说明】

-i：对搜索的字符串不区分字母大小写。

-A：输出与搜索的字符串匹配的行及该行之后指定行数的内容。

-B：输出与搜索的字符串匹配的行及该行之前指定行数的内容。

-C：输出与搜索的字符串匹配的行及该行之前、之后指定行数的内容。

-r：搜索范围包括搜索路径下的各级子文件夹。

-e：指定字符串作为查找文件内容的范本样式。

-f：指定范本文件，其内容有一个或多个范本样式，让 grep 查找符合范本条件的文件内容。

【命令举例】

grep physical d3hsp：查找并显示 d3hsp 文件中包含 physical 单词的行。

grep "physical mass" d3hsp：查找并显示 d3hsp 文件中包含字符串 physical mass 的行，当提交 LS-DYNA 求解器计算并完成模型初始化后，会经常用该命令查看模型的总质量。

grep "added mass" d3hsp：提交计算并在 LS-DYNA 求解器完成模型初始化后，查看 d3hsp 文件中的模型质量增加信息。

grep -C 10 "total mass of body" d3hsp：提交计算并在 LS-DYNA 求解器完成模型初始化后，查看模型总质量信息所在行及其上、下各 10 行信息的内容，其中包含模型整体的质心坐标信息。

grep -C 10 -i "*** error" *.log：当计算报错退出后，对当前目录下的扩展名为*.log 文件搜索并输出包含 "*** error" 信息的行及其前、后各 10 行的内容以 "确诊" 出错原因，搜索时不对搜索字符串区分字母大小写；在当前目录下只存在一个扩展名为*.log 的文件时，不用输出文件名而只输入扩展名即可。

grep -r "termination due to" ./*.log：当计算报错退出但是从*.log 文件中搜索不到*** error 信息行时，可在*.log 文件中搜索包含字符串 termination due to 的行以确诊出错原因。

8. head

【命令说明】查看文本文件开头的信息，用户可以根据自己的需要指定行数。如果要查看的文件不在当前目录下，则文件名称前要加上文件路径。路径可以是绝对路径，也可以是相对路径，即相对当前文件夹的路径。

【命令格式】head -n [行数] [文件名称及目录]

【参数说明】-n：定义查看的行数。

【命令举例】

head -n 100 *.log：提交计算后，查看记录 LS-DYNA 求解器计算进度信息的扩展名为*.log 文件的前 100 行内容，里面通常包含求解器版本信息、操作系统信息及占用内存的信息；一个计算模型在计算过程中通常只会生成一个*.log 文件，在使用 head 命令时不用输入文件名而只输入文件的扩展名 "*.log" 即可。

head -n 100 message0000：提交计算后，查看记录 LS-DYNA 求解器计算进度信息的 message 文件的前 100 行内容；当 message 文件有多个时，只需查看其头文件 message0000。

9. cat、less 和 more

【命令说明】用于查看文本文件，如 KEY 文件的内容。

【命令格式】

cat [文件及路径]

less [文件及路径]

more [文件及路径]

【补充说明】

（1）cat 命令会一次性地直接显示至文件末尾并自动退出命令；less 和 more 命令可以逐行/逐页查看文件内容且需要用户确认才退出命令。

（2）less 命令会在底行显示文件名提醒用户正在查看的是哪个文件；more 命令会在底行显示阅读进度百分比。

（3）less/more 命令都可以用键盘的 Enter 键逐行查看文件内容，less 命令也可用键盘空格键翻页查看文件内容，more 命令可用键盘翻页键 Page Up/Page Down 翻页查看文件内容，最后按键盘上"Q"键退出命令。

（4）less/more 命令在执行过程中，可在底行输入"/[字符串]"查找字符串并定位光标的位置，但是只能向后查找，不能向前查找。

（5）less/more 命令在执行过程中，可在底行输入"h"获得帮助信息。

（6）less/more 命令在执行过程中，可在底行输入 Enter 键旁边的单引号回到上一次查找定位的位置，区别在于 more 命令只能向前翻找一次，而 less 命令只需在每次查找定位后按"M"（mark）键再输入一个字母标注该位置，后续通过按单引号再输入标注的字母即可返回到对应的位置。

【命令举例】

cat *.key：当前目录如果只有一个扩展名为*.key 的文件，不用输入文件名而只输入文件扩展名即可。less *.key 和 more *.key 意思相同。

10．ln（link）

【命令说明】建立两个目录之间的连接。其功能相当于 cp 指令的功能，即把第一个目录下的指定文件复制到第二个目录下。

【命令举例】

ln binout* ./test/：把当前目录下名称以 binout 开头的文件全部复制到 test 子文件夹中。

11．mv（move）

【命令说明】文件移动命令。

【命令格式】mv [-bfit] [源文件及路径] [目标文件及路径]

【补充说明】目标文件存在，则用源文件内容替换目标文件的内容；目标文件并不存在，则移动源文件至目标路径下后重命名为指定的目标文件。

【参数说明】

-b：若需覆盖目标路径下的同名文件，则覆盖前先行备份。

-f：强制执行，若目标路径下存在同名文件，则无须确认，直接覆盖。

-i：若目标路径下存在同名文件，则需确认是否覆盖。

-t：先指定目标路径，此参数用于同时移动多个源文件至同一个目录。

【命令举例】

mv binout* ./test01：将当前文件夹内所有名称以 binout 开头的文件移入当前目录下的 test01 子文件夹内。

mv *.key test01：将当前文件夹内所有扩展名为*.key 的文件移入当前目录下的 test01 子文件夹内。

mv test01.key test02.key：将当前文件夹内的文件 test01.key 更名为 test02.key。

mv test01.key test02.key test03.key ./test03：将当前文件夹内 3 个文件 test01.key、test02.key 和 test03.key 同时移入当前目录下的 test03 子文件夹内。

mv -t ./test03 test01.key test02.key test03.key：先指定目标路径为同一目录下的 test03 子文件夹，然后将 test01.key、test02.key 和 test03.key 这 3 个文件同时移入该文件夹。

12．tail

【命令说明】查看文本文件末尾信息。

【命令格式】tail -n [行数] [文件]

【参数说明】-n：定义查看的行数。

【命令举例】

tail -n 100 *.log：查看*.log 文件最后 100 行信息内容。提交计算后的计算过程中，通过该命令可以查看计算的最新进度；计算中途报错退出后，通过该命令可以查看出错信息。

tail -n 100 message0000。查看 message0000 文本文件最后 100 行信息内容。

13．touch

【命令说明】touch 命令用来创建一个空文件，用户可以自定义文件扩展名；如果该文件名在当前目录下已经存在，则该命令用来更新该文件的最后访问时间。Linux 操作系统下，所有空文件都可以作为文本文件来编辑。

【命令举例】

touch main.key：在当前目录下创建一个名为 main.key 的空白文本文件，如果当前目录下已经存在该文件，则更新其最后访问时间。

14．tree

【命令说明】以树状图案显示目录内容。

【命令格式】tree

15．vi/vim

【命令说明】文件内容查看、编辑命令。

【命令格式】

vi [文件及路径]

vim [文件及路径]

【补充说明】

（1）打开文件后用户可通过键盘方向键控制光标位置；通过键盘 Page Down/Page Up 键翻页查看文件内容。

（2）打开文件内容后，操作界面有 3 种模式：命令模式（Command Mode）、插入模式（Insert Mode）和底行模式（Last Line Mode）。

1）命令模式下：

使用"dd"删除光标所在行的整行内容。

使用"/[字符串]"进行查找并定位。

按键盘"i"键在光标所在字符前开始输入，此时底行会显示--insert--。

按键盘"a"键在光标所在字符后开始输入，此时底行会显示--insert--。

按键盘"o"键在光标所在行的下面另起一个新行输入，此时底行会显示--insert--。

编辑结束后可按键盘":"键进入底行模式，为退出编辑做准备。

2）插入模式下：

窗口左下角会显示--insert--，此时可对文件内容进行编辑。

按 Esc 键进入底行模式。

3）底行模式下：

输入":q"退出编辑但不保存修改的内容。

输入":q!"强制退出编辑但不保存修改的内容。

输入":wq"保存修改的内容并退出编辑模式。

【命令举例】

vi +10 *.key：打开当前目录下唯一的扩展名为*.key 的文件并直接跳转到第 10 行，当前目录如果只有一个扩展名为*.key 的文件，则不用输入文件名，只需输入文件扩展名即可打开编辑功能。

vim +10 *.key：与上同。

vi -R *.key：以只读方式打开当前目录下的*.key 文件。

vim -R *.key：以只读方式打开文件*.key，vim 与 cat/less/more 命令不同的是，前者打开文件后根据用户需求可以在确认后进行编辑，而后者只能浏览文件内容。

Esc→:→wq 并按 Enter 键：保存并退出编辑。

Esc→:→q!并按 Enter 键：撤销本次修改并退出编辑。

11.11.4　磁盘管理命令

1. df

【命令说明】查看磁盘空间。

【命令格式】df

2. free

【命令说明】查看磁盘剩余空间。

【命令格式】free

11.12　模　型　实　操

本书配套教学资源为读者提供了汽车正向撞击刚性墙仿真分析模型，在配套教学资源的文件夹中搜索 Model_2010-toyota-yaris-coarse-v11 即可找到该整车模型，该模型可直接提交计算（主文件是 combine.key），读者可结合本章内容进行实操练习以加深对相关知识的理解与记忆。

第 12 章 后 处 理

视频讲解：
3 小时 19 分钟

12.1 HyperView 操作

图 12.1 所示为 HyperWorks 的后处理软件 HyperView 的界面，与 HyperMesh 的界面很相似，两者使用的鼠标键和快捷键也相同。下拉菜单、工具栏中的很多命令最终都要在下方的命令操作区来操作完成。

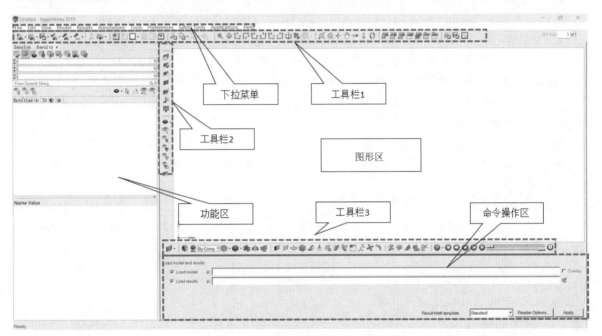

图 12.1　后处理软件 HyperView 的界面

单击下拉菜单 View→Panels 命令可以关闭命令操作区，从而使图形区最大化，再次单击会恢复命令操作区的显示。

单击下拉菜单 Preferences→Options→Appearance 命令可进行界面显示设置。要使图形区背景显示为白色，需要设置 Background 1 和 Background 2 皆为白色才可以。要恢复默认颜色，只需要单击 Option 窗口下方的 Default 即可。

单击 Preferences→Options:Visualization 命令可设置一维单元显示的直径，从而使一维线单元更容易被观察到。

用户新打开 HyperView 软件时，图形区默认为 HyperView 界面，单击工具栏 3 中 Client Selector 图标 旁边的下拉按钮进行选择，可将图形区界面切换至 HyperMesh/HyperGraph/ TextView/MediaView 等应用界面。其中：

HyperMesh 前处理工具，在此不作过多解释。

HyperView 后处理工具主要用来进行计算结果的 3D 动画演示。

HyperGraph 后处理工具主要用来进行 2D 曲线图表的展示。

TextView 后处理工具主要用来采集 HyperGraph 曲线中的数据，以便用户进行文本编辑。

MediaView 后处理工具主要用来读取实验验证时拍摄的视频以与 HyperView 中的 CAE 仿真分析结果进行比对。

12.1.1 读取 d3plot

每次刚打开 HyperView 时，显示在命令操作区的就是读取结果文件窗口（图 12.1）。

➢ Load model：选择结果对应的计算模型的主文件（KEY 文件）。

➢ Load results 选择结果文件中的 d3plot 文件。

➢ Apply：开始在图形区读入结果。

此外，也可以在 Load model 项直接选择结果文件中的 d3plot 文件，此时 Load results 项会自动选择同一 d3plot 文件，单击 Apply 按钮即可。在读取结果的同时读入模型与只读取结果的最大区别是，一些特征如 rigidlink 即*CONSTRAINED_NODAL_RIGID_BODY 和铰链*CONSTRAINED_JOINT_...可以在后处理软件中看到，而只读取结果不能，仅此而已。因此一般情况下都是选择只读取结果的方式：一方面这种方式更快捷；另一方面，在制作后处理自动化的批处理文件*.tpl 时，读取结果对应的 KEY 文件也会造成一些不必要的麻烦。

读取计算结果并不需要在模型计算完成之后，在模型正常计算过程中就可以进行后处理的相关操作，从而尽早地发现模型中存在的问题以便及时修正，或者及时判断模型是否能够达到目标值的要求以便尽早确定结构优化的方案。

d3plot 文件是所有 d3plot 系列文件 d3plot、d3plot01、d3plot02、…的头文件，也是 HyperView 读取计算结果时不可缺少的文件。如果因为前处理时定义*DATABASE_BINARY_D3PLOT>DT 变量导致 d3plot 文件输出频率过高而占用了太多计算机的存储空间时，可以适当删减一些 d3plot 文件，但是 d3plot 头文件必须保留；d3plot01 并非读取结果不可或缺的文件，但是由于其中包含模型的初始状态，因此建议最好保留。

12.1.2 3D 动画演示

正如计算控制关键字*CONTROL_TERMINATION 中的变量 ENDTIM 所定义的那样，LS-DYNA 动力学显式的计算结果是一个时间历程的结果，因此在 HyperView 的图形区可以对模型的计算结果进行时间历程的 3D 动画演示，显示模型在 ENDTIM 规定的时间历程内在边界条件作用下产生的位移、速度、应力、应变等反应。d3plot 动画演示工具 在图 12.1 所示工具栏 3 的右侧，与通用视频播放软件的工具相同。单击最右侧的 Animation Controls 图标 ，会在下方的命令操作区显示动画控制工具（图 12.2）。

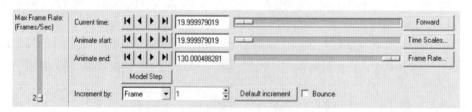

图 12.2 Animation Controls 动画控制工具

- ➤ Max Frame Rate：通过滑块控制播放速度，其与工具栏 3 中的动画播放工具中的滑块的功能相同。
- ➤ Current time：控制模型当前所处的时间状态。
- ➤ Animate start：定义动画的起始时间，默认是从零时刻开始，更改方式可以是输入数字，也可以拖动滑块到某一位置来定义，动画的起始时间一定要小于终止时间。
- ➤ Animate end：定义动画的终止时间，默认是计算结果的最终时刻，更改方式可以是输入数字，也可以拖动滑块到某一位置来定义，动画终止时间一定要大于起始时间。
- ➤ Increment by：定义动画播放速度的基准。其选项 Frame 表示 d3plot 的输出频率，选项 Time 表示两帧动画之间的时间间隔，数值单位与*CONTROL_TERMINATION 中变量 ENDTIM 的单位相同。

当用户看到自己在前处理阶段建立的 CAE 模型此时以 3D 动画的形式展示受力之后的变形和运动状态的变化时，是否有一点小小的成就感呢？

12.1.3　图形区显示内容控制

当模型较大，包含的零件很多时，需要控制图形区的显示内容以便用户更容易看清自己关注的区域。控制图形区显示内容的方式有多种，下面一一为大家进行介绍。

1. 依据零件控制模型的显示

方法一：在命令操作区控制零件的显示与隐藏

单击工具栏 3 中的 Entity Attributes 图标 🌑（图 12.3 箭头①所指），在命令操作区打开图形区内容显示控制工具。

- ➤ Auto apply mode：该选项（图 12.3 箭头②所指）被选中，则后面的操作不用确认就会自动执行。

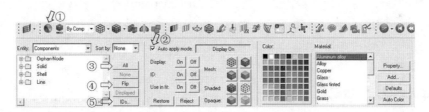

图 12.3　Entity Attributes 显示控制

- ➤ Display：单击 On 按钮，则随后指定的零件就会显示在图形区；单击 Off 按钮，则随后指定的零件就会隐藏。随后在图形区逐个单击或者使用"Shift+鼠标左键框选"方式选择，则被选中的零件自动显示/隐藏。
- ➤ All：图 12.3 箭头③所指按钮，对模型中所有的零件都执行之前的设置。如果此前用户单击了 Display:on/off，则所有的零件不加选择都会显示/隐藏；如果用户此前单击了图 12.3 右侧"调色板"中的某个颜色，则所有的零件不加选择地都会显示同样的颜色。
- ➤ Flip：图 12.3 箭头④所指按钮，图形区显示与隐藏的零件全部反转显示。
- ➤ IDs…：指定 PID 或者 PID 范围内的零件执行之前的命令。以单击 Display:on/off 为例，单击 IDs…按钮以后可以输入单个零件的 PID，也可以输入多个零件的 PID，PID 之间用空格或者逗号隔开，还可以在两个 PID 之间用减号连接指定一个 PID 范围，则指定 PID 或者 PID 范围内所有的零件都被显示/隐藏。

方法二：在功能区操作零件的显示与隐藏

在功能区打开 Results 界面→Model View 子界面/Component View 子界面，如图 12.4 所示。

单击单个零件之前的单元图标■，即可在图形区显示/隐藏该零件。

逐个多选：用"Ctrl+鼠标左键"选择多个零件，然后右击，在弹出的快捷菜单中选择 Show/Hide/Isolate Only 命令，则被选中的零件在图形区显示/隐藏/单独显示。

连续多选：在功能区先选择一个零件，再用"Shift+鼠标左键"选择另外一个零件，即可选中零件列表中这两个零件之间的所有零件，然后右击，在弹出的快捷菜单中选择 Show/Hide/Isolate Only 命令，则被选中的零件在图形区显示/隐藏/单独显示。

图形区直选：当无法把功能区 components 列表中的零件名称与图形区的零件对应起来时，也可以通过图 12.4 所示功能区工具栏中的鼠标箭头图标 或者按快捷键 s 在图形区单击（或者框选）零件，以实现在功能区零件列表中选择零件。

图 12.4　功能区 Model View 界面

2. 依据 1D、2D、3D 单元类型控制模型的显示与隐藏

方法一：展开功能区 Results 界面→Model View 子界面/Component View 子界面，如图 12.5 所示。

选择 Sets 列表中的 0D Set/1D Set/2D Set/3D Set 中的一个或者多个，然后右击，在弹出的快捷菜单中选择 Show/Hide/Isolate Only 命令，则模型中的所有 0D/1D/2D/3D 单元在图形区显示/隐藏/单独显示。

📢 **注意：**

> 0D Set 指模型中自由节点及梁单元第三节点的集合，通常选择不显示。

方法二：进入图 12.3 所示命令操作区，首先单击 Display:on/off 设置指定随后选择的零件在图形区显示/隐藏。

在图 12.3 左侧的列表中选择 Solid/Shell/Line，则图形区所有的 3D/2D/1D 单元自动显示/隐藏。

3. 指定单元的显示与隐藏

选择工具栏 2 中的 Mask 图标■，在命令操作区打开如图 12.6（a）所示单元显示控制操作界面。单击 Elements 左边的下拉按钮会发现此处也可以控制其他特征，如零件 component 等的显示/隐藏，但是关于零件显示控制的操作方法前面已有讲述，此处只针对单元的显示控制操作进行讲解。

➤ Action（Mask/Unmask）：确定后续对单元的选择是显示操作还是隐藏操作。

➤ Elements：右击特征类型 Elements，将弹出图 12.6（b）所示的辅助选择快捷菜单帮助用户进行选择。

图 12.5　依据 1D/2D/3D 控制显示

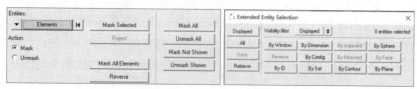

（a）单元显示控制操作　　　　（b）辅助选择快捷菜单

图 12.6　Mask 工具控制单元的显示/隐藏

➢ Mask Selected：隐藏用户指定的单元。

➢ Mask All Elements：不加选择地隐藏图形区显示的所有单元。

➢ Reverse：对图形区所有显示/隐藏的单元进行反转操作。

➢ Mask All：不加选择地隐藏图形区显示的所有单元，与 Mask All Elements 的功能相同。

➢ Unmask All：在图形区显示模型中的所有单元。

➢ Unmask Shown：显示被隐藏的单元。

12.1.4　零件显示模式

工具栏 3 中的 🖥 By Comp ▾ 🎛▾ 🔵▾ 图标可以控制图形区所有零件的显示模式。

➢ By Comp：控制图形区的所有零件依据零件的 PID 不同随机显示不同的颜色，单击 By Comp 旁边的下拉按钮还有其他分类显示方式可供选择。

➢ Wireframe Elements：使图形区的所有单元以线框模式显示。

➢ Shaded Elements and Mesh Lines：使图形区的所有单元以渲染方式显示并显示单元的边界，这也是最常用的显示方式。

如果想单独控制某个零件在图形区显示的颜色及单元显示方式，可先单击图 12.3 右侧的调色板或者单元显示方式再选择图形区的零件，则该零件会自动按照之前的选择进行显示。如果想取消之前对零件显示方式的单独设置，单击图 12.3 右侧的 Defaults 或 Auto Color 按钮即可。

12.1.5　截面显示 Section Cut

单击工具栏 2 中的 Section Cut 图标 🔪 可以对模型进行剖视显示，从而更易观察模型内部的变化。

图 12.7 所示为 Section Cut 截面显示控制的命令操作界面。

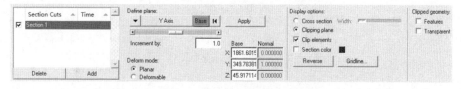

图 12.7　Section Cut 截面显示界面

➢ Define plane：指定截面的法向及位置，Base 点可以通过在图形区直接选择模型的节点来确定。

➢ Apply：确认并生成一个截面，此时可以看到图形区的模型只显示截面的一侧，在截面处可以直接看到模型内部之前被其他零件遮挡的部分；左侧列表中有新增截面 Section_1，单击其前面的方框可以控制截面的显示/隐藏。

➢ Deform mode：控制截面的显示方式。Planar 选项允许看到截面但是会影响观察模型；Deformable 选项可使截面以透明方式显示，从而更方便观察模型的截面状态。

➢ Display options：控制模型在截面处的显示厚度。

Clipping plane 选项会显示截面一侧的整个模型。

Cross section 选项仅显示模型在截面上的部分，其右侧的滑块可以改变显示部分的厚度。

Section color 选项在两个或者多个模型进行叠加、比较时，可以分别定义不同的截面颜色以方便区分。

➢ Reverse：反转显示截面另一侧的模型内容。

➢ Clipped geometry：设置模型在截面另一侧未显示部分的显式模式。Feature 模式是特征线显式模式；Transparent 模式是半透明显示模式。

> Add：单击图 12.7 左侧截面列表窗口下方的 Add 按钮可以追加截面定义，多截面剖视在模型较大、结构较复杂时，方便用户多角度观察模型内部的情况。

改变截面的位置有以下 4 种方式。

第一种是单击 Base 按钮后，在图形区重新选择节点，再单击 Apply 按钮确认。

第二种是拖动 Define Plane 下面的滑块，可以看到图形区截面沿法向移动。

第三种是在图形区单击选择截面处的加粗显示的随动坐标系的一个坐标轴，使其高亮显示之后再拖动该坐标系沿高亮坐标轴运动，可以看到截面会随同移动。

第四种是在 Apply 按钮下方直接输入 Base 点的坐标，然后按 Enter 键确定截面的位置，由于截面是无限大小的，因此通常只需要确定截面法向的坐标就可以了，例如图 12.7 所示截面的法向是 y 轴，则Base 点的坐标只需要确定 y 坐标，然后按 Enter 键确认即可。

12.1.6 参考坐标系 Tracking Systems 定义

Tracking Systems 定义即在模型上建立一个相对于图形区静止的局部坐标系。由于模型主体如汽车车体在外力作用下会产生位移、速度的不断变化，导致汽车在 HyperView 图形区不断移动而影响观察效果，因此需要将相对于图形区静止的局部坐标系设置在我们关注的模型主体上或者远离变形区的零件上，使模型其他区域的运动状态均相对于该局部坐标系调整，从而方便用户观察。单击工具栏 3 中的 Tracking Systems 图标（图 12.8 中箭头①所指"雷达"图标），在命令操作区打开参考坐标系设置界面。

图 12.8　Tracking Systems 操作界面

> Track:Plane：图 12.8 中箭头②所指，表示用三点确定坐标系；单击旁边的下拉按钮，可以更改为其他定义坐标系的方式，如 Track:Node。

Track:Plane 三点确定的坐标系下，整个模型中其他节点的平动、转动都是相对于局部坐标系的原点；Track:Node 单点确定的坐标系下，整个模型中其他节点仅平动是相对于局部坐标系的原点。

> Plane type:OXY：表示确定局部体系的 3 个点先确定坐标系的 x 轴，再确定坐标系的 y 轴，最后依据右手法则自动确定坐标系的 z 轴。3 个节点均可以从图形区的模型中用鼠标左键选取，其中 N1 节点为坐标原点，N1-N2 确定 x 轴方向，N1-N3 确定 y 轴方向，N3 节点的位置仅用于确定局部坐标系中 y 轴的大致走向，因此 N3 节点的选择不需要太精确，z 轴由 x、y 轴根据右手法则确定，3 个节点选定之后会自动生成局部坐标系。

以汽车整车碰撞安全性能仿真分析为例，对汽车的碰撞变形进行整体观察时，局部坐标系的位置最好远离压溃变形区。例如，汽车正面 100%刚性墙碰撞分析工况，局部坐标系应当建在汽车的后纵梁末端；如果是侧碰分析工况，则局部坐标系应当建立在远离碰撞区域的另一侧侧围上等。当对某个零件进行重点观察时，可在该零件上新建局部坐标系并使其成为当前局部坐标系，建立方法与上同。

12.1.7 云图显示及极值

1. 云图显示控制

单击工具栏3中的云图Contour显示图标 ▥（图12.9中箭头①所指），在命令操作区打开云图操作界面，如图12.9所示。

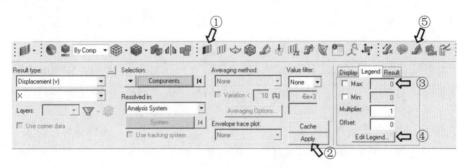

图12.9 云图操作界面

> **Result type**：选择云图显示的结构变量（位移、速度、加速度、应力、塑性应变等）。云图显示模式相当于地图中的等高线模式，图12.9中选择Displacement表示要生成x向位移云图，此时如果对"Selection"项不加选择并直接单击图12.9中箭头②所指的Apply按钮确认执行，则默认对图形区显示的所有零件生成x向位移云图。

> **Selection**：可以选择图形区部分components，然后单击Apply按钮生成位移云图，还可以在图形区用鼠标左键单个单击选择，也可以使用"Shift+鼠标左键框选"批量选择零件或单击特征类型components打开辅助选择快捷菜单使用其中的命令进行选择，被选中的零件自动显示云图。

> **Resolved in**：选择云图对应的参考坐标系，默认为整体坐标系，如图12.9所示；如果用户事先按上一节所讲的定义了局部坐标系Tracking Systems，则下方的Use tracking systems为可选项；如果用户选择了该项，则图形区的云图数值即相对于该局部坐标系。以汽车正面100%刚性墙碰撞仿真分析工况为例，后处理默认的全局坐标系不同于整车坐标系是建在汽车前轴中心的，而是相对于地球静止的，也就是说全局坐标系下的位移云图包含了汽车的刚体位移，而建立在汽车后纵梁上的局部坐标系下的位移云图才真正直接反映了前车身的侵入量。

> **Legend**：编辑云图比例尺。云图生成之后，图形区左侧会出现云图比例尺Legend、极值节点ID及其对应的云图极值信息。

图12.9中的箭头③所指Max和Min可以对Legend的上限区域（红色区域）和下限区域（蓝色区域）的临界值进行定义。

单击图12.9中的箭头④所指Edit Legend按钮，可以对Legend比例尺进行更广泛的编辑，如字体大小、云图颜色、各色段的数值区间以及最大值、最小值的显示与否等。

2. 显示云图极值

在命令操作区打开Measure操作界面，如图12.10所示。

> **Measure**：在图形区模型处于位移云图模式时，用鼠标左键单击工具栏3中的Measure图标 ▨（图12.10中箭头①所指），可以帮我们快速找到模型中云图极值节点的位置。

> **Dynamic MinMax Result**：单击其前面的方框使其被选中（图12.10中箭头②所指），图形区模型

上会自动标注当前显示的云图的最大值、最小值及对应节点的 NID 和具体位置。

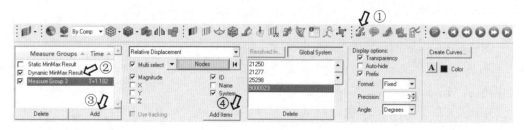

图 12.10　Measure 操作界面

云图极值还可以帮助我们确认模型中是否存在"飞件"。若观察到飞件时，将动画回复至零时刻可以追踪到飞件在模型中的安装位置。用户可以据此返回前处理软件确认 CAE 模型在此区域的连接是否存在问题。

位移极值点所在的零件或者零件中的部分材料已经飞出模型主体时，追踪该零件的最初位置的方法之二是单击图 12.9 中箭头⑤所指的 Tracing 图标，然后单击某个节点或零件，则 HyperView 会自动生成该节点或零件的运动轨迹，顺着该运动轨迹可以找到飞件的起始位置。

📢 注意：

> 图 12.10 中箭头②所指新建测量集合 Measure Group 3 右侧显示的 Time 项 T=1.182 指创建测量集合时模型的状态相对于起始状态已经运行了 1.182s 或者 ms（具体时间单位由模型采用的单位制决定）。如果用户希望测量指标的值是相对于初始位置的，则需要首先使模型回到初始时刻再单击 Add 按钮（图 12.10 中箭头③所指）新建测量方式。

以上位移云图极值点的查找方式、操作过程同样适用于速度（Velocity）云图、应力（Stress）云图和有效塑性应变（Effective plastic strain）云图等。云图的极值只是当前时刻的极值，随着时间历程的变化，云图的极值很可能会不断变化，用户可以从中找到云图的最值（最大值、最小值）。有效塑性应变一般是考查计算最终时刻的极值。

有些数据可以同时从 d3plot 和 binout 读取，只不过 binout 的输出频率比 d3plot 更高，因而更精确、占用的计算机内存更小。如果一些 1D 单元如螺栓、钢丝的 BEAM 梁单元没有在输出控制中进行定义而导致无法从计算结果中的 binout 文件中读取梁单元的力，此时可以在图 12.9 所示的云图操作界面中的 Result type 中选择 1-D Force(s)选项输出梁单元力的云图，然后再找出云图的极值。

3．清除云图

打开图 12.9 中箭头③处的 Result 界面，单击 Clear Contour 即可清除图形区的云图显示模式，回到之前的正常显示模式。

12.1.8　云图应用举例

除了可以单纯查看云图信息之外，还可以借助云图进行 CAE 模型的审核。

1．查看初始速度的统一性

CAE 模型除了通过*INITIAL_VELOCITY 定义整个模型的初始速度之外，对一些刚体零件还可以通过*PART_INERTIA 单独定义初始速度，有时需要在不同的分析工况之间对 CAE 模型进行转换时，难免会出现疏漏而没有及时更新刚体零件的 *PART_INERTIA 中的初始速度定义。以整车碰撞安全性能仿真分析为例，同一个整车模型在 C-NCAP 法规的 50km/h 正面刚性墙碰撞与 C-IASI 法规的 64km/h 小偏置碰工况之间进行边界条件定义的切换，用户有时会疏忽发动机、变速箱等刚体零件单独定义的初始速度的更新。计算结果出来后，用户可通过 HyperView 查看整个模型在零时刻的速度云图，审核前处理时整个模型的初始速度定义是否统一。

2. 确认零件间的连接关系

相邻的零件通过焊接、TIE 绑定、螺栓连接或者 rigidlink 固连时，其位移云图在零件连接处应当是连贯的；如果发现位移云图出现断层、云图颜色不连贯的情况，多数是连接关系出了问题。

3. 查找飞件位置

如果有零件已经飞出主模型，有时候很难判断该零件最初在模型的什么位置，此时可以在图 12.10 所示界面新建一种测量方式，通过测量飞件当前位置与起始位置之间的相对位置关系找到其装配位置。

➢ Add：图 12.10 中箭头③所指，单击 Add 按钮新建测量信息集合 Measure Group 3（右击，在弹出的快捷菜单中选择 rename 命令可以更改测量信息集合的名称）。

➢ Relative Displacement：选择（相对位移）测量指标。

➢ Multi select：允许用户单次选择多个节点，其下各项为图形区测量点处届时可以显示的信息选项。如果用户事先定义了局部坐标系 Tracking System，则此时图 12.10 中的 Use tracking 为可选项，如果选择此项，则按当前测量指标测得的数值都将是相对于局部坐标系的坐标原点的。

➢ Add Items：单击图 12.10 中箭头④所指 Add Items 按钮，会在图形区显示所选节点的初始位置与当前位置之间的连线并在连线上显示相对位移值，顺着连线即可找到飞件的起始位置（即在模型中的装配位置）。

找到了飞件的起始位置，我们便可以回到前处理阶段核对模型中此处的连接信息是否存在问题。

12.1.9 几何信息测量：Measure

1. 操作流程

模型的几何信息测量工具与云图信息测量工具相同，都是单击工具栏 3 中的 Measure 图标打开图 12.10 所示的操作界面。需要注意的是，每一种测量指标需要单独新建一个测量集合 Measure Group，每新建一个测量集合之前，建议先回到模型的初始时刻；新建测量集合之后，在图形区选择要测量的节点，最后单击图 12.10 最右侧的 Create Curves 按钮，输出该测量指标的时间历程曲线到 HyperGraph 图表。

单击 Create Curves 按钮后，会首先弹出图 12.11 所示的对话框，需要用户对输出曲线的位置及更详细的信息进行设置。

➢ Live Link：该选项一定要选择，对后续批处理操作时非常有帮助。

➢ Place on：指定曲线输出到哪个已经存在的 HyperGraph 图表或者新建一个图表放置其中。

➢ Y Axis：定义输出曲线的 y 坐标的数值是图形区测量值的合成值还是在坐标系的 3 个坐标轴方向的分量。x 轴默认是模型运行的时间轴，因此不用定义。

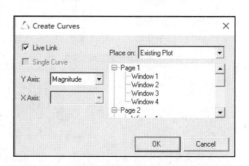

图 12.11 测量值输出时间历程曲线设置

2．测量指标分类

下面介绍 HyperView 的一些 Measure 测量工具都可以测量哪些指标。

➤ Distance Between：测量图形区两个节点之间的距离随时间的变化情况，每次需要选择两个节点。两个节点之间的相对位置与 Use tracking 选项是否选择无关，即与坐标系的选择无关。

➤ Incremental Distance：测量图形区两个节点之间的距离的变化量随时间的变化情况，每次需要选择两个节点。两个节点之间的相对位置的变化情况与 Use tracking 选项是否选择无关。

➤ Minimum Distance：测量两个特征（*PART、*ELEMENT、*NODE）之间的最近距离随时间的变化情况，每次需要两个特征。如果是两个节点之间，则与 Distance Between 的测量没有区别；此功能多用于测量两个特征中至少有一个不是节点的情况，特别是两个零件之间的最近距离随时间的变化情况，HyperView 会自动测量这两个零件的距离最近的两个节点之间的距离，而不同时刻距离最近的两个节点很可能不同。两个特征之间的最近距离与"Use tracking"选项是否选择无关。

➤ Position：显示单个节点的坐标随时间的变化情况，每次只需要选择一个节点即可。如果用户没有选择下面的 Use tracking 选项，则节点的坐标即全局坐标系下的坐标；如果用户选择了 Use tracking 选项，则节点的坐标即相对于局部坐标系原点位置的坐标。

➤ Relative Displacement：单个节点相对于建立测量集合 Measure Group 时自己所处的位置的距离随时间的变化情况，每次只需要选择一个节点。测量值与 Use tracking 选项是否选择有关，因为全局坐标系下该测量值会包含刚体位移，而局部坐标系下该测量值通常"屏蔽"了刚体位移。

➤ Relative Angle：两个节点之间的连线相对于建立测量集合 Measure Group 时这两个节点连线的角度随时间的变化情况，每次需要两个节点。测量值与 Use tracking 选项是否选择有关。

➤ Angle Between：3 个节点在第二个节点处形成的夹角随时间的变化情况，每次需要选择 3 个节点。测量值与 Use tracking 选项是否选择无关。

3．隐藏测量结果

当建立的测量集合太多导致图形区显示的测量信息太杂乱影响用户查看信息时，可以适当隐藏一些测量信息，其操作方法是再次单击图 12.10 左侧测量集合列表中相关项，使其前面的方框为空即可。

12.1.10　Notes 信息

单击工具栏 3 中的 Notes 图标，在命令操作区打开模型标注信息编辑界面，如图 12.12 所示。模型信息通常包括主文件中*TITLE 关键字的内容，模型运行时刻，模型当前显示状态对应求解器的第几次 d3plot 文件输出等。模型信息通常显示在图形区的右上角，当 HyperView 同时打开多个计算结果时，模型信息对于快速区分模型很有帮助。

图 12.12　Notes 信息编辑界面

单击左侧 Notes 列表中的 Model Info 使其前面的方框为空，则隐藏模型信息在图形区的显示，再次单击又会显示。

单击图 12.12 中的 **A** 图标，可以对模型信息的字体大小进行编辑。

单击图 12.12 右侧的 ■ Color 图标，可以编辑模型信息的颜色。

12.1.11 Deformed：变形比例缩放

单击工具栏 3 中的 Deformed 图标 ✍，在命令操作区打开变形比例缩放控制界面，如图 12.13 所示。其中，Value 即指定缩放的比例系数。

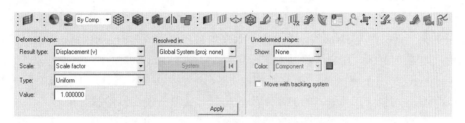

图 12.13　Deformed Scale 变形缩放控制界面

应用一：计算模型的模态时，通过放大位移比例，可以更清楚地看到结构在某一特定频率下的振形，可为优化结构刚度，提高模型的固有频率提供帮助。

应用二：以整车碰撞安全性能仿真分析为例，一个模型的计算周期要几十个小时。如果在计算还处于初期阶段，由于模型各部分变形尚不严重甚至比较微弱，不好判断零件间的连接关系是否正常时，可通过图 12.13 所示的位移比例缩放工具放大结构的变形，从而更好地判断相邻的零件、单元之间的运动是否同步，尽早地判断出零件间的连接关系是否存在问题，而不用等待几十个小时后计算完成时再做出判断，这样可极大地提高计算效率。

12.1.12 Query：节点、单元、零件信息

单击工具栏 3 中的 Query 图标 ▥，在命令操作区打开图 12.14 所示的界面。该工具的作用主要有以下两项。

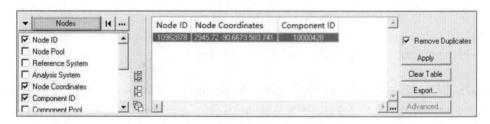

图 12.14　Query 特征信息查询界面

（1）查找图形区中显示的节点、单元、零件的各项信息。首先单击图 12.14 中特征类型 Nodes 左侧的下拉按钮，选择特征类型，然后在下方的信息列表中选择想查看的特征信息选项，然后在图形区直接选择即可在右侧的特征详细信息列表中看到所选择的特征的各项信息如所属零件的 PID，在云图中测得的数据等；或者右击特征类型（图 12.14 中的 Nodes），在弹出的快捷菜单中选择相应的命令进行快速、批量选择，再单击图 12.14 右侧的 Apply 按钮确认执行，即可显示其各项相关信息。

（2）根据特征信息列表查找其在图形区模型中的位置。例如单击选择图 12.14 中特征信息列表中的唯一一行节点信息数据，注意这里是以行为单位的（即只要选中某一行）即可，而不是必须选中该行开头的节点 NID 信息，则图形区就会高亮显示该节点所在的位置。

12.1.13 视图分区、区域调换、区域放大、区域复原等

视图分区、区域调换、区域放大、区域复原等操作所用的工具都在工具栏 1 中的 Page Controls 子工具栏 中。如果在工具栏 1 中没有找到该子工具栏，则可通过下拉菜单 View→Toolbars →HyperWorks→Page Controls 打开。

> （Add Page）：视图界面新增。如果当前界面是 HyperView 界面，则新增视图自动成为 HyperView 界面；如果当前界面是 HyperGraph 界面，则新增视图自动成为 HyperGraph 界面；如果当前界面不是用户想要的界面，用户还可以单击工具栏 3 中的 Client Selector 图标 旁边的下拉按钮，在 HyperView 与 HyperGraph 之间进行切换。界面增加后可单击工具栏 1 中的翻页键 在各个界面之间进行切换（在高版本的 HyperView 中，该工具在图形区的右上角）。

> （Delete Page）：删除当前图形区所属界面。

> （Page Windows Layout）：界面分屏。单击该工具右侧的下拉按钮并进行选择，可将图形区的当前界面划分成若干个区，每个区都可以单独导入不同的计算结果，单击某个分区则该分区自动成为当前分区，读取的结果默认在当前分区显示。该工具对于用户想要比较同系列多个模型的计算结果之间的差异时非常有用。

> （Expand/Reduce Windows）：区域缩放。单击该工具，则图形区当前界面的当前区域会在放大至整个图形区与恢复原状之间切换。

> （Swap Windows）：区域调换。单击该工具并在弹出的窗口中选择区域位置，则当前区域立即与用户选择的区域进行位置调换。

> （Synchronize Windows）：区域同步。单击该工具并在弹出的窗口中选择 OK，可以看到该工具的图标显示为绿色表示已激活，此时当前界面所有 HyperView 区域的显示都是同步的，旋转其中一个区域的模型，可以看到其他区域的模型会同步旋转。再次单击该工具使其显示为灰色，即关闭区域同步功能。

在分屏状态下，用户可以在图形区同一界面显示多个结果并比对它们的动画结果，"区域同步"操作对于同一模型的多批次优化后的计算结果之间的优劣对比评估很有帮助。

12.1.14 HyperView 批处理设置

在 HyperView 图形区右击，在弹出的快捷菜单中选择 Apply Style→Current Page/All Page→All Selected 命令，可依据当前区域的模型显示设置对本界面其他 HyperView 区域或者所有其他 HyperView 区域的模型进行格式化，例如当前区域的模型隐藏了哪些零件显示什么云图以及云图的标尺设置、定义了什么参考坐标系、测量了哪些几何信息等都会自动在其他区域同步执行。当然用户也可以选择快捷菜单中 All Selected 下方列表中的单项进行区域格式化。

12.1.15 动画叠加

有些用户可能会觉得各区域动画同步对结果的比较依然不明显、不准确，那么也可以选择动画叠加，将两个模型的结果叠加在同一个区域进行变形比较。

操作方法如下：

首先如 12.1.14 小节讲述的那样进行区域格式化，使要叠加的模型的参考坐标系等信息同步。

选择要叠加的模型中的一个所在的图形区，先使整个模型显示单一颜色，如红色（便于区分叠加后的模型）；右击，在弹出的快捷菜单中选择 Active Model→Copy 命令。

再到另一个模型所在的图形区，先使整个模型显示单一颜色，如蓝色（便于区分叠加后的模型）；右击，在弹出的快捷菜单中选择 Active Model→Paste 命令实现动画叠加。

两个或者多个计算结果进行动画叠加后，可以看到：

图形区右上角会同时显示所有参与叠加的模型信息及所处的时间状态。

在功能区 Results 界面的模型列表中可以看到同一图形区域存在多个模型，但是只有一个模型的名称是加粗显示的，即为当前模型，模型叠加后之前讲述的所有对于模型的操作（如零件隐藏、几何信息测量等操作）都是只针对当前模型，但是截面剖视是针对所有叠加模型的。

在该模型列表中选择另外一个模型，右击，在弹出的快捷菜单中选择 Make Current 命令可以切换当前模型。

在模型列表中选择一个模型，右击，在弹出的快捷菜单中选择 Show/Hide/Isolate only 命令可以控制该模型的显示/隐藏/单独显示。

12.1.16　动画输出：h3d、gif

1．动画输出 avi/gif 文件

动画输出相当于对当前图形区显示的 HyperView 内容及动画进行录屏操作，动画输出工具为在工具栏 1 中 Image Capture 工具栏中的 两个工具。用户如果在工具栏 1 中没有找到该工具，可单击下拉菜单 View→Toolbars→HyperWorks→Image Capture 命令，在工具栏 1 中显示截图、录屏操作的所有工具。

不论当前图形区中的模型是否处于动态演示状态，只要之前动态演示过一次即可执行录屏操作。

动画输出的两个工具中，Capture Graphics Area Video 是对整个图形区进行录屏操作，而不论当前图形区分为几个子区域；Capture Dynamic Rectangle Video 在选择输出动画的文件路径、文件名称后，首先需要在图形区用鼠标左键框选录屏区域，再右击确认才开始录屏操作。

动画输出的文件格式通常选择 avi 和 gif 两种格式，avi 格式导入 PowerPoint 文件后可以单击播放，gif 格式导入 PowerPoint 文件后只能在"幻灯片放映"模式下自动、反复播放。

此外，动画输出 jpg 格式文件是依据 d3plot 的输出频率自动生成一帧帧的图片。

对于 HyperView 工具栏 1 中 Image Capture 工具栏中的截图工具，建议用户直接使用 Windows 操作系统自带的截图工具，这样可能更方便。

2．d3plot 压缩成 h3d 文件

一个 CAE 模型经求解器计算后生成的 d3plot 文件较大、较多时，不利于数据的长期保存。以整车碰撞安全性能仿真分析为例，一次计算生成的结果文件需要占用计算机几十吉字节的内存，此时如果借用 HyperWorks 的压缩工具将所有 d3plot 文件转换成一个*.h3d 文件可能只需要几吉字节的内存，这样可以极大地节省计算机的存储空间。

生成 h3d 文件的途径有以下两个。

一个是在 HyperView 界面中单击下拉菜单 File→Export→Model 命令或者单击工具栏 1 中的 Export Model 图标 ，在打开的 Export H3D Model 对话框中选择默认设置并定义输出路径和文件名称后单击 OK 按钮即可。

另一个是通过 HyperWorks 专用的转换工具 HvTrans 将 d3plot 结果转换为 h3d 文件。打开 HvTrans

工具的途径有两个：①通过下拉菜单 Applications→Tools→HvTrans 命令打开；②在不打开 HyperView 的情况下，从计算机桌面左下角的"开始"菜单中打开 HyperWorks 的程序列表，从中找到并打开 HvTrans 工具。

3. HvTrans 的相关操作

HvTrans 工具的优势是可以独立于 HyperView 之外进行操作，还可以对要输出的信息，如加速度、应力、应变等信息进行筛选。图 12.15 所示为 HvTrans 工具界面，单击最上面的下拉菜单 File→Open Result File 命令可以打开并读取指定路径下的 d3plot 文件。

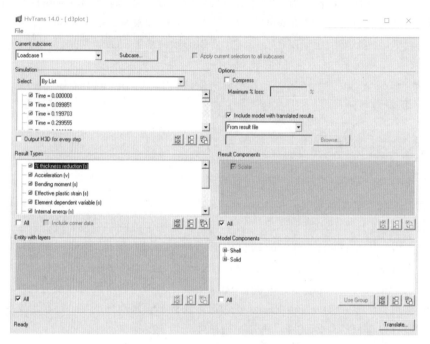

图 12.15　HvTrans 格式转换工具界面

> Result Types：从该信息列表中可以选择想要输出的信息。当然输出的信息越多，格式转换的过程越慢，最终生成的 h3d 文件也越大；即使在 Result Types 列表框中不选择任何信息项，也可以输出 h3d 文件，只是该 h3d 文件被 HyperView 读取后只能进行简单的动画演示和位移云图演示而不能进行其他的速度、加速度、应变和应力等云图的查看。

> Translate：单击该按钮，在弹出的对话框中指定 h3d 文件要保存的路径和名称后开始进行格式转换，该转换过程依据 d3plot 结果文件的大小需要的时间不同。图 12.15 最下方的状态栏会显示格式转换进度，转换完成后会显示 Ready 字样。

生成 h3d 文件后，原来结果文件中的所有 d3plot 文件就可以删除了，后续的后处理可通过读取 h3d 文件来代替读取 d3plot 文件。建议 h3d 文件的名称与对应的 CAE 模型主文件的名称保持一致。

4. 输出 CAE 模型 KEY 文件

关于从计算结果中"回收"CAE 模型的应用及意义，在第 9 章中已经讲述。从计算结果中"回收"模型的具体操作方法主要有以下两种。

一种方法是在前处理阶段通过定义关键字*INTERFACE_SPRINGBACK_LSDYNA 在计算完成后自动回收指定的零件。此方法只能输出计算完成时（计算中途退出无法输出）模型中指定零件的状态信息至无后缀的 dynain 文件，该文件中包含节点*NODE、单元*ELEMENT、零件*PART 以及单元中的应力*INITIAL_STRESS、应变*INITIAL_STRAIN 等信息，不包含材料、属性、接触等其他信息。dynain 文件可以像其他 KEY 文件一样导入 HyperMesh 前处理软件，也可以用文本编辑器打开并对内部的关键字进行编辑。

另一种方法是在 HyperView 中读取计算结果文件 d3plot 后，可选择任一时刻输出图形区显示的模型的 KEY 文件。其具体操作方法如下：先使模型处于想提取 CAE 模型的时刻（如最终时刻或者变形最大时刻），然后单击下拉菜单 File→Export→Solver Deck 命令，或者单击工具栏 1 中的 Export Solver Deck 图标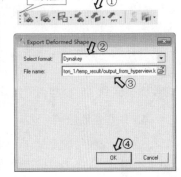（图 12.16 中箭头①所指），即可打开 Export Deformed Shape 对话框，如图 12.16 所示。在 Select format 中选择 Dynakey，即要输出 KEY 文件，在 File name 中选择要保存的路径及 KEY 文件名（注意定义扩展名）后，单击 OK 按钮即可。

HyperView 利用计算结果 d3plot 提取 CAE 模型不需要等待计算完成，在计算过程中就可以进行，而且可以提取任一时刻的模型状态，但是模型中只包含*NODE、*ELEMENT 和*PART 这 3 种信息，并不包含单元内部的应力、应变信息。

图 12.16　Export Solver Deck 操作

12.2　用 HyperView 评判计算结果

12.2.1　判断 CAE 建模是否正确

在 LS-DYNA 求解器对 CAE 模型进行求解计算的过程中。就可以通过 HyperView 读取 d3plot 文件查看模型的运行状态。如果发现存在以下问题，则说明之前的 CAE 建模存在问题或者疏漏，需要立即回到前处理阶段检查、更新模型后重新提交计算。

1．初始速度统一性问题

通过零时刻的速度云图查看整个模型的初始速度是否一致，重点关注通过*PART_INERTIA 定义的零件的初始速度与整个模型的初始速度定义是否一致；通过速度云图及云图极值查看整个模型的初始速度与模型对应的工况是否一致，避免出现不同工况采用同一套模型却疏忽初始速度定义更新的问题，如 C-NCAP 法规整车正向 100%撞击刚性墙的初始速度是 50km/h，而 C-IASI 法规整车正向 25%小偏置碰工况的初始速度是 64km/h。

2．飞件

应对飞件的解决办法如下。

一种方法是通过肉眼观察，这种方法不易找出比较细小的零件或者没有飞出模型的零件。

另一种方法是通过位移云图和云图极值来检查飞件。建议用户首先在模型上远离变形区域建立参考坐标系，这样剔除了刚体位移的位移云图的极值只可能来自变形严重的区域，如果极值与模型的变形严重区域不符则很可能是由于飞件导致的；通过位移极值的位置查找直接相关的零件并确定是否发生飞件问题。若存在飞件问题，则不用等到计算完成即可判定计算无效，需要立即回到前处理阶段修正模型后重新提交计算。

若计算刚开始不久，即使模型存在"飞件"却由于模型的变形还处于初级、微弱阶段而不容易通过云图极值判断是否存在"飞件"问题时，还可以通过位移云图的连贯性来判断是否存在飞件问题。如果零件间的连接关系正常，则相邻的零件之间位移云图的过渡应当是连贯的（必要时还可以通过 Deformed 工具放大变形比例系数使观察更容易），否则应当回到前处理软件检查此处是否存在连接问题。

3. 零件、单元畸变

导致零件、单元严重畸变的原因主要有：空材料单元没有与本体零件单元共节点、沙漏严重、单位制不统一、自由边异常等。

零件严重畸变后很可能会由于单元"炸裂"的尺寸远大于模型的尺寸而导致无法看清是什么位置的哪个零件发生了炸裂，可将炸裂的零件隐藏再 Flip（图 12.3）反转显示，此时图形区仅显示炸裂的零件，再使模型回到零时刻即可看清炸裂零件的"真面目"，最后回到前处理软件确认零件炸裂的原因。

4. 脱焊、脱胶

脱焊、脱胶问题主要有两类：一类是焊点/粘胶单元直接脱离焊接件/粘接件飞出；另一类是焊接/粘接的一侧钣金件由于焊接接触故障导致脱离原有连接关系的控制。

脱焊、脱胶问题一方面可以通过肉眼初步观察，另一方面可以通过查看位移云图的连续性、云图极值的大小及其存在的位置更准确地判定，用户甚至可以通过放大变形比例系数使存在连接关系故障的区域更加明显，从而更容易查看。

5. 穿透

穿透有两种表现形式：一种是初始穿透，即在模型前处理阶段就存在并被带入求解器计算的穿透问题；另一种是在计算过程中由于模型的变形、零件的相互运动导致的零件间的相互穿透问题。

初始穿透在前处理软件 HyperMesh 中有专门的检查工具，即下拉菜单 Tools→Penetration 命令；提交计算后在模型的初始化阶段也会被 LS-DYNA 求解器检查出来并以 Warning 警告信息的形式提醒用户；在正常计算阶段，也可以通过 HyperView 查看模型在零时刻是否存在由于初始穿透和接触惩罚力而导致的应力、应变云图；计算过程中发生的穿透一方面可以通过肉眼直接观察，另一方面可以通过工具栏 1 中的 Expert Solver Deck 图标￼将某一时刻的模型导出为 KEY 文件，再导入前处理软件 HyperMesh 中通过专门的工具自动检查这一状态下零件间的穿透情况。

借助能量曲线判断穿透：无论是初始穿透还是计算过程中产生的穿透问题，都会导致接触滑移能为负值，利用这一点也可以判断模型中是否存在穿透问题以及穿透问题是否严重到必须解决的地步。在 HyperGraph 2D 模式下读取 glstat 文件（MPP 求解器读取 binout 文件中的 glstat 项）中的 sliding interface energy 时间历程曲线，如果出现较严重的负值，说明模型中存在较严重的必须修正的穿透问题；读取 sleout 可进一步确认具体是哪些接触*CONTACT 导致接触滑移能为负值，再回到前处理软件 HyperMesh 中对该接触定义进行修正、消除初始穿透或调整接触厚度、接触刚度，又或增加空材料梁单元的 *CONTACT_AUTOMATIC_GENERAL 接触以增强穿透区域的接触识别等。

6. 自由边问题

自由边问题可能会导致模型在计算初始即由于接触惩罚力产生不应有的应力、应变问题，计算过程中模型开始变形后，存在自由边问题的区域更容易产生严重的开裂问题。基于以上问题，可以有针对性地查找模型中的自由边问题，例如查找模型在零时刻是否存在应力、应变问题，再进一步确认该问题是否由于自由边问题导致；查看模型的位移云图的连续性，再进一步确认不连贯区域是否存在自由边问题，必要时可借助工具栏 3 中的比例缩放 Deformed 图标￼将自由边问题放大，从而使其更易被发现。

7. 能量曲线问题

能量曲线问题需要通过 HyperGraph 查看，其具体细节将在后续做更详细的讲述。

12.2.2 评判设计方案

以整车碰撞安全性能仿真分析为例，如果通过 HyperView 在模型中观察到以下问题，则说明结构设计方案存在不足或者缺陷需要进行结构优化。其他行业的 CAE 工程师可根据自己的实际情况和经验积累，逐渐确立自己的重点关注区域和评判标准。

1. 零件失稳

整车正向碰撞安全性能仿真分析工况（如 C-NCAP 的 50km/h 正面 100%刚性墙碰撞、C-NCAP 的 50km/h 可变形移动壁障 50%正面碰撞以及 C-IASI 的 64km/h 正向 25%小偏置碰等工况）中，如果发生 A 柱失稳折弯、门槛梁失稳折弯等现象，通常视为结构设计失败案例。

2. 有无零件失效

以整车正向碰撞安全性能仿真分析工况为例，是否存在发动机支架（铸造件）断裂、副车架安装螺栓断裂等问题，对整车碰撞安全性能仿真分析结果的评价有较大影响，如果 CAE 模型的分析结果与实车实验结果在关键零件的失效与否问题上产生差异，同样是较严重的建模问题。

3. 有无零件开裂

以整车碰撞安全性能仿真分析为例，燃油车的油箱/新能源车的电池包在碰撞过程中是否开裂导致泄漏是事关结构设计成败的关键因素之一，其他问题诸如防撞梁区域、焊点区域、安全带固定点等区域是否存在材料失效、钣金件开裂等问题，如果涉及结构设计方案的成败也须重点关注。

新能源车的电池包即使没有在碰撞过程中发生开裂，如果因为电池包的变形导致其中的电芯受到挤压通常也是非常危险的。由于电池的电芯材料本构模型较难获得，因此目前多以电芯的"生存空间"是否受到挤压来判定电芯是否安全。

4. 压溃变形、吸能是否理想

以整车正向碰撞安全性能仿真分析为例，前纵梁承担着非常重要的作用，前纵梁充分压溃吸能有助于减轻 B 柱处加速度的峰值和乘员的伤害值；如果前纵梁未发生充分的压溃即产生折弯，吸能效果会大打折扣，需要进行结构优化。

5. 侵入量（位移云图）

以整车正向碰撞安全性能仿真分析为例，前围板、脚踏板、IP 管柱、转向管柱等驾驶室内、乘员前方的车体部件的侵入量涉及乘员的生存空间，因此需要重点关注，用户可先利用工具栏 3 中的"Tracking Systems"图标 在后纵梁上远离前车体变形区域的地方建立参考坐标系，再通过工具栏 3 中的 Measures 图标 测量前围板等零件相对于参考坐标系的侵入量，进而考查车内乘员的生存空间的受影响程度。

6. 内凸工况

整车碰撞中注意前排假人是否撞到 IP 或者方向盘上的硬物，后排假人是否撞到前排座椅，如果假人的头部直接撞击到车内硬物即发生二次碰撞将极大提高车内乘员的受伤程度。

7. 整车正向碰撞中驾驶员座椅前、后排固定点 *X*、*Z* 向相对位移

汽车碰撞安全法规对前排乘员座椅的下潜有严格的规定，因此前排座椅固定点 *X*、*Z* 向相对位移是座椅下潜程度的重要参考值。

8. 侧碰 B 柱与假人中心/座椅中心最小距离

侧碰工况中 B 柱与假人中心的距离涉及乘员的生存空间是否受到挤压进而威胁乘员的人身安全，因此相关指标备受关注。

9. 其他自认为较重要区域（对结构性能贡献量大、较脆弱区域）

汽车碰撞过程中对乘员的保护是重中之重，整车碰撞安全性能仿真分析的各项指标最终也都是围绕这一中心进行研究的，非汽车行业的 CAE 工程师也需要根据自己的实际情况在确立考查指标时有所侧重。

12.3　HyperGraph 2D

HyperView 主要用来读取结果文件中的 d3plot 数据并进行 3D 动画演示，HyperGraph 主要用来读取结果文件中的 binout 数据并以 2D 曲线图的形式进行展示。

HyperView 界面对应功能区的 Results 界面，HyperGraph 界面对应功能区的 Plots 界面。

HyperGraph 读取的 binout 文件中数据的输出频率高于 HyperView 读取的 d3plot 文件但是文件大小却远小于后者，可以说 binout 中浓缩了更重要的变量的信息。

HyperGraph 2D 不只是来读取和展示 binout 中各项变量的时间历程曲线还可以对这些曲线进行滤波、加/减/乘/除、求导/积分等数学运算，HyperView 中对模型几何信息的测量值随时间的变化情况也可以通过输出到 HyperGraph 2D 来研判。

当图形区的窗口在 HyperView 和 HyperGraph 之间切换时，工具栏 3 的内容会相应地变化。即使一些工具如 Notes 的图标和名称保持不变，但两种模块在实际应用中还是有很大的区别。

单击工具栏 3 中 Client Selector 图标 旁边的下拉按钮，从中选择 HyperGraph 2D 即可将图形区当前界面变为 HyperGraph 2D 空白图表。用户如果在工具栏 3 没有找到上述工具，也可以通过下拉菜单 View→Toolbars→HyperWorks→Client Selector 命令打开上述工具栏。

首先用户需要查看当前界面是 HyperGraph 的情况下，顶部下拉菜单中是否有 Math、Filter 等项，若没有则须单击下拉菜单 File→Load→Preference File 命令打开 Preferences 对话框（图 12.17），选择其中的 Vehicle Safety Tools 选项，再单击下方的 Load 按钮确认并退出对话框，此时再观察下拉菜单，会看到比之前增加了很多项。这些新增的菜单项在之后的曲线编辑过程中不可或缺。

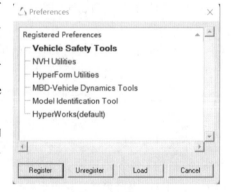

图 12.17　Preferences 对话框

12.3.1　曲线输入

HyperGraph 中曲线的数据来源主要有 4 个：第一是 binout 计算结果文件；第二是 d3plot 结果文件；第三是对前两者中获得的曲线经过数学运算、滤波、合成后得到的曲线；第四是直接从外部输入曲线。

1. 从 binout 读取曲线

单击工具栏 1 中的 Open Plot 图标 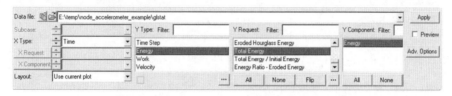，在弹出的窗口中选择用户想要读取的 binout 文件，或者单击工具栏 3 中的 Build Plots 图标 ，在命令操作区打开图 12.18 所示的界面。

图 12.18　HyperGraph 从 binout 文件读取曲线

➤ Data file：同样是选择用户想要读取的 binout 文件（SMP 求解器的计算结果可以直接读取单项 ASCII 文件，如图 12.18 中所示的 glstat 文件，MPP 求解器的计算结果只能读取 binout 文件再选择其中的 glstat 项）。

➤ X Type：binout 文件输出到 HyperGraph 的曲线的横坐标默认都是时间，即各变量，如能量、速度、加速度等随时间的变化情况。

➤ Y Type：指定曲线的纵坐标数据类型，用户通常根据自己的需要选择数据项，如图 12.18 中所示选择要输出 Energy（能量）曲线。

➤ Y Request：进一步具体选择要输出的能量曲线。当信息列表中内容较多时可在 Filter 一栏输入筛选关键字。信息列表中的项目可以用鼠标左键单选，也可以用 Ctrl+鼠标左键多选，还可以单击列表下方的"…"按钮，在弹出的窗口中进行选择后单击 OK 按钮确认。

通常要查看的能量曲线有动能（Kinetic Energy）、内能（Internal Energy）、沙漏能（Hourglass Energy）、接触滑移能（Sliding Interface Energy）和总能量（Total Energy）；如果模型在计算过程中存在大量的失效单元，建议同时查看失效动能（Eroded Kinetic Energy）和失效内能（Eroded Internal Energy）曲线。

➤ Y Component：选择曲线纵坐标的量纲，如能量、位移、速度、加速度等。

➤ Apply：确认输出指定的曲线。高版本的 HyperGraph 在输出曲线前还会弹出窗口要求用户选择曲线对应的单位制，此时用户不做选择直接确认也是可以的，但是建议用户在此处选择正确的单位制，这样后续要进行坐标轴的单位制转换将会变得非常容易。

2. 从 d3plot 读取曲线

从 d3plot 读取曲线方法一：在 HyperGraph 界面如图 12.18 所示命令操作窗口中的 Data file 项读取 d3plot 文件，后续操作与从 binout 中读取曲线相同。该方法通常用来输出梁单元的力，这些单元没有在前处理阶段定义输出控制关键字*DATABASE，故无法从 binout 中读取更精细的时间历程曲线，若不想再用几十个小时重新提交计算时，只能退而求其次从 d3plot 中输出曲线了。

从 d3plot 读取曲线方法二：在 HyperView 界面单击工具栏 3 中的 Measure 图标 ，具体操作在 12.1.9 小节已有讲述。

从 d3plot 读取曲线方法三：在 HyperView 界面单击工具栏 3 中的 Build Plots 图标 （图 12.19 中箭头①所指），在命令操作区打开 Build Plots 操作界面。

（1）Result type：选择输出的变量。其中可选项包括以下几个。

➤ Displacement：位移，只能输出单点位移，而不能输出两点间距离或距离的变化量。

➤ Velocity：单节点速度。

➤ Acceleration：单节点加速度。

图 12.19 Build Plots 操作界面

（2）Request：选择节点，可以直接在图形区的模型中选择，也可以右击 Nodes，利用弹出的快捷菜单进行选择。

（3）Components：选择输出向量。用户在这里可以单选输出一条曲线，也可以多选同时输出多条曲线。

（4）Layout：选择曲线输出位置。其中，New Window 表示自动新生成一个 HyperGraph 图表窗口并将曲线输出到其中；Existing XY plot 表示指定现有的 HyperGraph 图表，用以输出要生成的曲线。

3．binout 与 d3plot 输出曲线的区别

HyperView 图形区也可以从 d3plot 结果中采集并输出节点的位移、速度和加速度以及梁单元的力等值，为什么要尽量在 HyperGraph 图表区通过读取二进制文件 binout 的方式获得速度和加速度曲线呢？这是因为 binout 采集结果数据的频率较 d3plot 通常高一到两个数量级。这一点从输出控制关键字的定义就可以看出，因此从 binout 输出的曲线较从 d3plot 得到的曲线的精度更高，一般情况下只有在无法从 binout 获得曲线时才从 d3plot 输出。

注意：

> 从 binout 可以直接读取整条曲线，但是从 HyperView 界面采集并输出至 HyperGraph 的曲线必须在 HyperView 的动画运行一遍之后才能显示，否则很可能只看到一个点。

12.3.2　曲线视图的缩放

曲线显示在 HyperGraph 图表中后，可通过鼠标中键的滚轮进行放大/缩小，从而使用户可以看清曲线的细节；用户也可以通过用鼠标中键画圈的方式对曲线进行局部放大观察；在图表区单击鼠标中键可以使曲线恢复正常显示。

在图表区双击鼠标左键可实现与工具栏 1 中 Expand/Reduce Window 图标▦相同的窗口缩放功能，再次双击鼠标左键可恢复原状。

12.3.3　图表定制

1．编辑曲线特征方法

编辑曲线特征方法一：利用工具栏 3 中的 Curve Attributes 图标●可以设置曲线的线型、粗细和颜色以及曲线的显示或者隐藏；双击 HyperGraph 图表区中想要编辑的曲线，在弹出的窗口中也可以实现相同的操作。两者的区别在于，前者可以同时编辑多条曲线，后者只能编辑一条曲线。

编辑曲线特征方法二：在功能区 Plot 界面中选择单条曲线，此时功能区下半部分会显示该曲线的详细信息（显/隐、线型、粗细、颜色、阴影以及采样点等），用户也可以通过对这些信息的编辑达到编辑

曲线特征的目的。

2. 多条曲线显示/隐藏控制

在功能区 Plot 界面中选择单条曲线，或者使用 Shift/Ctrl 键+鼠标左键选择多条曲线，或者右击，在弹出的快捷菜单中选择 Select All 命令选择所有曲线，再右击，在弹出的快捷菜单中选择 Turn On/Off 命令可以控制被选中曲线的显示与隐藏。

3. 曲线更名

单击工具栏 3 中的 Define Curves 图标 ，可以在命令操作区确认图表中曲线的数据来源并对曲线进行更名操作。如图 12.20 所示，用户直接在左侧的 Curve 栏中更改曲线名称后按 Enter 键确认即可。

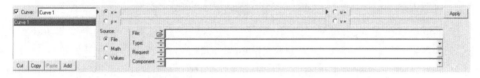

图 12.20　HyperGraph 的 Define Curves 命令操作界面

4. 编辑坐标轴

单击工具栏 3 中的 Axes 图标 ，可在命令操作区对坐标轴的名称、比例尺以及颜色等进行设置 ［图 12.21（a）］；或者直接双击 HyperGraph 图表中的坐标轴区域，打开坐标轴编辑快捷窗口 ［图 12.21 （b）］进行编辑。

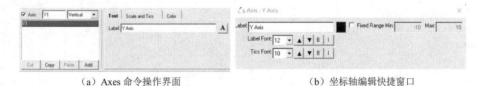

（a）Axes 命令操作界面　　　　　　　　　（b）坐标轴编辑快捷窗口

图 12.21　HyperGraph 的坐标轴编辑命令操作界面

在坐标轴区域右击，在弹出的快捷菜单中选择 Properties 命令，同样可以编辑坐标轴特征。

在坐标轴区域右击，在弹出的快捷菜单中选择 Convert Unit 命令，打开单位制转换对话框，可以自动转换坐标轴数据的单位制。如果一开始从 binout 读取曲线时不进行单位制的设置，此处会比较麻烦，只能通过工具栏 3 中的 Scale/Offset 图标 对坐标轴进行比例缩放来实现数量的和单位制的转换。

➢ Label：编辑坐标轴的名称，然后按 Enter 键确认，如 Displacement、Force 等。

➢ A：编辑坐标轴的字体格式、大小。

➢ Scale and Tics：编辑坐标轴的刻度及字体大小等，如图 12.22 所示。其中，Linear 表示刻度是均匀分布的；Min 表示刻度最小值；Max 表示刻度最大值；Tics per axis 表示有多少个刻度，调整其右侧的数值可使刻度标识均为整数以便识别。

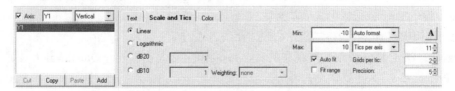

图 12.22　HyperGraph 的编辑坐标轴刻度命令界面

> Color：编辑坐标轴的颜色。

5. 编辑表头

双击 HyperGraph 图表的表头区域或者单击工具栏 3 中的 Headers/Footers 图标，可在命令操作区打开表头定制操作界面，如图 12.23 所示。

图 12.23　HyperGraph 的编辑表头命令界面

Header 和 Footer：分别用来编辑表头和表尾，通常只需要编辑其中的一个即可。表头/表尾是 HyperGraph 2D 图表的标记，当图表数据来源是 binout 文件时，通常表头会自动标注 binout 文件的路径，用户可以在图 12.23 左侧区域对表头内容、字体大小和颜色等属性进行编辑，然后单击右侧的 Apply 按钮确认。

6. 编辑 Legend 图标

单击工具栏 3 中的 Legends 图标可对图表中 Legend 图标的显示/隐藏、位置、字体大小等属性进行编辑，如图 12.24 所示。

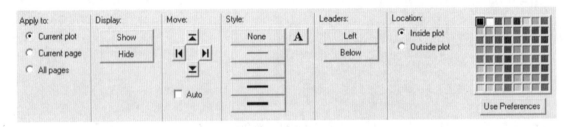

图 12.24　HyperGraph 的 Legend 编辑命令界面

当一个 HyperGraph 图表中的曲线较多时，Legend 可以帮助快速区分图中的曲线。

在图表区先用鼠标左键单击 Legend 图标，看到其边框呈高亮显示后，再用鼠标左键拖动可随意改变其位置。

右击 Legend，在弹出的快捷菜单中选择 Properties 命令，在弹出的窗口中同样可以编辑其显示/隐藏、字体大小等特征。Legend 图标的位置最好不要干扰用户对曲线的观察与评判。

> Apply to：确定对 Legend 的设置是适用于当前图表 Current plot、当前页所有图表 Current page 还是适用于所有 HyperGraph 图表 All pages。
> Display：控制 Legend 的显示/隐藏。
> Move：控制 Legend 在图表中的位置，也可以用鼠标在图表中拖动来改变位置。
> Style：编辑 Legend 边框的线型及字体。
> Leaders：编辑 Legend 的格式，如曲线与曲线名称的位置关系。
> Location：指定 Legend 的位置是在图表内 Inside plot 还是在图表外 Outside plot。
> Use Preferences：采用默认设置。

7. 定制图表边框的颜色

默认的图表边框是灰色的，但有些工程师在截图至工作报告时为了美观都希望图表的边框是白色，其具体设置方法为：单击工具栏3中的 Option 图标（图 12.25 中箭头①所指），在命令操作区打开图表设置工具，操作方法、步骤如图 12.25 所示，最后一步双击所选的颜色即可。

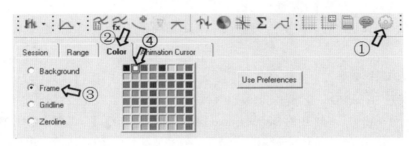

图 12.25　图表边框颜色定制

12.3.4　曲线滤波

用户直接获得的一些曲线（如力、加速度等的曲线）由于结构噪声等原因通常会有严重的"毛刺"或者震荡问题，因而不便于看清曲线的形状和判断曲线的极值，此时就需要对曲线进行滤波处理。

由于 HyperView 界面和 HyperGraph 界面对应的下拉菜单项有区别，用户首先需要确认当前界面是 HyperGraph 的情况下，顶部下拉菜单中是否有 Math、Filter 等项，若没有则须单击下拉菜单 File→Load→Preference File 命令打开 Preference 窗口，选择其中的 Vehicle Safety Tools 再单击窗口下方的 Load 按钮确认并退出窗口，此时再观察下拉菜单，会看到比之前增加了很多项。

1. 曲线滤波方法

曲线滤波方法一：单击下拉菜单 Filter→SAE General→SAE(hg)→SAE 60/SAE 180（选择想要的滤波精度），此时在命令操作区出现图 12.26 所示的操作界面。SAE 后面的数值（如 60、180 等）表示采样频率，采样频率越高，滤波之后的曲线与原曲线越接近。

图 12.26　Curve Filter 操作界面

（1）Parameters: Name：注意该列中 Curve（time=sec）表示要滤波的曲线的横坐标（即时间坐标轴）单位必须是秒（s）。如果要滤波的曲线的时间单位与要求不一致，首先需要依据要求进行单位制转换，否则后续的滤波操作会出错。

（2）Parameters: Value：首先单击鼠标左键使光标落在空格内，再通过"Shift+鼠标左键"在 HyperGraph 图表中选择要滤波的曲线，该曲线信息会自动录入。如图 12.26 所示，p2w1c2 表示对第二页（page 2）的第一个窗口（window 1）的第二条曲线（curve 2）进行滤波，用户也可以依法手动输入曲线信息，特别是希望滤波以后生成的曲线与原曲线不在同一界面的情况。

（3）Layout：用来定义滤波以后新生成的曲线与被滤波曲线的位置关系。

1）Place new curves in original plot：默认设置，表示滤波后生成的曲线与原曲线处于同一窗口且原曲线自动隐藏.

2）Create new pages：重新生成一个 HyperGraph 图表用来存放滤波后生成的曲线。

3）Use current plot：采用当前 HyperGraph 图表输出滤波后生成的曲线。

（4）Apply：确认相关设置并生成滤波后的曲线。

曲线滤波方法二：在功能区 Plot 界面中选择要滤波的曲线并右击，在弹出的快捷菜单中选择 Filter→CFC 60/180 SAE。

2．设置滤波的采样频率

如上所述，指示 HyperView 进行自动滤波通常只有两种采样频率（60 和 180）可供选择。如果想自定义采样频率，则可单击工具栏 3 中的 Define Curve 图标 对滤波曲线进行编辑。图 12.27 所示为 Define Curve 操作界面。被选中的曲线是对原曲线进行 60 采样频率滤波后生成的新曲线，用户可以将 y=栏中的数据 60 更改为自己想要的采样频率，然后按 Enter 键确认或者单击右侧的 Apply 按钮确认。

图 12.27　Define Curve 操作界面

12.3.5　曲线极值的 Note 标注

在 HyperGraph 图表区右击曲线，在弹出的快捷菜单中选择 Math→Max Note 或 Min Note，或者在功能区 Plot 界面中右击单个曲线，在弹出的快捷菜单中选择 Single Curve Math→Max Note/Min Note，即会在图表区自动标注该曲线的最大值或最小值。

在图表区用鼠标左键单击 Note 标注使其呈高亮显示后，再用鼠标左键拖动可变更其在图表中的位置；在图表区单击 Note 标注等使其呈高亮显示后，可在命令操作区显示该标注的编辑工具，如图 12.28 所示。

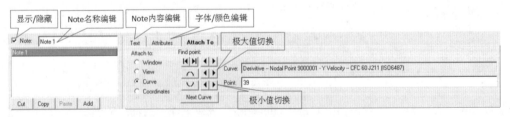

图 12.28　曲线 Note 标注的编辑

🔊 注意：

> 默认生成的曲线最大值或最小值是整个曲线范围内的"最值"，如果想要找到某个局部波动范围内的"极值"，可以按照图 12.28 所示单击极大值/极小值切换按钮，Note 会依次在各个极值之间切换，直到定位至自己希望的位置，也可以直接单击曲线上任一不是极值的点进行自动标注。

另外，单击工具栏 3 中的 Notes 图标 ，同样可以打开图 12.28 所示的界面。

12.3.6　曲线上点的坐标

要查看曲线上某一点的坐标，可单击工具栏 3 中的 Coordinate Info 图标，即在命令操作区打开图 12.29 所示操作界面。单击曲线上一点，即可在命令操作区显示该点的坐标值。用户同时可以借助图 12.29 左侧的 Find Point 按钮自动查找该曲线的极值点及其坐标值。

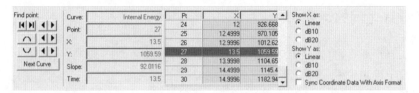

图 12.29　查看曲线坐标点

12.3.7　参考线和基准线

有时用户需要在图表区建立参考线（基准线），考查力、位移或其他变量的曲线是否超过该基准线。参考线是一条平行于 X 轴或 Y 轴的直线，表达一个恒定的纵坐标值或横坐标值。

参考线生成方法：在图表区空白处右击，在弹出的快捷菜单中选择 New→Datum Line-Horizontal/Datum Line-Vertical，此时在图表区会出现一条水平线（或垂直线），同时命令操作区出现图 12.30 所示的界面，可对新生成的参考线的名称、标注内容、标注位置、参考线位置（坐标）、线型和颜色等进行编辑。

如果只是想对已经生成的参考线进行编辑，则可单击工具栏 3 中的 Datum Lines 图标，同样会在命令操作区打开图 12.30 所示界面。

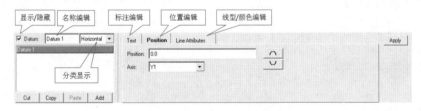

图 12.30　参考线编辑

12.3.8　单条曲线运算

单条曲线的运算是保持曲线上坐标点的横坐标不变，仅对每一点的纵坐标进行数学运算后作为新曲线的纵坐标。

1. 曲线积分和二次积分

例如，加速度曲线单次积分可得到速度曲线，二次积分可得到位移曲线。

在功能区 Plot 界面中选择要进行积分运算的单个曲线，右击，在弹出的快捷菜单中选择 Single Curve Math→Integral/Double Integral 即可生成积分曲线/二次积分曲线。

2. 曲线求导和二次求导

例如，位移曲线单次求导可得到速度曲线，二次求导可得到加速度曲线。

在功能区 Plot 界面中选择要进行求导运算的单个曲线，右击，在弹出的快捷菜单中选择 Single Curve Math→Derivative/Double Derivative 即可生成单次求导/二次求导后的曲线。

3．曲线平方

在功能区 Plot 界面中选择要进行平方运算的曲线，右击，在弹出的快捷菜单中选择 Single Curve Math→Square 即可生成该曲线的平方曲线，平方曲线上每一点的纵坐标是原曲线对应点纵坐标的平方。

12.3.9　多条曲线之间的运算

多条曲线之间进行运算，首先要求这几条曲线的采样频率相同，即曲线上点的横坐标能够一一对应，曲线之间的运算只是针对坐标点的纵坐标进行数学运算。

曲线的采样频率在前处理时由输出控制关键字*DATABASE>DT 决定，同类曲线（如从同一个 glstat 文件读取的能量曲线）通常不存在采样频率不一致的问题；分别从 binout 和 d3plot 读取的曲线通常存在采样频率不一致的问题。对采样频率不一致的曲线进行曲线运算之前，首先要对它们进行重新采样，然后才能进行曲线运算。

📢 **注意：**

> 采样频率不同的曲线之间进行数学运算仍然可以生成一条新的曲线，但是这条新生成的曲线通常并非正确的结果。

1．曲线重新采样

单击下拉菜单 Math→One Curve→Resample，在命令操作区打开图 12.31 所示曲线重新采样操作界面。

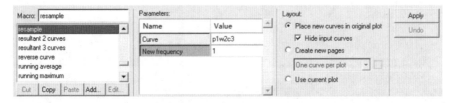

图 12.31　Resample 操作界面

➢ Parameters: Value：首先单击使光标落在该列 Curve 行对应的位置，通过"Shift+鼠标左键"选择当前界面图表中显示的曲线，也可以手动输入 plwmcn 选取第 1 个界面第 *m* 个窗口的第 *n* 条曲线。

➢ New frequency：设置采样频率，默认值为 1。将其改为 1000，表示采样频率为 1000，即对被选中的曲线上均匀分布的 1000 个点进行选取来重新定义该曲线。需要进行曲线合成的两条曲线，其采样频率必须相同。

➢ Apply：确认生成重新采样之后的曲线。

用同样的方法对另外一条要进行合成运算的曲线进行相同频率的采样。重新采样之后生成的新曲线与原被采样曲线在几何形状上完全重合，但是内部坐标点却不同。

2．曲线组求和

在功能区 Plot 界面中通过"Shift/Ctrl+鼠标左键"选择多条曲线，右击，在弹出的快捷菜单中选择 Multiple Curve Math→Add，即可生成这几条曲线叠加之后的新曲线。

3. 曲线组求平均

在功能区 Plot 界面中通过"Shift/Ctrl+鼠标左键"选择多条曲线，右击，在弹出的快捷菜单中选择 Multiple Curve Math→Average，即可生成对这几条曲线求平均后的新曲线。

4. 曲线组求积

在功能区 Plot 界面中通过"Shift/Ctrl+鼠标左键"选择多条曲线，右击，在弹出的快捷菜单中选择 Multiple Curve Math→Multiply，即可生成对这几条曲线求积后的新曲线。

5. 曲线相减

曲线相减的操作只能在两条曲线之间进行，不能多于两条曲线。

在功能区 Plot 界面中通过"Shift/Ctrl+鼠标左键"选择两条曲线，右击，在弹出的快捷菜单中选择 Multiple Curve Math→Subtract 即可生成两条曲线相减之后生成的新曲线。通常是先选择的曲线减去后选择的曲线；用户如果选择顺序错误也不用重新生成，可在功能区 Plot 界面右击选择新合成的曲线，在弹出的快捷菜单中选择 Single Curve Math→Reverse Curve 命令翻转曲线。

6. 曲线矢量和

已知力在各个坐标轴方向的分量，求这几个分量的矢量和时经常会用到该功能，即

$$C = \sqrt{a^2 + b^2}$$

在功能区 Plot 界面中通过"Shift/Ctrl+鼠标左键"选择多条曲线，右击，在弹出的快捷菜单中选择 Multiple Curve Math→RSS，即可生成对这几条曲线求矢量和后生成的新曲线。

7. 曲线合成

曲线合成是指对于有共同横坐标的两条曲线，分别取其纵坐标作为新曲线的横坐标和纵坐标合成一条新的曲线。例如，整车碰撞安全性能仿真分析工况中，将车体与壁障之间接触力的时间历程曲线和车体侵入量的时间历程曲线合成一条接触力与车体侵入量之间对应关系的曲线。

曲线合成的操作只能在两条曲线之间进行，且这两条曲线的采样频率必须相同，否则会生成错误的曲线。还是以整车碰撞安全性能仿真分析工况为例，虽然车体与壁障之间接触力的时间历程曲线和车体侵入量的时间历程曲线的横坐标都是时间，但是如果接触力数据是从 binout 文件读取的，而侵入量数据是 HyperView 从 d3plot 文件采集的，那么这两条曲线的采样频率一般是不同的；如果两条曲线的采样频率不同，则需要首先对其进行重新采样，否则即使能够得到一条合成曲线，也是错误的曲线。

单击工具栏 3 中的 Define Curve 图标，或者在图表区右击，在弹出的快捷菜单中选择 New→Math Curve，在命令操作区打开图 12.32 所示的定义曲线界面，单击 Add 按钮新建一条曲线，可以在 Curve: Curve 1 中对曲线进行重命名。

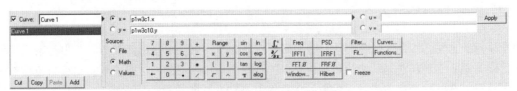

图 12.32　Define Curve 操作界面

➢ Source：数据来源如图 13.32 所示，选择 Math。

➢ x=：指定合成曲线的横坐标数据。通过"Shift+鼠标左键"选择当前界面的曲线，然后将图 12.32

中的 p1w3c1.x 手动更改为 p1w3c1.y，表示选取该曲线的纵坐标作为合成曲线的横坐标；也可以依法手动输入 plwmcn.y，选取第 1 个界面第 m 个窗口的第 n 条曲线的纵坐标作为合成曲线的横坐标。

> y=：通过 "Shift+鼠标左键" 选择当前界面的曲线，也可以手动输入 powpcq.y，选取第 o 个界面第 p 个窗口的第 q 条曲线的纵坐标作为合成曲线的纵坐标。

> Apply：先单击目标图表使其成为当前图表，再单击图 12.32 中的 Apply 按钮确认生成合成曲线。

12.3.10　曲线的复制和粘贴

在功能区 Plot 界面中选择想要复制的曲线，右击，在弹出的快捷菜单中选择 Copy；再选择同在 Plot 界面、想要粘贴曲线的 HyperGraph 窗口，右击，在弹出的快捷菜单中选择 Paste，即可将剪贴板中的曲线粘贴至该窗口中。

12.3.11　HyperGraph 定制格式化

依上述操作完成单个 HyperGraph 图表的边框、坐标轴、表头、极值标注、Legend 图注以及曲线的线型、粗细、颜色等参数的编辑后，可以通过 HyperGraph 的批处理工具将上述设置自动推广至用户指定的其他 HyperGraph 图表，甚至全部图表，这样可以极大地提高后处理的效率，同时也使得 HyperGraph 图表格式做到整齐划一。

其操作方法如下。

（1）在完成图表编辑的图表空白区域右击，在弹出的快捷菜单中选择 HG ApplyStyle 即可弹出图 12.33 所示的批处理对话框。

（2）在图 12.33 所示对话框的左侧指定当前图表的定制规则的推广对象，即针对哪些图表进行定制格式化；对话框的右侧为指定要推广的具体内容，即哪些具体设置要进行推广，单击目录项前面的 "+" 可以展开更详细的子目录和更具体的选项。

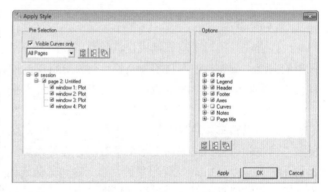

图 12.33　HyperGraph 批处理对话

（3）单击 Apply 按钮确认推广当前图表的设置方法。

由上可知，HyperGraph 的图表编辑批处理功能极大地提高了编辑图表的效率。

12.3.12　曲线导出与导入

整车碰撞安全性能仿真分析通常分为结构耐撞性分析和约束系统分析两部分，其中约束系统分析的输入条件即 B 柱加速度信息是从结构耐撞性部分的计算结果中获得的，这就需要将结构耐撞性部分的计算结果中获得的 B 柱加速度曲线导出为前处理软件 HyperMesh 能够读取的文件。

同批次结构优化的几个 CAE 模型的计算结果常常需要进行比对才能看出优劣，而结果的对比除了在 HyperView 窗口进行 3D 动画的对比之外，在 HyperGraph 窗口进行相关曲线的对比也是必不可少的，这时就需要把几个计算结果的同类曲线导入 HyperGraph 的同一窗口中才能进行更好的对比。

1. HyperGraph 导出曲线

先使当前 HyperGraph 窗口仅显示想要导出的曲线，然后单击工具栏 1 中的 Export Curves 图标 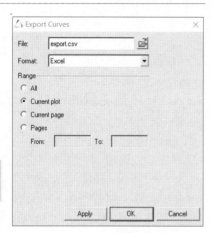 打开曲线导出对话框，如图 12.34 所示。

（1）Format：选择要导出的文件格式。

📢 **注意：**

> HyperGraph 可以导出的曲线的文件格式，在导入时同样可以读取。仅可以导出当前显示的曲线，隐藏的曲线不能导出。

HyperGraph 曲线导出的文件格式通常有两种：一种是 Excel 文件格式（*.csv）；另一种是*.dat 文件格式。两种文件格式都可以被前处理软件 HyperMesh 在定义曲线时直接读取，但是后者更便于用文本编辑器 UltraEdit/NotePad 进行读取和编辑。

图 12.34 曲线导出对话框

（2）File：选择曲线导出的路径及文件名称。

（3）Range：选择要导出的曲线。

1）All：所有界面的 HyperGraph 窗口中显示的曲线都导出。

2）Current plot：仅导出当前界面的 HyperGraph 窗口显示的曲线。

3）Current page：当前界面所有 HyperGraph 窗口中显示的曲线都导出。

4）Pages：导出指定界面显示的所有曲线。

（4）Apply：确认曲线输出。

2. HyperGraph 导入曲线

HyperGraph 导入曲线的操作：单击工具栏 3 中的 Define Curves 图标，在命令操作区打开图 12.35 所示的界面。

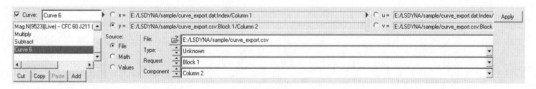

图 12.35 HyperGraph 导入外部曲线

（1）Add：新增一条曲线，用来存放要导入的曲线数据。

（2）Source：选择数据来源，如图 12.35 所示选择 File 选项表示从外部导入曲线数据。

（3）File：打开指定路径下的曲线数据文件*.csv/*.dat。

（4）Component：指定新曲线的横/纵坐标的数据为导入曲线数据的哪一列。从 HyperGraph 导出的曲线文件*.csv/*.dat 内部第 1 列数据对应曲线上各点的横坐标，第 2 列数据对应曲线上各点的纵坐标，导入时也应如此对应。

（5）Apply：确认利用外部数据生成新的曲线。

12.4　依据曲线评判计算结果

12.4.1　依据能量曲线判断计算结果的可靠性

在 LS-DYNA 求解器对 CAE 模型求解计算中途报错退出时能量曲线是很有效的诊断依据，在计算完成后也是很有效的评判结果有效性和准确性的重要依据，因此建议用户养成查看能量曲线的习惯。

模型的整体能量信息通常保存在 glstat 结果文件中（SMP 求解器计算结果）或者 binout 文件中的 glstat 项（MPP 求解器计算结果）。通常需要读取的能量信息有以下几个。

（1）Kinetic Energy：动能。

（2）Internal Energy：内能。

（3）Hourglass Energy：沙漏能。

（4）Sliding Interface Energy：接触滑移能。

（5）Total Energy：总能量。

（6）Eroded Kinetic Energy：失效单元的动能，不包括在上述总动能之内。

（7）Eroded Internal Energy：失效单元的内能，不包括在上述总内能之内。

上述能量曲线通常输出到同一个 HyperGraph 图表中，从而便于用户进行观察与判断。合理的能量曲线通常需要遵循以下原则。

（1）初始动能应当与通过 $mv^2/2$ 计算的结果相符。

（2）理论上能量曲线均应当为正值，如果出现严重的负值可判定计算失真。

（3）根据能量守恒定律，在无外力做功时总能量的时间历程曲线应当尽量平直。

（4）能量曲线应当光滑且无尖锐的跳动。

（5）沙漏能应当控制在总能量的10%以内，但是通常只需要用户肉眼观察、大致判断即可，并不需要经过严格计算后确认。

📢 注意：

> 整车碰撞安全性能仿真分析中，车体与壁障之间的接触力是模型内力。重力虽然属于模型外力，但是由于模型在重力方向上的运动非常有限，因此可以忽略重力对模型做的功。

图 12.36 所示为汽车正向 100%撞击刚性墙仿真分析工况比较合理的能量曲线示例。

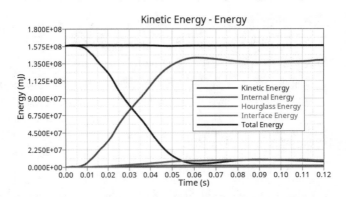

图 12.36　汽车正向撞击刚性墙计算结果比较合理的能量曲线形状

除接触滑移能外，其他能量曲线存在异常可通过读取 matsum 结果文件（SMP 求解器计算结果）或者 binout 文件中的 matsum 项（MPP 求解器计算结果）中所有零件的相应能量曲线，来锁定导致模型总能量异常的零件。当模型零件较多时，可通过命令操作界面零件列表下方的 All 按钮辅助选择，但是要注意排除零件列表中最后一个 summary 项。

在 HyperGraph 图表区中选择曲线后，右击，在弹出的快捷菜单中选择 Highlight Source Entity in mode 命令，在 HyperView 图形区高亮/单独显示对应的零件，这一功能可以帮助用户快速找到与能量异常曲线对应的零件及其在模型中的位置，从而便于用户观察其运动变化是否存在异常。

接触滑移能异常如出现严重负值时，可通过读取 sleout 结果文件（SMP 求解器）或者 binout 文件中的 sleout 项（MPP 求解器）输出所有接触对的滑移能，从而锁定导致模型总滑移能异常的具体接触对。读取 sleout 结果时，命令操作界面最后一项选择 Slave+Master。接触滑移能出现负值通常是由于接触穿透导致的，用户可以回到前处理软件检查相应的接触定义涉及的零件之间是否存在穿透或者是否需要增强接触识别。

12.4.2　加速度曲线

在 HyperGraph 下打开 nodout 文件（SMP 求解器）或者 binout 文件中的 nodout 项（MPP 求解器），如图 12.37 所示。如果选项太多（查找麻烦），则可以在 Filter 栏输入筛选字符（串）。

图 12.37　节点信息曲线生成

虽然 nodout 可以直接读取节点的加速度值，但是一般汽车行业采取的办法是先读取加速度计的速度曲线，然后再对速度曲线求导得到加速度曲线。

发动机前置的轿车正向撞击刚性墙仿真分析工况中，B 柱加速度计的输出曲线的趋势通常如图 12.38（a）所示的两级台阶状（真实的加速度曲线会沿该趋势产生很多波动）。其中，第一个平台的位置通常由发动机固定点之前的车体结构，主要是前纵梁的力学性能决定；第二个平台，即加速度峰值阶段主要由发动机固定点之后的车体结构的力学性能决定。平台阶段是车体结构压溃吸能的主要阶段。

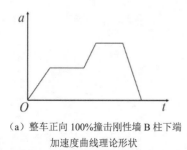
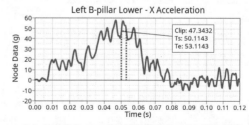

（a）整车正向 100%撞击刚性墙 B 柱下端　　　　（b）某车正向 100%撞击刚性墙左侧 B 柱下端加速度
　　加速度曲线理论形状　　　　　　　　　　　　　曲线及 3ms 峰值

图 12.38　整车正向撞击刚性墙 B 柱加速度曲线的理论形状及实际形状

汽车碰撞安全性能仿真分析中，加速度通常以 g（重力加速度）为单位。

汽车正向碰撞时，B 柱加速度的峰值和幅宽是正、副驾驶位置乘员受伤害程度的重要参考指标，而加速度曲线 3ms 峰值表示峰值的幅宽不小于 3ms。测量加速度曲线 3ms 峰值的方法是：使用下拉菜单

Injury→Clip→Curve/Note 在命令操作区打开图 12.39 所示的命令操作界面，对 Curve、Note 两种标注方式可以任选一种，也可以两种方式都采用（即各用一次）。Curve 方式是用一个 3ms 宽的矩形线框标出加速度曲线中哪一段的加速度曲线在 3ms 的幅宽上维持着最大值；Note 方式是用数值标注的方式直接显示 3ms 幅宽的加速度值。

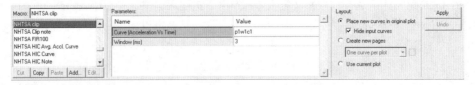

图 12.39　由现有加速度曲线计算 3ms 峰值

（1）Parameters: Value：选择当前的 HyperGraph 图表中的加速度曲线，Curve（Acceleration Vs Time）>p*w*c*（此处可以直接输入曲线的位置和序号，也可以用"Shift+鼠标左键"在图表区直接选择加速度曲线）；如果是 5ms 幅宽的峰值，则可以将第 2 行中对应 Window（ms）的值修改为 5（ms）。另外，注意该设置要求加速度曲线的时间单位是 ms，如果用户所要选择的加速度的时间历程曲线横坐标的时间单位不是 ms，则需要进行坐标轴的单位制转换，即右击坐标轴区域，在弹出的快捷菜单中选择 Convert Unit 命令，从中选择对应的单位制。

📢 注意：

> 标注加速度 3ms 峰值时，建议不要选中命令操作区 Layout 选项中的 Hide input curves，即在标注加速度 3ms 峰值时不要隐藏作为计算依据的加速度曲线本身。

（2）Apply：确认生成 3ms 峰值曲线及标注。

图 12.38（b）所示为从 LSTC 官方网站下载的共享模型丰田某轿车正向 100%撞击刚性墙仿真分析工况，左侧 B 柱下端的 X 向加速度曲线的 3ms 峰值为 47.34g，该加速度峰值会比大家实际工作当中得到的加速度曲线大很多，是因为该模型是从 LSTC 网站获得的共享模型，出于对整车厂家的商业机密的保护，整车模型做了一定的简化，车身材料采用的是线弹性材料，这使得共享模型的刚度会比实车模型的刚度要高。

12.4.3　B 柱加速度与整车等效加速度

1．车体 B 柱加速度与整车等效加速度的比较

B 柱加速度是指 B 柱下端加速度传感器输出的加速度曲线，由于该位置非常靠近车内主、副驾乘员位置，在整车正向碰撞过程中变形又比较小，通常认为能够比较准确地反映乘员的受伤害程度（假人头部伤害值 HIC 取决于头部加速度曲线的峰值与幅宽）；整车等效加速度是依据 $F=ma→a=F/m$（其中 F 是整车与壁障的接触力，m 是整车质量）换算出来的加速度值。

整车等效加速度越小说明汽车车身吸收碰撞的能量越充分，车身乘员受到伤害的可能性也就相应地更小；当等效加速度达到某一临界值后继续减小，则意味着车身刚度不足，无法充分吸收碰撞产生的能量。如何找到车身刚度与充分吸能之间的最佳组合，是对汽车碰撞安全仿真分析工程师的一个考验。

整车等效加速度目前仅应用于整车正向碰撞工况，且参考价值更高于直接从 B 柱加速度计得到的加速度值；整车等效加速度曲线由 B 柱加速度计输出的沿车体 X 向速度曲线通过后处理得出。

B 柱加速度计的速度曲线即使计算中途退出也可以得到一条适时的曲线，但是整车等效加速度曲线

必须至少完成计算 100ms 以上才可以得到较为完整的加速度曲线。

2．OLC 曲线的获得

在 HyperWorks 2019 或更高版本的 HyperWorks 软件的后处理工具 HyperView 中，单击下拉菜单 Injury→OLC→OLC 即可在下面的命令操作区依据加速度计输出的速度曲线求出整车等效加速度值，如图 12.40 所示。

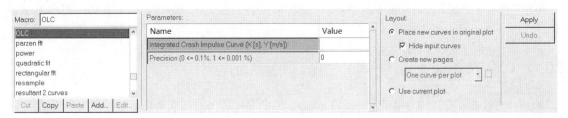

图 12.40　获得 OLC 曲线的操作界面

（1）Parameters: Value：选择图形区已经生成的白车身 B 柱沿车体 X 向的速度曲线。

（2）Layout：指定新生成的 OLC 曲线的位置，推荐选择 Create new pages 或者 Use current plot 选项使 OLC 在新的图表中生成。

（3）Apply：确认生成 OLC 曲线。

📢 **注意：**

> OLC 读取的速度曲线必须是国际单位制下的速度曲线（时间的单位是 s，速度的单位是 m/s），如果单位制不符则需要事先对坐标轴进行单位制转换。

OLC 得到的整车等效加速度值的单位是重力加速度（g）。

图 12.41（a）所示为从 LSTC 官方网站下载的共享模型丰田某轿车正向 100% 撞击刚性墙仿真分析工况，左侧 B 柱下端的 X 向加速度曲线的 3ms 峰值为 47.34g，图 12.41（b）所示为同一位置同一加速度计得到的 X 向速度曲线计算出的整车等效加速度曲线，其 OLC 的值为 38.85g。

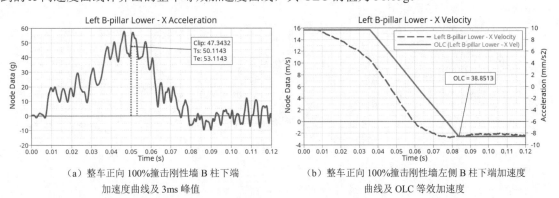

（a）整车正向 100% 撞击刚性墙 B 柱下端　　　　（b）整车正向 100% 撞击刚性墙左侧 B 柱下端加速度
　　加速度曲线及 3ms 峰值　　　　　　　　　　　　曲线及 OLC 等效加速度

图 12.41　整车正向撞击刚性墙 B 柱加速度 3m 峰值及 OLC 等效加速度

12.4.4　力曲线

根据前处理输出控制的相关变量的定义可知，想要查看的力的项目与 ASCII/二进制文件的对应关系分别为：接触力（rcforc）、刚性墙反力（rwforc）、截面力（secforc）、螺栓力（elout）、安全带力（sbtout）、约束反力（spcforc）、弹簧力（deforc）、铰链连接力（jntforc）等。在 HyperGraph 中读入相应的 ASCII 文件，根据名称或 ID 找到对应的项，单击 Apply 按钮即可。

12.5　TextView 应用

单击工具栏 3 中的 Client Selector 图标 旁边的下拉按钮，选择 TextView，在图形区打开 TextView 界面。

12.5.1　认识 TextView

TextView 可通过 TCL（Tool Command Language）命令以文字的形式输出 HyperGraph 曲线信息，如极值、最终值等。

与 HyperGraph 中的 Note 信息相比，TextView 的信息有以下几点优势。

（1）Note 信息对应曲线上点的坐标值，但是本次后处理时 Note 信息对应的曲线极值点在下次用 tpl 批处理文件自动读取其他模型的结果时往往不再是极值点，用户需要再次调整 Note 信息使其重新指向极值点，这无异于重新生成一次 Note 信息；而 TCL 命令与曲线对应，再次用 tpl 批处理文件读取结果时只要对应的 HyperGraph 窗口存在对应序号的曲线，不论曲线如何变化，仍然能够准确读取其极值/最终值等对应信息。

（2）工程师要想记录 Note 信息只能逐个抄录，若曲线较多、需要记录的 Note 信息较多，会费时、费力且容易出错；TextView 信息可以直接批量地进行文字编辑，如复制、粘贴等操作。

当前窗口处于 TextView 界面时，单击工具栏 3 中的 Evaluation Model Control 图标 可以在 TCL 命令脚本 与曲线信息采集结果 之间进行切换。

12.5.2　TextView 命令脚本举例

TextView 命令脚本举例如下。

```
{display_as_output}
{max01=max(p1w1c1.y)}
{max02=max(abs(p1w1c1.y))}
{max03=max(p1w1c1.y+p1w1c2.y+p1w1c3.y)}
{max_x=max(p1w1c1.x)}
{point_01=lininterp(p1w1c1.x,p1w1c1.y,60)}
{terminal_point=lininterp(p1w1c1.x,p1w1c1.y,max_x-1)}
{max04=max(sqrt(p1w1c1.y^2+p1w1c2.y^2))}
{close}
Subframe_bolt_force(KN)
Items   value
Max_x          {max_x, %5.1f}
Max_y_01       {max01, %5.1f}
Max_y_02       {max02, %5.1f}
Max_all        {max({max01, max02}), %5.1f}
Max_y_03       {max03, %5.1f}
Max_y_04       {max01+max02, %5.1f}
Max_y_05       {max04/1000, %5.1f}
```

```
Point_01_y          {point_01, %5.1f}
Point_terminal_y  {terminal_point, %5.1f}
```

脚本解释及说明如下。

（1）p1w1c1：第一页（page）第一个窗口（window）的第一条曲线（curve）。

（2）max_x：提取 p1w1c1 曲线横坐标的最大值，如果是时间历程曲线或者其他单调曲线，通常指该曲线终点的横坐标。

（3）%5.1f：表示数值类型为保留小数点后一位的浮点数。要保留小数点后两位则为"%5.2f"，依此类推；"%5.1d"则表示数值类型为整数。

（4）Max_y_01：曲线 p1w1c1 纵坐标的最大值。

（5）Max_y_02：曲线 p1w1c1 纵坐标的绝对值的最大值。

（6）Max_all：两个最大值 Max_y_01 和 Max_y_02 之间的最大值。

（7）Max_y_05：Max_y_05 的值是由 max04 的值再缩小 1000 倍获得的。

（8）Point_01_y：曲线 p1w1c1 上横坐标 $x=60$ 的点的纵坐标值。

（9）Point_terminal_y：与曲线 p1w1c1 终点的横坐标对应的纵坐标值。

（10）sqrt（p1w1c1.y^2+p1w1c2.y^2）：矢量和，当需要对两条矢量曲线（如两个正交力的曲线）进行矢量求和再求其合力最大值时会用到该公式。

（11）Subframe_bolt_force（kN）：当需要通过 TextView 输出的信息较多时，需要插入注解信息，这些注解信息切换命令脚本与输出结果时保持不变。上述 TCL 命令被 Subframe_bolt_force（kN）注释分成了两个部分，这两个部分是上下对应的，缺一不可。

📢 **注意：**

> 输入曲线终点的横坐标的理论值很有可能无法求得其所对应的纵坐标，例如汽车正向刚性墙碰撞工况通常需要计算 120ms（*CONTROL_TERMINATION>ENDTIM=120，mm-ms-kg-kN 单位制），LS-DYNA 求解器正常计算至 119.999ms 就结束计算并通知用户计算正常完成，如果用户在 HyperGraph 后处理时输入曲线终点横坐标的理论值 120 很可能无法获得其对应的纵坐标值，此时用户可取邻近点代替，例如上面例子中用曲线横坐标在理论上的最大值即终点的横坐标减去一个单位 max_x-1 对应的纵坐标的值来近似表达曲线终点的纵坐标值。

用户可以把上述举例的 TCL 命令脚本输入 HyperView→TextView 中，再根据自己模型的实际结果做一些调整，看能得出什么样的结果以及得出的结果与自己预想的、与 HyperGraph 的 Note 信息显示的数值是否一致，这样能够加深理解。

12.6 tpl 批处理文件

保存 tpl 文件命令：下拉菜单 File→Save as→Report Template。

打开 tpl 文件命令：下拉菜单 File→Open→Report Template。

tpl 文件其实是一个命令流文件，保存了用户在 HyperView、HyperGraph 和 TextView 等后处理过程所做的全部操作（命令）。批处理文件*.tpl 可以极大地提高后处理的效率，尤其是在对同一模型的多次结构优化分析过程中效果显著。在第一次计算结果的后处理操作完成并保存 tpl 文件后，后续优化计算结果只需要将上次保存的 tpl 文件复制到新的计算结果的目录下，然后在 HyperView 下重新读取该 tpl 文件，HyperView 会自动运行其中的命令流以完成各项后处理操作。

使用条件如下。

（1）结果文件名 d3plot 和 binout 相同，例如求解计算时均采用串行计算（SMP）求解器或者均采用并行计算（MPP）求解器，这样计算结果均为 ASCII 文件或均为集成的二进制 binout 文件。

（2）模型中需要查看的项目，如节点 ID、单元 ID、截面力名称、ID 等都相同或大部分相同（不同的部分将无法在批处理过程中实现或者会出错，需要用户自己修正）。

（3）*.tpl 文件与结果文件的相对位置必须相同。例如生成*.tpl 文件时与结果文件 d3plot、binout 在同一文件夹中，则对新的计算结果读取（打开）*.tpl 文件时，tpl 文件与新的计算结果中 d3plot、binout 等文件也应当在同一文件夹中，当然当 tpl 文件与结果文件的相对位置不同或者新结果中的 d3plot 已经压缩成*.h3d 文件时，用户也可以通过文本编辑工具 UltraEdit/NotePad 等对 tpl 文件中 d3plot 和 binout 的路径进行编辑，以确保 tpl 文件能找到并顺利读取新的计算结果中的 d3plot/h3d 文件和 binout 文件。

用 HyperView 读取批处理命令脚本文件*.tpl 时，在弹出的对话框中会有 3 种打开模式供用户选择。

Overlay 模式表示本次读取的结果将叠加在 HyperView 已显示的结果之上。

Append 模式表示本次读取的结果将追加在 HyperView 已显示的结果之后。

Replace 模式表示新读取的结果将覆盖 HyperView 正在显示的结果。

当需要对一个模型进行持续优化时，用户通常需要对模型优化前后两个或者多个计算结果的各项测量指标进行直观对比，从而确定新的、更好的优化方向。Overlay 模式可以通过先后读取各个优化模型计算结果文件夹中的*.tpl 文件并对各项测量指标分别进行叠加对比，从而很好地实现这一功能。

12.7 CAE 分析技巧之鼠标右键

无论是前处理软件 HyperMesh 的应用，还是后处理软件 HyperView 和 HyperGraph 的应用，或者是文本编辑器 UltraEdit 和 NotePad 的应用过程中，如果用户能够充分利用右击弹出的快捷菜单，无疑将会起到事半功倍的效果，在此建议用户尤其是初学者要重视熟悉、学习不同的应用软件、同一软件不同界面区域通过右击打开的快捷菜单的内容及应用。

12.8 模 型 实 操

本书配套教学视频为读者提供了某款汽车正向撞击刚性墙的仿真分析模型、计算结果文件及应用 HyperGraph、HyperView 软件对计算结果进行后处理操作的教学示范，在配套教学视频的文件夹中搜索 Model_2010-toyota-yaris-coarse-v11 即可找到该整车模型的主文件 combine.key，搜索 Rsult_2010-toyota_SMP_final 即可找到该整车模型的计算结果文件，计算结果文件夹中提供了一个 tpl 批处理文件范本，读者可依据教学示范并结合本章内容进行实操练习以加深对相关知识的理解与记忆。

第 13 章 抗爆门性能仿真分析

13.1 工 况 描 述

煤矿等矿井坑道中经常会有瓦斯爆炸的危险，因此紧急避险区域抗爆门的安全性能事关重大。本章将就矿井抗爆门对爆炸冲击波的响应进行仿真分析，并通过该分析过程更具体地了解 CAE 仿真分析的一般流程。

13.2 抗爆门结构介绍

图 13.1 所示为外开式抗爆门的外视图、内视图和俯视图。可以看出，抗爆门制作成外开式较内开式的安全系数更高，因为爆炸冲击波通常来自安全区域的外部，外开式抗爆门更充分地利用了门框对抗爆门的支撑作用。图 13.1 所示的抗爆门内嵌在门框内，这样可以更好地利用门框约束抗爆门遭受外力时的变形。可以说，抗爆门的安全性能并非只能由抗爆门本身的强度、刚度来决定。再比如说，坑道内的爆炸冲击波通常是沿着坑道传播的，而紧急避险区域的抗爆门正对坑道方向和侧对坑道方向承受的冲击载荷将是不一样的，因此抗爆门在坑道内的方位选择也对其安全系数有很大的影响。当然，以上仅仅是为读者开阔一下解决问题的思路，本章内容仅介绍抗爆门在特定爆炸冲击载荷下响应的 CAE 仿真分析。

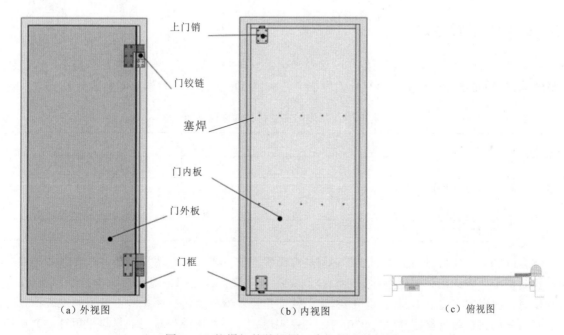

图 13.1 抗爆门的外视图、内视图和俯视图

如图 13.1 所示，整个抗爆门系统由门框、抗爆门本体、打开侧的上下门销、非打开侧的上下铰链组成，金属材料均采用 Q235 钢，抗爆门本体用 40mm×40mm×2.5mm 的方钢管作矩形框架加内外钢制门板（厚度 2.5mm）焊接而成，基础模型在抗爆门本体框架内焊接了两道方钢管横梁将抗爆门框架从上到下平分为 3 个部分，内外门板与方钢管门框架之间用长度 40mm、间距 160mm 的断续焊进行焊接且在上、下、左、右 4 个门框角处形成角焊缝，内外门板在中间两根横梁处开直径 10mm、间距 160mm 的小孔，然后采用塞焊的方式将内外门板与中间横梁焊接起来。后续依据抗爆门基础模型的分析结果，用户可以对门的框架结构反复地进行优化及仿真验证。抗爆门内、外板之间的空隙用岩棉夹芯板填充。

13.3　前　处　理

13.3.1　模型单位制的选择

此处我们选择 mm-ms-kg-kN 单位制［表 5.1 中（c）列］作为整个模型的单位制，后续所有参数的定义都将与其保持一致。

13.3.2　单元目标尺寸的确定

根据抗爆门的结构尺寸，我们决定设置单元目标尺寸为 5mm、单元最小尺寸为 2.5mm、单元最大尺寸为 10mm，局部地区如门销和门铰链上的最小单元尺寸可以根据实际情况更小一些以确保每个方向都至少有两排单元。其他单元质量参数（如壳单元翘曲度等）的定义可以参考 HyperMesh 自带的单元质量标准 crash_5mm.criteria。

由于抗爆门系统大多数为型材，不存在复杂曲面，因此单元质量容易得到保证。

13.3.3　材料、属性定义

本模型中只用到两种材料：门框、抗爆门本体、打开侧的上下门销、非打开侧的上下铰链的金属材料均采用 Q235 钢；门板内填充物为岩棉夹芯板。这两种材料的力学性能参数见表 13.1。

表 13.1　抗爆门主要材料的性能参数

比较项	Q235 钢	岩棉夹芯板
密度（kg/m³）	7850	140
弹性模量（GPa）	210	6.2E-3
泊松比	0.3	0.17
屈服强度（MPa）	235	0.6

抗爆门和门框的材料都是 Q235 钢，但是由于我们的主要研究对象是抗爆门对爆炸冲击波的响应而不是门框，因此门框可用刚体材料*MAT_020 来定义；此处门框对研究对象抗爆门还有约束、限制作用，我们定义门框为固定不动的刚体，从而重点观察抗爆门在爆炸冲击波下的反应，对门框自由度的全约束在门框材料*MAT_020 的定义中实现。图 13.2 所示为对门框材料采用*MAT_020 关键字进行定义时其内部变量的定义示例，其中变量 CMO、CON1 和 CON2 等的定义即对调用该材料

零件自由度的全约束设置。

图 13.2　用关键字*MAT_020 对刚体门框的定义

对于抗爆门本体的方钢管门框架、门内外板、门销和门铰链所用的材料 Q235 钢，虽然抗爆门对爆炸冲击波的响应是高度非线性的，但是由于条件限制，我们无法对 Q235 钢进行试件拉伸试验以获得其在不同应变率下的应力-应变关系曲线，因此最终我们确定用*MAT_003 材料模型来定义这些 Q235 钢零件。*MAT_003 关键字内部各变量的定义描述如图 13.3 所示，其中失效应变 FS 定义为 0.35，即当其中某个单元产生塑性应变达到失效应变时，该单元被判定失效并被自动删除，宏观表现是零件在此处产生开裂；另外，我们用两个变量 SRC 和 SRP 来描述 Q235 钢的应变率影响系数，这是受条件限制又不得不考虑应变率影响因素的权宜之计。

图 13.3　用关键字*MAT_003 定义 Q235 钢材料的力学性能

门框、抗爆门方钢管框架、门内外板等薄壁件全部用壳单元*ELEMENT_SHELL 来建模，门销和门铰链页片及门内填充的岩棉夹芯板用实体单元*ELEMENT_SOLID 建模。

由于整个抗爆门模型规模不大，因此抗爆门本体上所有弹性体定义的壳单元的单元类型均采用*SECTION_SHELL>ELFORM=16 全积分单元来定义，壳单元厚度方向的积分点数量*SECTION_SHELL>NIP=5。图 13.4 所示为抗爆门上材料厚度为 2.5mm 的方钢管门框架及门内外板等零件的属性*SECTION_SHELL 关键字内部各变量的定义。门框由于是用刚体材料*MAT_020 定义，故单元类型采用*SECTION_SHELL>ELFORM=2 减缩积分单元来建模，厚度方向的积分点也相应定义为*SECTION_SHELL>NIP=3，材料厚度采用零件真实厚度。

图 13.4　Q235 钢薄壁件的*SECTION_SHELL 定义

第 5 章提到全积分单元虽然不会产生沙漏问题，但是沙漏公式*HOURGLASS>IHQ=8 可以增强其全积分单元的翘曲刚度，从而在发生大变形时促使计算更准确。由于抗爆门在爆炸冲击波下呈现高度非线性，为了增强全积分壳单元的翘曲刚度，我们对全积分壳单元定义的零件全部调用沙漏控制关键字，如图 13.5 所示。刚体虽然用减缩积分单元来定义，但是由于其不会受外界影响而产生任何变形，因此不需要进行沙漏控制。

TITLE
Hourglass_for_SectionShell_ELFORM_16
1
HGID
IHQ
QM
IBQ
Q1
Q2
QB/VDC
QW
8
8
0.1
0
1.5
6.0E-02
0.1
0.1

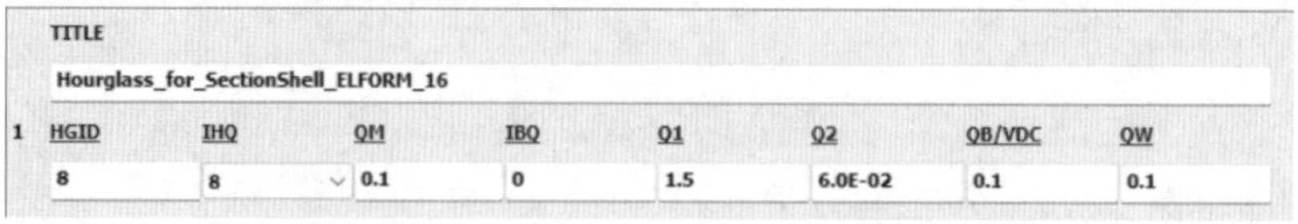

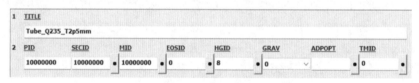

图 13.5　对全积分壳单元零件定义沙漏控制

至此，抗爆门本体上厚度为 2.5mm、材料为 Q235 钢的方钢管零件的关键字*PART 的定义如图 13.6 所示。所有材料、厚度都相同的零件原则上可以定义在一个零件*PART 内是不会导致计算报错的，但是为了便于模型的管理和后续的优化更新，建议大家还是对每个零件单独进行定义为好，即每个零件要有自己单独的 PID。而对门框*PART 的定义则如图 13.7 所示。

1
TITLE
Tube_Q235_T2p5mm
2
PID
SECID
MID
EOSID
HGID
GRAV
ADPOPT
TMID
10000000
10000000
10000000
0
8
0
0

图 13.6　对全积分壳单元弹性体零件*PART 的定义

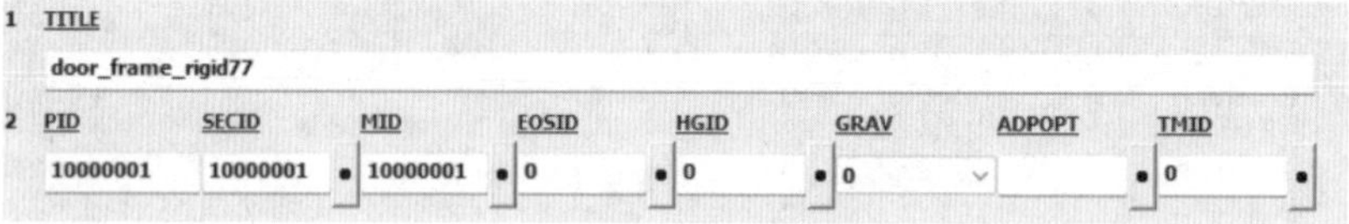

1
TITLE
door_frame_rigid77
2
PID
SECID
MID
EOSID
HGID
GRAV
ADPOPT
TMID
10000001
10000001
10000001
0
0
0
0

图 13.7　刚体门框关键字*PART 的定义

对于用实体单元*ELEMENT_SOLID 建模的门销、铰链页片以及门内岩棉夹芯板等零件，其属性*SECTION_SOLID 的定义则比较简单，如图 13.8 所示。门销、门铰链的零件关键字*PART 定义如图 13.9 所示。当然，我们也可以把门销、门铰链拆分成多个零件，即 PID 不同的*PART 来定义，例如将每个铰链的每个页片作为一个零件，但是它们的属性 SECID 和材料 MID 都是相同的。

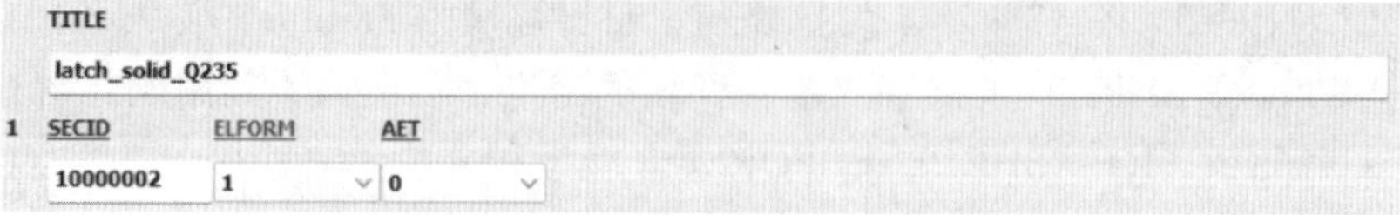

TITLE
latch_solid_Q235
1
SECID
ELFORM
AET
10000002
1
0

图 13.8　实体单元零件属性*SECTION_SOLID 的定义

1
TITLE
Q235_SOLID_Door_Pin_and_Lock
2
PID
SECID
MID
EOSID
HGID
GRAV
ADPOPT
TMID
10000002
10000002
10000000
0
0
0
0

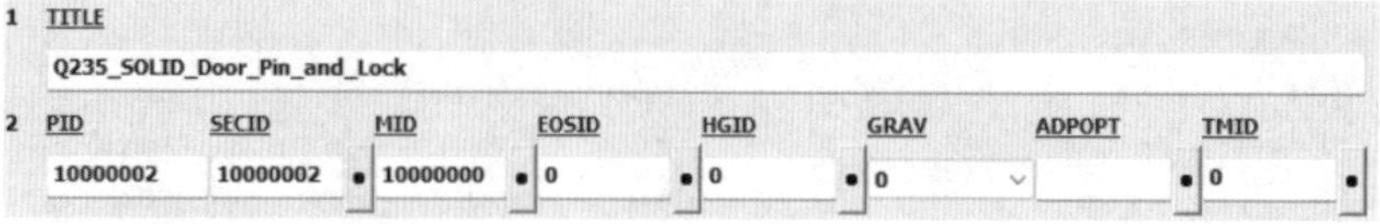

图 13.9　门销、门铰链关键字*PART 的定义

岩棉夹芯板也可以用*MAT_003 弹塑性材料模型来定义且忽略应变率对材料性能的影响（SRC、SRP 不定义），材料内部变量的定义如图 13.10 所示。如果计算过程中产生负体积，也可以考虑改用更简单的*MAT_001 线弹性材料来定义。定义时，注意单位制的统一性和换算关系。

最终岩棉夹芯板的零件关键字*PART 的定义如图 13.11 所示。

	TITLE						
	Rock_wool_board_Solid						
1	MID	RO	E	PR	SIGY	ETAN	BETA
	10000003	1.4e-7	6.2e-3	0.17	6e-4	0.0	0.0
2	SRC	SRP	FS	VP			
	0.0	0.0	0.0	0.0			

图 13.10　用关键字*MAT_003 定义岩棉材料的内部变量

	TITLE						
1	Rock_wool_board_Solid						
2	PID	SECID	MID	EOSID	HGID	GRAV	ADPOPT	TMID
	10000003	10000002	10000003	0	0	0		0

图 13.11　岩棉夹芯板的零件关键字*PART 的定义

13.3.4　部件连接

焊缝材料用关键字*MAT_100 定义，暂时不考虑焊点的失效问题，在生成焊缝之前先定义其材料（图 13.12）、属性（图 13.13）和零件*PART（图 13.14）并把其作为当前零件，则随后生成的缝焊的单元会自动放在该*PART 内。

	TITLE						
	Spotweld						
1	MID	RO	E	PR	SIGY	ET	DT	TFAIL
	10000004	7.85e-6	210	0.3	0.0	0.0	0.0	0.0
2	EFAIL	NRR	NRS	NRT	MRR	MSS	MTT	NF
	0.0	0.0	0.0	0.0	0.0	0.0	0.0	0.0

图 13.12　用关键字*MAT_100 定义焊缝材料

	TITLE						
	SPOTWELD_BEAM						
1	SECID	ELFORM	SHRF	QR/IRID	CST	SCOOR	NSM
	10000004	9	0.8333	2	1	0.0	0.0
2	TS1	TS2	TT1	TT2	PRINT		
	5	5					

图 13.13　用关键字*SECTION_BEAM 定义焊缝属性

	TITLE						
1	Spotweld_beam_MAT100						
2	PID	SECID	MID	EOSID	HGID	GRAV	ADPOPT	TMID
	10000004	10000004	10000004	0	0	0		0

图 13.14　焊缝关键字*PART 的定义

由于本模型不考虑焊点的失效问题，缝焊也可以直接用 rigidlink 刚性连接来建模，此种情况用户可以直接手动操作用 rigidlink 单元逐个连接，但是最快的操作方式还是如图 6.4 所示将 type=设置为 rigidlink 选项，则 HyperMesh 会在用户指定的区域快速、自动地生成 rigidlink。

用 rigidlink 建模焊缝时，不需要事先定义*PART、*SECTION 和*MAT，但是为了模型管理方便，还是建议用户事先建立零件 component，将生成的缝焊的 rigidlink 单元统一存放在该零件内，但是专门存放 rigidlink 的零件不需要定义 Card Image 及 MID、SECID。

门铰链两个页片之间要通过 *CONSTRAINED_JOINT_REVOLUTE 转动铰链连接，具体操作见第 6 章相关内容。

门铰链及门销上的安装螺钉全部用 rigidlink 即 *CONSTGRAINED_NODAL_RIGID_BODY 来定义，具体操作见第 6 章相关内容。

门内岩棉夹芯板的物理模型仅是填充物，但是 CAE 模型建议用几个 rigidlink 将其与周围的方钢管、钢板进行简单固连，以防其在计算进程中不断地振荡。

13.3.5 边界条件

1. 约束

门框也是边界条件，门框可以对抗爆门起到支撑、限位的作用，门框自由度的约束在其调用的材料模型 *MAT_020 中实现，如图 13.2 所示。

2. 接触

*CONTACT_SPOTWELD：如果缝焊、塞焊不是用 rigidlink 实现而是用 *MAT_100 的梁单元来定义，则焊缝的接触用 *CONTACT_SPOTWELD 来定义。注意焊缝接触定义时，焊缝梁单元只能处于从面 Slave 一侧，主页 Master 一侧包括方钢管门框架和门内外板。

ASS 自接触：模型中所有 2D 壳单元零件和 3D 实体单元零件之间的相互接触，例如抗爆门与门框的接触，抗爆门方钢管框架与门内、外板之间的接触，抗爆门方钢管框架和门内、外板与岩棉夹芯板之间的接触，门内板与门销的接触，门内板与铰链页片之间的接触等可以统一用 *CONTACT_AUTOMATIC_SINGLE_SURFACE（下面简称 ASS 自接触）来定义。岩棉夹芯板材质较软，如果在计算进程中因变形严重产生负体积而导致计算退出时，可对其使用 *MAT_009 定义的壳单元零件进行外包壳，再由外包壳代替其参与 ASS 自接触。包壳材料 *MAT_009 各项参数（密度、弹性模量和泊松比）的定义与本体材料保持一致。

接触力传感器：对门框定义接触力传感器 *CONTACT_FORCE_TRANSDUCER_PANELTY 检测计算过程中门框受到的来自抗爆门的沿冲击载荷方向的压力，对于后处理时评价抗爆门的安全系数将是一个非常重要的参考指标。

3. 压强加载

爆炸冲击波对抗爆门的加载用压强来实现，图 13.15 所示为数次实验获得的爆炸冲击波在试件上的压强载荷曲线，其中 1bar=1kPa。从图 13.15 中选择峰值最高但是加载最快的第二条曲线作为此次计算的加载曲线，使用 *DEFINE_CURVE 在模型中建立加载曲线。

在 HyperMesh 前处理界面中打开图 8.17 所示的命令操作界面。

加载区域的 elems 选择抗爆门外侧表面的所有壳单元，或者门外板的所有壳单元。

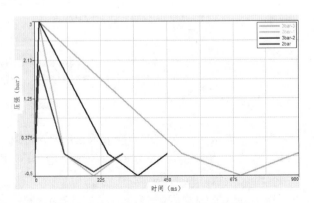

图 13.15　爆炸冲击波的实验数据

曲线比例系数 magnitude=定义为 1。

加载曲线 curve，选择我们刚才定义的加载曲线。

最后单击 create 按钮确认加载设置。

此时模型中生成一个 *LOAD_SEGMENT 关键字对应上面的加载设置操作。

13.3.6　模型整体检查

初学者可以按照第 10 章的内容按部就班地逐项进行模型检查。由于此次模型的规模不大且不存在复杂曲面，因此建议大家重点检查以下内容。

（1）单位制统一性检查：模型中所有需要定义的变量值的数量级是否与本模型所采用的单位制保持统一。

（2）最小单元检查：模型中是否存在单元夹缝中的、宽度小于 0.5mm 的壳单元或者实体单元。

（3）雅可比系数检查：模型中是否存在 Jacobian<0.4 的严重扭曲的壳单元或者实体单元。

（4）自由边检查。

（5）穿透检查。

（6）接触检查：ASS 自接触是否混入了焊点梁单元等。

（7）清除自由节点：可按照 10.15 节所述进行操作。

（8）清除临时节点：可按照 10.16 节所述进行操作。

13.3.7　控制卡片

控制卡片的定义可参考第 9 章最后控制卡片定义的示例进行定义，但是由于示例采用的是 mm-s-t-N 单位制，根据本模型的实际情况有以下几个关键字的定义需要做出适当调整。

（1）*CONTROL_TERMINATION>ENDTIM：由于我们此次模型采用的是 mm-ms-kg-kN 单位制，且结合前面加载曲线的时间历程限制，该变量的定义建议改为 225（ms）。

（2）*CONTROL_TIMESTEP>DT2MS：由于我们此次模型采用的是 mm-ms-kg-kN 单位制，因此该变量的定义建议改为-1E-3 或者-1E-4。

最后，*DATABASE 各项结果的输出频率也都需要扩大 1000 倍，否则会导致输出文件过大、过多并最终造成后处理的负担。

前面所有前处理各节的流程都确认无误后，将整个模型导出为一个 KEY 文件，此处将其命名为 Safety_door_analysis.key，该 KEY 文件即后续将提交 LS-DYNA 求解器计算的文件。

注意：

文件 Safety_door_analysis.key 存放的路径中不得有汉字、空格或者特殊字符。

13.4　提　交　计　算

以本机提交计算为例，打开图 11.2 所示的提交计算界面。

（1）Input File I=：选择计算机中之前生成的 Safety_door_analysis.key 文件。

（2）NCPU：依据本机的 CPU 数量量力而行，选择适当的 CPU 来参与此次计算。需要注意的两点是：一是 CPU 数量为偶数；二是要留有余地，不可把本机的所有 CPU 都投入此次计算，否则进行其他操作时很可能会导致死机。

（3）MEMORY：设置此次计算所需的内存，建议初次提交计算设置内存为 1000MB；如果提交计算后报出内存不足信息，还可以继续增加。

（4）RUN：前面几项设置完成后，单击该项即开始进行计算，同时计算机桌面上会跳出一个 DOC 窗口来滚动显示计算的进展情况。

提交计算后，LS-DYNA 求解器首先会对模型进行初始化。模型初始化完成后，可用文本编辑器 UltraEdit/NotePad 打开 d3hsp 文件查看模型总质量及质量增加百分比有无异常，搜索关键字为 physical mass、total mass of body、added mass 等。

binout、d3plot、d3plot01 等文件出现后，可通过 HyperView 后处理工具适时查看模型 3D 动画和能量曲线是否存在异常，以便及时对模型进行修正。

13.5　后　处　理

13.5.1　结果查看

通过后处理软件 HyperView 读取 binout 和 d3plot 文件，检查 3D 动画及能量曲线是否存在异常。
（1）检查模型中是否存在飞件、脱焊等问题。
（2）检查模型中是否存在穿透问题。
（3）检查模型中是否存在自由边问题导致的开裂问题。
（4）检查能量曲线是否光滑且无尖锐跳动。
（5）检查是否存在负能量。
（6）检查模型的质量增加是否存在异常。

13.5.2　结果评价

后期处理时，结果评价主要从以下几个方面着手。
（1）检查抗爆门是否在爆炸冲击波作用下被强行打开，若抗爆门被打开则直接判定设计失败。
（2）检查抗爆门沿爆炸冲击波方向的最大侵入量，侵入量越小，抗爆门的安全系数越高。
（3）读取 binout 中的 rcforc 文件，输出门框受到的来自抗爆门的沿爆炸冲击波方向的压力曲线并测出最大值 F_{1max}。
（4）通过 $F=PS$ 计算出抗爆门受到的来自爆炸冲击波的最大正压力 F_{2max}，F_{1max}/F_{2max} 的比值越大，抗爆门的安全系数越高。

13.5.3　模型优化

依据上述结果判断模型最脆弱的区域在哪里，在前处理软件对模型进行结构优化后重新提交计算。工程师在进行结构优化时要充分考虑实用性，即以方钢管和钢板为主要材料进行结构优化，还要便于岩棉夹芯板的填充；脱离实际应用直接以实体的厚钢板进行设计，虽然可以获得更好的仿真结果，但是遇到紧急情况时，矿井中的工人可能根本来不及操作笨重的安全门。

第 14 章　物体跌落仿真分析

14.1　跌落仿真分析的实际意义

儿童玩具、手机、平板电脑、笔记本电脑、空调挂机、新能源汽车的电池包等电子产品都需要经受一定程度的跌落安全实验验证。为了降低实验成本、缩短设计周期、提高设计效率，物体跌落的 CAE 仿真分析就变得非常必要了。

14.2　跌落仿真分析的重点和难点及其解决方法

1. 跌落仿真分析的重点和难点
（1）物体以不同姿态跌落、以不同部位触地的 CAE 实现。
（2）边界条件的定义：地面、初始速度、重力加速度等。

2. 解决方法
关于地面的建模，通常忽略地面的材质、软硬等信息而统一用刚性地面*RIGIDWALL 来定义，一方面简化了计算模型、降低了计算成本，另一方面用最恶劣的状况来进行仿真分析也等同于提高了研究对象的安全系数。

关于跌落物体的初始速度定义，理论上是可以对从各种设想的跌落高度以初始速度为 0 开始自由落体并最终撞击地面的整个过程进行仿真分析的，但是为了缩短计算时间、节约计算成本，通常会忽略物体在空中的自由落体阶段的仿真分析，即先通过物理公式 $H = gt^2/2$ 和 $V_t = gt$ 计算出跌落物体从预定高度跌落至地面的速度，然后以该速度为初始速度仅仅计算物体撞击地面的过程。

关于物体从不同高度，以各种姿态、不同部位分别撞击地面的 CAE 实现，理论上是可以通过旋转研究对象使其以相同的初始速度、不同的部位撞击同一地面的，但是当跌落物体的模型比较复杂时，旋转、移动物体模型很可能会节外生枝导致一些无法预料的错误，而且跌落物体的模型被旋转、移动之后也不利于后续对模型的结构优化更新，因此这里我们选择跌落物体不动而改变地面相对于研究对象的方位和研究对象初始速度的方向来实现物体以不同姿态、不同部位撞击地面的情况（图 14.1），即地面并非只能是水平的（图 14.1 中"地面 1"）而可以由用户任意设定角度（图 14.1 中"地面 2"），只要跌落物体的速度方向及重力加速度的方向与地面的法向对应即可。

本章我们将同时讲解两种地面及其对应的边界条件的建模方法：一种是传统意义上的地面（图 14.1 中"地面 1"）的建模方法；另一种是任意角度地面（图 14.1 中"地面 2"）的建模方法，用户可以举一反三，推而广之。

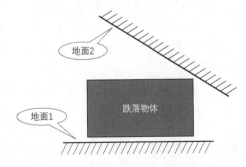

图 14.1　物体跌落工况的地面定义

14.3 建模技巧

本节将重点讲解物体跌落仿真工况的边界条件的定义方法。

要对物体从不同高度、以各种姿态跌落地面进行仿真分析，意味着对同一物体模型要进行多次仿真分析，每一种姿态要进行一次计算，然后对比计算结果找出最危险的跌落姿态和研究对象上最脆弱的部位。

依据模型中的变量与不变量，整个物体跌落仿真分析模型将主要由两个主要部分/子系统组成。

（1）跌落物体单独作为一个子系统和 KEY 文件，此处命名为 include_01.k。

（2）需要不断调整的地面、初始速度、重力加速度等边界条件单独作为一个子系统/子文件，此处命名为 include_02.k，当地面方位、跌落物体的初始速度以及重力加速度的方向等参数每做出一次重新调整，都可以另存为一个新的子文件（如 include_03.k）或者其他用户容易识别的文件名，依此类推。

14.3.1 跌落物体建模

include_01.k 通常有以下一些主要内容。

1. 跌落物体的模型信息

节点*NODE、单元*ELEMENT、零件*PART、材料定义*MAT、属性定义*SECTION 以及抑制沙漏的*HOURGLASS 等信息。

2. 零部件连接信息

rigidlink 单元：*CONSTRAINED_NODAL_RIGID_BODY。

刚体连接：*CONSTRAINED_RIGID_BODIES、*CONSTRAINED_EXTRA_NODES。

铰链连接：*CONSTRAINED_JOINT。

螺栓预紧力：*DATABASE_CROSS_SECTION_PLANE、*INITIAL_STRESS_SECTION/*INITIAL_AXIAL_FORCE_BEAM。

3. 接触信息

通常必不可少的一个接触定义是。*CONTACT_AUTOMATIC_SINGLE_SURFACE。

如果涉及点焊、缝焊、粘胶等信息，则还需要定义以下焊点、粘胶接触：

*CONTACT_SPOTWELD（焊点材料为*MAT_100）；

*CONTACT_TIED_SHELL_EDGE_TO_SURFACE_OFFSET（焊点材料不是*MAT_100）；

*CONTACT_TIED_SURFACE_TO_SURFACE（零件之间产生面-面粘接）。

如果涉及螺栓孔位的接触，则还需要建立 NULL_BEAM 并定义*CONTACT_AUTOMATIC_GENERAL。

如果对某一部位的接触力比较关注，则需要定义接触力传感器 *CONTACT_FORCE_TRANSDUCER_PANELTY。

最后，在另一个子系统 include_02.k 中定义跌落物体与地面之间的接触及物体与地面接触时的初始速度时，需要事先定义一个*DEFINE_BOX 来包络跌落的物体，其体积不需要太大，只需包住跌落的物体即可，这样可以尽可能地缩小跌落物体与地面之间的距离，从而尽可能地缩短计算时间、节约计算成本。由于该 BOX 总是被 include_02.k 调用，但其始终伴随跌落物体，其尺寸大小也需要依据跌落物体的大小来确定，因此我们将其放在 include_01.k 中。

14.3.2　传统地面边界条件建模

此处"传统地面"是指地面法向及重力加速度的方向与全局坐标系的 *Z* 轴方向相同，即图 14.1 中"地面 1"所示情况。

子文件 include_02.k 的主要内容是物体跌落仿真分析工况中的边界条件。此处边界条件的建模是指地面的定义、跌落物体与地面接触的定义、跌落物体与地面接触时的初始速度以及重力加速度等信息的定义。

1．定义地面

地面用 *RIGIDWALL_PLANAR 来定义，地面的法向要对着跌落的物体，图 14.2 所示为该关键字的内部变量，用户需要定义 ID、TITLE、BOXID 和 XT、YT、ZT、XH、YH、ZH 几个变量。

> ID：地面的 ID 号，在整个模型中具有唯一性。前处理软件会自定义该 ID 号，用户可以修改该 ID 号。
> TITLE：地面的名称。
> NSID：定义地面的从节点集，不定义表示模型中的所有节点都是地面的从节点。
> BOXID：前面 include_01.k 子文件中定义的包络跌落物体的 BOX 的 ID，对应 *DEFINE_BOX> BOXID。
> XT、YT、ZT：定义地面位置节点（XT、YT、ZT）的 *X*、*Y*、*Z* 坐标，同时也是描述地面法向向量尾节点的坐标，前处理软件中可以直接从图形区选择已有的节点来定义。
> XH、YH、ZH：定义地面法向向量的头节点（XH、YH、ZH）的坐标，在前处理软件中可以直接选择图形区已存在的节点来定义；当地面的法向与全局坐标系的 *Z* 轴相同时，可以直接定义 XH=XT，YH=YT，ZH=ZT+1。
> FRIC：跌落物体与地面之间接触的摩擦系数。

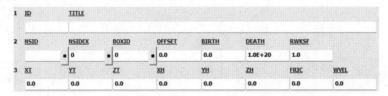

图 14.2　关键字 *RIGIDWALL_PLANAR 的内部变量

📢 注意：

地面与之前定义的 BOX 可以尽量靠近但是不可以有重叠、交叉。

2．定义重力加速度

重力加速度用关键字 *LOAD_BODY_Z（图 14.3）来定义。

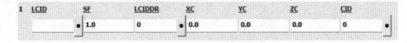

图 14.3　关键字 *LOAD_BODY_Z 的内部变量

> LCID：重力加速度时间历程曲线，与*DEFINE_CURVE>LCID 对应；虽然重力加速度为定值 9.81E-3mm/ms² （表 5.1），但是我们此前曾经多次强调过，为了使计算更稳定，所有时间历程曲线都建议从坐标原点开始，因此 mm-ms-kg-kN 单位制［见表 5.1 中（c）列单位制］下重力加速度时间历程曲线的定义通常至少需要定义 3 个点：（0,0）、（0.1,1）、（1000,1）。mm-ms-kg-kN 单位制［表 5.1 中（c）列单位制］下重力加速度为 9.81E-3mm/ms²，曲线的比例系数*DEFINE_CURVE>SFO=9.81E-3。

> SF：LCID 对应曲线上点的纵坐标比例系数，mm-ms-kg-kN 单位制［表 5.1 中（c）列单位制］下重力加速度为 9.81E-3mm/ms²，因此此处的比例系数应为 9.81E-3。

📢 **注意：**

> *LOAD_BODY_Z>SF 和*DEFINE_CURVE>SFO 两个曲线比例系数只能定义一个。虽然重力加速度的方向与地面的法向同时也是全局坐标系的 Z 轴正向相反，但是曲线 LCID 的坐标和变量 SF 都必须是正值。

3. 定义跌落物体的初始速度

跌落物体的初始速度用关键字*INITIAL_VELOCITY（图 14.4）来定义。

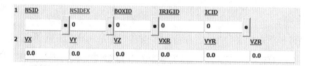

图 14.4 关键字*INITIAL_VELOCITY 的内部变量

> NSID：不定义，表示模型中所有的质量节点都将被定义初始速度。

> NSIDEX：不定义，因为 NSID、NSIDEX 两个变量只能定义其中一个。

> BOXID：对应前面定义的*DEFINE_BOX>BOXID，BOX 与 NSID 的交集内部的所有质量节点都将被定义初始速度。

> VZ：跌落物体撞击地面时沿全局坐标系 Z 坐标轴的速度，也就是我们前面根据物理公式计算出的 V_t 的值，作为该 CAE 模型中计算开始时物体的初始速度，定义该变量时注意单位制的换算关系。

📢 **注意：**

> 由于物体跌落的方向与全局坐标系的 Z 轴方向相反，因此变量 VZ 的值应当是负值。

当地面法向不是全局坐标系的 Z 轴方向，而是全局坐标系的 X 轴或者 Y 轴方向时，地面*RIGIDWALL 的定义方法类似，重力加速度要对应更换为*LOAD_BODY_X 或者*LOAD_BODY_Y，初始速度同样要对应更换为定义变量 VX 或者 VY。

14.3.3 提交计算的模型构成部分

生成一个主文件 Main.key，通过该主文件用关键字*INCLUDE 调用上述生成的子文件 include_01.k 和 include_02.k 及控制卡片子文件 control_cards.k（其内容可参考第 9 章最后关于控制卡片定义的示例，由用户自定义）或者将 control_cards.k 的内容直接放在主文件中。

将主文件 Main.key 提交 LS-DYNA 求解器计算。

14.3.4　特殊角度地面边界条件建模

当地面的法线方向既不是如图 14.1 中"地面 1"所示的传统意义上的 Z 轴方向，也不是全局坐标系的 X 轴或者 Y 轴方向，而是如图 14.1 中"地面 2"所示在全局坐标系中呈现特殊角度时，首先需要建立一个与全局坐标系的坐标轴方向相同的局部坐标系。

1. 定义局部坐标系

局部坐标系用关键字 *DEFINE_COORDINATE_SYSTEM 来定义，如图 14.5 所示。

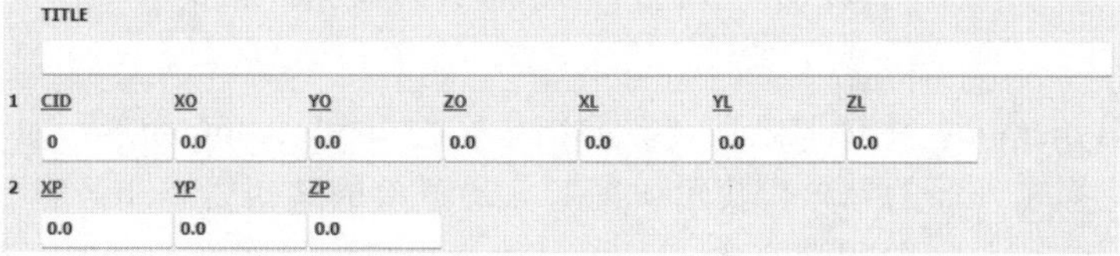

	TITLE					
1	CID	XO	YO	ZO	XL	YL	ZL
	0	0.0	0.0	0.0	0.0	0.0	0.0
2	XP	YP	ZP			
	0.0	0.0	0.0			

图 14.5　关键字 *DEFINE_COORDINATE_SYSTEM 的内部变量

➢ TITLE：用户自定义该局部坐标系的名称。

➢ CID：局部坐标系的 ID 号，在整个模型中具有唯一性，稍后我们需要反复调用该 ID 号；在前处理软件 HyperMesh 中会自动生成 ID 号，用户也可以根据自己的需要自行调整。

➢ （XO,YO,ZO）、（XL,YL,ZL）、（XP,YP,ZP）：通过 3 个点来定义局部坐标系。（XO,YO,ZO）为该局部坐标系的原点位置；（XL,YL,ZL）定义局部坐标系 X 轴的方向，用户可以直接从图形区选择节点并以其坐标自动定义（XL,YL,ZL）节点的坐标，由于本次要定义的局部坐标系的坐标轴方向与全局坐标系完全相同，因此用户也可以不在图形区做选择而直接输入（XO+1,YO,ZO）来确定局部坐标系 X 轴的方向；（XP,YP,ZP）定义局部坐标系的 Y 轴的方向，用户可以直接从图形区选择节点与之前确定的（XO,YO,ZO）、（XL,YL,ZL）两个节点共同确定局部坐标系的 XOY 面及 Y 轴相对于 X 轴的大致方位，由 HyperMesh 自动确定 Y 轴的准确方向并在 Y 轴上自动选择一点以其坐标来自动定义（XP，YP，ZP），由于本次要定义局部坐标系的坐标轴方向与全局坐标系完全相同，因此用户也可以不在图形区做选择而直接输入（XO,YO+1,ZO）来确定局部坐标系 Y 轴的方向；局部坐标系的 Z 轴方向通过右手法则自动确定。最后，由于此处需要定义的局部坐标系与全局坐标系各坐标轴的方向完全相同，因此用户也可以直接输入：

XO=0，YO=0，ZO=0；

XL=1，YL=0，ZL=0；

XP=0，YP=1，ZP=0。

该局部坐标系生成之后要放置于子系统 include_02.k 中。

2. 生成特定角度地面

上述局部坐标系生成之后，将其与图 14.1 中的"地面 1"进行同步旋转、移动直至"地面 1"达到指定的特殊方位（图 14.1 中"地面 2"），然后在前面定义的关键字 *LOAD_BODY_Z 中的变量 CID（图 14.3）及 *INITIAL_VELOCITY 中的变量 ICID（图 14.4）用新建局部坐标系的 *DEFINE_COORDINATE_SYSTEM>CID 的值（图 14.5）来定义，则跌落物体原先相对于"地面 1"的初始速度及重力加速度直接更新为相对于"地面 2"的初始速度和重力加速度。

最后将子系统 include_02.k 导出为新的子文件 include_03.k。

模型主文件 Main.key 中原先调用子系统 include_02.k 的地方更换为调用子系统 include_03.k，然后重新提交 LS-DYNA 求解器计算。

📣 注意：

> 在同步旋转、移动地面和局部坐标系时，地面的法向始终要正对跌落物体的方向而不可以背对跌落物体。局部坐标系的 Z 轴正向也始终要与地面的法向保持一致。

14.4　计算结果的后处理

在后处理软件 HyperView 中读取之前计算的结果文件 d3plot、binout 等，比较研究对象以不同姿态跌落、不同部位撞击地面的差异，找出研究对象最危险的跌落姿态和最脆弱的撞击部位。

如果零件的材料在前处理阶段没有定义失效参数，用户可以在后处理时观察研究对象的应力、塑性应变是否超过了材料的抗拉强度或者失效塑性应变并以此判断跌落物体是否发生破损。

第15章　汽车整车正向碰撞刚性墙仿真分析

15.1　工 况 描 述

作为本章主讲的汽车正向碰撞刚性墙工况的准备知识，这里先向大家简单介绍一些汽车安全性能方面的相关概念和法规。

15.1.1　主动安全与被动安全

汽车安全性能包括主动安全（Active Safety）性能与被动安全（Passive Safety）性能。主动安全性能即车辆主动避免碰撞安全事故发生的性能，相关设备如汽车上的防抱死系统（ABS）、车辆自动紧急制动系统（AEB）、车道保持辅助系统（LKA）、车辆电子稳定性控制系统（ESC）、车道偏离报警系统（LDW）等；被动安全性能即碰撞事故发生时保全车内乘员安全的性能，相关设备如汽车上的安全带、安全气囊等约束系统以及车体上各种压溃吸能的结构设计。汽车的被动安全性能指标目前在世界各国都有强制性法规出台，而且随着时间的推移还在不断地修正与强化中，各主机厂的新车发布、上市前都必须接受销售市场所在国的强制实车碰撞检测。实车碰撞检测工况通常有正向碰撞工况（正向 100%刚性墙碰撞和 40%可变形固定壁障碰撞等）、侧向碰撞工况（侧向刚性柱碰撞和侧向可变形移动壁障碰撞等）和后向碰撞（高速追尾和低速追尾等）工况等，各国对实车碰撞检测的法规要求不尽相同，但是实车正向 100%刚性墙碰撞检测则不约而同地都作为最基本的法规要求，区别主要在于乘员数量、假人种类和碰撞速度等设置。

针对各国对汽车碰撞安全法规的强制性要求，随着计算机技术的进步和有限元理论的完善，汽车碰撞安全性能仿真分析越来越成为汽车开发流程中一个必不可少的环节，汽车碰撞安全性能仿真分析可以在节约研发成本（省）、加快研发进度和缩短研发周期（快）的同时提高产品质量（好）和销量（多）。不但如此，CAE 仿真分析还可以实现实车碰撞测试无法达到的要求，例如可以进行无实物结构优化且不受气候等周边环境影响，还可以进行整车应力、应变输出以及任意断面观察车体变形等。

汽车的被动安全性能仿真分析最终关注的是车内乘员的安全，但是由于技术条件和计算机硬件的限制，目前汽车整车碰撞安全性能仿真分析通常分成车身结构耐撞性分析和约束系统性能匹配分析两个阶段/部分，前者重点分析车体在碰撞过程中的变形、吸能等情况，后者主要考查安全带、安全气囊和座椅与前者的匹配程度；前者输出的 B 柱加速度、乘员舱侵入量等信息作为后者的输入信息并最终确定车内乘员在车辆碰撞过程中是否能够保全。本章主要介绍汽车正向 100%撞击刚性墙仿真分析中，结构耐撞性部分的 CAE 仿真分析的一般流程及注意事项。

世界各国对汽车碰撞安全法规的要求不尽相同，例如美国的 FMVSS（美国联邦机动车安全标准）、U.S.NCAP（美国新车评价体系）和 IIHS（美国公路安全保险协会评测体系），欧洲的 ECE（欧洲经济委员会汽车法规）和 Euro NCAP（欧洲新车评价体系）以及中国的 GB（汽车安全性能国家强制标准）、C-NCAP（China New Car Assessment Program，中国新车评价体系）和 C-IASI（中国保险汽车安全指标）等。其中，国标是对汽车碰撞安全性能的最低要求，只有满足该法规要求的车辆才可以上市销售；C-IASI 评测结果是中国汽车投保的重要参考指标；而 C-NCAP 评测结果是指导中国用户购车的重要参考指标，通常所说的碰撞安全性能国标五星车就是按照 C-NCAP 的标准进行实车测试后的结果评价而言的（正式评价项目得分率≥88%）。表 15.1 所示为世界各国新车评测的主要内容。本书主要依据中国的 C-NCAP 实车正面撞击刚性墙的工况要求进行 CAE 仿真分析。

表 15.1　世界各国新车评测的主要内容

	JNCAP	C-NCAP	C-IASI	KNCAP	ASEAN NCAP
Full-width	0° 55 km/h; H III 5%, H III 50%	0°/56 km/h; H III 50%, H III 50%, Q3	MPDB 1400 kg 0°, 50%, 50 km/h; 0° 50 km/h; THOR 50%, H III 50%, Q6	0° 56 km/h; H III 5%, H III 50%, H III 5%	0° 56 km/h; H III 5%, H III 50%, H III 5%
ODB / SOB	ODB 40%; 64 km/h; H III 50%, H III 5% ■MPDB	MPDB 1400 kg 0°, 50%, 50 km/h; THOR 50%, H III 5%, H III 5%	SOB 25% R=150mm; 64 km/h; H III 50%, H III 50%, H III 5%	ODB 40%; 64 km/h; H III 50%, Q6, H III 50%, Q10 ■MPDB @ 56/56 km/h	ODB 40%; 64 km/h; H III 50%, Q1.5, H III 50%, Q3, Q10
MDB	WS 50%; AE-MDB, 300 kg, 55 km/h, 90°	WS 50%; AE/SC-MDB, 1400/1200 kg, 50/60 km/h, SID IIs ES-2 except EV/HEV	SID IIs; AC-MDB 50 km/h; WS 50%; SID IIs	WS 50%; AE-MDB, 1400 kg, 60 km/h, 90°; Q10 Q6 ■Far Side Occ. Prot.	ES-2; MDB EEVC AE-MDB 50 km/h 90°; 950 kg; Q3 Q1.5 Q10 Q6
Pole		WS 50% 32 km/h 75°; 254 mm Pole; ES-2 Q3 EV/HEV only		WS 50% 32 km/h 75°; 254 mm Pole ■Far Side Occ. Prot.	

	Euro NCAP / ANCAP	U.S. NCAP	IIHS	Latin NCAP
Full-width	0° 50/35 km/h; Sled Test 56 km/h; H III 5%, H III 5%, TH 50%, H III 5%, H III 95% 2026 modifications are preliminary	0° 56 km/h; H III 5%, THOR 5%, H III 5%		
ODB / SOB	MPDB 1400 kg 0°, 50%, 50 km/h; THOR 50%, Q6, H III 5%, Q10	ODB, 2486 kg 15°, 35%; THOR 50%, THOR 50%	ODB 40%; SOB 25%; 0° 64 km/h; H III 50%, H III 50%, H III 5%	ODB 40%; 0° 64 km/h; H III 50%, Q3, H III 50%, Q1.5
MDB	WS 50%; AE-MDB, 1400 kg, 60 km/h, 90°; Q10 Q6 ■Far Side Occupant Protection	ES-2 re; WS 50%; 62 km/h 27°; 55 km/h; MDB, SID IIs 1368 kg	WS 50%; SID IIs; 90° 60 km/h; 1900 kg; SID IIs	ES-2; MDB EEVC 50 km/h 90°; 950 kg; Q1.5 Q3 Q3 Q1.5
Pole	WS 50% 32 km/h 75°; 254 mm Pole ■Far Side Occupant Protection	SID IIS WS 50% 32 km/h 75°; 254 mm Pole		ES-2 29 km/h 90°; 254 mm Pole

15.1.2　C-NCAP

1. 工况要求

C-NCAP 的整车正向 100%碰撞刚性墙工况如图 15.1 所示，其规则要求如下。

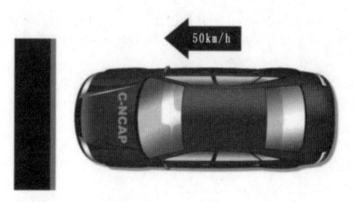

图 15.1　C-NCAP 的整车正向 100%碰撞刚性墙工况

整车以 50^{+1}_{0} km/h（即不得低于 50km/h）的速度碰撞刚性墙，刚性墙的方位与汽车正面 100%重叠，壁障的法线与车辆直线行驶方向成零度夹角。试验车辆到达壁障的路线在横向任一方向不得偏离理论轨迹 150mm。

车内 4 名乘客，前排主、副驾放置两个 50 百分位的混三（Hybrid III）型男性假人以测试前排乘客的受伤情况；第二排位置最左侧放置一个 5 百分位的混三女性假人，第二排最右侧放置一个 3 岁儿童假人并配有儿童座椅。所谓 50 百分位的混三型男性假人是指当初对欧美国家成年男性的抽样调查中，在最大体型与最小体型之间占各项体型指标的中间值（50 百分位）的成年男性的比率最高，因此就以该占比最高的成年男性的体型为基准开发的假人模型，而混三型假人是在最初开发的混一型假人、混二型假人的基础上的改进、优化版。中国作为世界汽车行业的后起之秀，在制定本国的汽车安全法规时主要参考了欧盟的汽车安全法规，并且沿用了欧美的假人模型。CAE 仿真分析所用的假人模型是由专业公司开发与实车碰撞的假人的性能经过试验验证能够高度拟合的 CAE 子系统模型。

2. 评分规则

C-NCAP 对车辆正面碰撞刚性墙工况的总体评分为 16 分，评分部位为前排假人的头部、颈部、胸部、大腿部和小腿部，每个部位最高得分分别为 5 分、2 分、5 分、2 分和 2 分，以驾驶员侧假人的伤害指数为基础，只有当乘员侧假人相应部位的得分低于驾驶员侧假人相应部位的得分时，才采用乘员侧相应部位得分来代替，即选取两者中相应部位得分较低的一个作为该部位的最终得分。对于前排座位上的成年假人，基本的评分原则是：设置高性能指标限值、低性能指标限值和极限值。高性能指标限值和低性能指标限值，分别对应每个部位的最高得分和 0 分；若同一部位存在多个评价指标，则采用其中的最低得分来代表该部位的得分。所有单项得分保留到小数点后三位。

假人头部得分的评价指标主要是头部伤害值（HIC_{15}）和 3ms 加速度峰值。

假人颈部得分的评价指标主要包括颈部剪切力 F_x、张力 F_z 和伸张弯矩 M_y。

假人胸部得分的评价指标主要包括胸部侵入量和侵入速度。

假人大腿得分的评价指标主要包括大腿轴向压缩力和膝盖相对于大腿骨的滑动位移。

假人小腿得分的评价指标主要包括胫骨轴向受力和胫骨的转角等指标。

关于身体各部位更详细的评分标准可查看《C-NCAP专项评分规程》，该规程可从C-NCAP官方网站下载。

3．罚分项

试验后转向管柱（方向盘中心）向上位移量超过88mm，则头部得分将被扣1分；转向管柱向后（即向驾驶员方向）位移量超过110mm，胸部得分将被扣1分。除此以外，还有以下一些加分项/扣分项：

（1）两侧的车门如果在碰撞过程中开启，则每一个开启的车门扣1分。

（2）前排主、副驾的安全带如果在试验过程中失效，则分别扣1分。

（3）如果第二排假人及儿童座椅的约束系统失效，则扣1分。

（4）座椅系统如果在碰撞过程中失效，则扣1分。

（5）试验后卸载假人时，如果发生假人的约束系统锁止且借助并施加在解脱工具上的力超过60N仍未解除锁止时，则分别扣1分。

（6）试验后，对于每排座位，如果在不借助工具的前提下，两侧车门均不能顺利打开，则该排对应减去1分。

（7）试验后，如果燃油车的燃油供给系统存在液体连续泄漏且在碰撞后前5min平均泄漏速度超过30g/min，则减去2分；新能源电动车在碰撞结束后30min内不得有电解液从车辆的充电储能系统（电池包）中溢出至乘员舱，且不应有超过5L的电解液从电池包溢出，碰撞后30min内，电池包不得起火、爆炸，此外新能源电动车还有另外一些防漏电、触电保护规定，如高压自动断开要求等。

（8）总体罚分不超过4分。

上述安全带失效是指安全带约束系统出现下列情形之一：

（1）安全带织带断裂。

（2）安全带带扣、调节装置、连接件之一出现断裂和脱开。

（3）卷收器未能正常工作。

（4）安全带爆燃预紧阶段，导致乘员舱内出现明火。

上述座椅失效包括在试验过程中或试验后，固定装置、连接装置、调节装置、移位折叠装置或锁止装置等发生完全断裂或脱开；但允许在碰撞过程中产生永久变形（如部分断裂或产生裂纹等）。

4．加分项

（1）安全带提醒装置。

对于配置有安全带提醒装置的车辆，可以得到加分且最高加1.5分。

（2）ISOFIX装置。

对于配置了ISOFIX儿童座椅固定装置的车辆且在进行正向100%刚性墙碰撞试验时，该装置未发生失效，可加0.5分。

CAE仿真分析以实车试验要求为基础，尽可能准确地模拟出实车碰撞的效果，才能对设计提供正向的帮助和指导；CAE仿真分析的结果是否准确，最终还需要通过实车试验来进行验证，然后返回CAE模型进行修正和结构优化。即由于条件限制，CAE仿真分析目前还不能脱离实车试验而独立地指导结构设计。经过多轮CAE仿真分析与实车试验的反复相互验证，最终达到促进产品研发的目的。

15.1.3　设计的一般原则

汽车正向撞击刚性墙的过程中，都是车身受到撞击在先，然后安全气囊才开始起爆、安全带才开始收紧；汽车的车身变形相对于安全气囊的起爆充气过程和安全带的点火起动收紧过程来说更可控、更易控；约束系统的主要作用是保护乘员免受车内二次撞击的伤害，车体撞击刚性墙的能量吸收主要还是靠车身的变形来完成；CAE 仿真分析时，汽车车身结构耐撞性的计算结果是约束系统仿真分析的输入信息。因此，在正向撞击刚性墙工况中，要想获得较为满意的结果，首先是车身对撞击能量最大限度的吸收，其次才是约束与车身结构耐撞性的匹配。C-NCAP 法规最终是以车内乘员的伤害指数为评分基础的，整车结构耐撞性部分的仿真分析虽然不直接涉及车内乘员的伤害指标，但是大家也始终不能忘记这一终极考查指标。

车身对撞击能量的吸收主要是通过车身钣金件的压缩变形将汽车的动能转换成车身的内能来实现的，因此，理想的车体结构耐撞性是在乘员舱之外的碰撞能量吸收区进行充分变形以吸收撞击的能量（如图 15.2 所示），而乘员舱要保证足够的刚度以尽可能降低外界的侵入量。如何挖掘 A 柱之前车体部分的潜能使其尽可能多地吸收撞击的能量，将是车身结构耐撞性设计成败的关键；但是如果没有足够的刚度作为支撑，即使碰撞能量吸收区的零件能够产生理想的压缩变形也无法吸收最大的能量。如何在车体结构刚度与理想的压缩变形之间找到最佳结合点，是对一个 CAE 工程师的考验。

图 15.2　汽车车体上的碰撞吸能区与乘员保护区

前面提到 C-NCAP 对车辆正面碰撞刚性墙的总体评分为 16 分，而这 16 分最终都是根据乘员具体部位的受伤害程度来评分的，其中比值（注：指头部伤害值的评分在总体 16 分中的占比最高）最高的头部伤害值的计算是以头部加速度的峰值和幅宽为重要因子的。对于车体结构耐撞性部分的仿真分析来说，B 柱与前排乘员的 X 轴坐标最接近，而 B 柱下端的变形最小，因此车身 B 柱下端输出的加速度曲线的峰值和幅宽（3ms 最大值），将是评价车体结构耐撞性的一个重要指标。

前面提到理想的结构耐撞性是车体结构刚度与理想的压缩变形之间的最佳结合，目前针对这一最佳结合点也有一个非常具体的参考指标，那就是等效加速度（OLC）。等效加速度是以碰撞过程中 B 柱下端加速度传感器输出的 X 向速度曲线为基础计算出来的一个加速度值，该值越小则车体结构耐撞性越合理。与 B 柱下端直接输出的加速度不同的是，OLC 只有等到计算正常完成才能通过后处理软件计算出来，否则无法得到正确值。

在校生及其他无法获得整车模型的用户，可以从 LSTC 网站下载共享模型进行操作练习，这些共享模型都是世界知名汽车厂家具有代表性的车型，但是出于保密要求，这些模型都做了必要的简化，例如各种材料的运用通常都是汽车厂家的核心机密，LSTC 的共享模型都对汽车材料性能的描述做了简化等。

15.2 前 处 理

15.2.1 几何模型的检查

由于汽车整车建模工作量较大，CAE 工程师在从设计方拿到几何模型之后、划分网格之前，首先要检查并确认这些几何模型不存在穿透问题，如果几何模型本身存在穿透问题则须及时返回设计方进行模型修正。由此可见，设计人员应尽量避免由于几何模型本身的问题导致的返工、误工问题。

15.2.2 整车传力路径

很多 CAE 工程师都会觉得建模最初的网格划分阶段是整个过程中最单调、枯燥而又机械的一个阶段，其实不然。CAE 仿真分析结果的准确性很大程度上在网格划分阶段就已经决定了。因为该阶段要求 CAE 工程师首先要明白哪些零件是汽车碰撞安全性能的敏感件，哪些零件的哪些特征更重要不能被忽略，哪些件可以定义为刚体件，以忽略单元质量问题等。如果对这些问题事先没有一个总体而又明确的认识，CAE 工程师很可能会按照建模的难易程度来决定其对零件的重视程度，这样有时候很可能导致颠覆性的仿真计算结果；或者建模时没有侧重点，在一些并不重要的、形状又特别复杂的零件上耗时过多，最终严重影响了建模的进度。

在整车正向 100%撞击刚性墙的仿真分析中，汽车的白车身 CAE 建模准确性应当较其他子系统需引起 CAE 工程师更大的重视，而在白车身上，处在传力路径上的零件建模的准确性又是重中之重。白车身的传力路径简单地说就是车身的"骨架"，平时起支撑车身结构的作用，而在汽车发生碰撞事故时，又负责将撞击力扩散至整个车身，从而尽可能多地耗散撞击的能量。撞击的能量在车体上耗散越多，转嫁到车内乘员身上的伤害就越小。图 15.3 所示为 Ford 某车的整车模型及其白车身的正向撞击传力路径上的零件图。

（a）Ford 某整车模型　　　　　　　　　　　　（b）Ford 车白车身的传力路径

图 15.3　Ford 某车整车模型及其白车身的传力路径

车身传力路径上的零件多数会组成一个个相互连贯的封闭空腔梁。空腔梁的刚度不但与组成其的钣金件的厚度相关，更与空腔梁的截面积相关。图 15.4 所示为 Ford 某车白车身的右前纵梁及其截面形状。通过追踪传力路径上的各个位置的截面力，用户可以更好地判断撞击力在传力路径上的传递是否顺畅。

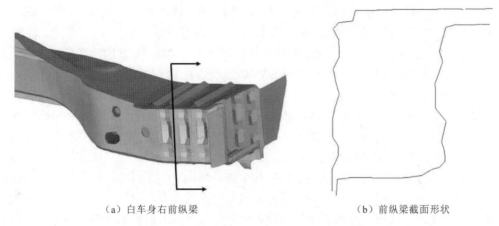

（a）白车身右前纵梁　　　　　　　　　　（b）前纵梁截面形状

图 15.4　Ford 某车白车身的右前纵梁及其截面形状

需要指出的一点是，白车身的传力路径只是一个约定俗成的工程术语，而非一个严谨的学术名词。很多零件是否可以划归传力路径并没有一个严谨而明确的界定，况且汽车正向撞击、侧向撞击和追尾撞击的传力路径并不相同。如图 15.3（b）所示，对于整车正向 100%撞击刚性墙工况来说，前防撞梁、前纵梁吸能盒、前纵梁、前副车架吸能盒、前副车架、上纵梁（shotgun）、A 柱、门槛梁、雪橇板、中央通道、B 柱、B 柱上横梁、顶盖横梁、前围板横梁和前后排座椅横梁等通常会界定为传力路径，B 柱以后的车身部分通常受撞击载荷的波及已经很弱，因此可以不界定为传力路径。但是如果用户坚持要把 C 柱、后排座椅横梁、后纵梁以及后防撞梁都划归传力路径也不为过。在定义传力路径上的截面力时，A 柱、门槛梁和 B 柱上的截面力的定义通常不将车身侧围外板考虑在内，但是用户如果坚持要把其考虑在内，也并不影响对计算结果的评价。

虽然不同的碰撞工况车身的传力路径不同，对 CAE 模型精准度要求的侧重点也不同，但是现在通常一个整车模型都会同时应用于多种工况的仿真分析，因此整车模型建模时在精确性的要求上几乎没有侧重点，最多也只有传力路径与非传力路径的区别。传力路径上的零件对单元质量、几何特征描述、材料本构关系的定义、单元类型的选取、材料失效准则等方面的要求要较非传力路径上的零件更高。

对于汽车正向 100%撞击刚性墙工况来说，前防撞梁、前纵梁吸能盒、前纵梁、前副车架吸能盒、前副车架等区域在撞击过程中变形最严重，承担压溃吸能的责任最大，这几个区域的零件建模质量要求最高，应尽可能减少三角形单元的数量，四边形单元的边尽量或垂直、或平行于全局坐标系的 X 轴方向；为了保障传力路径的通畅，现在在前纵梁、A 柱、B 柱和门槛梁上使用激光拼焊工艺已经非常普遍了。激光拼焊的零件建模时，在拼接处直接进行单元共节点。

15.2.3　材料属性

计算资源有保证的用户可以把整车所有弹性体材料（非*MAT_020 材料）定义的钣金件的单元公式，全部定义为*SECTION_SHELL>ELFORM=16 全积分单元并附加沙漏控制*HOURGLASS>IHQ = 8/QM=0.1 以增强单元的翘曲刚度。

计算资源有限的用户可以把车身上传力路径上的所有钣金件的单元类型，全部定义为*SECTION_SHELL>ELFORM=16 全积分壳单元并附加沙漏控制*HOURGLASS>IHQ=8/QM=0.1 增强单元的翘曲刚度；其余壳单元弹性体材料薄壁件采用*SECTION_SHELL>ELFORM=2 减缩积分壳单元并且全部定义沙漏控制 *HOURGLASS>IHQ=4/QM=0.05 或者定义全局沙漏控制 *CONTROL_HOURGLASS>IHQ=4/QH=0.05，从而抑制减缩积分单元的沙漏变形。

计算资源不足的用户可以将车身上全部弹性体材料薄壁件定义为 *SECTION_SHELL>ELFORM =2，并且附加沙漏控制 *HOURGLASS>IHQ=4/QM=0.05 或者定义全局沙漏控制 *CONTROL_HOURGLASS>IHQ=4/QH=0.05。

对于厚度小于 0.5mm 的薄壁件，建议壳单元厚度方向积分点的数量 *SECTION_SHELL> NIP=3；对于厚度 0.5mm<T<2.5mm 的薄壁件，建议 *SECTION_SHELL>NIP=5；对于厚度大于 2.5mm 的薄壁件来说，建议 *SECTION_SHELL>NIP=7。

白车身传力路径上的钣金件要尽量用 *MAT_024 或者 *MAT_123 号材料模型并充分考虑应变率对材料力学性能的影响，以求尽量准确地描述材料的力学性能；白车身传力路径上的钣金冲压件要尽量考虑零件的冷作硬化效应对材料力学性能的影响；传力路径上的钣金件的材料要定义材料失效准则；传力路径上的焊点要定义焊点失效准则。

A 柱之前的碰撞压溃区域避免使用单件配重，尤其是单节点配重 *ELEMENT_MASS。

15.2.4 部件连接

A 柱之前的碰撞压溃区域要尽量避免采用 rigidlink 来描述缝焊或者螺栓，可以采用 rigidlink-beam-rigidlink（图 6.15③）的连接方式代替单纯的 rigidlink 连接关系。

1. 点焊

点焊的注意事项如下。

（1）点焊不得用于焊接刚体材料 *MAT_020 定义的钣金件。

（2）点焊焊点单元直接对应的焊接件的单元不得与刚体件或者 rigidlink 共节点；焊点单元更不可以与刚体件或者 rigidlink 单元直接共节点。

（3）多层钣金区域不得出现跨钣金焊接的情况。

（4）焊点材料用 *MAT_100 定义。

现在多工况仿真分析多共用一个整车模型，这对汽车整车建模的要求就更高了。由于目前多采用表 6.1③的焊点类型来考查焊点是否失效，而这种焊点生成的同时会小范围改变甚至恶化模型的单元质量，因此 CAE 工程师多以同一个整车模型为基础，根据自己的工况要求有侧重、有选择地进行失效焊点的重新生成，例如正向碰撞的整车模型仅将 B 柱甚至 A 柱之前的白车身上的焊点更新为失效焊点，而追尾碰撞的整车模型仅将 B 柱之后的白车身上的焊点更新为失效焊点。焊点失效并非焊点单元本身的失效，而是用焊点周围一圈的钣金件单元的失效来表达的，失效焊点周围一圈的钣金件单元要单独建立 *PART 并定义失效准则。

2. 缝焊

缝焊的注意事项如下。

（1）缝焊不得用于焊接刚体材料 *MAT_020 定义的钣金件。

（2）缝焊直接对应的焊接件的单元不得与刚体件或者 rigidlink 共节点，缝焊的 beam 梁单元更是不可以与刚体件或者 rigidlink 直接共节点。

（3）多层钣金区域不得出现跨钣金焊接的情况。

（4）缝焊材料用 *MAT_100 来定义。

3．粘胶

粘胶的注意事项如下。

（1）粘胶不得用于粘接刚体材料*MAT_020 定义的零件。

（2）粘胶单元直接对应的粘接件的单元不得与刚体件或者 rigidlink 共节点，粘胶单元更不可以与刚体件或者 rigidlink 单元直接共节点。

（3）多层钣金区域，粘胶不得出现跨钣金件粘接的情况。

（4）粘胶通常用*MAT_003 来定义。

零件之间的粘接目前有两种实现方式：一种方式是直接生成实体粘胶单元，粘接作用通过*CONTACT_SPOTWELD 的定义实现，可通过定义在粘胶材料中的失效准则判定粘胶单元是否失效；另一种方式是无粘胶单元而直接通过*CONTACT_TIED 在粘接件之间定义粘接关系，此种方式对粘接件之间的距离比较敏感，去除粘接件的材料厚度，它们之间的距离应当接近于 0，否则很可能导致粘接失败。

4．螺栓

重要部位的螺栓，如副车架安装螺栓、电池包安装螺栓要定义螺栓预紧力和螺栓失效准则；次要部位的螺栓要用 rigidlink+beam 的方式来建模；其余不重要部位的螺栓可以直接用 rigidlink 来建模。随着对建模标准的要求不断提高，现在需要施加预紧力和定义失效准则的螺栓比率也越来越高。

螺栓预紧有两种建模方式：一种是实体单元螺栓的预紧；另一种是梁单元螺栓的预紧。两种建模方式的比较见表 6.2。实体单元螺栓预紧适合于直径大于 12mm 的螺栓，否则会导致螺栓单元的尺寸太小，而梁单元螺栓建模方式不受螺栓直径的影响；实体单元螺栓和梁单元螺栓定义预紧力处的单元沿预紧力方向的长度要较其他单元更大（建议是其他单元尺寸的 2 倍左右），以免施加预紧力时由于单元急剧收缩而导致质量增加异常；实体单元螺栓预紧力处的单元与其他单元材料、属性相同，通常处于同一个 *PART 内，梁单元螺栓预紧力处的单元只能是 *SECTION_BEAM> ELFORM=9，材料定义只能采用*MAT_100，而同一螺栓上其他梁单元通常是 *SECTION_BEAM> ELFORM=1，材料可以是*MAT_001/*MAT_003。

📢 **注意：**

> ①不同直径螺栓的预紧力是不同的，因螺栓预紧力产生的单元应力不得超过材料的屈服极限，这一点在更新螺栓材料或者螺栓直径时需要特别注意。
>
> ②定义了预紧力的螺栓两端都必须是受约束的，从而使螺栓在预紧力的作用下产生有限收缩，否则会导致质量增加异常而终止计算。

5．铰链

通过*CONSTRAINED_JOINT_..._FAILURE 在定义铰链的同时定义该铰链的失效准则。

6．刚体固连*CONSTRAINED_RIGID_BODIES

刚体固连通常用于子系统之间紧固件的建模，而且子系统之间的连接信息通常要单独存放在一个子文件内，以被主文件调用。

7．rigidlink

我们最先讲 rigidlink 的定义是因为其操作最简单，此处我们却最后提到它是想提醒用户最无关紧要的地方，才用 rigidlink 进行连接，且 A 柱之前的区域尽量避免用 rigidlink 定义螺栓。

15.2.5　边界条件

焊点单元节点上不可以定义约束、力等边界条件。

1．*DEFINE_BOX

在定义边界条件之前需要事先定义几个 BOX，我们分别为它们暂定 ID 以便区分。

BOXID=1001 用于定义汽车的两个前轮与前轮地面的接触，高度只需要覆盖下半个车轮即可。

BOXID=1002 用于定义汽车的两个后轮与后轮地面的接触，高度只需要覆盖下半个车轮即可。

BOXID=1003 用于定义整车与刚性墙的接触，长度只需要覆盖车体 A 柱之前的部分即可。

BOXID=1004 用于定义整车的初始速度，大小要覆盖整个车身但是刚性墙和地面要排除在外。

2．地面和刚性墙*RIGIDWALL

汽车正向 100%撞击刚性墙工况下的地面和刚性墙对应的关键字都是*RIGIDWALL_PLANAR，区别只在于法线的方向不同。如果用户不特别指定*RIGIDWALL_PLANAR>NSID/NSINDEX，则 LS-DYNA 会默认模型中的所有节点都是其从节点，在计算过程中会定期检测所有节点是否足够靠近要计算接触惩罚力的位置。因此，为了尽可能地节省计算资源、缩小接触搜索范围、减小计算量，我们需要事先排除一些不可能与地面和刚性墙产生接触的节点，上面事先定义的 BOX 中的前三个即为此目的。

汽车前、后轮的悬架在设计时处于自由状态导致装配整车后，前、后轮的最低点不同，此时要为前、后轮分别定义不同的地面。

地面位置的确定方法：从轮胎最低节点沿 Z 轴方向向下测量轮胎厚度一半距离的基础上，再增加 0.5～1mm 便是轮胎所运动的地面高度，地面*RIGIDWALL_PLANAR>BOXID 变量分别用前面定义的对应的 BOX 的 ID（1001/1002）来定义。

刚性墙位置的确定方法：从车体最前端零件的最前端节点向前测量该节点所属零件厚度一半的基础上，再增加 3～5mm 便是刚性墙的 X 轴坐标。刚性墙的*RIGIDWALL_PLANAR>BOXID 变量用前面定义的 BOX 的 ID（1003）来定义。

最后，请注意*RIGIDWALL_PLANAR 的法线方向一定要对着车体方向。

3．初始速度的定义*INITIAL_VELOCITY

首先，虽然法规要求碰撞速度为 50^{+1}_{0} km/h，CAE 建模时通常会择其上限，选择 51km/h 的初始速度，因为能够通过更恶劣工况的考验说明整车的安全性能更有保障；其次，用户定义初始速度时要注意单位制的转换，例如 51km/h 在 mm-ms-kg-kN 单位制[表 5.1 中（c）列]下应当是 14.16667（mm/ms）。

📢 **注意：**

> 由于车体坐标系的 X 轴正向是由汽车前轴的中心指向车尾方向，因此变量*INITIAL_VELOCITY>VX=−14.16667（mm/ms）。

*INITIAL_VELOCITY>BOXID 变量用前面定义的 BOX 的 ID（1004）来定义。

顺便说一句，有些整车模型的车轮在后处理的 3D 动画中可以转动的原因，只是前处理阶段在车轮上定义了一个角速度造成的视觉效果而已，没有任何实际意义。

4．重力加速度*LOAD_BODY_Z

重力加速度*LOAD_BODY_Z 的相关定义操作前一章节有详细描述。

5．接触定义*CONTACT

ASS 自接触*CONTACT_AUTOMATIC_SINGLE_SURFACE 是必定义项。

如果焊点材料用*MAT_100 定义，则焊点接触用*CONTACT_SPOTWELD 定义；如果焊点材料非*MAT_100，则焊点接触用*CONTACT_TIED_SHELL_EDGE_TO_SURFACE 定义。

采用表 6.1③的焊点类型定义的失效焊点要排除在焊点接触定义之外；建议缝焊接触与点焊、粘胶的接触分开定义。

质量单元、1D 单元、焊点单元、粘胶单元、刚片单元等要注意排除在 ASS、AS2S 接触定义之外和 AN2S 的主面（Master）定义之外。

6．假人模型

整车结构耐撞性仿真分析对假人模型没有严格要求，通常情况下可以用一个等质量点定义在一个简化版的三点式安全带上来代替假人模型和安全带系统，等到约束系统分析阶段再用经过验证的假人模型子系统和描述更精确的安全带子系统。

7．加速度传感器

加速度传感器*ELEMENT_SEATBELT_ACCELEROMETER 定义的位置如下：

（1）B 柱内板下端与门槛梁交界处，用于输出此处加速度的峰值和幅宽以及计算整车等效加速度。

（2）前门铰链处和后门铰链处，用于测量前门框在碰撞过程中，在上、下两个铰链高度位置沿 X 向的变形量。

（3）方向盘中心位置，用于测量方向盘的侵入量。

（4）脚踏板中心位置，用于测量脚踏板的侵入量。

（5）前围板上，用于测量前围板的侵入量。

（6）CCB 上，用于测量 CCB 的侵入量。

（7）A 柱上对应前门三角形窗处，用于测量 A 柱变形。

（8）发动机顶部和底部分别设置一个加速度传感器，用于测量发动机的运动状态并与实车试验进行比较。

（9）因为结果后处理时通常要在后纵梁的末端建立参考坐标系，一方面便于观察车体的变形；另一方面便于在测量前围板等车体侵入量时排除车身的刚体位移，建议用户在前处理阶段可依据后处理建立参考坐标系的习惯建立 3 个加速度传感器，这样不论模型如何优化、更新，后处理时建立参考坐标系的 3 个节点的 NID 都相同，位置也相同。

所有的加速度传感器建议单独建立一个 INCLUDE 子文件并指定单独的 ID 号，这样不论模型如何优化、更新，加速度传感器都不会受到干扰，这样非常有利于确保后处理时用 tpl 文件进行批量化处理与计算结果的基准一致性。

15.2.6　控制卡片

1．计算控制*CONTROL

控制卡片的定义可参考第 9 章最后控制卡片定义的示例进行定义，但是由于示例采用的是 mm-s-t-N 单位制，所以如果用户采用的是 mm-ms-kg-kN 单位制，则需要对示例做出以下主要调整：

（1）*CONTROL_TERMINATION>ENDTIM：建议定义为 120ms。

（2）*CONTROL_TIMESTEP>DT2MS：由于我们此次模型采用的是 mm-ms-kg-kN 单位制，因此该变量的定义建议改为-1E-3 或者-1E-4。

（3）*DATABASE 各项结果的输出频率也都需要扩大 1000 倍，否则会导致输出文件过大、过多，最终造成后处理的负担。

如果模型中有螺栓预紧的情况，则需要在提交计算后、正式计算开始前为螺栓预紧专门安排动态释放（Dynamic Relaxation）的时间，从而避免螺栓预紧期间由其他处传过来的应力波造成的干扰。推荐*CONTROL_DYNAMIC_RELAXATION>NRCYCK=50/DRTERM=3。

2．输出控制

首先，为了查看撞击力沿车体传力路径向整个车身的扩散是否通畅，需要沿传力路径定义一系列的截面力传感器 *DATABASE_CROSS_SECTION_PLANAR 和截面力输出频率控制 *DATABASE_SECFORC。

其次，对于一些重点关注的梁单元的受力情况，要通过*DATABASE_HISTORY_BEAM 和 *DATABASE_ELOUT 令其以较 d3plot 更高的输出频率将这些梁单元的结果数据输出至 binout 文件；对于一些重点关注的节点，例如 B 柱上加速度传感器的运动状态可通过*DATABASE_HISTORY_NODE 和*DATABASE_NODOUT 令其以较 d3plot 更高的输出频率将计算结果输出至 binout 文件。

15.2.7　模型检查

依据第 10 章内容进行模型最终检查。

提交计算前先进行整车整备质量及质心位置校核：没有壁障、假人和行李箱配重的整车模型提交试算，生成的 d3hsp 文件中 physical mass 与 added mass 之和应当与实车试验时的整备质量相同，d3hsp 文件中 total mass of body 下面显示的整车质心的 X、Y 坐标应当与实车质心坐标的误差在允许的范围内（质心 Z 坐标通常没有严格要求），如果整备质量和质心位置与实车不符，可通过配重 *ELEMENT_MASS_PART_SET 进行调整。

15.3　提　交　计　算

汽车碰撞安全性能仿真分析的计算量都很大，通常都会选择 MPP 求解器以提高计算效率。

1．模型初始化

用户提交计算后，LS-DYNA 求解器首先会对模型进行初始化，初始化过程中求解器主要完成以下工作：

（1）对模型进行一次整体的检查，以确保模型不存在导致计算无法进行的致命错误。

（2）计算模型中每个零件的质量、质心位置坐标及整个模型的总质量、质心位置坐标及为调整时间步长产生的质量增加和质量增加百分比，用户可通过文本编辑器打开 d3hsp 文件查看相关信息。

（3）对模型进行分块（Decomposition）并为每个分块区域指定参与计算的 CPU。

当用户看到 Initialization complete 信息时，表明模型的初始化已经完成。

2．动态释放过程

模型初始化完成后，接下来便是为模型中的螺栓预紧专门设置的动态释放过程，Dynamic Relaxation information 会显示动态释放的进展情况，与此同时会有 d3drlf 文件记录螺栓预紧力的加载过程，用户也可以通过后处理软件 HyperView 读取该 d3drlf 文件并以动画的方式演示螺栓预紧力加载过程中螺栓及被其紧固的零件的变化。

所有上述流程都正常走完，LS-DYNA 求解器才正式开始对模型的计算，此时 d3plot 文件才开始出现。

📢》 注意：

> Dynamic Relaxation information 中不应有诸如 element ### failed 等单元失效的信息出现，否则用户需要检查模型尤其是施加螺栓预紧力的区域是否存在问题。

关于 LS-DYNA 求解计算过程中可以查看的信息及出错应对的办法，第 11 章有较详细的阐述。

15.4　后　处　理

1．计算结果的可靠性

通过后处理软件 HyperView 读取 d3plot 文件并查看 3D 动画演示，有无下列问题：

（1）检查整车模型初始速度的统一性。

（2）检查整车模型在零时刻是否存在应力、应变。

（3）检查模型中是否存在飞件、穿透、自由边问题。

（4）检查模型是否存在脱焊、脱胶问题。

通过 HyperGraph 读取 binout 文件查看能量曲线是否存在异常，质量增加是否存在异常。图 15.5 所示为汽车正向撞击刚性墙仿真分析结果得到的比较合理的能量曲线形状。

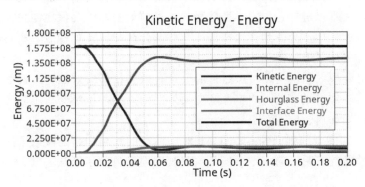

图 15.5　汽车正向撞击刚性墙计算结果比较合理的能量曲线形状

2．结构耐撞性

关于结构耐撞性需要查看以下方面。

（1）查看前纵梁吸能盒、前纵梁、前副车架吸能盒变形是否理想，吸能是否充分。

（2）查看副车架与白车身之间的紧固螺栓是否断裂。

（3）查看 A 柱是否失稳、折弯。

（4）查看门槛梁是否失稳。

（5）查看 IP 管柱（CCB）是否失稳。

（6）查看前围板 X 向侵入量云图及最大值出现的位置。

（7）查看方向盘 X/Z 向最大侵入量。

（8）查看脚踏板 X/Z 向最大侵入量。

（9）查看前门框沿 X 轴方向的变形量。

（10）输出 B 柱下端加速度曲线，标出 3ms 峰值。

（11）利用 B 柱下端加速度传感器的速度曲线求出等效加速度 OLC（具体操作见第 12 章相关内容）。

（12）新能源汽车还需要关注重要电器元件是否受损、漏电，如高压线、高压控制器是否受到挤压、剪切，高压插头是否损坏，电池包的电芯是否受到挤压等。

15.5 有待解决的问题

虽然有限元理论的发展至今已经日臻完善，计算机硬件的水平也是突飞猛进，但是对于汽车正向 100%撞击刚性墙工况的仿真分析来说，还是存在一些有待完善和提高的地方。

（1）门锁的建模问题：C-NCAP 针对门锁有明确的要求，那就是门锁在碰撞过程中不得自动打开，门锁在碰撞发生后能够正常打开，但是目前门锁的锁止机构准确的 CAE 建模还很难实现，最普遍的应对办法就是在门锁处用 rigidlink 把门与门框固连，然后测量门、门框在碰撞过程中沿 X 轴方向的变形量是否控制在一定的范围内。

（2）一些新材料尤其是各向异性材料的本构关系的准确描述问题：目前虽然很多新材料、新工艺已经得到实际应用，但是对这些新材料的力学性能的准确描述却没有跟上发展的步伐，例如碳纤维材料的应用、铝合金挤压成型件的应用等，它们既是新材料、新工艺，在整车碰撞过程中的变形和边界条件又非常复杂，如何准确描述其力学性能目前还没有更好的办法；另外，新能源电池的电芯材料既是新材料，又难以进行各种力学性能测试，目前最普遍的确保电池包安全的应对措施是尽可能确保电芯在碰撞过程中不会受到任何挤压；一些非金属材料，如橡胶、塑料的本构关系也不是很明确，目前也都是采用了近似描述的方法。

（3）更准确的材料失效判据问题：虽然目前已经有太多材料失效准则却仍然无法准确预测材料失效、开裂等问题，以使用频率最高的塑性应变失效准则为例，拉应变与压应变的失效准则是否相同及在计算过程中应当如何断定呢？

（4）油箱/电池包的安全准则问题：C-NCAP 对燃油车的油箱和新能源汽车的电池包在碰撞过程中和碰撞后的安全性能都有明确的规定，但是这些规则要求目前还无法在 CAE 仿真分析中得到很好的落实。

（5）关于乘员损伤准则问题：以欧美人的体型为基准，开发出的假人模型能在多大程度上仿真出中国人的受伤程度。

（6）冷作硬化效应对钣金冲压件的力学性能的影响更准确描述的问题：我们虽然已经从理论上完全认识到冷作硬化效应对钣金冲压件的力学性能的影响是不可忽视的，但是目前附加钣金冲压成型时产生的残余应变的方法似乎没有达到预想的效果；另外，为了减小计算量和保证计算的稳定性，我们忽略钣金件在冲压成型过程中以及在整车受撞击挤压变形的过程中材料的厚度变化问题，这一忽略对计算结果有多大影响目前还没有严格的论证，毕竟根据笔者的实际案例验证发现，同一个整车模型占用同样的 CPU 数量提交 MPP 计算，仅仅是分块方式的不同就可能使前围板的侵入量产生 10mm 左右的差异。

（7）目前 CAE 仿真分析还处于与实车试验的相互印证阶段，还无法达到脱离实车实验准确预测设计方案的程度，因此，虽然现在 CAE 仿真分析已经成为必不可少的设计手段，但只有当 CAE 仿真分析能够真正准确地预测设计方案的时候，CAE 才有可能主导设计。

第 16 章　城轨列车碰撞安全性能仿真分析

16.1　工况简介及设计目标

16.1.1　城轨列车碰撞安全性能分析的必要性

城轨列车是城际轨道列车和城市轨道列车的统称,如图 16.1 所示。城际轨道列车是实现相邻城市或者城市群之间"沟通"的快速交通工具,如京津高铁、广珠高铁等;城市轨道列车主要是指市内的轨道交通,如地铁、轻轨等。城轨列车由于载客量大又处于闭环运营环境,因而不会发生交通堵塞等问题,已经在中国乃至全世界成为大中城市的主要交通工具。

图 16.1　三连挂城轨列车

由于运输对象是乘客,又在大多数情况下处于速度快、客流量大、车辆之间间隔时间短的状况中,因此城轨列车的主动安全和被动安全性能就显得非常重要,因为城轨列车质量大(单节车厢重量 30～35t)、惯性大,一旦发生交通事故,不但容易造成重大伤亡和严重的社会影响,还会由于其闭环的运营环境造成救援难度远大于普通的交通事故。2006 年 4 月 11 日 9 时 32 分,两列火车在京九铁路广东境内发生追尾事故,造成 20 余名旅客和工作人员受伤;据央视新闻报道,2023 年 1 月 7 日,墨西哥首都墨西哥城地铁 3 号线发生地铁撞车事故,造成 1 人死亡,106 人受伤。墨西哥城地铁系统是全世界最繁忙的地铁之一,单日乘客平均超过 400 万人次,墨西哥城政府更是将地铁定性为"安全战略设施",由此可见地铁这种交通工具对墨西哥城的重要性;据路透社、英国广播公司(BBC)等报道,印度东部奥迪沙邦当地时间 2023 年 6 月 2 日夜间,当地的巴哈纳贾火车站附近先是一列客运列车脱轨,紧接着另外一列客运列车运行途中又撞上已脱轨的列车,整个过程造成至少 300 人死亡,900 多人受伤。

本章主要讨论城轨列车的碰撞安全性能,即被动安全性能仿真分析。由于城轨列车的特殊性,实车碰撞试验成本太高,CAE 仿真分析便成为非常重要的辅助设计手段;同样因为列车实车碰撞试验成本太高,对 CAE 仿真分析的准确性也提出了更高的要求,以尽可能减少试验验证的次数。

16.1.2　列车碰撞事故中乘员受伤的主要原因

城轨列车的碰撞安全性能仿真分析的最终目的是提高列车在发生碰撞事故时保护车内乘员生

命安全的能力。下面我们首先需要了解列车碰撞事故中导致乘员受伤的主要原因。

（1）一次碰撞（乘客所在的车厢与外界包括相邻的车厢的碰撞）太过于剧烈，在乘员区产生的加速度过大。

（2）车厢外的硬物侵入车厢与乘员发生碰撞。

（3）车厢内发生的单次甚至多次"二次碰撞"，即车厢内的乘员与车厢内、车体上的硬物发生碰撞（图 16.2）或者车内乘员之间相互碰撞。

（4）车体变形严重导致乘员的生存空间被压缩。

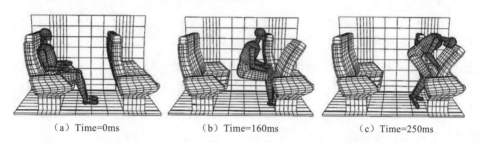

（a）Time=0ms　　　　　　（b）Time=160ms　　　　　　（c）Time=250ms

图 16.2　城轨列车碰撞事故中车厢内的二次碰撞

16.1.3　工况介绍

随着列车主动安全技术的进步，城轨列车发生以正常行进速度对撞事故的可能性已经变得微乎其微了，最有可能发生的碰撞事故是两辆列车中的一方在进站或者出站时与驻车的另一方发生的低速追尾碰撞事故。实车试验时运动一方列车的时速有 5km/h、10km/h 和 25km/h 3 种工况，这里我们只选择其中一种进行讲解。

图 16.3 所示为本次仿真分析的城轨列车追尾碰撞的工况示意图。两辆列车均为六联挂列车，假设两辆列车在直线轨道上发生追尾，碰撞前行进状态列车的时速为 25km/h，刹车制动系数为 0，驻车静止状态列车的刹车制动系数为 0.16，此处的刹车制动系数即我们通常所说的摩擦系数；普通的车厢每节质量为 35t；列车的首、尾两节车厢与中间车厢的结构、造型不同，因而质量也不同，每节质量为 30t；中间一节车厢与其他除首、尾车厢之外的车厢结构相同，只是配重不同，每节质量为 29t。

图 16.3　六连挂城轨列车碰撞工况示意图

16.1.4　设计目标

考查头车以 25km/h 的速度追尾碰撞过程中，列车前端吸能结构的吸能水平及乘员区的变形情况。

（1）要求在车厢前端压溃完全之前，乘员区结构没有任何塑性变形。

（2）在列车遭受碰撞被挤压变形的过程中，乘坐区每 5m 长度被压缩量不得超过 50mm 或者塑性应变不得超过 10%。

（3）列车在经受碰撞被压缩变形的过程中，车厢体附件不应当侵入乘员安全区，从而对乘员的人身安全造成威胁；位于乘员上方的车体附件不应当坠落，从而对乘员造成新的伤害。

（4）司机的工作岗位应当位于缓冲吸能区之外，碰撞过后每个乘员安全区都至少有一条逃生通道能够确保乘员安全撤离。

（5）乘坐区沿列车轴向的平均加速度不得超过重力加速度的 5 倍。

16.2　CAE 建模的重点和难点

16.2.1　重点和难点

1．超大模型的建模问题

六连挂列车追尾碰撞总共有 12 节车厢，每节车厢重量为 30～35t，相比于 2t 重的汽车 CAE 模型需要 500 万以上的单元规模，计算一个汽车整车碰撞工况 48CPU 通常需要 20h 左右，仅仅单节列车车厢的 CAE 模型就已经非常大，不利于前处理操作和求解计算。

2．单元尺寸的目标值确定

对于没有前车之鉴、初次进行列车碰撞安全性能仿真分析工作的工程师来说，CAE 建模时如何确定一个合理的单元尺寸目标值是首先需要解决的问题。

3．车钩的建模

列车车厢之间的连接机构（车钩）是列车上一个至关重要的装备：在列车正常运行过程中，车钩主要在车厢之间起连接、牵引作用；当发生列车碰撞事故时，车钩又是非常重要的吸能、缓冲机构，单个车钩最大吸能可达 200kJ 左右。车钩主体材料为钢材，但是依据试验数据，车钩有独特的加载、卸载曲线（见图 16.4），而且在达到吸能极限后还可以自动脱落，这一特性即使综合利用钢材的密度、泊松比、弹性模量、屈服强度、应力-应变曲线等本质属性都无法准确描述，如何将车钩的这一独特性能通过 CAE 模型准确地描述出来是一个考验。

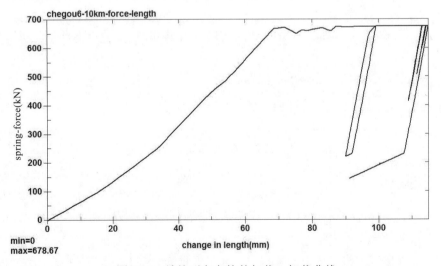

图 16.4　城轨列车车钩的加载、卸载曲线

16.2.2　难点的解决方案

1．确定车体坐标系

对于多级子系统的模型，特别是多个子系统共用一个子系统模型的情况，统一车体坐标系非常有必要，车体坐标系可以直接借用全局坐标系，以沿列车长度方向从头至尾为 X 轴正向，以列车高度方向为 Z 轴正向。

2．针对模型太大问题的对策一：设置多级子系统

设置多级子系统方便各子系统分开单独建模，子系统之间通过刚片固连，大大降低了前处理操作的难度。每节车厢可以作为一个一级子系统。

（1）头车一级子系统：如图 16.1 和图 16.5 所示，城轨列车的头车和尾车相同只是方向相反可以依据列车的行进方向互为车头、车尾，因此头车和尾车可以共用一个子系统并通过 *INCLUDE_TRANSFROM 进行 ID、位置偏置。

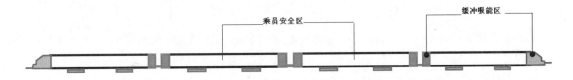

图 16.5　城轨列车车厢的功能分区

（2）中间车厢一级子系统：除头车和尾车之外的所有中间车厢可以共用一个子系统并通过 *INCLUDE_TRANSFROM 进行 ID、位置偏置。

（3）车厢二级子系统：每个车厢在高度方向上又可以分为底板及底板以下部分、前后围与侧围部分和顶盖部分三部分，可对应分成 3 个二级子系统；如图 16.5 所示，每个车厢在长度方向上又可分为前、后缓冲吸能区和中间乘员安全区三部分，这样每个二级子系统可再次细分成 3 个三级子系统，或者每节车厢直接分为 9 个二级子系统。

（4）车钩一级子系统：头车与尾车前面的半自动车钩分别单独作为一个一级子系统，这两个车钩具有互换性；车厢之间连接的每个半永久车钩单独作为一个一级子系统，这些半永久车钩也都具有互换性。因此半自动车钩和半永久车钩只需要各建一个子系统模型，然后根据需要通过 *INCLUDE_TRANSFROM 进行 ID、位置偏置即可。

综上所述，由于具有很好的互换性，整列列车需要完整建模的只有两节车厢（头车车厢和中间普通车厢）和两个车钩（头车半自动车钩和中间半永久车钩）。

3．针对模型太大问题的对策二：模型简化

（1）结构简化：忽略车轮、悬架等底盘件和车厢内附件如座椅以及乘员假人的建模。碰撞冲击载荷是沿列车长度方向传播的，车厢之间传递牵引力和冲击载荷的装置（车钩）一端安装在前车厢的后底板上，一端安装在后车厢前底板上，因此忽略车轮、悬架、刹车盘等底盘件和车厢内座椅等附件对计算结果的评价影响很小。图 16.6 所示为城轨单节列车车厢的 CAE 模型。

（2）材料模型简化：如图 16.5 所示，车厢两端的缓冲吸能区属于力学性能敏感区域，对列车的碰撞安全性能仿真分析的结果影响比较大，这两个区域的零件材料模型在选择上尽可能采用

*MAT_024/*MAT_123 以求更详细地描述材料的力学性能；车厢中部的乘员安全区由于变形、失稳的可能性较两端要更小，建议逐步选择*MAT_020/*MAT_001/*MAT_003 等材料模型简单、求解器计算量小的材料模型，例如第一次提交计算先采用*MAT_020 刚体材料定义乘员安全区的零件，在节省计算成本的基础上重点观察车钩和车厢两端的压溃吸能区等力学性能敏感区域的表现是否存在异常，然后逐步改用线弹性材料*MAT_001 和弹塑性材料*MAT_003 再次提交计算使计算结果更准确。

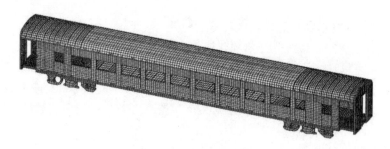

图 16.6　城轨单节列车车厢的 CAE 模型

（3）工况简化：图 16.3 所示工况，将两列六连挂列车追尾碰撞简化为单列六连挂列车撞击刚性墙，撞击速度为 12.5km/h，考查目标不变，如果达到设计目标再尝试计算两列列车追尾碰撞问题；不考虑列车脱轨问题；对底板进行自由度约束，仅释放底板的 X 向平动自由度。

（4）单元公式简化：列车结构主要以钢管、钢板等型材为主，CAE 模型中绝大多数单元类型为壳单元 *SECTION_SHELL 且单元质量容易得到保障，将模型中的壳单元全部定义为*SECTION_SHELL>ELFORM=2 的减缩积分壳单元可以尽可能地减少整个模型的计算量，但是注意对于非刚体材料*MAT_020 定义的薄壁件要进行沙漏控制*HOURGLASS>IHQ=4/QM=0.05 或者定义全局沙漏控制*CONTROL_HOURGLASS>IHQ=4/QH=0.05 并避免出现单排单元的区域。

4．确定单元尺寸的目标值

选择车厢上的力学性能敏感区域的零件，用多种单元尺寸进行 CAE 建模，然后在特定工况下进行单元尺寸目标值的验证。

5．逐步验证使模型更准确

（1）单元尺寸目标值的验证。

（2）车钩验证。

（3）头车底板加头车半自动车钩撞击刚性墙验证。

（4）头车加头车半自动车钩撞击刚性墙验证。

（5）头车、头车半自动车钩加一节车厢及其半永久车钩撞击刚性墙验证。

（6）六连挂列车撞击刚性墙仿真分析。

16.3　单位制的选择

本次所有关于列车碰撞的局部验证模型及六连挂列车撞击刚性墙仿真分析模型统一采用 mm-ms-kg-kN 单位制［表 5.1 中（c）列单位制］。

16.4　单元尺寸的确定

16.4.1　选择验证的零件

图 16.7 所示为车厢底板前端，即图 16.5 中车厢压缩吸能区钢结构的侧视图和俯视图，其中俯视图中虚线所标区域内的纵梁是列车碰撞中承担压缩吸能的主要零部件，也是我们此次确定 CAE 模型单元的目标尺寸的验证对象。如图 16.8 所示，我们采用 4 种单元尺寸方案进行验证，分别是 2mm、5mm、10mm 和 20mm，通过特定的工况研究这几种单元尺寸方案下零件的表现最优解。图 16.7 所示零件中，除虚线标注的纵梁之外的零件均用 10mm 单元尺寸建模。

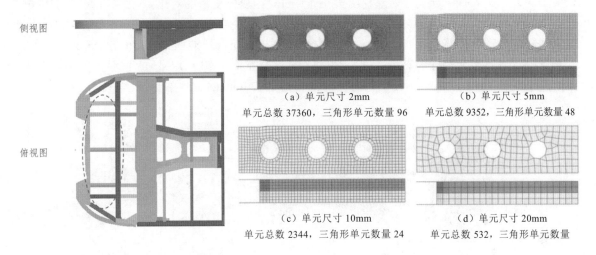

侧视图　俯视图

（a）单元尺寸 2mm　　　　　　（b）单元尺寸 5mm
单元总数 37360，三角形单元数量 96　　单元总数 9352，三角形单元数量 48

（c）单元尺寸 10mm　　　　　（d）单元尺寸 20mm
单元总数 2344，三角形单元数量 24　　单元总数 532，三角形单元数量

图 16.7　车厢底板压缩吸能区的钢结构　　　图 16.8　CAE 模型单元尺寸方案

16.4.2　验证工况

1．验证模型的定义

以图 16.7 所示车厢底板前端的压缩吸能区的零件单独作为一个模型，以 25km/h 的初始速度（*INITIAL_VELOCITY）正向撞击刚性墙。

（1）定义初始速度之前先定义 BOX 包络验证的模型，然后定义 *INITIAL_VELOCITY>BOXID 与 *DEFINE_BOX>BOXID 对应。

（2）*INITIAL_VELOCITY>VX=−6.9444（mm/ms），前面已经提到全局坐标系的 X 轴方向是由车头指向车尾方向，则车头撞击刚性墙的速度应当为负值。

（3）整个模型不定义重力加速度 *LOAD_BODY_Z。

（4）由于是局部验证的小模型，而且这部分模型是车体上高度非线性部分，因此弹性材料的单元类型全部采用全积分壳单元 *SECTION_SHELL>ELFORM=16，并且定义 *HOURGLASS>IHQ=8/QM=0.1 增强全积分单元的翘曲刚度。

（5）至少需要定义两个接触：*CONTACT_AUTOMATIC_SINGLE_SURFACE、*CONTACT_SPOTWELD。

（6）计算时间 *CONTROL_TERMINATION>ENDTIM=100（ms）。

2．模型配重方案

配重定义方式一：用关键字*ELEMENT_MASS_PART_SET 将 30t 配重（即单节车厢的重量）定义在图 16.7 所示整个模型上,同时对整个模型节点定义约束*BOUNDARY_SPC_SET，约束其除 X 向平动之外的自由度，注意定义约束的*SET_NODE_LIST 不得包含焊点单元的节点。

配重定义方式二：图 16.7 中最后一根横梁用刚体材料*MAT_020 定义，刚体材料仅释放 X 向平动自由度；刚体横梁用*PART_INERTIA 定义并利用其内部变量定义初始速度为 25km/h 和总质量为 30t。

16.4.3 结果评判

评判标准：是否能将纵梁的压溃描述清楚，能量曲线和刚性墙接触反力无异常。

图 16.9 所示为不同单元尺寸建模的纵梁在计算过程中压缩变形的对比,其中单元尺寸为 2mm、单元类型为全积分壳单元 ELFORM=16 的纵梁，由于计算中途纵梁压溃严重造成内能异常增大导致计算至 85ms 时退出计算（图 16.9①），换成能够进行单元自适应的 EFG 单元才能最终完成计算（图 16.9②）；单元尺寸为 20ms、单元类型为全积分壳单元 ELFORM=16 的纵梁无法准确描述纵梁的压溃变形（图 16.9⑤）。至此，首先淘汰 2mm 和 20mm 的两种单元尺寸方案。

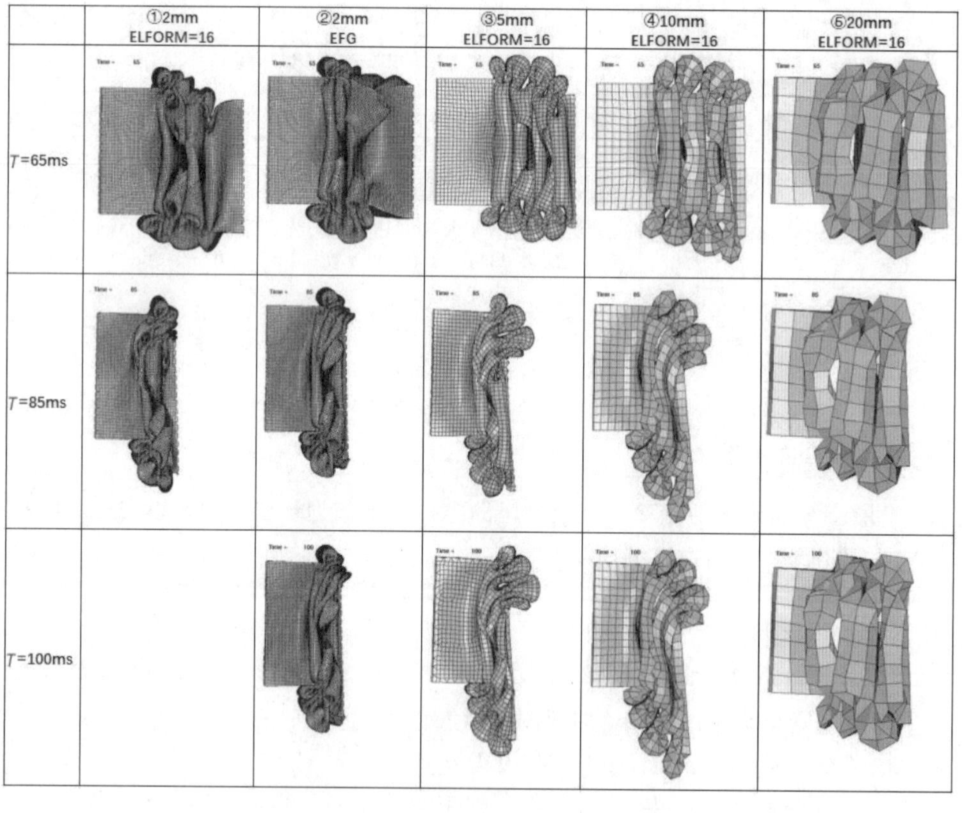

图 16.9　不同单元尺寸的纵梁的计算结果比较

图 16.10 所示为几种单元尺寸建模方案的计算结果中刚性墙反力和纵梁内能的对比，其中可以看到单元尺寸为 5mm 和 10mm 的两种方案的结果相差无几，但是 5mm 单元尺寸方案的模型单元总数量将会是 10mm 单元尺寸方案的数倍，而前者的单元时间步长却比后者还小，至此确定 10mm 为整个列车模型的目标单元尺寸，则最小单元尺寸定义为 5mm，最大单元尺寸定义为 15mm。

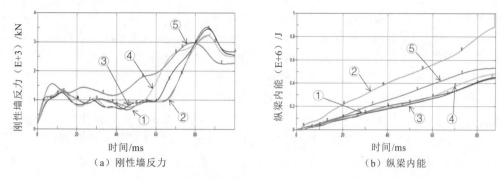

（a）刚性墙反力　　　　　　　　　　（b）纵梁内能

图 16.10　不同单元尺寸的模型的刚性墙反力和纵梁内能的计算结果比较

16.5　车　钩　建　模

16.5.1　车钩的结构及工作原理

图 16.11 所示为城轨列车头车前部安装的半自动车钩的结构及吸能工作原理。

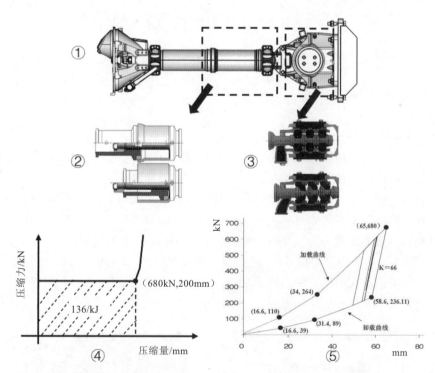

图 16.11　城轨列车半自动车钩的结构及吸能工作原理

①：半自动车钩的几何模型，主要由牵引端、压溃管、缓冲器和固定端组成。牵引端用来与其他列车的车头或者牵引机车对接；固定端用来将车钩安装在列车底板上，即图 16.7 所示侧视图底板下方的机构上；压溃管和缓冲器在列车受牵引时起连接牵引端和固定端的作用，而在列车受到正向撞击时两者又起到吸收撞击能量、缓冲撞击力的作用。

②：压溃管的正常状态和受撞击后的最大吸能状态半剖图。压溃管类似一个活塞机构，从外至

内依次是钢套外管、活塞芯和轴芯。车钩被牵引时，固连在固定端的轴芯从内部扣住固连在牵引端的活塞芯上，从而达到牵引列车的效果；车钩头部受到撞击后，压溃管的活塞芯冲压外管钢套导致后者胀形、内能增加，从而达到吸收撞击能量、缓冲撞击力的目的，并且在此过程中轴芯又起到引导活塞芯沿车钩轴向冲压外管钢套避免外管侧向失稳的作用。

③：缓冲器的正常状态和受撞击后的最大吸能状态剖视图。缓冲器也类似一个活塞机构，与压溃管不同的是，缓冲器的活塞芯与外管钢套之间不是硬接触，而是用橡胶块填塞。车钩被牵引时，缓冲器在连接车钩的牵引端与固定端的同时起到避免车钩硬连接的作用；车钩受到轴向撞击后，活塞芯挤压橡胶块变形达到吸收撞击能量、缓冲撞击力的目的，卸载之后橡胶块能够回弹推动缓冲器的活塞芯复位。

④：压溃管的压缩力与压缩量、吸能关系试验数据曲线图。

⑤：缓冲器的压缩力与压缩量、吸能关系试验数据曲线图。

当车钩受到的撞击力较小时，通常先由缓冲器来吸收撞击能量，整个车钩对外表现出的压缩力与压缩量的关系曲线与图 16.11 中⑤所示缓冲器的压缩力与压缩量的关系曲线相同；当车钩受到的撞击力较大时，撞击产生的能量超过了车钩缓冲器的吸能极限，压溃管才开始冲压胀形吸收剩余的撞击能量，此时整个车钩对外表现出的压缩力与压缩量的关系曲线如图 16.4 所示，即为图 16.11 中④、⑤曲线的合成。

车厢之间连接用的半永久车钩与车头安装的半自动车钩的主要区别在于前者没有牵引端，而是两端都是固定端和缓冲器。

车钩可以说是整个列车模型中建模难度最大、对列车的碰撞安全性能来说最为重要的一个子系统。

16.5.2 车钩 CAE 建模

1. 压溃管的 CAE 建模

压溃管的活塞芯和轴芯用刚体材料*MAT_020 建模以尽量减少其变形，由于是刚体件，因此很多特征（见图 16.11 中①活塞芯外面的环形结构）在 CAE 建模时都进行了简化，对轴芯用来从内部扣住活塞芯的特征也进行了简化；钢套外管用*SECTION_SHELL>ELFORM=16 全积分壳单元建模，要能够产生塑性变形但不需要考虑材料失效问题，且可以用弹塑性材料*MAT_003 来定义，调整钢套的弹性模量使压溃管的压缩力与压缩量的关系符合图 16.11 中④的描述。

图 16.12 所示为车钩压溃管的物理模型与 CAE 模型的对比，图 16.12（b）所示即最终确定的车钩压溃管 CAE 模型压溃前和压溃后的样子，压溃管的壳单元钢套外管采用了渲染显示模式以方便查看其材料厚度。

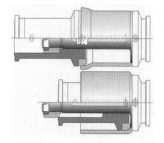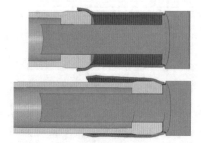

（a）压溃管物理模型压溃前和压溃后的半剖图　　（b）压溃管 CAE 模型压溃前和压溃后的剖视图

图 16.12　车钩压溃管 CAE 模型实现

2. 缓冲器的 CAE 建模

缓冲器内部的几何结构复杂，用壳单元建模显然不合适，用实体单元建模难度很大，而且即使依据实际几何形状费时费力地进行实体单元建模后，要想使整个缓冲器 CAE 模型对外准确地表现出与图 16.11 中⑤所示的加载、卸载曲线的试验数据相同的性能也是一个很大的未知数，这一难题可以说是城轨列车建模中遇到的最棘手的问题。至此我们可以另辟蹊径，即只要缓冲器 CAE 模型最终能够对外表现出缓冲器物理模型如图 16.11 中⑤所示相同的特性，我们就可以忽略其复杂的几何结构。换句话说，就是不求形似，只求神似。

现实生活中与橡胶块的压缩、回弹特性最接近的就是弹簧装置。如图 16.13（b）所示，我们用一个弹簧单元来模拟缓冲器内的橡胶块和活塞芯，弹簧单元的材料用 *MAT_S06 来定义，因为 *MAT_S06 弹簧材料可以分别定义加载曲线和卸载曲线；刚体挡块用来模拟压溃管的末端与缓冲器连接的部分；刚体管用来模拟缓冲器的钢套外管；刚体挡块与刚体管之间的间隙（65mm）即缓冲器的压缩极限。图 16.13（c）所示为最终确定的缓冲器的 CAE 模型，其中左侧的圆形刚体为缓冲器的钢套并与压溃管对接，右侧的方形刚体为车钩的固定端，负责将车钩安装固定在列车底板上，左右两个刚体的间距即缓冲器的压缩极限，中间用一个梁单元来代替缓冲器的活塞芯和橡胶块的功能，经过对 LS-DYNA 材料库中几百种材料模型的逐个筛查，最终确定用来定义梁单元的材料模型为 *MAT_119，因为只有这种材料才真正能够准确地描述图 16.11 中⑤所示缓冲器的特性。

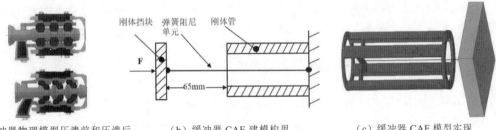

（a）缓冲器物理模型压溃前和压溃后　　（b）缓冲器 CAE 建模构思　　（c）缓冲器 CAE 模型实现

图 16.13　车钩缓冲器 CAE 模型实现

3. 车钩的 CAE 模型整体展示

最终建成的城轨列车头车上的半自动车钩及车厢之间连接的半永久车钩的 CAE 模型与原物理模型的对比如图 16.14 和图 16.15 所示。对车钩单独进行压缩试算得到的结果也完全与试验数据吻合，图 16.16 所示为六连挂列车以 10km/h 的速度追尾碰撞时车钩受到的撞击力和压缩量关系的试验数据与 CAE 仿真分析对应位置车钩计算结果的对比。

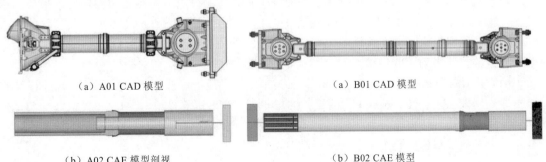

（a）A01 CAD 模型　　　　　　　　　　　（a）B01 CAD 模型

（b）A02 CAE 模型剖视　　　　　　　　　（b）B02 CAE 模型

图 16.14　头车半自动车钩 CAD/CAE 模型对比　　图 16.15　车厢之间半永久车钩 CAD/CAE 模型对比

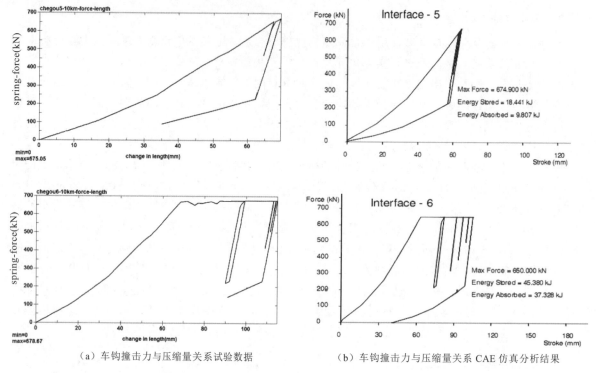

（a）车钩撞击力与压缩量关系试验数据　　　（b）车钩撞击力与压缩量关系 CAE 仿真分析结果

图 16.16　车钩试验数据与 CAE 仿真分析结果对比

16.5.3　车钩自动脱落的 CAE 实现

从图 16.14 和图 16.15 中的 A01、B01 可以看到，车钩的固定端有 4 个安装螺栓将车钩固定在车厢底板上，当车钩受到撞击时，缓冲器首先被压缩，其次是压溃管被冲压胀形，压溃管被冲压到极限时车钩已经失去继续缓冲、吸能的作用，反而变成撞击力的硬传递中介，此时需要车钩固定端的 4 个螺栓自动断裂造成车钩自动脱落，车钩脱落后两节车厢开始直接接触，车厢两端的防爬器会自动扣住以阻止其中一节车厢"爬"向另一节车厢的车顶，防爬器也可最大限度地将撞击能量的吸收限定在车厢两端的缓冲吸能区（图 16.5），从而尽量保全车厢中间乘员的生存空间。接下来，我们将探讨如何实现车钩自动脱落的 CAE 建模。

螺栓断裂首先会让我们想到的是材料失效，但是回顾一下我们在第 5 章提到的各种材料失效模式，似乎又都无法满足我们此处对螺栓一旦时机成熟即"自动"断裂的"智能"要求。

经过对 LS-DYNA 材料库几百种材料模型的逐个筛查，最终我们确定选用梁单元来描述车钩的固定螺栓，梁单元的材料选用*MAT_094，由图 16.11 中④可知压溃管在冲压胀形期间传递的撞击力为 680kN，因此我们指定 4 个螺栓梁单元失效时的总拉伸力要稍微大于 681kN，并最终确定使每个螺栓单元失效的拉伸力为 170.5kN。

图 16.17 所示为城轨列车半自动车钩安装在头车压缩吸能区底板下的 CAE 模型侧视图，图中箭头①所指即为用来描述安装、固定车钩的螺栓的梁单元。经过试算检验，该 CAE 模型完全满足建模要求。

至此，关于列车车钩的几个难题全部得到解决。

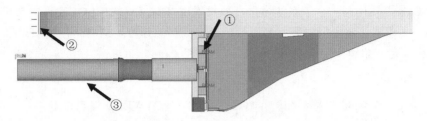

图 16.17　城轨列车半自动车钩安装在头车底板下的 CAE 模型图
①—车钩安装螺栓；②—防爬器；③—头车半自动车钩

16.6　缝焊、螺栓、铆钉建模

列车属于超大模型，车厢上的零件很多，但是绝大多数都是型材和薄壁件，不存在复杂的曲面，因此推荐采用 BatchMesher 自动生成有限元网格再检查、确认和局部优化单元质量的方法来进行 CAE 建模，这样可以大大提高建模效率。

列车车厢上最主要的零部件的连接方式是缝焊和螺栓、铆钉连接，关于这些连接方式的 CAE 建模的具体操作方法和步骤请看第 6 章，在此不再赘述。但是需要指出的一点是，除了前面介绍的固定车钩的几个螺栓要特别"关照"之外，列车车厢上其他部位的螺栓按普通螺栓处理，不需要考虑螺栓的预紧和失效，不需要考查螺栓截面力，以尽可能减轻用户进行 CAE 建模的工作量和 LS-DYNA 求解器的计算量。

各子系统之间（包括车钩与车厢底板之间）要通过刚片 Patch 利用关键字*CONSTRAINED_RIGID_BODIES 连接，刚片固连信息要单独放在一个子文件中，这意味着固定车钩的螺栓的梁单元只能属于车钩或者车厢子系统中的一方，建议把这些螺栓梁单元归属于车钩子系统，梁单元固定端连接刚片 Patch，再通过该刚片与车厢底板上对应螺栓孔处的 Patch 进行刚体固连。

16.7　材料的选择

作为整个模型中重中之重的车钩的材料定义在 16.4.2 节已有详细叙述。关于车厢上各子系统的材料的定义在 16.2.2 节已有阐述。

16.8　边界条件的定义

1．约束

不对列车底盘件和导轨进行 CAE 建模，不考虑列车在碰撞过程中的脱轨问题，对车厢底板施加约束，仅释放 X 向的平动自由度；车钩中用到的刚体材料仅释放 X 向的平动自由度。

2．重力

不考虑重力影响，不定义重力加速度*LOAD_BODY_Z。

3．初始速度

考虑到我们对列车的头车和尾车的车厢、半自动车钩分别共用同一个子系统模型，所有中间车厢、半永久车钩分别共用同一个子系统模型，如果采用*INITIAL_VELOCITY 定义初始速度，变量 NSID 选择不定义即默认对模型中所有的质量节点定义初始速度，或者采用*INITIAL_VELOCITY_ GENERATION 指定初始速度定义的 ID 范围。

4．接触

至少需要定义一个 ASS 自接触和一个*CONTACT_SPOTWELD 焊点接触。

5．加速度传感器

在车厢底板上沿车厢长度方向、在车厢中线上等间距设置一系列的加速度传感器 *ELEMENT_SEATBELT_ACCELEROMETER，用以检测列车在碰撞过程中是否会产生大于 5g 的足以导致乘员受伤的加速度。有些细心的读者会发现，该加速度限值较汽车正向碰撞刚性墙的加速度限值要小得多，主要原因在于列车上的乘客没有类似汽车上的安全带、安全气囊等约束系统。

在图 16.7 所示的列车车厢两端的压缩吸能区沿车厢宽度方向设置一系列横向分布的加速度传感器，用以检测车厢两端在碰撞过程中的侵入量。

16.9　控　制　卡　片

1．计算控制*CONTROL

控制卡片的定义可参考第 9 章最后控制卡片定义的示例，但是由于示例采用的是 mm-s-t-N 单位制，如果用户采用的是 mm-ms-kg-kN 单位制，则需要对示例做出以下主要调整。

（1）*CONTROL_TERMINATION>ENDTIM：建议初步定义为 180ms。

（2）*CONTROL_TIMESTEP>DT2MS：由于我们此次模型采用的是 mm-ms-kg-kN 单位制，因此该变量的定义区间建议为–1E-3～-1E-4。

（3）*DATABASE 各项结果的输出频率也都需要扩大 1000 倍，否则会导致输出文件过大、过多并最终造成后处理的负担。

2．输出控制

首先，为了查看撞击力沿车体传力路径向整个车身的扩散是否通畅，需要沿传力路径定义一系列的截面力传感器 *DATABASE_CROSS_SECTION_PLANAR 和截面力输出频率控制 *DATABASE_SECFORC。

其次，对于一些重点关注的梁单元，如车钩的紧固螺栓的受力情况要通过*DATABASE_ HISTORY_BEAM 和*DATABASE_ELOUT 令其以较 d3plot 更高的输出频率将这些梁单元的结果数据输出至 binout 文件；对于一些重点关注的节点，如之前在车厢底板上设置的加速度传感器的运动状态可通过*DATABASE_HISTORY_NODE 和*DATABASE_NODOUT 令其以较 d3plot 更高的输出频率将计算结果输出至 binout 文件。

16.10　模型的最终检查

依据第 10 章的内容对模型进行提交计算前检查，清除所有可能的隐患后再提交 LS-DYNA 求解器计算。

16.11　提　交　计　算

由于列车碰撞仿真模型是超大模型，因此建议采用 MPP 求解器提交计算。正式计算过程中注意跟踪计算结果是否存在异常。

16.12　后　处　理

1. 计算结果的可靠性

通过后处理软件 HyperView 读取 d3plot 文件并查看 3D 动画演示，检查模型中是否存在飞件、穿透、自由边问题；检查整车模型初始速度的统一性；通过 HyperGraph 读取 binout 文件查看能量曲线是否存在异常、质量增加是否存在异常。

2. 结构耐撞性

关于结构耐撞性，主要需要注意查看以下方面。

（1）输出车厢上乘员安全区的加速度传感器的加速度时间历程曲线，查看是否存在大于 5g 的情况。

（2）查看每个车钩的状态是否能够正常压缩、吸能；查看压缩、吸能达到最大极限的车钩是否可以自动脱落。

（3）查看车钩脱落后车厢之间的防爬器是否正常发挥作用。

（4）查看车厢两端如图 16.7 所示区域的纵梁在碰撞过程中的变形是否理想，是否能够达到最大吸能状态。

附录 1 英文缩写释义

MPI：Message Passing Interface，信息传输接口。

NCAP：New Car Assessment Program，新车评价标准。在不同的国家、区域，该标准的细则不同。该标准为国家强制标准，新开发车型上市之前都必须由国家专业检测机构依据该标准进行检测，通常谈论的五星车、四星车等即为依据该标准测试的结果对新车给予的评价结论。

C-NCAP：中国的新车评价标准。

Euro NCAP：欧盟的新车评价标准。

U.S.NCAP：美国的新车评价标准。

C-IASI：China Insurance Automotive Safety Index，中国保险汽车安全指标。该标准为国家强制标准，从整车耐撞性与维修经济性指标、车内乘员安全指数、车外行人安全指数、车辆辅助安全指数 4 个方面对车辆进行测试评价，最终评价结果以直观的等级：优秀（G 级）、良好（A 级）、一般（M 级）、较差（P 级）的形式定期对外发布，为汽车投保提供参考。

IIHS：Insurance Institute for Highway Safety，美国公路安全保险协会标准。

FMVSS：Federal Motor Vehicle Safety Standards，美国联邦机动车安全标准。

UNECE：United Nations Economic Commission for Europe，联合国欧洲经济委员会。

PHEV：Plug-in Hybrid Electric Vehicle，插电式混合动力汽车。

MDB：Movable Deformable Barrier，可移动变形壁障（又称大壁障）。

AE-MDB：MDB 的改进版，其形状与力学性能更符合车辆前段的力学性能。

MPDB：Mobile Progressive Deformable Barrier，渐进式可移动变形壁障。

ODB：Offset Deformable Barrier，可偏置碰变形壁障。

HIC：Head Injury Criteria，假人头部伤害指数。

附录 2　模型初始化过程中常见报错信息

1. 【报错代码】：INI+6

【报错代码】：INI+6

【报错信息】：

```
*** Error 30006 (INI+6)
Initialization completed with 717 or more fatal errors.
Please check message file.
```

【报错原因】

LS-DYNA 求解器在模型初始化期间发现至少 717 处错误，详细信息请查看 message 文件。

2.【报错代码】：OTH+15

【报错信息】：

```
*** Warning 70005 (OTH+5)
Input file does not exist: Auto
Isolate=29
Please define input file name or change default: >
*** Error 70015 (OTH+15)
No input commands found!
```

【报错原因】：

文件名"Auto live FSA.key"因为包含空格导致 LS-DYNA 求解器无法识别，故以找不到为由报错并退出计算。

【解决办法】：

将文件名中的空格改为下横线或者中横线。

3.【报错代码】：OTH+21

【报错信息】：

```
** Error 70021 (OTH+21)
Memory is set 67111075 words short.
Memory size 49929198
Increase the memory size by one of the following
Where ####  is the number of words requested:
①on the command line set - memory=####
②in the input file define memory with *KEYWROD
i.e.,  *KEYWORD #### or *KEYWORD memory=####.
```

【报错原因】：

用户定义的内存不足，需要扩大内存。注意该报错信息的最后提供了两种定义内存的方式。

4.【报错代码】：IMP+22

【报错信息】：

```
*** Error 60022 (IMP+22)
```

```
MPP version of LS-DYNA
Implicit is not supported in single precision.
Please switch to DOUBLE Precision (I8R8) version.
```

【报错原因】：

LS-DYNA 的 MPP 求解器不支持隐式算法。

5.【报错代码】：INI+22

【报错信息】：

```
*** Error 30022 (INI+22)
Too many prescribed nodal displacements for rigid body part ID 12345678 limit=1.
Nodal list:
Node ID 11111111
Node ID 22222222
Node ID 33333333
......
```

【报错原因】：*BOUNDARY_PRESCRIBED_MOTION_NODE 定义在刚体节点上、rigidlink 节点上或者刚体通过*CONSTRAINED_EXTRA_NODES 固连的节点上，导致这些不可以产生相对位移的节点之间产生了不同的强制位移/速度/加速度。

6.【报错代码】：INT+25

【报错信息】：

```
*** Error 30025 (INT+25)
Massless node 86437543 on the slave side of surface 63 type 5
This could be lead to a segment with no parent element defined.
```

【报错原因】：

焊点/粘胶单元已经删除，但是相关的接触定义没有更新。

7.【报错代码】：KEY+32

【报错信息】：

```
Open include file: include_03.k
*** Error 10032 (KEY+32)
Shell element ID 10220003 definition is invalid.
See input line 2348669
A node in the connectivity is repeated 3 times.
```

【解决办法】：

用文本编辑器 UltraEdit/NotePad 打开 KEY 文件 include_03.k 并定位至 2348669 行，确认壳单元 EID=10220003 的定义无误。

8.【报错代码】：INT+39

【报错信息】：

```
*** Error 30039 (INT+39)
Joint # 39 is connected to a deformable node, ID=25002007.
*** Error 30043 (INT+43)
Joint # 39 ID # 25077115 contains deformable nodes: 25002006 25002007.
```

【报错原因】：

铰链连接的节点 NID=25020007 不属于刚体或者 rigidlink。

9.【报错代码】：KEY+62

【报错信息】：

```
*** Error 10062 (KEY+62)
Curve ID 26063701 is referenced at least twice with different conversions
units.
```

【报错原因】：

子文件/子系统之间产生曲线 LCID 冲突，相关曲线*DEFINE_CURVE>LCID=26063701。

10.【报错代码】：INI+73

【报错信息】：

```
*** Error 30073 (INI+73)
Negative or zero determination-solid element 12345678.
Node 10000001 (x1,y1,z1)
Node 10000002 (x2,y2,z2)
Node 10000003 (x3,y3,z3)
……（该单元的 8 个节点的 NID 及坐标）
```

【报错原因】：

实体单元*ELEMENT_SOLID>EID=12345678 的单元质量太差，在模型初始化阶段就被 LS-DYNA 求解器检查出负体积问题。

11.【报错代码】：SOL+77

【报错信息】：

```
*** Error 40077 (SOL+77)
Material type 138 may not be available for this shell formulation.
Please try another shell formulation.
```

【报错原因】：

壳单元零件*PART 定义的材料模型*MAT_138 与零件内部单元公式*SECTION_SHELL>ELFORM 有冲突，即并非所有的单元公式 ELFORM 定义的零件都可以用材料*MAT_138 来定义。

12.【报错代码】：INI+83

【报错信息】：

```
*** Error 30083 (INI+83)
Material type 1 cannot be used with spotweld beam type 9.
```

【报错原因】：

材料定义错误：*SECTION_BEAM>ELFORM=9 定义的梁单元必须用*MAT_100 材料来定义。

13.【报错代码】：INI+86

【报错信息】：

```
*** Error 30086 (INI+86)
Beam # 950392 N3 node on beam x-axis
580218.
```

【报错原因】：

梁单元的第三节点 N3 应当偏离单元的 N1、N2 确定的轴线，但是本模型中梁单元 EID=950392 的第三节点 N3 却与 N1、N2 在同一直线上。

14.【报错代码】：KEY+87

【报错信息】：

```
*** Error 10087 (KEY+87)
In *INCLUDE file name:
File does not exist.
```

【报错原因】：

关键字*INCLUDE 的下面出现了空行。

15.【报错代码】：KEY+87

【报错信息】：

```
*** Error 10087 (KEY+87)
In *INCLUDE file name:
File include_01.k does not exist.
Keyword read will continue but numerous errors may result.
```

【报错原因】：

LS-DYNA 求解器未找到子文件 include_01.k。其可能是子文件路径定义错误，也可能是文件名不符。

16.【报错代码】：KEY+87

【报错信息】：

```
*** Error 10087 (KEY+87)
In *INCLUDE file name:
File include_01.k does not exist.Keyword read will continue but numerous
errors may result.
```

【报错原因】：

*INCLUDE 关键字调用的名为"include_01.k"的子文件找不到。

17.【报错代码】：INI+99

【报错信息】：

```
*** Error 30099 (INI+99)
Element ID 50000261 has a zero normal vector.
```

【报错原因】：

单元边界上存在最小单元 EID=50000261。

18.【报错代码】：KEY+106

【报错信息】：

```
*** Error 10106 (KEY+106)
Beam element 12345555 has an undefined PID 10220001.
CHECK BEAM ELEMENT DATA.
```

【报错原因】：

梁单元 EID=12345555 所属的零件*PART 的定义未被 LS-DYNA 求解器找到，该梁单元*PART 的 PID=10220001。*PART 可能是未定义，也可能是前处理过程中功能区零件的 Card Image 项未选择 Part 设置。

19.【报错代码】：KEY+110

【报错信息】：

```
*** Error 10110 (KEY+110)
Duplicated *SET_PART ID # 10220546.
```

【报错原因】：

子系统/子文件之间*SET_PART>SID=10220546 发生冲突。

20.【报错代码】：KEY+110

【报错信息】：

```
*** Error 10110 (KEY+110)
Duplicate *SET_NODE id # 85151031.
```

【报错原因】：

子系统/子文件之间*SET_NODE>SID=85151031 发生冲突。

21.【报错代码】：KEY+125

【报错信息】：

```
*** Error 10125 (KEY+125)
Checking PART and SECTION definition input.
PART ID 25012412 with SECTION ID 0 does not exist.
```

【报错原因】：

有零件（*PART>PID=25012412）的属性未定义（*PART>SECID=0）。

22.【报错代码】：KEY+125

【报错信息】：

```
*** Error 10125 (KEY+125)
Checking PART and SECTION definition input.
PART ID 25012412 with SECTION ID 14 does not exist.
```

【报错原因】：

零件属性关键字*SECTION>SECID=14 被零件*PART>PID=25012412 引用，但是该属性关键字的定义却没有找到。

23.【报错代码】：KEY+137

【报错信息】：

```
*** Error 10137 (KEY+137)
Multiply defined MATERIAL ID MATERIAL 49590201.
```

【报错原因】：

材料关键字*MAT>MID=49590201 重复定义或者说 ID 冲突。

24.【报错代码】：KEY+141

【报错信息】：

```
*** Error 10141 (KEY+141)
Load curve ID 10220002 is undefined.
```

【报错原因】：

曲线*DEFINE_CURVE>LCID=10220002 未定义/未找到。

25.【报错代码】：KEY+144

【报错信息】：

```
*** Error 10144 (KEY+144)
CHECKING NODAL RIGID BODY DEFINITION [*CONSTRAINED]
Node set for nodal rigid body # 622 is not found.
The set number is 10220688
```

【报错原因】：

定义 rigidlink 的*SET_NODE 找不到，且*SET_NODE>SID=10220688。

26.【报错代码】：KEY+144

【报错信息】：

```
*** Error 10144 (KEY+144)
CHECKING CONTACT INPUT DATA [*CONTACT] Control-intf. # 58
Part set for contact interface # 58 is not found.
The set number is 7.
```

【报错原因】：

接触*CONTACT>CID=58 定义时，其关键字内部变量 MSID/SSID 相关*SET>SID=7 的定义无法找到。

27.【报错代码】KEY+144

【报错信息】：

```
*** Error 10144 (KEY+144)
CHECKIN PARTICLE BASED GAS DYNAMICS
Part set ID for shell parts # 1 is not found. The set number is 45020135.
```

【报错原因】：

安全气囊泄气孔只有 40mm、45mm、50mm 这 3 种尺寸可供选择，用户定义的泄气孔尺寸不在选择的范围之内。

28.【报错代码】：KEY+144

【报错信息】：

```
*** Error 10144 (KEY+144)
Beam element set for history # 4 is not found.
The set number is 9.
```

【报错原因】：

*DATABASE_HISTORY_BEAM_SET 相关梁单元集合*SET_BEAM>SID=9 未被 LS-DYNA 求解器找到。

29.【报错代码】：KEY+144

【报错信息】：

```
*** Error 10144 (KEY+144)
CHECKING INITIAL VELOCITY INPUT
Node set for initial velocity # 1 is not found.
The set number is 563.
```

【报错原因】：

变量*INITIAL_VELOCITY>NSID=563 对应的*SET_NODE 未定义。

30.【报错代码】：KEY+157

【报错信息】：

```
*** Error 10157 (KEY+157)
MAT 12345678 is not found.
```

【报错原因】：

模型中用到的材料*MAT>MID=12345678 未定义。

31.【报错代码】：KEY+157

【报错信息】：

```
*** Error 10157 (KEY+157)
SECTION 52000000 is not found.
```

【报错原因】：

关键字*SECTION>SECID=52000000 被引用，但是该关键字的定义却没有找到。

32.【报错代码】：KEY+173

【报错信息】：

```
*** Error 10173 （KEY+173）
Repeated load curve/table id 1330 in *DEFINE_CURVE.
```

【报错原因】：

子系统/子文件之间*DEFINE_CURVE>LCID 或者*DEFINE_TABLE>TBID 发生了冲突，LCID 或者 TBID 为 1330。

33.【报错代码】：KEY+176

【报错信息】：

```
*** Error 10176 (KEY+176)
Repeated part ID 72770000.
```

【报错原因】：

子系统之间*PART>PID=72770000 发生冲突。

34.【报错代码】：INT+206

【报错信息】：

```
*** Error 30206 (INT+206)
The part mass exceeds the specified final mass. This is not permitted, see
ELEMENT_MASS_PART PID=5.
```

【报错原因】：

模型中*ELEMENT_MASS_PART 定义的零件的最终质量小于零件的现有质量，这是 LS-DYNA 求解器不允许的。

35.【报错代码】：STR+211

【报错信息】：

```
*** Error 20211 (STR+211)
Reading extra nodes for rigid bodies
Undefined node # 13145678.
13140001  13140002  13140003  13145678  13145679          0         0
```

【报错原因】：

*CONSTRAINED_EXTRA_NODES 涉及的从节点 NID=13145678 没有定义，很可能是模型更新后相应关键字*CONSTRAINED_EXTRA_NODES 的定义没有更新。报错信息最后一行再现了 NID=13145678 在 KEY 文件中出现时所在行的内容，有助于用户快速找到出错位置。

36.【报错代码】：STR+211

【报错信息】：

```
*** Error 20211 (STR+211)
Reading contact segment data
Undefined node # 95028604.
```

【报错原因】：

零件有更新，但是与该零件及已定义的*CONTACT 接触相关的*SET_SEGMENT 没有同时更新。

37.【报错代码】：STR+216

【报错信息】：

```
*** Error 20216 (STR+216)
Part # 10220701 is out of range.
10220700  10220701  10220702
```

【报错原因】：

零件*PART>PID=10220701 不存在，却仍然被*SET、*CONTACT 或者刚体固连*CONSTRAINED_RIGID_BODIES 等关键字调用。报错信息中最后一行再现了 PID=10220701 在 KEY 文件中出现时所在行的部分内容，有助于用户快速找到出错位置。

【解决办法】：

用文本编辑器 UltraEdit/NotePad 的文件夹搜索功能自动搜索所有可能引起上述报错信息的 KEY 文件，搜索关键字可以是"10220700 10220701"/"10220701 10220702"；如果搜索不到，再尝试搜索关键字"10220701"，这样有助于快速找到出错位置。

38.【报错代码】：STR+231

【报错信息】：

```
*** Error 20231 (STR+231)
Duplicate shell element #:  10220003.
```

【报错原因】：

单元 EID=10220003 发生 ID 冲突。

39.【报错代码】：KEY+233

【报错信息】：

```
*** Error 10233 (KEY+233)
Set ID 10226077 contains node ID 10220000 witch is undefined under *NODE
input.
```

【报错原因】：

*SET_NODE>SID=10226077 中包含的节点 NID=10220000 未定义，很可能是模型更新后*SET_NODE 没有对应更新。

40.【报错代码】：STR+238

【报错信息】：

```
*** Error 20238 (STR+238)
Defining local coordinate system zero length inplane vector defined.
```

【报错原因】：

局部坐标系的坐标轴长度为 0，应当是三点定义局部坐标系时有两个节点的坐标相同。

41.【报错代码】：KEY+246

【报错原因】：

```
*** Error 10246 (KEY+246)
Line contains improperly formatted date reading *DEFINE_HEX_SPOTWELD_
ASSEMBLY at line # 2978752 of file BIW.key.
```

【解决办法】：

用文本编辑器打开 BIW.key 文件，搜索关键字"*DEFINE_HEX_SPOTWELD_ASSEMBLY"或者直接定位第 2978752 行，找到后直接删除该关键字的相关内容。

42.【报错代码】：KEY+246

【报错信息】：

```
*** Error 10246 (KEY+246)
Line contains improperly formatted date reading *DEFINE_TRANSFORM card.
At lin # 53 of file include_03.k
```

【报错原因】：include_03.k 文件中第 53 行关键字 *DEFINE_TRANSFORM 的定义不规范。

43.【报错代码】：KEY+267

【报错信息】：

```
*** Error 10267 (KEY+267)
In converting external to internal ELE-ID 29712006 N1 29266605.
```

【报错原因】：

单元 EID=19712006 所在零件 *PART 的定义缺失，该单元的节点 NID=29266605 的定义 *NODE 缺失。

44.【报错代码】：KEY+304

【报错信息】：

```
*** Error 10304 (KEY+304)
CHECKING MATERIAL INPUT part ID=39920002
PART ID 39920002 with SECTION ID 3920002 and MATERIAL ID 39920002 does not
exist.
```

【报错原因】：LS-DYNA 求解器无法找到 *PART>PID=39920002 定义的材料 *MAT>MID=39920002。

45.【报错代码】：KEY+306

【报错信息】：

```
*** Error 10306 (KEY+306)
CHECKING MATERIAL INPUT part ID=39920002
PART ID 39920002 with SECTION ID 3920002 and HOURGLASS ID 14 does not exist.
```

【报错原因】：

零件 *PART>PID=39920002 定义了沙漏控制 *PART>HGID=14，但是相关的沙漏控制关键字 *HOURGLASS 却没有定义或者没有被 LS-DYNA 求解器找到。

46.【报错代码】：STR+363

【报错信息】：

```
*** Error 21340 (STR+1340)
Part # 12345678 is out of range
12345678 87654321
Check that the part does not belong to a *CONSTRAINED_NODAL_RIGID_BODY as
this is not allowed.
*** Error 20363 (STR+363)
On rigid body merge card number 9
Part 12345678 is not material type 20-rigid.
```

【报错原因】：

零件 PID=12345678 不是用刚体材料 *MAT_020 定义的，因此不能参与到与另一刚体 PID=87654321 之间的刚体固连 *CONSTRAINED_RIGID_BODIES 中。

47.【报错代码】：STR+366

【报错信息】：

```
*** Error 20366 (STR+366)
Part 12345678 specified on rigid body node card 87654321 is material type 34
and not type 20 (rigid).
```

【报错原因】：

*CONSTRAINED_EXTRA_NODES_SET>PID 对应的零件材料应当是 *MAT_020，模型中却定义为 *MAT_034。

48.【报错代码】：STR+385

【报错信息】：

```
*** Error 20385 (STR+385)
The part with ID 42678942, material ID 68000198, has a material type 57 that
is invalid for 4-node shell elements.
```

【报错原因】：

*MAT_057 只能定义实体单元零件，模型中却用来定义壳单元零件 *PART>PID=42678942。

49.【报错代码】：STR+385

【报错信息】：

```
*** Error 20385 (STR+385)
The part with ID 12345678, material ID 68000031, has a material type 24 that
is invalid for belytschko-schwer beam elements.
```

【报错原因】：

*MAT_024 只能定义 *SECTION_BEAM>ELFORM=1 的梁单元，模型中却用来定义 ELFORM=2 的梁单元。

50.【报错代码】：STR+385

【报错信息】：

```
*** Error 20385 (STR+385)
```

```
    The part with ID 12345678, material ID 68000031, has a material type 100
that is invalid for 4-node shell elements.
```

【报错原因】：

模型中用来定义 PID=12345678 壳单元零件的材料 MID=68000031 是用*MAT_100 材料模型定义的，但是*MAT_100 材料模型不能用来定义 4 节点壳单元零件。

51.【报错代码】：STR+386

【报错信息】：

```
    *** Error 20386 (STR+386)
    The part with ID 84000081, material ID 98005004, has a material type 9 that
requires an equation of state.
```

【报错原因】：

零件 PID=84000081 是用*MAT_009 材料定义的且*MAT_009>MID=98005004，但是*PART>EOSID 没有定义。*MAT_009 通常用来定义 2D 壳单元零件，定义 3D 实体单元零件时需要定义*PART>EOSID，但是当前模型并没有定义。

52.【报错代码】：STR+389

【报错信息】：

```
    *** Error 20389 (STR+389)
    Solid element 85562595 references part number 84000081 that does not
reference a solid section.
```

【报错原因】：

零件 PID=84000081 内部的单元 EID=85562595 是实体单元，但是其*PART>SECID 对应的却不是*SECTION_SOLID，或者实体单元与壳单元放在了同一个*PART 中，破坏了*PART 对*SECTION 的单一性要求。

53.【报错代码】：STR+393

【报错信息】：

```
    *** Error 20393 (STR+393)
    Nodal rigid body ID 63220008 contains node ID 63335518 already used in a
rigid body/nodal rigid body definition.
```

【报错原因】：

rigidlink（PID=63220008）在节点*NODE>NID=63335518 处与其他刚体共节点，该刚体可能是*MAT_020 定义的刚体零件，也可能是刚体零件通过*CONSTRAINED_EXTRA_NODES 固连的弹性体上的节点。

54.【报错代码】：KEY+405

【报错信息】：

```
    *** Error 10405 (KEY+405)
    *CONSTRAINED_NODAL_RIGID_BODY 12345678
    Body no.4591 using NODAL SET no. 10220003
    Body contains only one or zero nodes.
```

【报错原因】：

HyperMesh 前处理生成的 rigidlink（PID=12345678）对应的节点集*SET_NODE>SID=10220003 内容为空或者只有一个节点。

ANSA 前处理软件导出的 beam-box（类似于 HyperMesh 的刚片 Patch）没有找到对应的连接单元。

55.【报错代码】：STR+431

【报错信息】：

```
*** Error 20431 (STR+431)
Part ID 85150006:  has negative or zero yield stress
Material type=3.
```

【报错原因】：

零件 PID=85150006 采用*MAT_003 弹塑性材料模型定义，却没有定义屈服强度。建议定义屈服强度或者改为*MAT_001 线弹性材料模型。

56.【报错代码】：STR+445

【报错信息】：

```
*** Error 20445 (STR+445)
Repeated points in load curve 7404607 point number 3.
```

【报错原因】：

*DEFINE_CURVE>LCID=7404607 对应的曲线理论上应当为单调曲线，却出现几处相同的坐标点（或者曲线坐标数据中出现空行）。

57.【报错代码】：KEY+450

【报错信息】：

```
*** Error 10450 (KEY+450)
In key command:
********840001218467262884672189846721888467218188846721888
At line # 716284 of file
E: \temp\deubg\include_02.k
```

【报错原因】：

KEY 文件 include_02.k 中的第 716284 行格式错误。

58.【报错代码】：SOL+469

【报错信息】：

```
*** Error 40469 (SOL+469)
Material type 100 is not available for the Hughes-Liu beam element.
```

【报错原因】：

*MAT_100 只能用来定义*SECTION_BEAM>ELFORM=9 的梁单元，而模型中却用来定义ELFORM=1 的梁单元。

59. 【报错代码】：KEY+487

【报错信息】：

```
*** Error 10487 (KEY+487)
In *PARAMETER input:  FLW, 91 at column 1
FLW, 91
The first column must be either "R", "I".
```

【报错原因】：

关于参数化变量"FLW"的定义格式不对，没有在第 1 列定义数据类型 R/I。

60.【报错代码】：KEY+500

【报错信息】：

```
*** Error 10500 (KEY+500)
Parameter (&FLW) is never defined.
```

【报错原因】：

参数化变量"FLW"被某关键字引用，却没有被定义或者定义格式错误。

61.【报错代码】：KEY+1005

【报错信息】：

```
***Error 11005 (KEY+1005)
Node set ID 84015784 is a null set defining the slave side for contact ID
84000021. Please specify a node set which has at least one node.
```

【报错原因】：

接触定义关键字*CONTACT>CID=84000021/SSID=84015784，其中 SSID 对应的*SET_NODE 为空。

62.【报错代码】：KEY+517

【报错信息】：

```
*** Error 10517 (KEY+517)
Part set ID 10220002 is a null set defining the slave side for contact ID
85150003.
Please specify a part set ID which has at least one part ID.
```

【报错原因】：

接触关键字 *CONTACT>CID=85150003 的内部变量的 *CONTACT>SSID=10220002 对应的
*SET_ PART 内容为空。

63.【报错代码】：STR+680

【报错信息】：

```
Unexpected end-of-file
Data for composite material
```

【报错原因】：

关键字定义错误。

64.【报错代码】：KEY+1003

【报错信息】：

```
*** Error 11003 (KEY+1003)
Contact definition 85150000 ID 85150003 is a TIED_SHELL_EDGE_TO SURFACE_(OPTION)
type and cannot use segment set for the slave side.
```

【报错原因】：

变量*CONTACT_TIED_SHELL_EDGE_TO_SURFACE_OPTION>SSID 不能对应*SET_SEGMENT。

65.【报错代码】：KEY+1072

【报错信息】：

```
Open include file: ADDED_MATERIAL_BATTERY_190718.k
*** Error 11072 (KEY+1072)
*MAT_LAMINATED_COMPOSITE_FABRIC id 84000000 has GMS.le.GAMMA1
Which will cause erroneous results. Please refer to Figure M58-2: Stress-
```

strain diagram for shear of users material manual.

【报错原因】：

用*MAT_058 材料模型定义的 MID=84000000 内部变量的定义不合理。该材料的使用概率比较小，虽然材料库中定义了该材料，但是如果模型中没有零件调用该材料，则可以直接删除该材料以除后患。

66.【报错代码】：KEY+1119

【报错信息】：

```
*** Error 11119 (KEY+1119)
Contact surface ID 58 needs MSID to be set to non-zero since it is not a
single surface contact type.
```

【报错原因】：

接触关键字*CONTACT>CID=58 的接触定义中，变量 MSID 是必定义项却未定义或者有定义但是涉及的*SET 内容为空。

67.【报错代码】：KEY+1168

【报错信息】：

```
*** Error 11168 (KEY+1168)
Duplicate node ID 11775468 with non-matching coordinates.
*NODE_MERGE_TOLERANCE WITH TORL>1.1646E+03 could be used to unite those
nodes.
```

【报错原因】：

节点*NODE>NID=11775468 发生 ID 冲突，发生冲突的两个节点之间的距离又大于节点合并误差范围，因而产生无法合并冲突，LS-DYNA 求解器只能报错退出。

68.【报错特征】：termination due to mass increase

【报错信息】：

```
*** termination due to mass increase ***
Added mass=7.5968E+03.
Percentage increase=3.14E+03.
Nodes with largest mass increase:
……(质量增加过大的节点信息列表)
```

【报错原因】：

预紧螺栓的两端/一端未约束导致螺栓单元在预紧力的作用下急剧收缩，进而导致质量增加异常；壳单元/实体单元畸变导致质量增加异常。

69.【报错特征】：termination due to energy

【报错信息】：

```
*** termination due to energy ***
Energy ratio=9.1E-02.
```

【报错原因】：

焊点单元畸变导致局部质量增加异常，进而导致沙漏能曲线异常。

70.【报错特征】：termination due to out-of-range forces

【报错信息】：

```
*** termination due to out-of-range forces
```

```
Number of nodes has out-of-range forces 10.
Node list:
……(节点力严重超标 NID 信息列表,略)
*** termination dur to out-of-range moments
Number of nodes has out-of-range moments 10.
Node list:
……(节点力矩严重超标 NID 信息列表,略)
```

【解决办法】:

先通过后处理软件 HyperView 读取计算结果 d3plot 或者 d3drlf 文件并进行动画演示,查看上述报错信息中涉及的 NID 节点区域的症状,再回到前处理软件 HyperMesh 依据第 11 章的解决办法调整模型。

71.【报错特征】:Error reading encrypted input

【报错信息】:

```
*** Error reading encrypted input
LS-DYNA not a valid PGP recipient.
This encrypted section will be skipped.
Keyword read will continue but numerous errors may result.
At line # 12212 of file
ADDED_MATERIAL_BATTERY_091718.key
```

【报错原因】:

材料库文件 ADDED_MATERIAL_BATTERY_091718.key 有加密信息,PGP message 即材料加密信息标志,LS-DYNA 求解器的版本太低或者材料库 License 过期导致无法正常读取材料加密信息。

附录 3 模型正常计算阶段常见报错信息

1.【报错代码】：SOL+455

【报错信息】：

```
*** termination due to out-of-range forces
Number of nodes has out-of-range forces 18
*** Error 40455 (SOL+455) (processor # 11)
NaN detected on processor # 11.
```

【解决办法】：

由于没有具体的可追踪的 ID 等信息，但是可知一些节点的节点力严重超标，建议先通过后处理软件 HyperView 读取计算结果 d3plot 并进行动画演示查看有无异常，通过 HyperGraph 读取 binout 查看能量曲线有无异常。

2.【报错代码】：SOL+456

【报错信息】：

```
*** Error 40456 (SOL+456)
NaN detected on processor # 0.
```

【解决办法】：

由于没有具体的可追踪的报错信息，建议采取以下措施查找"病因"。

（1）确认模型导出前清除了 preserve node。

（2）用文件编辑器的文件夹搜索功能查看所有的 message 文件是否有更详细、更具体的报错信息。

（3）用后处理软件 HyperView 读取计算结果 d3plot 并进行 3D 动画演示，查看结果有无异常。

（4）用后处理工具 HyperGraph 读取计算结果 binout 查看能量曲线、质量增加有无异常。

（5）用前处理软件检查模型中是否存在关键字重复定义问题、关键字定义格式错误（例如关键字内部多或者少了一个卡片）、焊点焊接了刚体件等问题。

（6）用前处理软件检查模型中的时间历程曲线是否存在时间不足问题。

（7）再次提交计算，但是将最小时间步长调至更小，从而使计算更稳定；定义变量*CONTROL_SOLUTION>ISNAN=1，从而在计算中途退出时可以输出更详细的信息。

（8）用 HyperMesh 或者 PRIMER 的模型整体检查功能（见第 10 章）彻查模型，消除所有可疑问题。

3.【报错代码】：SOL+500

【报错信息】：

```
*** Error 40500 (SOL+500)
Node # 18827099 has out-of-range velocities
x-velocity=-1E+30
y-velocity=…(略)
z-velocity=…（略）
```

【解决办法】：

先用后处理软件 HyperView 读取计算结果 d3plot 并进行 3D 动画演示，查看节点 NID=18827099 处症状，再回到前处理软件 HyperMesh 按照第 11 章相关处置方法解决问题。

4.【报错代码】：SOL+508

【报错信息】：

```
*** Error 40508 (SOL+508)
Time= 1.5648E-02 falls outside the range of load curve 95620030
Which is defined between time 0.00E+00 to 1.50E-02.
```

【报错原因】：

加载曲线 LCID=95620030 的时间小于模型计算时间*CONTROL_TERMINATION>ENDTIM。

5.【报错代码】：SOL+509

【报错信息】：

```
*** Error 40509 (SOL+509)
Negative volume in solid element # 24 cycle 0.
```

【报错原因】：

实体单元 EID=24 产生负体积导致计算无法继续。

6.【报错代码】：SOL+509

【报错信息】：

```
*** Error 40509 (SOL+509)
Negative volume in solid element # 42054503 cycle 0.
Shell element 42054686 failed at time 1.134E-02 due to negative Jacobian.
```

【报错原因】：

实体单元 EID=42054503 产生负体积，壳单元 EID=42054686 单元质量太差、雅可比为负值导致计算无法继续。

7.【报错代码】：SOL+510

【报错信息】：

```
*** Error 40510 (SOL+510)
Complex sound speed in solid element # 92022418 cycle 146591.
```

【报错原因】：

实体单元 EID=92022418 声速异常，多数情况是单元发生畸变或者子系统的控制卡片 *CONTROL 与主文件冲突导致。

8.【报错代码】：SOL+752

【报错信息】：

```
*** Error 40752 (SOL+752)
Specified maximum force level in curve ID: 56020062 exceeds the elastic limit in
beam element ID: 56974480 yield stress: 1.00E+00 imposed stress max: 1.4737E+00.
```

【报错原因】：

螺栓梁单元 EID=56974480 上施加的螺栓预紧力（预紧力曲线*DEFINE_CURVE> LCID=56020062）超过了螺栓材料的屈服极限。

9.【报错代码】：SOL+1295

【报错信息】：

```
*** Error 41295 (SOL+1295)
Material type 186 is not available for solid element type 1.
```

【报错原因】：

材料*MAT_186不可以用来定义*SECTION_SOLID>ELFORM=1的零件，建议尝试ELFORM=19。

10.【报错特征】：termination due to mass increase

【报错信息】：

```
*** termination due to mass increase ***
Added mass=8.637E+02
Percent increase=2.145E+01
Nodes with largest mass increase
Node ID/old mass/new mass/increase
……（质量增加异常的节点信息，略）
```

【报错原因】：

一些节点质量增加异常导致计算无法继续。

【解决办法】：

先用后处理软件 HyperView 读取计算结果 d3plot 并查看 3D 动画中上述报错信息中提及的节点的症状（多数情况是单元严重变形），然后回到前处理软件 HyperMesh 调整模型。如果是四面体单元严重变形导致的质量增加异常情况，可尝试将单元公式 ELFORM=4 改为 13 试试。

后　　记

　　本书内容涉及的各种前处理、后处理方法多为笔者工作中的经验总结，并不代表最优解。读者入门、熟悉之后可以博采众长，进而有自己的经验总结、提炼和扩展。

　　由于本书篇幅有限、笔者能力所限，书中内容无法做到事无巨细、面面俱到，而且主要以汽车行业显式计算应用为主，更多的知识与经验还需要用户在今后的实际工作当中不断地实践与积累。

　　另外，想要致力于汽车碰撞安全性能仿真分析方向的工程师还需要对相关的汽车碰撞安全法规有所了解，尤其是对各个法规或工况中的碰撞速度、碰撞方向、壁障类型、壁障的位置、假人数量以及各个乘员位置的假人类型、假人姿态等信息要尽可能地熟悉。

　　最后，想告诉大家学无止境，CAE 建模方法还在不断地改进，如何才能实现更准确的仿真分析，不仅是我们这些 CAE 应用工程师，而且是 CAE 求解器的开发工程师不断探索的问题。因此，使用 LS-DYNA 求解器的读者还需要不断关注 LS-DYNA 手册的更新信息，及时了解最新的 CAE 知识与技术。

张亚峰

2024 年 5 月 27 日

参 考 文 献

[1] Livermore Software Technology Corporation. LS-DYNA Theory Manual (LS-DYNA R14).

[2] Livermore Software Technology Corporation. LS-DYNA Keyword user's manual (LS-DYNA R11).

[3] Livermore Software Technology Corporation. LS-DYNA Keyword user's manual (LS-DYNA R9).

[4] Livermore Software Technology Corporation. LS-DYNA Keyword user's manual (LS-DYNA R7).

[5] 天工在线.中文版 ANSYS Workbench 2021 有限元分析从入门到精通[M]. 北京：中国水利水电出版社，2022.

[6] 赵海鸥. LS-DYNA 动力分析指南[M]. 北京：兵器工业出版社，2003.

[7] 曾攀. 有限元分析及应用[M]. 北京：清华大学出版社，2004.

[8] 陈火红. Marc 有限元实例分析教程[M]. 北京：机械工业出版社，2002.

[9] 袁志丹，张永召，王强，等.LS-DYNA 有限元分析常见问题及案例详解[M]. 北京：电子工业出版社.2021.

[10] 陈勇，赵海欧，王海华.LS-DYNA & LS-OPT 优化分析指南[M]. 北京：中国水利水电出版社.2021.